高等学校
土建类应用型本科规划教材

Tumu Gongcheng Zhitu

土木工程制图

主　编　张　英　谭海洋
副主编　郭全花　冯小平　郭树荣
主　审　陈锦昌

人民交通出版社
China Communications Press

内容提要

本书由全国高等学校土建学科工程管理专业应用型本科规划教材编写委员会组织编写。

全书共分为15章，包括画法几何、制图基础、专业制图三大部分，内容涵盖了点、直线、平面的投影，基本形体，轴测图，制图基本知识，组合体的投影与构型设计，工程形体的表达方法，建筑施工图，结构施工图，设备施工图，道路工程图，桥梁、隧道、涵洞工程图，水利工程图，焊接工程图，装修施工图等。

本书可作为高等学校土建各专业图学课程的通用教材，也可供有关工程技术人员参考。

高等学校工程管理专业应用型本科规划教材编委会

高等学校工程管理专业应用型本科规划教材审稿委员会

前　言

随着教育部制定的《面向21世纪高等工程教育教学内容和课程体系改革计划》的启动，为适应教学改革的发展，满足工科院校土建类各专业的教学需要，根据高等学校工科制图课程教学指导委员会制定的《画法几何及土木建筑制图课程教学基本要求》的主要精神，结合近年来计算机应用技术的发展，参考国内外同类教材，总结多年的教学经验，特别是近年来本课程教学改革的实践经验编写而成的。

在编写本书时，以教育部全面推进素质教育，重在培养学生的创新精神和实践能力的教育思想为指导，从对学生知识结构全面提高的要求为前提确定了编写大纲。考虑到土木工程专业涉及的内容较为广泛，所以本书包含建筑施工图、结构施工图、设备施工图、道桥、水利、焊接、装修等工程图，也可供普通高等院校土建学科其他专业的学生使用。

教材采用最新颁布的《房屋建筑制图统一标准》，在图例选择方面尽量选用了国家标准上出现的图例，本书在结构施工图中，详细介绍了《混凝土结构施工图平面整体表示方法制图规则和构造详图》(04G101)图集中的平法规则。在所有已出版的教材中是最先介绍平法作图的教材之一。

本书与之配套出版的还有郭全花主编的《工程制图习题集》及冯小平主编的《建筑工程CAD》。习题集配有习题解答。该教材配有多媒体课件，课件采用了大量的三维动画演示，教师和学生可以对三维动画任意旋转，从不同的角度观看各种构件的造型，并可以任意剖切观看内部结构，形象生动，使课程中的许多难点变得简单易懂(例截交线、相贯线部分、钢筋配置情况)。

参加编写工作的人员有：河北建筑工程学院郭全花(第1章、第2章的2.1至2.4节、第3章、第4章、第5章5.2、5.3.1～5.3.4、5.4、5.5)、山东理工大学张英(第6章、第7章、第8章)、山东理工大学周传鹏(第9章)、江南大学冯小平(第10章)、长沙理工大学谭海洋(第11章、第12章、第13章、第14章)、山东理工大学郭树荣(第15章)、河北建筑工程学院底素卫(第2章的2.5节、第5章的5.1、5.3.5)。本书由张英、谭海洋任主编，郭全花、冯小平、郭树荣任副主编。

在编写过程中，参考了一些国内同类教材，在此特向有关作者致谢。

本书承蒙华南理工大学陈锦昌教授审定，为本书提供了许多建设性的意见，在此深表感谢。

由于编者水平有限，本书会存在一些错误和缺点，恳请读者和同行批评指正。

编　者

2007年2月

目 录

第1章 绪 论

本章概要

1. 介绍本课程的性质、内容和任务，提出学习方法；
2. 介绍投影的概念、分类及在工程上的应用；
3. 介绍正投影的特性；
4. 介绍三面投影图的形成及其性质。

1.1 本课程简介及学习方法

1.1.1 本课程的地位与性质

在工程和科学技术中，人们常用工程图样表达设计思想、进行技术交流，工程图样被喻为“工程界的语言”，同时工程图样也是生产管理部门和施工单位进行管理和施工的技术文件与依据。能够准确表达物体的形状、尺寸及技术要求的图形称为图样。因此，掌握工程图样的绘制及阅读是任何一名工程技术人员必须具备的最基本的素质和能力。

工程制图是一门既具有系统理论又具有较强实践性的技术基础课。它专门研究绘制和阅读工程图样的理论及方法，并培养学生的绘图技能和空间想像力。本课程是学习后续专业课和参加专业实践的必不可少的基础课程。

1.1.2 本课程的基本内容

本课程包括投影理论、土木工程制图和计算机绘图等内容。

1. 投影理论

投影理论研究用投影法在二维平面上图示空间形体和在平面上图解空间几何问题的基本理论和方法。它建立三维形体和二维图形之间的关系，不仅为工程制图的学习建立理论基础，也为培养学生的空间想像能力、空间构思能力打下基础。

2. 土木工程制图

土木工程制图是投影理论的运用，主要目的是培养学生绘制和阅读土木工程图样的能力。

通过学习，熟悉制图的基本知识和有关制图标准规定，培养制图的操作技能，熟悉工程图样的内容和图示特点。

3. 计算机绘图(配套教材《建筑工程CAD》)

计算机绘图是CAD(计算机辅助设计)的基础之一，已广泛应用于工程设计领域。计算机绘图也是本学科发展的一个重要方向，它研究使用计算机技术快捷、准确绘制工程图样的方法。

1.1.3 本课程的任务

(1) 学习投影法(主要是正投影法)的基本理论及其应用。

(2) 培养图示空间形体、图解空间几何问题及分析和解决空间问题的能力。

(3) 培养和发展空间想像能力、构思能力、创造能力。

(4) 培养绘制和阅读工程图样的基本能力。

(5) 培养用计算机软件绘制工程图样的能力。

(6) 培养认真负责的工作态度和严谨、细致、科学的工作作风。

1.1.4 本课程的学习方法

本课程的特点是理论性强、实践性强。投影理论是工程制图的理论基础，比较抽象，系统性和理论性较强；工程制图是投影理论的运用，实践性较强。因此，在学习中应注意以下几点：

(1) 掌握基本理论和基本作图方法，弄清三维空间形体和二维平面图形之间的对应关系。始终建立从空间形体到平面图形以及从平面图形到空间形体的思维想像过程，坚持反复练习，有利于空间思维能力的培养。解决有关空间几何问题，要坚持先对问题进行空间分析，找出解题方案，再利用所掌握的各种基本作图原理和方法，逐步作图求解。

(2) 养成良好的学习习惯，提高自学能力。课前应预习，带着预习中的疑难问题听课，课后要及时复习和完成作业，以消化、理解所学内容。投影理论的内容一环扣一环，前面的学习不透彻、不牢固，后面必然越学越困难，因此应及时发现问题，及时解决，培养自学能力。

(3) 按时完成作业。本课程实践性很强，课程内容主要是通过足够数量的习题和作业来掌握。这就要求运用基本理论和基本方法，按照一定的作图步骤，多画、多读，反复实践，逐步达到熟能生巧、触类旁通的程度。

(4) 熟练掌握绘图仪器和工具的使用，严格遵守国家标准的有关规定。工程图样是制造和施工的依据，往往图纸上一条线的疏忽或一个数字的差错，结果造成严重的返工浪费。所以应从初学工程制图开始，就要严格要求自己，养成认真负责、一丝不苟的工作态度。

1.2 投影的基本知识

1.2.1 投影的概念

众所周知，空间物体在光线的照射下，会在地面或墙面上产生影子，随着光线照射的角度和距离的变化，其影子的位置和形状也会随之改变。人们从这些现象中认识到光线、物体和影子之间存在一定的内在联系，并从中总结出一些规律，作为工程制图的方法和理论根据，即投影原理。

例如物体(三棱锥)在灯光(点光源 S)的照射下，就会在地面或墙面上形成影子，如图 1-1 所示。

在这里，我们把物体称为形体，光源 S 称为投射中心，光线 SA，SB，…称为投射线，承受影子的平面 H 称为投影面，过形体上各点的投影线与投影面的交点称为点的投影，则图形 $dabc$ 称为三棱锥 $DABC$ 在投影面 H 上的投影。这样形成的平面图形称为投影图。这种形成形体投影的方法称为投影法。

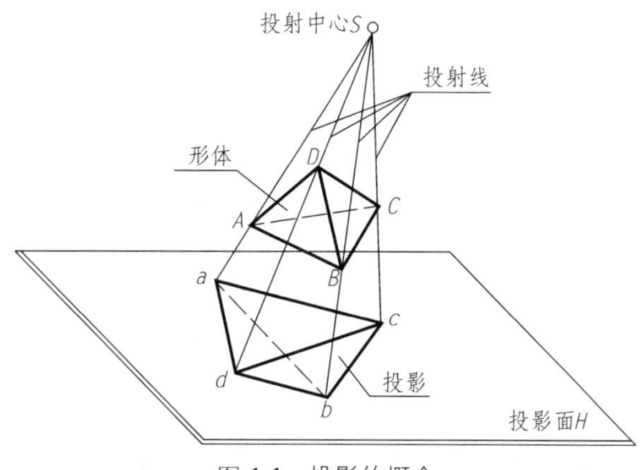

图 1-1　投影的概念

1.2.2　投影的分类

投影分为中心投影和平行投影两大类。

1. 中心投影

当投射中心距离投影面为有限远，投射线相交于一点(S)时，所形成的投影称为中心投影，如图 1-2 所示。作出中心投影的方法称为中心投影法。

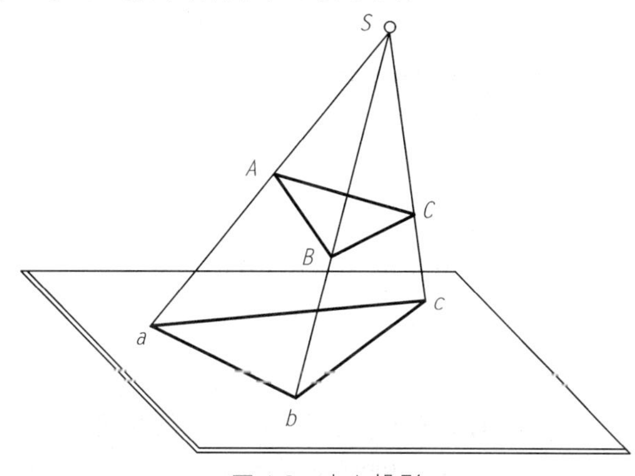

图 1-2　中心投影

中心投影的大小由投影面、空间形体和投射中心三者的相对位置来确定，当投影面和投射中心的距离确定，形体投影的大小随形体离开投影面的距离而改变。中心投影不能反映物体表面的真实形状和大小。

2. 平行投影

当投射中心距离投影面无限远（S_{∞}），投射线互相平行时，所得到形体的投影称为平行投影，如图 1-3 所示。作出平行投影的方法称为平行投影法。

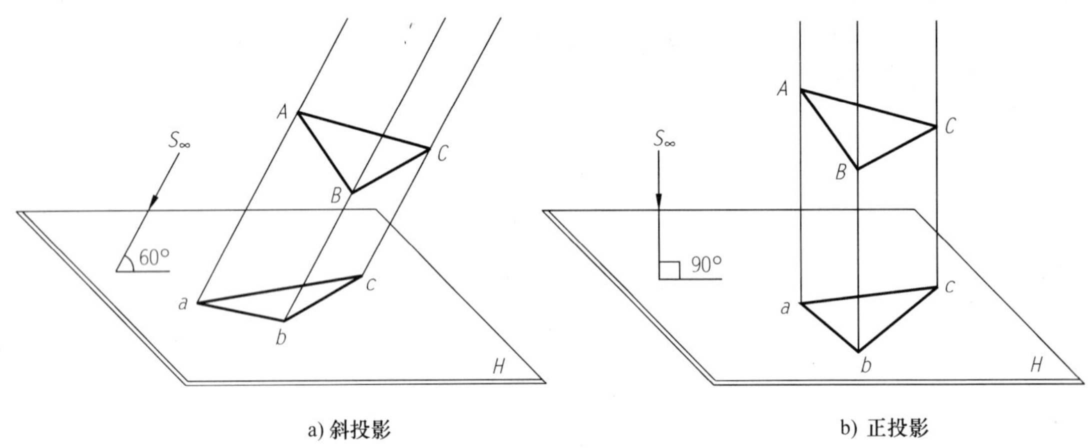

a) 斜投影　　b) 正投影

图 1-3　平行投影

根据投射线与投影面是否垂直，平行投影又可分为以下两种：

(1) 斜投影：投射线倾斜于投影面时所作出的平行投影称为斜投影，如图 1-3a)所示。

(2) 正投影：投射线垂直于投影面时所作出的平行投影称为正投影，如图 1-3b)所示。

平行投影是由投影面和投射方向确定的。只要给出投影面和投射方向，投影条件即可确定，空间形体与投影面距离的远近不会影响其投影的大小。

在正投影中，如果形体平面与投影面平行，则其投影能反映平面的真实形状和大小，且与平面离开投影面的距离无关，故工程图样的表达通常用正投影方法。

为叙述简便，以后如不加说明，凡提到投影均指正投影。

1.2.3　各种投影法在工程中的应用

1. 多面正投影图

多面正投影图是用正投影的方法将形体分别投影到两个或两个以上相互垂直的投影面上，然后，将各投影面展开在一个平面上所得的投影图，如图 1-4 所示。这种图能够准确反映形体的形状和大小，度量性好，作图简便，是施工的主要图样。

2. 轴测投影图

轴测投影图是用平行投影法将形体及确定其空间位置的直角坐标系，投影到选定的投影面上所得到的单面投影图，如图 1-5 所示。轴测投影图立体感较强，但作图较复杂，多用作辅助图样。

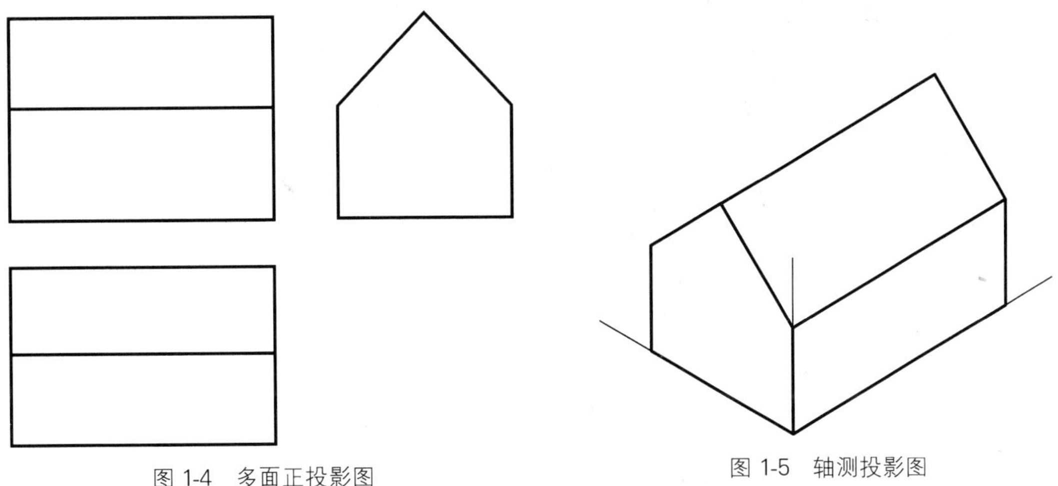

图 1-4 多面正投影图

图 1-5 轴测投影图

3. 透视图

透视图是用中心投影法绘制的单面投影图，如图 1-6 所示。这种图符合人的视觉印象，富有立体感，直观性强，但作图复杂，度量性差，在工程设计中，用作辅助图样。

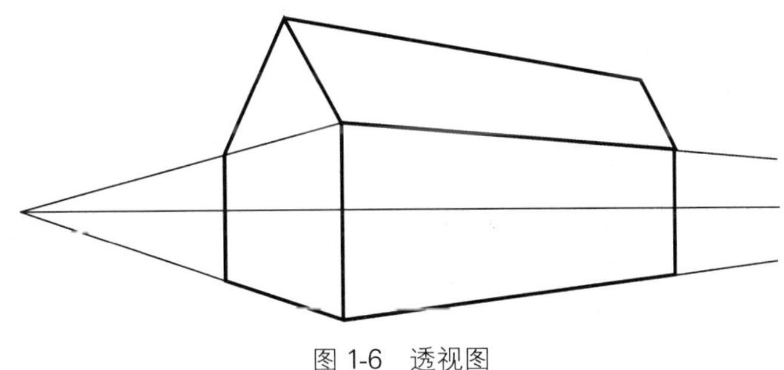

图 1-6 透视图

4. 标高投影图

标高投影图是用正投影的方法绘制的带有高度数字标记的单面投影图，如图 1-7 所示。这种投影是绘制地形图等高线的主要方法。

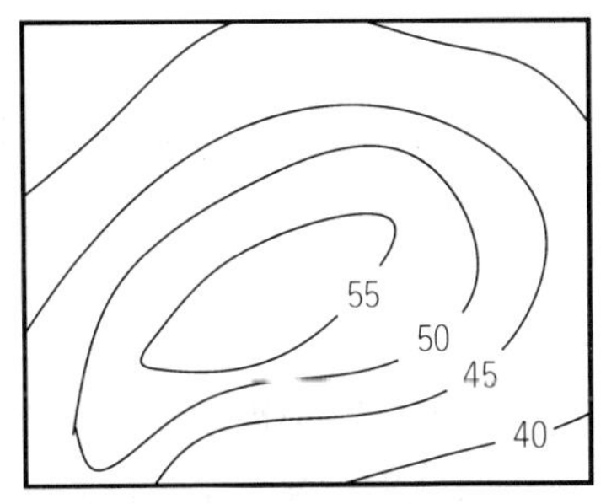

图 1-7 标高投影图

1.3 正投影的特性

在工程制图中绘制图样的主要方法是正投影法。正投影具有以下特性：

1. 类似性

点的投影在任何情况下都是点；直线的投影一般仍为直线，当直线倾斜于投影面时，其投影长度小于实长；平面图形的投影一般仍为平面图形，当平面图形倾斜于投影面时，其投影小于实形且与实形类似，即三角形仍投影为三角形，四边形仍投影为四边形。正投影的这种性质称为类似性，如图 1-8 所示。

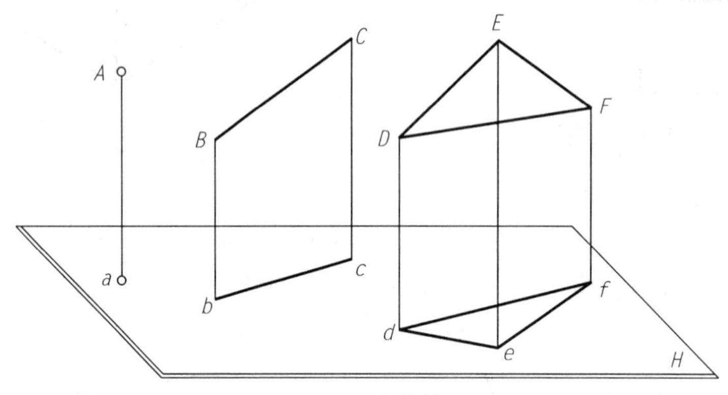

图 1-8 类似性

2. 显实性

若线段或平面图形平行于投影面，则其投影反映线段实长或平面图形的实形。正投影的这种性质称为显实性，如图 1-9 所示。

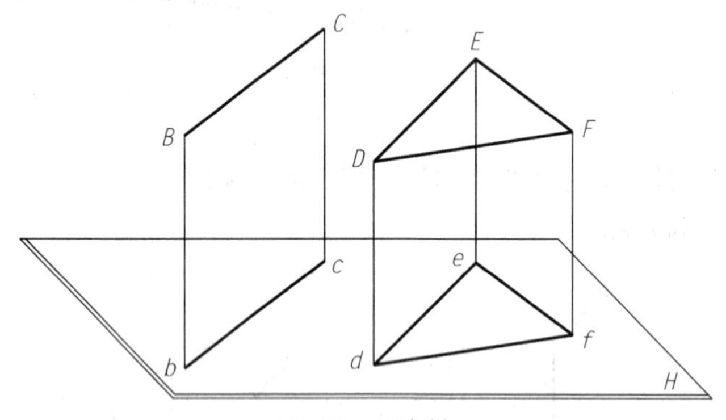

图 1-9 显实性

3. 积聚性

若直线或平面垂直于投影面，则直线的投影积聚为一点，平面的投影积聚为一直线，这样的投影称为积聚投影。正投影的这种性质称为积聚性。

此时，直线上点的投影必落在直线的积聚投影上，平面上直线或点的投影必落在平面的积聚投影上，如图 1-10 所示。

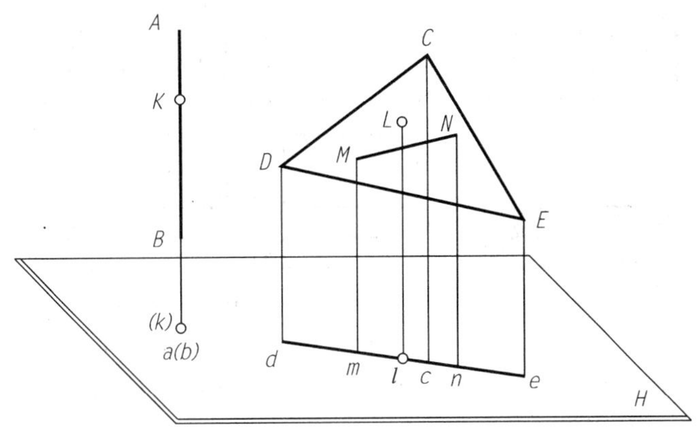

图 1-10 积聚性

4. 从属定比性

若点在直线上，则点的投影仍在直线的投影上，且点分空间线段的比例等于其投影分线段投影所成的比例。正投影的这种性质称为点在直线上的从属定比性。如图 1-11 所示，若 $K\in BC$，则 $k\in bc$，且 $BK:KC=bk:kc$。

5. 平行等比性

若两直线段平行，则它们的投影也相互平行，且两线段长度之比等于其投影的长度之比，正投影的这种性质称为平行等比性。如图 1-12 所示，若 $AB /\!/ CD$，则 $ab /\!/ cd$，且 $AB:CD=ab:cd$。

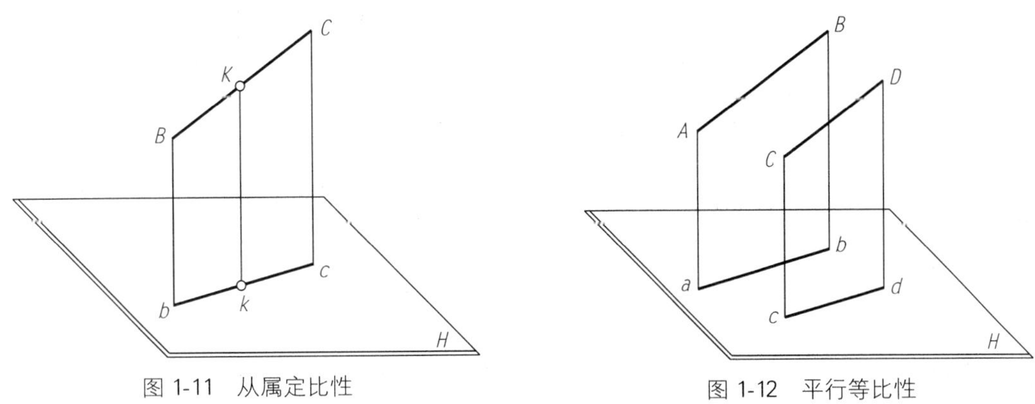

图 1-11 从属定比性

图 1-12 平行等比性

1.4 三面投影图的形成

用正投影表达空间形体具有画图简单、投影形状真实、度量方便等优点。但一个投影面只能反映平行于投影面的两个坐标方向的形体大小和形状，因此用一个投影图一般不能表达形体整体的大小和形状。如图 1-13 所示，A、B、C 三个不同的形体在投影面 H 上的投影完全相同，也就是说，根据这个投影至少可以想像成 A、B、C 三个形体。

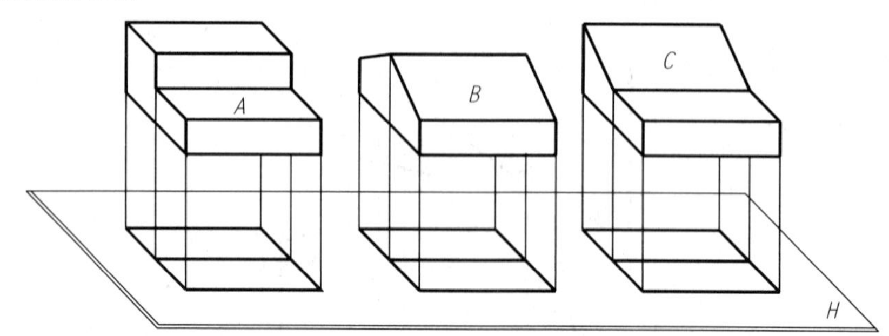

图 1-13　形体的单面投影图

由此可见，仅仅根据形体的单面投影不足以唯一确定空间形体的大小和形状。为了用正投影完整地表达并确定空间形体的大小和形状，必须从几个方向来画出物体的投影图，即采用多面投影图，在工程图样中通常采用三面投影图。

1.4.1　三面投影的形成

1. 三面投影体系的建立

三面投影体系是由与形体长、宽、高相对应的三个互相垂直的投影面构成的，如图 1-14 所示。水平投影面 H（简称水平面或 H 面）；正立投影面 V（简称正面或 V 面）；侧立投影面 W（简称侧面或 W 面）。三个投影面之间的交线 OX、OY、OZ 称为投影轴，它们表示形体的长、宽、高三个测量方向，三个投影轴也互相垂直。

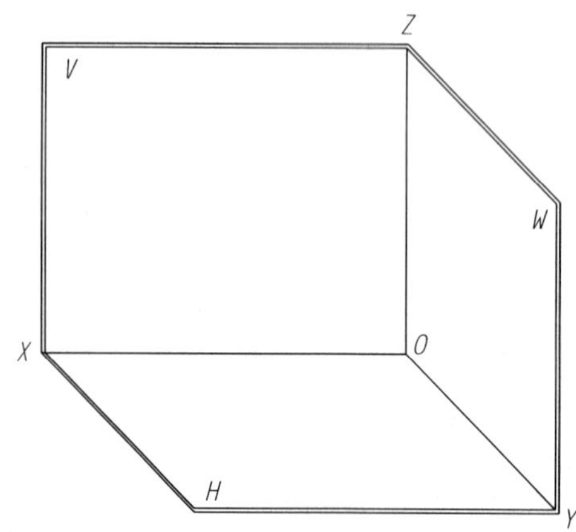

图 1-14　三面投影体系

2. 形体的三面投影

将形体置于三面投影体系中，尽可能使形体表面平行于投影面或垂直于投影面，形体与投影面的距离不影响形体的投影，不必考虑。然后将形体分别向三个投影面进行投影，如图 1-15a）所示。形体在 H 面上的投影称为水平投影；在 V 面上的投影称为正面投影；在 W 面上的投影称为侧面投影。

由三个投影可知：每个投影反映形体两个方向的尺寸，即水平投影反映形体长和宽两个方向的尺寸；正面投影反映形体长和高两个方向的尺寸；侧面投影反映形体高和宽两个方向的尺寸。

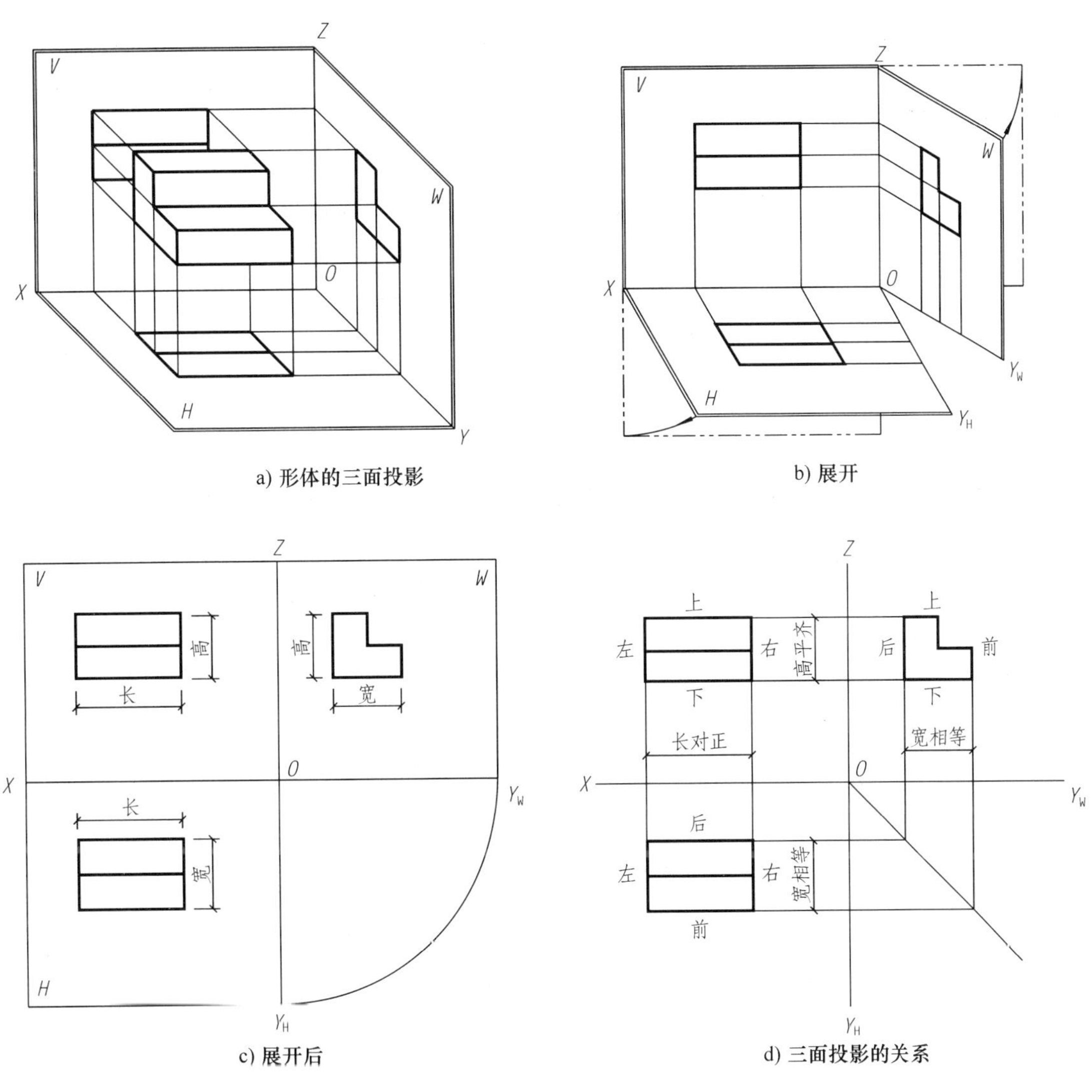

a) 形体的三面投影　b) 展开　c) 展开后　d) 三面投影的关系

图 1-15　三面投影的形成

3. 投影面的展开

上述形成的三个投影分别位于三个互相垂直的投影面内。为使三个投影画在同一平面(图纸)上,需要将三个投影面展开。按制图国家标准的规定,展开时,正面 V 不动,将水平面 H 绕 OX 轴向下旋转 90°,侧面 W 绕 OZ 轴向后旋转 90°,使 H 面、W 面与 V 面共面,如图 1-15b)所示。在投影面展开后,OY 轴一分为二,规定在 H 面上的为 OY_H,在 W 面上的为 OY_W。这样,水平投影在正面投影的下方,侧面投影在正面投影的右方,如图 1-15c)所示。形体的三面投影图通常不画投影面边界,只画出投影轴,如图 1-15d)所示。

1.4.2　投影图的性质

形体的投影图一般有 V、H、W 三个投影,两两之间存在一定的联系。V、H 两投影左右对正,长度相等,称为“长对正”;V、W 两投影上下平齐,高度相等,称为“高平齐”;H、W 两投影前后对应，宽度相等，称为“宽相等”。形体三投影之间的这种“长对正、高平齐、宽相等”的三等关系称为正投影的投影关系。作图时，“宽相等”可以利用从原点 O 引出的 45°线将宽度在 H 投影与 W 投影之间转移，或者用直尺或分规直接度量来截取。

此外，三面投影图还可以反映形体的上、下、左、右、前、后的方位关系。正面投影反映形体的上、下、左、右关系；水平投影反映形体的左、右、前、后关系；侧面投影反映形体的上、下、前、后关系。

对一般形体来说，用三个投影已经足够确定其形状和大小，所以 V、H、W 三个投影称为基本投影，V 面、H 面和 W 面三个投影面称为基本投影面。

小　结

本章对课程的性质、内容及学习任务有了初步的了解，学习了投影的基本知识及三面投影图的形成，为后续章节的学习打下基础。

1. 简述投影的分类。
2. 工程上常用的投影都有哪些？
3. 简述正投影的特性。
4. 三面投影图是如何形成的？有哪些性质？

第 2 章
点、直线、平面的投影

本章概要

1. 叙述点的投影规律及点的投影与其坐标的关系；
2. 介绍两点的相对位置，引出重影点的概念及性质；
3. 介绍各种位置直线的投影特性及直线上的点的性质和作图方法；
4. 介绍用直角三角形法求一般位置线段的实长及其对投影面的倾角；
5. 介绍两直线处于各种相对位置（平行、相交、交叉）时的投影特性；
6. 介绍直角投影定理及其应用；
7. 叙述各种位置平面的投影特性；
8. 介绍在平面上取点、取线的方法，作平面上的投影面平行线；
9. 介绍直线与平面、两平面平行的几何条件和投影特性；
10. 介绍直线与平面、两平面相交求交点、交线的作图方法；
11. 介绍直线与平面、两平面垂直的几何条件和投影特性；
12. 应用点、直线、平面的投影规律解决空间综合问题；
13. 介绍换面法的投影变换规律及其应用。

2.1 点的投影

点是构成立体的最基本的几何元素。要迅速而又准确地画出物体的投影、图示与图解空间几何问题，就必须首先掌握最基本几何元素的投影规律和投影特性。

2.1.1 点的两面投影

1. 点在两投影面体系中的投影

点在某一投影面上的投影，是过该点向投影面所作垂线的垂足。因此，点的投影依然是点。如图 2-1 所示，空间点 A 在 H 面上的投影是过点 A 作垂直投射线与 H 面的交点 a，这个投影是唯一确定的。但反之，由点的单面投影 a 却不能唯一确定点 A 的空间位置，这是因为位于投射线上的每一个

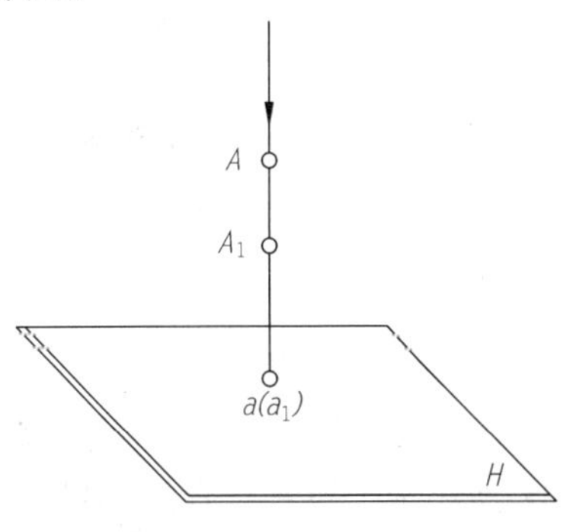

图 2-1　点的单面投影

点(如点 A_1)的投影都在 a 处。这就是说,点的一面投影不能唯一确定点在空间的位置。

要确定点在空间的位置,需要有点的两面投影。如图 2-2a)所示,在由水平投影面 H 及正立投影面 V 所形成的两投影面体系中,过空间点 A 分别向 H 面及 V 面作垂直投影线,Aa 交 H 面于 a,Aa' 交 V 面于 a',a 及 a' 即为空间点 A 的两面投影。a 称为点 A 的水平投影,a' 称为点 A 的正面投影。投射线 Aa 和 Aa' 所决定的平面与 V 面及 H 面垂直相交,交线分别是 $a'a_X$ 和 aa_X。V 面和 H 面的交线,即投影轴 OX 必垂直于矩形平面 $Aa'a_Xa$,同时也垂直于该平面上的 $a'a_X$ 和 aa_X,因此 $\angle a'a_XX=\angle aa_XX=90°$。将 V、H 两投影面展开,V 面不动,H 面绕 OX 轴向下旋转 90°,使其与 V 面重合,就得到如图 2-2b)所示的点 A 的两面投影图。在投影图上,两面投影的连线 $a'a_Xa$ 成为一条垂直于 OX 轴的直线。投影图中,轴线及投影连线均用细实线画出,点用细实线空心圆表示。

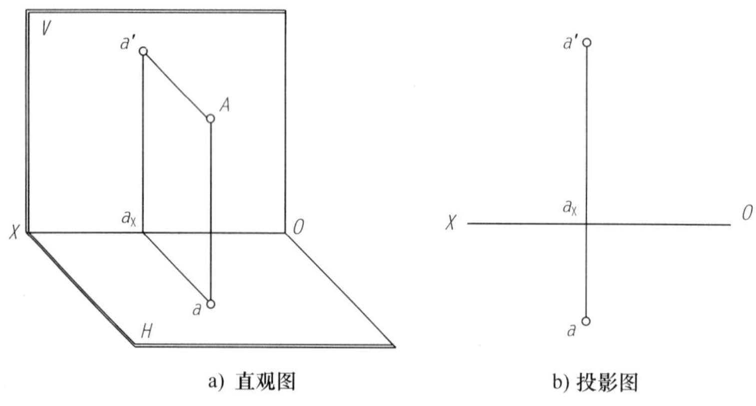

a) 直观图　　b) 投影图

图 2-2　点的两面投影

投影理论中约定:空间点用大写字母(如 A、B、C…)表示,其水平投影用相应的小写字母(如 a、b、c…)表示,其正面投影用相应的小写字母并在右上角加一撇(如 a'、b'、c'…)表示。

2. 点的两面投影规律

(1) 点的水平投影与正面投影的连线垂直于 OX 轴。即 $aa'\perp OX$。

(2) 点的水平投影到 OX 轴的距离等于空间点到 V 面的距离,点的正面投影到 OX 轴的距离等于空间点到 H 面的距离。即 $aa_X=Aa'$,$a'a_X=Aa$。

根据点的两面投影可以唯一确定点的空间位置。方法是:将 H 面向上旋转复位与 V 面垂直,自 a 点引 H 面的垂线,自 a' 点引 V 面的垂线,两垂线的交点即为空间点 A。

2.1.2　点的三面投影

为完整表达形体的形状,通常要画出三面投影图。点作为构成形体最基本的几何元素,也要画出三面投影图。

1. 点的三面投影

三投影面体系是在两投影面体系的基础上,增加一个与 H 面和 V 面都垂直的侧立投影面 W 所组成。设在三投影面体系中有一点 A,过点 A 分别向三个投影面作垂直投射线,投射线与投影面的交点分别记为 a、a'、a''。a 为点 A 的水平投影,a' 为点 A 的正面投影,a'' 为点 A 的侧面投影，如图 2-3a)所示。约定：点的侧面投影用相应的小写字母并在右上角加两撇表示。

V 面不动，将 H 面绕 OX 轴向下旋转 90°，W 面绕 OZ 轴向后旋转 90°，使它们与 V 面重合，就得到点的三面投影图，如图 2-3b)所示。

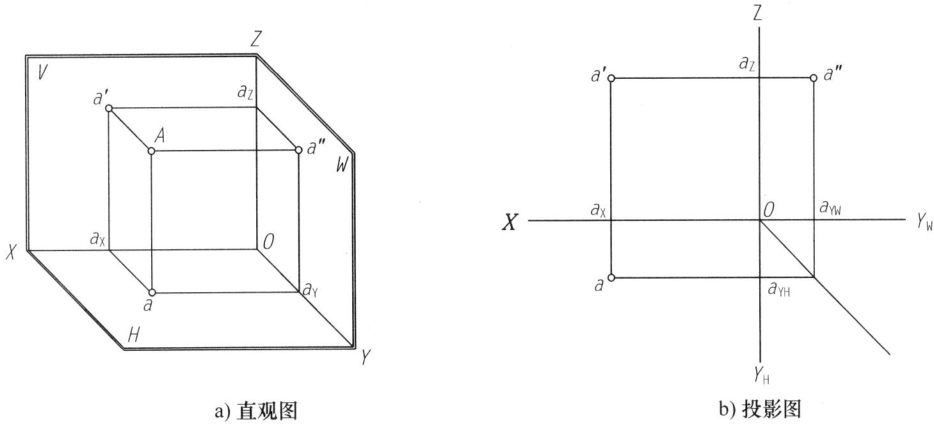

a) 直观图　　b) 投影图

图 2-3　点的三面投影

2. 点的三面投影规律

依据点的两面投影规律进行扩展，便可得出点的三面投影规律：

(1) 点的水平投影与正面投影的连线垂直于 OX 轴。即 $aa' \perp OX$。

(2) 点的正面投影与侧面投影的连线垂直于 OZ 轴。即 $a'a'' \perp OZ$。

(3) 空间点到某一投影面的距离等于该点在其他两投影面上的投影到相应投影轴的距离。也就是说，点的水平投影到 OX 轴的距离等于点的侧面投影到 OZ 轴的距离，它们反映空间点到 V 面的距离，即 $aa_X = a''a_Z = Aa'$；点的水平投影到 OY_H 轴的距离等于点的正面投影到 OZ 轴的距离，它们反映空间点到 W 面的距离，即 $aa_{YH} = a'a_Z = Aa''$；点的正面投影到 OX 轴的距离等于点的侧面投影到 OY_W 轴的距离，它们反映空间点到 H 面的距离，即 $a'a_X = a''a_{YW} = Aa$。

点的三面投影规律，就是形体三投影之所以称为“长对正、高平齐、宽相等”三等关系的理论依据。

在点的三面投影图中，点的三个投影到各投影轴的距离，分别代表空间点到相应投影面的距离。其中任何两个投影都能反映出点到三个投影面的距离，也就是说点的任意两面投影可以唯一确定点的空间位置。因此，只要给出点的任意两面投影，点的空间位置即确定，可求其第三面投影。

【例 2-1】 如图 2-4a)所示，已知点 A 的 H 投影 a 和 V 投影 a'，试求其 W 投影 a''。

作图：如图 2-4b)所示。

(1) 过 a' 作 OZ 的垂线。

(2) 量取 $aa_X = a''a_Z$，a'' 即为所求。作图时常利用从原点 O 引出的 45°辅助线将 aa_X 转向 $a''a_Z$。

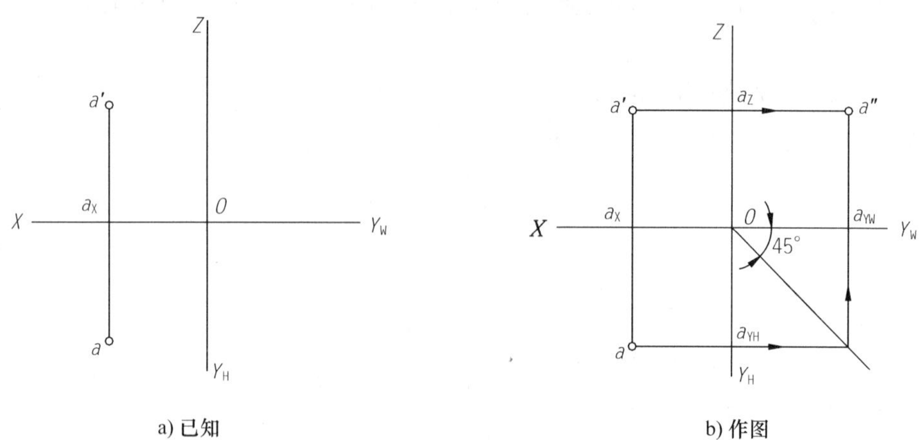

a) 已知　　b) 作图

图 2-4　已知点的两面投影求第三面投影

点的投影规律，同样适用于点在投影面或投影轴上的特殊情况。

如图 2-5a)所示，点 A 位于 V 面上，其 V 投影 a' 与点 A 自身重合，其 H 投影 a 落在 OX 轴上，其 W 投影 a'' 落在 OZ 轴上，按照点的投影规律，点 A 到 V 面的距离为零，因此点 A 在其他两投影面上的投影到相应投影轴的距离为零，即 $aa_X = a''a_Z = Aa' = 0$。点 B 位于 OY 轴上(即点到两个投影面 H、W 的距离均为零)，其 H 投影 b 与 W 投影 b'' 都与点 B 自身重合，其 V 投影 b' 落在原点 O 处。如图 2-5b)所示为 A、B 两点的三面投影图。

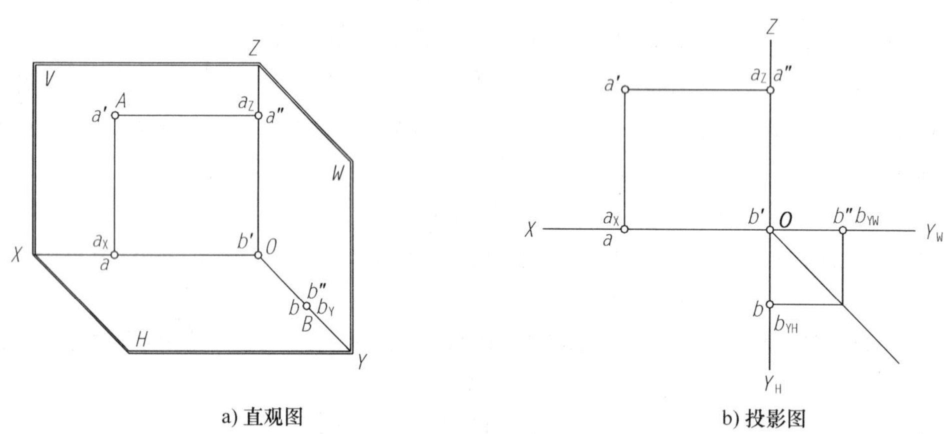

a) 直观图　　b) 投影图

图 2-5　特殊点的投影

3. 点的投影与直角坐标的关系

如果将三投影面体系看作是直角坐标系，则投影面相当于坐标平面，投影轴相当于坐标轴，点 O 相当于坐标原点。空间一点到三个投影面的距离便可分别用它的直角坐标 x、y、z 表示，如图 2-3a)所示。点 A 的三个坐标值 x_A、y_A、z_A 分别表示点 A 到 W、V、H 面的距离。因此空间一点 A 的位置可用 $A(x_A, y_A, z_A)$ 表示；同时在投影图上，点的三个投影也可用其坐标来确定，$a(x_A, y_A)$，$a'(x_A, z_A)$，$a''(y_A, z_A)$。点的任意两面投影都包含点的三个坐标值，这进一步说明，根据点的两面投影可以唯一确定点的空间位置。

【例 2-2】 已知空间点 $B(15,8,10)$，试作点 B 的三面投影图。

分析：

根据点的三个投影与坐标的关系，点 B 的三个投影可表示成 $b(15,8)$，$b'(15,10)$，$b''(8,10)$，由此可确定 b、b'、b''的位置。

作图：如图 2-6 所示。

(1) 先作出投影轴，即坐标轴。分别在 OX，OY，OZ 轴上，根据坐标 $x_B=15$，$y_B=8$，$z_B=10$ 分别定出 b_X、b_Y、b_Z。

(2) 分别过 b_X、b_Y、b_Z 作相应轴的垂直线，各垂线的交点即为点 B 的三面投影 b、b'、b''。

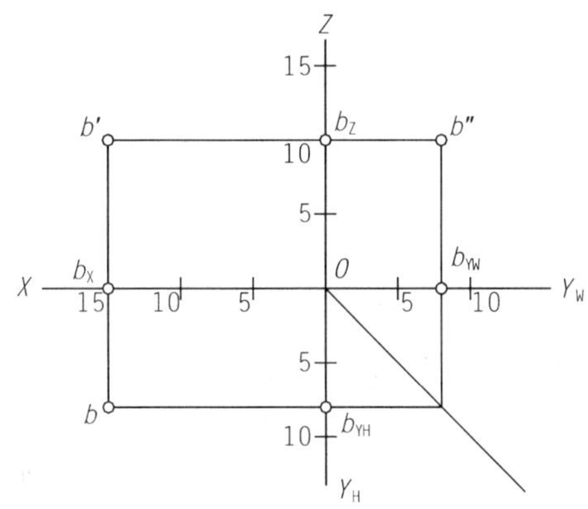

图 2-6 已知点的坐标求点的投影

2.1.3 两点的相对位置

1. 两点的相对位置

空间两点的相对位置是指空间两点的上下、左右和前后的位置关系。可由两点的三面投影图反映出来：

V 面投影反映两点上下、左右位置关系；

H 面投影反映两点左右、前后位置关系；

W 面投影反映两点上下、前后位置关系。

这种位置关系也可根据坐标的大小来判别：

按 x 坐标判别两点的左右关系，x 坐标大的在左，小的在右；

按 y 坐标判别两点的前后关系，y 坐标大的在前，小的在后；

按 z 坐标判别两点的上下关系，z 坐标大的在上，小的在下。

如图 2-7a)所示为 A、B 两点的三面投影图。由 H 投影可知，$x_A>x_B$，$y_A<y_B$，说明点 A 在点 B 的左后方，由 V 投影可知，$z_A>z_B$，说明点 A 在点 B 的上方。综合起来得出空间点 A 在点 B 的左、后、上方，反过来说，点 B 在点 A 的右、前、下方。直观图如图 2-7b)所示。

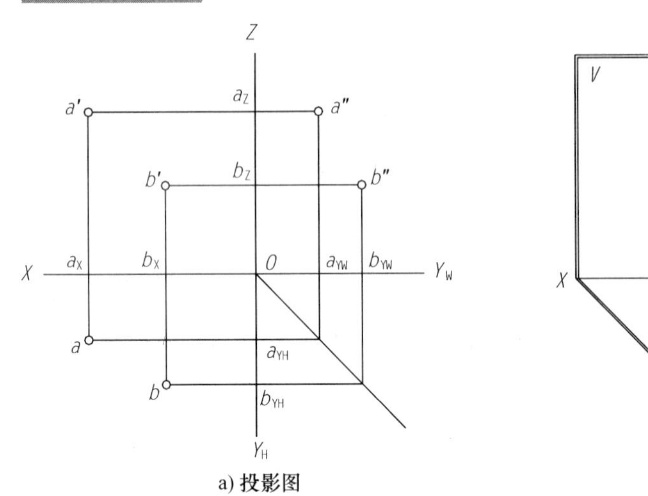

a) 投影图

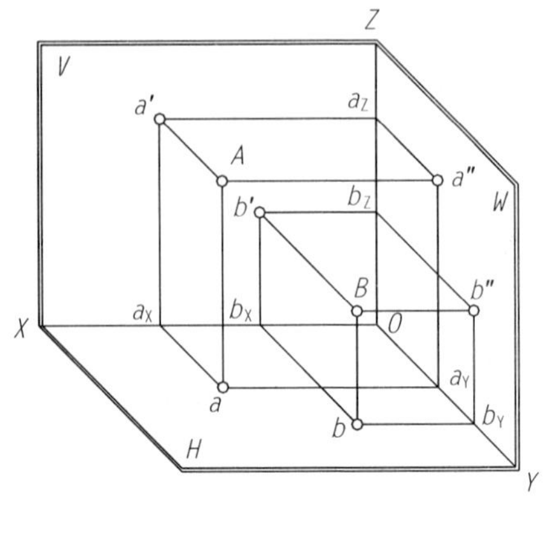

b) 直观图

图 2-7 两点的相对位置

2. 重影点

空间两点的特殊位置，就是两点恰好同在一条垂直于某一投影面的直线上，它们在该投影面上的投影则重合在一起。这种在某一投影面上投影重合的两个点，称为对该投影面的重影点。

如图 2-8a）所示的点 A 和点 B 在位于同一条垂直 H 面的投射线上，它们的水平投影 a 和 b 重合，则称点 A 和 B 为对 H 面的重影点，此时在 H 面上的投影，必然有一点可见，而另一个点不可见，因为点 A 在点 B 的正上方，向 H 面投影时，点 A 可见，点 B 被点 A 遮挡，是不可见的，不可见的投影需加圆括号以区别于可见投影，标记为 $a(b)$。同理，如图 2-8b）所示点 C 和 D 为对 V 面的重影点，此时点 C 在点 D 的正前方，在 V 面投影上，点 C 可见，点 D 不可见，重合投影标记为 $c'(d')$。图 2-8c）中点 E 和 F 为对 W 面的重影点，此时点 E 在点 F 的正左方，在 W 投影上，点 E 可见，点 F 不可见，重合投影标记为 $e''(f'')$。

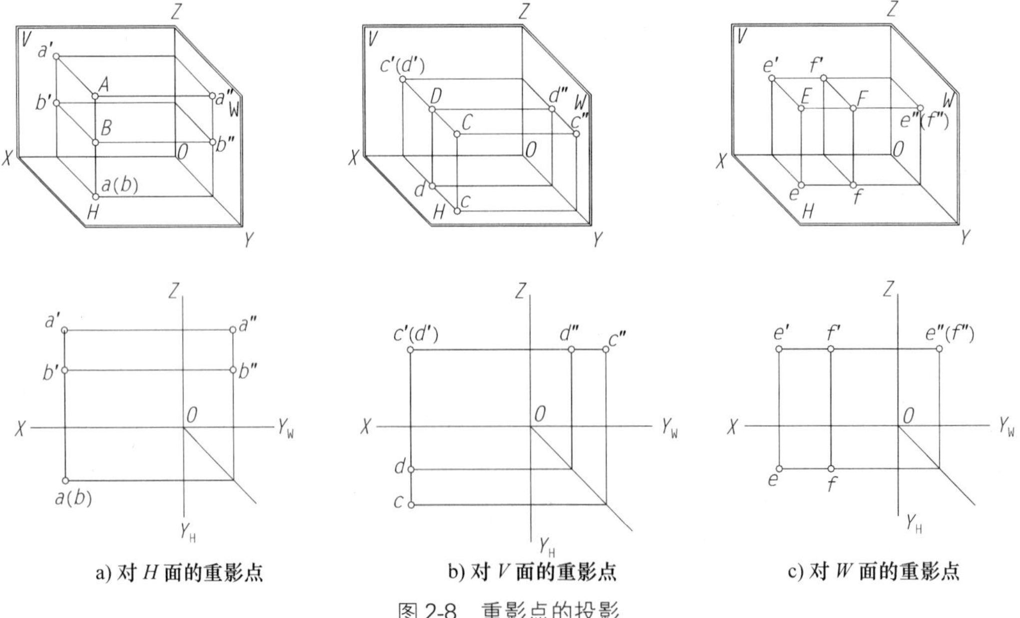

a) 对 H 面的重影点　　b) 对 V 面的重影点　　c) 对 W 面的重影点

图 2-8 重影点的投影

重影点有两个性质：

(1) 对某一投影面的重影点，总有两个坐标值相等，一个坐标值不等。

(2) 可以利用不等的坐标值来判断重影点重合投影的可见性，坐标值大的可见，小的不可见。

图 2-8a)中，$x_A=x_B$，$y_A=y_B$，$z_A>z_B$。图 2-8b)中，$x_C=x_D$，$z_C=z_D$，$y_C>y_D$。图 2-8c)中，$y_E=y_F$，$z_E=z_F$，$x_E>x_F$。

【例 2-3】 已知点 A 的三面投影，如图 2-9a)所示。且知点 B 在点 A 的右 10、前 5、下 8，点 C 在点 B 的正左方 15，试完成点 B、C 的三面投影。

分析：

点 A 的三面投影图为无轴投影图。已知两点的相对位置，求点 B 的投影可以不画投影轴，利用两点的坐标差作图。为作图简便，需要找出 45°辅助线，把 H、W 面联系起来。

作图：

(1) 利用 a、a''作 45°辅助线。如图 2-9b)所示，由 a 作水平线，a''作垂直线，由交点作 45°方向线。

(2) 作点 B 的三面投影，如图 2-9b)所示。由点 a 或 a' 向右量取 10，作 aa' 连线的平行线，由 a' 或 a''向下量取 8，作 $a'a''$连线的平行线，两线交点为 b'；由 a 向前量取 5，水平画至 45°线，与右 10 线相交得 b；由 a''向前量取 5 作垂直线，或由 45°辅助线转换与下 8 线相交得到 b''。

(3) 作点 C 的三面投影。如图 2-9c)所示，点 C 在点 B 的正左方 15，因此点 C 与点 B 为对 W 面的重影点，在 W 面上投影重合。由点 b、b' 水平向左量取 15，得 c、c'、c''与 b''重合，因为 $x_C>x_B$，所以 c''可见，b''不可见。

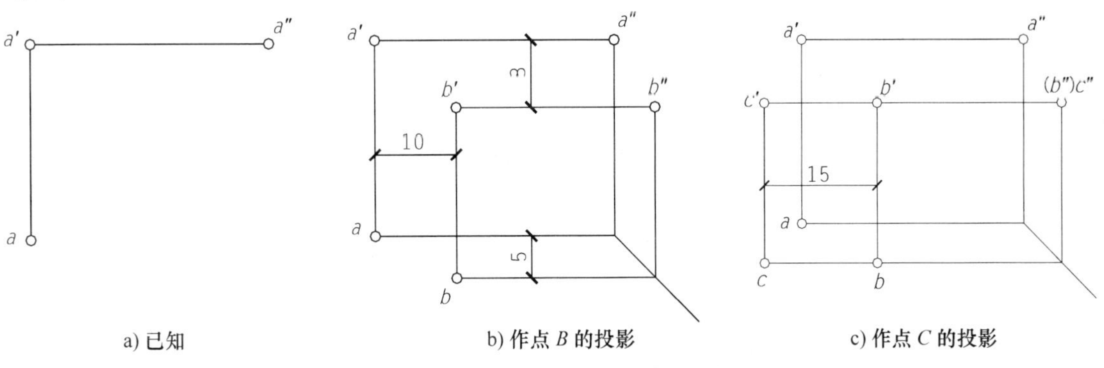

a) 已知　　b) 作点 B 的投影　　c) 作点 C 的投影

图 2-9　根据两点的相对位置作点的投影

2.1.4　两投影面的扩展

在两投影面体系中，当把 H 面向 V 面之后扩展，把 V 面向 H 面之下扩展时，扩展后的投影平面将空间分为 4 个部分，称为 4 个分角，如图 2-10 所示。

H 面之上，V 面之前的空间称第Ⅰ分角；H 面之上，V 面之后的空间称第Ⅱ分角；H 面之下，V 面之后的空间称第Ⅲ分角；H 面之下，V 面之前的空间称第Ⅳ分角。

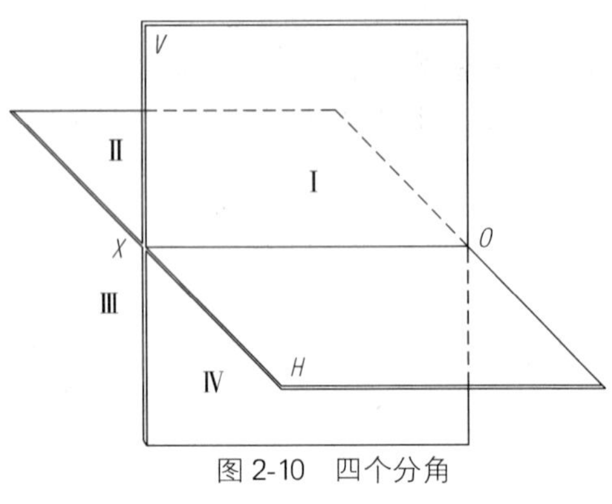

图 2-10　四个分角

图 2-11 中，空间四个点 A、B、C、D 分别位于Ⅰ、Ⅱ、Ⅲ、Ⅳ分角内。当将投影面展开时，V 面不动，H 面绕 OX 轴旋转，V 面前的 H 面向下旋转与 V 面重合；V 面后的 H 面向上旋转与 V 面重合。因此，位于四个分角内的点的两面投影有以下特点：

在第Ⅰ分角中，空间点位于 H 面之上，V 面之前。投影面展开后，点的正面投影位于 OX 轴之上，水平投影位于 OX 轴之下，如图 2-11 所示点 $A(a,a')$。

在第Ⅱ分角中，空间点位于 H 面之上，V 面之后。投影面展开后，点的水平投影和正面投影均位于 OX 轴之上，如图 2-11 所示点 $B(b,b')$。

在第Ⅲ分角中，空间点位于 H 面之下，V 面之后。投影面展开后，点的水平投影位于 OX 轴之上，正面投影位于 OX 轴之下，如图 2-11 所示点 $C(c,c')$。

在第Ⅳ分角中，空间点位于 H 面之下，V 面之前。投影面展开后，点的水平投影和正面投影均位于 OX 轴之下，如图 2-11 所示点 $D(d,d')$。

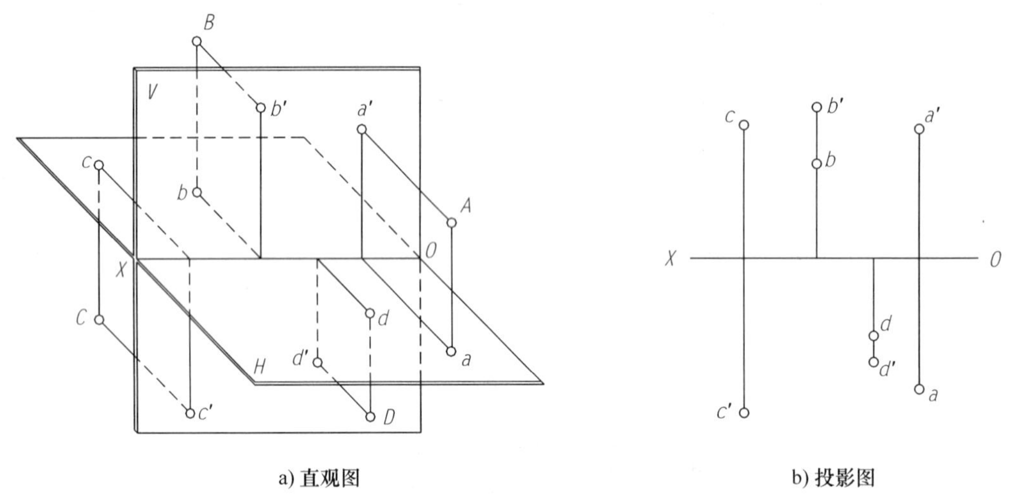

a) 直观图　　b) 投影图

图 2-11　点在四个分角的投影

2.2　直线的投影

空间一条直线可由直线上的任意两点确定，而直线的投影一般仍是直线。直线常用线段来表示，作直线的各个投影，只需作出该直线上任意两点（通常取线段的两个端点）在各个投影面上的投影，然后分别连接该两点在同一投影面上的投影（简称同面投影），即可得到直线的投影图。直线的投影用粗实线画出。

2.2.1 各种位置直线的投影特性

在三投影面体系中，根据直线对投影面的相对位置可将直线分为三类，它们是一般位置直线、投影面平行线和投影面垂直线。投影面平行线和投影面垂直线统称为特殊位置直线。

1. 一般位置直线

对 H 面、V 面和 W 面都处于倾斜位置的直线称为一般位置直线，简称一般线。

一般线对三个投影面都倾斜，它对各投影面的倾角，就是该直线和它在该投影面上的投影所夹的角。约定：对 H 面的倾角用 α 表示，对 V 面的倾角用 β 表示，对 W 面的倾角用 γ 表示，如图 2-12a)所示。可见，线段 AB 的各投影长度与实长、各倾角的关系为：

$$ab=AB\cdot\cos\alpha,\ a'b'=AB\cdot\cos\beta,\ a''b''=AB\cdot\cos\gamma$$

由于一般线的倾角均大于 0°且小于 90°，其余弦必小于 1，所以，一般线的三个投影的长度均小于实长。

一般线的投影图如图 2-12b)所示，其投影特性可归纳为：

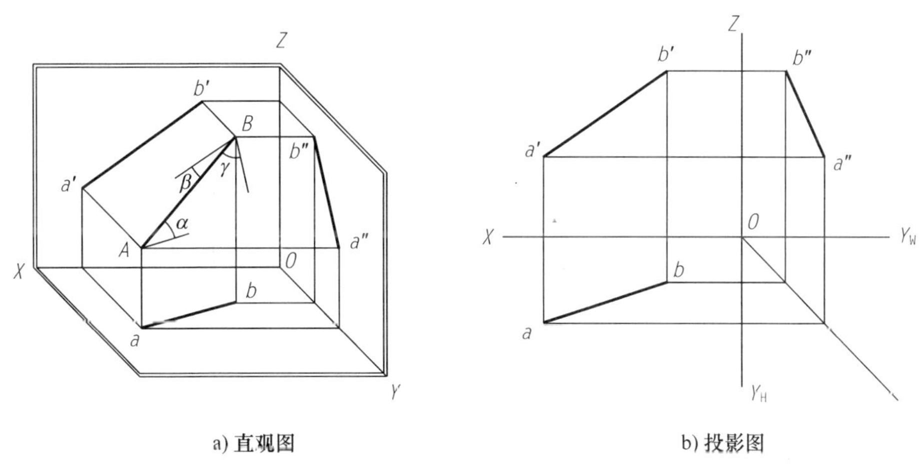

a) 直观图　　b) 投影图

图 2-12　一般位置直线的投影

一般线在三个投影面上的投影均倾斜于投影轴，但倾斜的角度并不等于空间直线与投影面的倾角，三个投影的长度都小于实长。

读图时，一直线只要有两个投影是倾斜的，它一定是一般线。

2. 投影面平行线

平行于某一个投影面，倾斜于另两个投影面的直线称为投影面平行线。投影面平行线有三种情况，其中：

与 H 面平行且与 V、W 面倾斜的直线称为水平线；

与 V 面平行且与 H、W 面倾斜的直线称为正平线；

与 W 面平行且与 H、V 面倾斜的直线称为侧平线。

表 2-1 列出了这三种直线的直观图和三面投影图，从中可以归纳出投影面平行线的投影特性：

（1）投影面平行线在所平行的投影面上的投影倾斜于投影轴，反映线段的实长，并且该实长投影与投影轴的夹角反映该线段对相应投影面的倾角的实形。

（2）其余两个投影分别平行于相应的投影轴，都小于线段实长。

投影面平行线的投影特性 表 2-1

名称	直 观 图	投 影 图	投影特性
水平线	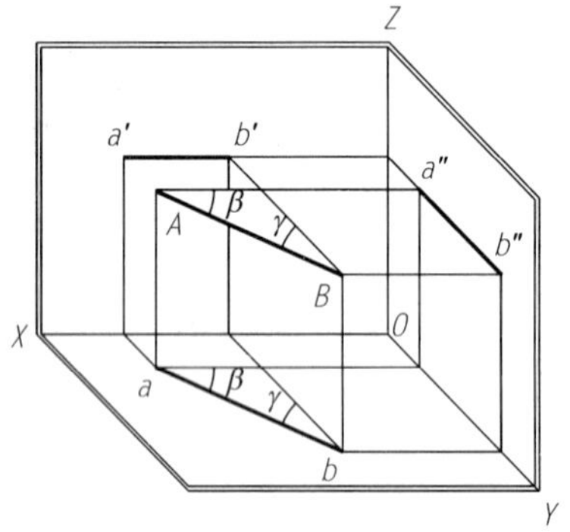	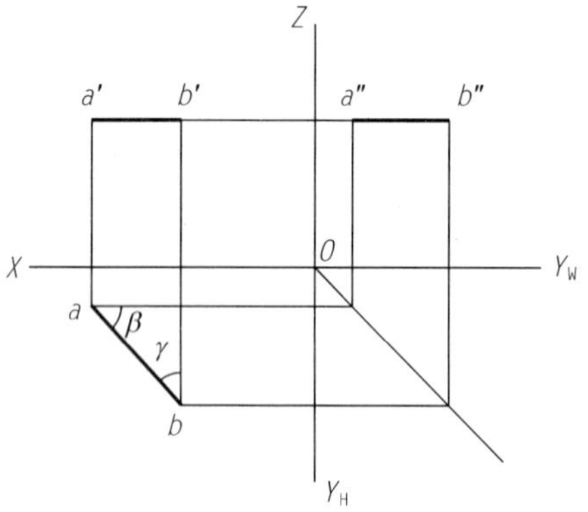	1. $ab = AB$，且反映 β、γ； 2. $a'b' /\!/ OX$，$a''b'' /\!/ OY_W$
正平线	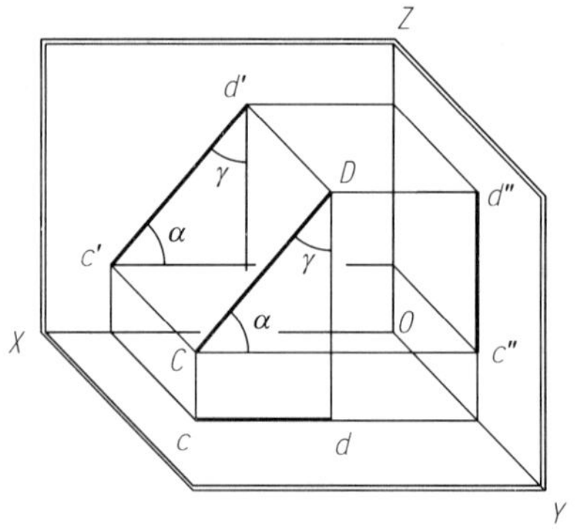	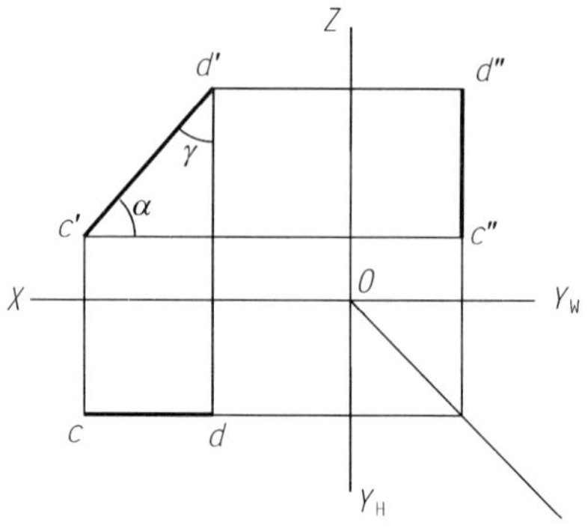	1. $c'd' = CD$，且反映 α、γ； 2. $cd /\!/ OX$，$c''d'' /\!/ OZ$
侧平线	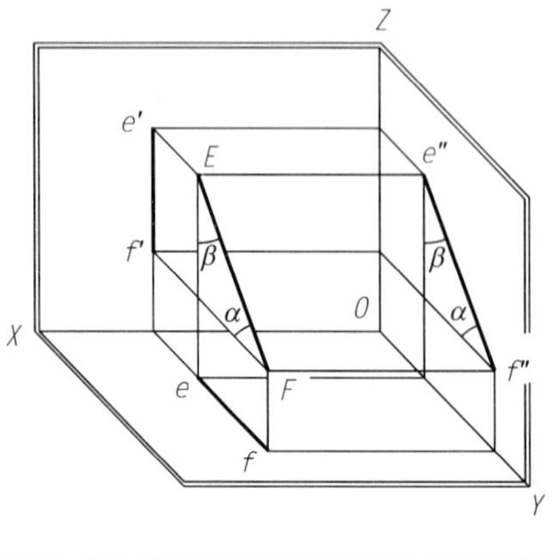	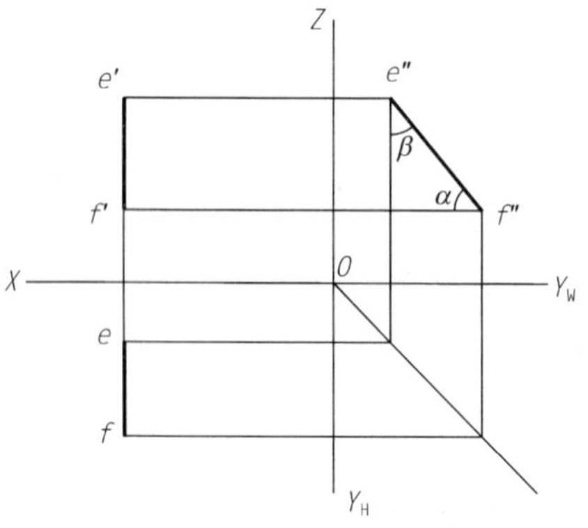	1. $e''f'' = EF$，且反映 α、β； 2. $ef /\!/ OY_H$，$e'f' /\!/ OZ$

读图时，一直线如果有一个投影平行于投影轴而另有一个投影倾斜于投影轴时，它必然是一条投影面平行线，平行于该倾斜投影所在的投影面。

3. 投影面垂直线

垂直于某一个投影面，从而平行于另两投影面的直线称为投影面垂直线。投影面垂直线有三种情况，其中：

与 H 面垂直从而与 V、W 面平行的直线称为铅垂线；

与 V 面垂直从而与 H、W 面平行的直线称为正垂线；

与 W 面垂直从而与 H、V 面平行的直线称为侧垂线。

表 2-2 列出了这三种直线的直观图和三面投影图，从中可以归纳出投影面垂直线的投影特性：

投影面垂直线的投影特性　　表 2-2

名称	直观图	投影图	投影特性
铅垂线	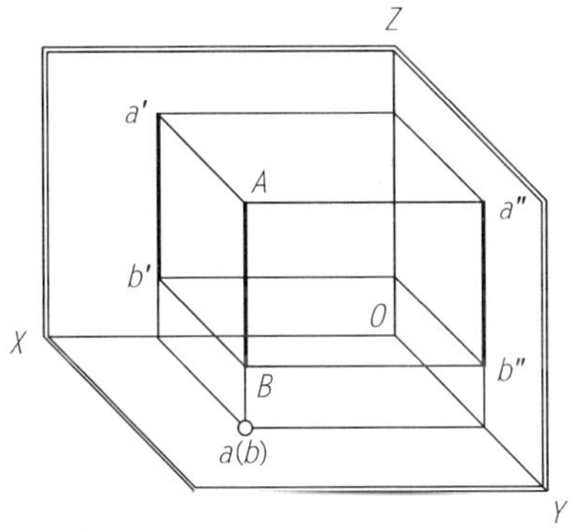 Z, a′, A, a″, b′, O, X, B, b″, a(b), Y	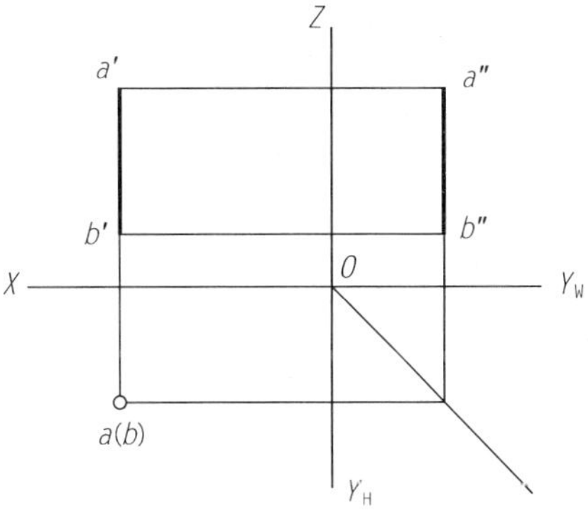 Z, a′, a″, b′, b″, X, O, Y_W, a(b), Y_H	1. $a(b)$ 积聚为一点； 2. $a'b' \perp OX$，$a''b'' \perp OY_W$，且 $a'b'=a''b''=AB$
正垂线	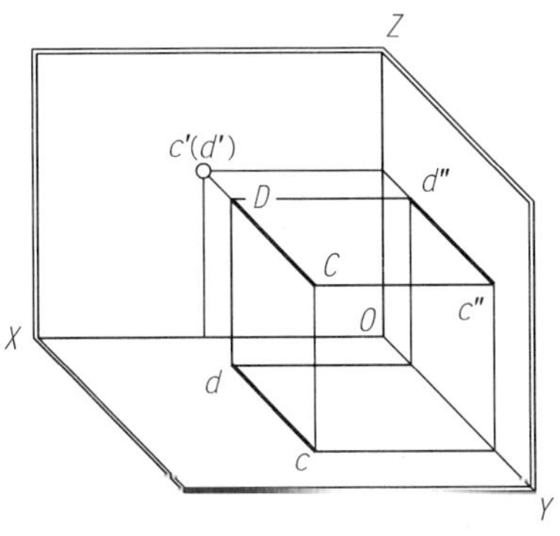 Z, c′(d′), D, d″, C, X, O, c″, d, c, Y	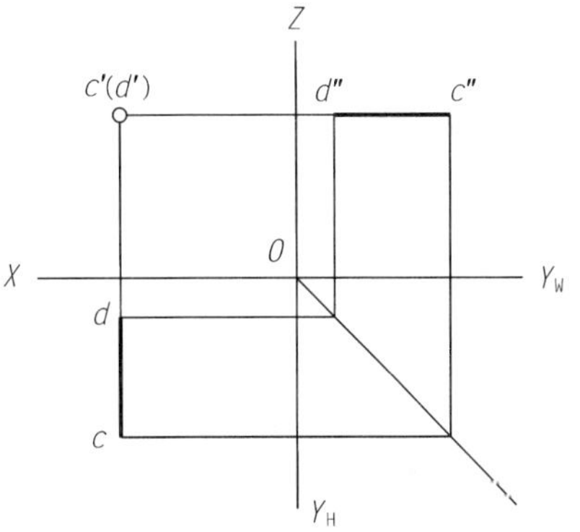 Z, c′(d′), d″, c″, O, X, Y_W, d, c, Y_H	1. $c'(d')$ 积聚为一点； 2. $cd \perp OX$，$c''d'' \perp OZ$，且 $cd=c''d''=CD$

续上表

名称	直观图	投影图	投影特性
侧垂线			1. $e''(f'')$ 积聚为一点； 2. $ef \perp OY_H$，$e'f' \perp OZ$，且 $ef = e'f' = EF$

(1) 投影面垂直线在所垂直的投影面上的投影积聚为一点。

(2) 其余两面投影分别垂直于相应的投影轴，并且反映线段实长。

读图时，一直线只要有一个投影积聚为一点，它必然是一条投影面垂直线，垂直于积聚投影所在的投影面。

【例 2-4】 过点 A 作正平线 AB，使 AB 线段的长度为 40mm，α 为 30°，如图 2-13a) 所示。

分析：

根据正平线的投影特性知，AB 的正面投影反映它的实长和倾角 α 实形；AB 的水平投影与 OX 轴平行。

这样的线段有四条，分别由点 A 指向右下、右上、左上或左下方，这里只作出右下一解即可。

作图： 如图 2-13b) 所示。

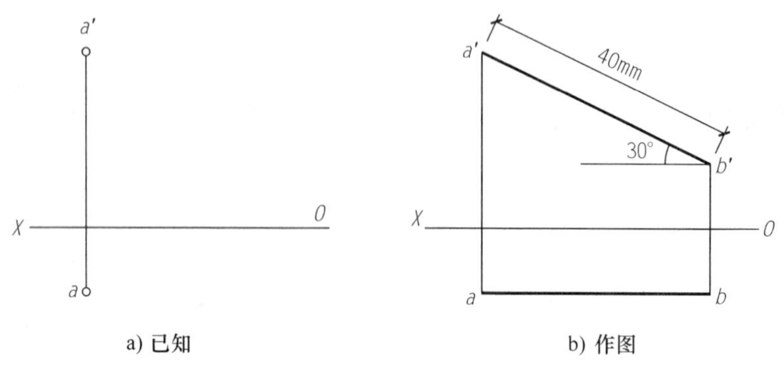

a) 已知　　b) 作图

图 2-13　按给定条件作正平线

(1) 过 a' 向右下方作与 OX 轴夹角 30°的直线 $a'b'$，使 $a'b'=40$。

(2) 过 a 作 OX 轴的平行线，并由 b' 作长对正投影连线求得 b。$AB(ab,a'b')$ 为所求。

2.2.2 直角三角形法求一般线段的实长和倾角

从各种位置直线的投影特性可知，特殊位置直线能在投影图上直接反映出线段的实长及对投影面的倾角，而一般线段的三个投影既不反映线段的实长，也不反映空间直线对投影面的倾角实形。但是，可以根据一般线的投影，按一定的几何关系，在投影图上用图解的方法求出该线段的实长及其对投影面的倾角。下面介绍用直角三角形法求一般直线的实长和倾角。

如图 2-14a)所示，AB 为一般线段，过点 A 作 $AB_0 /\!/ ab$，得直角三角形 ABB_0，在此直角 $\triangle ABB_0$ 中：

斜边 AB 为空间线段的实长；

$\angle BAB_0$ 为线段 AB 对 H 面的倾角 α；

一直角边 $AB_0=ab$，即线段 AB 的 H 投影长；

另一直角边 $BB_0=|z_B-z_A|=|\triangle z_{AB}|$，即线段 AB 两端点 A 与 B 到 H 面的距离差。

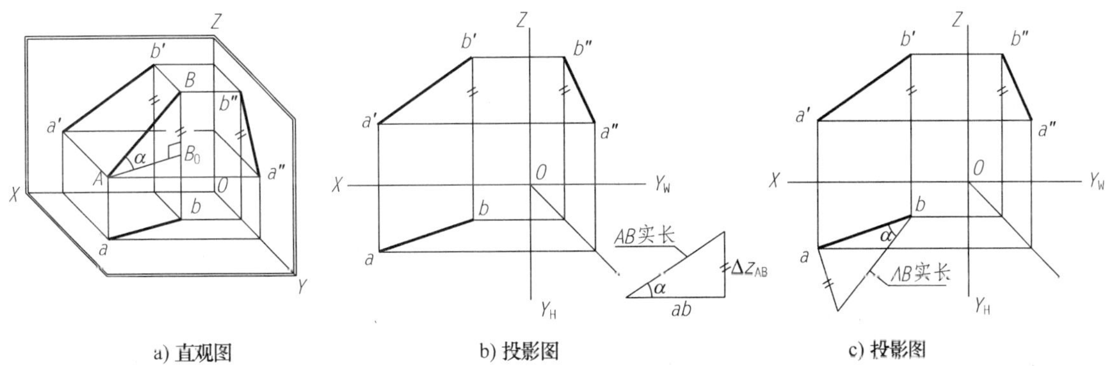

图 2-14 直角二角形法求线段的实长及倾角 α

以上四个条件，已知其中任意两个条件，即可作出此直角三角形，可求另外两个。根据线段 AB 的投影图，两条直角边的长度在投影图中为已知，因此可作出此直角三角形，从而可求 AB 实长及 AB 对 H 面的倾角 α，具体作图如图 2-14b)所示。以水平投影 ab 为一直角边，另一直角边 $|\triangle z_{AB}|$ 可在正面或侧面投影上截取，则可作出一与 $\triangle ABB_0$ 全等的直角三角形，斜边即为线段 AB 的实长，投影长 ab 与实长 AB 的夹角即为线段 AB 对 H 面的倾角 α。

直角三角形画在图纸的任何地方均可。为作图简便，可将此直角三角形画在如图 2-14c)所示 H 面的位置。

同理，欲求线段 AB 对 V 面的倾角 β，其作图原理和方法如图 2-15 所示。

如图 2-15a)所示，过点 B 作 $BA_0 /\!/ a'b'$，得直角三角形 ABA_0，在此直角 $\triangle ABA_0$ 中：

斜边 AB 仍为空间线段的实长；

$\angle ABA_0$ 为线段 AB 对 V 面的倾角 β；

一直角边 $BA_0=a'b'$，即线段 AB 的 V 投影长；

另一直角边 $AA_0=|y_A-y_B|=|\triangle y_{AB}|$，即线段 AB 两端点 A 与 B 到 V 面的距离差。

在投影图上，两条直角边的长度为已知，如图 2-15b) 所示。以正面投影 $a'b'$ 为一直角边，另一直角边 $|\triangle y_{AB}|$ 可在 H 面或 W 面投影上截取，则可作出一与 $\triangle ABA_0$ 全等的直角三角形，斜边即为线段 AB 的实长，投影长 $a'b'$ 与实长 AB 的夹角即为线段 AB 对 V 面的倾角 β。

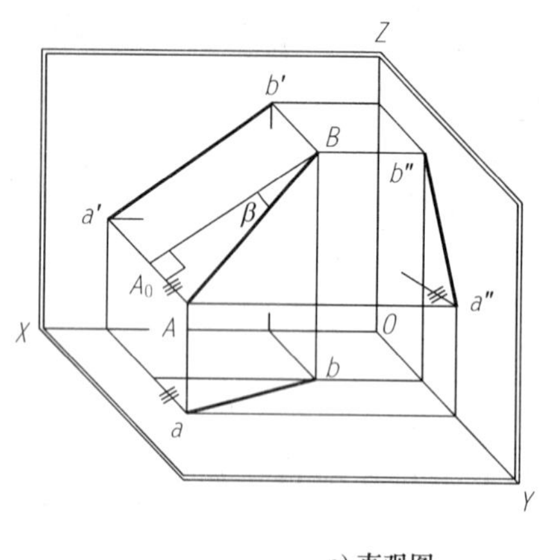

a) 直观图

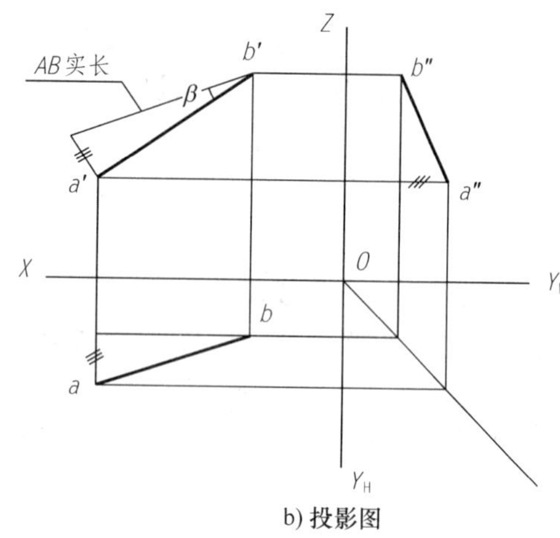

b) 投影图

图 2-15　直角三角形法求线段的实长及倾角 β

同理，欲求线段 AB 对 W 面的倾角 γ，其作图原理和方法如图 2-16 所示。直角 $\triangle ABA_1$ 中：

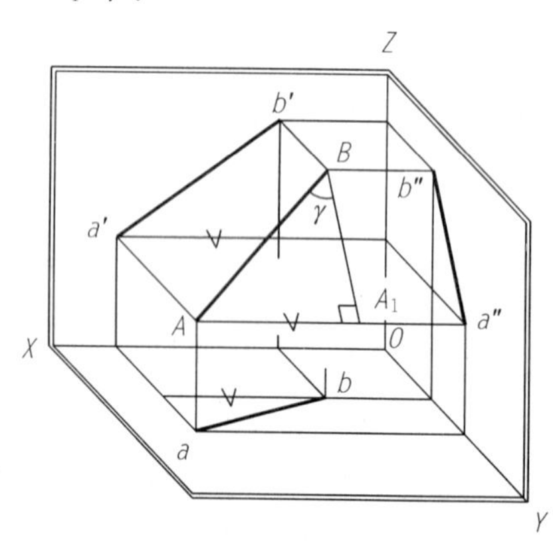

a) 直观图

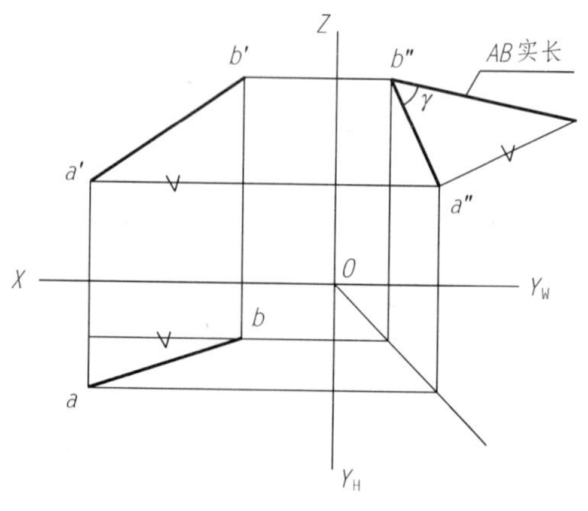

b) 投影图

图 2-16　直角三角形法求线段的实长及倾角 γ

斜边 AB 仍为空间线段的实长；

$\angle ABA_1$ 为线段 AB 对 W 面的倾角 γ；

一直角边 $BA_1=a''b''$，即线段 AB 的 W 投影长；

另一直角边 $AA_1=|x_A-x_B|=|\triangle x_{AB}|$，即线段 AB 两端点 A 与 B 到 W 面的距离差。

在投影图上，直角边 $|\triangle x_{AB}|$ 可在 H 面或 V 面投影上截取，投影长 $a''b''$ 与实长 AB 的夹角为线段 AB 对 W 面的倾角 γ。

以上利用直角三角形求作线段实长和倾角的方法，称为直角三角形法。其作法的要点是：以该线段在某投影面上的投影为一直角边，以该线段两端点对该投影面的坐标差为另一直角边，作一直角三角形，其斜边即为空间线段的实长，投影长与实长的夹角即为空间线段对该投影面的倾角。

【例 2-5】 已知线段 AB 的水平投影 ab 和点 A 的正面投影 a'，并知线段 AB 与 H 面夹角 $\alpha=30°$，作出 AB 的正面投影，如图 2-17a)所示。

分析：

根据直角三角形法，若已知线段的投影长、两点的坐标差、实长及夹角四个条件中的任意两个，便可利用直角三角形求得另两个。该例可由线段的 H 投影及其对 H 的倾角 α，作出直角三角形，求出线段 AB 两端点的 Z 坐标差 $\triangle z_{AB}$，便可得到点 B 的正面投影 b'，连接 $a'b'$ 即为所求。

作图：如图 2-17b)所示。

(1) 过点 b 作 ab 的垂线。

(2) 作与 ab 成 30°角的直线 aB_0，得直角三角形 abB_0，bB_0 即为 $\triangle z_{AB}$。

(3) 过 b 作 OX 轴的垂线，截取 $\triangle z_{AB}=bB_0$，得 b'，连接 $a'b'$，完成投影(本题有两解)。

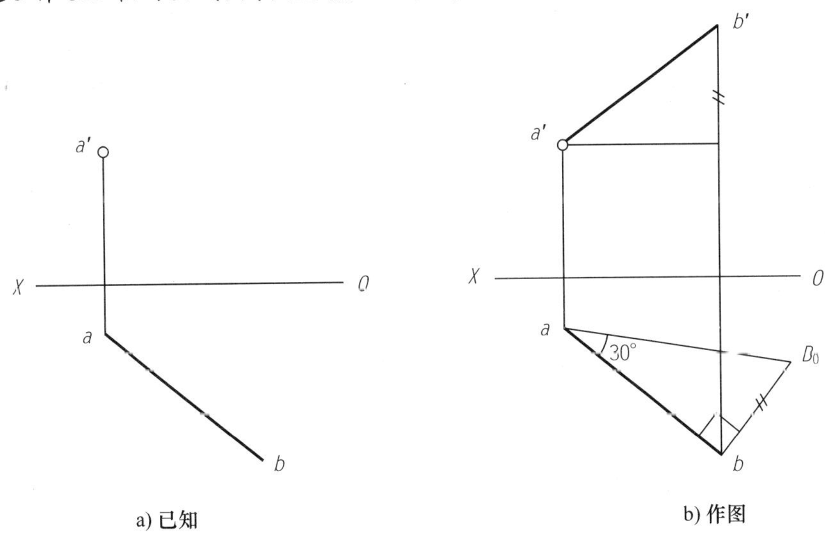

图 2-17 用直角三角形法补全直线的投影

2.2.3 直线上的点

由正投影的基本性质可知，直线上的点具有从属定比性。推广到三面投影体系中，可得出下面结论：

若点在直线上，则点的各个投影必在直线的同面投影上，且点分线段所成的比例等于点的投影分线段同面投影所成的比例。

如图 2-18 所示，若 $K\in AB$，则 $k\in ab$，$k'\in a'b'$，$k''\in a''b''$；且 $AK:KB=ak:kb=a'k':k'b'=a''k'':k''b''$。

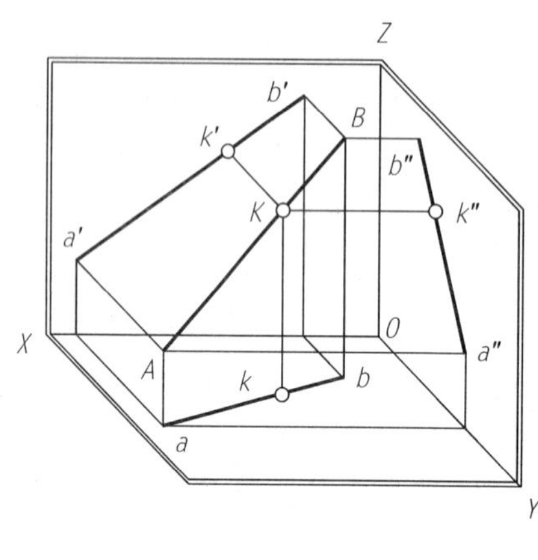

a) 直观图

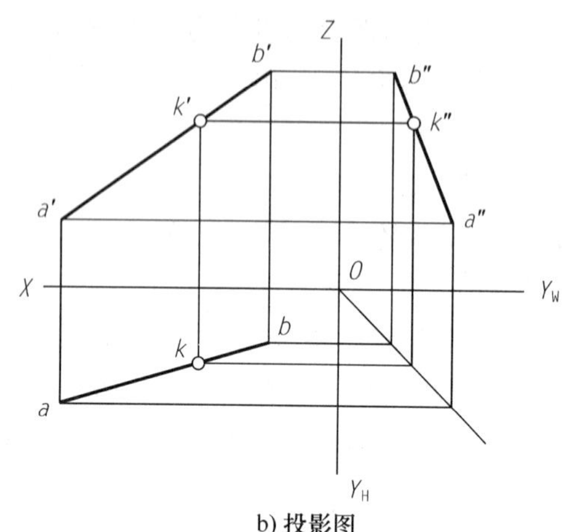

b) 投影图

图 2-18　直线上的点

反之，若一点的各个投影在一直线的同面投影上，且分直线段各投影长度成相同比例，则该点在此直线上。

直线上点的投影特性是在直线上取点或由投影判别空间点是否属于直线的依据。

一般情况下，根据点的两面投影是否在直线的同面投影上就可确定该点是否属于直线。但当直线是某一投影面的平行线时，还需分析直线所平行的投影面上的投影是否满足从属性，或利用定比性进行判断。

【例 2-6】 如图 2-19a)所示，在已知线段 AB 上取一点 K，使 $AK : KB=2:1$，求点 K 的投影。

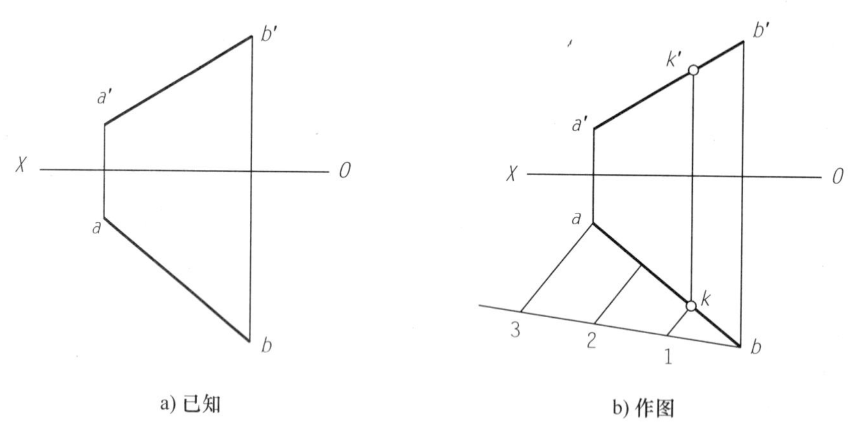

a) 已知　　b) 作图

图 2-19　按给定比例在直线上取点

分析：

由直线上点的定比性知，$ak : kb=a'k' : k'b'=AK : KB=2:1$，为此，分线段 AB 的一个投影(如 ab)为 3 份，ak 占其中 2 份可得 K 点的水平投影 k；然后按直线上点的从属性在 $a'b'$ 上定出 k'，$K(k,k')$即为所求。

作图： 如图 2-19b)所示。

(1) 过点 b 作一任意角度的辅助线，按尺子刻度在此线上取任意等长的三等分，如 1、2、3。

(2) 连接点 3 和点 a。

(3) 过点 1 作 $3a$ 的平行线，交 ab 于 k。

(4) 过点 k 作 OX 轴的垂线交 $a'b'$ 于 k'。

【例 2-7】 已知线段 AB 的投影(ab,$a'b'$)，如图 2-20a)所示。试在线段 AB 上取一点 C，使 AC 的长度等于已知长度 L。

分析：

AB 的两面投影倾斜于投影轴，所以线段 AB 为一般线，投影图上不反映实长。所以需要用直角三角形法先求出 AB 的实长，然后在 AB 实长上截取 $AC=L$，定出点 C，再根据定比性求出点 C 的投影。

作图：

(1) 由 ab 和 Δz_{AB} 或 $a'b'$ 和 Δy_{AB} 作直角三角形求出线段 AB 的实长，如图 2-20b)所示。此处由 $a'b'$ 和 Δy_{AB} 求出 AB 实长为 a'Ⅰ。

(2) 在 a'Ⅰ上截取长度为 L 的线段 a'Ⅱ。

(3) 过点Ⅱ作Ⅱc' // Ⅰb'，Ⅱc' 交 $a'b'$ 于点 c'。

(4) 由 c' 作 OX 轴垂线交 ab 于 c，点 $C(c,c')$ 即为所求。

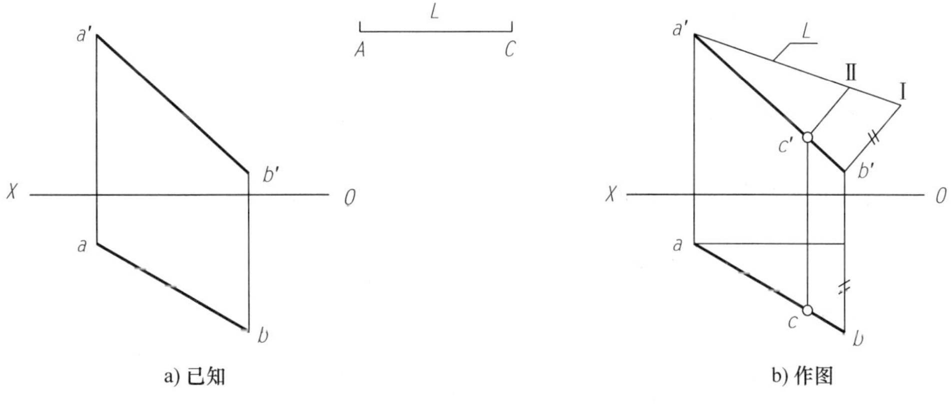

a) 已知　　b) 作图

图 2-20　按给定长度在直线上取点

【例 2-8】 已知直线 AB 及点 M 的两面投影，如图 2-21a)所示。判断点 M 是否在直线 AB 上。

分析：

由投影图可知，AB 为侧平线，它的正面投影 $a'b'$ 和水平投影 ab 均垂直于 OX 轴，在此特殊情况下，一般不能直接用观察的方法确定点 M 是否在直线 AB 上。

要判断点 M 是否在直线 AB 上，一种方法是作出直线 AB 和点 M 的侧面投影来判断。如图 2-21b)所示，因 m'' 不在 $a''b''$ 上，故知点 M 不在直线 AB 上；另一种方法是用定比性来判断。如图 2-21c)所示，过直线 AB 的任一面投影上一点如 a' 作一辅助线，在其上量取 $a'b_0=ab$，$a'm_0=am$，连接 b_0b'，过 m_0 作 b_0b' 的平行线交 $a'b'$ 于 m_0'，因 m_0' 与 m' 不重合，即 $am:mb\neq a'm':m'b'$，故知点 M 不在直线 AB 上。

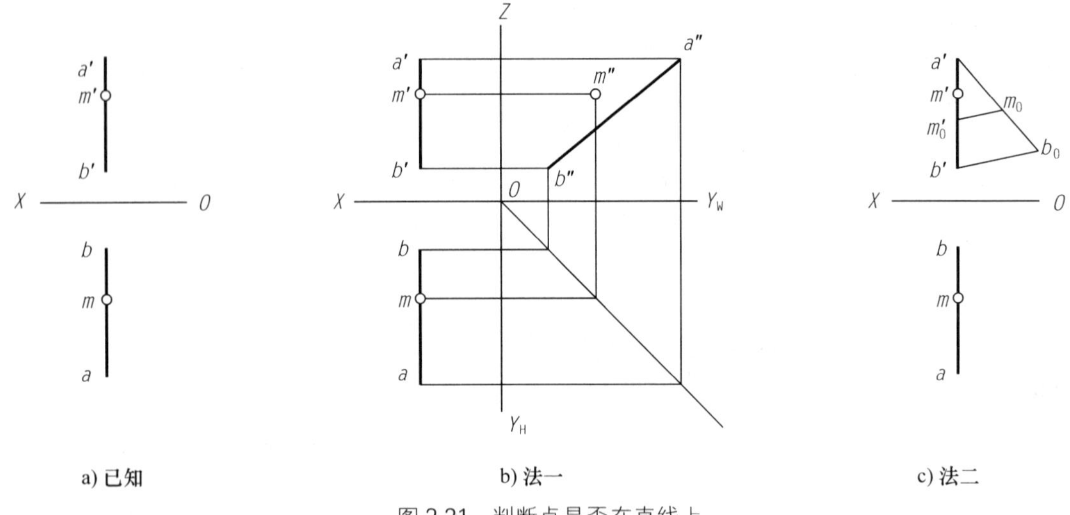

a) 已知　　b) 法一　　c) 法二

图 2-21　判断点是否在直线上

2.2.4　两直线的相对位置

空间两直线的相对位置有平行、相交和交叉三种。平行和相交的两条直线在同一平面上，称为共面线，交叉的两条直线不在同一平面上，称为异面线。在两相交直线中，有斜交和正交两种情况，两交叉直线也有垂直交叉的。

1. 两直线平行

由正投影的基本性质可知，平行两直线具有平行等比性。推广到三面投影体系中，可得出下面结论：

若空间两直线互相平行，则其同面投影必平行，且两平行线段长度之比等于其各同面投影长度之比。

如图 2-22 所示，两直线 $AB /\!/ CD$，则 $ab /\!/ cd$，$a'b' /\!/ c'd'$，$a''b'' /\!/ c''d''$；且 $AB : CD = ab : cd = a'b' : c'd' = a''b'' : c''d''$。

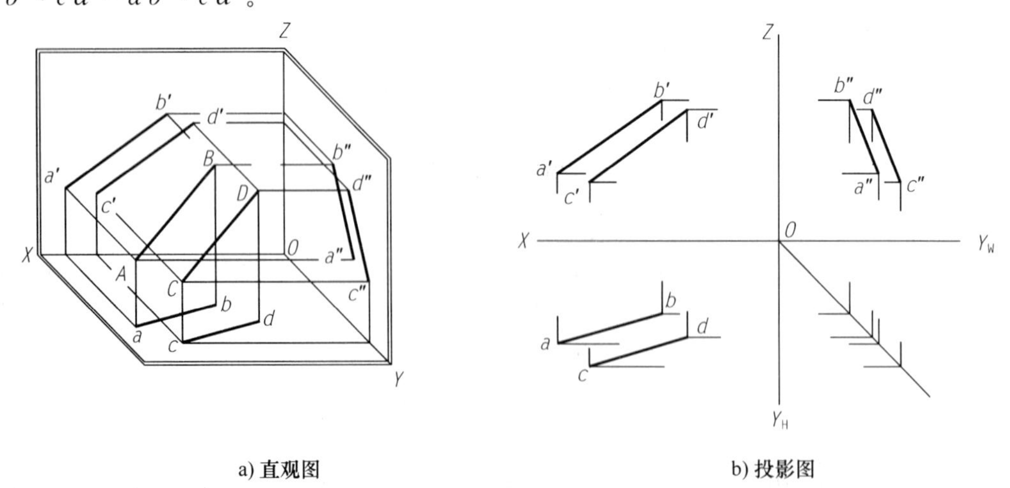

a) 直观图　　b) 投影图

图 2-22　两直线平行

反之，若两条直线的各同面投影分别平行，则该两条直线在空间必平行。

一般情况下，根据直线的任意两个同面投影是否平行即可确定该两直线在空间是否平行。但当两直线同时为某一投影面的平行线时，通常还需要根据两直线在所平行的投影面上的投影是否平行来确定，或者当两直线走向（指线段两端点的相对位置）一致时，根据等比性来判定。若两直线各同面投影比例不相等，则两直线必不平行。

如图 2-23a）所示，AB、CD 是两条侧平线，走向均由后上指向前下，虽然它们的水平投影及正面投影均相互平行，即 $ab/\!/cd$，$a'b'/\!/c'd'$，但它们的侧面投影并不平行，因此 AB、CD 两直线并不平行。或者不求侧面投影，利用等比性来判断，这里可以分别以 ab、cd 和 $a'b'$、$c'd'$ 对应作直角边作出两个直角三角形，比较斜边是否平行，如图 2-23b）所示。可见 $ab:cd\neq a'b':c'd'$，所以 AB 与 CD 不平行。

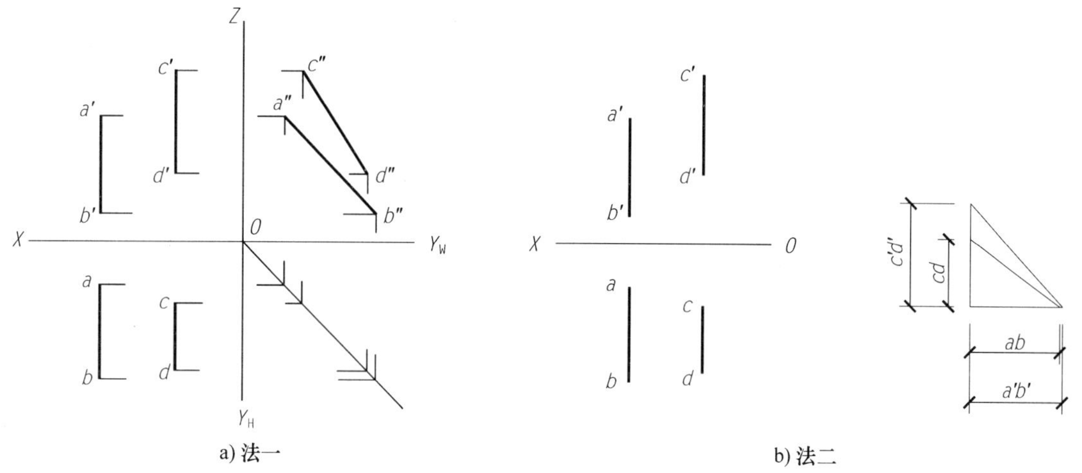

a) 法一　　b) 法二

图 2-23　判断两侧平线是否平行

如果两条同一投影面平行线走向不同，则可以直接判定两直线不平行。如图 2-24 所示，AB、CD 是两条侧平线，AB 由后上指向前下，CD 则由前上指向后下，所以两直线走向不同，即使不作侧面投影，也可以判定，AB 与 CD 不平行。

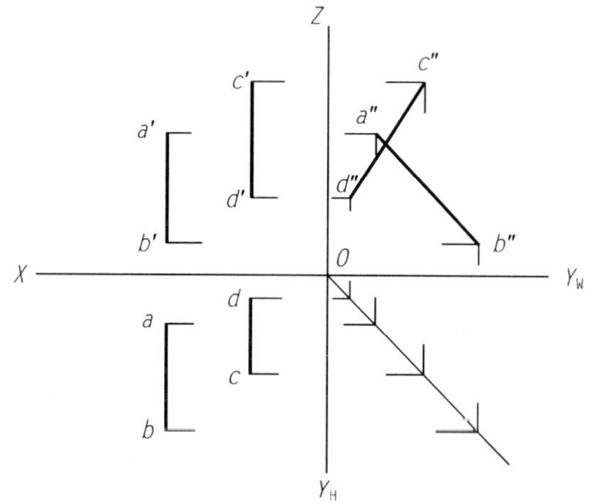

图 2-24　走向不同的两条侧平线

2. 两直线相交

两直线相交必有一个交点，交点是两直线的公共点。根据直线上点的从属定比性，可得出下面结论：

若空间两直线相交，则其同面投影必相交，且各投影的交点必符合点的投影规律。

如图 2-25 所示，直线 AB 与 CD 相交于点 K，则 ab 与 cd 交于 k，$a'b'$ 与 $c'd'$ 交于 k'，$a''b''$ 与 $c''d''$ 交于 k''，k、k'、k'' 为交点 K 的三面投影，因此 kk' 连线垂直于 OX 轴，$k'k''$ 连线垂直于 OZ 轴。

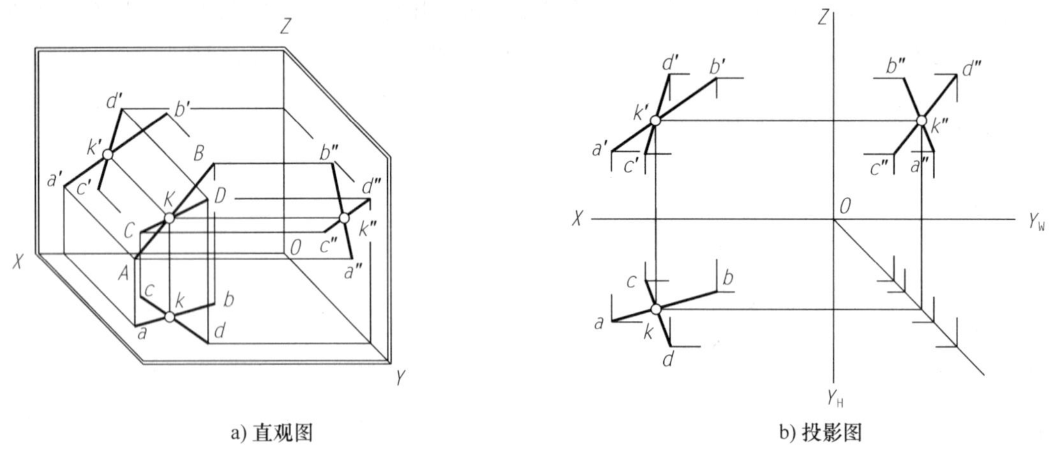

图 2-25　两直线相交

反之，若两直线的各同面投影分别相交，且各投影的交点符合点的投影规律，则该两直线在空间一定相交。

在投影图上要判断两直线在空间是否相交，一般情况下，根据直线的任意两个同面投影是否相交，且投影的交点是否符合点的投影规律即可判定。但当两直线中有一条线为某一投影面的平行线时，通常还需要作出直线所平行的投影面上的投影来确定，或者根据直线上点的从属定比性来判定。

如图 2-26 所示，ab 与 cd，$a'b'$ 与 $c'd'$ 都相交，但因直线 CD 为侧平线，所以不管 AB 与 CD

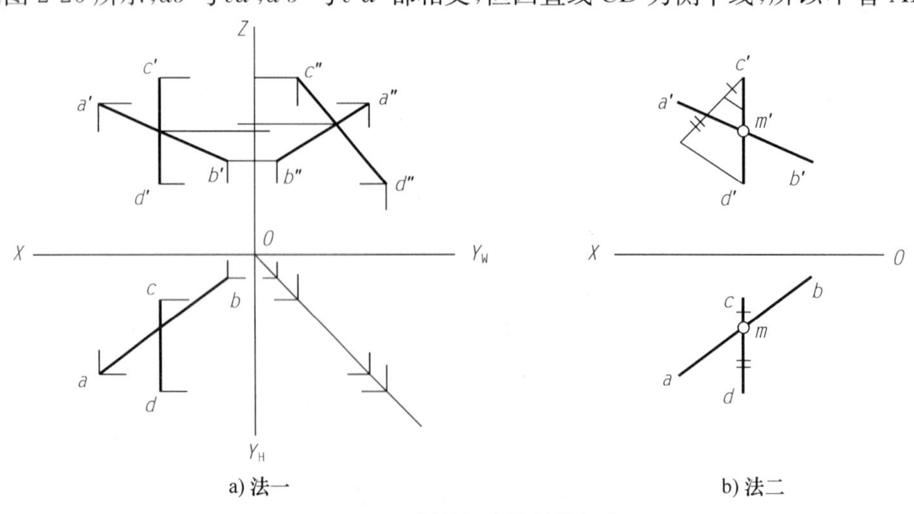

图 2-26　判断两直线是否相交

在空间是否相交，它们的水平投影交点与正面投影的交点的连线总是垂直于 OX 轴的。在这种情况下，可利用补作侧面投影的方法来判别它们是否相交，如图 2-26a)所示，虽然 $a''b''$ 与 $c''d''$ 也相交，但 V 投影交点与 W 投影交点的连线不垂直于 OZ 轴，不符合点的投影规律，因此 AB、CD 两直线并不相交。或者不求侧面投影，利用直线上点的从属定比性来判断，如图 2-26b)所示，AB 为一般线，由已知的两面投影可以确定点 M 一定在 AB 上，如果点 M 也是 CD 上的点，则 AB 与 CD 有公共点 M，二直线必相交，但通过作图可知，$cm:md \neq c'm':m'd'$，即点 M 不是 CD 上的点，所以 AB 与 CD 不相交。

3. 两直线交叉

空间既不平行又不相交的两直线为交叉直线。

虽然两交叉直线的某一个或两个同面投影有时可能平行，但所有的同面投影不可能同时都相互平行，如图 2-23 和图 2-24 所示；两交叉直线的同面投影也可能相交，但投影的交点不会是两直线的共有点，如图 2-26 所示。两直线在某个投影面上投影的交点，只不过是两直线上对该投影面的一对重影点的重合投影。

如图 2-27 所示，直线 AB 和 CD 是交叉两直线。虽然两直线 H、V 两面投影分别相交，但交点的连线不垂直于 OX 轴，它们的 V 投影交点 $g'(j')$ 只不过是 CD 线上的点 G 和 AB 线上的点 J 这对重影点在 V 面的重合投影，它们的 H 投影的交点 $e(f)$，也只是 AB 线上的点 E 和 CD 线上的点 F 这对重影点在 H 面的重合投影。

重影点存在可见性问题，在投影图上判断重影点可见性时，可由重影点的重合投影向相邻投影面引垂线，比较两直线上两点坐标值的大小，坐标值大的可见，小的不可见。如图 2-27b)所示，点 G 和点 J 是对 V 面的重影点，由 H 投影可知，$y_G > y_J$，因此，V 面重合投影点 G 可见，点 J 不可见。点 E 和点 F 是对 H 面的重影点，由 V 投影可知，$z_E > z_F$，因此，H 面重合投影点 E 可见，点 F 不可见。

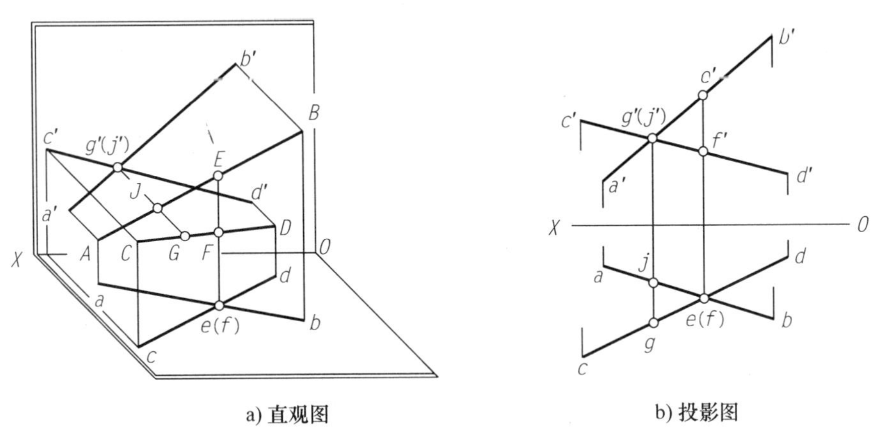

图 2-27 两直线交叉

【例 2-9】 已知平行四边形 $ABCD$ 的两边 AD 和 AB 的投影，完成 $ABCD$ 的投影，如图 2-28a)所示。

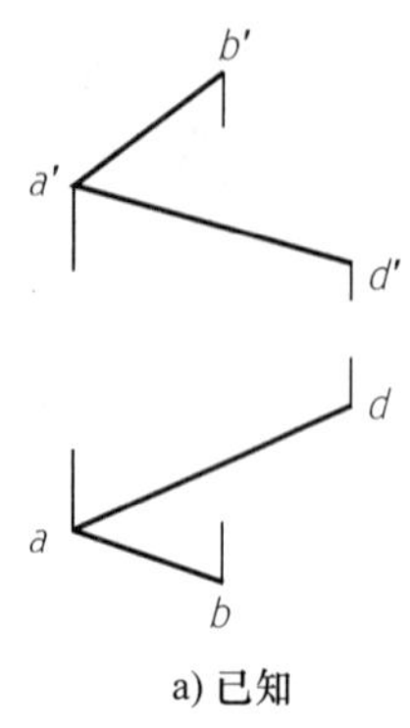

a) 已知

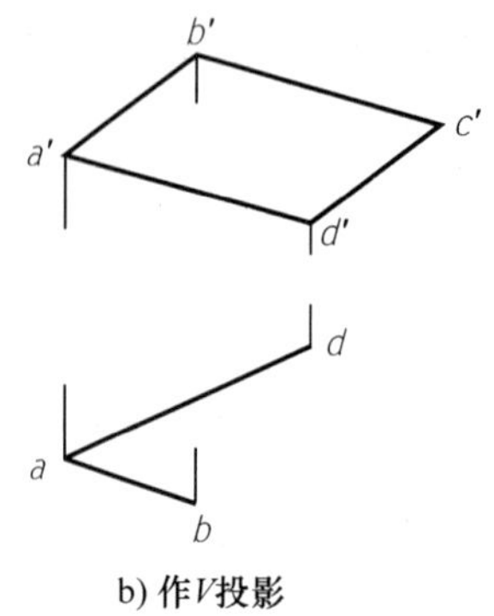

b) 作V投影

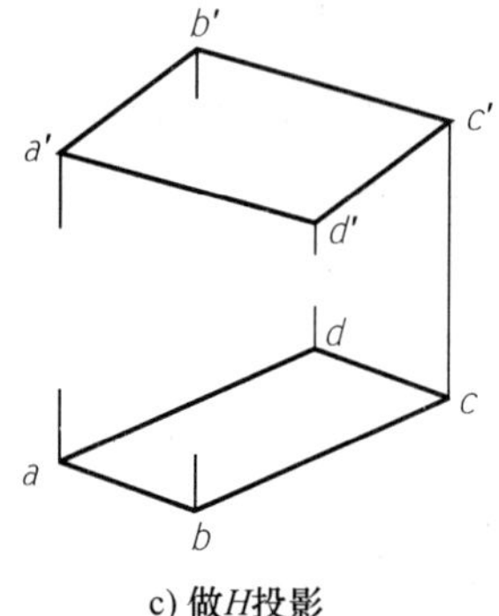

c) 做H投影

图 2-28 作平行四边形的投影

分析：

平行四边形对边相互平行。

作图：

(1) 作 $d'c' /\!/ a'b'$，$b'c' /\!/ a'd'$，得 c'，如图 2-28b)所示。

(2) 作 $dc /\!/ ab$，$bc /\!/ ad$，c 与 c' 应在同一竖直投影连线上，如图 2-28c)所示。

【例 2-10】 已知平面四边形 $ABCD$ 的 V 投影及其两边的 H 投影，如图 2-29a)所示，试完成四边形 $ABCD$ 的 H 投影。

分析：

平面四边形的四个顶点在同一平面上，它的对角线 AC 和 BD 必相交于点 K。因此，可在投影图上作出对角线及其交点 K 的 H 投影来确定点 d 的位置。

作图：

(1) 连 $a'c'$ 和 $b'd'$，得交点 k'，即两对角线交点 K 的 V 投影，如图 2-29b)所示。交点 K 的 H 投影 k 必在对角线 AC 的 H 投影 ac 上，则点 D 的 H 投影 d 必在 bk 的延长线上。

(2) 过 d' 向下作投影连线交 bk 延长线于 d，连 da、dc，$abcd$ 即为所求，如图 2-29c)所示。

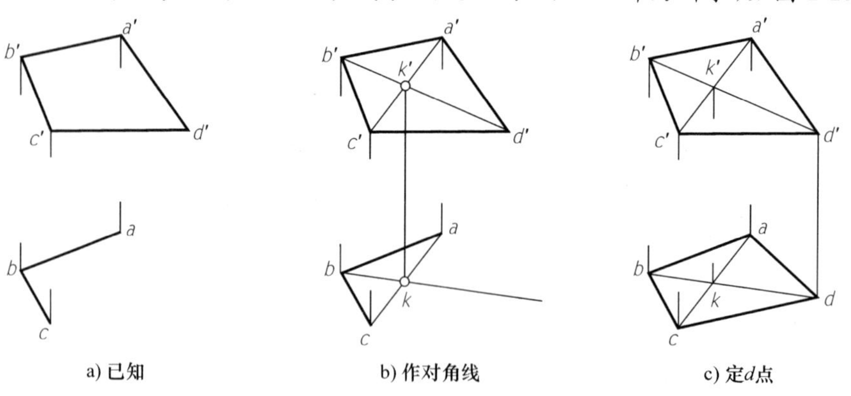

a) 已知　　b) 作对角线　　c) 定d点

图 2-29 作四边形的投影

2.2.5 直角投影定理

两直线的夹角，其投影一般不反映空间角的实际大小，只有当两直线都平行于某一投影面时，则它在该投影面上的投影反映空间角的实形。互相垂直的两条直线，其投影除具备这一性质外，在投影图中依然反映垂直的还有以下情况：

空间互相垂直的两条直线，其中有一条直线平行于某一投影面时，则两直线在该投影面上的投影仍互相垂直。

已知：$AB \perp AC$，一边 AB 平行于 H 面，如图 2-30 所示。

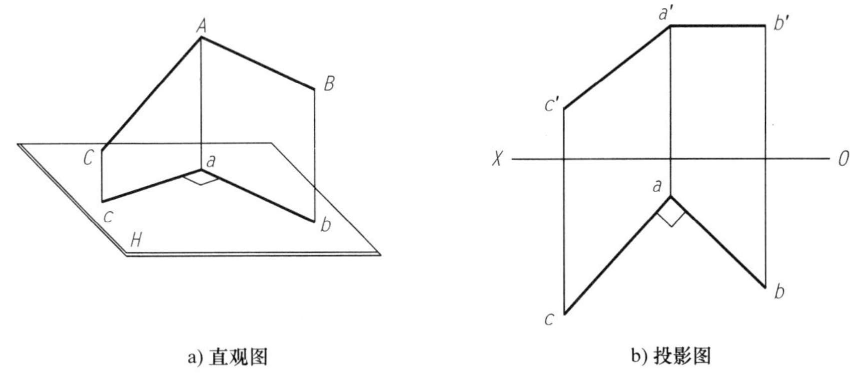

a) 直观图　　b) 投影图

图 2-30　直角投影定理

求证：$ab \perp ac$。

证明：

因为 $AB \perp AC$，且水平线 AB 垂直于投射线 Aa，所以 AB 垂直于 AC 和 Aa 所确定的平面 $ACca$，因而必然垂直于面内的直线 ac，又因 $ab /\!/ AB$，所以 $ab \perp ac$。

这种一边平行于投影面的直角在该投影面上的投影仍然是直角的投影规律称为直角投影定理。

直角投影定理同样适用于两直线交叉垂直的情况。如图 2-31 所示，AC 和 BD 为交叉垂直的两条直线，BD 为水平线。同理可证，$ac \perp bd$。和两相交垂直直线一样，两交叉垂直直线中，如果其中有一直线平行于某一投影面，则两直线在该投影面上的投影仍互相垂直。

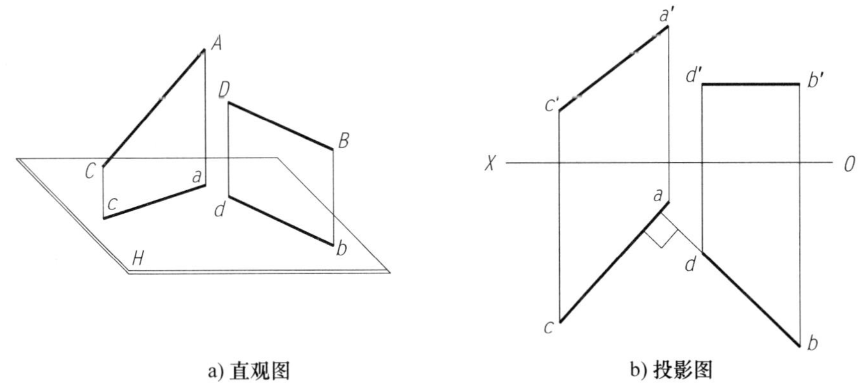

a) 直观图　　b) 投影图

图 2-31　两直线交叉垂直

反之，若两直线在某一投影面的投影互相垂直，且其中有一条直线平行于该投影面，则空间两直线必定互相垂直。

如图 2-32a)所示，直线 AB 与 CD 的正面投影 $a'b'$ 和 $c'd'$ 互相垂直，其中 AB 为正平线，所以 AB 与 CD 空间垂直。且两面投影交点的连线垂直于投影轴，因此直线 AB 与 CD 正交。图 2-32b)中直线 DE 与 DF 的侧面投影 $d''e''$ 和 $d''f''$ 互相垂直，其中 DF 为侧平线，所以 DE 与

DF 正交。

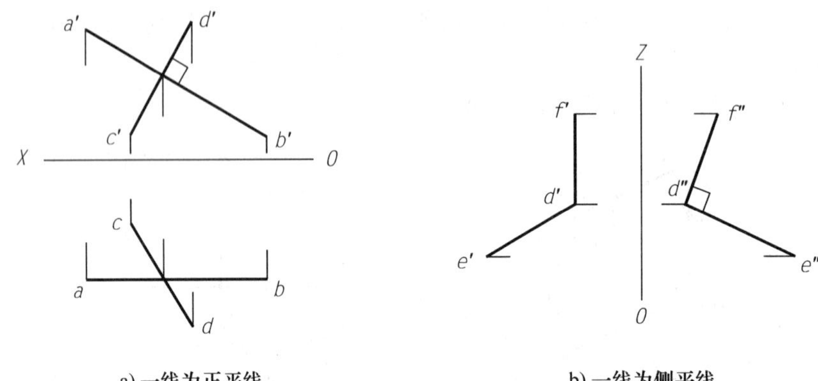

a) 一线为正平线　　b) 一线为侧平线

图 2-32　两直线正交

【例 2-11】 已知矩形 $ABCD$ 中 BC 边的两投影 bc 和 $b'c'$ 以及 AB 边的正面投影 $a'b'$（$/\!/$ OX 轴），完成该矩形的两面投影，如图 2-33a)所示。

分析：

矩形邻边相互垂直，对边相互平行相等。由 $a'b' /\!/ OX$，可知 AB 是水平线，根据直角投影定理，矩形相邻两边 AB 与 BC 的水平投影反映垂直。

作图：

(1) 过点 b 作 bc 的垂直线，并由 a' 向下作投影连线，与该垂线交于 a，如图 2-33b)所示。

(2) 按对边平行且相等的性质，作出矩形另两边的投影，从而完成矩形 $ABCD$ 的投影，如图 2-33c)所示。

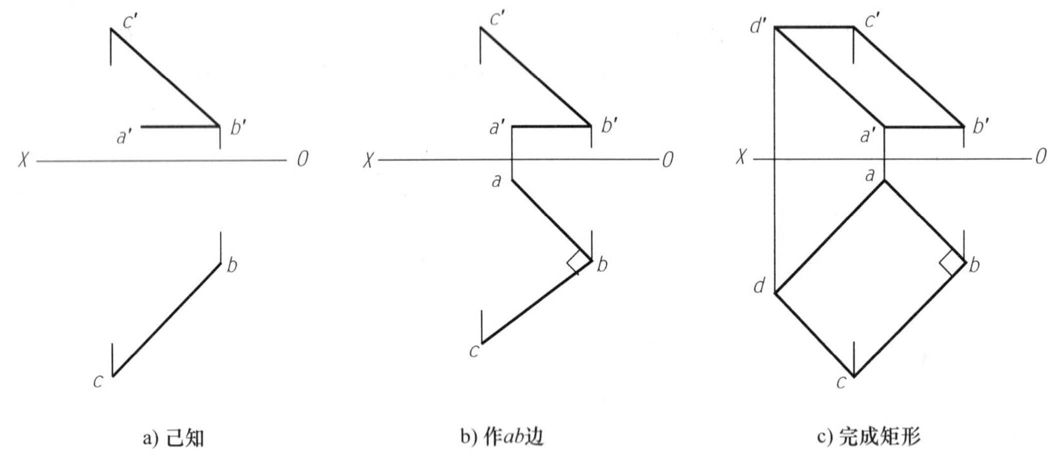

a) 已知　　b) 作 ab 边　　c) 完成矩形

图 2-33　完成矩形的两面投影

【例 2-12】 如图 2-34a)所示，求点 A 到正平线 BC 的距离。

分析：

点到直线的距离是指该点到直线的垂直距离。解题应分两步进行，一是过已知点向已知直线引垂线，因为 BC 为正平线，根据直角投影定理，正面投影反映垂直，所以从正面投影入手；二是求垂线的实长，垂线为一般线，需用直角三角形法求出垂线实长。

作图：

(1) 由点 a' 作 $b'c'$ 的垂线，得到垂足 K 的正面投影 k'，由 k' 作 OX 轴的垂线在 bc 上得到垂足 K 的水平投影 k，连接 $a'k'$、ak，得到垂线 AK 的两面投影，如图 2-34b)所示。

(2) 运用直角三角形法作出垂线 AK 的实长，即为点 A 到直线 BC 的距离，如图 2-34c)所示。

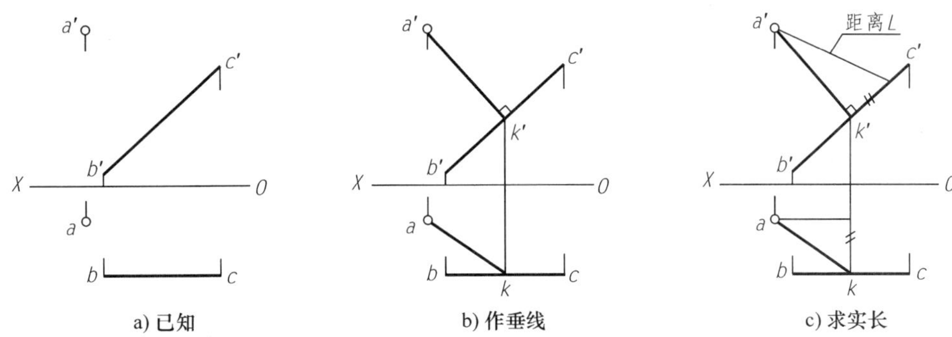

图 2-34　求点到正平线的距离

【例 2-13】 如图 2-35a)所示，求直线 AB 与 EF 之间的距离。

分析：

如图 2-35b)所示，欲求直线 AB 与 EF 之间的距离，需作出两直线间的公垂线 CD，与 AB 线交于 C，与 EF 线交于 D。由已知投影图可知，AB 为一般线，EF 为铅垂线。而与铅垂线垂直的直线必平行于 H 面，所以公垂线 CD 必为水平线，且点 D 的水平投影与 EF 的水平投影积聚为一点，同时 AB 与 CD 的垂直关系在水平投影上反映出来，因此可作出 CD 的 H 投影 cd，进而求得 $c'd'$，其中 $cd=CD$，即为直线 AB 与 EF 之间距离。

作图：如图 2-35c)所示。

(1) 在 ef 处标出 d，并过 d 作 $dc \perp ab$。

(2) 由 c 在 $a'b'$ 上求得 c'。

(3) 过 c' 作 OX 轴的平行线交 $e'f'$ 于 d'，完成作图。cd 长度即为所求两直线之间的距离。

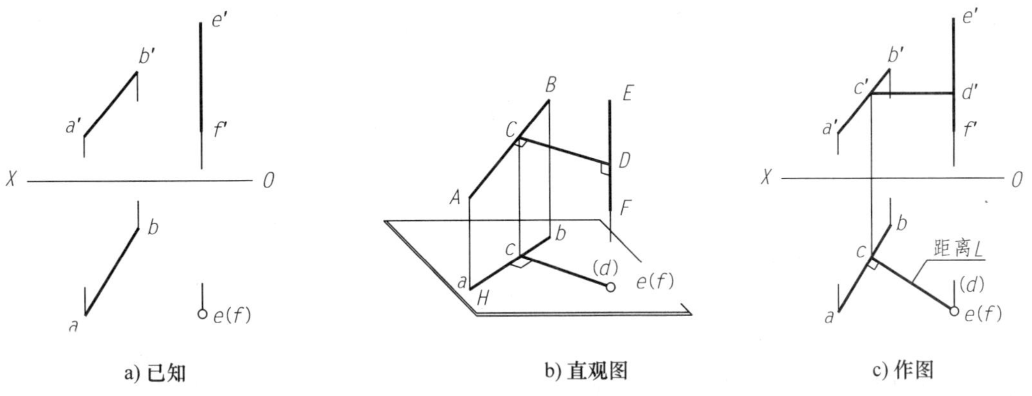

图 2-35　求一般线与铅垂线之间的距离

2.3 平面的投影

2.3.1 平面的表示法

平面是广阔无边的，它在空间的位置可用下列几何元素来确定和表示：

(1) 不在同一直线上的三个点，如图 2-36a)所示的点 A、B、C。

(2) 一直线和直线外一点，如图 2-36b)所示的直线 BC 和点 A。

(3) 相交两直线，如图 2-36c)所示的直线 AB 和 BC。

(4) 平行两直线，如图 2-36d)所示的直线 AD 和 BC。

(5) 平面图形，如图 2-36e)所示的△ABC。

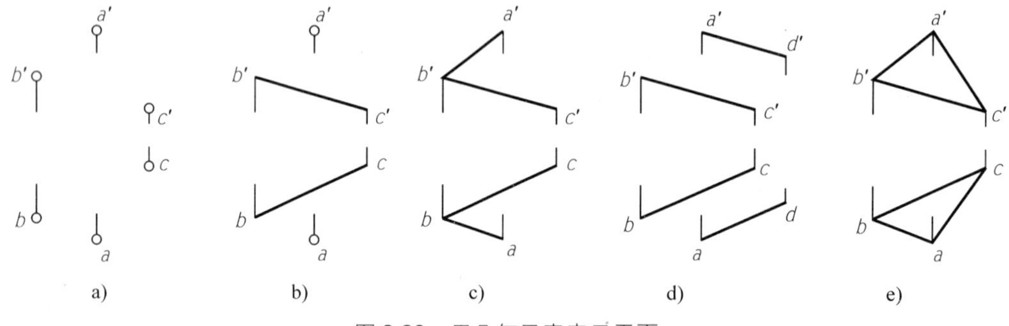

图 2-36 用几何元素表示平面

通过上列每一组元素，可以确定唯一的一个平面。这五组元素可以相互转化，为明显起见，通常用一个平面图形(如三角形或平行四边形)来表示一个平面。

2.3.2 各种位置平面的投影特性

在三投影面体系中，根据平面对投影面的相对位置可将平面分为三类，它们是一般位置平面、投影面垂直面和投影面平行面。投影面垂直面和投影面平行面统称为特殊位置平面。

平面对 H 面、V 面和 W 面的倾角分别用 α、β 和 γ 来表示。

1. 一般位置平面

对三个投影面都倾斜的平面称为一般位置平面，简称一般面。

如图 2-37a)所示一般面 ABC 的空间情况，图 2-37b)是它的投影图。因为一般面对三个投影面都处于倾斜的位置，所以一般面的投影特性归纳为：

一般面的三个投影都是空间平面图形的类似形，任何一面投影既不反映平面图形的实形，也没有积聚性，同时平面对三个投影面的倾角 α、β 和 γ 也不能在投影图中反映出来。

在读图时，一平面的三个投影如果都是平面图形，它必然是一般面。

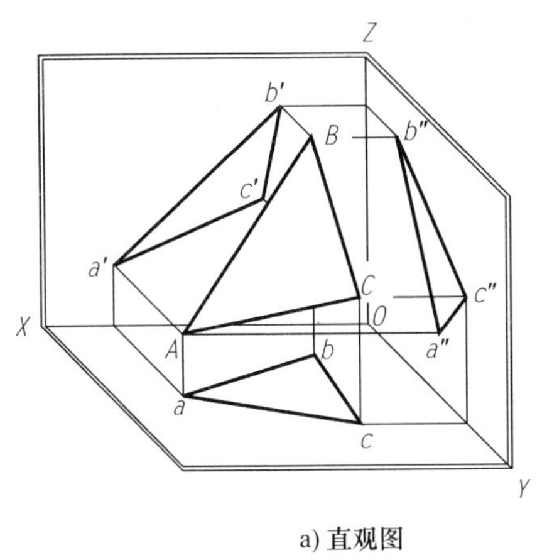

a) 直观图

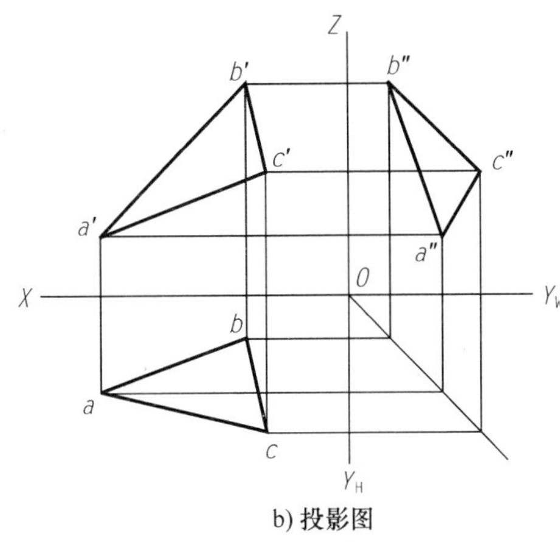

b) 投影图

图 2-37　一般位置平面

2. 投影面垂直面

垂直于某一个投影面，而倾斜于另两个投影面的平面，称为投影面垂直面。投影面垂直面有三种情况，其中：

与 H 面垂直且与 V、W 面倾斜的平面称为铅垂面；

与 V 面垂直且与 H、W 面倾斜的平面称为正垂面；

与 W 面垂直且与 H、V 面倾斜的平面称为侧垂面。

表 2-3 列出了这三种平面的直观图和三面投影图，从中可以归纳出投影面垂直面的投影特性：

(1) 投影面垂直面在所垂直的投影面上的投影积聚成一条倾斜于投影轴的直线，这个积聚投影与投影轴的夹角，反映该平面对相应投影面的倾角的实形。

(2) 其余两个投影均为原平面图形的类似形。

投影面垂直面的投影特性　　表 2-3

名称	直观图	投影图	投影特性
铅垂面	Z, p', P, p'', O, X, β, γ, p, Y	Z, P', P'', X, O, Y_W, β, γ, p, Y_H	1. 水平投影 p 积聚为一倾斜线，且反映对 V、W 面的倾角 β、γ 实际大小； 2. 正面投影 p' 与侧面投影 p'' 为原平面图形 P 的类似形

续上表

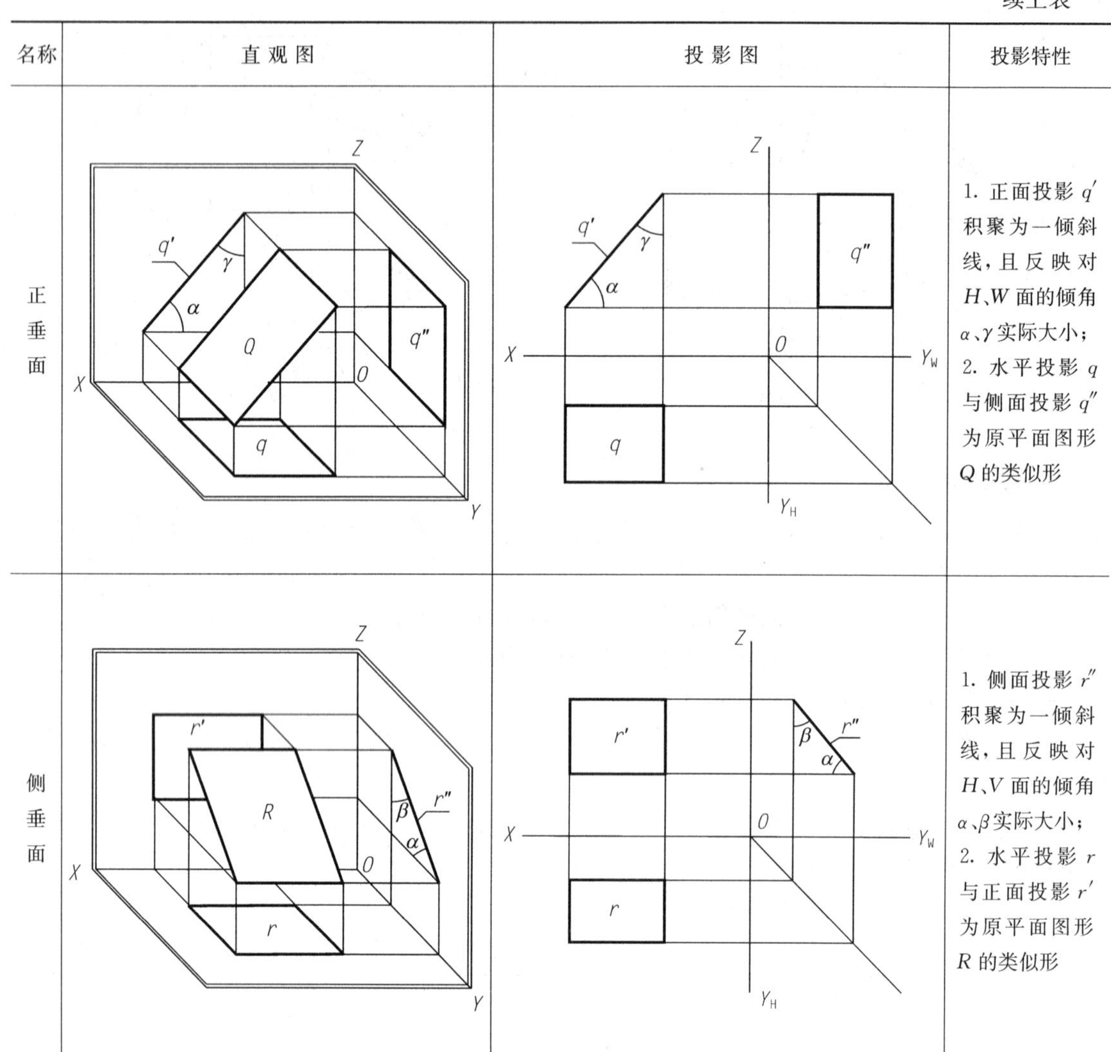

名称	直观图	投影图	投影特性
正垂面			1. 正面投影 q' 积聚为一倾斜线，且反映对 H、W 面的倾角 α、γ 实际大小；2. 水平投影 q 与侧面投影 q'' 为原平面图形 Q 的类似形
侧垂面			1. 侧面投影 r'' 积聚为一倾斜线，且反映对 H、V 面的倾角 α、β 实际大小；2. 水平投影 r 与正面投影 r' 为原平面图形 R 的类似形

读图时，一平面只要有一个投影积聚为一倾斜线，它必然是投影面垂直面，垂直于积聚投影所在的投影面。

3. 投影面平行面

平行于某一个投影面，从而垂直于另两个投影面的平面，称为投影面平行面。投影面平行面有三种情况，其中：

与 H 面平行从而与 V、W 面垂直的平面称为水平面；

与 V 面平行从而与 H、W 面垂直的平面称为正平面；

与 W 面平行从而与 H、V 面垂直的平面称为侧平面。

表 2-4 列出了这三种平面的直观图和三面投影图，从中可以归纳出投影面平行面的投影特性：

(1) 投影面平行面在所平行的投影面上的投影反映平面图形的实形。

（2）其余两个投影分别积聚为一直线，且平行于相应的投影轴。

投影面平行面的投影特性 表 2-4

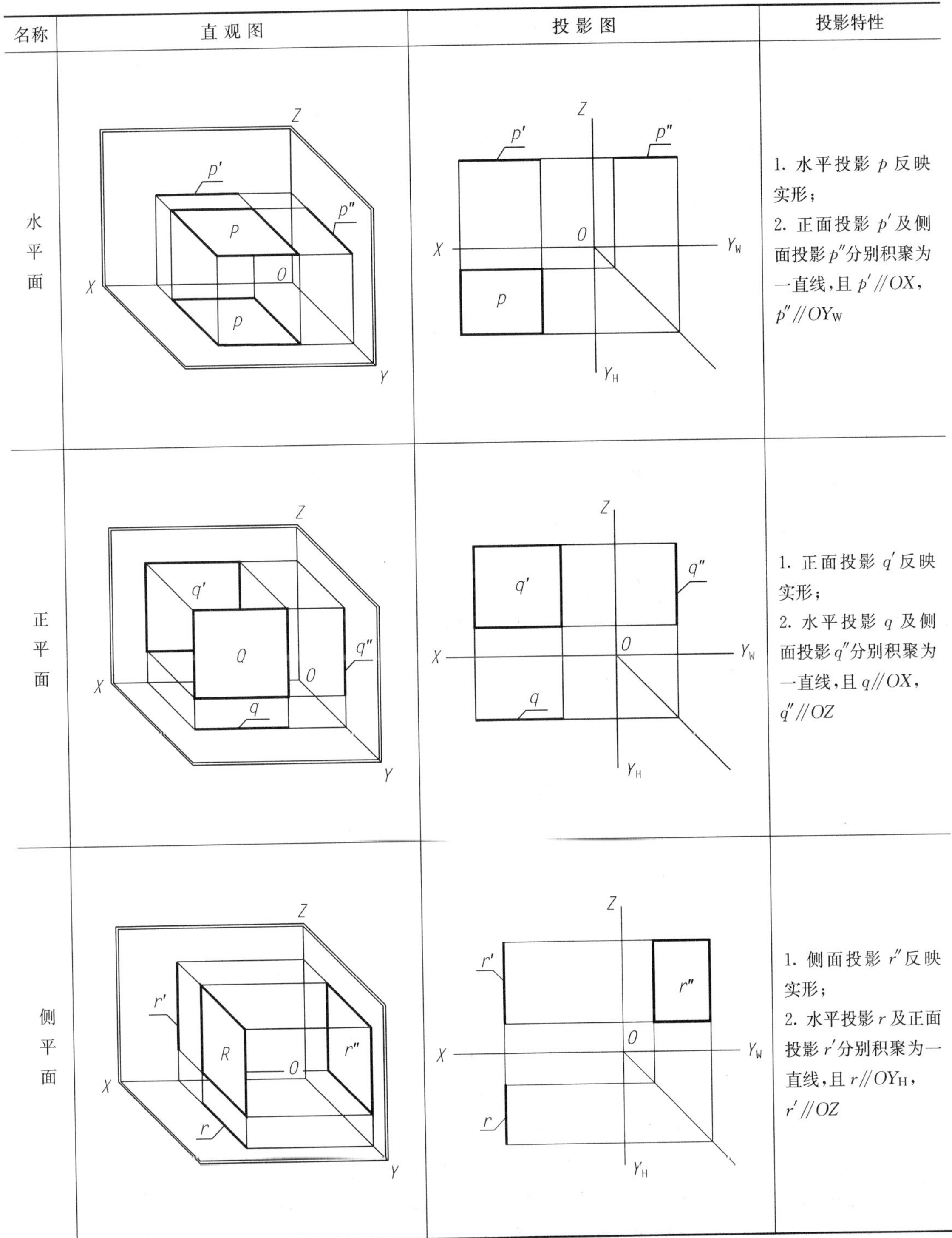

名称	直 观 图	投 影 图	投影特性
水平面			1. 水平投影 p 反映实形； 2. 正面投影 p' 及侧面投影 p'' 分别积聚为一直线，且 $p'//OX$，$p''//OY_W$
正平面			1. 正面投影 q' 反映实形； 2. 水平投影 q 及侧面投影 q'' 分别积聚为一直线，且 $q//OX$，$q''//OZ$
侧平面			1. 侧面投影 r'' 反映实形； 2. 水平投影 r 及正面投影 r' 分别积聚为一直线，且 $r//OY_H$，$r'//OZ$

读图时，一平面只要有一个投影积聚为一条平行于投影轴的直线，它必然是投影面平行面，

平行于非积聚投影所在的投影面。那个非积聚投影反映该平面图形的实形。

由各种位置平面的投影特性可知，对于特殊位置平面，必有一个积聚为一直线的投影，平面的位置可由这个积聚投影来确定。因此，如果不关心平面图形的形状，特殊位置平面可以用其积聚投影来表示，积聚投影标注为 P^H、P^V、P^W，其中 P 为特殊面的名称，上标 H、V、W 表示积聚投影所在的投影面。如图 2-38a）为平面 P 在 H 面上的积聚投影，所以 P 为铅垂面，同时平面 P 对 V、W 面的倾角 β、γ 在投影图上反映出来；图 2-38b）为平面 Q 在 V 面上的积聚投影，所以 Q 为水平面，图 2-38c）为 S 平面在 H 面上的积聚投影，所以 S 为侧平面。

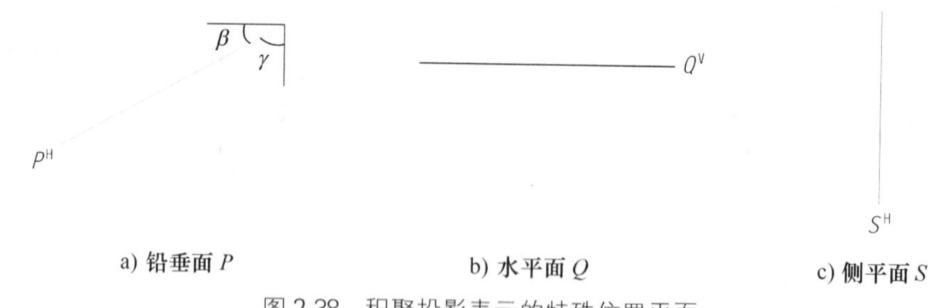

a）铅垂面 P　　b）水平面 Q　　c）侧平面 S

图 2-38　积聚投影表示的特殊位置平面

2.3.3　平面上的点和直线

1. 平面上的点

点在平面上的几何条件：如果一点在平面内的一直线上，则该点在平面上。

如图 2-39 所示，点 M 在直线 AB 上，点 N 在直线 AC 上，而直线 AB、AC 都在平面 ABC 上，因此，点 M、N 在平面 ABC 上。

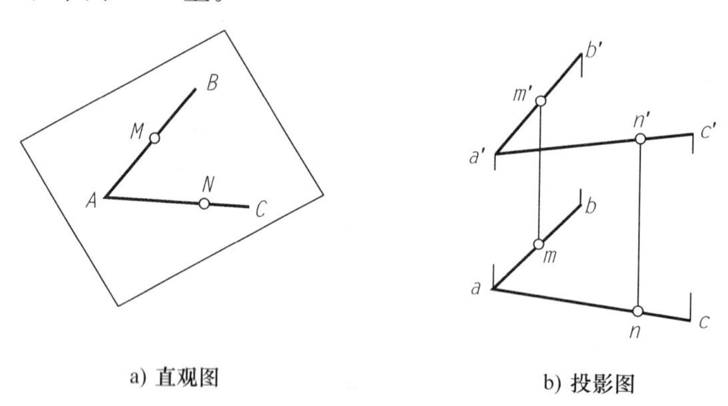

a）直观图　　b）投影图

图 2-39　平面上的点

2. 平面上的直线

直线在平面上的几何条件：

（1）若一直线通过平面内两点，则此直线在平面上。

（2）若一直线通过平面内一点，且平行于平面内另一直线，则此直线在该平面上。

如图 2-40 所示，直线 DE 上的点 D 在△ABC 的 AB 边上，点 E 在△ABC 的 AC 边上，故直线 DE 在△ABC 平面上。又直线 BM 通过△ABC 平面上的点 B，且平行于平面内的直线 AC，所以 BM 在△ABC 平面上。

平面上的点和直线的几何条件和投影性质是在平面上取点和直线或判断点和直线是否在平面上的作图依据。

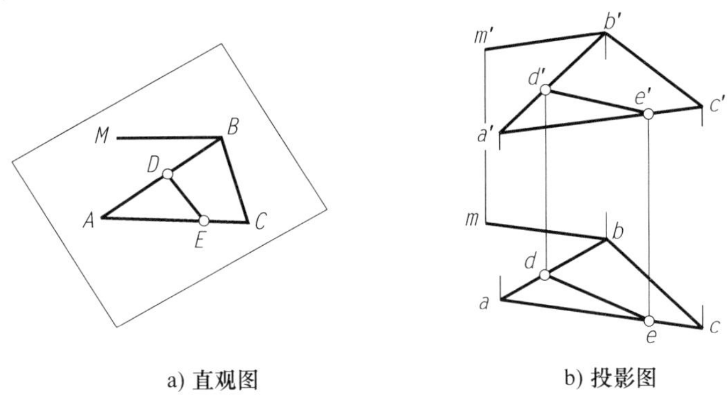

a) 直观图　　b) 投影图

图 2-40　平面上的直线

【例 2-14】 已知△ABC 平面上点 K 的正面投影 k'，试求其水平投影 k，如图 2-41a)所示。

分析：

若一点位于某一平面内，则它必在该平面内过该点的任一直线上。因而可首先在△ABC 内过点 K 作一辅助线，所求点的水平投影 k 一定在所作辅助线的水平投影上。在平面上取直线的方法有两种，因此有两种方法作辅助线，如图 2-41b)、c)所示。

作图：

法一：过点 K 任作一直线交△ABC 于两点，为简便，通常与已知点连线作辅助线。如图 2-41b)所示，连 $a'k'$，并延长与 $b'c'$ 交于 d'，然后求出 H 投影 d，则 k 必在 ad 连线上。

法二：过点 K 作已知直线的平行线为辅助线。如图 2-41c)所示，过 k' 作 $a'c'$ 的平行线 $e'f'$，与 $b'c'$ 交于 e'，然后求出 H 投影 e，作 $ef \parallel ac$，则 k 在 ef 上。

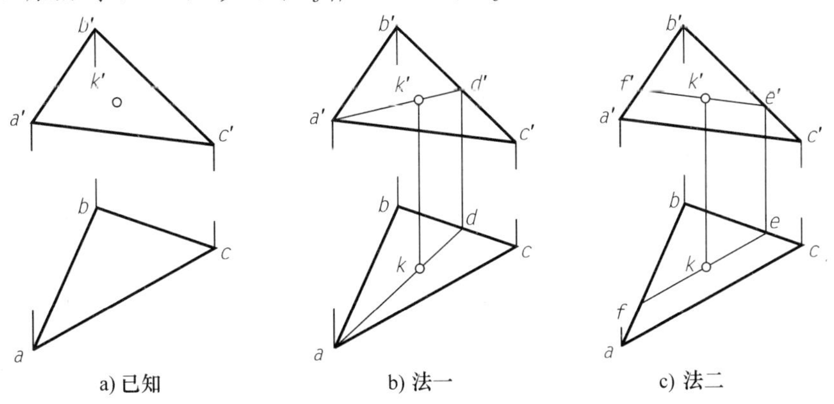

a) 已知　　b) 法一　　c) 法二

图 2-41　补出平面上点的另一投影

【例 2-15】 如图 2-42a)所示，判断点 N 是否在由平行两直线 AB、CD 所表示的平面上。

分析：

若点在平面上，则点必在平面内的一直线上。为此，可先过点 N 的一个投影作平面内一条直线的投影，如果点的另一个投影在此直线的同面投影上，则点在该平面上，否则点不在该平面上。

作图：如图 2-42b)所示。

(1) 过n'作一辅助线$a'n'$,交$c'd'$于e'。

(2) 由e'在cd上求得e。

(3) 连ae并延长,因n不在延长线上,即点N不在直线AE上,所以点N不在该平面上。

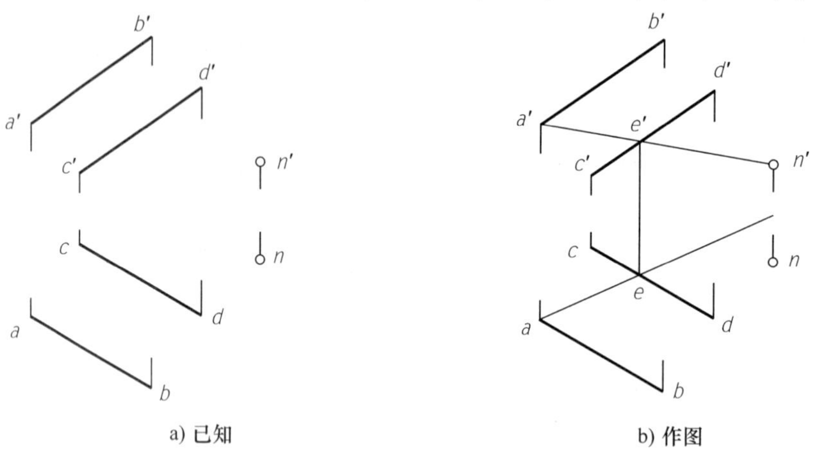

图 2-42 判断点是否在平面上

【例 2-16】 如图 2-43a)所示,已知梯形平面上三角形的正面投影,求它的水平投影和侧面投影。

分析:

梯形平面为侧垂面,侧面投影有积聚性。也就是说凡在梯形平面上的点或直线,其W投影均落在梯形平面的积聚投影上,因而可求得三角形的W投影,进而求得三角形的H投影。

作图:如图 2-43b)所示。

(1) 利用梯形平面W投影的积聚性,由三角形的正面投影求得其侧面投影$m''n''l''$。

(2) 利用三角形各顶点的V、W投影求得各点的H投影m、n、l,连线完成三角形的水平投影。

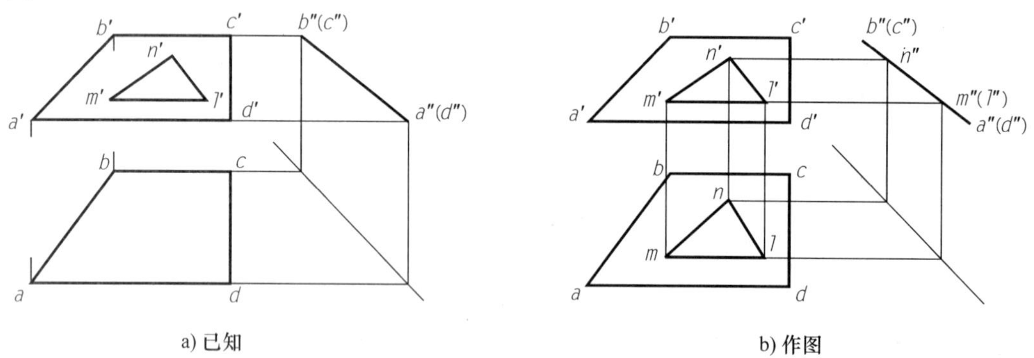

图 2-43 补梯形平面上三角形的投影

【例 2-17】 已知平面图形$ABCDE$的水平投影和两边AB、BC的正面投影,如图 2-44a)所示。试完成平面图形的正面投影,并补出平面的侧面投影。

分析:

由已知的H投影看出,平面图形中$AB/\!/CD$,$BC/\!/DE$,且AEC在一条直线上。利用这些

几何条件可求得 D、E 点的 V 投影。

作图：如图 2-44b)所示。

(1) 连 $a'c'$，由 e 在 $a'c'$ 上得 e'。

(2) 作 $c'd' /\!/ a'b'$，$d'e' /\!/ b'c'$，且相交于 d'，完成正面投影作图。

(3) 根据各点的水平投影和正面投影，作出各点的侧面投影(在水平投影右侧适当位置画出 45°辅助线)，连线完成作图，注意 $a''b'' /\!/ c''d''$，$b''c'' /\!/ d''e''$，$a''e''c''$ 在一条线上。

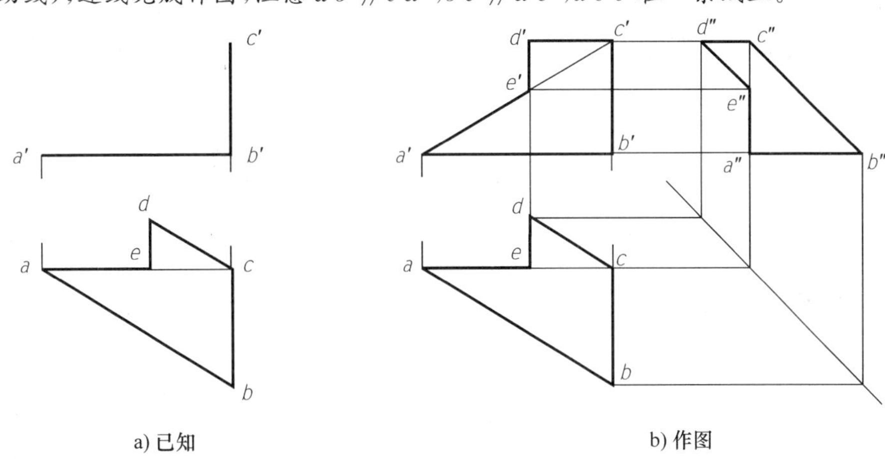

图 2-44　完成平面图形的正面投影和侧面投影

3. 平面上的投影面平行线

平面上平行于投影面的直线称为平面上的投影面平行线。平面上的投影面平行线经常用于辅助解题，需熟练掌握。一般面内的投影面平行线有三种：即平面内的水平线、平面内的正平线和平面内的侧平线，如图 2-45 所示。

平面上的投影面平行线，既具有平面上直线的投影性质，又具有投影面平行线的投影特性。因此，在平面上作投影面平行线时，应先作出平行于投影轴的投影，然后再按直线与平面的从属关系作出其他投影。如图 2-45a)所示，要在一般面 ABC 上作一水平线，可根据水平线的 V 投影平行于 OX 轴的这个投影特点，先在平面 ABC 的正面投影上作一平行于 OX 轴的直线(为作图简单，一般通过一已知点，)，此为所求水平线的 V 投影。然后利用平面上直线的投影性质，作出它的 **H** 投影。同理，可在平面上作出正平线和侧平线，如图 2-45b)和2-45c)所示。

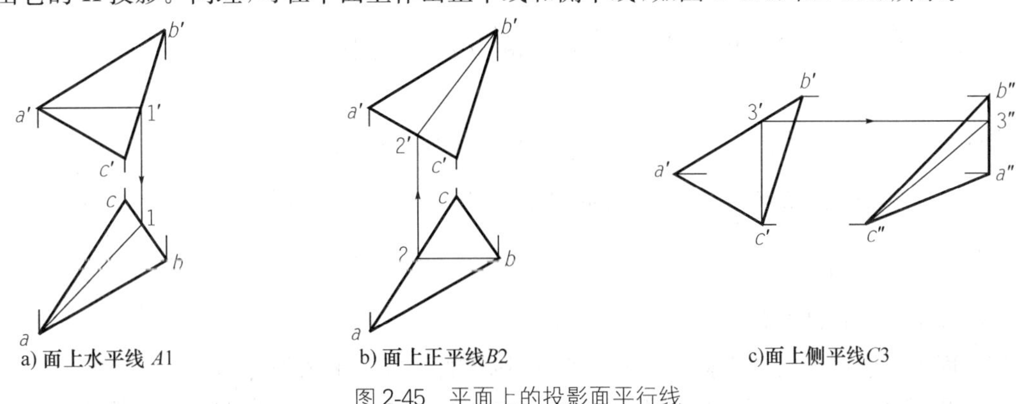

图 2-45　平面上的投影面平行线

同一平面上的三组投影面平行线每一组相互平行，方向一致。

【例 2-18】 如图 2-46a）所示，在△ABC 平面上求作一点 K，使点 K 比点 A 低 10mm、前 12mm。

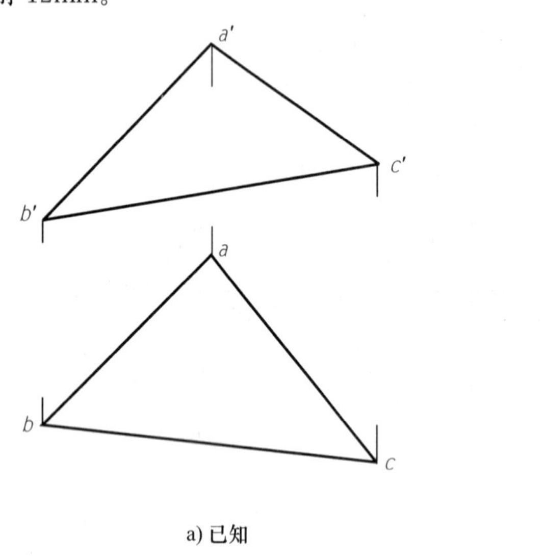

a）已知

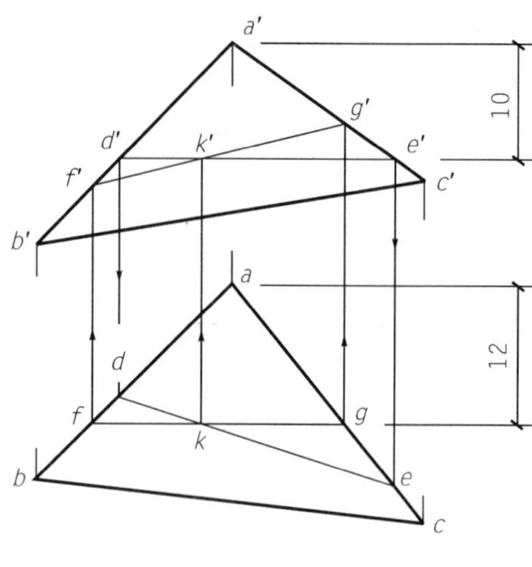

b）作图

图 2-46　平面上取点

分析：

平面上满足比点 A 低 10mm 的点的集合是平面上的一条水平线，满足比点 A 前 12mm 的点的集合是平面上的一条正平线，同时满足这两个条件的只有唯一的一个点即水平线与正平线的交点。

作图：如图 2-46b）所示。

（1）作比点 A 低 10mm 的水平线 DE。在 V 面，由 a' 向下量取 10mm 作 $d'e' /\!/ OX$，交 $a'b'$ 于 d'，交 $a'c'$ 于 e'，然后求得水平投影 de。

（2）作比点 A 前 12mm 的正平线 FG。在 H 面，由 a 向前量取 12mm 作 $fg /\!/ OX$，交 ab 于 f，交 ac 于 g，fg 与 de 的交点 k 即为所求点 K 的水平投影，正面投影 $f'g'$ 与 $d'e'$ 的交点 k' 为所求点 K 的正面投影，注意，k、k' 连线垂直于 OX 轴。

2.4　直线与平面、平面与平面的相对位置

直线与平面、平面与平面的相对位置有平行、相交和垂直三种，其中垂直是相交的特例。

2.4.1　直线与平面平行、两平面相互平行

1. 直线与平面平行

直线与平面平行的几何条件是：

若平面外一直线平行于平面上的某一直线，则该直线与该平面平行。

如图 2-47 所示，直线 MN 平行于平面 P 上的一条直线 AB，则直线 MN 与平面 P 平行。

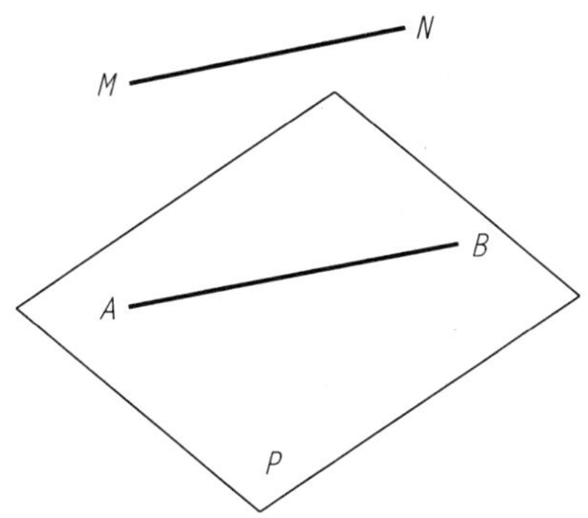

图 2-47 直线与平面平行直观图

利用直线与平面平行的几何条件，可以在投影图上作直线与平面平行，以及判断直线与平面是否平行。要判断直线与平面是否平行，只要看能否在平面上作出该直线的平行线即可。

【例 2-19】 已知直线 MN 与△ABC 的 H、V 面投影，如图 2-48a)所示，判断它们是否平行。

分析：

如果在平面 ABC 上能作出与 MN 平行的直线，则平面 ABC 与 MN 平行，否则不平行。

作图：如图 2-48b)所示。

(1) 在平面 ABC 上作一直线 CD，先使 $c'd' /\!/ m'n'$。

(2) 作直线 CD 的水平投影 cd。

(3) 因 cd 与 mn 不平行，所以 CD 不平行于 MN，也就是说在平面 ABC 上作不出直线 MN 的平行线，因此，直线 MN 与△ABC 不平行。

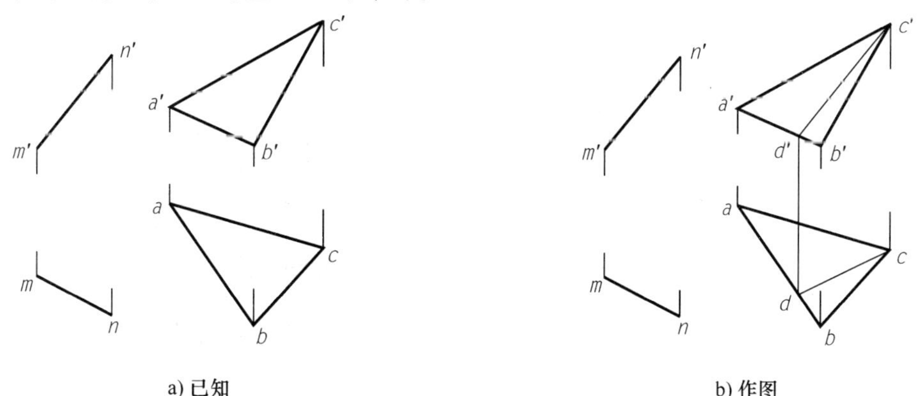

图 2-48 判断直线与平面是否平行

【例 2-20】 如图 2-49a)所示，包含直线 AB 作一平面与已知直线 MN 平行。

分析：

要包含直线 AB 作平面与已知直线 MN 平行，必须使所作的平面上有一条直线与 MN 平行。所作平面可以用两条相交直线表示，为此，过 AB 上任一点作直线(如 AC)平行于 MN 即可。

作图：如图 2-49b）所示。

过点 A 的投影 a、a' 分别作 $ac /\!/ mn$，$a'c' /\!/ m'n'$，则相交二直线 AB、AC 所确定的平面平行于直线 MN。

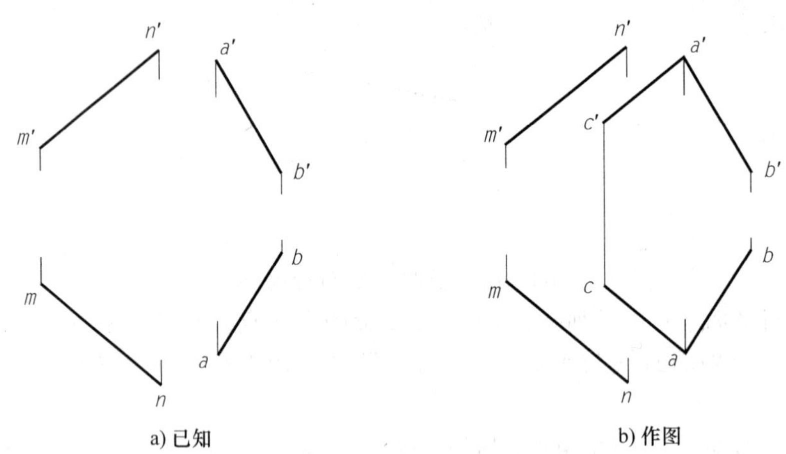

图 2-49　包含直线作已知直线的平行面

【例 2-21】 过点 M 作一正平线平行于△ABC，如图 2-50a）所示。

分析：

过点 M 可以作无数条直线与平面 ABC 平行，但与此平面平行的正平线只有一条，它必平行于△ABC 上的正平线。△ABC 上的正平线有无数条，但它们的方向是一致的。

作图：如图 2-50b）所示。

（1）作△ABC 上的一正平线 CD。先作 $cd /\!/ OX$，然后求得 $c'd'$。

（2）过点 M 作直线 $MN /\!/ CD$。作 $mn /\!/ cd$，$m'n' /\!/ c'd'$，则 $MN(mn, m'n')$ 即为所求。

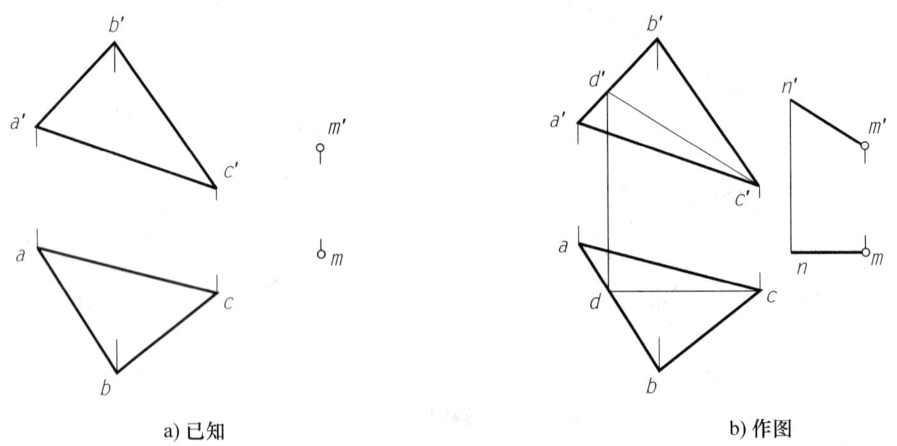

图 2-50　过点作已知平面的平行线

直线与平面平行关系中，当平面为特殊位置平面时，只要平面的积聚投影与直线的同面投影平行，则该直线与该特殊面必互相平行。如图 2-51a）所示，铅垂面 P 的积聚投影 P^{H} 平行于直线 AB 的同面投影 ab，所以直线 AB 与平面 P 平行。可见，要作一投影面垂直面平行于一已知直线，只要使投影面垂直面的积聚投影与已知直线的同面投影平行即可。

如图 2-51b)所示，过点 K 作正垂面 Q 平行于已知直线 CD，只要过 k' 作 Q^V 平行于 $c'd'$ 即可。

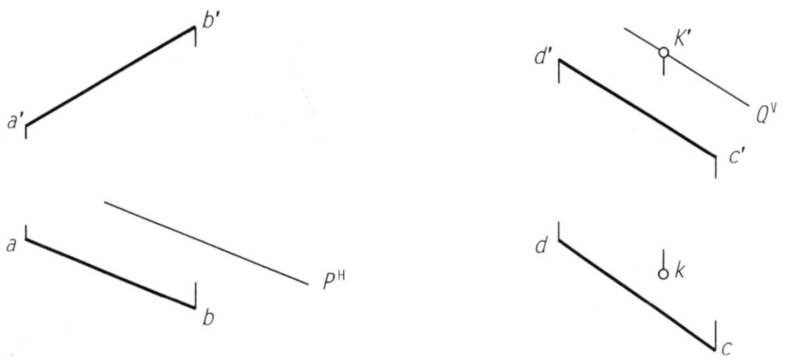

a) 直线与铅垂面平行　　b) 过点作正垂面与直线平行

图 2-51　直线与特殊位置平面平行

2. 平面与平面平行

平面与平面平行的几何条件是：

若一个平面上的相交两直线对应平行于另一个平面上的相交两直线，则这两个平面相互平行。

如图 2-52 所示，平面 P 上的相交两直线 AB 与 AC 对应地平行于平面 Q 上的相交两直线 DE 与 DF，即 $AB /\!/ DE$，$AC /\!/ DF$，则平面 P 与平面 Q 相互平行。

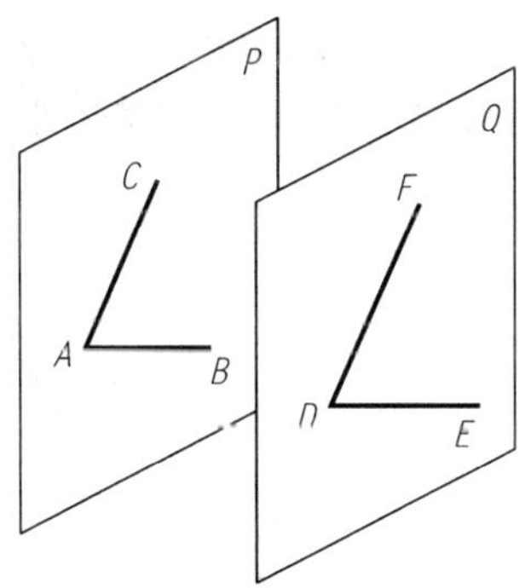

图 2-52　两平面平行直观图

利用平面与平面平行的几何条件，可以在投影图上作平面与某平面平行，以及判断两平面是否平行。要判断两平面是否平行，要看能否在一个平面上作出另一个平面上相交两直线的对应平行线。

【例 2-22】 过点 M 作一平面与平面 ABC 平行，如图 2-53a)所示。

分析：

要使两平面相互平行，过点 M 所作的平面应包含相交两直线与已知平面上相交两直线对应平行。为作图简便，可过点 M 分别作已知平面 ABC 相交边的平行线。

作图：如图 2-53b)所示。

(1) 过 M 作 $MN /\!/ AB$。即 $mn /\!/ ab$，$m'n' /\!/ a'b'$。

(2) 过 M 作 $ML/\!/AC$。即 $ml/\!/ac$，$m'l'/\!/a'c'$，则相交两直线组成的平面 NML 与已知平面 ABC 平行。

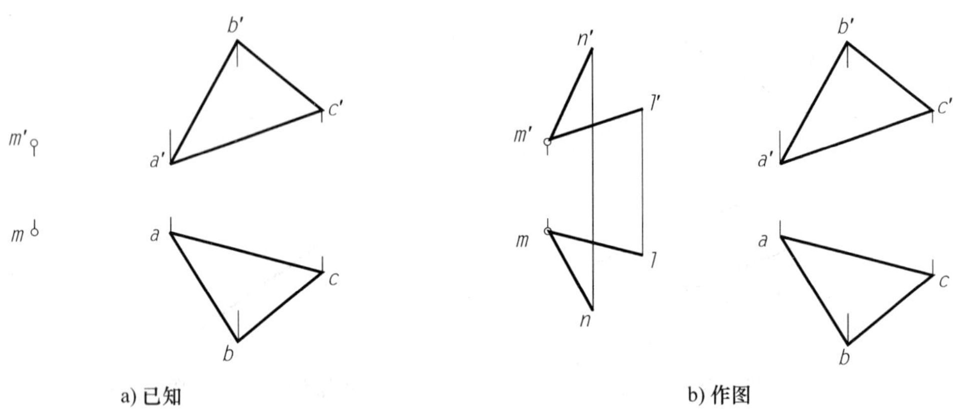

a) 已知　　　　b) 作图

图 2-53　过点作已知平面的平行面

【例 2-23】 判断平面 $ABCD$ 与平面 FEG 是否平行，如图 2-54a) 所示。

分析：

根据两平面平行的几何条件，两平面相互平行必须有两对相交直线对应相互平行。因此若能在一平面如 $ABCD$ 上作出与另一平面 FEG 上相交边的平行线，则两平面平行，否则不平行。

作图： 如图 2-54b) 所示。

(1) 过 c' 作 $c'm'/\!/e'f'$，点 M 在直线 AB 上，求出水平投影 cm。

(2) 可见 cm 不平行于 ef，故 CM 不平行于 EF，这说明在 $ABCD$ 平面内作不出 EF 的平行线，所以平面 $ABCD$ 与平面 FEG 不平行。

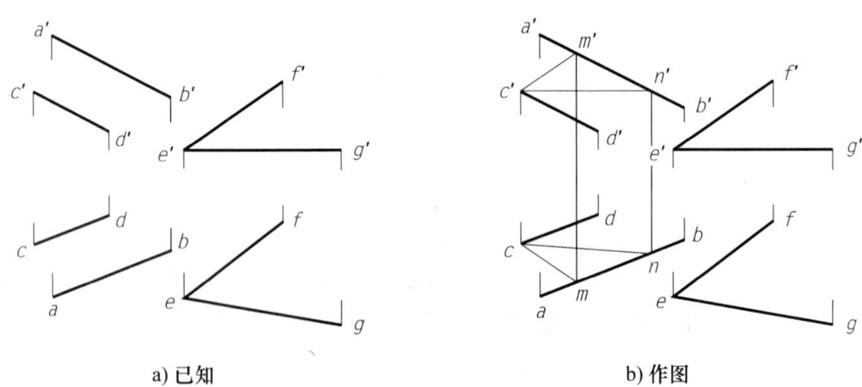

a) 已知　　　　b) 作图

图 2-54　判断两平面是否平行

若所作直线 $CM/\!/EF$，则还需过 c' 作 $c'n'/\!/e'g'$，求出水平投影 cn，如果 cn 不平行于 eg，则两平面仍不平行。若 $cn/\!/eg$，则两平面相互平行。

平面与平面平行关系中，当两平面为特殊位置平面时，只要两平面的同面积聚投影相互平行，则两平面必互相平行。如图 2-55 所示，两铅垂面 P 和 Q 的积聚投影 P^H 平行于 Q^H，故平面 P 和 Q 相互平行。

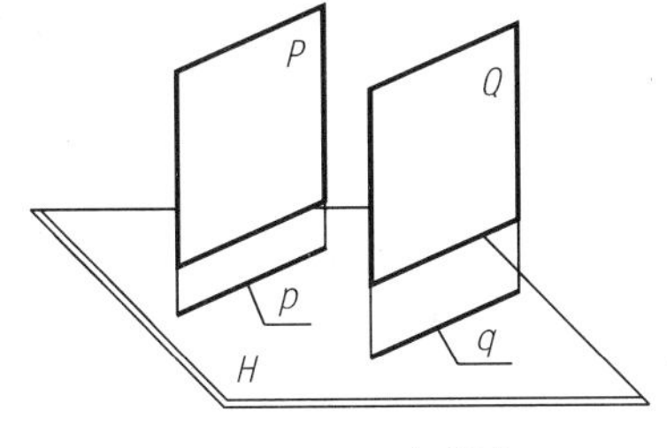

a) 直观图

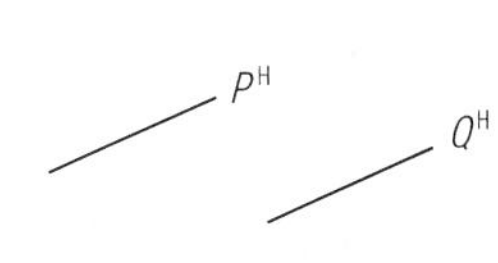

b) 投影图

图 2-55　两投影面垂直面互相平行

2.4.2　直线与平面相交、两平面相交

直线与平面、平面与平面若不平行，则必定相交。直线与平面相交的交点是直线与平面的共有点，它既在直线上，又在平面上，如图 2-56a)所示；两平面相交的交线，是两平面的共有线，它既在参与相交的甲平面上，又在参与相交的乙平面上，如图 2-56b)所示。

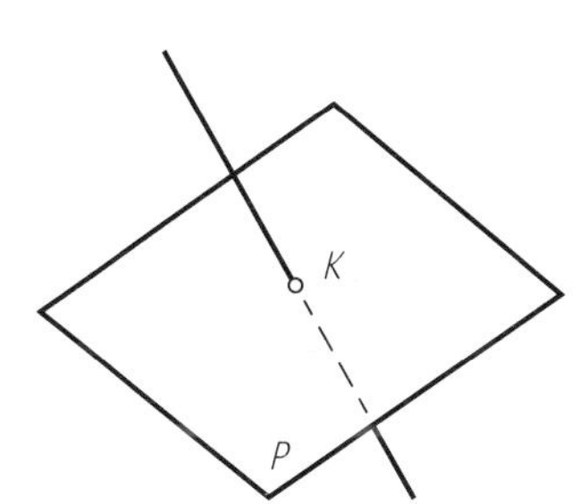

a) 直线与平面相交

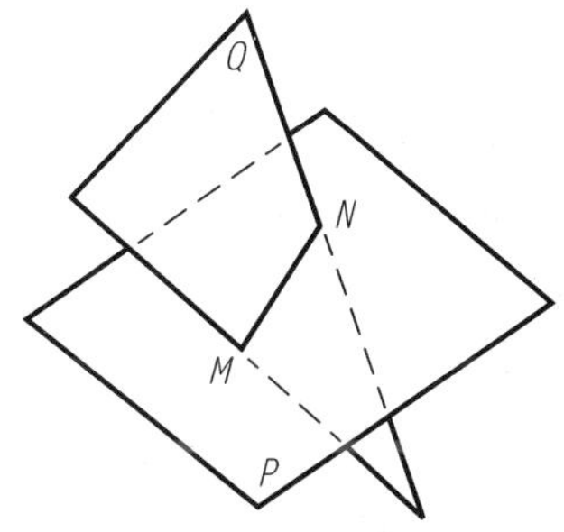

b) 两平面相交

图 2-56　直线与平面相交、两平面相交直观图

1. 直线与平面相交的特殊情况

直线与平面相交的特殊情况，是指参与相交的直线和平面中，有一个的投影具有积聚性。这样，利用积聚投影可直接确定交点的一面投影，然后利用直线上取点或平面上取点的方法求出交点的其余投影。求出交点后，还需判别直线投影的可见性，可见线段画成实线，不可见线段画成虚线，交点是直线可见与不可见的分界点。

(1) 直线与特殊位置平面相交

直线与特殊位置平面相交，可利用特殊位置平面的积聚性投影求交点。如图 2-57a)所示，直线 EF 与铅垂面 $ABCD$ 相交于点 K。交点 K 既然是平面 $ABCD$ 上的点，其水平投影必在铅垂面的积聚投影 $a(d)b(c)$ 上；同时，点 K 又是直线 EF 上的点，其水平投影必在 EF 的同面投影 ef 上。显然 ef 与 $a(d)b(c)$ 的交点 k 即为点 K 的水平投影。作图方法如图 2-57b)所示，积聚投影 $a(d)b(c)$ 与 ef 的交点是线面交点 K 的水平投影 k。过 k 向上作垂直线，在 $e'f'$ 上求得 k'，k' 即为点 K 的正面投影。可见，直线与投影面垂直面相交时，平面的积聚投影与直线的同面投影的交点，就是所求交点的一面投影。然后利用直线上取点的方法，求出交点的其余投影。

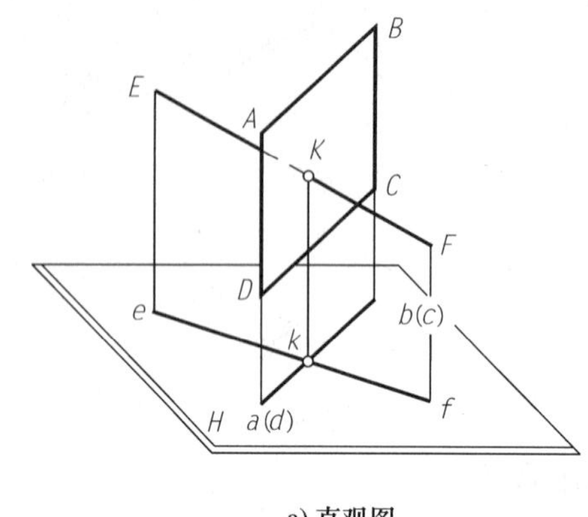

a) 直观图

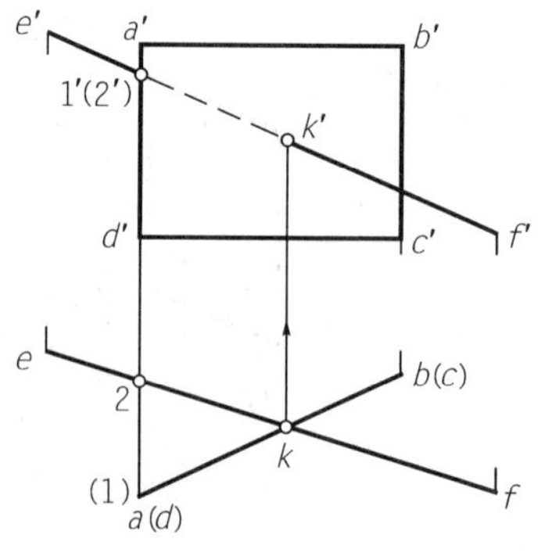

b) 投影图

图 2-57 直线与投影面垂直面相交

直线与平面相交的作图中，还必须判别直线投影的可见性，一般运用交叉两直线上重影点的投影可见性来判别。利用重影点判断可见性的方法是：在需判可见性的投影中找出一对交叉直线上对该投影面的重影点的投影，然后作出它们在相邻投影面的投影，以比较两点的相对位置，坐标值大的可见，小的不可见。

如图 2-57b)所示，要判断直线在 V 面投影的可见性，应在 V 面投影中任找一对直线与平面边线上的重影点，如 $e'f'$ 与 $a'd'$ 的交点 $1'(2')$，是两交叉直线 EF 与 AD 对 V 面的重影点Ⅰ、Ⅱ的正面投影，然后在 H 面标出 1、2，设点Ⅰ在边 AD 上，点Ⅱ在直线 EF 上，由于点Ⅰ前于点Ⅱ，故 V 面投影中 $1'$ 可见，$2'$ 不可见，即直线段 KⅡ位于平面之后，被平面遮挡，所以在 V 面投影中 $k'2'$ 为不可见，画成虚线。

(2) 投影面垂直线与一般面相交

投影面垂直线与一般面相交，可根据直线的积聚性投影，先求出交点的一个投影，然后利用平面上取点的方法求出交点的其余投影。

如图 2-58 所示，直线 DE 为铅垂线，其水平投影积聚成一点，直线与平面的交点 K 的水平投影 k 重合在直线的积聚投影上，求交点 K 的正面投影 k' 时，需在平面 ABC 上作辅助线如 CF，为此在水平投影中连 ck 并延长交 ab 于 f，在正面投影求得 f'，连 $c'f'$ 交 $d'e'$ 于 k'，k' 即为交点 K 的正面投影。

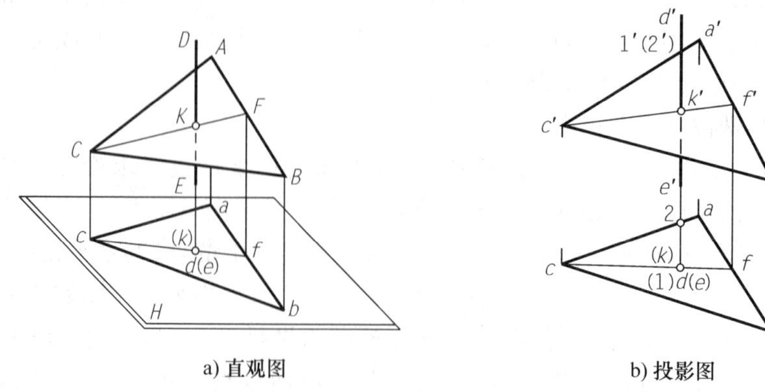

a) 直观图　　b) 投影图

图 2-58 投影面垂直线与平面相交

求出交点后，判别直线正面投影的可见性，为此在正面投影中找一对重影点，如 $d'e'$ 与 $a'c'$

的交点 $1'(2')$ 是两交叉直线 DE 与 AC 对 V 面的重影点Ⅰ、Ⅱ的正面投影，然后在 H 面标出1、2，设点Ⅰ在直线 DE 上，点Ⅱ在边 AC 上，由于点Ⅰ前于点Ⅱ，即直线段 KⅠ位于平面之前，V 面投影为可见，以交点 K 为分界，直线 DE 下部分被平面遮挡，为不可见，画成虚线。

2. 平面与平面相交的特殊情况

平面与平面相交的特殊情况，是指参与相交的两平面中，至少有一个平面的投影具有积聚性。

(1) 一般面与特殊位置平面相交

相交两平面中有一个特殊位置平面时，交线的一面投影落在特殊位置平面的积聚投影上，这样，利用积聚投影可直接确定交线的一面投影，然后利用平面上取线的方法求出交线的其余投影。求出交线后，还需判别两平面投影的可见性，交线是两平面可见与不可见的分界线。

如图2-59所示，一般平面 ABC 与铅垂面 $DEFG$ 相交，四边形 $DEFG$ 的水平投影积聚成一条直线 $d(g)e(f)$，交线 MN 在四边形 $DEFG$ 上，其水平投影 mn 应重合于 $d(g)e(f)$，故可以直接得到。同时交线 MN 也在△ABC 上，因此交线的正面投影 $m'n'$ 可用平面上取线的方法作出，由 m、n 分别在 $a'b'$、$a'c'$ 上求得 m'、n' 连接 $m'n'$ 即为交线 MN 的正面投影。

交线 MN 也可以看作是△ABC 的 AB 边和 AC 边与四边形 $DEFG$ 的交点 M、N 的连线。

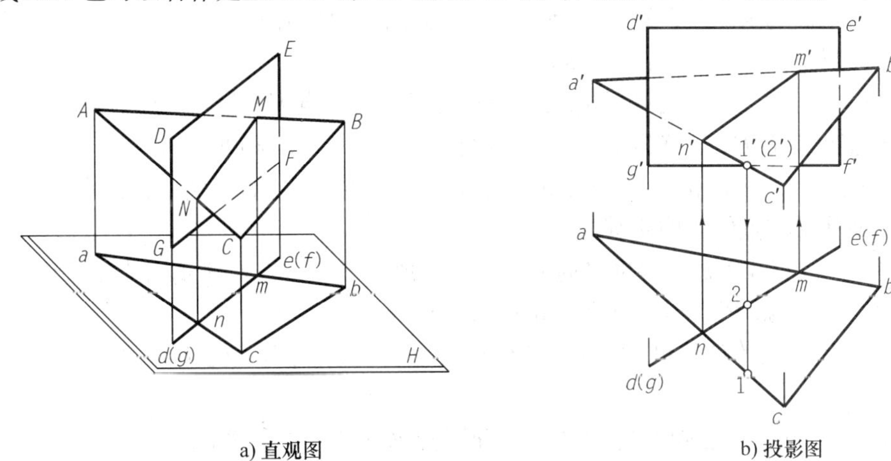

a) 直观图　　b) 投影图

图2-59　平面与投影面垂直面相交

求出交线后，正面投影中两平面图形的投影重叠部分需要判别可见性。为此，在 V 面投影中任取两平面边线投影交点中的一对作为重影点，如 $a'c'$ 与 $g'f'$ 的交点 $1'(2')$ 是两交叉边 AC 与 GF 对 V 面的重影点Ⅰ、Ⅱ的正面投影，然后在 H 面标出1、2，设点Ⅰ在边 AC 上，点Ⅱ在边 GF 上，点Ⅰ前于点Ⅱ，故重影点附近 AC 边上 NⅠ段的 V 面投影为可见，GF 边重影部分为不可见，画成虚线。以交线 MN 为分界，同一平面各重影边位于交线同侧的线段可见性一致，异侧线段可见性相反。依次判别完成其余各边线的可见性。

(2) 两投影面垂直面相交

当两平面均为同一投影面的垂直面时，其交线一定是该投影面的垂直线。两投影面垂直面的积聚投影的交点就是两平面交线的积聚投影。

如图2-60所示，△ABC 和四边形 $DEFG$ 均为铅垂面，它们的交线 MN 为铅垂线。交线的水平投影是两平面积聚投影的交点 $m(n)$。正面投影 $m'n'$（取两平面共有的部分）垂直于 OX

轴。求出交线后利用重影点判别两平面 V 面投影重影部分的可见性。

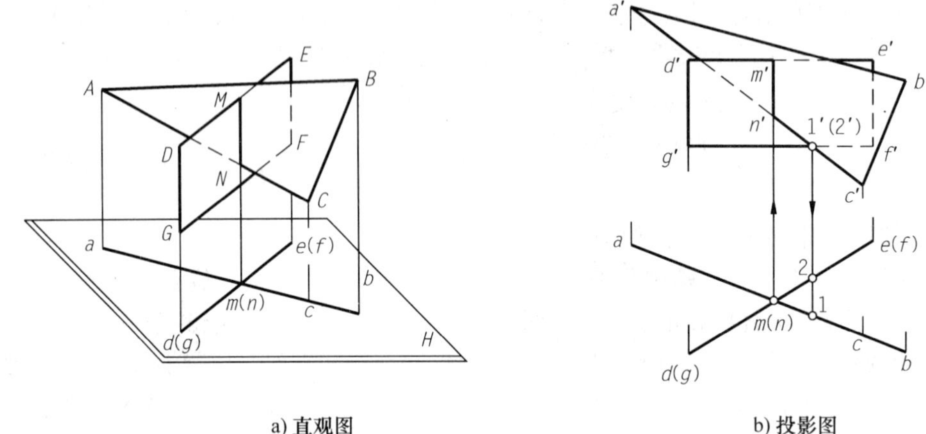

a) 直观图　　b) 投影图

图 2-60　两投影面垂直面相交

同样，两正垂面的交线是一条正垂线，两侧垂面的交线是一条侧垂线。

3. 一般线与一般面相交

当直线与平面均为一般位置时，它们的投影均无积聚性，在投影图上不能直接确定交点的投影，需要通过作辅助平面的方法求得。

如图 2-61a)所示，欲求一般线 DE 与一般面△ABC 的交点 K，可包含已知直线 DE 作一辅助平面 P，求出辅助平面 P 与已知平面△ABC 的交线 MN，则 MN 与 DE 的交点 K 即为直线 DE 与平面△ABC 的交点。为简化作图，取辅助平面 P 为特殊位置平面，以利用其投影积聚性作图。

辅助平面法求交点的作图步骤如下：

(1) 包含已知直线 DE 作辅助平面 P。包含一般线 DE 可以作正垂面或铅垂面，这里作 P 为铅垂面，其积聚投影 P^H 与 de 重合，如图 2-61b)所示。

(2) 求出辅助平面 P 与已知平面 ABC 的交线 MN。利用平面 P 的积聚性求得交线的投影。

(3) 求出交线 MN 与已知直线 DE 的交点 K。点 K 即为所求直线 DE 与平面△ABC 的交点。

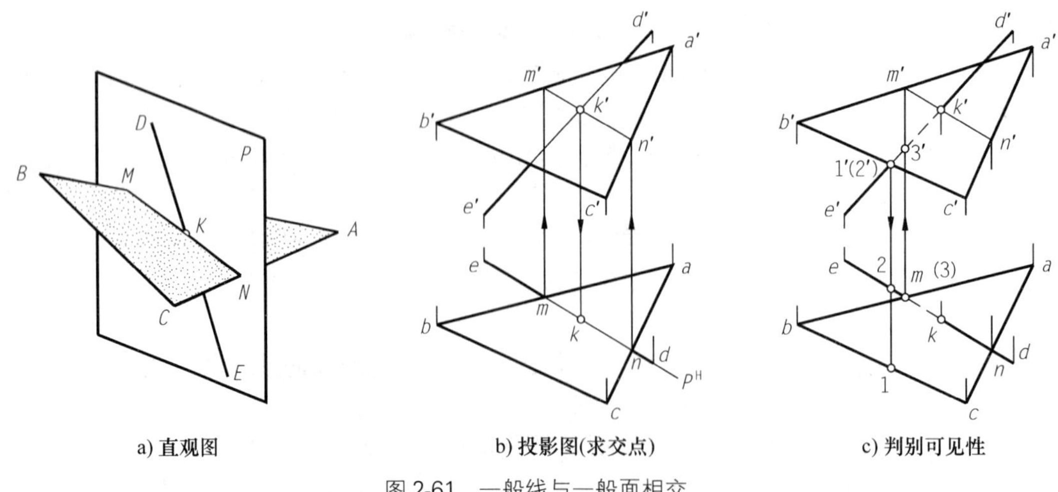

a) 直观图　　b) 投影图(求交点)　　c) 判别可见性

图 2-61　一般线与一般面相交

(4) 判别直线投影的可见性。

如图2-61c)所示，直线的两面投影均存在可见性问题。要判别水平投影的可见性，则在水平投影找一对重影点如△ABC的边AB上的点M和直线DE上的点Ⅲ是对H面的一对重影点。从正面投影中可以看出，点M在点Ⅲ的上方，故直线DE的水平投影$k3$段为不可见，交点的另一侧为可见；要判别正面投影的可见性，则在正面投影找一对重影点，如△ABC的边BC上的点Ⅰ和直线DE上的点Ⅱ是对V面的一对重影点。从水平投影可看出，点Ⅰ在点Ⅱ的前方，故直线DE的正面投影$k'2'$段为不可见，交点的另一侧为可见。

4. 两个一般面相交

求两个一般面的交线，只要求出交线上任意两点连线即可。求两一般面交线的方法有：线面交点法和三面共点法。

(1) 线面交点法

如图2-62a)所示，欲求△ABC与平面$DEFG$的交线，可按图2-61所示的方法，求出其中一平面上的一条边线如△ABC的边AB与另一平面$DEFG$的交点K，此交点为两平面的共有点，同样的方法再求一共有点，如△ABC的边AC与平面$DEFG$的交点L，两共有点的连线KL即为两平面的共有线，取两平面公共部分为两平面交线。因此，线面交点法求两一般面交线的方法实际上是一般线与一般面求交点的重复作图。

投影作图：如图2-62b)所示。

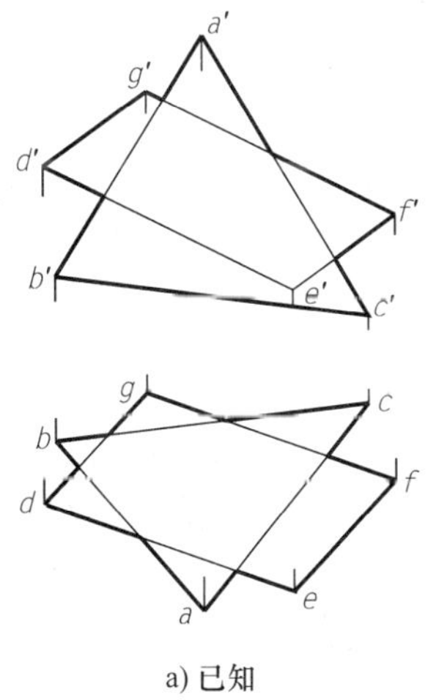

a) 已知

b) 求交线

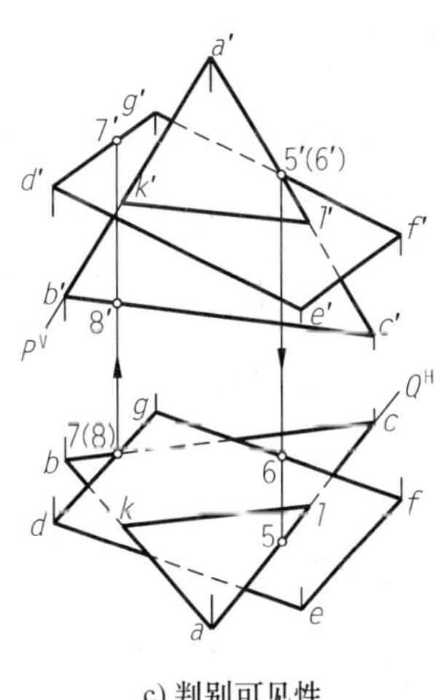

c) 判别可见性

图2-62 线面交点法求两一般面交线

① 求边AB与平面$DEFG$的交点$K(k,k')$。

② 求边AC与平面$DEFG$的交点$L(l,l')$。

③ 连接$KL(kl,k'l')$即为所求两平面交线。

④ 判别可见性：两平面两面投影重影部分均存在可见性问题。在每一投影中分别任选一对对该投影面的重影点进行判别。如图2-62c)所示，ⅤⅥ是对V面的一对重影点，用于判别两平面V面投影的可见性，ⅦⅧ是对H面的一对重影点，用于判别两平面H面投影的可见性。

两平面图形相交时，有全交和互交两种情况。如图2-63a)所示，当两平面图形△ABC和P形成的交线的两个端点K、L均落在同一平面△ABC的两条边上，即一平面全部穿过另一平面时，这种相交称为全交。另一种情况如图 2-63b）所示，当两平面图形交线的两端点 K、L 分别落在平面 Q 的一条边和△DEF 的一条边上，即两平面的边线互相穿过时，这种相交称为互交。图 2-62 所示两平面图形为全交，图 2-60 所示两平面图形为互交。

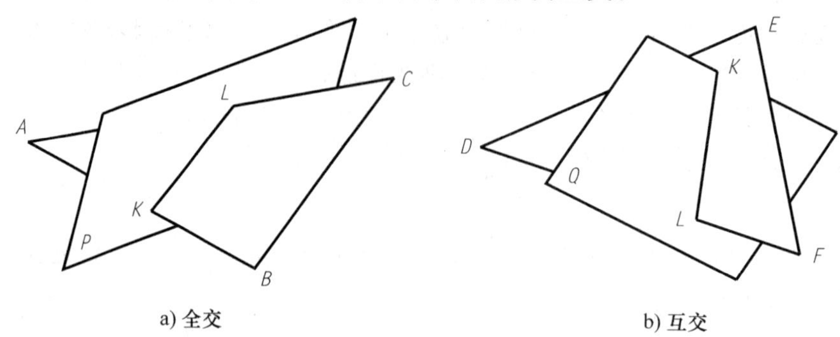

图 2-63　两平面相交的形式

线面交点法求两平面交线（图 2-64a），从理论上讲，作图时可选择两平面中任一边与另一平面求交点，求得两个交点连线便得到交线的方向，如图 2-64b）所示的 MN，然后取其在两平面图形投影重叠部分内的一段 KL，即为两平面图形的交线。作图时，尽量避免使线面交点落在图形范围之外，通常应选择两面投影与另一平面图形均有重影的边线求交点。如图 2-64 中，边线 EF 的水平投影 ef 与△abc 没有重影，所以，EF 与△ABC 的交点会落在图形范围之外，应避免选择 EF。同理，边线 AB 也应避免。

投影作图：如图 2-64b）所示。

① 求 BC 边与平面 DEF 的交点 $M(m,m')$。

② 求 DF 边与平面 ABC 的交点 $N(n,n')$。

③ 连接 $MN(mn,m'n')$，取两平面投影公共部分 $KL(kl,k'l')$ 即为所求两平面交线。

④ 判别可见性：如图 2-64c）所示，判别两平面 V 面投影的可见性，则在 V 面选一对重影点如Ⅰ Ⅵ，判别两平面 H 面投影的可见性，则在 H 面选一对重影点如Ⅳ Ⅴ。

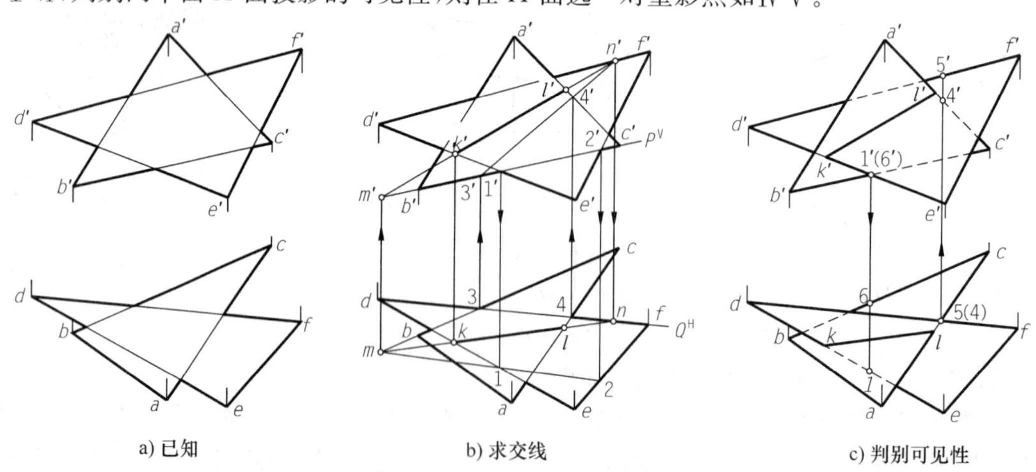

图 2-64　线面交点法求两一般面交线

可见，图 2-64 所示的两平面图形 ABC 与 DEF 为互交。

（2）三面共点法

如图 2-65 所示，两平面图形投影不重影，它们的交线在两平面图形之外，欲求此相交两平面的交线，可利用三面共点法作出属于两平面的共有点。如图 2-65a)所示，作一辅助平面 P 与两已知平面相交，分别截得两交线 AB 和 CD，两交线的交点 K 就是两已知平面的一个共有点。同样再用一个辅助平面 Q 与两已知平面相交，可得另一个共有点 L。直线 KL 即为所求的交线。为作图简便，应取特殊位置平面为辅助平面。因为两平面投影无重影，故不需判别可见性。

投影作图：如图 2-65b)所示。

① 作一水平面 P 为辅助平面，与平面 R 和 S 分别有交线 AB 和 CD。它们相交于点 K (k,k')。

② 再作一水平面 Q 为辅助平面，与两平面有交线 EF 和 GH，得交点 $L(l,l')$。

③ 连 $KL(kl,k'l')$，即为所求交线。

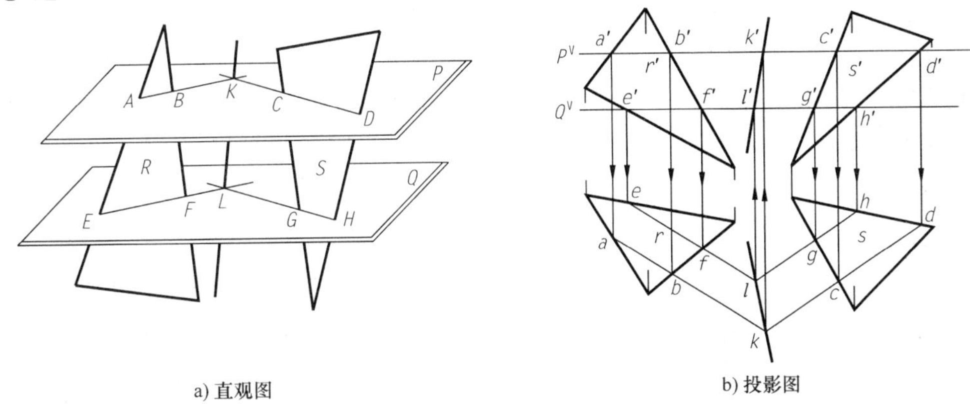

a) 直观图　　b) 投影图

图 2-65　三面共点法求两平面的交线

2.4.3　直线与平面垂直、两平面相互垂直

1. 直线与平面相互垂直

直线与平面垂直的几何条件是：

若一直线垂直于一平面上的两条相交直线，不管该直线是否通过这两条相交直线的交点，则这条直线一定与该平面垂直。

如图 2-66 所示，直线 MN 垂直于平面 P 上的两条相交直线 K、L（或 K_1、L_1），则直线 MN 与平面 P 垂直。

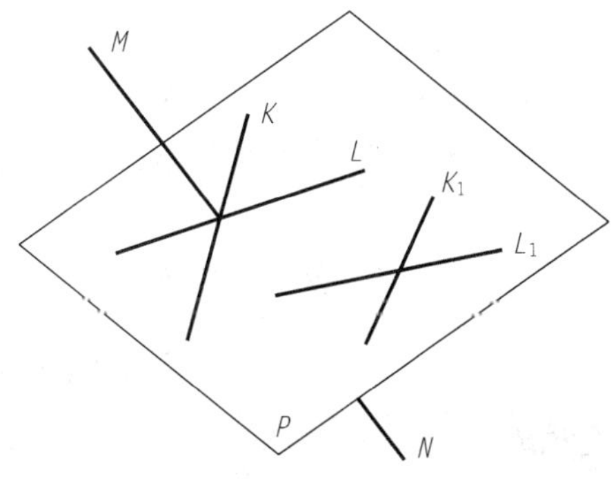

图 2-66　直线与平面垂直直观图

反之，若一直线垂直于一平面，则这条直线一定与该平面内所有的直线垂直。

在投影图中，如图2-67a)所示，若直线 MN 垂直于平面 P，则直线 MN 必垂直于平面 P 上的所有直线，其中包括平面上的水平线 AE 和正平线 CD。根据直角投影定理，直线 MN 的水平投影应垂直于水平线 AE 的水平投影，即 $mn \perp ae$，直线 MN 的正面投影应垂直于正平线 CD 的正面投影，即 $m'n' \perp c'd'$。由此，可得到一般位置直线与一般位置平面垂直的投影特性和作图方法。

直线与平面垂直的投影特性：

若一直线垂直于一平面，则直线的水平投影必垂直于该平面上水平线的水平投影；直线的正面投影必垂直于该平面上正平线的正面投影。

反之，若一直线的水平投影垂直于一平面上水平线的水平投影，直线的正面投影垂直于平面上正平线的正面投影，则此直线必垂直于该平面。

这是因为直线与平面垂直的充要条件是：该直线垂直于平面上相交两直线。如图2-67b)所示，因直线 MN 垂直于平面 ABC，直线 AE 与 CD 分别为平面内的水平线和正平线，所以在投影图上，$mn \perp ae$，$m'n' \perp c'd'$；反之，若 $mn \perp ae$，$m'n' \perp c'd'$，则 $MN \perp$ 平面 ABC。

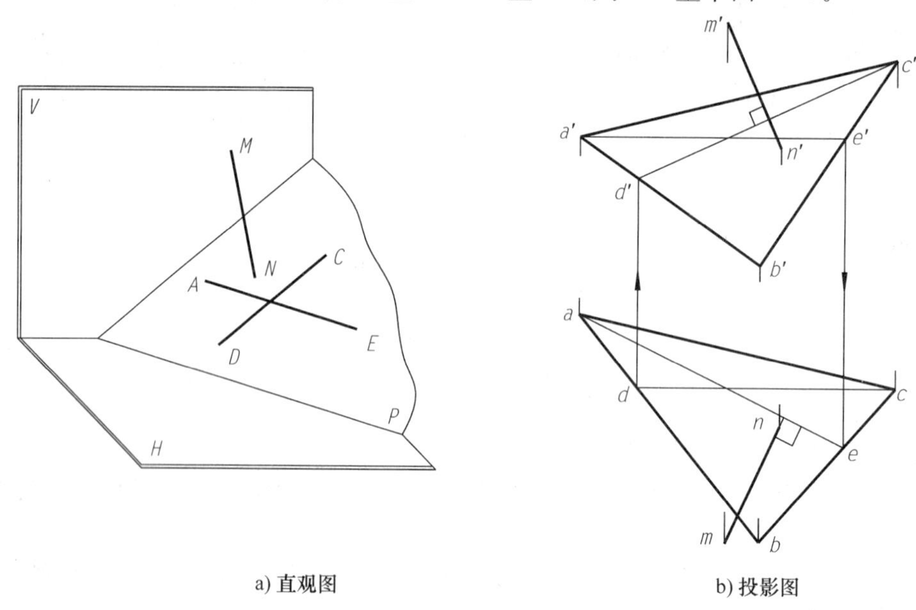

a) 直观图　　b) 投影图

图2-67　直线与平面垂直

直线 MN 称为平面 ABC 的垂线。平面 ABC 称为直线 MN 的垂面。在投影图上，平面的垂线的方向可由该平面上的水平线和正平线确定。

根据直线与平面垂直的投影特性，可以在投影图上作平面的垂线或直线的垂面，以及判断直线与平面是否垂直。

【例2-24】 如图2-68a)所示，已知平面 ABC 及平面外一点 K，求点 K 到平面 $\triangle ABC$ 的距离。

分析：如图2-68b)所示。

为求点到平面的距离，首先过点 K 作平面 ABC 的垂线 KF；然后求垂线与平面的交点 N（垂足）；最后求出 KN 的实长，即为点 K 到平面 $\triangle ABC$ 的距离。因为平面 $\triangle ABC$ 为一般面，所以要作垂线，先要在平面△ABC上取水平线和正平线，再利用直角投影定理作图。

作图：

(1) 过点K作平面△ABC的垂线KF，如图2-68c)所示。

① 在△ABC上作水平线BE。过b'作$b'e'$//OX，再由$b'e'$求出be。

② 在△ABC上作正平线AD。过a作ad//OX，再由ad求出$a'd'$。

③ 过点K作KF分别与水平线BE和正平线AD垂直。过k作$kf \perp be$，过k'作$k'f' \perp a'd'$。KF即为过点K向△ABC所作的垂线。

(2) 求KF与平面△ABC的交点N，即垂足，如图2-68d)所示。

① 包含KF作正垂面P，由P^V表示。

② 求P平面与△ABC的交线ⅠⅡ(12，1′2′)。

③ 求KF与ⅠⅡ的交点$N(n,n')$，N即为垂足。

(3) 用直角三角形法求出KN的实长，如图2-68e)所示。

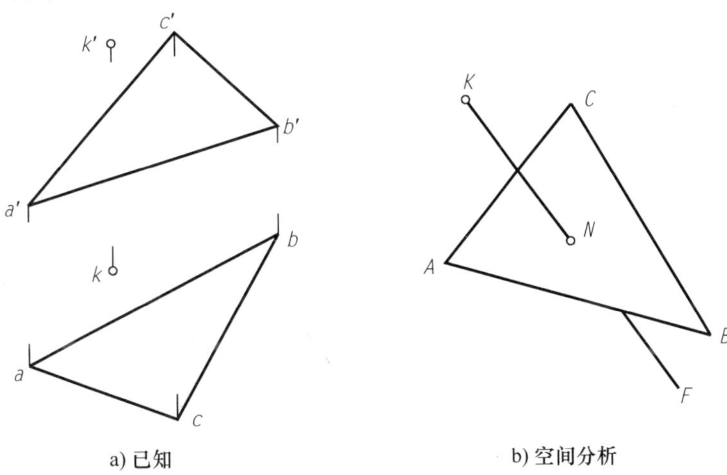

a) 已知　　b) 空间分析

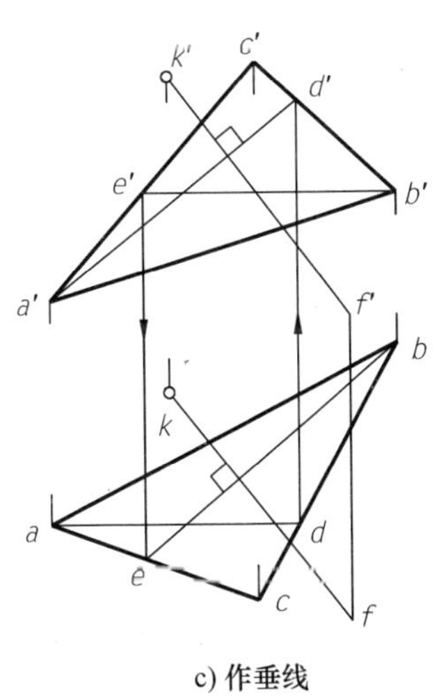

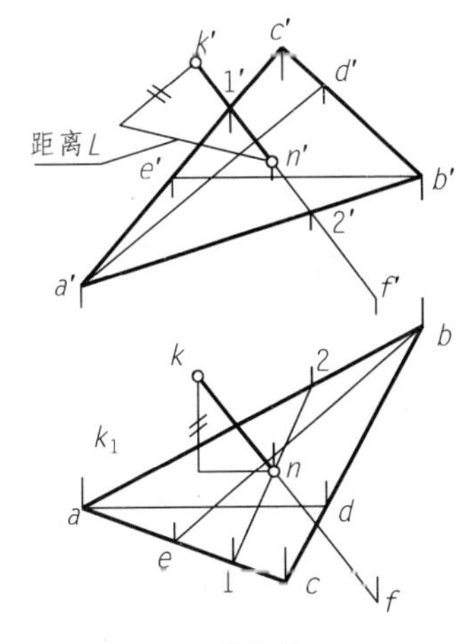

c) 作垂线　　d) 求垂足　　e) 求实长

图2-68　求点到平面的距离

【例 2-25】 如图 2-69a)所示,求点 K 到直线 AB 的距离。

分析:

为求点到直线的距离,需要过点 K 作直线与已知直线 AB 垂直相交。由直角投影定理可知,当互相垂直两直线中其中至少有一条为投影面平行线时,在该投影面上可以直接作垂直。但该题中,两直线均为一般线,各投影不反映垂直,因此在投影图上不能直接过点 K 作直线 AB 的垂线。如图 2-69b)所示,过点 K 与直线 AB 垂直的直线的轨迹为过点 K 垂直于 AB 的平面。所作垂面与已知直线 AB 的交点 N 即为垂足,这时已知点 K 与垂足 N 的连线 KN 与已知直线 AB 垂直相交,KN 的实长即为所求点 K 到直线 AB 的距离。

过点 K 所作直线 AB 的垂面,可以用水平线和正平线两条相交直线来表示,水平线的水平投影应垂直于直线 AB 的水平投影,正平线的正面投影应垂直于直线 AB 的正面投影。

作图: 如图 2-69c)所示。

(1) 过点 K 作直线 AB 的垂面,该平面由正平线 KD 及水平线 KE 组成。过 k' 作 $k'd' \perp a'b'$,过 k 作 $kd /\!/ OX$ 轴;过 k 作 $ke \perp ab$,过 k' 作 $k'e' /\!/ OX$ 轴。

(2) 求直线 AB 与所作垂面 KDE 的交点 N,即为垂足。

(3) 连 KN,利用直角三角形法求出 KN 实长,即为点 K 到直线 AB 的距离。

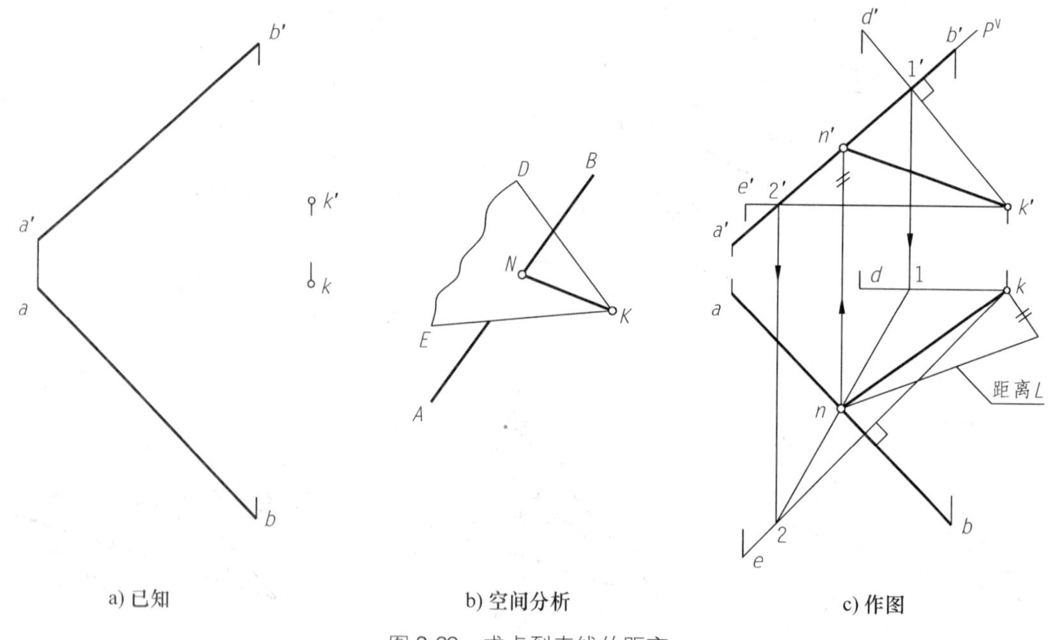

a) 已知　　b) 空间分析　　c) 作图

图 2-69 求点到直线的距离

【例 2-26】 已知直线 MN 和△ABC 的 H、V 面投影,如图 2-70a)所示,判断它们是否垂直。

分析:

若能在△ABC 上作出一条水平线和一条正平线分别与直线 MN 垂直,则直线 MN 垂直于△ABC。反之,则不垂直。

作图: 如图 2-70b)所示。

(1) 在△ABC 上作正平线 AD。过 a 作 $ad /\!/ OX$,由 ad 求出 $a'd'$。

(2) 在△ABC 上作水平线 CE。过 c' 作 $c'e' /\!/ OX$,由 $c'e'$ 求出 ce。

(3) 比较直线 MN 是否与正平线 AD 及水平线 CE 垂直。即比较 $m'n'$ 与 $a'd'$ 是否垂直以及 mn 与 ce 是否垂直。作图结果表明，虽然 $m'n' \perp a'd'$，但 mn 不垂直于 ce，故直线 MN 不垂直于$\triangle ABC$。

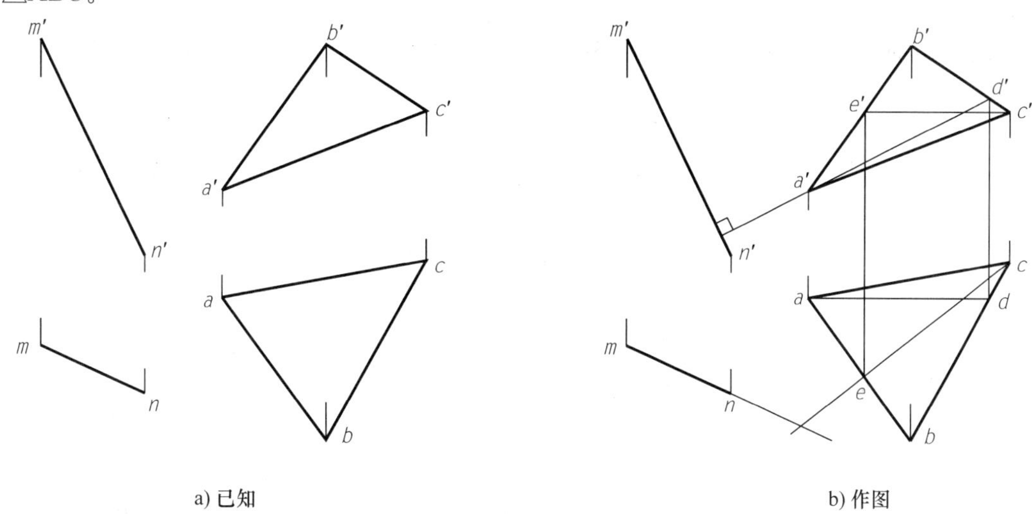

a) 已知　　b) 作图

图 2-70　判断直线与平面是否垂直

直线与平面垂直关系中，当直线垂直于某一投影面垂直面时，它必然是一条投影面的平行线，平行于该平面所垂直的投影面，且该平面的积聚投影与该垂线的同面投影相互垂直。因此，要作投影面垂直面的垂线，可先作直线的一面投影与平面的积聚投影相垂直，直线的其他投影应平行于相应的投影轴。若要判断直线与投影面垂直面是否垂直，应先检查平面的积聚投影与直线同面的投影是否垂直，如果垂直，然后再检查该直线是否为平面积聚投影所在投影面的平行线，即其另外投影是否平行于相应的投影轴，若平行，则直线与投影面垂直面相互垂直。反之，则不垂直。

如图 2-71a)所示，平面 P 为铅垂面，直线 AB 垂直于平面 P，则 AB 必为水平线，且平面 P 的积聚投影 P^{H} 与该直线 AB 的水平投影 ab 必相互垂直。在投影图中，如图 2-71b)所示，若水平线 AB 的水平投影 ab 垂直于平面 P 的积聚投影 P^{H}，则平面 P 与直线 AB 相互垂直。同理，正垂面的垂直线一定是一条正平线，如图 2-71c)所示；侧垂面的垂直线一定是一条侧平线。

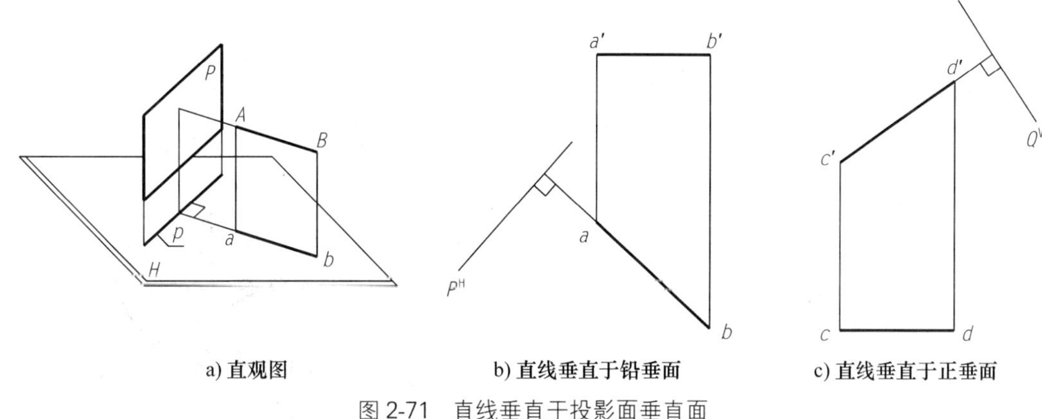

a) 直观图　　b) 直线垂直于铅垂面　　c) 直线垂直于正垂面

图 2-71　直线垂直于投影面垂直面

2. 两平面相互垂直

两平面相互垂直的几何条件是：

若一个平面包含另一个平面的垂线，则这两个平面相互垂直。

如图 2-72 所示，直线 AB 垂直于平面 Q，则包含直线 AB 的所有平面如 P_1、P_2 均与平面 Q 垂直。

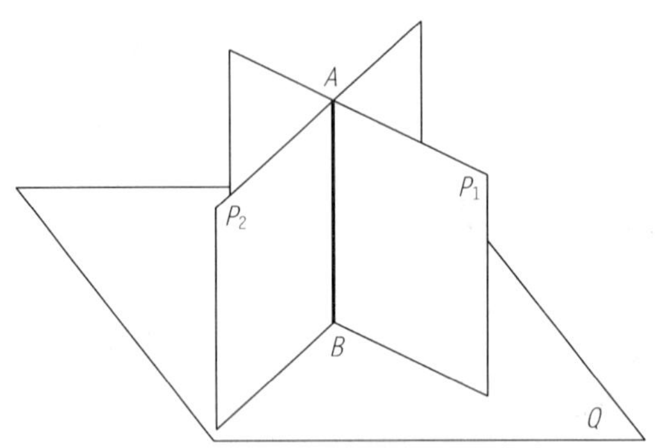

图 2-72 两平面相互垂直直观图

反之，若平面 P 和平面 Q 相互垂直，则由平面 P 上的任一点 A 向平面 Q 所作的垂线 AB 一定在 P 平面上。若 AB 不在 P 平面上，则平面 P 不垂直于平面 Q。

利用两平面相互垂直的几何条件，可以作一平面垂直于另一已知平面，或判别两已知平面是否垂直。

【例 2-27】 如图 2-73a) 所示，过点 A 作平面平行于直线 CD，且垂直于平面△EFG。

分析：

过点 A 可以作平面△EFG 的一条垂线，包含该垂线的所有平面均垂直于△EFG。同时要使所作的平面平行于直线 CD，故此平面必须包含一条平行于 CD 的直线。因此，可用相交二直线表示所作的平面，其中一条垂直于平面△EFG，另一条平行于直线 CD。

作图：如图 2-73b) 所示。

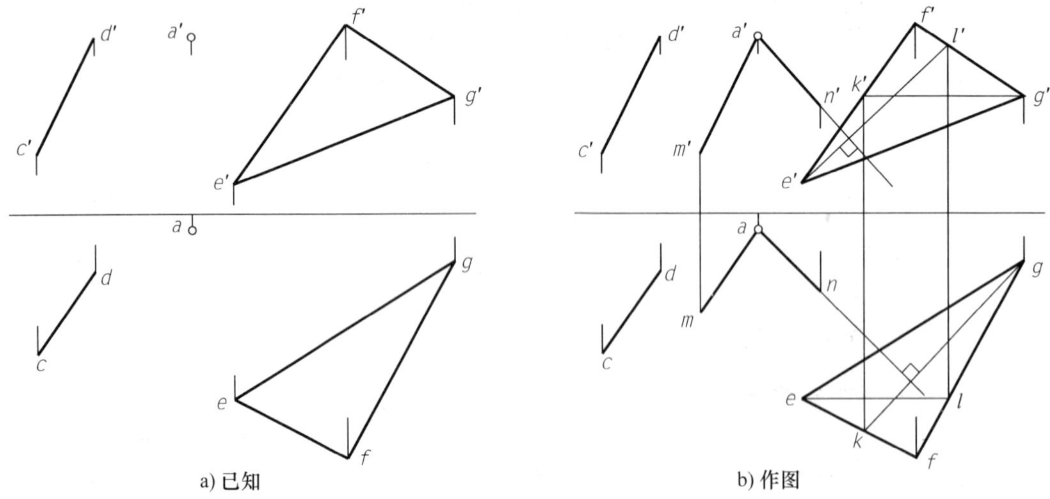

图 2-73 过点 A 作平面平行于直线 CD 且垂直于△EFG

(1) 过点 A 作平面△EFG 的垂线 AN。为此在平面△EFG 上作一水平线 GK 和正平线 EL，然后过点 a 作 $an \perp gk$，过点 a' 作 $a'n' \perp e'l'$。

(2) 过点 A 作直线 CD 的平行线 AM。过点 a 作 $am \parallel cd$，过点 a' 作 $a'm' \parallel c'd'$。

(3) 相交二直线 AN、AM 所表示的平面即为所求。

【例 2-28】 如图 2-74a)所示，试判断平面 ABC 与平面 DFE 是否垂直。

分析：

若能在一平面如 DFE 上作出一条直线垂直于另一平面△ABC，则两平面相互垂直。反之，则不垂直。因此，可以过平面 DFE 上的一点作直线垂直于△ABC，然后检查所作垂线是否在平面 DFE 上，若在，则两平面相互垂直，否则不垂直。

作图：如图 2-74b)所示。

(1) 过点 D 作一直线 DG 垂直于平面 ABC。为此在平面 ABC 上取一正平线 CⅠ和水平线 AC，然后过点 d' 作 $c'1'$ 的垂线 $d'g'$，过点 d 作 ac 的垂线 dg。

(2) 检查直线 DG 是否属于平面 DFE。由两面投影可知，DG 与平面 DFE 上的直线 FE 为交叉关系，故 DG 不在平面 DFE 面上，所以平面 ABC 与平面 DFE 不垂直。

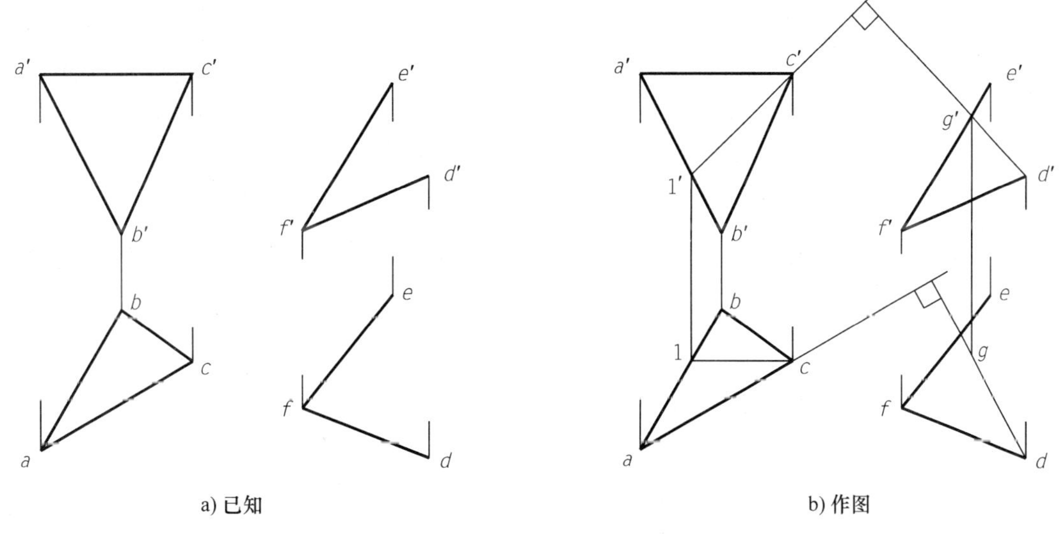

图 2-74 判断两平面是否垂直

【例 2-29】 过直线 AC 作平面 ABC，使之垂直于正垂面 P，如图 2-75a)所示。

分析：

过平面 P 外的一条直线 AC(AC 不垂直于平面 P)只能作一个面垂直于该平面 P，所作平面 ABC 上必须包含一条平面 P 的垂线。所以过点 A 作平面 P 的垂线即可。因为平面 P 为正垂面，正垂面的垂线为正平线，在正面投影中，这条正平线垂直于平面 P 的积聚投影。

作图：如图 2-75b)所示。

(1) 过点 A 的正面投影 a' 作 $a'b'$ 垂直于 P 平面的积聚投影 p'，交 p' 于 b'。

(2) 过点 A 的水平投影 a 作 ab 平行于 OX 轴，bb' 连线垂直于 OX 轴。

(3) 三角形 ABC 即为所求垂直于正垂面 P 的平面。

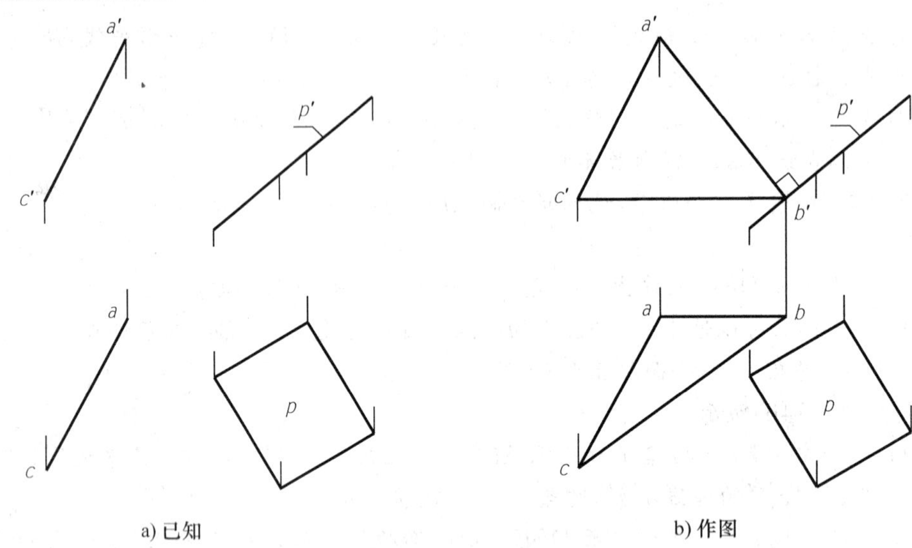

a) 已知　　b) 作图

图 2-75　过直线作平面垂直于投影面垂直面

应当注意，当相互垂直的两平面同时为某一投影面的垂直面时，则两平面的积聚投影相互垂直。如图 2-76a)所示，两正垂面△ABC 与△DEF 相互垂直，则它们在 V 面的积聚投影相互垂直。要判断两个同一投影面垂直面是否相互垂直时，只要检查其积聚投影是否相互垂直即可。如图2-76b)所示，因为两铅垂面 P 与 Q 的积聚投影 P^{H} 与 Q^{H} 相互垂直，所以两平面 P 与 Q 必相互垂直。

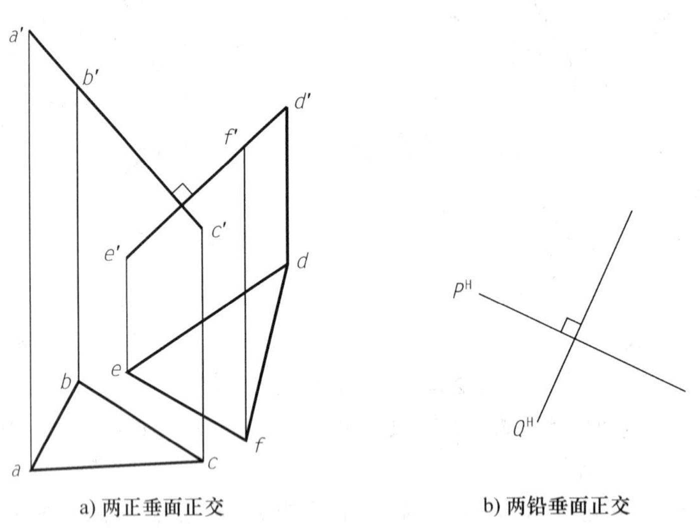

a) 两正垂面正交　　b) 两铅垂面正交

图 2-76　两个同一投影面垂直面相互垂直

2.4.4　点、直线、平面综合问题

空间几何问题大多是点、直线、平面各种几何元素间相对关系的综合问题，它们要同时满足若干条件。综合问题常分为定位问题和度量问题。解题时，首先要进行几何关系的空间分析，然后根据分析确定解题方案，最后运用有关的投影特性及作图方法逐步完成投影作图。

【例 2-30】 过点 M 作直线与平面 ABC 平行，并与直线 DE 相交，如图 2-77a)所示。

分析：如图 2-77b)所示。

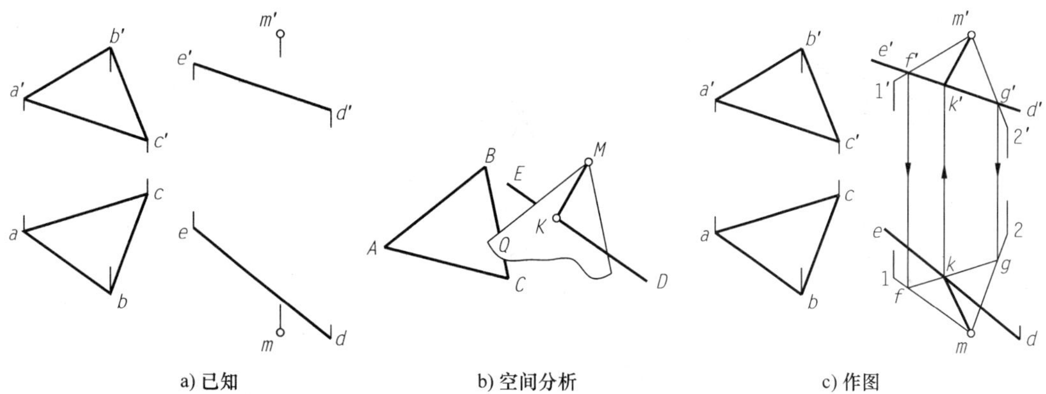

图 2-77　作直线与已知平面平行，并与已知直线相交

过点 M 可以做无数条直线与平面 ABC 平行，这些直线的轨迹是过点 M 与平面 ABC 平行的平面 Q。为使所作直线与已知直线 DE 相交，可求出平面 Q 与直线 DE 的交点 K，则点 K 与已知点 M 的连线 MK 即为所求。

作图：如图 2-77c)所示。

(1) 过点 M 作平面平行于平面 ABC。为此过点 $M(m,m')$ 分别作 MⅠ$/\!/AB$，MⅡ$/\!/BC$，则平面ⅠMⅡ$/\!/$平面 ABC。

(2) 求平面ⅠMⅡ与直线 DE 的交点 $K(k,k')$。

(3) 连直线 $MK(mk,m'k')$ 即为所求。

本题还可以用另一方法求解。如图 2-78 所示，过点 M 可以作无数条直线与已知直线 DE 相交，这些直线的轨迹是点 M 和直线 DE 所确定的平面 P。为使所作的直线与平面 ABC 平行，则此直线一定位于平面 P 上，且平行于平面 ABC 与平面 P 的交线 FG。

作图步骤如下(投影作图请读者自行完成)：

(1) 连接点 M 和直线 DE 为一平面 P。

(2) 求平面 ABC 与平面 P 的交线 FG。

(3) 过点 M 作直线 MK 与交线 FG 平行，MK 即为所求。

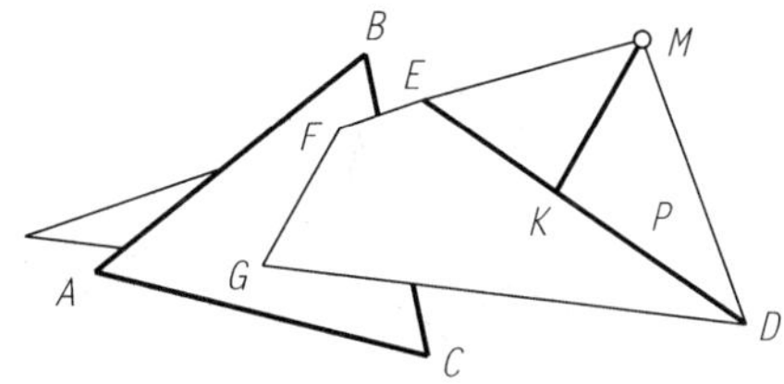

图 2-78　作直线与已知平面平行，并与已知直线相交方法二空间分析

由上例可见，点、线、面综合问题的解题方法有多种，作图繁简有差别，但解题思路一致。均先考虑题目的一个要求，找出其求解轨迹，然后再引进其他要求，找出同时满足所有要求的答案，使问题分解，这是求解复杂问题常用的方法。

【例 2-31】 以 AB 为底边作一等腰三角形 ABC，使其顶点 C 在直线 MN 上，如图 2-79a)

所示。

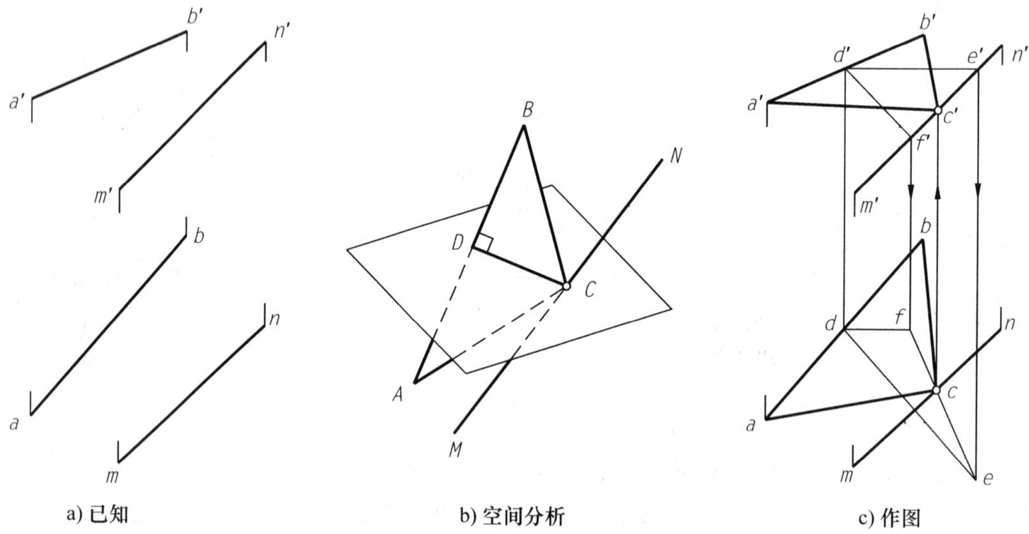

a) 已知　　b) 空间分析　　c) 作图

图 2-79　以 AB 为底边作顶点在直线 MN 上的等腰三角形

分析:如图 2-79b)所示。

直线 AB 为等腰△ABC 的底边,其顶点 C 应在底边 AB 的中垂面上,同时顶点 C 又在直线 MN 上,故顶点 C 应为底边 AB 的中垂面与直线 MN 的交点。

作图:如图 2-79c)所示。

(1) 过底边 AB 的中点 D 作直线 AB 的中垂面 EDF(由水平线 DE 和正平线 DF 表示)。

(2) 求直线 MN 与所作中垂面 EDF 的交点 C。

(3) 连接△ABC,即为所求。

【例 2-32】 作直线 MN 与 AB、CD 二直线相交,并平行于直线 EF,如图 2-80a)所示。

分析:如图 2-80b)所示。

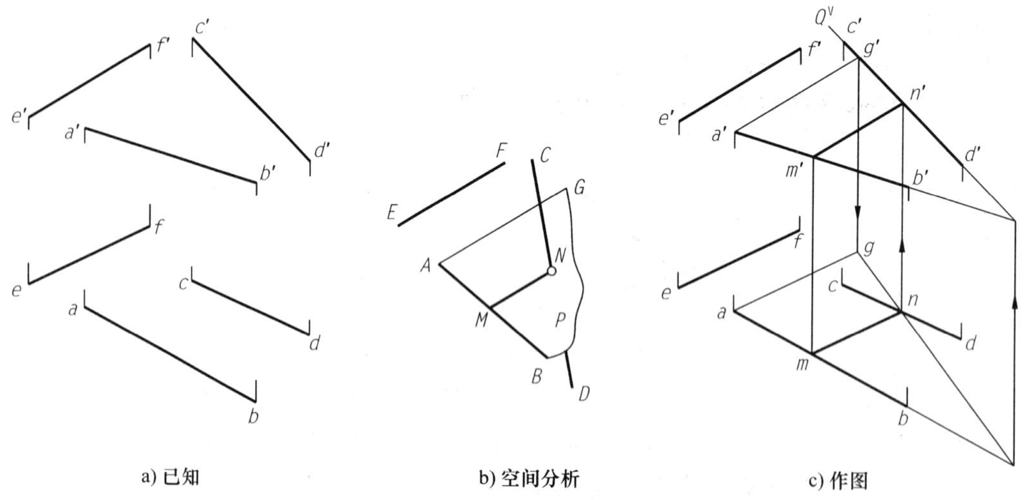

a) 已知　　b) 空间分析　　c) 作图

图 2-80　作直线 MN 与 AB、CD 二直线相交,并平行于直线 EF

所求直线 MN 必在平行于直线 EF 的平面上，同时 MN 要与交叉二直线 AB、CD 都相交，故过其中一条直线如 AB 作一平面 P 平行于直线 EF，所作平面与另一直线 CD 相交于点 N，过点 N 作直线平行于 EF 并交 AB 于点 M，则 MN 即为所求直线。

作图：如图 2-80c)所示。

(1) 过直线 AB 的端点 A 作直线 $AG /\!/ EF$，相交二直线 AB 和 AG 所确定的平面即为直线 EF 的平行面 P。

(2) 求直线 CD 与所作平面 P 的交点 N。

(3) 过点 N 作直线 $MN /\!/ EF$，则 MN 即为所求直线。

本题还可以用另一种方法求解，如图 2-81 所示，过交叉二直线分别作平面 P、R 平行于直线 EF，所作两平面 P 与 R 的交线 MN 即为所求直线。投影作图请读者自行完成。

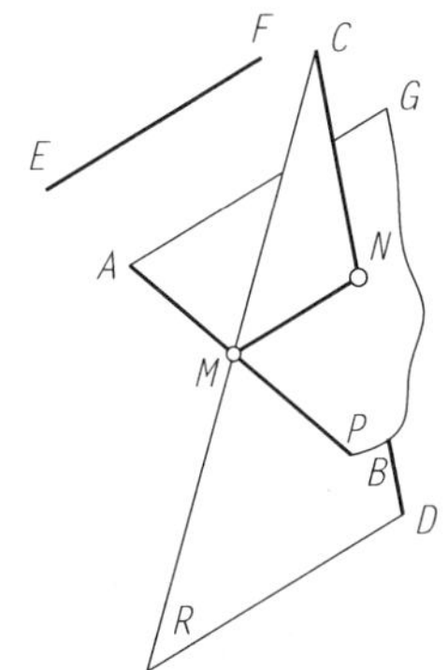

图 2-81 方法二 空间分析

2.5 换面法

2.5.1 概述

当直线或平面处于特殊位置时，在投影图上可以直接反映出直线或平面的某些真实情况(如实长、实形、倾角)或投影有积聚性。利用这些性质，可以在投影图中很方便地解决空间几何元素的定位或度量问题。而一般线和平面则没有上述特性，解决问题比较复杂。

例如求两平行线间的距离问题，当两条平行线都垂直于某一投影面时，两积聚投影的距离即为两平行线间的距离(图 2-82a)；当两条平行线都平行于某一投影面时，在该投影面上的投影反映出公垂线 MN 与直线 AB 和 CD 的垂直关系(图 2-82b)；而当两条平行线都是一般线时，可通过一直线上的任意一点 M 做直线的垂线，与另一直线相交于点 N，作出公垂线 MN，然后再由直角三角形求实形的方法求出两平行线间的距离(图 2-82c)，作图较复杂。

由此可知，为了解决有关的空间几何问题，我们可将一般线和平面变换为特殊位置直线和平面，以达到简化解题的目的。这种变化称为投影变换。投影变换常用的基本方法有两种：换面法和旋转法。其中换面法是解题中使用比较广泛的一种方法，故本章主要介绍换面法。

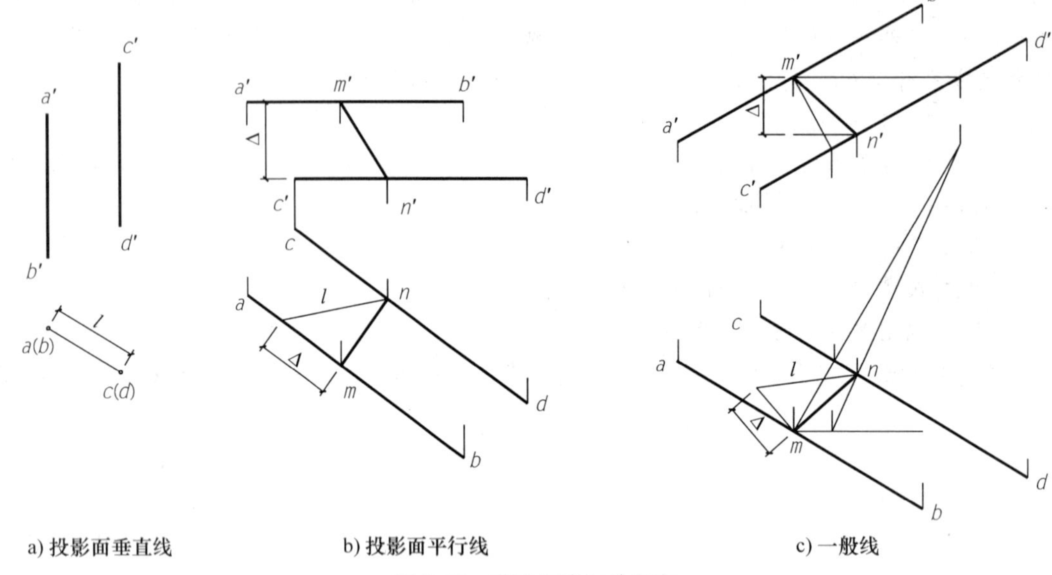

图 2-82 两平行线间的距离

2.5.2 换面法的基本原理及变换规律

换面法即为变换投影面法，它是使空间几何元素的位置保持不动，用新的投影面来代替旧的投影面，使空间几何元素在对新的投影面体系中，对投影面处于有利于解题的位置。

1. 换面法的基本原理

如图 2-83 所示，在 V、H 两投影面体系中(以下简称 V/H 体系)，直线 AB 为一般线，它的两面投影均不反映实长。为了求直线 AB 的实长，现建立一平行于直线 AB 且垂直于 H 面的新投影面 V_1 面来替代 V 面，则新的投影面 V_1 面与 H 面构成一个新的两投影面体系 V_1/H 体系，直线 AB 在 V_1/H 体系中的 V_1 面上的投影 $a_1'b_1'$ 反映实长。再以 V_1 面与 H 面的交线 O_1X_1 为轴，使 V_1 面旋转至与 H 面重合，就得到直线 AB 在 V_1/H 投影体系中的投影。

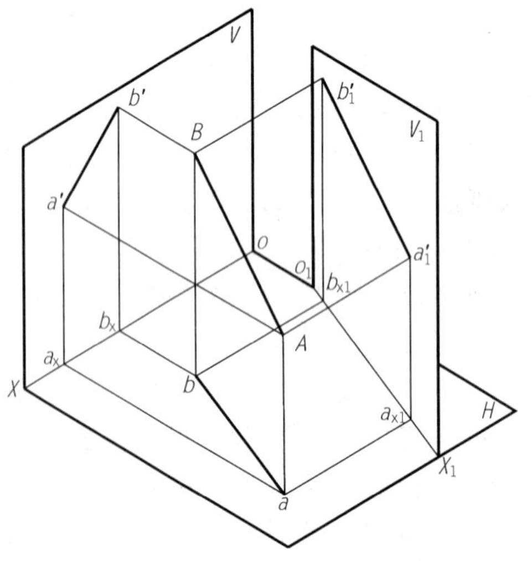

图 2-83 换面法的基本原理

图 2-83 中原来的投影面 V 面称为旧投影面，新建立的 V_1 面称为新投影面，两投影体系中共有的投影面称为不变投影面。原投影体系中两投影面的交线 OX 轴称为旧轴，新投影体系中两投影面的交线 O_1X_1 轴称为新轴。旧投影面中的投影 ab 为旧投影，新投影面中的投影 $a_1'b_1'$ 为新投影，不变投影面中的投影 ab 为不变投影。

作图时，新投影面 V_1 面是不能任意选择的，首先要使空间几何元素在新的投影面上的投影能够帮助我们更方便地解决问题，同时新投影面必须要和不变投影面（H 面）构成一个相互垂直的两面投影体系，这样才能应用前面所学的正投影原理作出新的投影图。因而新投影面的选择必须符合以下两个条件：

（1）新投影面必须建立在使空间几何元素处于有利于解题的位置。

（2）新投影面必须垂直于一个不变的投影面，并与不变的投影面构成新的投影体系。

2. 点的投影变换规律

（1）点的一次变换

单独一个点的变换是没有意义的，但它的变换规律是直线和平面变换的基础。因此，在学习投影变换时，必须首先了解点的投影变换规律。

现在来研究更换正立面时点的变换规律。如图 2-84a）所示，在两投影面体系 V/H 体系中，点 A 的正面投影 a'，水平投影 a。现令 H 面保持不动，取一铅垂面 V_1 面来代替 V 面，形成新的两投影面体系 V_1/H 体系。过点 A 向 V_1 面作垂线，得到点 A 在 V_1 面上的新投影 a_1'。由于新旧两投影体系具有公共的水平面 H 面，因此点 A 到 H 面的距离（即 Z 坐标）在新旧体系中都是相同的，即有 $a_1'a_{x1}=Aa=a'a_x$。另外，当 V_1 面绕 OX_1 轴旋转至与 H 面重合时，根据点的投影性质可知：aa_1' 必垂直于 o_1x_1 轴，即 $aa_1'\perp o_1x_1$。根据以上分析可以得出点的投影变换规律：

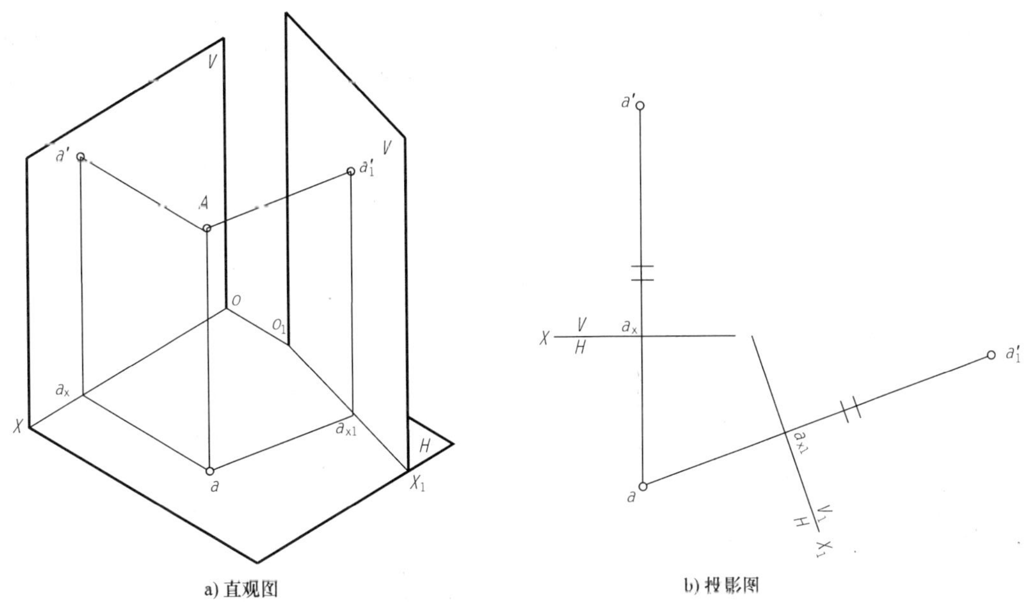

a) 直观图　　b) 投影图

图 2-84　新投影面替换原来的 V 面

① 点的新投影到新轴的距离等于点的旧投影到旧轴的距离。

② 点的新投影与不变投影的连线必垂直于新投影轴。

图 2-84b)为根据上述规律由 V/H 投影面体系中的投影(a,a'),求其在 V_1/H 体系中的投影(a,a_1')的作图过程。

① 在适当的位置画出新投影轴,标注上 V_1/H。

② 过点 a 作 $aa_1' \perp o_1x_1$,在该垂线上截取 $a_1'a_{x1}=a'a_x$。则 a_1'即为所求新投影。

下面来看更换水平面的情况。如图 2-85a)所示,保留 V 面不动,取一正垂面 H_1 面来代替 H 面,H_1 面与 V 面构成新的投影体系 V/H_1 体系,求出其新投影 a_1。因新旧投影具有公共的 V 面,因此有 $a_1a_{x1}=Aa'=aa_x$。其作图步骤如图 2-85b)所示。

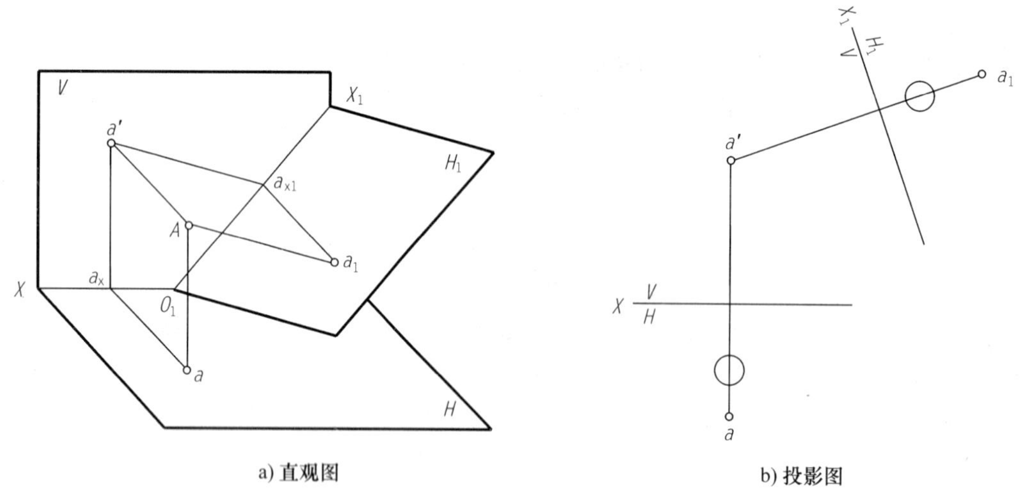

a) 直观图 b) 投影图

图 2-85 新投影面替换原来的 H 面

(2) 点的两次变换

上述在变换 V 面或 H 面时,是用一个新的投影面来代替原来两个投影面中的一个,因此称之为一次换面法。但在实际应用中,有时一次换面还不能解决问题,必须两次或多次变换投影面。图 2-86 表示变换两次投影面时,求点的新投影的方法,其原理和一次换面法完全相同。

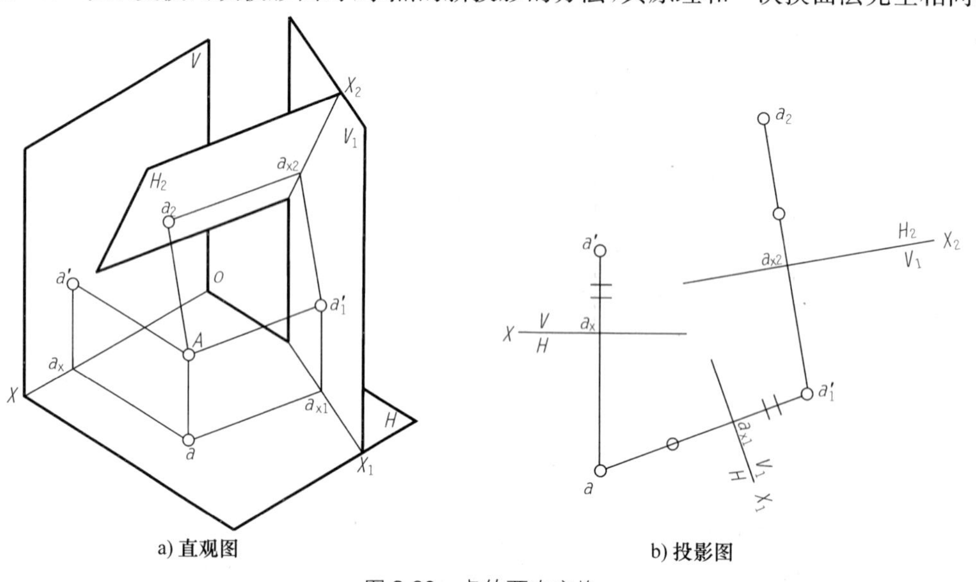

a) 直观图 b) 投影图

图 2-86 点的两次变换

在进行第二次变换时，新投面 H_2 应垂直 V_1（形成 V_1/H_2 体系），原来的新轴 X_1 轴应当作旧轴，同时增加一个新轴 X_2；原来不变投影面 H 应当作旧投影面，同时增加一个新投影面 H_2；原来的新投影面 V_1 现成为不变投影面。在变换过程中，当 a_2 到 x_2 的距离等于点 a 到 x_1 的距离，即 $a_2a_{x_2}=aa_{x_1}=Aa_1'$。

在多次更换投影面时应当注意，新投影面的选择除了必须符合前面讲过的两条原则外，还必须注意投影面必须是更换完一个以后，在新的两面体系中交替地更换另一个，而不是一次更换两个投影面。

图 2-86 所示为把 V/H 体系经过 V_1/H 体系而变换为 V_1/H_1 体系的情况，也可按 V/H—V/H_1—V_1/H_1 的方式进行变换，但应当注意 V 面和 H 面必须交替进行，顺便说明，根据需要可依次进行三次或多次的换面，只是在换面时，H、V 面必须交替进行替换（原基础上再换一次）。

3. 直线的变换

（1）将一般线变换为投影面平行线

如图 2-87a)所示，直线 AB 在 V/H 体系中为一般线，要将其变换为某一换投影面的平行线，只需建立一个新投影面，使其与线段 AB 平行。取 V_1 面代替 V 面，使 $V_1 /\!/ AB$ 且 $\perp H$，则 AB 在 V_1/H 体系中成为 V_1 面的平行线。$a_1'b_1'$ 反映线段 AB 的实长，且 $a_1'b_1'$ 与 O_1X_1 轴的夹角反映线段 AB 与 H 的夹角 α 的大小。

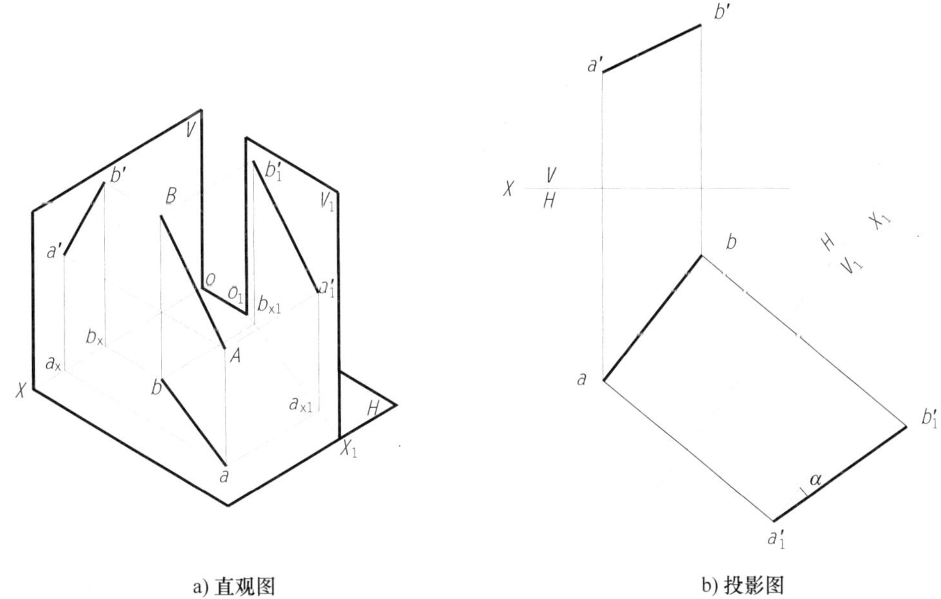

a) 直观图　　b) 投影图

图 2-87　一般位置直线变换为投影面平行线

作图步骤如下（图 2-87b）：

① 根据正平线的投影特性，建立新轴 $O_1X_1 /\!/ ab$。

② 分别过 a、b 作 o_1x_1 轴的垂线，并在垂线上量取 $a_1'a_{x1}=a'a_x$，$b_1'b_{x1}=b'b_x$。

③ 连接 $a_1'b_1'$，则 $a_1'b_1'$ 反映线段 AB 的实长，并且 $a_1'b_1'$ 与 o_1x_1 轴的夹角即为 α。

假如不更换 V 面，而变换 H 面，同样可以把 AB 变换成新投影面 H_1 的平行线，并能求出

线段 AB 与 V 的夹角 β。同学们可自行作图。

(2) 将投影面平行线变换为投影面垂直线

若将投影面平行线变换为某一投影面的垂直线，只须建立一个新的投影面与该直线垂直即可。如图 2-88a)所示，建立新投影面 H_1，使 $H_1 \perp AB$，则必有 $H_1 \perp V$ 面，这样 AB 在 V/H_1 体系中成为 H_1 面的垂直线。其作图过程见图 2-88b)。

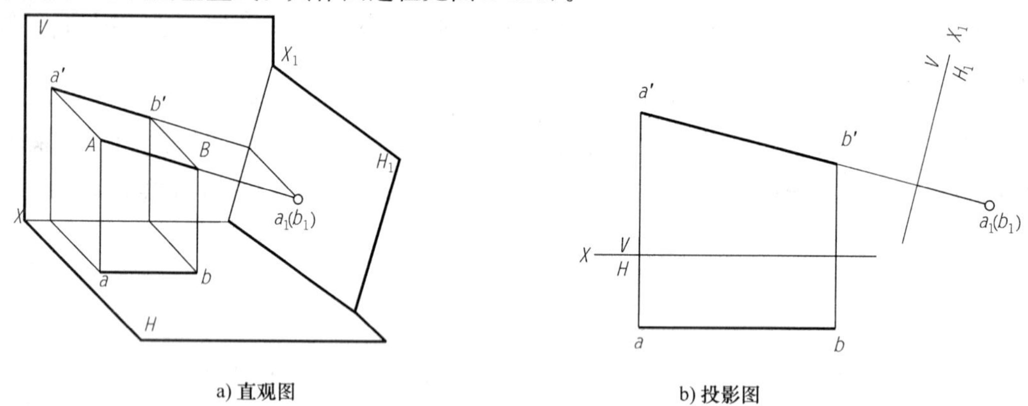

a) 直观图 b) 投影图

图 2-88 投影面平行线变换成投影面垂直线

(3) 将一般线变换为投影面垂直线

若将一般线变换为投影面垂直线，只变换一次投影面是不行的。因为与一般线垂直的平面必为一般面，该平面与原投影体系中的任意投影面都不垂直，无法构成新的投影体系。所以要把一般线变换为投影面垂直线，必须经过两次换面。先把一般线变换为投影面平行线，再把投影面平行线变换为投影面垂直线，如图 2-89 所示。

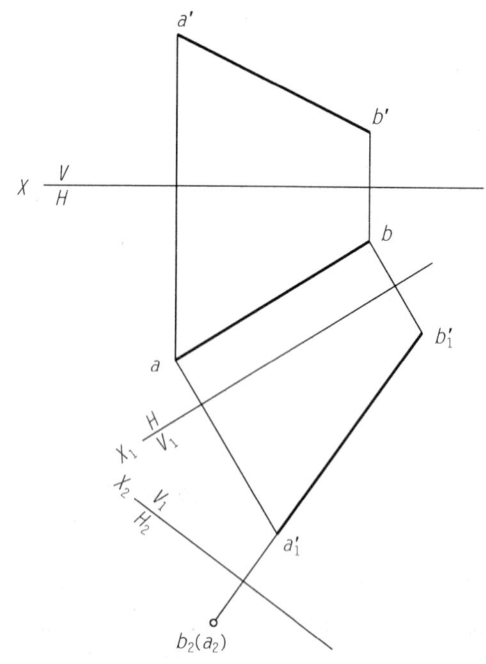

图 2-89 一般线变换成投影面垂直线

【例 2-33】 已知 $AB \perp BC$，试完成 BC 的正面投影，如图 2-90a)所示。

分析：

当直线 AB 与 BC 两线之一平行于某一投影面时，则在该投影面上的投影反映直角关系。从已知条件可知，直线 AB 和 BC 均为一般线，因此只要把一般线 AB 变换为新投影面的平行线，就可以根据直角投影定理求出直线 BC 的新投影，然后可求出直线 BC 的正面投影。而将一般线变换为投影面平行线，只须变换一次投影面。变换 H 面或 V 面均可。

作图：如图 2-90b)所示，步骤(略)。

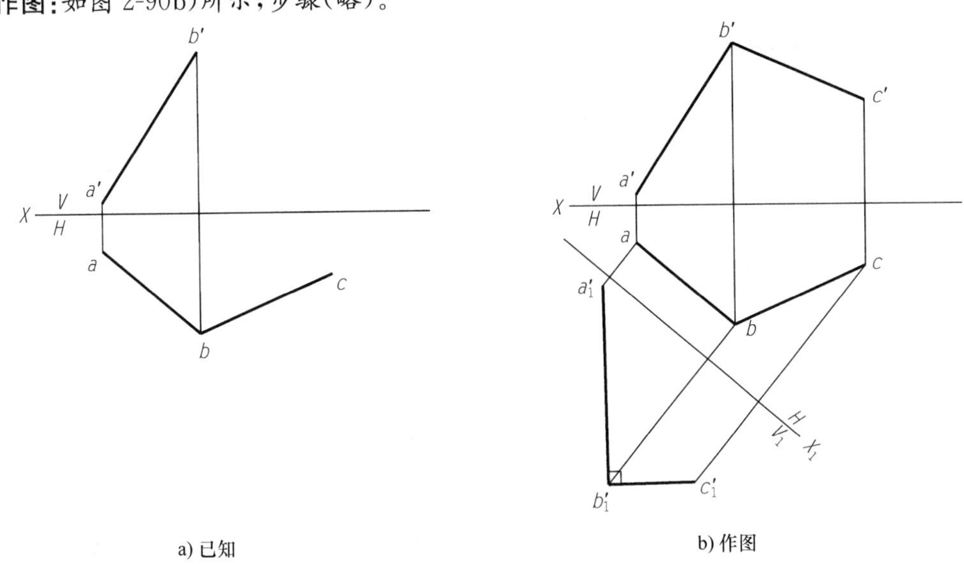

图 2-90　求直线 AB 的水平投影

【例 2-34】　求点 A 到直线 MN 的距离，如图 2-91a)所示。

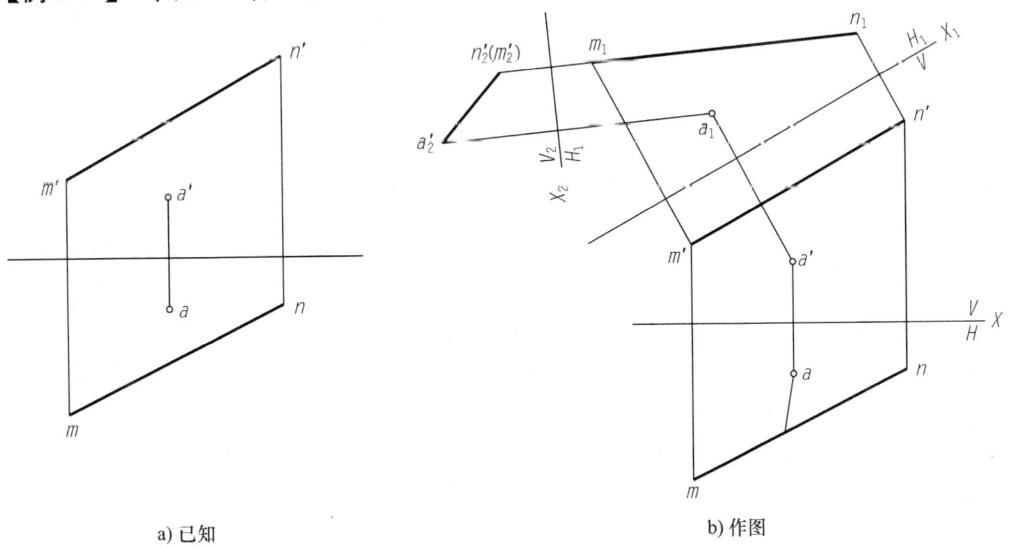

图 2-91　求点 A 到直线 MN 的距离

分析：

当直线 MN 垂直于某一投影面时，MN 在该投影面上的投影积聚。由 A 点所作的 MN 的垂线，即成为该投影面的平行线，其投影反映点 A 到直线 MN 的距离实长。因此须将直线 MN

变成投影面垂直线。

将一般线变换为投影面垂直线需要进行两次变换。

作图:如图 2-91b)所示。

① 将直线 MN 变换成投影面垂直线。首先将 MN 变换成投影面平行线,再将其变换成投影面垂直线。点 A 随直线 MN 一起变换。

② 连接 a_2 和 $n_2(m_2)$,即为所求。

【例 2-35】 求两交叉直线 AB 和 CD 的公垂线,如图 2-92a)所示。

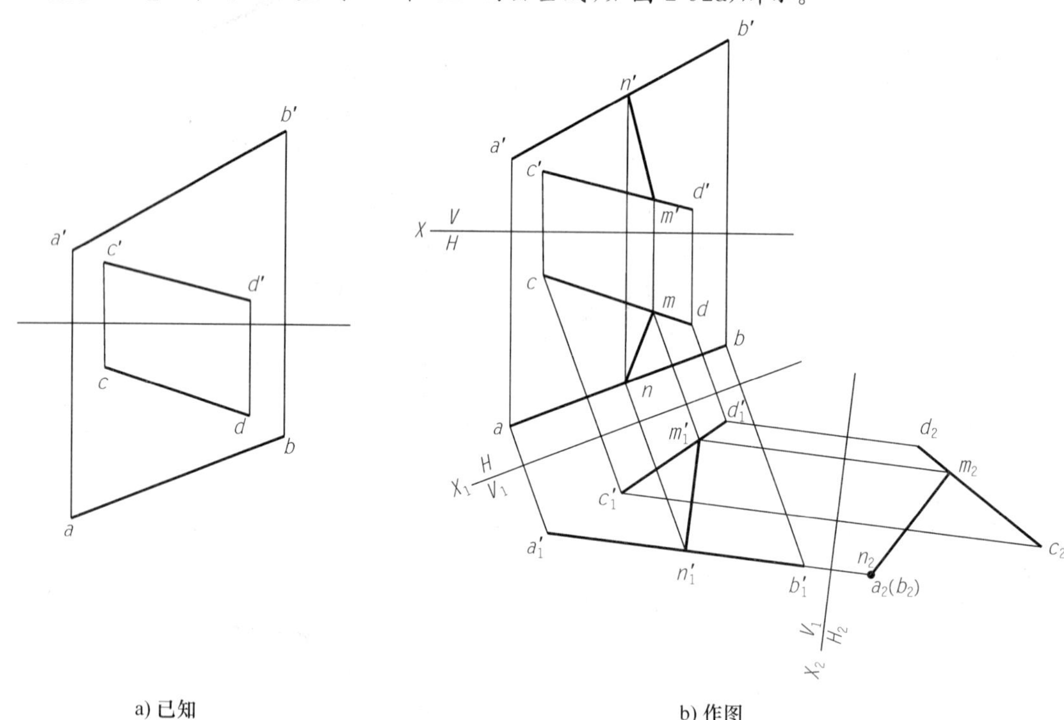

a) 已知　　b) 作图

图 2-92　求两交叉直线的公垂线

分析:

若两交叉直线之一为某一投影面的垂直线,问题就会得到解决。可将直线 AB 变成新投影面 H_1 的垂直线,此时公垂线 MN 必平行于新投影面 H_1,它的新投影 m_2n_2 反映实长。同时由于 MN 是新投影面 H_1 的平行线,MN 与 AB 的垂直关系将在投影中得到反映,即 $m_2n_2 \perp a_2b_2$。由此可定出公垂线 MN 在新投影面 H_1 中的投影 m_2n_2。根据投影变换规律,可将 MN 在 V/H 体系中的投影求出。

将一般线变换为投影面垂直线需要进行两次变换。

作图:如图 2-92b)所示。

① 设立轴 $x_1 /\!/ ab$,作出 AB 和 CD 在 V_1 面上的新投影 $a_1'b_1'$ 和 $c_1'd_1'$。

② 设立轴 $x_2 \perp a_1'b_1'$,作出 AB 和 CD 在 H_1 面上的新投影 $a_2(b_2)$ 和 c_2d_2。

③ 过 $a_2(b_2)$ 作 $m_2n_2 \perp c_2d_2$,其中点 n_2 落在 AB 的积聚投影上,并且 m_2n_2 反映公垂线 MN 实长。

④ 求公垂线 MN 在 V/H 体系中的投影。由于点 M 在直线 CD 上,可根据 m_2 返求出 m_1'、m。由于 $MN \perp H_1$,因此 $m_1'n_1' /\!/ o_2x_2$,得 n_1',最后求出 n_1 和 n_1'。

4. 平面的变换

(1) 将一般面变换为投影面垂直面

如图 2-93 表示三角形平面 ABC 在 V/H 体系中为一般面，若将其变换为新投影面垂直面，则必须做一个新投影面与三角形 ABC 垂直。根据两平面垂直的已知条件知，新投影面只要垂直于三角形内的任一条直线就可以了。我们知道，将投影面平行线变换为投影面垂直线只需要一次变换，因此，可在平面 ABC 内任取一条投影面平行线如水平线 AD 为辅助线，将 AD 变为新投影面 V_1 面的垂直线，则一般面 ABC 就变为 V_1 面的垂直面。作图过程见图 2-93b)。图中积聚投影 $a_1'b_1'c_1'$ 与 o_1x_1 轴的夹角即为平面 ABC 对 H 面的倾角 α。

请同学们思考如何求平面与 V 面的夹角 β?

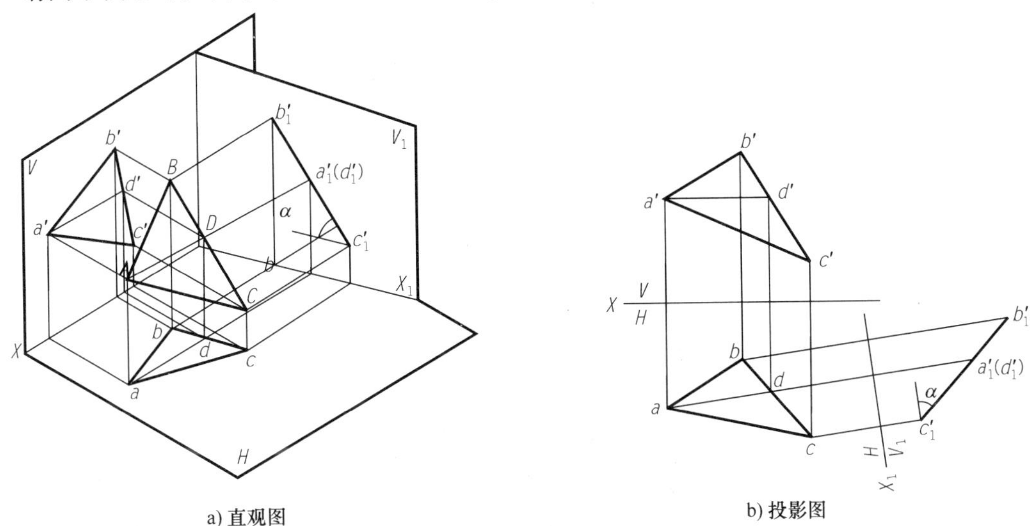

a) 直观图 b) 投影图

图 2-93 一般位置平面变换成投影面垂直面

(2) 将投影面垂直面变换为投影面平行面

如图 2-94 所示△ABC 为一铅垂面，若将它变换成新投影面的平行面，则所选的平行于

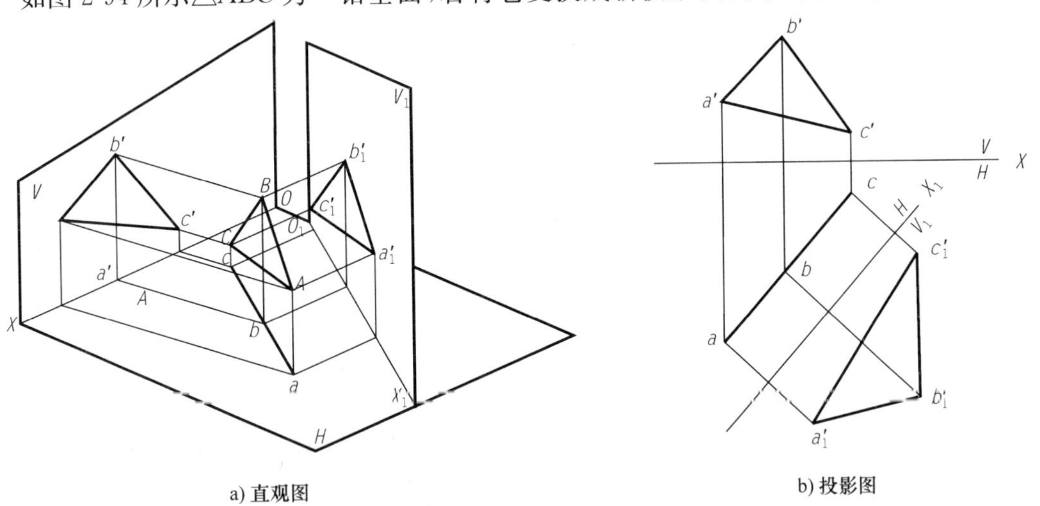

a) 直观图 b) 投影图

图 2-94 投影面垂直面变换为投影面平行面

△ABC 的新投影面 V_1 面必垂直于 H 面，△ABC 在新投影体系 V_1/H 中成为 V_1 面的平行面，其投影反映实形。作图时先作 $o_1x_1 /\!/ abc$，再求出△ABC 在 V_1 面的新投影△$a_1'b_1'c_1'$。△$a_1'b_1'c_1'$反映了△ABC 的实形。

（3）将一般面变换为投影面平行面

若将一般面变换为投影面平行面，必须经过两次变换。因为与一般面平行的平面必然也为一般面，该平面无法与原投影体系中的任一投影面形成互相垂直的两面投影体系。所以要解决这个问题必须经过两次变换，先将一般面变换为投影面垂直面，再将投影面垂直面变换为投影面平行面。如图 2-95 所示。

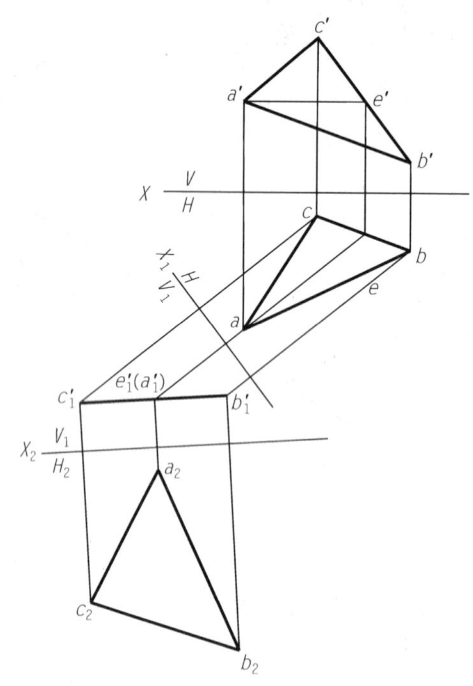

图 2-95　一般面变换为投影面平行面

【例 2-36】　已知点 M 到平面 DEF 的距离为 20mm，试完成点 M 的水平投影，如图 2-96a）所示。

分析：

所求点 M 必在与平面 DEF 平行且距离为 20mm 的平面 Q 上。若将平面 DEF 变换成投影面垂直面，则其新投影积聚为直线，在该新投影面上反映两平行平面的距离，从而可得到与平面 DEF 平行且相距 20mm 的平面 Q 的新投影。然后确定点 M 的水平投影。

将一般面变换成投影面垂直面只需一次变换。

作图：如图 2-96b）所示。

① 变换平面 DEF 为投影面垂直面。

② 作一条与 $d_1e_1f_1$ 平行且距离为 20mm 的直线，再过点 M 的正面投影 m' 作 O_1X_1 轴的垂线，两线的交点即为 m_1。

③ 根据点的投影变换规律 $m_1m_{x_1}=mm_x$ 返回，即可求出求点 M 的水平投影 m。

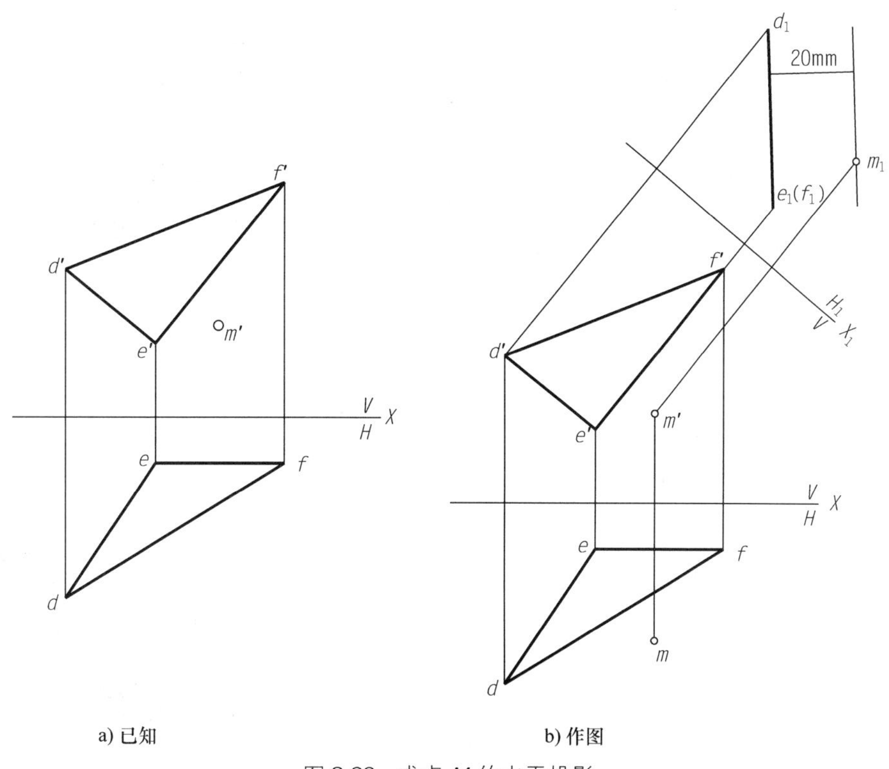

a) 已知　　b) 作图

图 2-96　求点 M 的水平投影

【例 2-37】 已知平面 ABC 与平面 BCD 之间的夹角为 75°，试完成平面 ABC 的正面投影，如图 2-97a)所示。

分析：

若将两个平面同时变换成同一投影面的垂直面，也就是将它们的交线变成投影面的垂直线，则两平面的积聚投影之间的夹角就反映出两平面的夹角。平面 ABC 与平面 BCD 的交线 BC 为一般线，要将其变换为投影面垂直线必须经过两次换面，先将一般线变换成投影面平行线，再将此平行线变换成投影面垂直线。

作图：如图 2-97b)所示。

① 设立轴 $x_1 /\!/ bc$，作出平面 BCD 的新投影 $b_1'c_1'd_1'$。

② 设立轴 $x_2 \perp b_1'c_1'$，作出平面 BCD 的新投影 $b_2c_2d_2$，其中 b_2c_2 积聚为一点。

③ 求 a_2。根据投影变换规律，在 H_1 面内作一与轴 x_2 平行的直线 l_2，其间距等于点 a 到轴 x_1 的距离，并且过点 $c_2(b_2)$ 作与积聚投影 $b_2c_2d_2$ 成夹角为 75°的直线，此直线与 l_2 相交，其交点即为点 a_2。

④ 求 a_1'。根据投影变换规律，过点 a_2 作轴 x_2 的垂线，并与过点 a 所作的轴 x_1 垂线相交于点 a_1'。

⑤ 求 a'。根据投影变换规律，可求出点 A 的 V 面投影 a'。

⑥ 连接 $a'b'$、$a'c'$。

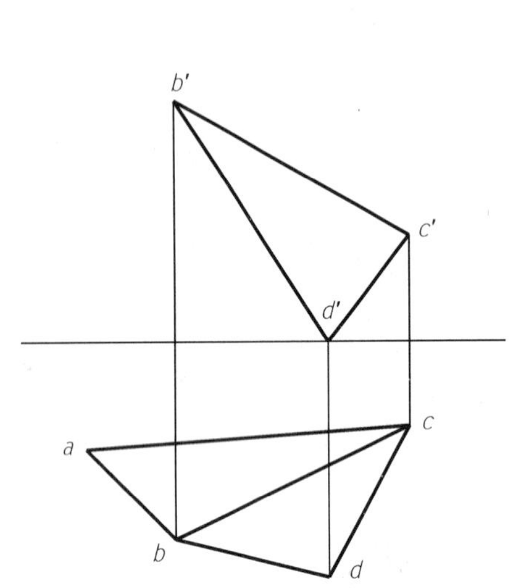

a) 已知

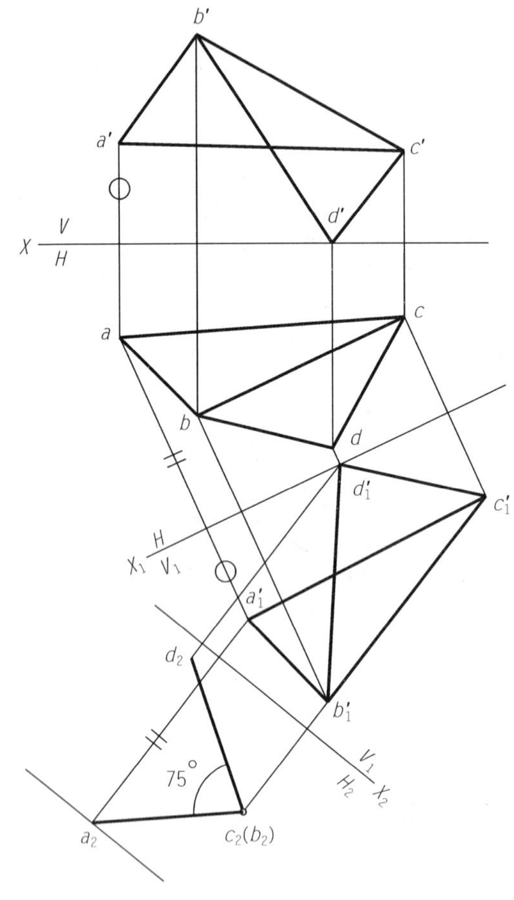

b) 作图

图 2-97　求△ABC 的投影

【例 2-38】 已知一般面△ABC的两个投影，求作∠B的角平分线，如图 2-98a)所示。

分析：

若能求出△ABC的实形，那么∠B的平角分线在投影图中平分∠B。将△ABC变换成投影面平行面，需要两次变换。

作图：

如图 2-98b 所示。

① 求一般面△ABC的实形。首先将△ABC变换为投影面垂直面，再将其变换成投影面平行面。

② 求∠B的角平分线。在 V_2 面内，作∠b_2'的角平分线 $b_2'e_2'$，然后通过投影变换规律求出∠B的角平分线 BE 在 V/H 体系中的投影($b'e'$，be)。

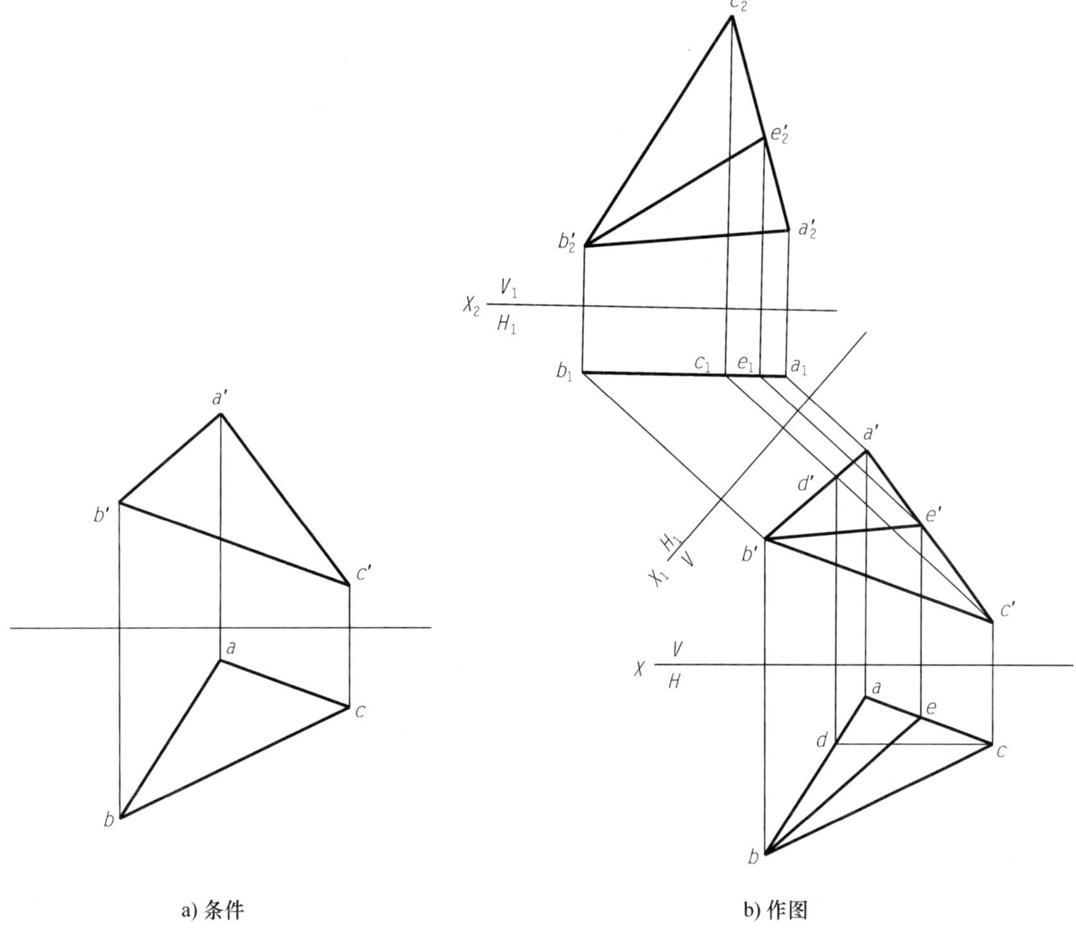

a) 条件　　b) 作图

图 2-98　作一般面△ABC 中∠B 的角平分线

小　　结

本章学习了点、直线、平面的投影，为学习立体的投影打下基础。

本章重点为直角三角形法和直角投影定理的应用。

思考题

1. 简述点的投影规律。
2. 说明点的坐标与点的投影的关系。
3. 什么是重影点？重影点有何性质？
4. 简述特殊线、一般线的投影特性。
5. 说明直角三角形法中分别对 H、V、W 三个投影面的四个参数代表的含义。

6. 简述平行、相交、交叉两直线的投影特性。
7. 简述直角投影定理及逆定理中的条件和结论。
8. 简述特殊面、一般面的投影特性。
9. 平面上的投影面平行线有何性质？如何作图？
10. 简述直线与平面平行、垂直的几何条件及作图方法。
11. 简述平面与平面平行、垂直的几何条件及作图方法。
12. 简述一般线与平面相交求交点的作图步骤。
13. 什么是换面法？换面法的基本原理是什么？
14. 点的投影变换有哪些规律？
15. 一般线如何变换为投影面平行线，投影面平行线如何变换为投影面垂直线，如何将一般线变换为投影面垂直线？
16. 一般面如何变换为投影面垂直面，投影面垂直面如何变换为投影面平行面，如何将一般面变换为投影面平行面？

第3章 基本形体

本章概要

1. 介绍基本几何体的投影特点和在立体表面上取点的作图方法；
2. 介绍平面体截交线的求法；
3. 介绍曲面体截交线的求法；
4. 介绍相贯线的性质；
5. 介绍平—平、平—曲、曲—曲相贯线的求法；
6. 分析两曲面立体特殊情况相贯线的形式及作图。

3.1 基本形体的投影

任何工程形体都是由一些基本立体通过叠加、切割而构成的。基本立体根据其表面的几何性质可分为平面立体和曲面立体两类。平面立体是表面为若干个平面的几何体，如棱柱、棱锥等；曲面立体是表面为曲面或曲面与平面的几何体，最常见的曲面立体是回转体，如圆柱、圆锥、圆球等。

3.1.1 平面立体

平面立体的各表面都是平面图形，面与面的交线是棱线，棱线与棱线的交点为顶点。在投影图上表示平面立体就是把组成立体的平面和棱线表示出来，并判别可见性，可见的轮廓线画成粗实线，不可见的轮廓线画虚线。一般画立体的三面投影图时不画投影轴，只要保证立体各投影之间符合“长对正、高平齐、宽相等”的投影规律即可。

1. 棱柱

棱柱的棱线互相平行，底面是多边形。以图3-1所示的六棱柱为例，分析棱柱的投影特点和作图方法。

(1) 投影分析

正六棱柱有棱面六个和顶面、底面各一个。为便于画图和看图，常使棱柱的主要表面处于与投影面平行或垂直的位置，当六棱柱与投影面处于如图3-1a)所示的位置时，六棱柱的顶面和底面均为水平面，其水平投影反映其正六边形的实形，正面及侧面投影积聚为一直线。前后棱面为正平面，他们的正面投影反映实形，水平投影及侧面投影积聚为一直线。六棱柱的另外四个棱面均为铅垂面,水平投影积聚为直线,正面投影和侧面投影为类似形。六个棱面的水平投影积聚为正六边形的六条边。六棱柱的六条棱线为铅垂线,其水平投影积聚在六边形的六个顶点,正面投影和侧面投影都是垂直线。

(2) 作图步骤

① 画对称线,画出水平投影的正六边形和正面、侧面投影的底面基线,如图 3-1b)所示。

② 按"长对正"的投影关系及六棱柱的高度画出六棱柱的正面投影,按"高平齐、宽相等"的投影关系画出侧面投影,如图 3-1c)所示。

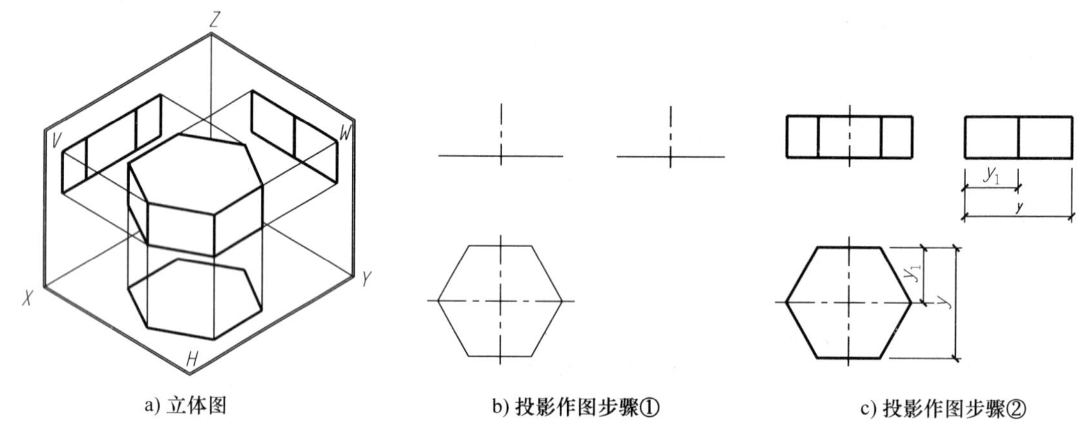

a) 立体图　　b) 投影作图步骤①　　c) 投影作图步骤②

图 3-1　正六棱柱的三面投影

作棱柱投影图时,一般先画出反映棱柱底面实形的投影,即多边形,然后再根据投影规律作出其余两个投影,并判别可见性。各投影间应严格遵守"长对正、高平齐、宽相等"的投影规律。

(3) 棱柱表面上的点

在平面立体表面上取点,其原理和方法与第二章介绍的在平面上取点相同。首先要根据点的投影位置和可见性确定点在哪个面上,对于特殊位置平面上点的投影,可以利用平面的积聚性作出,对于一般面上的点则须用辅助线的方法作出。

【例 3-1】 如图 3-2a)所示,已知六棱柱表面上点 M 的正面投影和点 N 的水平投影,求作其另外两面投影,并判断可见性。

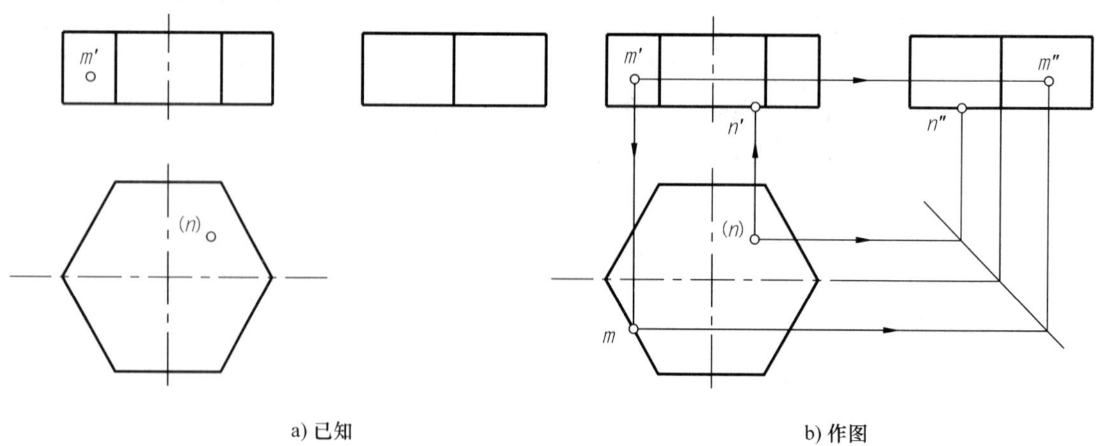

a) 已知　　b) 作图

图 3-2　六棱柱表面上的点

分析：

由图 3-2a)可知，由于 m' 可见，点 M 在左前棱面上，该棱面为铅垂面，水平投影积聚，因此点 M 的水平投影 m 必在其积聚投影上，然后再根据 m' 和 m 即可求出 m''。由于点 N 的水平投影 n 不可见，因此点 N 在底面上，该面的正面投影、侧面投影都积聚，因此，点 N 的正面投影 n' 和侧面投影 n'' 在底面的同面积聚投影上。

作图：如图 3-2b)所示。

① 过 m' 向 H 面作投影连线与左前棱面的水平投影相交求得 m，再由 m' 和 m 求得 m''。

② 过 n 向 V 面作投影连线与底面的正面投影相交求得 n'，再由 n 和 n' 求得 n''。

③ 判别可见性：可见性判别原则是若点所在面的投影可见，则点的投影亦可见。由此可知，m 和 m''、n' 和 n'' 均可见。

2. 棱锥

棱锥的棱线交于锥顶。棱锥的表面有底面和棱面，各棱面都是三角形。以图 3-3 所示的三棱锥为例，分析棱锥的投影特点和作图方法。

(1) 投影分析

三棱锥的底面△ABC 为水平面，AB、BC 为水平线，AC 为侧垂线，其水平投影△abc 反映实形，正面投影和侧面投影积聚为直线；后棱面△SAC 为侧垂面，其侧面投影积聚为直线；左右两棱面△SAB、△SBC 为一般面，三面投影都是其类似形，棱线 SB 为侧平线，SA、SC 为一般线。

(2) 作图步骤

① 画出反映底面△ABC 实形的水平投影和有积聚性的正面、侧面投影，如图 3-3b)所示。

② 作出锥顶 S 的各面投影，然后连接锥顶与底面各顶点的同面投影，得到三条棱线的投影，从而得到三棱锥的三面投影，如图 3-3c)所示。

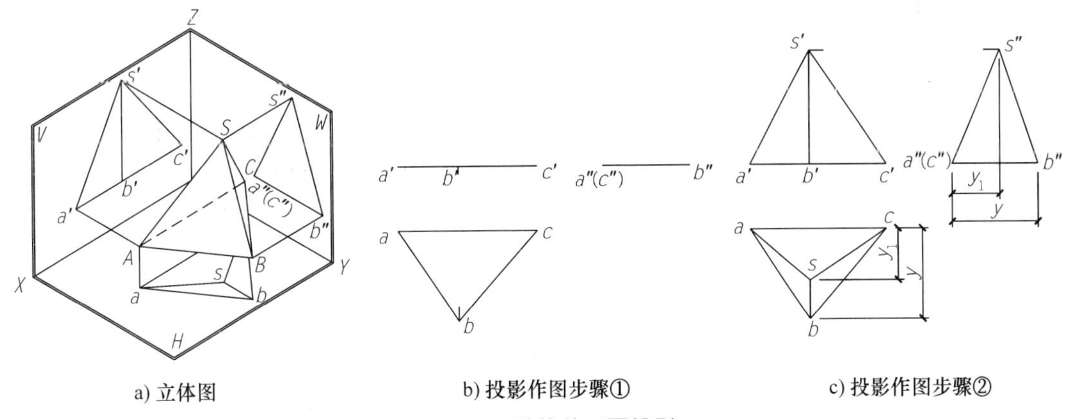

a) 立体图　　b) 投影作图步骤①　　c) 投影作图步骤②

图 3-3　三棱锥的三面投影

作棱锥投影图时，一般也是先画出底面的投影，然后再画出顶点的投影，完成各棱线的投影，并判别可见性。

(3) 棱锥表面上的点

【例 3-2】 如图 3-4a)所示，已知三棱锥表面上两点 M 和 N 的正面投影，求作其水平投影和侧面投影。

分析：

由于 m' 不可见，所以可以确定点 M 在棱面△SAC 上，△SAC 是侧垂面，因此可以先求出点 M 的侧面投影 m''，再根据 m' 和 m'' 即可求出 m。点 N 位于一般面△SBC 上，其投影没有积聚性，需要借助在平面上作辅助线的方法求出点 N 的另两面投影。

作图：如图 3-4b）所示。

① 过 m' 向侧面作投影连线与△SAC 的侧面投影相交即得 m''，再由 m' 和 m'' 求得 m。

② 过点 N 作辅助线 SⅠ，即连线 $s'n'$ 交底边 $b'c'$ 于 $1'$，并求得 $s1$，由 n' 在 $s1$ 上求得 n（n 也可利用平行于该面上底面边线的辅助线作出，读者可自己分析作图），再由 n' 和 n 即可求得 n''。

③ 判别可见性，△SAC 水平投影可见，侧面投影有积聚性，所以 m 和 m'' 均可见，而棱面△SBC 水平投影可见，侧面投影不可见，因此 n 可见，n'' 不可见。

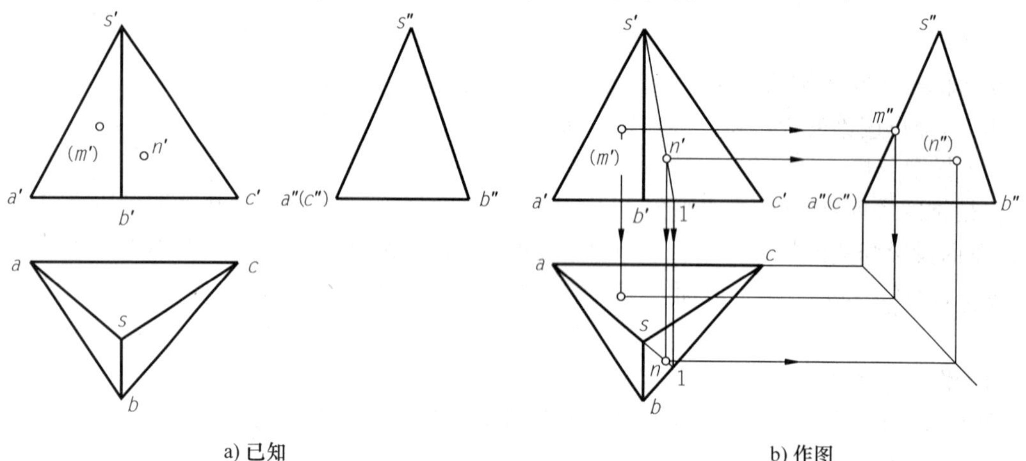

a) 已知　　　　b) 作图

图 3-4　三棱锥表面上的点

3. 常见平面立体的三面投影图

常见平面立体的三面投影图如图 3-5 所示。

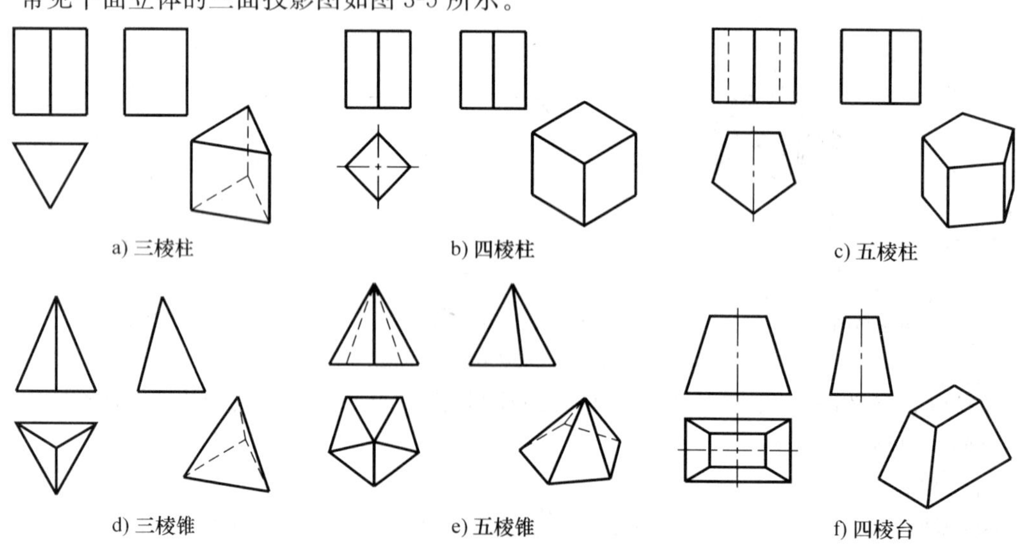

a) 三棱柱　b) 四棱柱　c) 五棱柱

d) 三棱锥　e) 五棱锥　f) 四棱台

图 3-5　常见的平面立体的三面投影

3.1.2 曲面立体

曲面立体的表面是曲面或曲面与平面，常见的曲面立体是回转体，如圆柱、圆锥、球、圆环等。

曲面可以看成是一条线运动的轨迹，该运动的线称为母线，而母线在曲面上的任一位置称为素线。由母线（直线或曲线）绕一轴线旋转而形成的曲面称为回转面，如图 3-6a）所示为曲母线绕轴线旋转所形成的回转面。

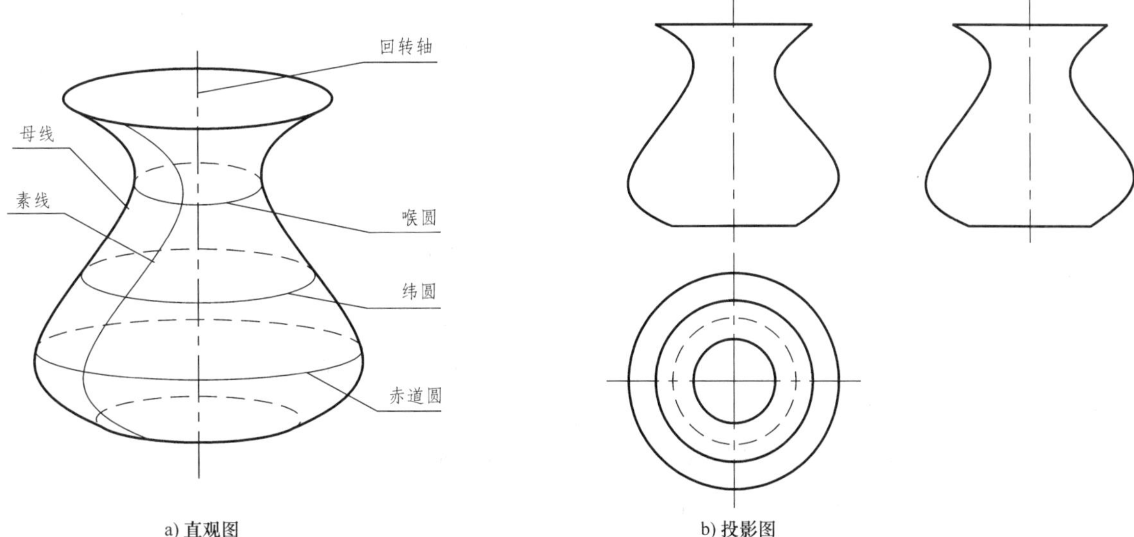

a) 直观图　　b) 投影图

图 3-6　回转面的形成

回转面的形状取决于母线的形状及母线与轴线的相对位置。母线绕轴线旋转时，母线上每一点的运动轨迹都是一个圆，称为纬圆。纬圆的半径是该点到轴线的距离，纬圆所在的平面垂直于轴线，圆心在轴线上。回转面上最大的纬圆称为赤道圆，回转面上最小的纬圆称为喉圆。

如图 3-6b）所示为轴线垂直于 H 面的回转面的三面投影图。水平投影只画出顶圆、底圆、赤道圆和喉圆；正面及侧面投影应画出回转面的转向轮廓线。回转面的最左、最右两素线称为回转面对正面轮向轮廓线，最前、最后两素线称为回转面对侧面转向轮廓线。

转面轮廓线具有以下两个性质：①回转面的转向轮廓线是相对某投影方向而言的；②转面轮廓线是回转面上对某投影方向可见与不可见的分界线。注意：绘图时，转面轮廓线只画确定投影范围的那个投影，另外两个投影不画。

圆柱、圆锥、圆球、圆环等都是由回转面或回转面与平面围成的，都属于回转体。

下面分别介绍常用回转体的形成、投影特点和在它们表面取点的方法。

1. 圆柱

圆柱体的表面是圆柱面和顶面、底面。

圆柱面是由一条直母线绕与它平行的轴线旋转而形成，如图 3-7 所示。圆柱面上的素线都是平行于轴线的直线。

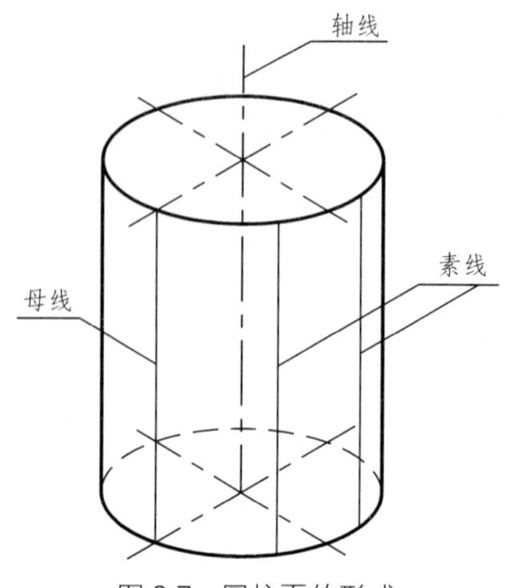

图 3-7 圆柱面的形成

（1）圆柱的三面投影

如图 3-8a)所示将圆柱置于三投影面体系中，当圆柱的轴线垂直于 H 面时，圆柱的上、下底面是水平面，水平投影反映圆的实形，投影为圆，其正面投影和侧面投影积聚为直线。由于圆柱的轴线垂直于 H 面，圆柱面上的素线也都垂直于 H 面，因此，圆柱面的水平投影积聚在一圆周上，与上、下底圆的投影重合，圆柱面的正面投影和侧面投影是两个相等的矩形线框，矩形的高等于圆柱的高，矩形的宽等于圆柱的直径。

需要注意，在画圆柱及其他回转体的投影图时，应先画中心线和轴线，再画投影为圆的投影，最后画其余两个投影。圆柱投影作图步骤如下：

① 画水平投影的中心线及轴线的正面投影和侧面投影，如图 3-8b)所示。

② 画出投影为圆的水平投影。

③ 根据圆柱体的高画出另外两面投影，如图 3-8c)所示。

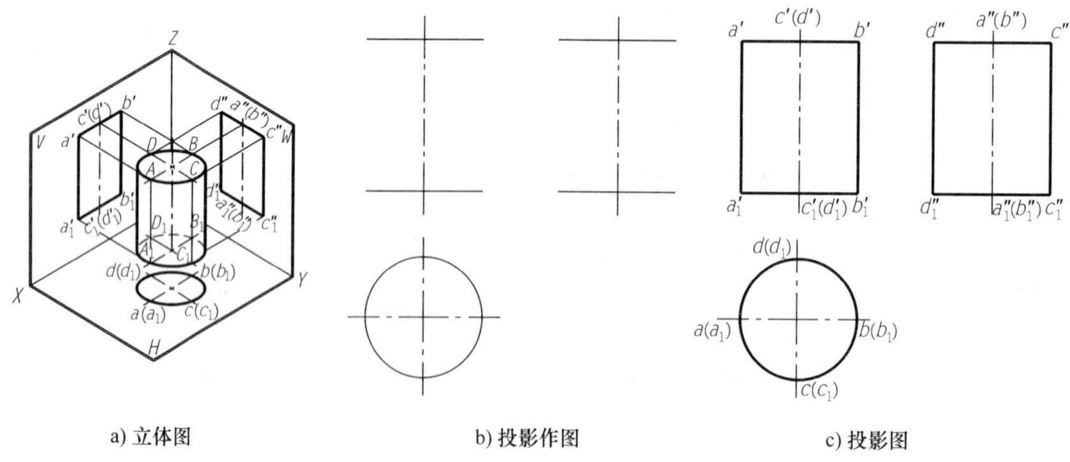

图 3-8 圆柱的投影

由图 3-8 可知，圆柱正面投影的矩形为前后两半圆柱面的重合投影，矩形的两条竖线 $a'a_1'$ 和 $b'b_1'$ 分别是圆柱面上最左、最右两条素线 AA_1 和 BB_1 的投影，AA_1 和 BB_1 是圆柱正面投影的转向轮廓线，它们的侧面投影 $a''a_1''$ 和 $b''b_1''$ 与轴线投影重合，但 $a''a_1''$ 和 $b''b_1''$ 在侧面投影中不是轮廓线，所以不画出。圆柱正面投影的转向轮廓线 AA_1 和 BB_1 是圆柱面正面投影可见与不可见的分界线，前半个圆柱面的正面投影可见，后半个圆柱面的正面投影不可见。

圆柱侧面投影的矩形为左右两半圆柱面的重合投影，矩形的两条竖线 $c''c_1''$ 和 $d''d_1''$ 分别是圆柱面上最前、最后两条素线 CC_1 和 DD_1 的投影，CC_1 和 DD_1 是圆柱侧面投影的转向轮廓线，它们的正面投影 $c'c_1'$ 和 $d'd_1'$ 与轴线投影重合，不画出。圆柱侧面投影的转向轮廓线 CC_1 和 DD_1 是圆柱面侧面投影可见与不可见的分界线，左半个圆柱面的侧面投影可见，右半个圆柱面的侧面投影不可见。

由以上分析，圆柱的投影特性如下：

圆柱在轴线所垂直的投影面上的投影为圆，圆的直径等于圆柱的直径；圆柱的其余两投影为大小相同的矩形，矩形的高等于圆柱的高，矩形的宽等于圆柱的直径。

(2) 圆柱表面上的点

求作曲面立体表面上的点，与平面立体表面上取点类似，应先根据点的已知投影，分析该点在曲面上所处的位置。若曲面的投影有积聚性，则利用其投影的积聚性来作图，若曲面的投影无积聚性，则需要通过作辅助线的方法求解。

【例 3-3】 如图 3-9a)所示，已知圆柱面上的点 A、B、C 的一个投影，求它们的其他投影。

分析：

根据点 A、B 的正面投影 a'、(b') 的可见性及它们的位置可知，点 A 在右前圆柱面上，点 B 在左后圆柱面上；根据点 C 的侧面投影 c'' 的位置可知，点 C 在圆柱的侧面投影转向轮廓线上，即圆柱面最前素线上。

作图：如图 3-9b)所示。

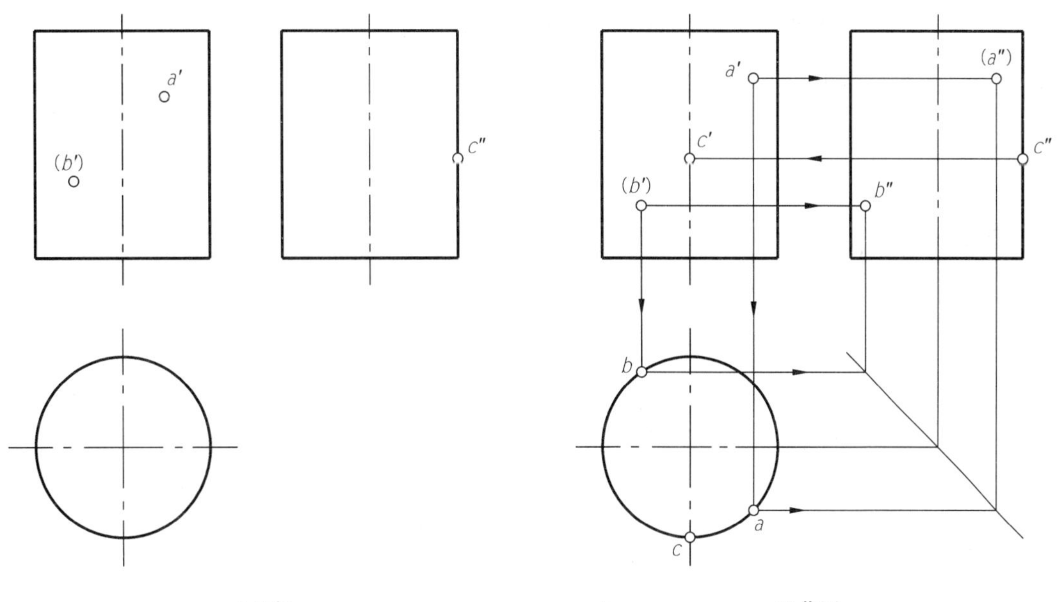

图 3-9 圆柱表面上的点

在圆柱表面取点，可以利用圆柱面的积聚投影作图。所求点投影的可见性，取决于该点所在圆柱面投影的可见性。

① 作各点水平投影。由于圆柱面的水平投影有积聚性，所以各点的水平投影 a、b、c 落在圆周上。

② 作点 A、B 的侧面投影。根据 A、B 的两面投影分别求出其侧面投影 a''、b''。因点 A 在右半圆柱面上，点 B 在左半圆柱面上，故 a'' 不可见，b'' 可见。

③ 作点 C 的正面投影。点 C 的正面投影 c' 位于轴线上，可见。

2. 圆锥

圆锥体的表面是圆锥面和底面。

圆锥面是由一条直母线绕与它相交的轴线旋转而形成，如图 3-10 所示。圆锥面上的素线均交于锥顶。

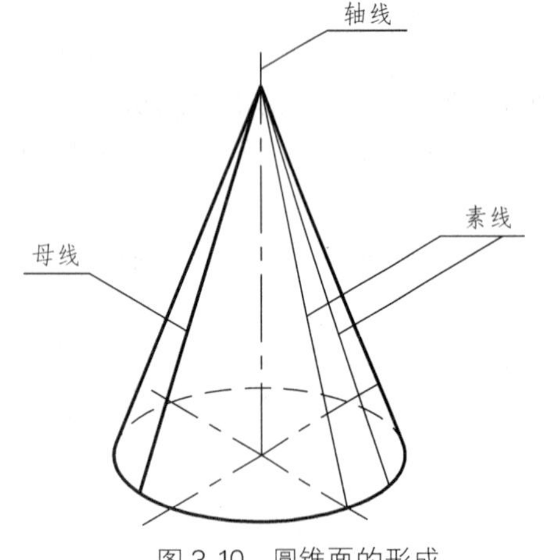

图 3-10 圆锥面的形成

(1) 圆锥的三面投影

如图 3-11a) 所示，将圆锥置于三投影面体系中，当圆锥的轴线垂直于 H 面时，圆锥的底面是水平面，水平投影反映圆的实形，投影为圆，其正面投影和侧面投影积聚为直线；圆锥面的水平投影为圆，与底圆的实形投影重合，圆锥面的正面投影和侧面投影是两个相等的等腰三角形，等腰三角形的高等于圆锥的高，等腰三角形的底边长等于圆锥底圆的直径。

圆锥投影作图步骤如下：

① 画水平投影的中心线及轴线的正面投影和侧面投影，如图 3-11b) 所示。

② 画出投影为圆的水平投影。

③ 根据圆锥体的高画出另外两面投影，如图 3-11c) 所示。

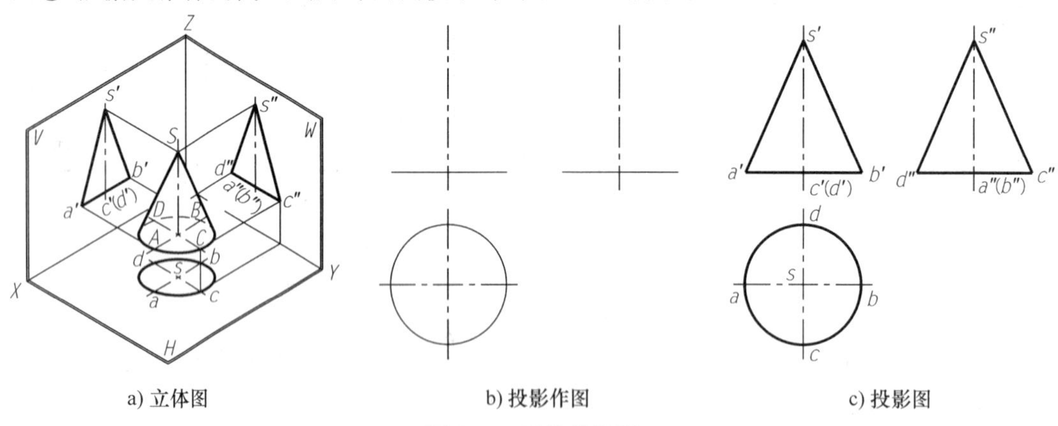

a) 立体图　　b) 投影作图　　c) 投影图

图 3-11 圆锥的投影

由图 3-11 可知，圆锥正面投影的等腰三角形为前后两半圆锥面的重合投影，等腰三角形的两腰 $s'a'$ 和 $s'b'$ 分别是圆锥面上最左、最右两条素线 SA 和 SB 的投影。SA 和 SB 是圆锥正面投影的转向轮廓线，其水平投影 sa 和 sb 与圆的水平中心线重合，其侧面投影 $s''a''$ 和 $s''b''$ 与轴线投影重合，均不画出。圆锥正面投影的转向轮廓线 SA 和 SB 是圆锥面正面投影可见与不可见的分界线，前半个圆锥面的正面投影可见，后半个圆锥面的正面投影不可见。

圆锥面侧面投影的等腰三角形为左右两半圆锥面的重合投影，等腰三角形的两腰 $s''c''$ 和 $s''d''$ 分别是圆锥面上最前、最后两条素线 SC 和 SD 的投影。SC 和 SD 是圆锥侧面投影的转向轮廓线，它们的水平投影 sc 和 sd 与圆的竖直中心线重合，它们的正面投影 $s'c'$ 和 $s'd'$ 与轴线投影重合，均不画出。圆锥侧面投影的转向轮廓线 SC 和 SD 是圆锥面侧面投影可见与不可见的分界线，左半个圆锥面的侧面投影可见，右半个圆锥面的侧面投影不可见。

由以上分析，圆锥的投影特性如下：

圆锥在轴线所垂直的投影面上的投影为圆，圆的直径等于圆锥底圆的直径；圆锥的其余两投影为大小相同的等腰三角形，等腰三角形的高等于圆锥的高，等腰三角形的底边等于圆锥底圆的直径。

(2) 圆锥表面上的点

由于圆锥面的三个投影都无积聚性，在圆锥面上取点，除位于转向轮廓线上的点一般可直接求出外，对于其他位置点，需通过作辅助线的方法求出。辅助线可采用圆锥面上的素线（称素线法）或纬圆（称纬圆法）。

【例 3-4】 如图 3-12 所示，已知圆锥表面上的点 A、B 的正面投影，求它们的水平投影和侧面投影。

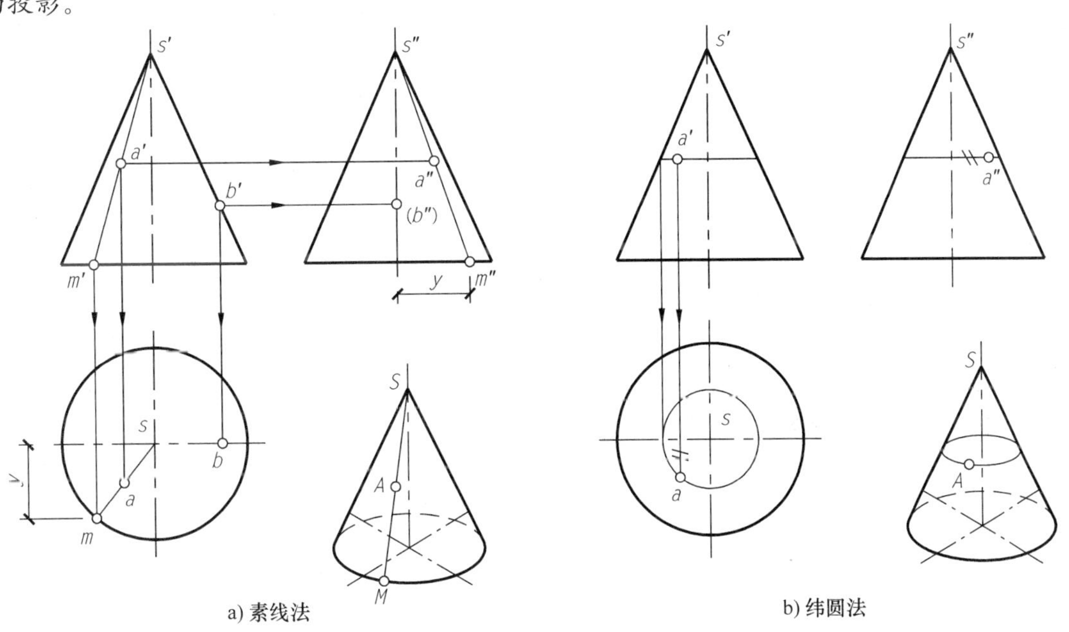

图 3-12 圆锥表面上的点

分析：

先确定两点在圆锥面上所处的位置。由于点 A 的已知投影 a' 可见，且在左边，所以点 A 在左前圆锥面上。点 A 必定在过锥顶的一条素线 SM 上，或在平行于底圆的纬圆上。由于点 B 的已知投影 b' 位于圆锥正面投影转向轮廓线上，所以另两个投影(b,b'')可直接求出。

作图：

① 求出点 B 的水平投影 b 和侧面投影 b''，如图 3-12a)所示。b 在圆的水平中心线上，可见；b'' 在轴线上，不可见。

② 用素线法求点 A 的两面投影，如图 3-12a)所示。过 a' 作素线 SM 的正面投影 $s'm'$，求出素线的水平投影 sm 和侧面投影 $s''m''$，然后根据点在直线上的从属性，分别在 sm、$s''m''$ 上求得 a 和 a''。圆锥面上点在投影为圆的投影面上的投影均可见，故 a 可见，点 A 在左半圆锥面上，故 a'' 可见。

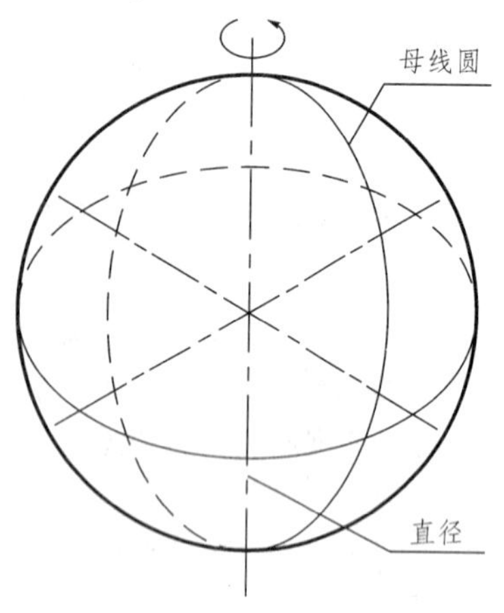

图 3-13　圆球面的形成

③ 用纬圆法求点 A 的两面投影，如图 3-12b)所示。先过 a' 作纬圆的正面投影(积聚为一直线)，确定纬圆的半径，然后作纬圆的水平投影(纬圆实形)和侧面投影(积聚为一直线)，再根据点的从属性及投影规律求得 a 和 a''。

3. 圆球

圆球体的表面是圆球面。

圆球面是一圆母线绕其直径旋转而形成的，如图 3-13 所示。

(1) 圆球的三面投影

如图 3-14 所示，无论圆球对投影面的位置如何，其三面投影均为大小相同的圆，圆的直径等于球的直径。

圆球投影作图步骤如下：

① 画三面投影的中心线。

② 画出三个直径等于圆球直径的圆，如图 3-14b)所示。

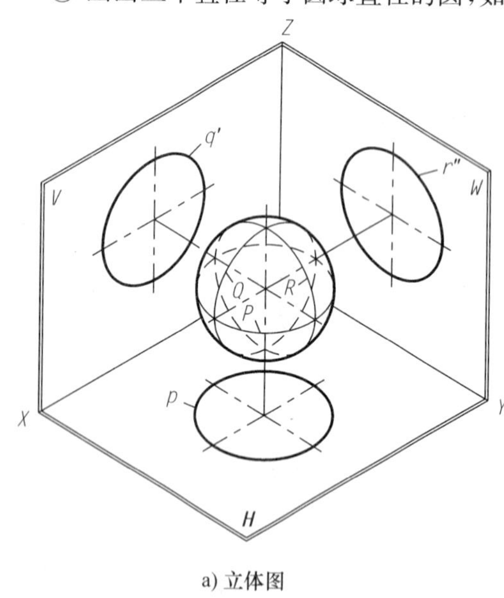

a) 立体图

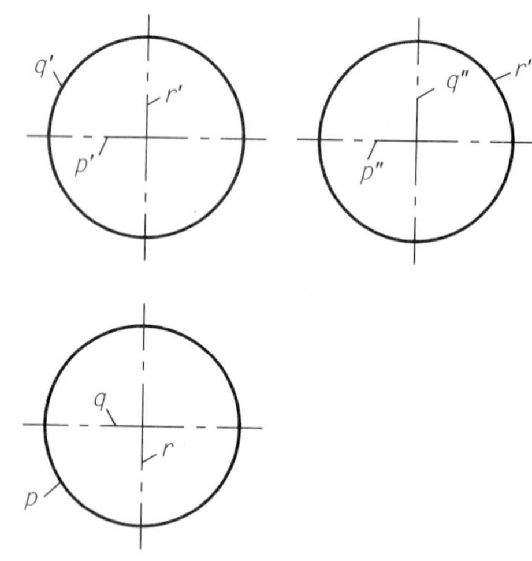

b) 投影图

图 3-14　圆球的投影

圆球在三个投影面上的投影是圆球上平行相应投影面的三个不同位置的转向轮廓圆。圆球的水平投影圆 p 是球面上最大水平圆 P 的实形投影，该圆的正面投影 p' 和侧面投影 p'' 均积聚成一直线，与中心线重合，不画出。圆球水平投影的转向轮廓圆 P 是圆球面水平投影可见与不可见的分界线，上半球面的水平投影可见，下半球面的水平投影不可见。

圆球的正面投影圆 q' 是球面上最大正平圆 Q 的实形投影，该圆的水平投影 q 和侧面投影 q''

均积聚成一直线，并与中心线重合，不画出。圆球正面投影的转向轮廓圆 Q 是圆球面正面投影可见与不可见的分界线，前半球面的正面投影可见，后半球面的正面投影不可见。

圆球的侧面投影圆 r'' 是球面上最大侧平圆 R 的实形投影，该圆的水平投影 r 和正面投影 r' 均积聚成一直线，并与中心线重合，不画出。圆球侧面投影的转向轮廓圆 R 是圆球面侧面投影可见与不可见的分界线，左半球面的侧面投影可见，右半球面的侧面投影不可见。

(2) 圆球表面上的点

圆球面的三个投影都无积聚性，在圆球面上取点，除位于转向轮廓线上的点一般可直接求出外，对于其他位置点，需通过作辅助线的方法求出，只能采用纬圆法。在球面上可以分别作平行于三个投影面的三种纬圆为辅助线。

【例 3-5】 如图 3-15a)所示，已知圆球面上点 A、B 的正面投影，试求它们的另两个投影。

分析：

由已知条件可知，点 A 位于圆球正面投影转向轮廓线上，可直接求出其另外两面投影，点 B 位于圆球面的右、后、下方。

作图：如图 3-15b)所示。

① 求点 A 的两面投影。点 A 的水平投影 a 落在水平中心线上，侧面投影 a'' 落在竖直中心线上，且均为可见。

② 求点 B 的两面投影。过点 B 作纬圆为辅助线(过点 B 可以作水平、正平和侧平三种纬圆为辅助线，得到结果相同)，这里作正平纬圆为辅助线，为此过(b')作正平纬圆的正面投影圆，该圆与球面上水平投影转向轮廓线的正面投影交于 $1'$，由 $1'$ 求得 1，过 1 作该正平纬圆的水平投影(积聚为直线段)，然后根据点的从属性及投影规律求得 b 和 b''。由于点 B 位于球面的右、下部，故其水平投影和侧面投影均不可见。

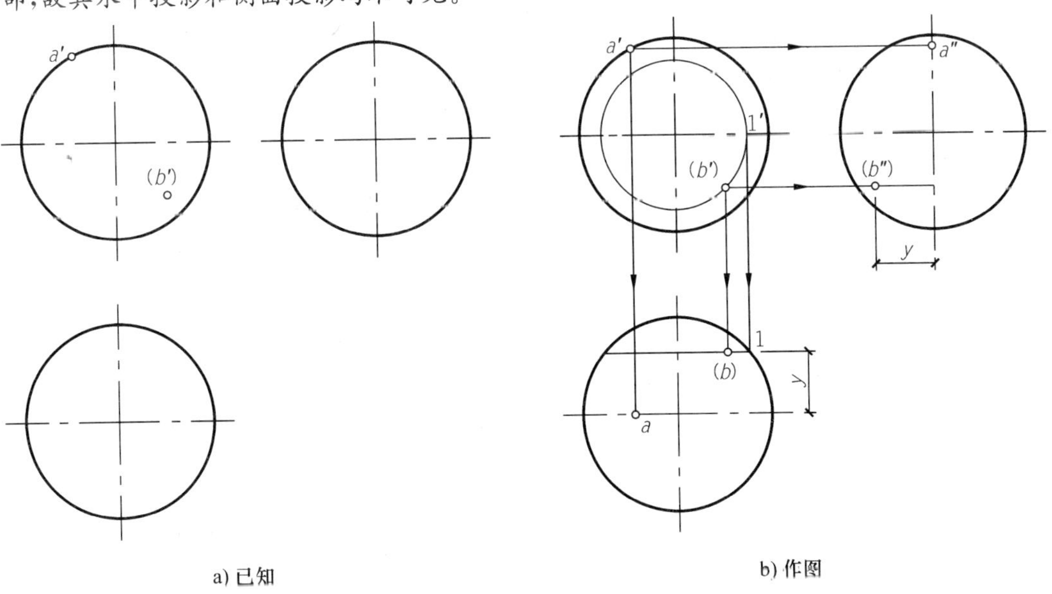

图 3-15　圆球表面上的点

4. 圆环

圆环的表面是圆环面。

圆环面是由一圆母线，绕与它共面但不过圆心的轴线旋转形成的。外半圆形成外环面，内半圆形成内环面。

(1) 圆环的三面投影

图 3-16 所示为一轴线垂直于 H 面的圆环的三面投影。圆环水平投影中两实线圆分别为圆环对 H 面的投影转向轮廓线。最大实线圆为过母线圆最外点 A 的纬圆(赤道圆)的投影，最小实线圆为过母线圆最内点 C 的纬圆(喉圆)的投影，点画线圆表示母线圆心的轨迹。

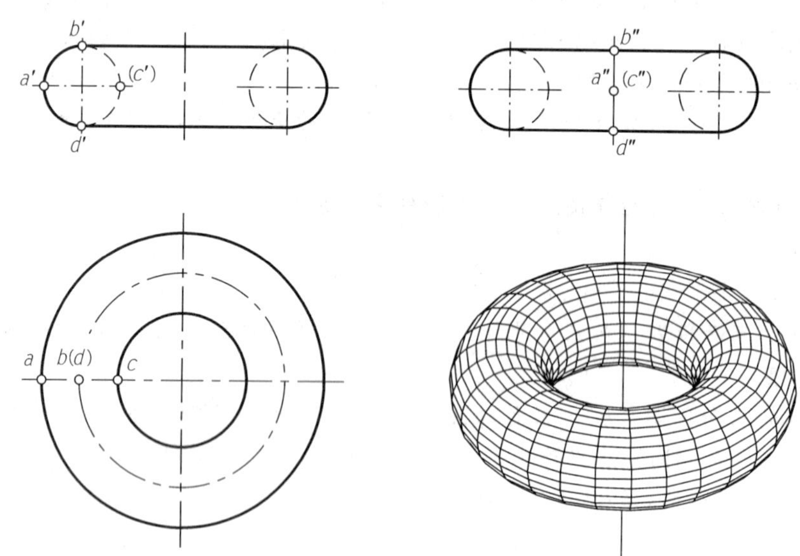

图 3-16 圆环的投影

圆环的正面投影是由两个圆和与它们上下相切的两条直线段组成，两个圆分别是圆环面最左、最右两转向圆的投影，其中外环面的转向线半圆为实线，内环面的转向线半圆因被环面遮挡而不可见，为虚线。上、下两条直线段是内、外环面分界圆的投影，也是圆母线上最高点 B 和最低点 D 的纬圆的积聚投影。

圆环的侧面投影的图形与 V 面投影完全相同。只是两个圆分别为圆环面最前、最后两转向圆的投影。上下两条直线段仍然是母线圆上最高点 B 和最低点 D 的纬圆的积聚投影。

赤道圆、喉圆、母线圆心运动轨迹的正面投影和侧面投影均积聚为直线段，重合于水平中心线。母线圆上最高点 B 和最低点 D 运动轨迹的水平投影为圆，重合于点画圆。

作圆环的投影图，一般先画出三面投影的中心线和轴线，确定母线圆圆心到圆环轴线的距离，画出各转向轮廓圆及正面、侧面投影两圆的公切线。

(2) 圆环表面上的点

圆环面上取点除位于转向轮廓线上的点一般可直接求出外，对于其他位置点，只能采用纬圆法。

【例 3-6】 如图 3-17a) 所示，已知圆环面上点 A、B、C 的一面投影，求它们的另一投影。

分析：

因 a' 可见，点 A 必在前半个外环面，且由 a' 的位置可知点 A 在环面的上半部，故其水平投

影 a 可见；点 B 位于赤道圆前半部，由 b 可以直接求得 b'，且为可见；由点 C 的正面投影(c')可知，点 C 的位置有三处，外环面后半部、内环面前半部和后半部，且点 C 在下半环面上，所以水平投影均不可见。点 A、C 的水平投影均需用纬圆法作图求得。

作图：如图 3-17b)所示。

① 求 a。过 a' 作纬圆的积聚投影为一水平直线段，与外环面的正面投影转向轮廓线相交，在水平投影作出纬圆实形投影，由 a' 向下作投影连线与纬圆前半圆相交，求得 a。

② 求 b'。由 b 向上作投影连线与水平中心线交于一点，即为 b'。

③ 求 c。过 c' 作水平直线段，分别与外环面、内环面的正面投影转向轮廓线相交，在水平投影作出两纬圆实形投影，由 c' 向下作投影连线与外环面后半圆、内环面前、后半圆分别相交，得(c)。

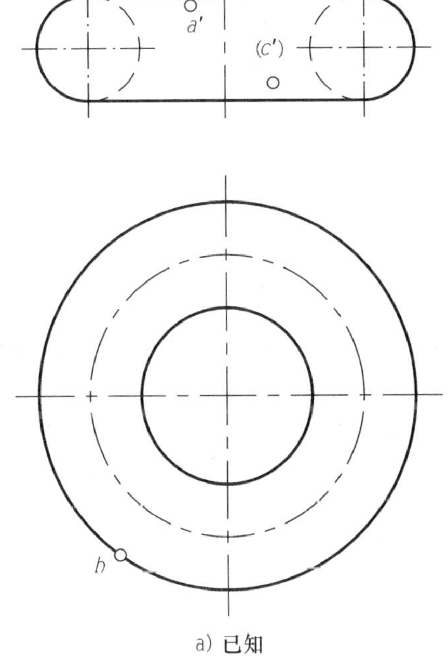

a) 已知

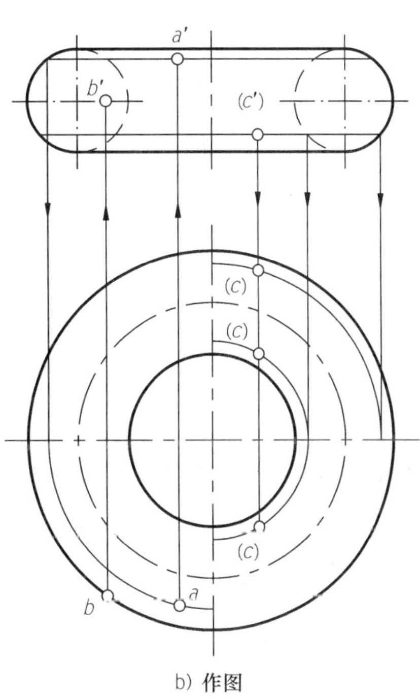

b) 作图

图 3-17 圆环表面上的点

3.2 平面与立体相交——截交线

平面与立体相交，必然在立体表面产生交线。平面与立体表面的交线称为截交线，与立体相交的平面称为截平面，截交线所围成的图形称为截断面或断面，如图 3-18 所示。研究平面与立体相交，其主要目的是求出截交线。

截交线的形状取决于立体的形状及截平面与立体的相对位置。截交线具有以下基本性质：

(1) 封闭性

由于立体的表面是封闭的，因此截交线是由直线或曲线或直线与曲线围成的封闭的平面图形。

(2) 共有性

截交线是截平面与立体表面的共有线，是截平面与立体表面的共有点的集合。

截交线的求法：根据截交线的性质可知，欲求截交线，可先求出截平面与立体表面的一系列共有点，并依次连线，即可得截交线。

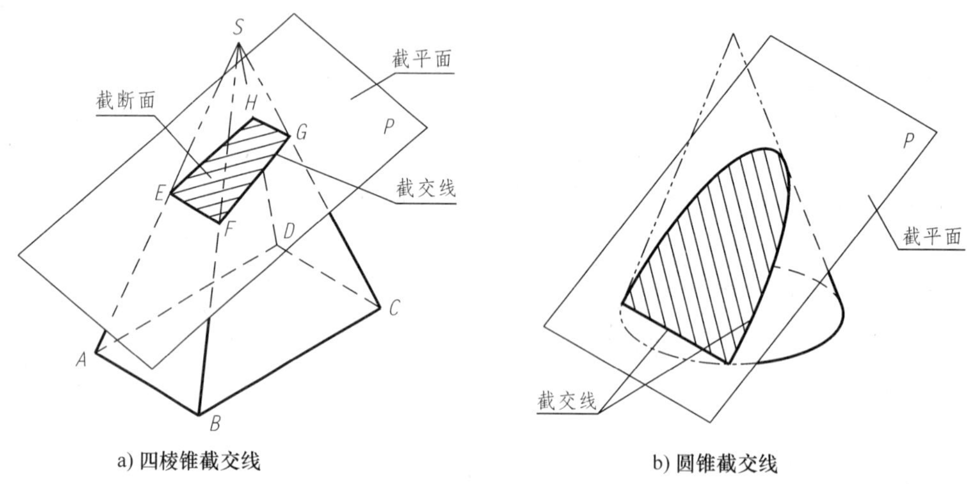

a) 四棱锥截交线　　b) 圆锥截交线

图 3-18　平面与立体相交

3.2.1　平面与平面立体相交

平面与平面立体相交，其截交线是封闭的多边形。多边形的各边是截平面与平面立体表面的交线，而多边形的各顶点是截平面与平面立体各棱线或底边的交点。如图 3-18a)所示，平面 P 与四棱锥相交后，其截交线是一个四边形。其中，围成截交线的每一直线段，都是四棱锥的棱面与截平面 P 的交线；截交线上的每一个顶点，都是四棱锥的棱线与截平面 P 的交点。

因此，求平面立体的截交线实际是求截平面与平面立体各棱线或底边的交点，或求截平面与平面立体各表面的交线。

求平面立体截交线的一般步骤为：

(1) 分析截平面位置

通常为利于解题，截平面为特殊位置平面，因此其投影具有积聚性。根据截交线是截平面与立体表面的共有线这一基本性质，截平面具有积聚性的投影必与截交线在该投影面上的投影重合。这时，截交线的一个投影为已知，利用这个已知投影便可以作出截交线的其他投影。

(2) 分析截交线的形状

平面立体的截交线是封闭的多边形。根据截平面与立体的相对位置分析截平面与立体的几个表面相交，进而确定截交多边形的边数。也可以根据截平面与立体相交的棱线、边线来判断截交多边形的边数。

(3) 投影作图

利用直线与平面相交求交点、平面与平面相交求交线的作图方法分别作出截交线上每个顶点和每条边的投影。最后整理被截切立体的棱线，完成被截切后立体的投影。

【例 3-7】　如图 3-19a)所示，求作被截切三棱锥的侧面投影，并完成水平投影。

分析:

从正面投影中可以看出,截平面 P 为正垂面,截平面与三棱锥的三个棱面相交。因此,截交线是三角形。三角形的三个顶点分别是截平面与三棱锥上三条棱线的交点。被截切三棱锥立体图如图3-19b)所示。

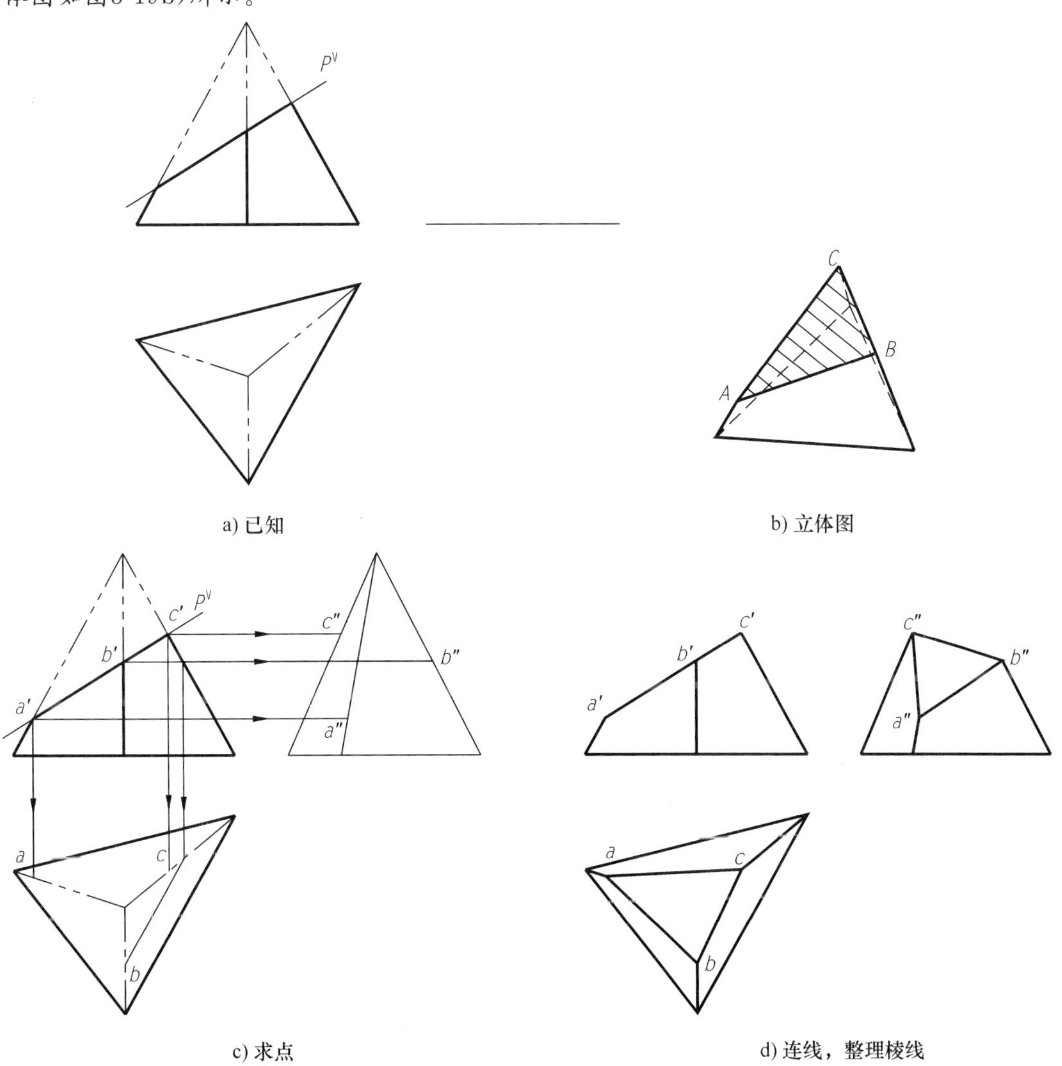

图 3-19　求三棱锥的截交线

由于截平面 P 为正垂面,其正面投影有积聚性,因此,截交线的正面投影必重影于 P^V 上,且为 P^V 与三棱锥正面投影重叠的一段。三条棱线与截平面交点 A、B、C 的正面投影必然落在这三条棱线的正面投影与 P^V 的交点处。这样,利用截交线的正面投影可求出截交线的水平投影和侧面投影。

作图:

(1) 补画完整三棱锥的 W 投影,如图 3-19c)所示。

(2) 求截交线的各顶点的投影,如图 3-19c)所示。

在截平面有积聚性的投影上确定出截交线三个顶点的投影 a'、b'、c'。然后根据直线上点的投影性质，由各顶点的正面投影 a'、b'、c' 分别求出其他两面投影 a、b、c 和 a''、b''、c''。其中点 b 可以利用 b'、b'' 求得，也可过 b' 作平行于底边的辅助线求得。

(3) 将各顶点的同面投影依次相连，并判断可见性，即可得截交线的水平投影 abc 和侧面投影 $a''b''c''$，它们是截断面 ABC 的类似形，如图 3-19d）所示。

截交线各顶点连线的原则是：位于立体同一表面上的点依次相连。本题每两点分别位于三棱锥的同一表面，因此可两两连线。

判断截交线某个投影的可见性，就是判断这条截交线所在的棱面在该投影面上投影的可见性，棱面投影可见，则截交线投影可见。由于三个棱面的水平投影均可见，故截交线的水平投影 abc 为可见；AB、AC 所在棱面的侧面投影可见，故 $a''b''$、$a''c''$ 可见，BC 所在棱面的侧面投影不可见，但三棱锥被截切后，BC 线最高，因此 $b''c''$ 也可见。

(4) 整理被截切立体的棱线。去掉被截平面切去的棱线，完成被截切后立体的投影，如图 3-19d）所示。

【例 3-8】 如图 3-20a）所示，求作被截切五棱柱的侧面投影和水平投影，并求截断面实形。

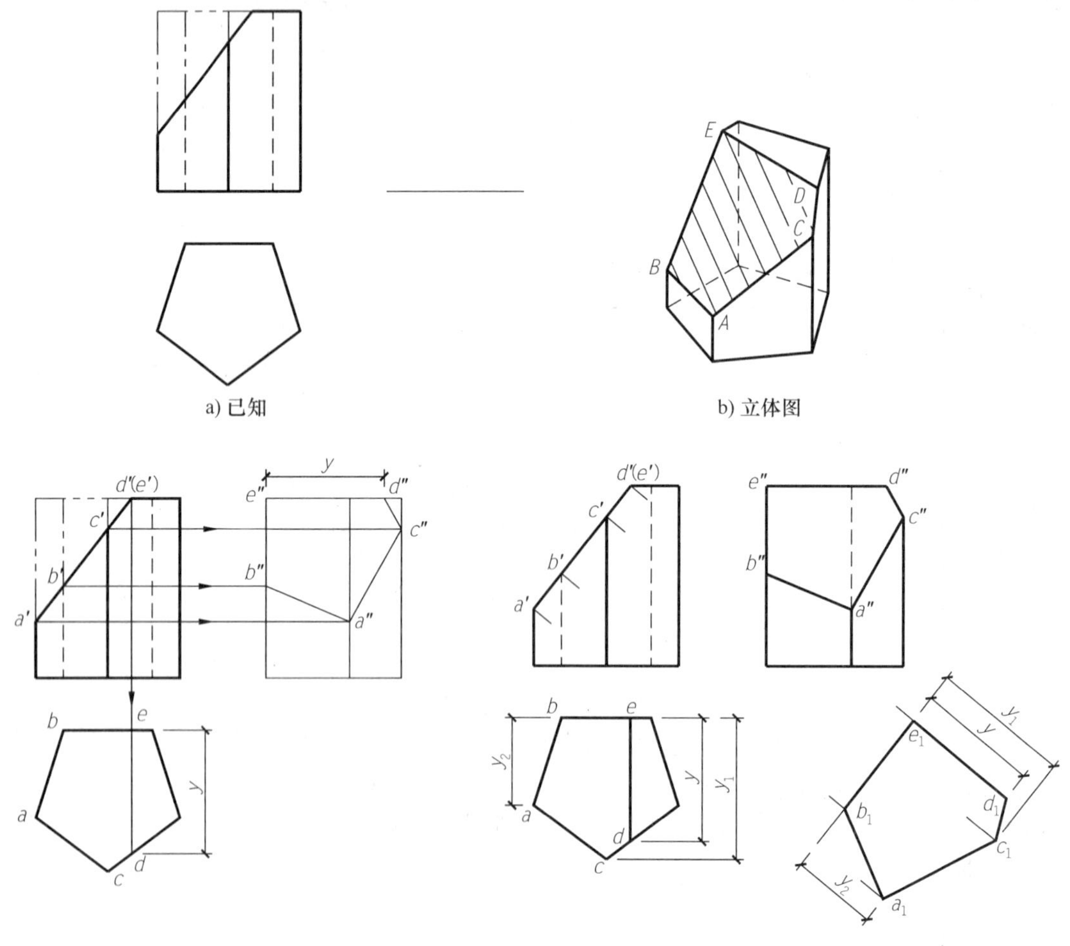

图 3-20　求五棱柱的截交线及断面实形

分析:

由正面投影可知,截平面为正垂面,因此截交线的正面投影与截平面的正面投影重合。截平面与五棱柱的四个棱面及顶面相交,所以截交线为五边形(也可以根据截平面与五棱柱的三条棱线及顶面的两条边相交来判断截交线是五边形)。五边形的五个顶点分别是截平面与五棱柱的三条棱线及顶面的两条边的交点,交点的正面投影为已知。被截切五棱柱的立体图如图3-20b)所示。

作图:

(1) 画出完整五棱柱的侧面投影,如图3-20c)所示。

(2) 求点,如图3-20c)所示。

在五棱柱的正面投影标出五边形的五个顶点A、B、C、D、E的投影a'、b'、c'、d'、(e'),其中A、B、C三点分别是截平面与五棱柱三条棱线的交点,它们的水平投影a、b、c与所在棱线的积聚投影重合,侧面投影a''、b''、c''分别在各棱线的侧面投影上;DE是截平面与五棱柱顶面相交得出的一条正垂线,由其正面投影$d'(e')$可以作出水平投影de和侧面投影$d''e''$。

(3) 连线,如图3-20c)所示。

按照截交线的连线原则,位于立体同一表面上的点依次相连,连点顺序为A—C—D—E—B—A,分别连接截交线的水平投影和侧面投影。连线时要判别截交线投影的可见性,位于立体可见表面上的线为可见。五棱柱截交线的水平投影和侧面投影均可见,其中CD所在棱面的侧面投影虽不可见,但五棱柱被截切后,CD为外轮廓线,因此$c''d''$为可见。

(4) 整理棱线,完成作图,如图3-20d)所示。

五棱柱五条棱线中,点A、B、C所在棱线以各点为分界,上部分被截而不存在;另两条棱线未参与相交,按实际高度画出。应注意,位于最右一条棱线的侧面投影不可见,应画成虚线。

(5) 求截断面的实形,如图3-20d)所示。

截交线的水平投影$acdeb$和侧面投影$a''c''d''e''b''$围成的五边形均为截断面$ACDEB$的类似形。要求截断面实形,需用投影变换的方法把截断面换成新投影面的平行面。建立新投影面H_1使其平行于截平面,新轴的方向应平行于截平面的积聚投影线。由a'、b'、c'、d'、(e')各点作这条积聚线的垂线,在适当位置作积聚线的平行线,先定出b_1、e_1,则新投影以b_1e_1为基准(可看作新投影轴),旧投影以b、e为基准(可看作旧投影轴),根据各点到基准的距离分别定出a_1、c_1、d_1。则截交线在H_1投影面上的投影$a_1c_1d_1e_1b_1$,即为截断面的实形。

【例3-9】 已知带切口三棱锥的正面投影,如图3-21a)所示。补全该三棱锥的水平投影及侧面投影。

分析:

由正面投影可知,三棱锥的缺口是由正垂面P和水平面Q二平面共同截割而成。截平面P、Q分别与三棱锥的三个棱面相交,同时截平面P与Q也相交,因此截平面P、Q截切三棱锥形成的截交线均为四边形,这两个四边形有一个公共边,即截平面P与Q的交线。

带切口三棱锥的立体图如图3-21b)所示。平面P截切三棱锥形成的四边形为Ⅰ Ⅱ Ⅲ Ⅳ;平面Q截切三棱锥形成的截交线为Ⅵ Ⅴ Ⅲ Ⅳ。P面与Q面相交于直线Ⅲ Ⅳ。

缺口三棱锥的正面投影为已知,故P、Q平面截切三棱锥所得截交线的正面投影也为已知。要求截交线的水平、侧面投影,可利用已知平面上的直线和点的一个投影,求作其余两投影的方法作图。

作图：

(1) 求点，如图 3-21c)所示。在已知投影上标出截交线上各点投影 1′、2′、3′、(4′)、5′、6′。利用已知投影求出各点未知投影。

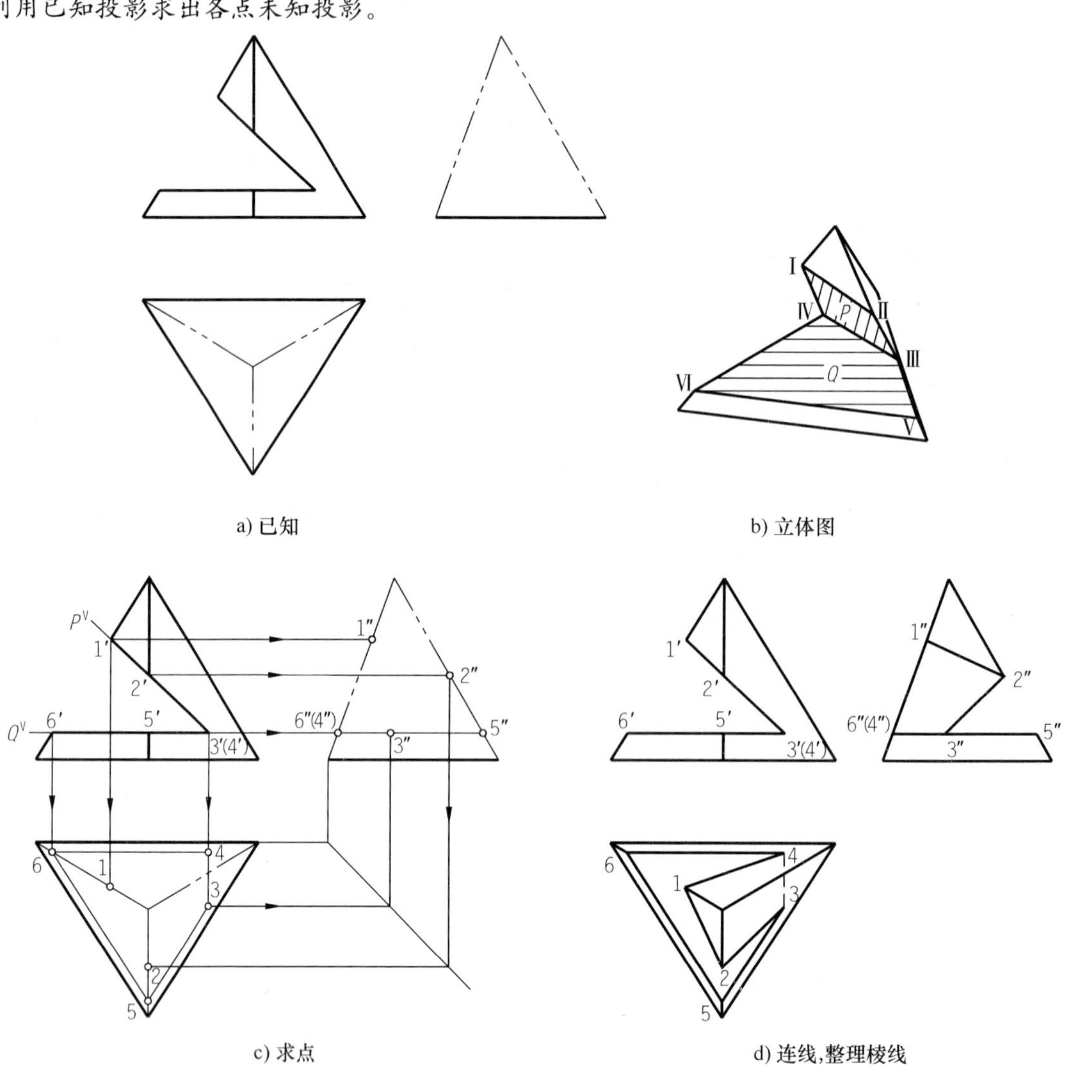

图 3-21　作带切口三棱锥的投影图

点Ⅰ、Ⅵ在左侧棱线上，其水平投影 1、6 及侧面投影 1″、6″可由 1′、6′直接求得；点Ⅱ、Ⅴ在前侧棱线上，可由 2′、5′先求得侧面投影 2″、5″，再根据点的投影规律，求出水平投影 2、5；点Ⅲ、Ⅳ分别在前后棱面上，利用面上求点的方法(作平行于底边的辅助线)求出Ⅲ、Ⅳ点的水平投影 3、4 及侧面投影 3″、4″，Ⅱ、Ⅴ点的水平投影 2、5 也可以用作辅助线的方法求出。

(2) 连线，如图 3-21d)所示。按照截交线连线原则依次连接各点，并判断可见性。

连线顺序Ⅰ—Ⅱ—Ⅲ—Ⅳ—Ⅰ，Ⅳ—Ⅵ—Ⅴ—Ⅲ—Ⅳ，分别连接各点的水平投影和侧面投影。由于是切口体，除两截平面的交线Ⅲ Ⅳ的水平投影 3、4 不可见外，其余各线段的水平及侧面投影均可见。

(3) 整理棱线,完成被截切后三棱锥的三面投影图,如图 3-21d)所示。

前侧棱线ⅡⅤ段被切,因此线段 2、5 和 2″5″不存在;左侧棱线ⅠⅥ段被切,因此线段 1、6 和 1″6″不存在;右侧棱线未参与相交,其侧面投影与左侧棱线投影重合,因此完整画出。

由上例可见,在求组合截平面截切立体的截交线时,需要对截平面逐一进行分析,求出每个截平面与立体的交线,逐步画出组合截交线,完成被截切立体的投影。注意:截平面之间的交线不要漏画。

【例 3-10】 完成如图 3-22a)所示四棱柱被 P、Q 两平面切去一角后的投影图。

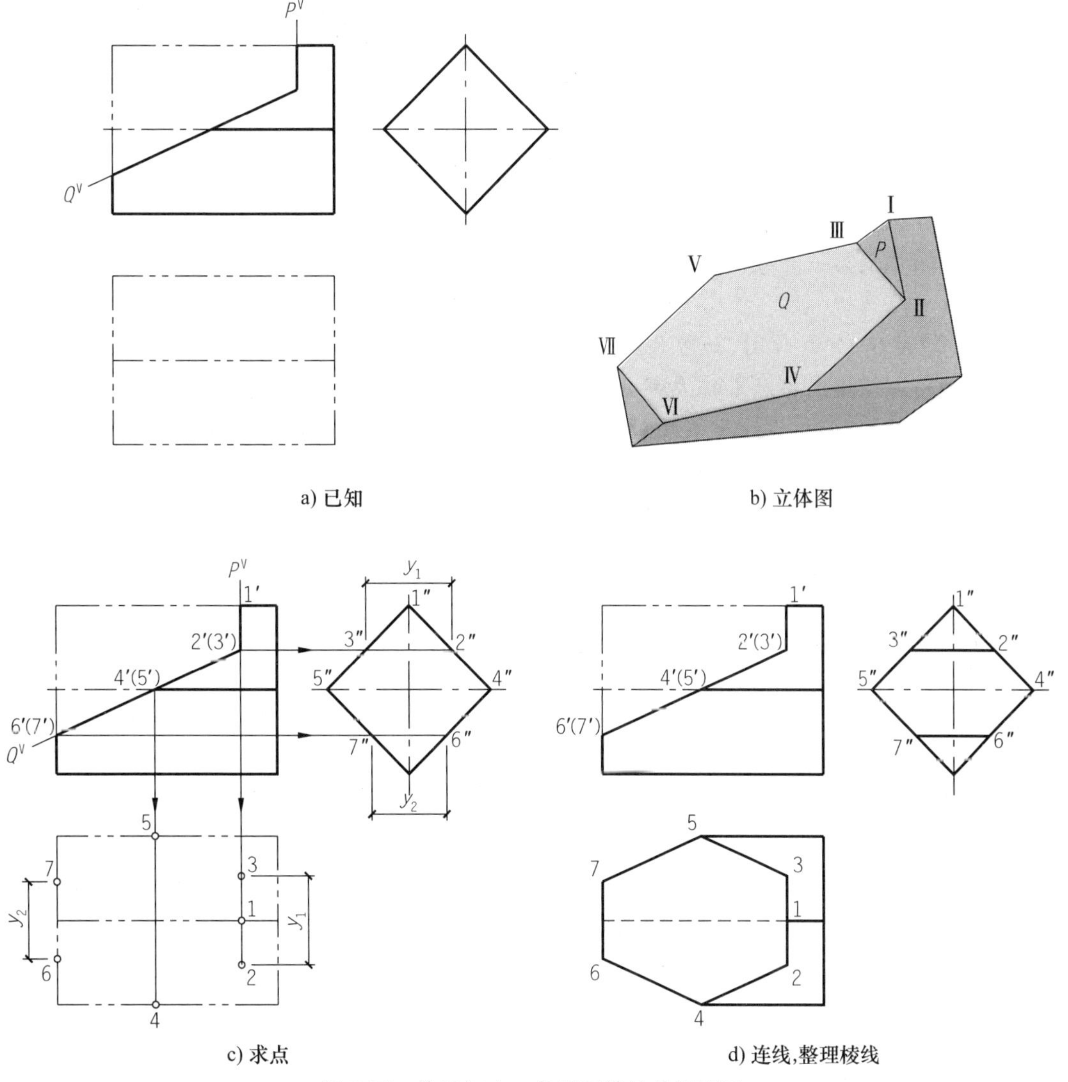

图 3-22 作被切去一角后四棱柱的投影图

分析:

四棱柱被正垂面 Q 和侧平面 P 截切,正垂面 Q 与四棱柱的四个侧面和一个端面相交,侧平面 P 与四棱柱的两个侧面相交,同时 P、Q 两平面之间有交线,因此平面 P 截切四棱柱形成的截交线为六边形,平面 Q 截切四棱柱形成的截交线为三角形。六边形与三角形有一公共边,即

两截平面 P 与 Q 的交线。被切去一角后四棱柱的立体图如图 3-22b)所示。

被切去一角后四棱柱的正面投影为已知。P、Q 平面都垂直于 V 面，P 与 Q 的交线为正垂线，因此，截交线的 V 面投影积聚为两相交直线。根据截交线的正面投影可求出其他投影。

作图：

(1) 求点，如图 3-22c)所示。

在四棱柱的正面投影中标出截交线上各点Ⅰ Ⅱ Ⅲ Ⅳ Ⅴ Ⅵ Ⅶ的 V 面投影 $1'$、$2'$、$(3')$、$4'$、$(5')$、$6'$、$(7')$；由于四棱柱的各棱面均为侧垂面，可由截交线上各点的 V 面投影，直接求出它们的 W 面投影 $1''$、$2''$、$3''$、$4''$、$5''$、$6''$、$7''$；由各点的 V、W 面投影，可求出其 H 面投影 1、2、3、4、5、6、7。

(2) 连线，如图 3-22d)所示。

按Ⅰ—Ⅱ—Ⅲ—Ⅰ，Ⅱ—Ⅳ—Ⅵ—Ⅶ—Ⅴ—Ⅲ—Ⅱ的顺序依次连接各点的同面投影，并判断其投影的可见性，得到截交线三角形和六边形的投影，截交线的 H、W 面投影均可见。三角形的水平投影积聚为一直线段，侧面投影反映断面实形；六边形的水平、侧面投影均为断面图形的类似形。

(3) 整理棱线，完成作图，如图 3-22d)所示。

六棱柱的上侧棱线由点Ⅰ往左部分被截掉，前、后两条棱线由点Ⅳ、Ⅴ往左部分被截掉，左端面上部分被截切，下侧棱线及右端面未参与相交。因此六棱柱水平投影应去掉被截断棱线及左端面被截切部分；六棱柱侧面投影因各棱线积聚，左右端面重合，故投影轮廓没有变化。

注意：在 H 面投影上，下侧棱线的一段虚线不要漏画。

3.2.2 平面与曲面立体相交

平面与曲面立体相交，其截交线在一般情况下是平面曲线或平面曲线与直线段围成的封闭图形，特殊情况为直线段围成的封闭图形。

我们学习的曲面立体均为回转体。平面截切回转体所得到的截交线的形状取决于回转体表面形状和截平面与回转体的相对位置。当截平面与回转体的轴线垂直时，任何回转体的截交线都是圆，这个圆就是纬圆。

截交线是曲面立体表面和截平面的共有点的集合。求回转体截交线的一般步骤是：

首先根据回转体的形状及截平面与回转体轴线的相对位置，判断截交线的形状和投影特征，然后作出截交线上直线段的端点和曲线上一系列点的投影，最后正确连接各点，并判断其可见性，便得出截交线的投影。为了较准确地得到曲线的投影，一般用描点法作图，即作出曲线上特殊点的投影，如最高点、最低点、最左点、最右点、最前点、最后点、可见性分界点以及截交线本身固有的特殊点(如椭圆的长、短轴端点，抛物线顶点等)；根据需要再作出曲线上几个一般点的投影，然后将这一系列点依次光滑地连成曲线。截交线上的点可以通过回转体表面上取点的方法来求得。

1. 平面与圆柱相交

平面截切圆柱时，根据截平面与圆柱轴线的相对位置不同，其截交线有三种不同的形状，如表 3-1 所示。

平面与圆柱的三种截交线 表 3-1

截平面位置	截平面平行于圆柱轴线	截平面垂直于圆柱轴线	截平面倾斜于圆柱轴线
截交线形状	矩形	圆	椭圆
立体图	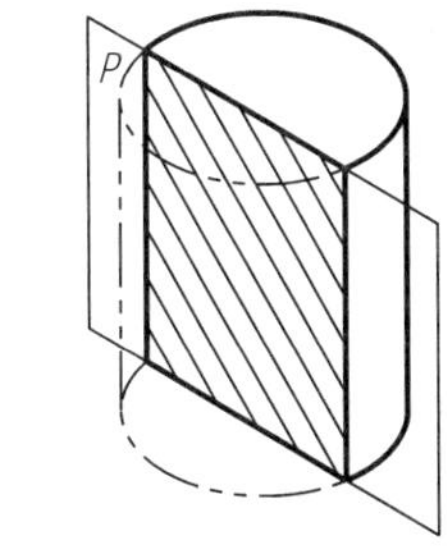 P	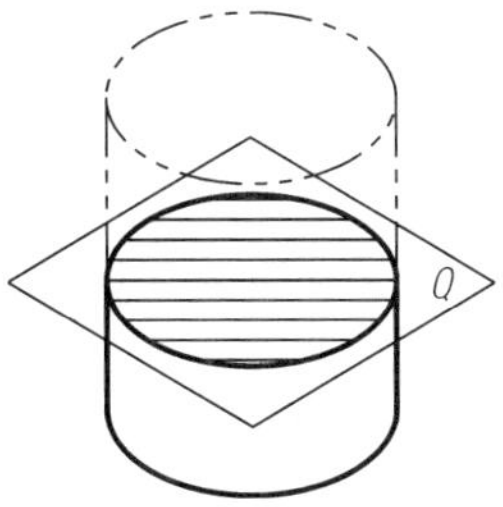 Q	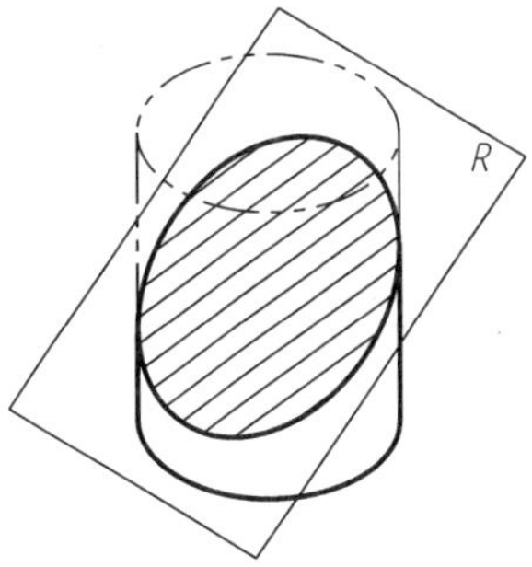 R
投影图	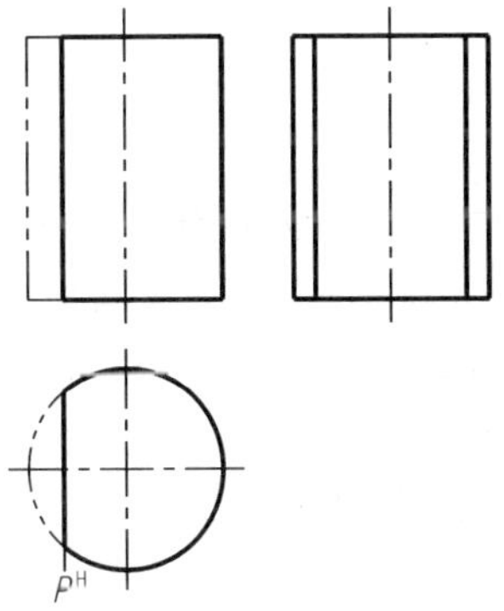 P^H	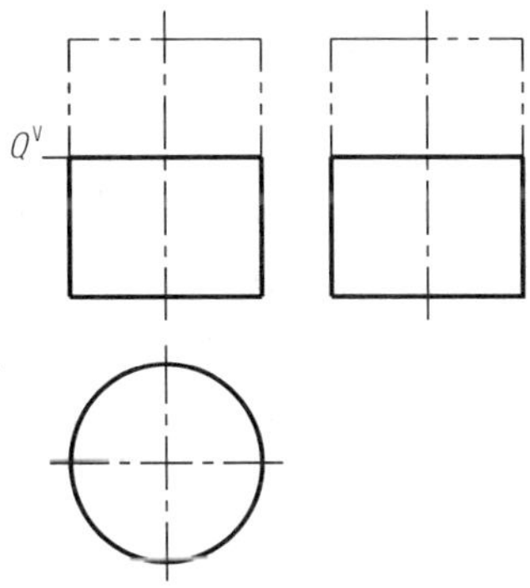 Q^V	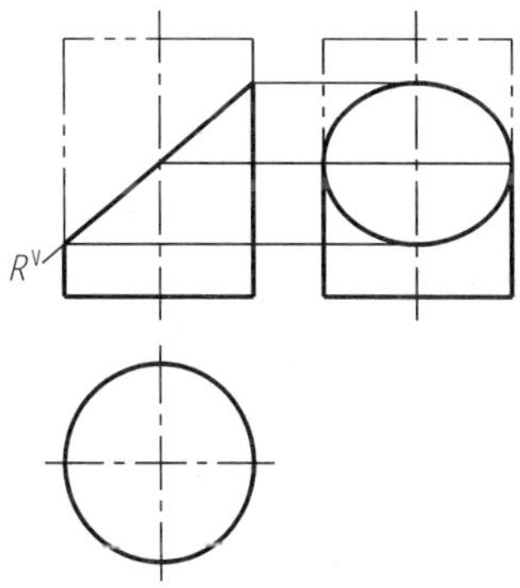 R^V

(1) 当截平面通过圆柱轴线或平行于圆柱轴线时，截交线为矩形，截平面与圆柱面的交线为两条素线。

(2) 当截平面垂直于圆柱轴线时，截交线为一纬圆。

(3) 当截平面倾斜于圆柱轴线时，截交线为一椭圆(椭圆短轴垂直于圆柱轴线，其长度等于圆柱直径。长轴倾斜于圆柱轴线，其长度随截平面对圆柱轴线的倾斜程度而变化)。

【例 3-11】 已知圆柱被截切后的水平投影和正面投影，如图 3-23a)所示，作出侧面投影。

分析：

由图 3-23a)可知，圆柱的轴线为铅垂线，截平面 P 为正垂面，与圆柱轴线斜交，截交线的空间形状为椭圆。截交线的正面投影与截平面 P 的正面投影 P^V 重合，是一段直线；截交线的水平投影与圆柱面的具有积聚性的水平投影重合，是一个圆；截交线的侧面投影仍是椭圆(但不反映实形)，需用描点法作图。利用截交线的两个已知投影，作出截交线上一系列点的侧面投影，然后依次光滑相连即可。

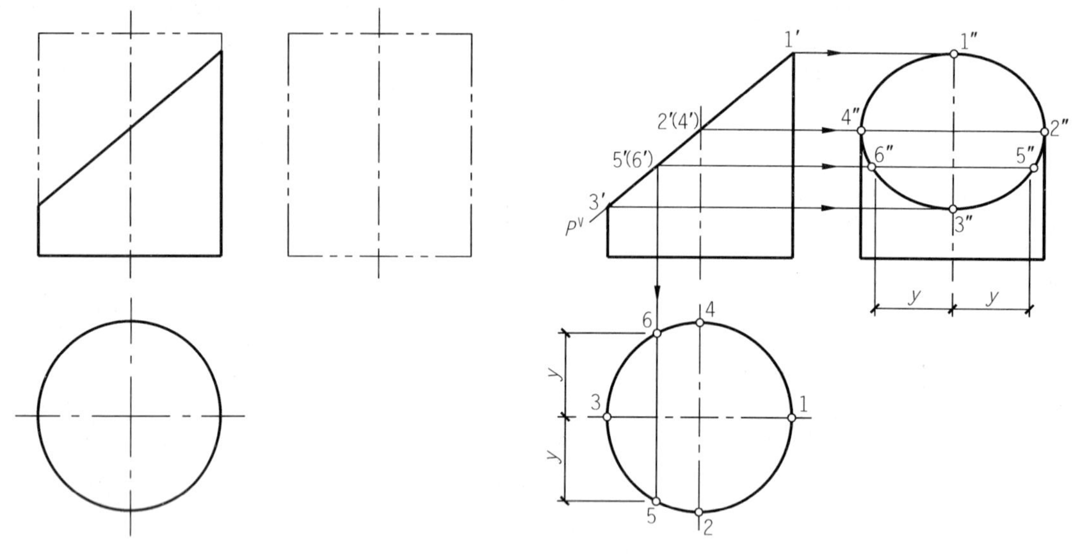

a) 已知　　b) 作图

图 3-23　作圆柱被正垂面截切后的侧面投影

若截平面与圆柱轴线成 45°相交时，截交线仍为椭圆，但侧面投影为圆，其直径与圆柱直径相等，可直接画出。

作图：如图 3-23b) 所示。

(1) 求特殊点Ⅰ、Ⅱ、Ⅲ、Ⅳ

特殊点控制曲线的范围，一般位于回转体的投影转向轮廓线上。点Ⅰ和点Ⅲ分别是截交线的最高、最低点，点Ⅱ和点Ⅳ分别是截交线的最前、最后点，它们也是截交线椭圆长短轴的端点。它们的正面投影和水平投影可利用积聚性直接求得，正面投影 1′、2′、3′、(4′)重合在 P^V 上，水平投影 1、2、3、4 重合在圆柱面的水平投影圆上；然后根据它们求得侧面投影 1″、2″、3″、4″。由于 1″3″和 2″4″互相垂直平分，且 2″4″>1″3″，所以截交线的侧面投影中以 2″4″为长轴，1″3″为短轴。

(2) 求一般点

为使作图准确，还须作出椭圆上若干一般点。为此，可先在正面投影上取点，如 5′、(6′)，找出对应的水平投影 5、6，然后确定侧面投影 5″、6″。用同样方法还可作出其他若干点。

(3) 连线，并判断可见性

在侧面投影上，依次光滑连接 1″—2″—5″—3″—6″—4″—1″，均为可见，即得截交线的侧面投影。

(4) 整理投影轮廓线，完成投影图

根据已知正面投影整理侧面投影的轮廓线。侧面投影转向轮廓线的 V 面投影在轴线上，由 V 面投影可以看出，侧面投影轮廓线由点Ⅱ、Ⅳ以上被截掉，圆柱顶面也被截去，因此被截切后圆柱的侧面投影在点 2″、4″以上轮廓线及顶面积聚线均不存在。

【例 3-12】 如图 3-24a) 所示，已知圆柱筒开通槽的正面投影，求其水平投影和侧面投影。

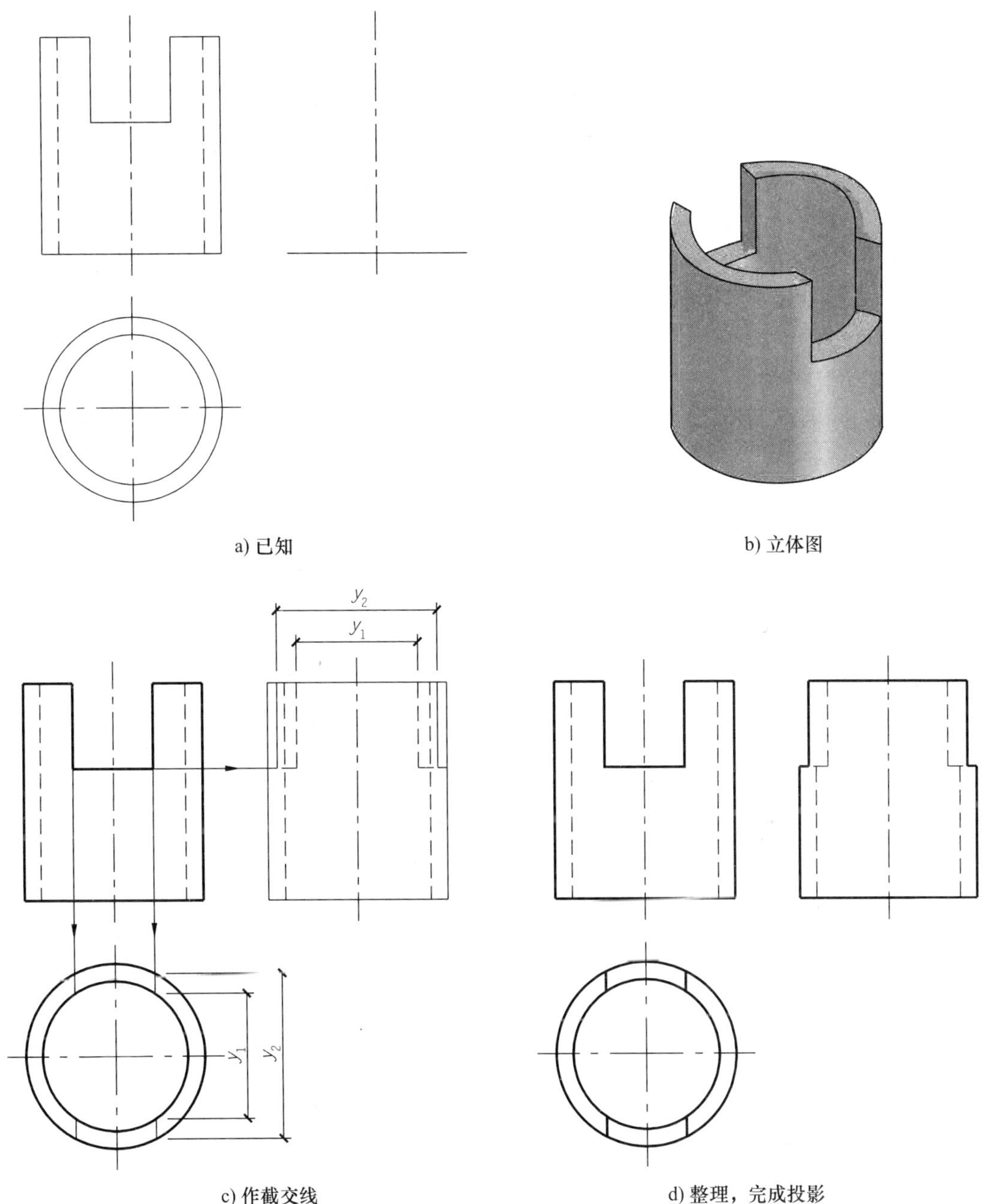

图 3-24　作圆柱筒开通槽后的水平投影和侧面投影

分析：

圆柱筒被两个平行于圆柱筒轴线的侧平面及一个垂直于圆柱筒轴线的水平面所截切，在圆柱筒的上部开出两个方槽，这两方槽前后、左右对称，立体图如图 3-24b)所示。两个侧平面及水平面与圆柱筒内外表面都有交线，其中，两侧平面与圆柱筒表面的交线都为直线，截交线为四个矩形；水平面与圆筒的内外表面交线都为圆弧，截交线为两个分别由圆弧和直线段组成的平面图形。

作图：

切割体的作图方法一般是先补出完整形体的投影，然后作出切口的投影。

(1) 补出完整圆柱筒的侧面投影，如图 3-24c) 所示。

(2) 作截交线的水平投影和侧面投影，如图 3-24c) 所示。

根据已知条件，由正面投影作出方槽的水平投影，然后由正面投影和水平投影作出截交线的侧面投影。注意，截平面与圆柱筒内表面的交线侧面投影均不可见。

(3) 整理投影轮廓线，完成作图，如图 3-24d) 所示。

只需整理侧面投影的轮廓线。由正面投影可知，圆筒的侧面投影转向轮廓线，在方槽范围内的一段已被切去，因此，圆柱筒侧面投影的轮廓线（内、外表面）画至切口为止。

2. 平面与圆锥相交

平面截切圆锥时，根据截平面与圆锥轴线的相对位置不同，其截交线有五种形状，如表 3-2 所示。

平面与圆锥的五种截交线 表 3-2

截平面的位置	截平面过圆锥锥顶	截平面不过锥顶			
		垂直于圆锥轴线（$\theta=90°$）	与圆锥面上所有素线相交（$\theta>\alpha$）	平行于圆锥面上一条素线（$\theta=\alpha$）	平行于圆锥面上两条素线（$\theta<\alpha$ 或 $\theta=0$）
截交线的形状	等腰三角形	圆	椭圆	抛物线加直线段	双曲线加直线段
立体图	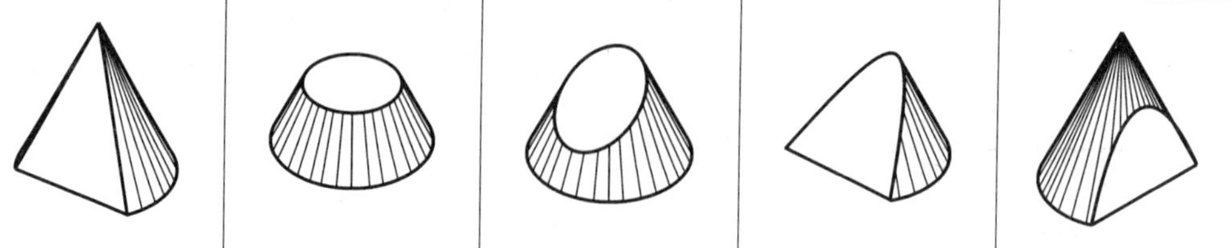				
投影图	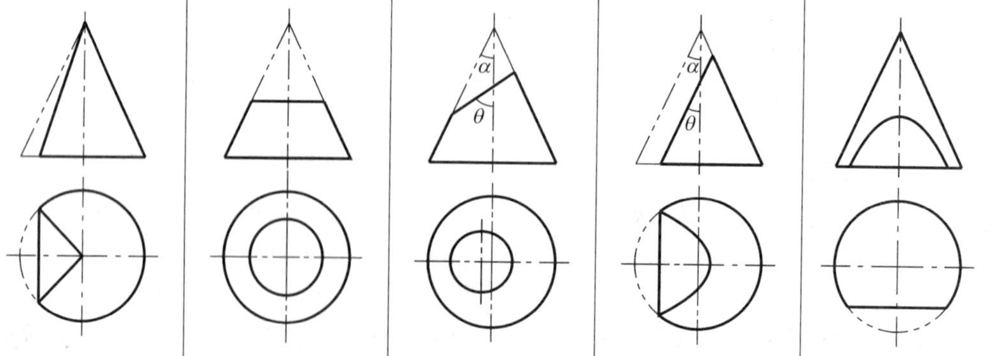				

(1) 当截平面通过圆锥锥顶时，截交线为三角形，截平面与圆锥面的交线为两条素线。

(2) 当截平面垂直于圆锥轴线时，截交线为一纬圆。

(3) 当截平面与圆锥面上的所有素线相交，即 $\theta>\alpha$ 时，截交线为一椭圆。

(4) 当截平面平行于圆锥面上的一条素线,即 $\theta=\alpha$ 时,截交线为抛物线与直线组成的平面图形。

(5) 当截平面平行于圆锥面上的两条素线,即 $\theta<\alpha$,包括 $\theta=0$(截平面平行于圆锥轴线)时,截交线为双曲线与直线组成的平面图形。

截交线的形状不同,其作图方法也不一样。交线为直线时,只需求出直线上两点的投影连线即可;截交线为圆时,应找出圆心和半径,直接画出;当截交线为椭圆、抛物线和双曲线时,需作出截交线上特殊点和一般点的投影,用描点法按曲线性质光滑连接各点。

【例 3-13】 如图 3-25a)所示,已知被切割圆锥的正面投影,补画水平投影和侧面投影。

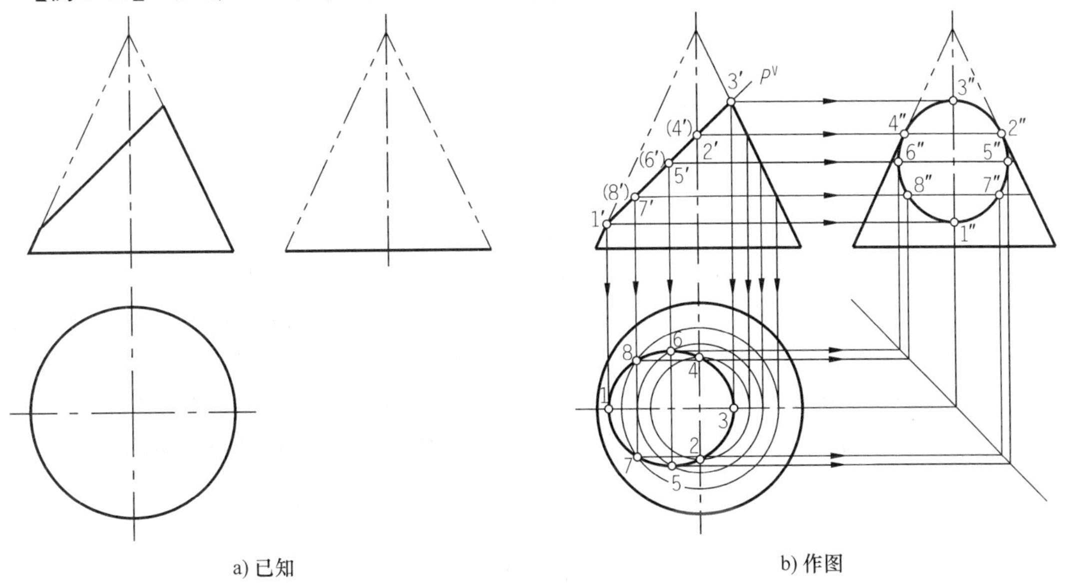

a) 已知　　b) 作图

图 3-25　作圆锥被正垂面截切后的投影

分析:

圆锥轴线为铅垂线,截平面 P 是正垂面,与圆锥轴线斜交并且与圆锥面上所有的素线相交($\theta>\alpha$),所以截交线为一椭圆。由于圆锥前后对称,所以此椭圆也一定前后对称,椭圆的长轴就是截平面与圆锥前后对称面的交线(正平线),其端点在最左、最右转向轮廓线上。而短轴则是通过长轴中点的正垂线。椭圆的正面投影与截平面 P 的正面投影 P^V 重合,其水平投影及侧面投影是椭圆(但不反映实形)。

作图:如图 3-25b)所示。

(1) 求特殊点

利用截平面正面投影的积聚性,在Ⅴ面标出截交线上各特殊点Ⅰ、Ⅱ、Ⅲ、Ⅳ、Ⅴ、Ⅵ的正面投影 1′、2′、3′、(4′)、5′、(6′)。

点Ⅰ、Ⅲ是截交线上的最低点、最高点,也是截交线椭圆的长轴端点,是截平面 P 与圆锥正面投影转向轮廓线的交点,可由它们的正面投影 1′、3′作出水平投影 1、3 和侧面投影 1″、3″;

点Ⅱ、Ⅳ是截平面 P 与圆锥侧面投影转向轮廓线的交点,由正面投影 2′、(4′)可作出 2″、4″,再由 2′、(4′)和 2″、4″求得 2、4,或者利用纬圆法由 2′、(4′)求得 2、4;

点Ⅴ、Ⅵ是截交线椭圆的短轴端点,也是截交线上的最前点、最后点,它们的正面投影 5′、(6′)

应在 $1'3'$ 的中点处，水平投影 5、6 可利用纬圆法（或素线法）求得，再根据 $5'$、$(6')$ 和 5、6 求得 $5''$、$6''$。

(2) 求一般点

求一般点是为了准确作图，在特殊点之间空隙较大的位置上作出适当数量的一般点。如在正面投影中取一般点Ⅶ、Ⅷ的投影 $7'$、$(8')$，利用纬圆法作出水平投影 7、8 和侧面投影 $7''$、$8''$。

(3) 连线并判别可见性

按Ⅰ—Ⅶ—Ⅴ—Ⅱ—Ⅲ—Ⅳ—Ⅵ—Ⅷ—Ⅰ的顺序将所求各点的投影光滑连接成椭圆（注意对称性），同时截交线的两面投影均为可见。

(4) 整理投影轮廓线，完成作图

圆锥水平投影轮廓线为底圆投影，底圆未参与相交，所以水平投影不需要整理；在侧面投影中，由正面投影可以看出，侧面投影转向轮廓线从点Ⅱ、Ⅳ以上部分被截去，因此侧面投影轮廓画出 $2''$、$4''$ 以下部分及底圆积聚投影。

【例 3-14】 如图 3-26a）所示，已知带切口圆锥的正面投影，完成它的水平投影，并补全侧面投影。

分析：

圆锥轴线垂直于 W 投影面。切口由一个过锥顶的正垂面 P、一个垂直于轴线的侧平面 Q 和一个平行于圆锥面一条素线的正垂面 R 共同切割而形成的，立体图如图 3-26b）所示。三个截平面分别截切圆锥形成封闭的平面图形，过圆锥锥顶的正垂面 P 与圆锥的截交线为梯形；侧平面 Q 与圆锥的截交线为圆弧加直线段；正垂面 R 与圆锥的截交线为抛物线加直线段。三个截平面均垂直于 V 面，截交线的正面投影与截平面的积聚投影重合，截平面之间的两条交线均为正垂线。

作图：

(1) 作出正垂面 P 截切圆锥产生的截交线，如图 3-26c）所示。

过圆锥锥顶的正垂面 P 与三个面相交：圆锥底面、圆锥面、侧平截平面 Q，其断面形状为梯形（ⅠⅡⅢⅣ）。确定梯形的正面投影 $1'(2')(3')4'$（积聚为一条直线），求出它的侧面投影 $1''2''3''4''$（断面梯形的类似形）和水平投影 1234（断面梯形的类似形）。

(2) 作出正垂面 Q 截切圆锥产生的截交线，如图 3-26d）所示。

侧平面 Q 也与三个面相交：正垂截平面 P、圆锥面、正垂截平面 R，其断面形状由两条直线段（ⅢⅣ、ⅦⅧ）和两段圆弧（ⅢⅧ、ⅦⅣ）组成。它的正面投影积聚为一段直线 $4'7'(8')(3')$，作出其水平投影 4783（直线）和侧面投影 $4''7''8''3''$（断面实形）。注意直线段ⅦⅧ的侧面投影 $7''8''$ 不可见。

(3) 作出正垂面 R 截切圆锥产生的截交线，如图 3-26e）所示。

正垂面 R 与两个面相交，圆锥面和侧平截平面 Q，它的断面形状由抛物线（ⅧⅪⅦ）和直线（ⅦⅧ）组成。

作出抛物线上的特殊点（Ⅶ、Ⅸ、Ⅺ、Ⅹ、Ⅷ）的正面投影 $7'$、$9'$、$11'$、$(10')$、$(8')$（积聚为一条直线），求出它的水平投影 7、9、11、10、8 和侧面投影 $7''$、$9''$、$11''$、$10''$、$8''$。

为了作图准确，再作出抛物线上几个一般点（A、B）。在正面投影中取点 a'、b'，然后用纬圆法或素线法作出其侧面投影 a''、b'' 和水平投影 a、b。

依次光滑连接各点，得到抛物线的投影。

高等学校工程管理专业应用型本科规划教材

教材名称		主编	主审
技术平台	工程制图	张 英 谭海洋	陈锦昌
	工程制图习题集	郭全花 张 英	陈锦昌
	建筑工程 CAD	冯小平 郭全花	马 华
	工程测量	贺跃光 高成发	过静珺
	工程测量实践教学指导书	李广文 马 斌	过静珺
	土力学地基与基础	邵光辉 吴能森	陈 轮
	工程力学	刘淑红 田玉梅	沈蒲生
	工程结构	叶 玲 孙敦本	沈蒲生
	土木工程材料	张正雄 姚佳良	黄政宇
	土木工程材料试验指导书	米文瑜	黄政宇
	土木工程施工	张云波 苏有文	朱宏亮
	专业英语	孙春玲 韦 嘉	卢有杰
管理平台	工程估价	马 楠	尹贻林
	工程项目管理基础	周建国	刘长滨
经济平台	工程经济学	宋 伟 王恩茂	刘晓君
	金融与保险	张国兴	张洪涛
工程项目管理方向	建设工程项目管理	庞南生 周建国	刘长滨
	工程合同管理	杨 平 丁晓欣	成 虎
	建设项目评估	吴文平 等	谭大璐
	建筑企业经营管理	张涑贤	庞永师
房地产经营与管理	房地产经济学	余 宏	武永祥
	房地产估价	李 杰	盛承懋
	房地产开发	陈 双 郭 平	李启明
	房地产市场营销	刘鹏忠 苏 萱	盛承懋
	房地产财务管理	赵玉霞	邵军义
	房地产经纪	薛 姝	盛承懋
	房地产项目策划	张敏莉	黄安永
	房地产金融	寇慧丽	田金信
	物业管理	周 云 周建国	王建廷
	房地产法规	李 岫	朱宏亮
投资与造价管理	工程造价管理	吴怀俊 马 楠	陈起俊
	工程计量与计价	李锦华	王雪青
	工程定额管理	李建峰	
公路工程管理	路桥工程施工	王首绪 夏 伟	邬晓光
	公路工程材料	柳俊哲	申爱琴
	桥梁与隧道工程	颜东煌	顾安邦
	工程英语	贾艳敏	张建仁
	道路与交通工程	凌天清	杨少伟
	工程项目管理	周 直	任 宏
	公路工程质量管理	袁剑波	陈忠达
	公路工程合同管理	原 驰	袁剑波
	施工企业经营管理	陈传德	杨华峰
	建设工程安全管理	张国志	刘浩学
	工程经济学	石勇民	石振武
	公路工程项目招标与投标	周 直	刘开生
	工程管理教学案例	魏道升	王选仓
	公路工程造价编制与管理	崔新媛	石勇民
	公路工程造价管理案例分析	姚玉玲	沈其明
	计算机辅助管理教程	高 幸	王选仓
	工程风险管理	陈 赟	王选仓

相关图书推介

简明英汉—汉英土木工程词汇（主编：孙跃东）

简明英汉—汉英公路工程词汇（主编：刘开生）

简明英汉—汉英工程管理专业词汇（主编：天津理工大学）

教材使用调查问卷

尊敬的老师：

欢迎您使用《土木工程制图》教材，请您拨冗填写以下简短问卷。反馈问卷即进入我社教材服务贵宾数据库，我们将向您提供周到细致的服务：**赠送新版教材，赠送教师教学辅助用书，赠送相关图书多媒体课件，赠送业界最新资讯信息，提供购书优惠，优先参与教材编写，提供教师培训和定期举办的假期研讨班，等等。**

教师姓名：________________ 电　　话：________________

邮　　箱：________________ 主讲课程：________________

学　　校：________________ 院　（系）：________________

地　　址：________________________________ （　　　）

1. 贵校工程管理专业下设哪些方向：

□工程项目管理　　□投资与造价　　□物业管理

□房地产经营与管理　　□公路工程管理　　□不分方向

2. 您认为本书的印刷装帧质量：

□好　□一般　□差　需要改进之处________________

3. 您对本书的选材和内容编排评价：

□好　□一般　□差　需要改进之处________________

4. 本书文字、公式、图、表是否存在错、漏，请指出：

____

5. 您认为本门课程的教材还需要如何改进，以更好地契合教学？

____

____

同时，我们也热烈欢迎与您交换教学用资料，如案例、课件、多媒体资料等，以充实、完善教学服务体系。

联系人：王霞（wx@ccpress.com.cn）

反馈方式：邮寄（北京市安定门外外馆斜街 3 号人民交通出版社

土木与建筑图书出版中心 100011）

传真（010-85285927）

e-mail（tumu@ccpress.com.cn）

在线填写（http://www.ccpress.com.cn）

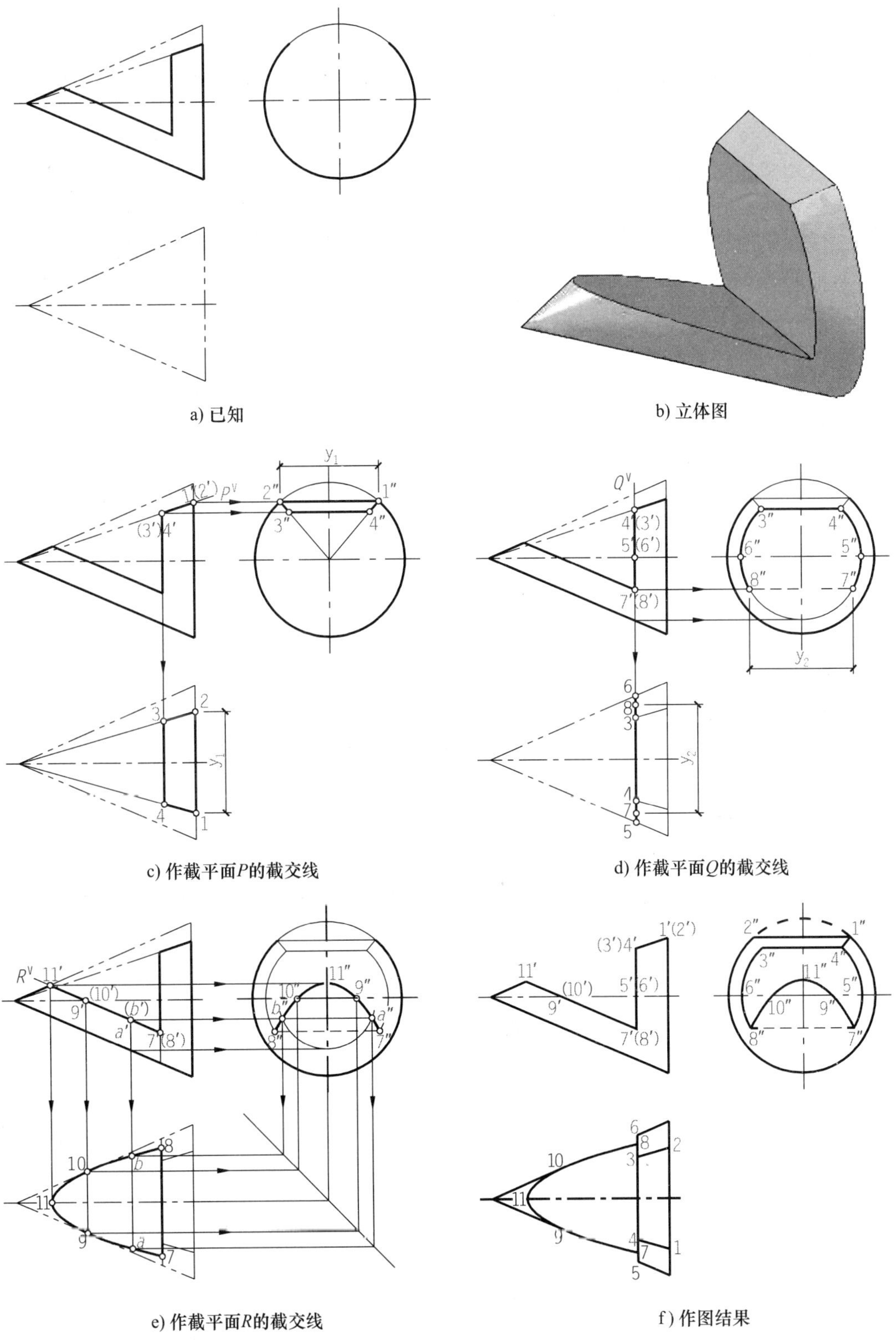

图 3-26　带切口的圆锥

(4) 整理圆锥投影轮廓线，完成作图，结果如图 3-26f)所示。

由正面投影可知水平投影轮廓线Ⅸ、Ⅴ和Ⅹ、Ⅵ段被截切，因此 9、5 和 10、6 之间轮廓断开；侧面投影中，底圆ⅠⅡ以上部分被截切，因此 1″2″上部圆弧不存在。

3. 平面与圆球相交

平面截切圆球所得的截交线总是圆，但由于截平面与投影面的相对位置不同，截交线圆的投影可以是直线、圆或椭圆。当截平面为某一投影面的平行面时，截交线在该投影面上的投影反映截交线圆实形，其另两个投影则积聚成长度等于该圆直径的直线段；当截平面为某一投影面的垂直面时，截交线在该投影面上的投影为一长度等于截交线圆直径的直线段，其另两个投影均为椭圆。

【例 3-15】 已知圆球被正垂面 P 截切，如图 3-27a)所示，作出截切后圆球的水平投影和侧面投影。

分析：

截平面 P 为正垂面，截交线为一个位于该正垂面上的圆。该圆的正面投影积聚为一直线段，与 P^V 重合，其长度等于截交圆的直径。截交圆的水平投影和侧面投影均为椭圆，立体图如图 3-27b)所示。

作图：

(1) 确定投影椭圆长、短轴的端点，如图 3-27c)所示。

在正面投影上标出两点 1′、2′，由于两点Ⅰ、Ⅱ在球面的正面投影转向轮廓线上，故由正面投影 1′、2′可求出水平投影 1、2 和侧面投影 1″、2″。直线 12 和 1″2″就是截交圆水平投影和侧面投影中椭圆的短轴。

在 1′2′中点处标出两点 3′、(4′)。Ⅲ Ⅳ为截交圆内与直径ⅠⅡ相垂直的直径，过正面投影中 3′、(4′)作辅助纬圆，可得Ⅲ、Ⅳ的水平投影 3、4 和侧面投影 3″、4″。直线 34 和 3″4″的长度都反映截交圆的直径实长，34 和 3″4″就是截交圆水平投影和侧面投影中椭圆的长轴。

(2) 作各投影轮廓线上的点，如图 3-27c)所示。

在正面投影中可直接找出球面水平投影轮廓线与截平面 P 的交点 5′、(6′)，由 5′、(6′)可求出水平投影 5、6，进而求得侧面投影 5″、6″。点 5、6 是截交线的水平投影椭圆与圆球水平投影转向轮廓线的切点。

同样，由球面侧面投影轮廓线与截平面 P 的交点的正面投影 7′、(8′)求得侧面投影 7″、8″和水平投影 7、8。点 7″、8″是截交线的侧面投影椭圆与圆球侧面投影转向轮廓线的切点。

(3) 根据需要取一般点。

在正面投影适当位置取几对一般点，用纬圆法求出它们的水平投影和侧面投影，读者自己完成。

(4) 连线并判别可见性，如图 3-27d)所示。

按照Ⅰ—Ⅴ—Ⅲ—Ⅶ—Ⅱ—Ⅷ—Ⅳ—Ⅵ—Ⅰ的顺序光滑连接各点(注意椭圆曲线的对称性)，截交线的两面投影均可见。

(5) 整理投影轮廓线，完成作图，如图 3-27d)所示。

由正面投影可知，水平投影轮廓线以点Ⅴ、Ⅵ为界，左部分被截掉；侧面投影轮廓线以点Ⅶ、Ⅷ为界，上部分被截掉。加粗可见图线，完成作图。

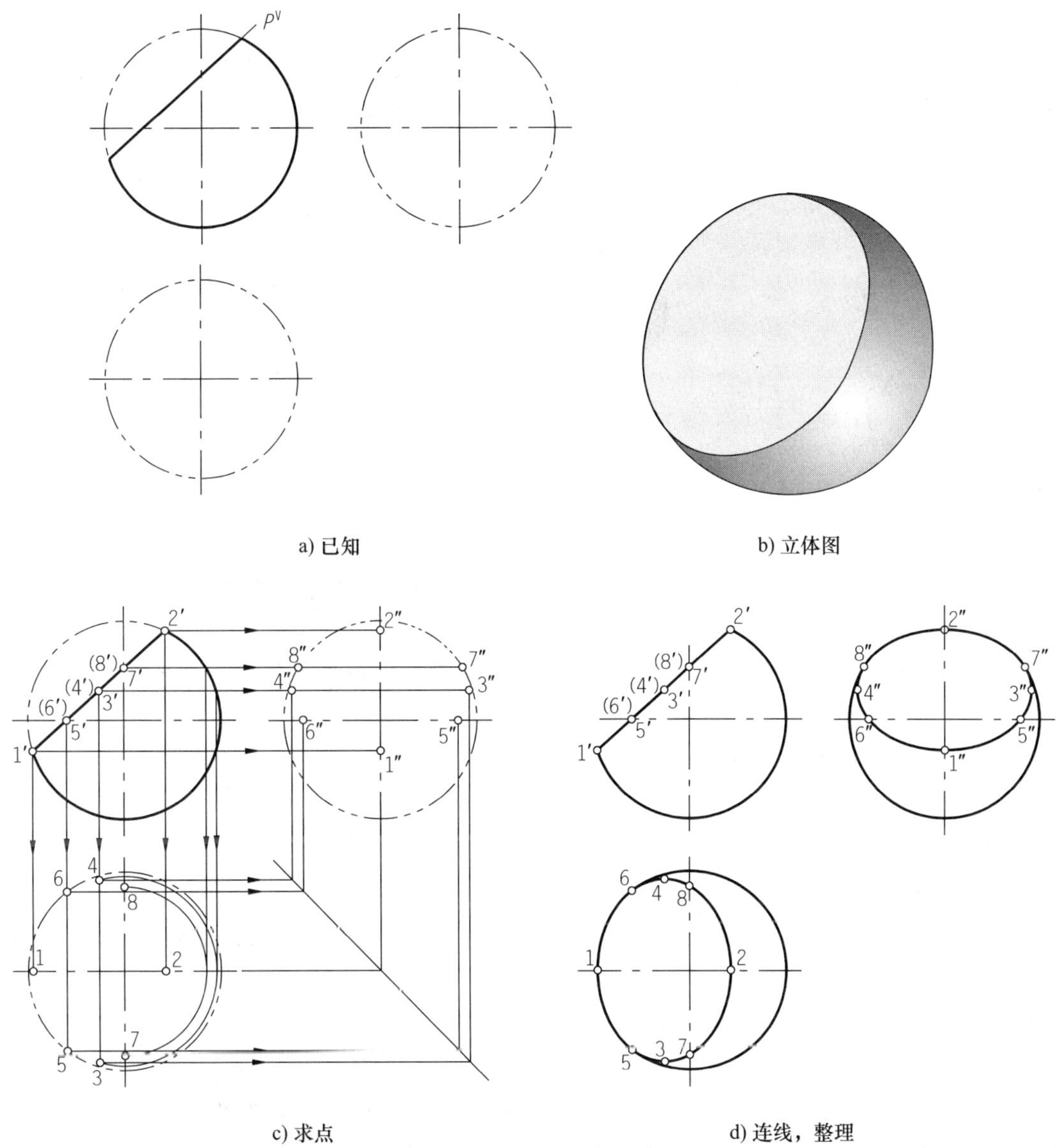

图 3-27　作圆球被正垂面截切后的投影

【例 3-16】　如图 3-28a)所示为半圆头螺钉的头部的正面投影，完成其水平投影和侧面投影。

分析：

半圆头螺钉头部是半球被两个以轴线为对称线的侧平面及一个水平面切割而成的。每一个截平面截切半球表面形成的交线均为圆弧，且在各自平行的投影面上反映实形，在其他投影面上有积聚性，立体图如图 3-28b)所示。

三个截平面的正面投影都积聚为直线，因此截交线的正面投影为已知，根据正面投影找出截交圆弧的半径，完成其他投影。

作图：如图 3-28c)所示。

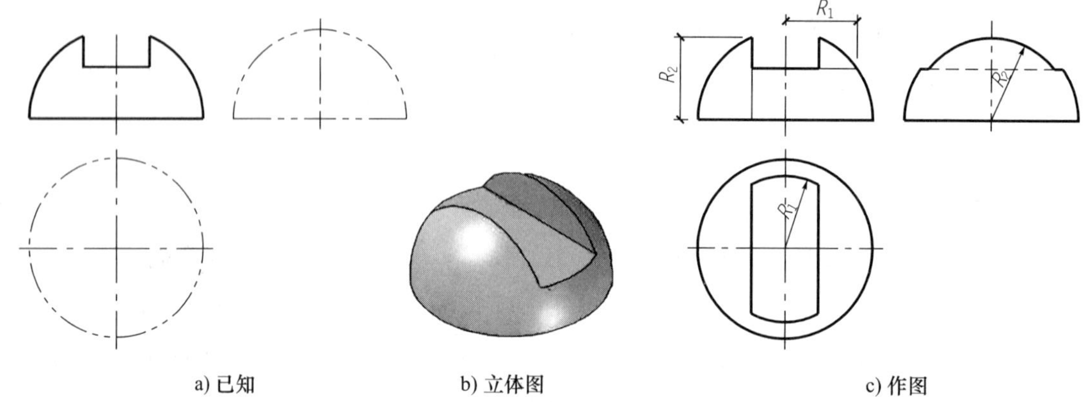

图 3-28 半圆头螺钉头部

(1) 作水平截平面截切半球形成的截交线。

水平截平面截切半球形成的截交线为前后两段水平的圆弧和直线组成的平面图形。水平投影反映圆弧的实形，半径为 R_1；侧面投影积聚为直线，不可见部分为虚线。

(2) 作两侧平截平面截切半球形成的截交线。

两侧平截平面截切半球形成的截交线为平行于侧面的圆弧和直线组成的平面图形。两截交线侧面投影重合，且反映圆弧的实形，半径为 R_2；水平投影积聚为两条直线段。

(3) 整理投影轮廓线，完成作图。

由正面投影可知，半球底面未参与相交，故水平投影轮廓线完整画出；半球侧面投影轮廓线在水平截平面以上部分已被切去，因此该部分的侧面投影不应画出。

4. 平面与组合回转体相交

组合回转体是由若干基本回转体组成的。作图时首先要分析各部分的曲面性质，然后按照它的几何特性确定其截交线形状，再分别作出其投影。

【例 3-17】 如图 3-29a) 所示，完成形体的正面投影。

分析：

形体为一组合回转体，如图 3-29b) 所示。它是由同轴的球体、圆锥体和圆柱体所组成，其中圆锥体与球体相切。该回转体在前、后对称的位置被两个正平面各切掉一部分，因此，得到两条完全相同的截交线。截交线由两段曲线组成封闭的平面图形，一段为圆弧(与球面部分的截交线)，另一段为双曲线(与圆锥面部分的截交线)，圆柱面部分未被截切。这两段曲线在球面和圆锥面的分界线处连接，作图时先要在图上确定球面与圆锥面的分界线。

由于截平面的水平投影和侧面投影都积聚为直线，因此，截交线的水平投影和侧面投影为已知，与截平面的积聚投影重合，本题中需求作截交线的正面投影。

作图： 如图 3-29c) 所示。

(1) 找出球面与圆锥面的分界线，作球面的截交线并找出两段截交线的结合点 I 和 II。

球面及圆锥面的分界圆是两个曲面的公共纬圆。先在正面投影中找出这两个曲面投影轮廓线的切点，即过球心作圆锥面投影轮廓线的垂线，其垂足 a'、b' 即是切点，连线 $a'b'$ 即为球面与圆锥面的分界线——侧平纬圆。

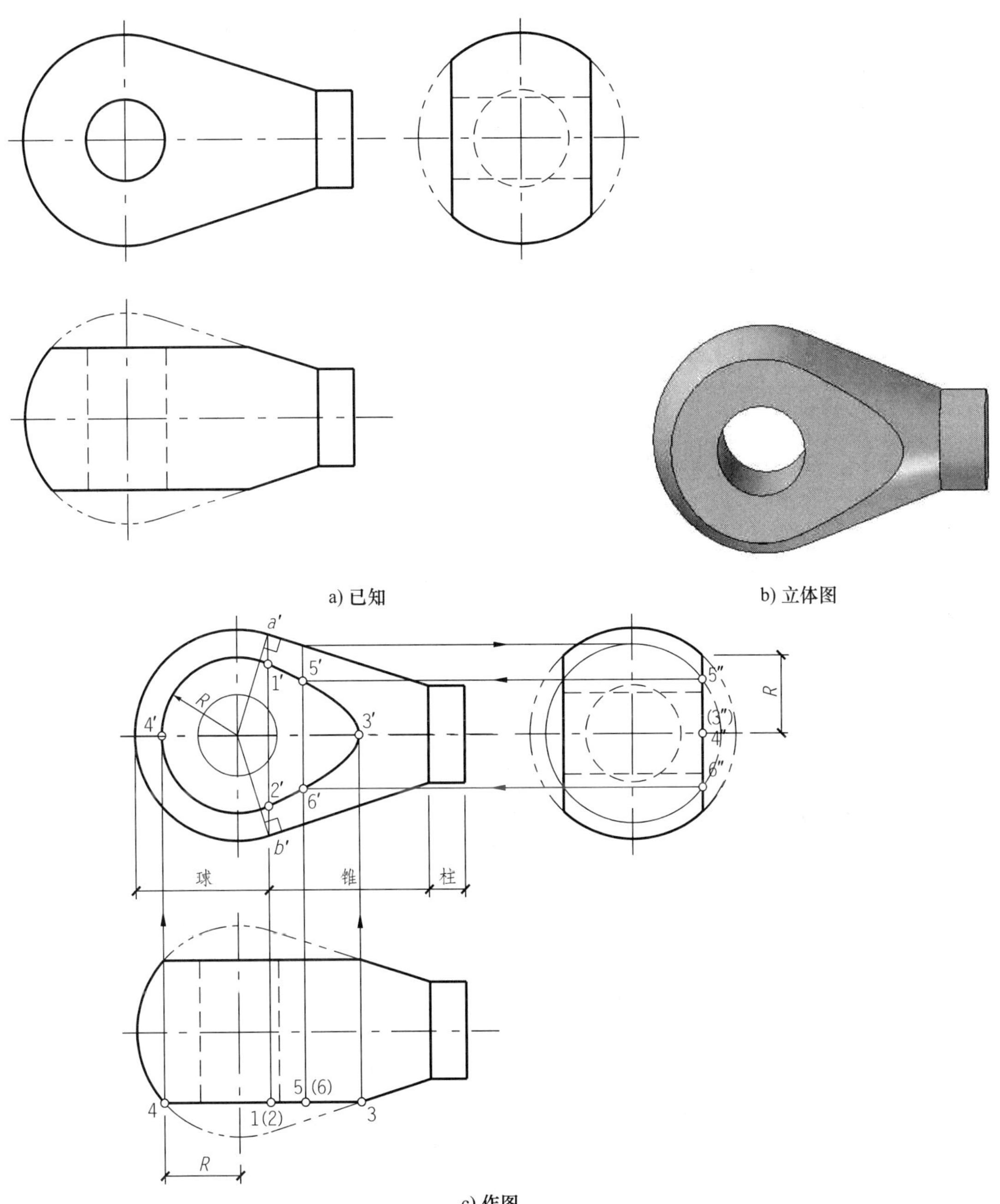

a) 已知

b) 立体图

c) 作图

图 3-29　平面与组合回转体的截交线

截平面与球面的截交线为平行于正投影面的圆，其半径 R 可从水平投影或侧面投影中直接量出，该圆与球面及圆锥面的分界圆（正面投影为直线 $a'b'$）的交点即为两段截交线的结合点Ⅰ、Ⅱ，其正面投影为 $1'$、$2'$。

（2）作圆锥面的截交线（双曲线）。

先求双曲线上的顶点Ⅲ。从水平投影中截平面的积聚投影与圆锥投影轮廓的交点 3 处向正面作投影连线，即可找到点Ⅲ的正面投影 $3'$。

利用纬圆法求双曲线上的一般点Ⅴ、Ⅵ。在正面投影3′和1′、2′之间适当位置作圆锥面上的一个侧平纬圆，侧面投影反映纬圆实形，该纬圆与截平面的积聚投影交于点5″6″，然后按投影关系求出5′、6′。

按1′—5′—3′—6′—2′的顺序依次光滑连接双曲线。

(3) 整理投影轮廓线，完成作图。

前后两截交线的正面投影重合在一起，以粗实线画出。截平面与组合回转体的正面投影轮廓线未相交，因此正面投影轮廓完整。

3.3 两立体相交——相贯线

当两立体相交时，在它们的表面上产生交线，该交线称为相贯线，如图3-30所示。相交的立体称为相贯体。

当一个立体全部贯穿另一个立体时，这样的相贯称为全贯，如图3-30a)、c)所示，两立体全贯且贯通时，其相贯线有两组，如图3-30c)所示；当两个立体互相贯穿时，则称为互贯，如图3-30b)所示，互贯的立体有一组相贯线。

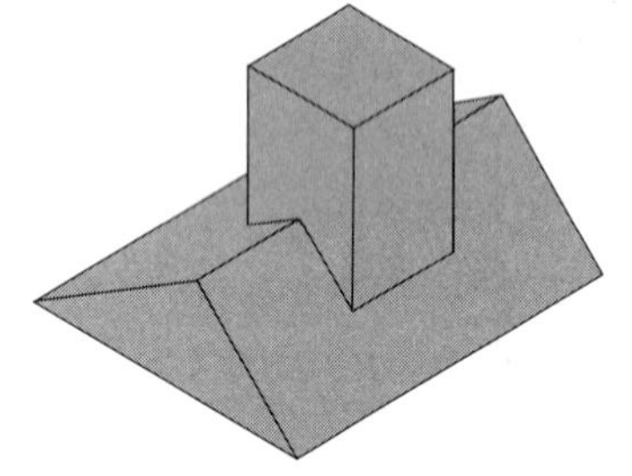

a) 两平面立体全贯

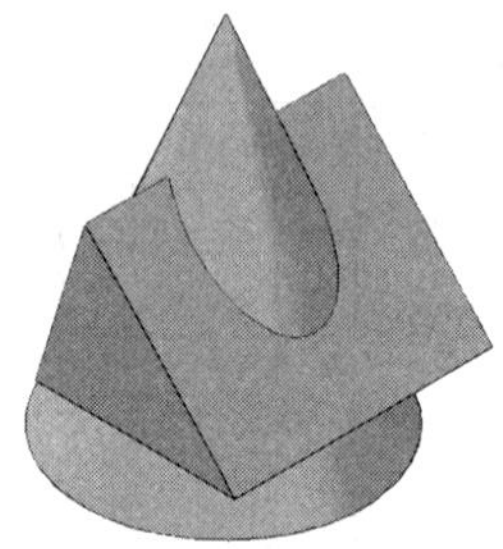

b) 平面立体和曲面立体互贯

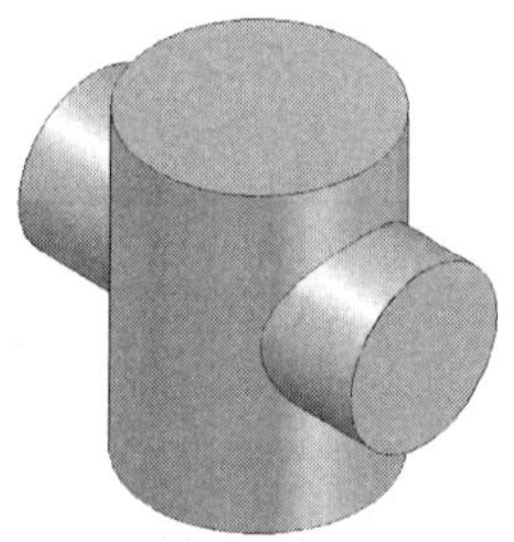

c) 两曲面立体全贯

图3-30 两立体相交

两个立体的相贯线有以下两条基本性质：

(1) 封闭性：因为两立体都是由若干表面围成的，所以在一般情况下相贯线是封闭的，如图3-30a)、b)、c)所示。但当两个立体具有公共表面时，它们的相贯线不封闭。如图3-31所示是圆锥和圆柱相交，它们的底面在同一平面上，相贯线是不封闭的。

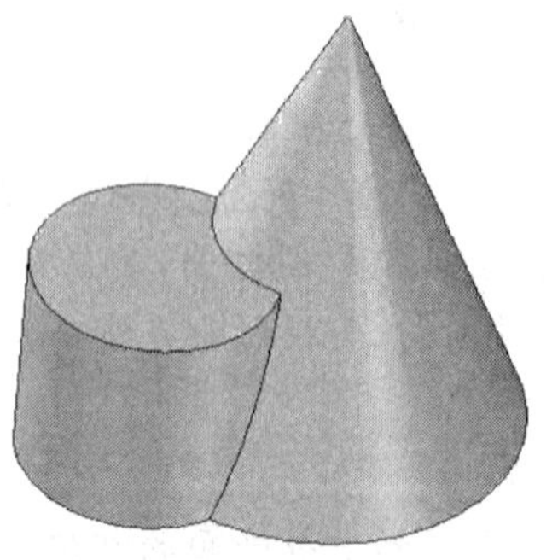

图3-31 相贯线不封闭

(2) 共有性:相贯线是两相交立体表面的共有线,相贯线上的点是两立体表面的共有点。因此可以根据这个特性来求相贯线。

由于基本形体有平面立体与曲面立体之分,所以立体的相交有以下三种(图 3-30):

(1) 两平面立体相交。

(2) 平面立体与曲面立体相交。

(3) 两曲面立体相交。

3.3.1 两平面立体相交

两平面立体相交,其相贯线在一般情况下是封闭的空间折线,如图 3-30a)所示。但有时也会是平面多边形。

由图 3-30a)可以看出,组成相贯线折线的每一段直线都是甲平面立体的一个棱面与乙立体的一个棱面的交线,而折线的每一个顶点是甲平面立体上参与相交的各条棱线与乙平面立体棱面的交点,或是乙平面立体上参与相交的棱线与甲平面立体各棱面的交点。因此,求作两平面立体相贯线,实质上仍归结为直线与平面求交点,以及平面与平面求交线的问题。

求两平面立体相贯线的步骤是:

(1) 分析甲、乙两立体参与相交的棱线和表面。

(2) 求出甲立体上参与相交的各棱线与乙立体表面的交点(即相贯线上的转折点),以及乙立体上参与相交的各棱线与甲立体表面的交点。或者求出甲、乙两立体上参与相交的各表面彼此间的交线。

(3) 依次连接各交点的同面投影,即可得到相贯线。连接各点时应遵循:只有当被连接的两点既位于甲立体同一表面,又位于乙立体同一表面上时,方可进行连接,否则不能连接。

(4) 连点时还要判别各段折线的可见性,其判别方法是:只有位于两立体皆可见表面上的交线才可见,否则不可见。

(5) 整理棱线,完成作图。相贯的两个立体是一个整体,所以一个立体穿入另一个立体内部的贯入线不画出。

【例 3-18】 求直立三棱柱与水平三棱柱的相贯线,如图 3-32a)所示。

分析:

从水平投影和侧面投影可以看出,两个三棱柱互贯,相贯线是一组封闭的空间折线。水平三棱柱的 A 棱、C 棱和直立三棱柱的 F 棱参与了相交,参与相交的每条棱线有两个交点(贯入点和贯出点),因此可以判断该相贯线上总共应有六个转折点,即相贯线由六段直线组成,立体图如图 3-32b)所示。

因为直立三棱柱 DEF 的水平投影有积聚性,所以相贯线的水平投影必然积聚在直立三棱柱的水平投影($\triangle def$)上;同样,水平三棱柱 ABC 的侧面投影有积聚性,因此相贯线的侧面投影一定积聚在水平三棱柱的侧面投影($\triangle a''b''c''$)上。于是,相贯线的三面投影只有正面投影需要进行作图。

作图:如图 3-32c)所示。

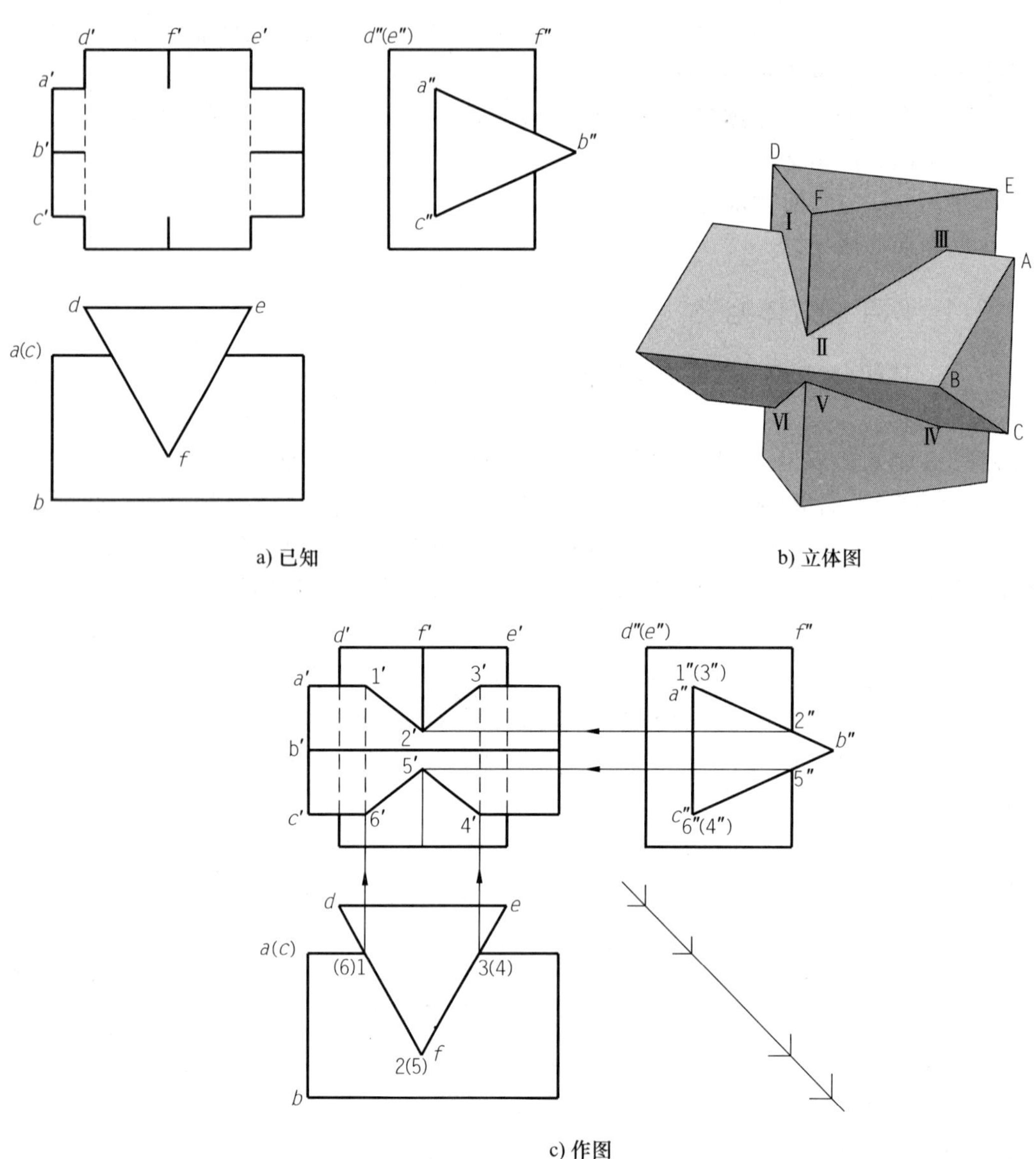

a) 已知　　b) 立体图

c) 作图

图 3-32　两个三棱柱相交

(1) 作六个转折点Ⅰ、Ⅱ、Ⅲ、Ⅳ、Ⅴ、Ⅵ的投影。

利用直立三棱柱各棱面的水平投影有积聚性以及水平三棱柱各棱面的侧面投影有积聚性，在水平和侧面投影上确定转折点Ⅰ、Ⅱ、Ⅲ、Ⅳ、Ⅴ、Ⅵ的投影。水平投影为1、(6)、2、(5)、3、(4)，侧面投影为1″、(3″)、2″、5″、6″、(4″)。由转折点的水平投影和侧面投影求出它们的正面投影1′、2′、3′、4′、5′、6′。

(2) 根据连线原则，依次连接六个转折点的正面投影并判别可见性。

Ⅰ、Ⅱ两点既在 AB 棱面上，又在 DF 棱面上，符合连线原则，因此可把1′、2′连接起来。同理，2′—3′、3′—4′、4′—5′、5′—6′、6′—1′等各点也都可以连接。这样就把所求出各点连成一条封闭的空间折线。

除了上述各点可以相互连接外，是否尚有其他可以连接的点呢？比如：1′、5′两点是否可以相连呢？Ⅰ、Ⅴ两点虽然都是 DF 棱面上的点，但点Ⅰ和点Ⅴ却又分别属于另外两个不同的棱面 AB 和 BC，因此，这两点不能相连。

判别可见性：在正面投影中，水平三棱柱的 AC 棱面是不可见的，因此，位于此棱面上的折线段Ⅰ Ⅵ和Ⅲ Ⅳ的正面投影 $1'6'$ 和 $3'4'$ 为不可见，画成虚线。而其他棱面，如棱面 AB 和 BC，以及直立三棱柱的棱面 DF 和 EF，它们的正面投影皆为可见，所以位于这些棱面上的折线段的正面投影 $1'2'$、$2'3'$、$4'5'$、$5'6'$ 等，皆为可见，一律画成实线。

(3) 整理棱线，完成作图。

将相交二立体作为一个整体，整理各条棱线。水平三棱柱中，棱线 A 和 C 在交点Ⅰ、Ⅲ和Ⅵ、Ⅳ之间不应有线（1′、3′和 6′、4′之间不应有线），棱线 B 未参与相交，正面投影可见，实线画出；直立三棱柱中，棱线 F 在交点Ⅱ、Ⅴ之间不应有线（2′、5′之间不应有线），棱线 D、E 未参与相交，但其正面投影 d'、e' 各有一段被其前面的水平三棱柱遮住，不可见，应画成虚线。

【例 3-19】 如图 3-33a) 所示。已知四棱锥和三棱柱相交，完成正面投影，补画侧面投影。

分析：

由已知条件可知，三棱柱从上而下贯入四棱锥中，全贯但未贯通，相贯线是一组封闭的空间折线。三棱柱的三条棱线和四棱锥的四条棱线均参与了相交，每条参与相交的棱线有一个交点（贯入而未贯出），其中三棱柱最前一条棱线 F 与四棱锥前面棱线 SB 相交为一点Ⅲ，因此，相贯线总共有六个转折点Ⅰ、Ⅱ、Ⅲ、Ⅳ、Ⅴ、Ⅵ，相贯线是由六段直线组成的空间折线，如图 3-33b) 所示为不同观察角度的立体图。

因为直立三棱柱 EFG 的水平投影具有积聚性，所以相贯线的水平投影必然积聚在直立三棱柱的水平投影（$\triangle efg$）上，相贯线的正面投影和侧面投影需要作图求出。

由已知条件可知，相贯线左右对称。

作图：

(1) 根据四棱锥和三棱柱的相对位置补画两立体的侧面投影，如图 3-33c) 所示。

(2) 作相贯线六个转折点（Ⅰ、Ⅱ、Ⅲ、Ⅳ、Ⅴ、Ⅵ）的各投影，如图 3-33c) 所示。

在水平投影上标出相贯线各个转折点的投影 1、2、3、4、5、6。

点Ⅱ、Ⅳ是四棱锥左右两条棱线 SA、SC 上的点，可利用水平投影 2、4 直接求出它们的正面投影 2′、4′，进而求得侧面投影 2″、(4″)；点Ⅲ是四棱锥前面棱线 SB 上的点，同时也是三棱柱 F 棱线上的点，其侧面投影 3″为两条棱线侧面投影 $s''b''$ 和 f'' 的交点，由此求得正面投影 3′；Ⅰ、Ⅴ是四棱锥两个棱面 SAD 和 SCD 上的点，两棱面为一般面，需要作辅助线求解其正面投影 1′、5′和侧面投影 1″、(5″)，这里作平行于侧棱 SA 的辅助线，求得 1′（同时可求得 6′），利用Ⅰ、Ⅴ两点等高求得 5′，然后求得 1″、(5″)；点Ⅵ是四棱锥 SD 棱线上的点，其侧面投影 6″为 $s''d''$ 与三棱柱后棱面积聚投影 $e''(g'')$ 的交点。

(3) 连线并判别可见性，如图 3-33d) 所示。

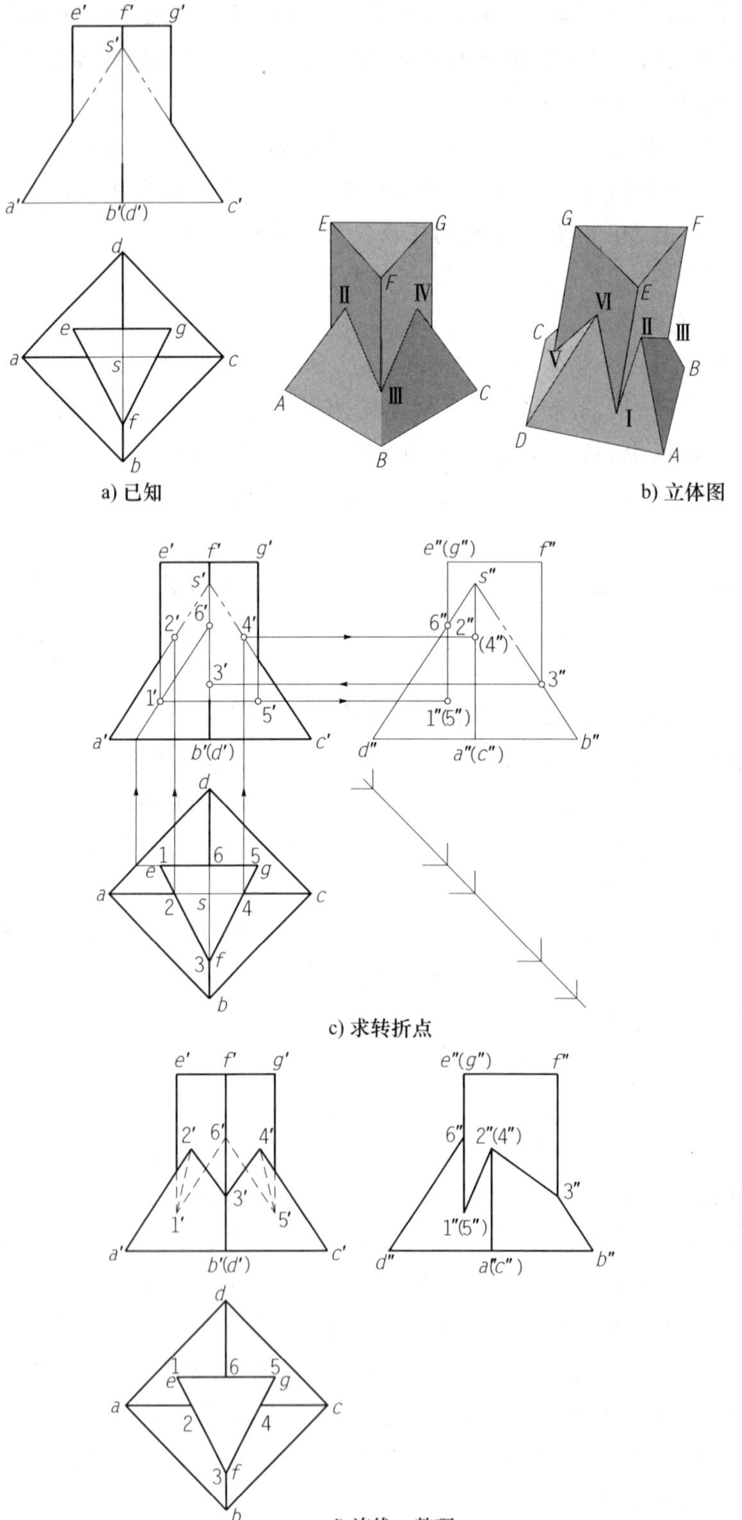

a) 已知

b) 立体图

c) 求转折点

d) 连线，整理

图 3-33 四棱锥和三棱柱相交

依次连接Ⅵ—Ⅰ—Ⅱ—Ⅲ—Ⅳ—Ⅴ—Ⅵ，由于四棱锥的 SAD 和 SCD 两棱面的正面投影不可见，所以位于其上的线段Ⅳ Ⅴ、Ⅴ Ⅵ、Ⅵ Ⅰ、Ⅰ Ⅱ的正面投影 $4'5'$、$5'6'$、$6'1'$、$1'2'$ 均不可见，为虚线。线段Ⅱ Ⅲ、Ⅲ Ⅳ位于两立体正面投影均可见表面，因此 $2'3'$、$3'4'$ 可见，为实线。

相贯线的侧面投影左右重合，$6''1''$、$1''2''$、$2''3''$ 可见，$3''(4'')$、$(4'')(5'')$、$(5'')6''$ 不可见，重合投影按可见画实线。

(4) 整理棱线，完成作图，结果如图 3-33d)所示。

根据可见性将各棱线画至交点，贯入线不画。三棱柱中，F 棱画至点Ⅲ；E、G 棱画至Ⅰ、Ⅴ点，正面投影与四棱锥重影部分不可见。

四棱锥中，SA、SC 棱画至Ⅱ、Ⅳ点；SB 棱画至点Ⅲ；SD 棱画至点Ⅵ，正面投影不可见，但与可见棱线重合，不用画出。

3.3.2 平面立体与曲面立体相交

平面立体与曲面立体相交，所得的相贯线一般情况下是：

(1) 由若干段平面曲线组成的空间封闭线。

(2) 由若干段平面曲线和直线组成的空间封闭线。

如图 3-34b)所示，圆锥与四棱柱相交，相贯线由四段双曲线组成。

相贯线上每一段平面曲线(或直线)都是平面立体的一个棱面与曲面立体表面的交线(截交线)；相邻两段平面曲线(或直线)的转折点是平面立体的棱线与曲面立体表面的交点，如图 3-34b)中的点Ⅰ、Ⅱ、Ⅲ。因此，求作平面立体与曲面立体的相贯线，可以归结为求作平面(平面立体的棱面或底面)与曲面立体的截交线或求直线(棱线)与曲面立体表面的交点。

【例 3-20】 已知四棱柱与圆锥相交，求作相贯线的各投影，如图 3-34a)所示。

分析：

四棱柱与圆锥全贯，未贯通。由于四棱柱的四个棱面皆平行于圆锥轴线，因此，四棱柱和圆锥的相贯线是由四段双曲线(前、后两段及左、右两段各自对称)组合而成。四段双曲线的转折点是四棱柱的四条棱线与圆锥面的交点。

由于四棱柱各棱面的水平投影有积聚性，因此相贯线的四段双曲线以及四个转折点的水平投影全部与各棱面的水平投影重合(矩形)，只需求作相贯线的正面投影及侧面投影。对于正面投影，前后两段双曲线投影重合，左右两段双曲线分别积聚在四棱柱的左右棱面的正面投影上；对于侧面投影，相贯线的左右两段双曲线投影重合，前后两段双曲线分别积聚在四棱柱的前后两个棱面上。作图时应注意双曲线的对称性。

作图：

(1) 求转折点Ⅰ、Ⅱ、Ⅲ、Ⅳ及双曲线上特殊点Ⅴ、Ⅵ、Ⅶ、Ⅷ，如图 3-34c)所示。

因为四棱柱的四条棱线均为铅垂线，因此相贯线上的四个转折点(各段双曲线的最低点)Ⅰ、Ⅱ、Ⅲ、Ⅳ的水平投影 1、2、3、4 为已知，用纬圆法(圆锥面上过该四点的水平圆)求出它们的正面投影 $1'$、$(2')$、$3'$、$(4')$，再求出其侧面投影 $1''$、$2''$、$(3'')$、$(4'')$。

作各段双曲线上的最高点(顶点)。前、后两段双曲线上的最高点Ⅴ、Ⅶ正好位于二立体左、右对称平面内，它们是圆锥面上最前、最后两根素线与四棱柱前、后棱面的交点，可直接在水平投影和侧面投影中定出，即 5、7 和 $5''$、$7''$，再求出其正面投影 $5'$、$(7')$。同理，左、右两段双曲线上的最高点Ⅵ、Ⅷ是圆锥面上最左、最右两根素线与四棱柱左、右棱面的交点，可直接标出它们的水平投影6、8和正面投影6′、8′，然后再求出其侧面投影(6″)、8″。

(2) 求双曲线上一般点，如图3-34c)所示。

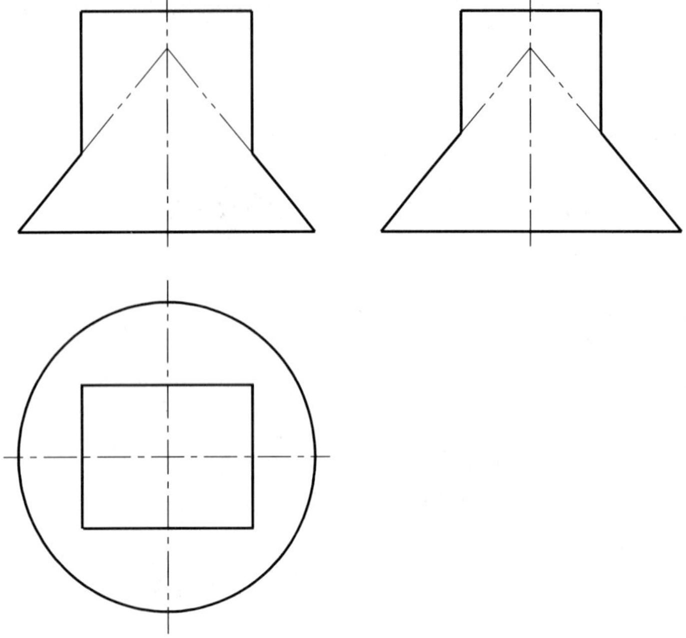

a) 已知

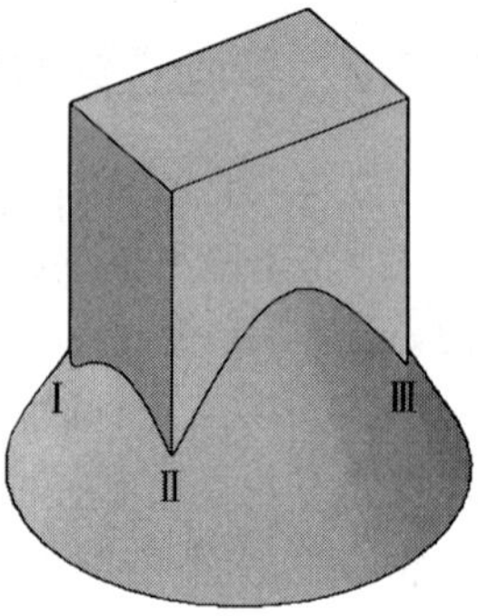

b) 立体图

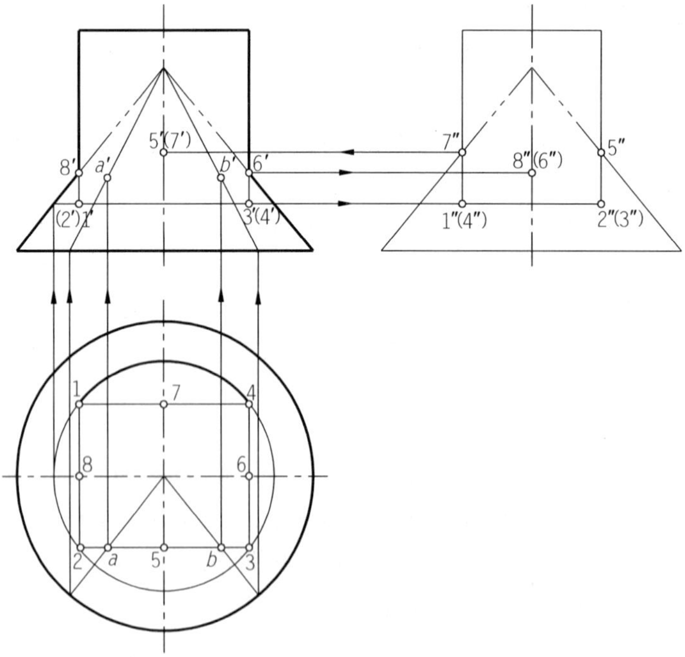

c) 求点

图 3-34

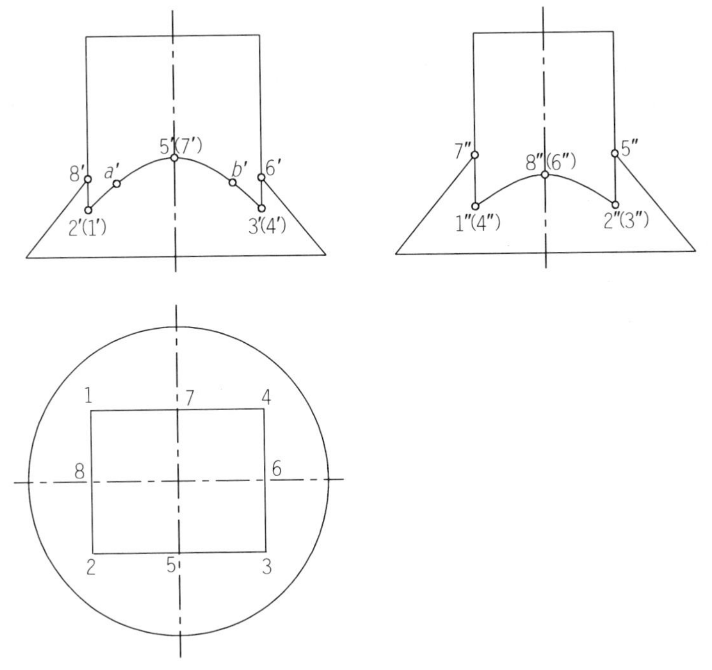

d) 连线，整理

图 3-34　平面立体与曲面立体相交

可用素线法(或纬圆法)求出前、后两段双曲线上两个处于对称位置的一般点 A、B。先在水平投影中取 a、b 两点，通过 a、b 分别作出圆锥面上的两条素线，再在两条素线的正面投影上定出 a'、b'。同样的方法可以作出另外双曲线上的一般点。

(3) 连线，并判别可见性，如图 3-34d)所示。

正面投影中，光滑连接前段双曲线 $2'$—a'—$5'$—b'—$3'$，与后段双曲线$(1')$—$(7')$—$(4')$投影重合；连接左、右两段双曲线的积聚直线 $2'8'$、$3'6'$，分别与后半部分积聚线$(1')8'$、$(4')6'$投影重合。

侧面投影中，光滑连接左段双曲线 $1''$—$8''$—$2''$，与右段双曲线$(4'')$—$(6'')$—$(3'')$投影重合；连接前、后两段双曲线的积聚直线 $2''5''$、$1''7''$，分别与右半部分积聚线$(3'')5''$、$(4'')7''$投影重合。

(4) 整理四棱柱的棱线以及圆锥的投影轮廓线，完成作图，结果如图 3-34d)所示。

四棱柱四条棱线分别画至交点Ⅰ、Ⅱ、Ⅲ、Ⅳ，正面投影前后棱线重合，侧面投影左右棱线重合；圆锥正面投影轮廓线画至 $8''$、$6''$，侧面投影轮廓画至 $5''$、$7''$。

【例 3-21】 如图 3-35a)所示，求出三棱柱与圆柱相交的侧面投影。

分析：

由于三棱柱与圆柱全贯且穿通，所以三棱柱与圆柱的交线是前后对称、形状相同的两组空间封闭交线。每组交线是由三段线组合而成的，分别是一段圆弧、一段椭圆弧和一段直线。三棱柱的水平棱面与圆柱的截交线为两段圆弧，正垂棱面与圆柱的截交线为两段椭圆弧，侧平棱面与圆柱的截交线为两直线段，立体图如图 3-35b)所示。

由于三棱柱的各棱面垂直于正面，相贯线的正面投影积聚在三棱柱正面投影的三角形上，水平投影积聚在圆柱面的水平投影圆与三棱柱水平投影的公共部分。相贯线的侧面投影可以通过作出线段端点和椭圆弧上若干点求得。

作图：

(1) 根据圆柱和三棱柱的相对位置画出两立体的侧面投影，如图 3-35c)所示。

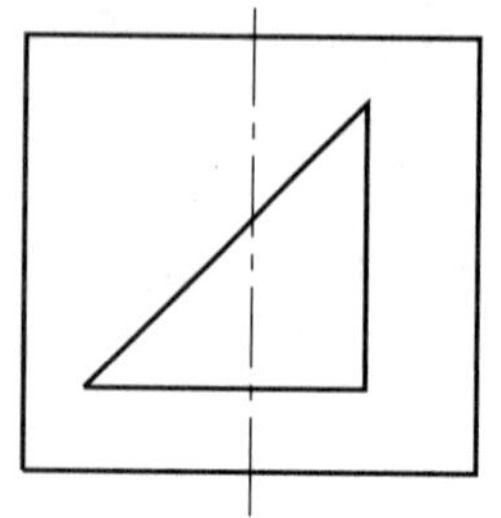

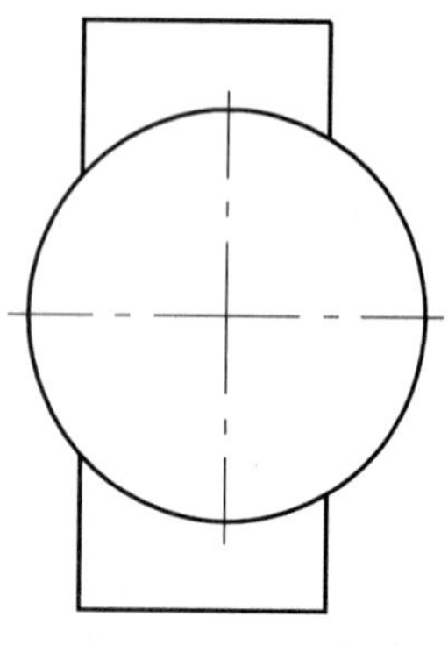

a) 已知

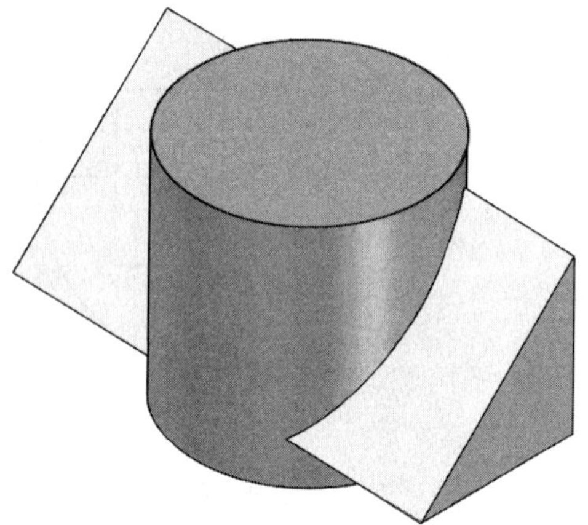

b) 立体图

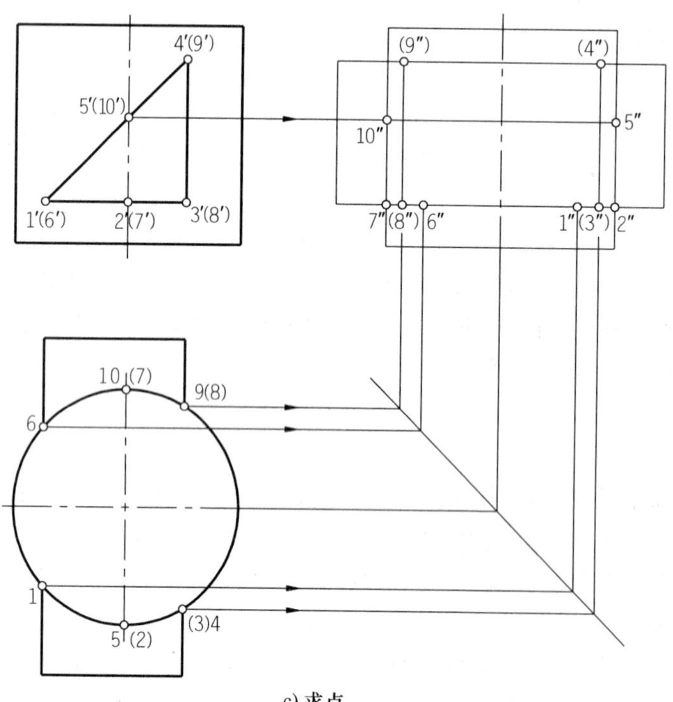

c) 求点

图 3-35

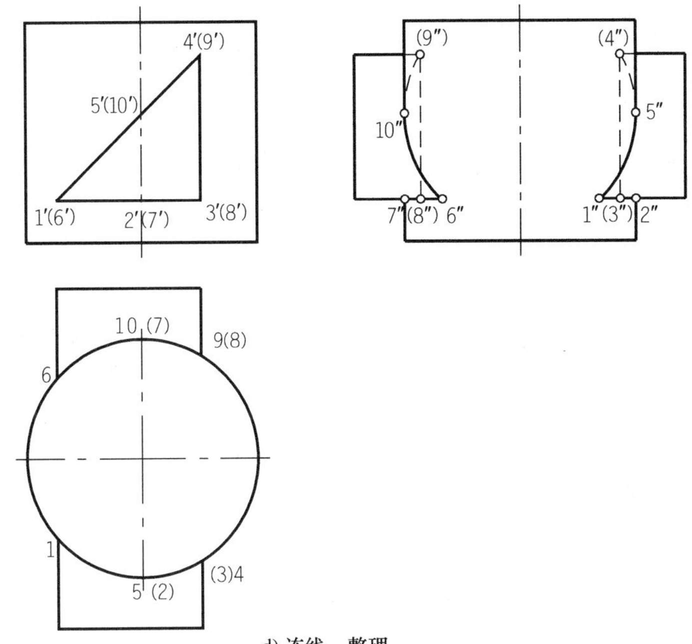

d) 连线，整理

图 3-35　三棱柱与圆柱相交

(2) 求转折点Ⅰ、Ⅵ、Ⅲ、Ⅷ、Ⅳ、Ⅸ及圆柱投影轮廓线上点Ⅱ、Ⅶ、Ⅴ、Ⅹ，如图 3-35c)所示。

在正面投影上注出各段截交线的转折点的投影 1′、(6′)、3′、(8′)、4′、9′；在水平投影上标出它们的投影 1、6、(3)、(8)、4、9；根据投影关系作出它们的侧面投影 1″、6″、(3″)、(8″)、(4″)、(9″)。

在正面投影中，轴线上的点 2′、(7′)、5′、(10′)是圆柱侧面投影转向轮廓线上点的投影，也是圆弧和椭圆弧上特殊点的投影；标出它们的水平投影 5、(2)、10、(7)，并求出它们的侧面投影 2″、7″、5″、10″。

(3) 根据可见性连线，如图 3-35d)所示。

在侧面投影上，连接椭圆弧(4″)—5″—1″和(9″)—10″—6″，以 5″、10″为界，(4″)5″、(9″)10″不可见，5″1″、10″6″可见；连接圆弧Ⅰ—Ⅱ—Ⅲ和Ⅵ—Ⅶ—Ⅷ的积聚投影 1″—2″和 6″—7″，2″(3″)、7″(8″)分别与 1″2″、6″7″重合，按可见画出；连接直线(3″)—(4″)和(8″)—(9″)，均不可见。

(4) 整理三棱柱的棱线和圆柱投影轮廓线，完成作图，结果如图 3-35d)所示。

将三棱柱三条棱线的侧面投影分别画至交点处，注意上侧棱线画至点 4″、9″，与圆柱重影部分为不可见；圆柱侧面投影轮廓线上 2″5″、7″10″段为贯入线，不画，其余部分为可见。

如上例中将三棱柱抽出，则成为一实圆柱与一虚三棱柱相贯，即圆柱被穿一三棱柱孔，如图 3-36 所示。作图方法完全相同，注意图中原相贯线虚实的变化及新出现的虚线。

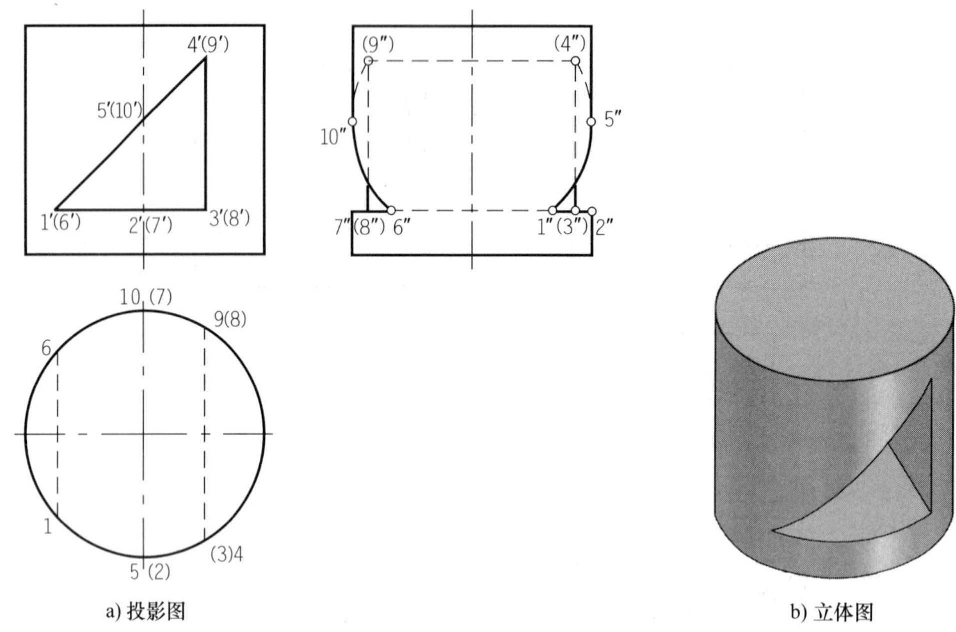

a) 投影图　　b) 立体图

图 3-36　圆柱被穿一三棱柱孔

3.3.3　两曲面立体相交

两曲面立体相交，其相贯线一般情况下是封闭的空间曲线，如图 3-37a)所示；特殊情况下，相贯线可能是平面曲线或直线，如图 3-37b)所示。

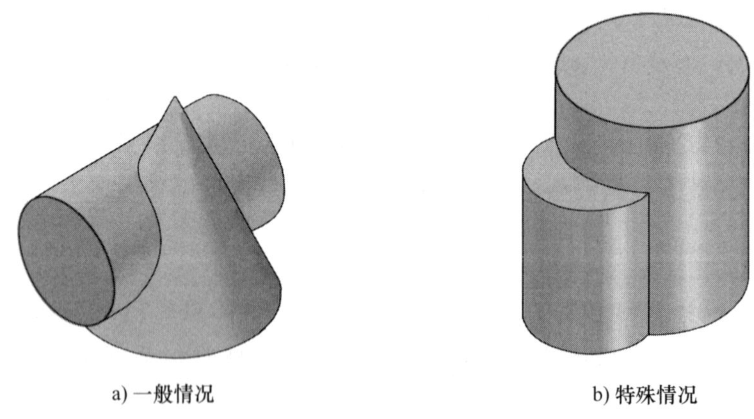

a) 一般情况　　b) 特殊情况

图 3-37　两曲面立体相交

相贯线的形状不仅取决于相交两曲面立体的几何形状，而且也和它们所处的相对位置有关。即使是两个形状相同的曲面立体相交，当它们的相对位置不同时，其相贯线的形状也要随之变化。因此，在求相贯线时，首先要分析两相交曲面立体的几何形状及相对位置，对相贯线形成的情况(一般情况、特殊情况)进行初步的判断，然后根据相贯线的形状进行作图。

由相贯线的性质可知，两曲面立体的相贯线是两曲面立体表面的共有线，相贯线上的点是两个相交曲面立体表面的共有点。因此，求两曲面立体相贯线的实质就是求两立体表面共有点的集合。

作两曲面立体的相贯线时，一般先作出两曲面立体表面上一系列共有点的投影，然后再连成相贯线的投影。在求作相贯线上的点时，应作出一些能控制相贯线范围的特殊点，如曲面立体投影轮廓线上的点、相贯线上的极限位置点(包括最高、最低、最前、最后、最左、最右点)等；为了作图准确，还需要再求作相贯线上的若干一般点。在连线时，应依次光滑连接各点并判别可见性。可见性的判别原则：只有同时位于两个立体均可见表面上的线才是可见的，否则不可见。

求两曲面立体相贯线上点的常用方法有：表面取点法和辅助平面法。

1. 表面取点法求相贯线

根据已知曲面立体表面上的点的投影求其他投影的方法，称为表面取点法。

两曲面立体相交，如果其中有一个立体表面的投影具有积聚性(如轴线垂直于投影面的圆柱)，则相贯线在该投影面上的投影积聚在有积聚性的立体表面(如圆柱面)的投影上。这时，可以把相贯线看成是另一立体表面的曲线，利用在曲面立体表面取点的方法作出相贯线上一系列点的其他投影。

两曲面立体相交中，两圆柱或圆柱与其他回转体相交的情况很多，但只要其中有一个圆柱的轴线垂直于某一投影面时，则相贯线在该投影面上的投影就一定积聚在圆柱的投影(圆)上，使相贯线的这一投影成为已知，利用这一已知投影，就可利用在另一曲面立体表面取点的方法作出相贯线的其他投影。

具体作图时，先在圆柱面的积聚投影上标出相贯线上的一些点(包括特殊点和一般点)，然后把这些点看作另一曲面上的点，用表面取点的方法，求出它们的其他投影。最后，把这些点的同面投影按照可见性光滑连接起来，即得出相贯线的投影。

【例 3-22】 求作轴线交叉垂直的两圆柱的相贯线，如图 3-38a)所示。

分析：

两圆柱的轴线交叉垂直，互贯，相贯线为一条封闭的空间曲线，上下、左右分别对称，但前后不对称，故相贯线正面投影前后不重合，立体图如图 3-38b)所示。由于小圆柱轴线垂直于水平投影面，大圆柱轴线垂直于侧立投影面，故相贯线的水平投影积聚在小圆柱面的圆上(大圆柱水平投影范围内的一段圆弧)；侧面投影积聚在大圆柱面的圆上(小圆柱侧面投影范围内的一段圆弧)。现需求出相贯线的正面投影。

作图：

(1) 求特殊点。相贯线上的极限位置点同时也是两圆柱中参与相交的投影轮廓线上的点，如图 3-38c)所示。

在相贯线的水平投影(小圆柱面的投影圆)上，标出相贯线的最前点(Ⅰ、Ⅻ，也即大圆柱水平投影前轮廓线上点)、最后点(Ⅵ、Ⅶ，也即小圆柱侧面投影后轮廓线上点)，最上点(Ⅳ、Ⅷ，也即大圆柱正面投影上轮廓线上点)、最下点(Ⅴ、Ⅸ，也即大圆柱正面投影下轮廓线上点)、最左点(Ⅱ、Ⅲ，也即小圆柱正面投影左轮廓线上点)、最右点(Ⅹ、Ⅺ，也即小圆柱正面投影右轮廓线上点)的投影 1、12、6、(7)、4、8、(5)、(9)、2、(3)、10、(11)；利用大圆柱表面取点的方法，标出这些点的侧面投影 1″、(12″)、6″、7″、4″、(8″)、5″、(9″)、2″、3″、(10″)、(11″)；它们的正面投影 1′、12′、(6′)、(7′)、(4′)、(8′)、(5′)、(9′)、2′、3′、10′、11′可由其水平投影和侧面投影按投影关系连线交汇求出。

(2) 求一般点，如图 3-38d)所示。

在相贯线的水平投影中，在特殊点之间的空隙处选定四个一般点 A、B、C、D 的投影 a、(b)、

c、(d)，根据投影关系找出它们的侧面投影 a''、b''、(c'')、(d'')，进而求得其正面投影 a'、b'、c'、d'。

(3) 连线并判别可见性，如图 3-38d)所示。

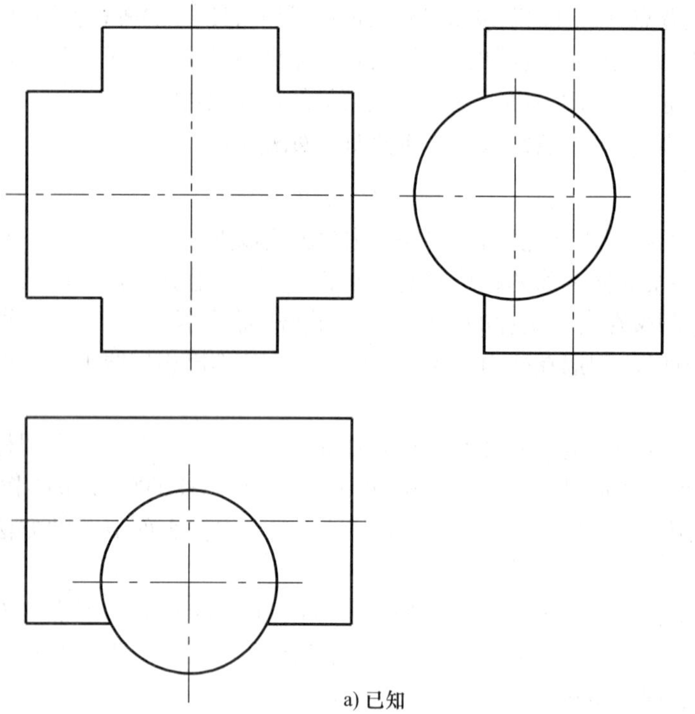

a) 已知

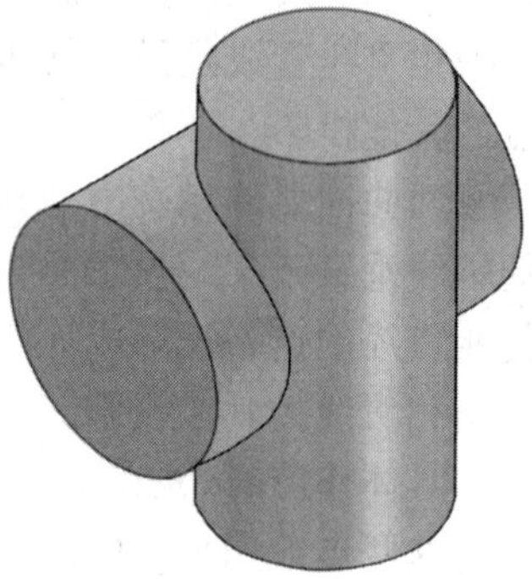

b) 立体图

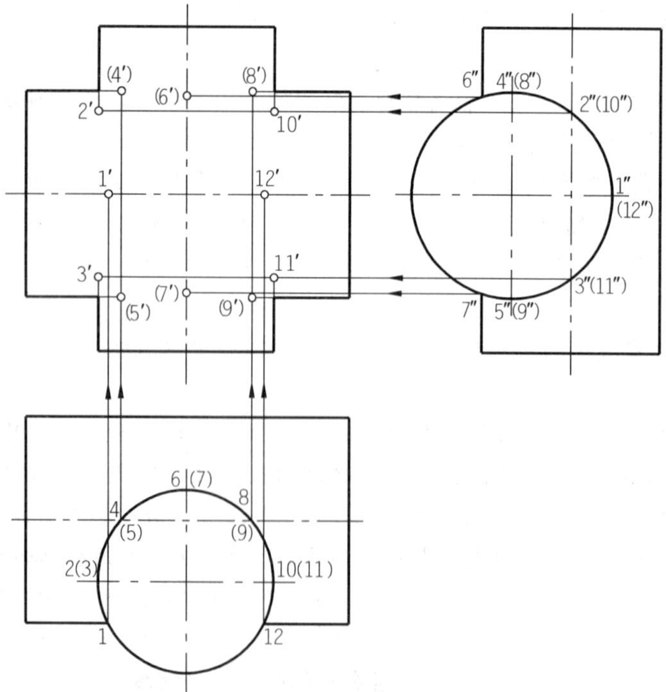

c) 求特殊点

图 3-38

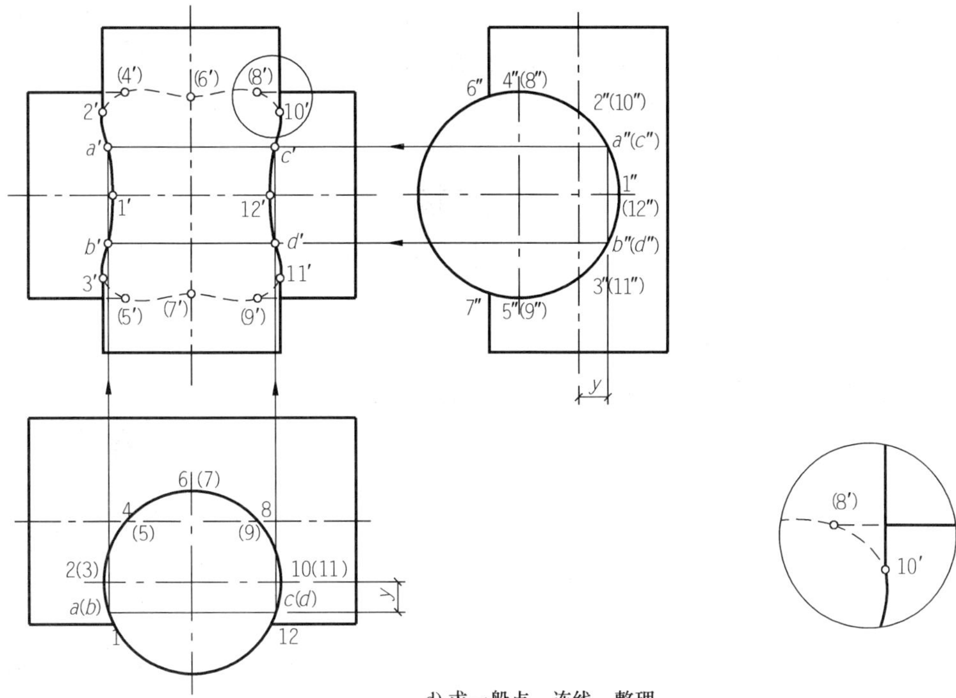

d) 求一般点，连线，整理

图 3-38 轴线交叉垂直的两圆柱相交

参照已知投影如水平投影，按小圆柱上相邻两素线的排列顺序依次光滑连接Ⅰ—A—Ⅱ—Ⅳ—Ⅵ—Ⅷ—Ⅹ—C—Ⅻ—D—Ⅺ—Ⅸ—Ⅶ—Ⅴ—Ⅲ—B—Ⅰ各点的正面投影，即可得到相贯线的正面投影。由于小圆柱正面投影轮廓线位于大圆柱正面投影轮廓线之前，所以，凡相贯线上位于小圆柱正面投影轮廓之后的部分皆为不可见，即小圆柱正面投影轮廓线上的 2′、3′、10′、11′四点是相贯线正面投影可见与不可见的分界点。这样，2′—(4′)—(6′)—(8′)—10′及 11′—(9′)—(7′)—(5′)—3′两部分为不可见，画成虚线；而 3′—b′—1′—a′—2′及 10′—c′—12′—d′—11′两部分为可见，画成实线。

(4) 整理相贯体的投影轮廓线，如图 3-38d)所示。

完成相贯线的投影后，还应整理二圆柱的投影轮廓线。正面投影中，直立小圆柱的轮廓线上部分画至点 2′和 10′处，下面画至 3′和 11′处，并在该四点与相贯线相切且均为可见；大圆柱的正面投影轮廓线左端画至(4′)和(5′)处，右端画至(8′)和(9′)处，但与小圆柱投影重影范围内的四小段线为不可见，应画成虚线。详见图 3-38d)中右下方的局部放大图。

【例 3-23】 求如图 3-39a)所示圆柱与半球的相贯线。

分析：

两相贯体为全贯，未贯通，故相贯线为一条封闭的空间曲线，立体图如图 3-39b)所示。

圆柱的水平投影积聚为圆。因相贯线是圆柱表面的线，所以相贯线的水平投影在此圆上，为已知投影；又因为相贯线也是球面上的线，可以利用球表面取点的方法求出相贯线的正面投影及侧面投影。

作图：

(1) 求相贯线上的特殊点，如图 3-39c)所示。

求圆柱轮廓线上点。点Ⅰ、Ⅱ为圆柱正面投影轮廓线上的点，其水平投影 1、2 为已知，其正面投影 1′、2′利用在球面上作辅助正平纬圆求得，其侧面投影 1″、(2″)可由其水平投影和正面投影按投影关系求出；点Ⅲ、Ⅳ为圆柱侧面投影轮廓线上的点，其水平投影 3、4 为已知，在球面上作辅助侧平纬圆求出其侧面投影 3″、4″，进而求得其正面投影 3′、(4′)。

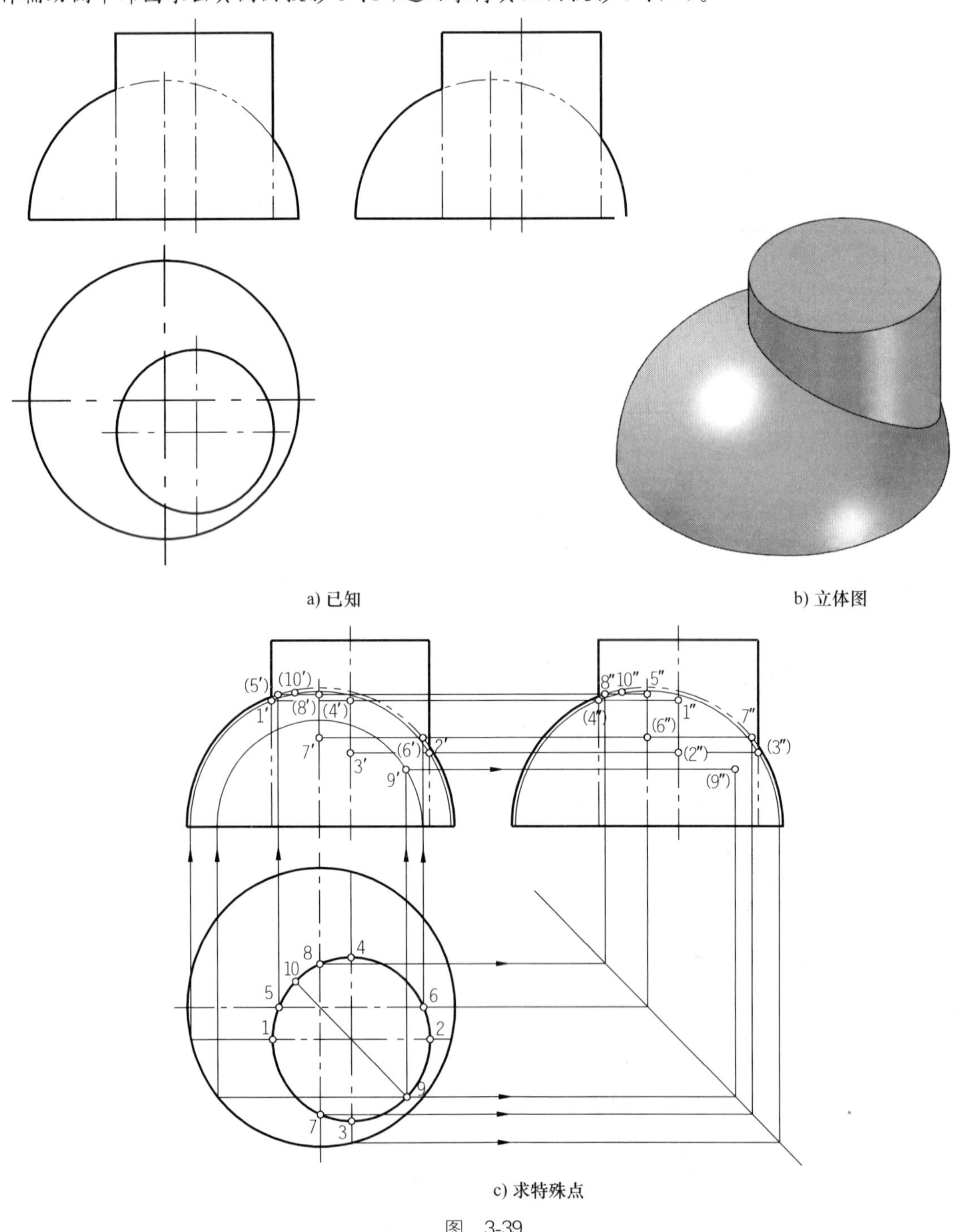

a) 已知　　b) 立体图

c) 求特殊点

图 3-39

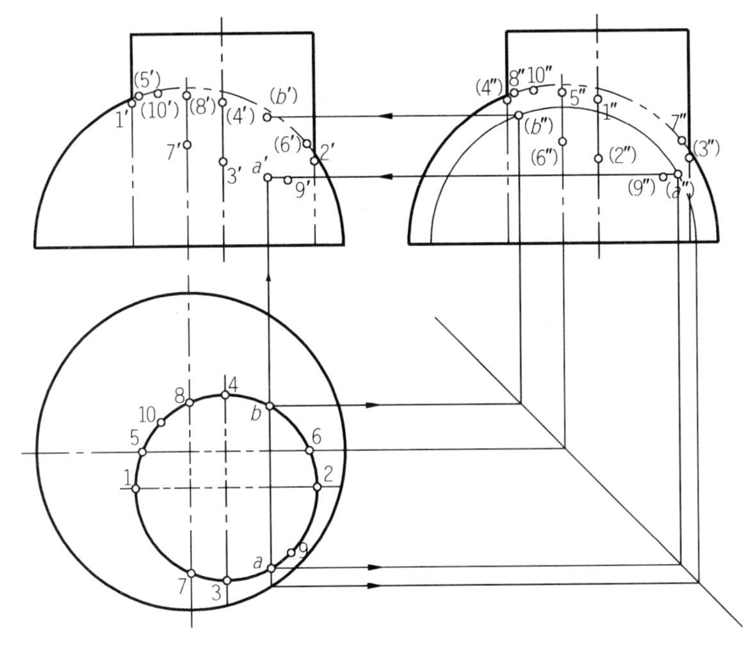

d) 求一般点

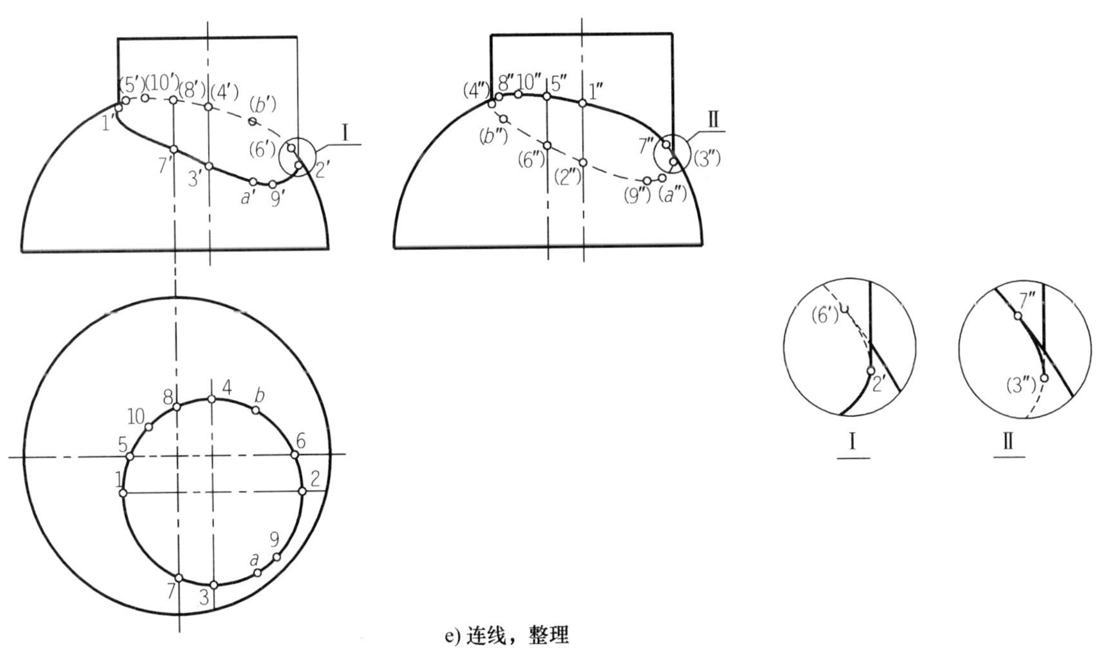

e) 连线，整理

图 3-39　圆柱与半球相交

求圆球轮廓线上点。点Ⅴ、Ⅵ为圆球正面投影轮廓线上的点，其水平投影 5、6 为已知，按投影关系求出其正面投影(5′)、(6′)及侧面投影 5″、(6″)；点Ⅶ、Ⅷ为圆球侧面投影轮廓线上的点，根据其水平投影 7、8，求得其侧面投影 7″、8″及正面投影 7′、(8′)。

求最低、最高点。在水平投影上将两圆心连线延长，与相贯线水平投影相交于 9、10 两点，9 点距球心最远，所以点Ⅸ是相贯线的最低点，利用球面上取点的方法，由水平投影 9 求出正面投影 9′及侧面投影(9″)；Ⅹ点距球心最近，是相贯线的最高点，同样方法求得其正面投影 10′及侧面投影 10″。

(2) 求一般点，如图 3-39d)所示。

根据连线的需要，适当求出若干一般位置点，如点 A、B(在球面上作侧平纬圆为辅助线求得其投影)。

(3) 连线并判断可见性，如图 3-39e)所示。

将相贯线各点的正面投影及侧面投影按水平投影 1—7—3—a—9—2—6—b—4—8—10—5—1 的顺序光滑连接起来。连线时，正面投影以点Ⅰ、Ⅱ为可见与不可见的分界点，前部分Ⅰ—Ⅶ—Ⅲ—A—Ⅸ—Ⅱ对圆柱面和球面来说，正面投影都可见，所以 1′—7′—3′—a'—9′—2′用粗实线画出，其他画成虚线；侧面投影以点Ⅶ、Ⅷ为可见与不可见的分界点，左部分Ⅶ—Ⅰ—Ⅴ—Ⅹ—Ⅷ对圆柱面和球面来说，侧面投影都可见，所以 7″—1″—5″—10″—8″用粗实线画出，其他画成虚线。

(4) 整理轮廓线，完成作图，结果如图 3-39e)所示。

正面投影中，圆柱的正面投影轮廓线与球面分别相交于点Ⅰ、Ⅱ，所以圆柱正面投影轮廓线应分别画到点 1′、2′为止，因可见，故画成粗实线；圆球的正面投影轮廓线与圆柱面相交于点Ⅴ、Ⅵ，所以圆球的正面投影轮廓线(5′)(6′)一段不应画出，其余的轮廓线被圆柱挡住的部分应画成虚线。

侧面投影中，圆柱的侧面投影轮廓线与球面分别相交于点Ⅲ、Ⅳ，所以圆柱侧面投影轮廓线应分别画到点(3″)、(4″)为止，与圆球重影部分被挡住为不可见，故画成虚线；圆球的侧面投影轮廓线与圆柱面相交于点Ⅶ、Ⅷ，所以圆球的侧面投影轮廓线 7″8″一段不应画出，其余的轮廓线为可见，画成粗实线。

正面投影及侧面投影轮廓线详见图 3-39e)右下方的局部放大图。

2. 辅助平面法求相贯线

如图 3-40 所示，为求两曲面立体的相贯线，可以作一辅助截平面，使辅助截平面与两曲面立体都相交，求出辅助截平面与两立体的截交线，再作出两截交线的交点，两截交线的交点即为两立体表面的共有点，该共有点是根据三面共点的原理求出的，它既在截平面上，又在两曲面立体表面上，它就是所求相贯线上的点。用辅助平面法求相贯线上点的方法称为辅助平面法。

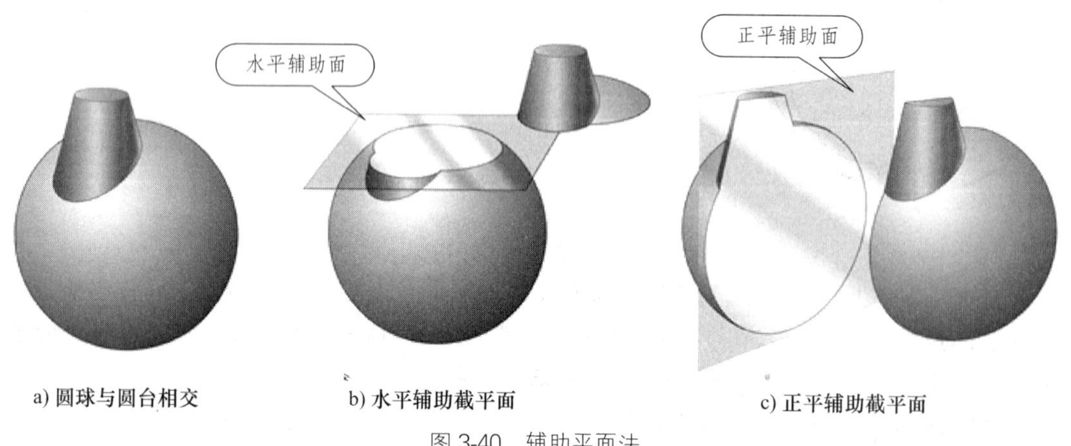

图 3-40　辅助平面法

由上述作图原理可得辅助平面法求相贯线上点的作图步骤：

(1) 设立合适的辅助截平面。

(2) 分别作出辅助截平面与两曲面立体的截交线。

(3) 求出两条截交线的交点——相贯线上的点。

显然，每设立一个辅助平面(必须完成上述三个作图步骤)就可以求出一些共有点。解题时，可以根据需要设立若干个辅助截平面，从而求出一系列属于相贯线上的点，然后把这些点用曲线光滑地连接起来，即可得到所求的相贯线。

应当指出，用辅助平面法求共有点的三个作图步骤中，第一步是至关重要的，关键是要选择好恰当的辅助截平面。为了简化作图，所选择的辅助截平面与两相交立体表面所产生的截交线的投影，应该是简单易画的圆或直线。如图 3-40 中的水平面与圆台和球的交线都为圆；正平面(过圆台中心线)与圆台和球的交线分别为直线和圆。

【例 3-24】 求圆台与半球相贯线的投影，如图 3-41a)所示。

分析：

由已知条件可知，圆台的轴线不过球心，但圆台和半球有公共的前后对称面，圆台与半球全贯但未贯通，因此相贯线是一条前后对称的封闭的空间曲线，立体图如图 3-41b)所示。由于这两个立体的三面投影均无积聚性，相贯线的三面投影均未知，所以不能用表面取点法求作相贯线的投影，但可以用辅助平面法求得。

作图：

(1) 求特殊点，如图 3-41c)所示。

从投影图可以看出，圆台的正面投影转向轮廓线和半球的正面投影转向轮廓线彼此相交，故交点Ⅰ、Ⅱ(最低、最高点)的正面投影 1′、2′可直接得出，由此求出其水平投影 1、2 及侧面投影 1″、(2″)。

最前点Ⅲ和最后点Ⅳ在圆台的侧面投影转向轮廓线上，可作通过圆台锥顶的侧平面 P 为辅助面，由侧平面 P 与圆台、半球的截交线(分别为梯形和半圆)的交点确定其侧面投影 3″、4″，再求出其正面投影 3′、(4′)，进而求得其水平投影 3、4。

(2) 求一般点，如图 3-41d)所示。

在特殊点之间的适当位置上作水平面 Q 为辅助面，它与圆台和半球的截交线均为圆，作出两圆水平投影的交点就是相贯线上两个一般点 Ⅴ、Ⅳ 的水平面投影 5、6，再根据投影关系，分别求出其正面投影 5′、(6′)和侧面投影 5″、6″。作一系列的水平面，可求出若干个一般点。

(3) 连线，整理两立体投影轮廓线，完成作图，如图 3-41e)所示。

按Ⅰ—Ⅴ—Ⅲ—Ⅱ—Ⅳ—Ⅵ—Ⅰ的顺序依次连接各点的同面投影，并判断可见性。当两回转体表面都可见时，其上的交线才可见。按此原则，相贯线的正面投影前后对称，曲线段 1′—5′—3′—2′与 1′—(6′)—(4′)—2′重合，只需按顺序光滑连接前面可见部分各点的投影；相贯线的水平投影全部可见，按 1—5—3—2—4—6—1 的顺序连接，即得相贯线的水平投影；相贯线的侧面投影以点 3″、4″为分界点，下段 4″—5″—1″—6″—3″可见，用粗实线依次光滑连接；上段 4″—(2″)—3″不可见，用虚线依次光滑连接。

圆台正面投影轮廓线至点 1′、2′，侧面投影轮廓线画至点 3″、4″，与半球重影部分为可见；半球正面投影轮廓线 1′、2′之间为贯入线，不画，侧面投影轮廓线未参与相交，但与圆台重影部分不可见，画成虚线。

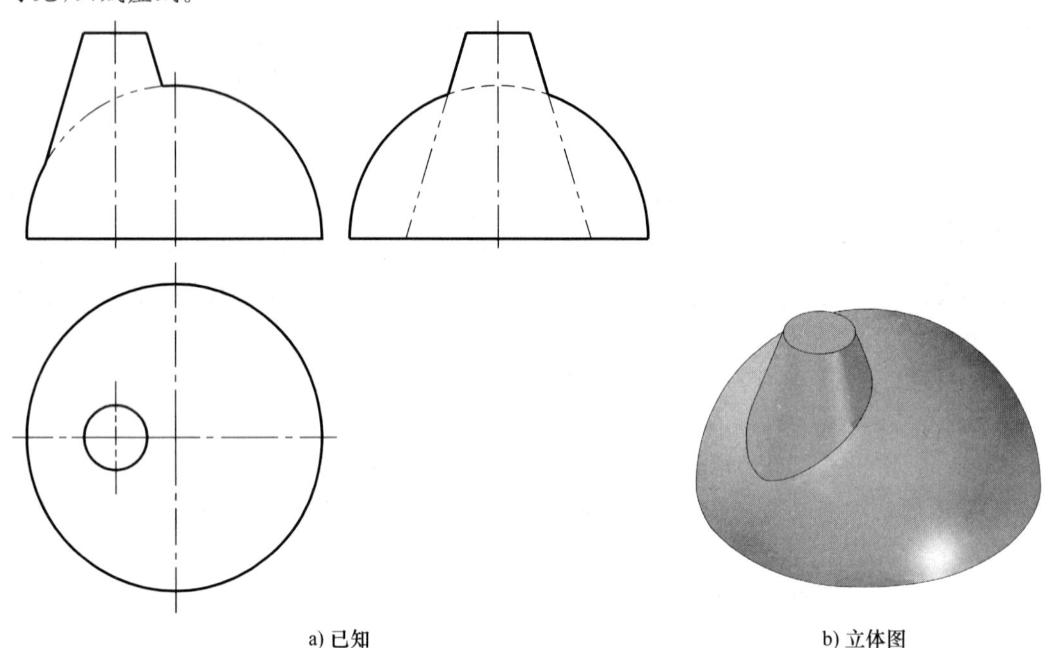

a) 已知　　b) 立体图

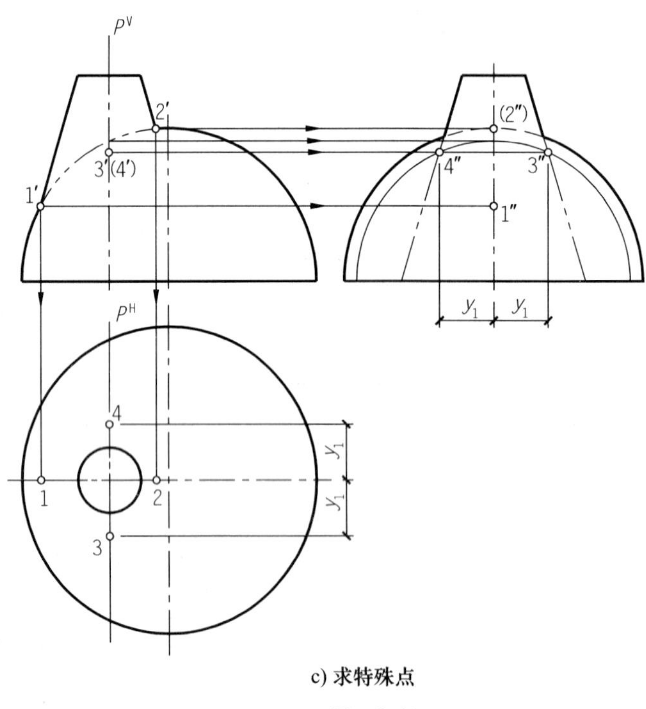

c) 求特殊点

图　3-41

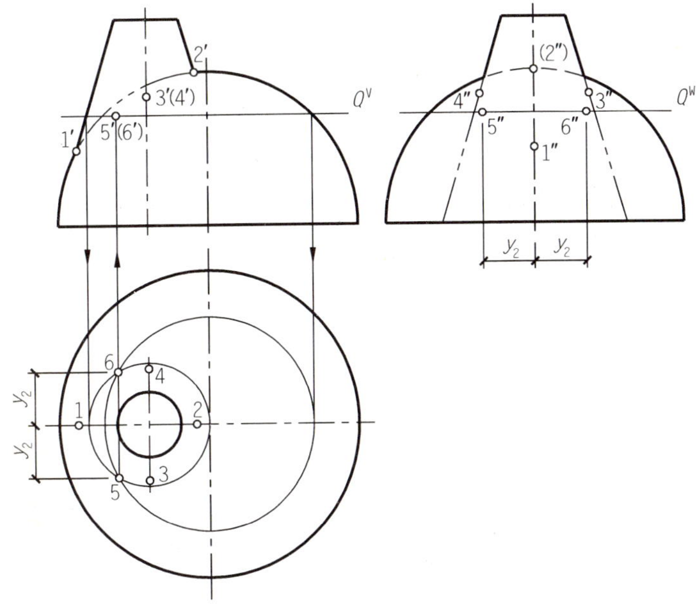

d) 求一般点

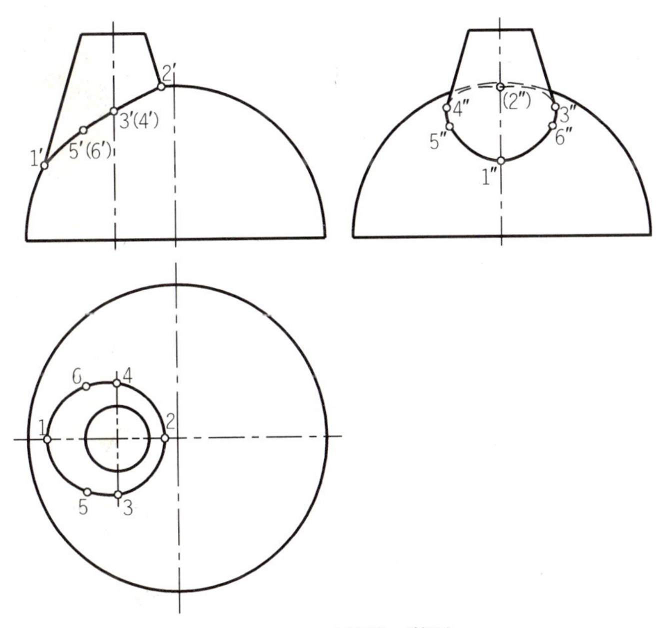

e) 连线，整理

图 3-41　圆台与半球相交

【例 3-25】 求圆柱与圆锥相贯线的投影，如图 3-42a)所示。

分析：

由图 3-42a)可知，圆柱与圆锥轴线垂直相交，相贯线为一条封闭的空间曲线，并且前后对称。由于圆柱的侧面投影为圆，所以，相贯线的侧面投影积聚在该圆上，只需求相贯线的水平投影和正面投影，可利用圆锥表面取点法求解。本例采用辅助平面法求解。

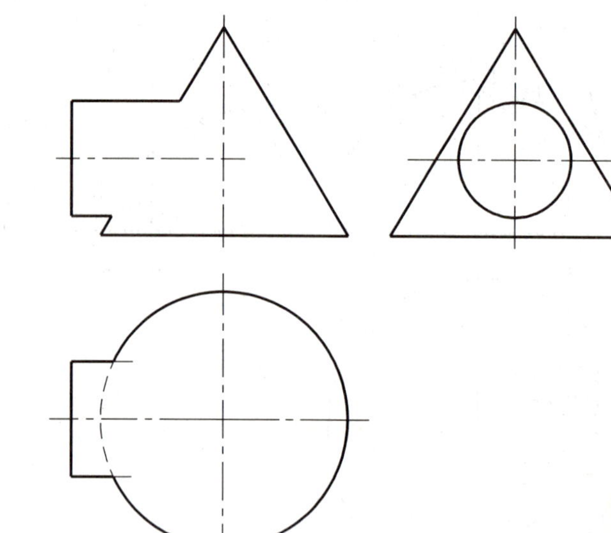

a) 已知

b) 水平面作为辅助平面

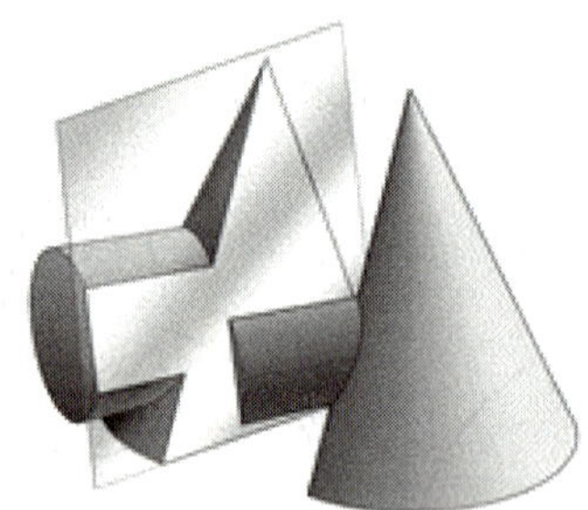

c) 过锥顶的辅助平面

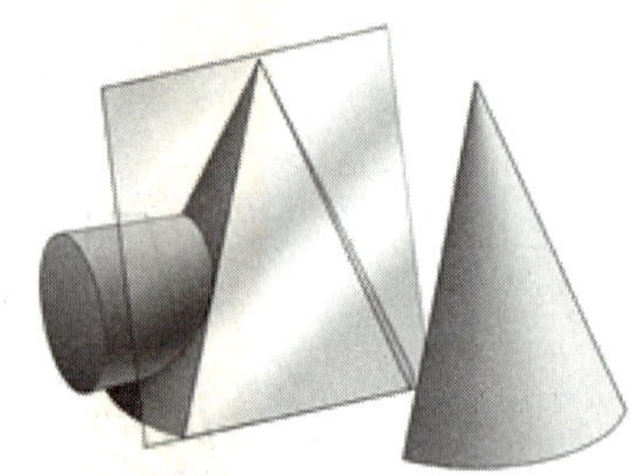

d) 过锥顶的辅助平面与圆柱相切

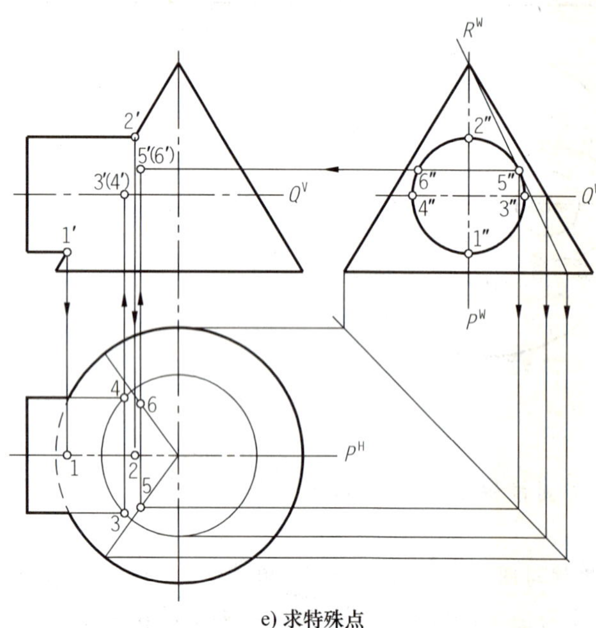

e) 求特殊点

图 3-42

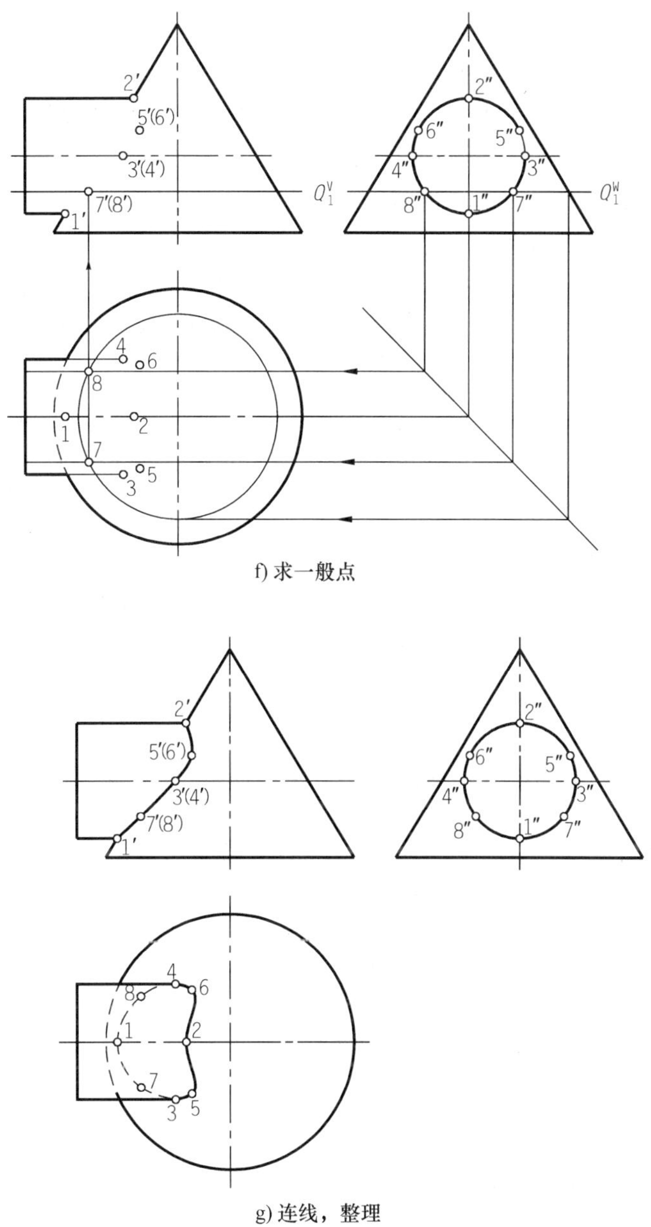

f) 求一般点

g) 连线，整理

图 3-42　辅助平面法求圆柱与圆锥相交

从两形体相交的位置来分析，为求相贯线上的点，可采用一系列的水平面作为辅助平面，它与圆锥的截交线是圆，与圆柱的截交线是矩形，圆和直线都是简单易画的图线，如图 3-42b）所示；也可采用过锥顶的辅助平面，这样，辅助平面与圆锥面的交线是直线，与圆柱面的交线（或相切的切线）也是直线，如图 3-42c）、d）所示。若用过锥顶的正平面作辅助平面，它与圆锥面的交线是最左、最右的转向线（圆锥正面投影轮廓线），与圆柱面的交线是最上、最下的转向线（圆柱正面投影轮廓线），这四条转向线的交点为相贯线上最高、最低两个特殊点。

作图：

(1) 求特殊点，如图 3-42e)所示。

求相贯线上的最高、最低点Ⅰ、Ⅱ。作过圆锥锥顶的正平面 P 为辅助平面，得圆锥正面投影轮廓线和圆柱正面投影轮廓线的交点为Ⅰ、Ⅱ，其正面投影 $1'$、$2'$和侧面投影 $1''$、$2''$可以直接确定，然后利用投影关系求出其水平投影 1、2。

求相贯线上的最前、最后点Ⅲ、Ⅳ。由侧面投影可知，Ⅲ、Ⅳ在圆柱的最前、最后素线上，其侧面投影 $3''$、$4''$可直接确定；其他两个投影可通过 $3''$、$4''$作水平面 Q 为辅助平面，它与圆锥的截交线为圆，与圆柱的截交线为圆柱的水平投影轮廓线，两交线水平投影的交点即为 3、4；由 3、4 和 $3''$、$4''$可求出正面投影 $3'$、$(4')$。

求相贯线上的最右点Ⅴ、Ⅵ。过锥顶作侧垂面 R 与圆柱相切，切点为相贯线上的极限位置点Ⅴ、Ⅵ，在侧面投影中标出切点 $5''$、$6''$；其水平投影 5、6 分别在过锥顶的两条素线上；由 5、6 和 $5''$、$6''$可求出正面投影 $5'$、$(6')$。

(2) 求一般点，如图 3-42f)所示。

根据连线的需要，适当求一些一般点，如点Ⅶ、Ⅷ。在特殊点之间的适当位置上作一水平辅助平面 Q_1，Q_1 与圆锥的交线为圆，与圆柱的交线为矩形，两交线的交点为一般点Ⅶ、Ⅷ。在侧面投影中，由 Q_1^W 和圆的交点定出其侧面投影 $7''$、$8''$；在水平投影中，交线圆与矩形的交点是Ⅶ、Ⅷ的水平投影 7、8；由此可求出其正面投影 $7'$、$(8')$。

(3) 依次光滑连线，并判断可见性，如图 3-42g)。

按可见线判别原则，在正面投影中，相贯线的前半部分可见，后半部分不可见，因相贯线前、后对称，后半部分与前半部分投影重合，所以用粗实线按 $2'$—$5'$—$3'$—$7'$—$1'$顺序光滑连线；水平投影中，圆柱上半部分可见，下半部分不可见，所以相贯线的水平投影以 3、4 点为界，4—6—2—5—3 一段为可见，用粗实线连接，3—7—1—8—4 一段为不可见，用虚线连接。

(4) 整理两立体投影轮廓线，完成作图，结果如图 3-42g)所示。

水平投影中，3、4 两点是圆柱水平投影轮廓线与圆锥面的交点的水平投影，所以圆柱水平投影轮廓线应自左画至 3、4 两点。

【例 3-26】 求斜交两圆柱的相贯线，如图 3-43a)所示。

分析：

由图 3-43a)可知，轴线为正平线的小圆柱与直立大圆柱全贯，故相贯线为一条封闭的空间曲线；又因两圆柱有公共的前后对称面，所以相贯线前后对称，立体图如图 3-43b)所示。直立圆柱的水平投影有积聚性，所以相贯线的水平投影重合在其上，是一段圆弧，可用表面取点法或辅助平面法求作相贯线的正面投影和侧面投影，本例用辅助平面法求解。

两圆柱轴线斜交，均平行于正面，可选用正平面作为辅助平面，辅助平面与两圆柱面的截交线都是平行于各自轴线的直线。

作图：

(1) 求特殊点，如图 3-43c)所示。

用相贯体的前后对称面 P 截切两圆柱，与大圆柱、小圆柱的交线分别为正面投影轮廓线，两圆柱正面投影轮廓线的交点为相贯线上的最高、最低点Ⅰ、Ⅱ，其正面投影为 $1'$、$2'$，水平投影为 1、(2)，在 P^W 上作出侧面投影为 $(1'')$、$2''$。

用与小圆柱相切的正平面 R、Q 作为辅助平面，分别与小圆柱面相切于最前、最后素线，与大圆柱面交得两条素线，它们的交点为相贯线上的最前、最后点Ⅲ、Ⅳ，其正面投影 $3'$、$(4')$ 重合为一点，水平投影为 3、4，在 R^W、Q^W 上作出侧面投影 $3''$、$4''$。

(2) 求一般点，如图 3-43c) 所示。

用两对称正平面 S_1、S_2 截切两圆柱，与直立圆柱的截交线是平行于其轴线的直线；与斜圆柱的截交线是平行于斜圆柱轴线的直线。在 S_1^H、S_2^H 上标出四个一般位置点Ⅶ、Ⅴ、Ⅷ、Ⅵ的水平投影(7)、5、(8)、6；求作正面投影时，可用换面法将斜圆柱底面投影成实形圆，然后根据水平投影中正平面与斜圆柱轴线间的距离 y，在实形圆中求出 a_1、b_1、c_1、d_1 四点，过 a_1、b_1、c_1、d_1 分别作斜圆柱轴线的平行线，与正平面和直立圆柱截交线的正面投影交于 $7'$、$5'$ 及 $(8)'$、$(6)'$；然后在 S_{1W}、S_{2W} 上作出四点的侧面投影 $7''$、$(5'')$、$8''$、$(6'')$。

(3) 连线，如图 3-43d) 所示。

按照Ⅰ—Ⅴ—Ⅲ—Ⅶ—Ⅱ—Ⅷ—Ⅳ—Ⅵ—Ⅰ的顺序将各点的同面投影按可见性依次光滑连接，即得相贯线的正面投影和侧面投影。正面投影中前半段 $1'$—$5'$—$3'$—$7'$—$2'$ 与后半段 $1'$—$6'$—$4'$—$8'$—$2'$ 重合，按可见画出；侧面投影中，以点 $3''$、$4''$ 为分界，下半段 $3''$—$7''$—$2''$—$8''$—$4''$ 为可见，上半段 $4''$—$(6'')$—$(1'')$—$(5'')$—$3''$ 为不可见。

(4) 整理两立体投影轮廓线，完成作图，结果如图 3-43d) 所示。

小圆柱侧面投影轮廓线画至与大圆柱面的交点 $3''$、$4''$。

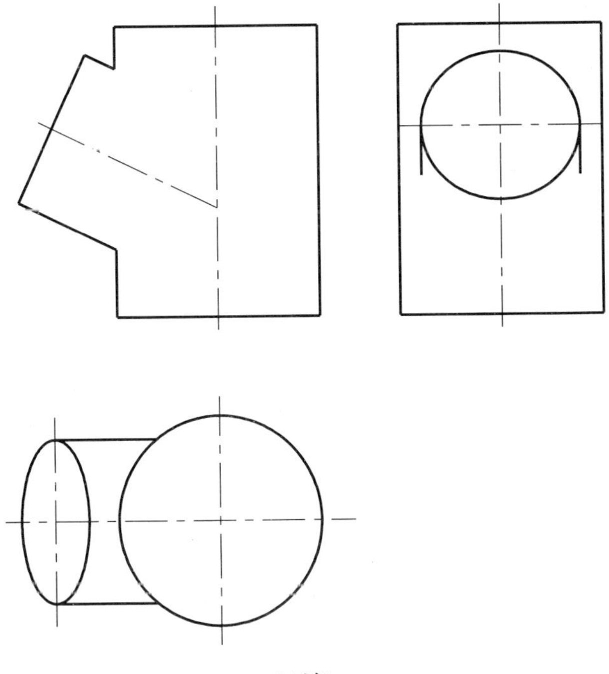

a) 已知

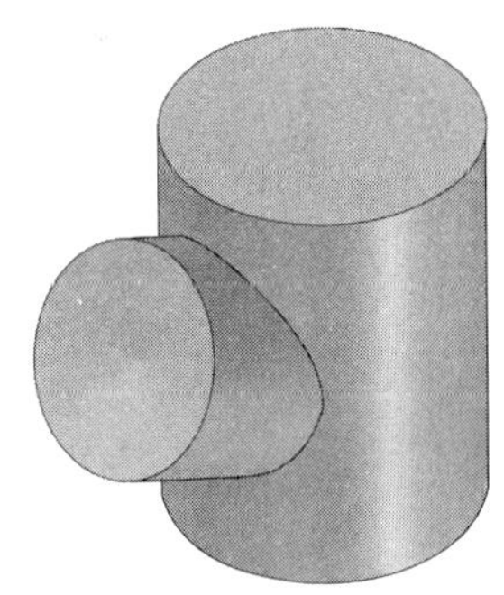

b) 立体图

图 3-43

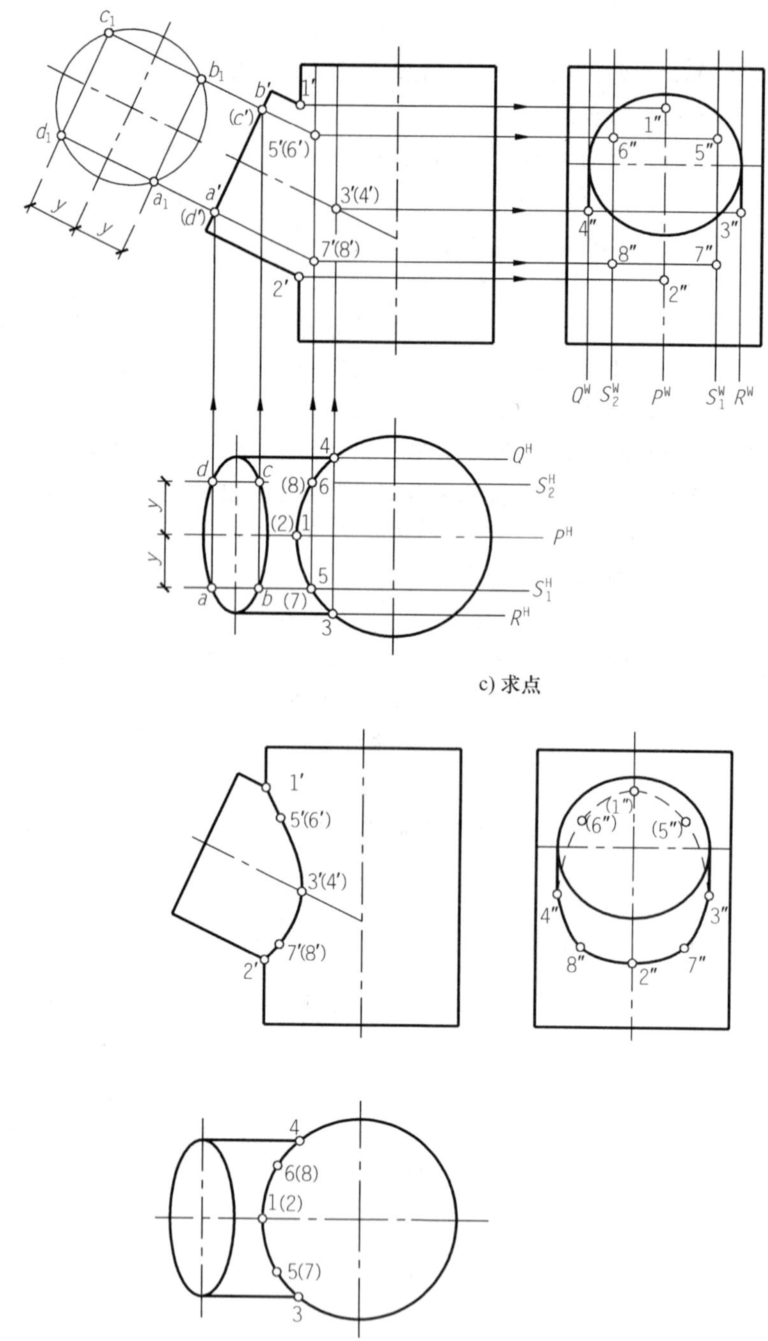

c) 求点

d) 连线，整理

图 3-43　两圆柱斜交

综合以上各例题可知，辅助平面法不受立体表面投影有无积聚性的限制，所以得到广泛的应用。

3. 两曲面立体相交的特殊情况

两曲面立体的相贯线，在一般情况下是封闭的空间曲线；但在特殊情况下，两曲面立体的相贯线可能是平面曲线(圆或椭圆)或直线。

(1) 两轴线平行的圆柱的相贯线

两轴线平行的圆柱相交时,两圆柱面的交线为平行于圆柱轴线的直线。如图 3-44 所示的情况,两圆柱的相贯线为两条平行直线 AB、CD 和一段圆弧 AC,两圆柱底面共面,相贯线不封闭。

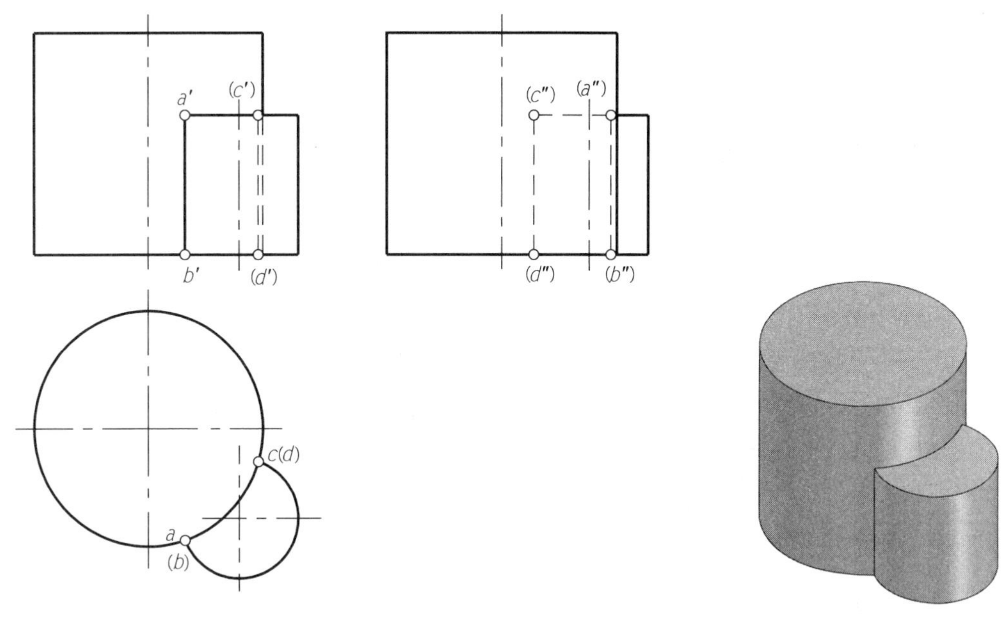

a) 投影图　　b) 立体图

图 3-44　两轴线平行的圆柱相交

(2) 两同轴回转体的相贯线

两同轴回转体相交,其相贯线是垂直于公共轴线的圆。当轴线平行于某一投影面时,交线圆在该投影面上的投影是过两立体投影轮廓线交点的直线段。如图 3-45a)所示的相贯线是圆锥和球同轴相交而成的;如图 3-45b)所示的相贯线是由圆柱和球、圆柱孔和球同轴相交而成的。

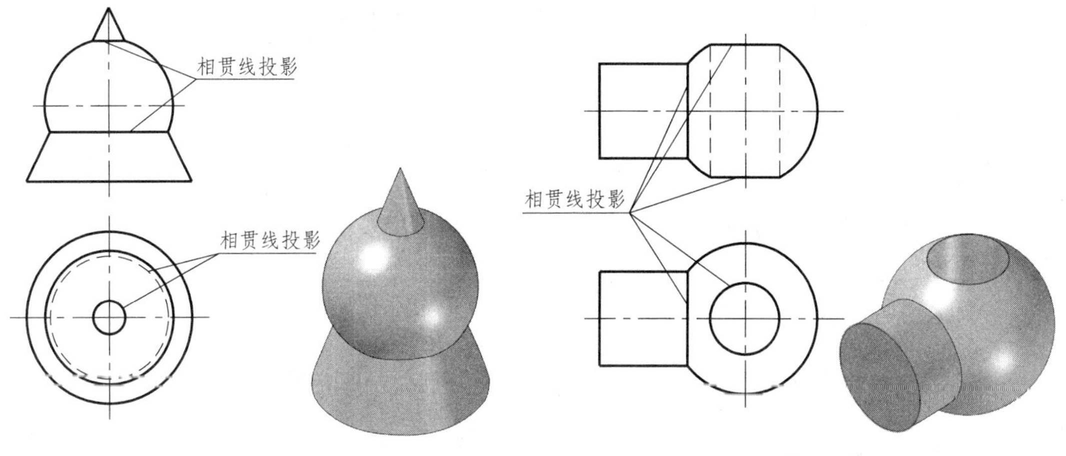

a) 同轴圆锥和球相交　　b) 同轴圆柱和球相交

图 3-45　两共轴回转体相交

(3) 两个公切于同一球面的回转体的相贯线

轴线相交，且平行于同一投影面的圆柱与圆柱、圆柱与圆锥相交，若它们能够公切于同一个圆球面，则它们的相贯线是垂直于这个投影面的椭圆，椭圆在该投影面上的投影为直线。

最常见的是两个等径圆柱相交，两圆柱公切于同一圆球面，其相贯线是两个椭圆。当两圆柱轴线正交时，相贯线为两个相同的椭圆，如图 3-46a)所示；当轴线斜交时，相贯线为两个短轴相等、长轴不相等的椭圆，如图 3-46b)所示。椭圆的正面投影为两圆柱投影轮廓线交点的连线，水平投影与直立圆柱面的水平投影圆重合。

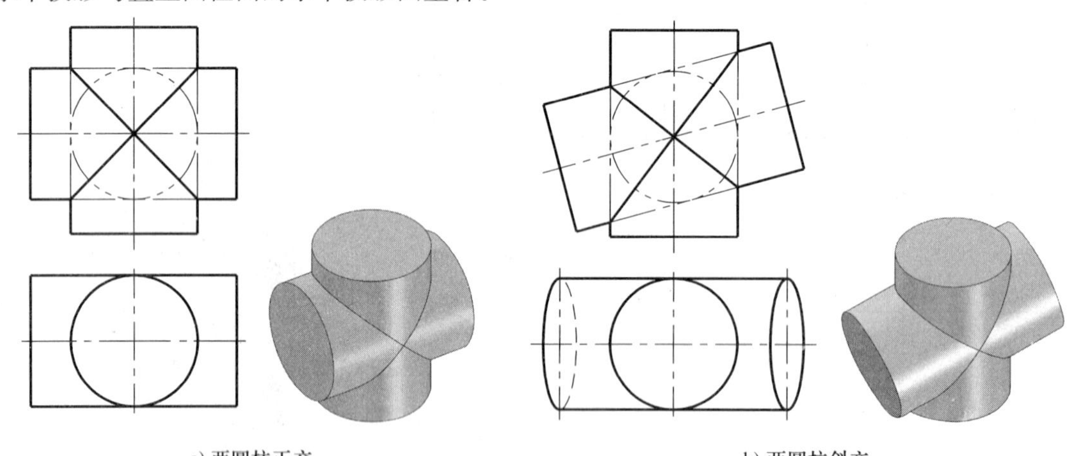

a) 两圆柱正交　　b) 两圆柱斜交

图 3-46　两圆柱公切于球

同样，当公切于同一圆球面的圆柱和圆锥相交(正交或斜交)时，它们的相贯线也是两个大小相等或大小不等的椭圆，如图 3-47a)、b)所示。这些椭圆的正面投影仍然是两立体投影轮廓线交点的连线，水平投影则是两个相交的椭圆。

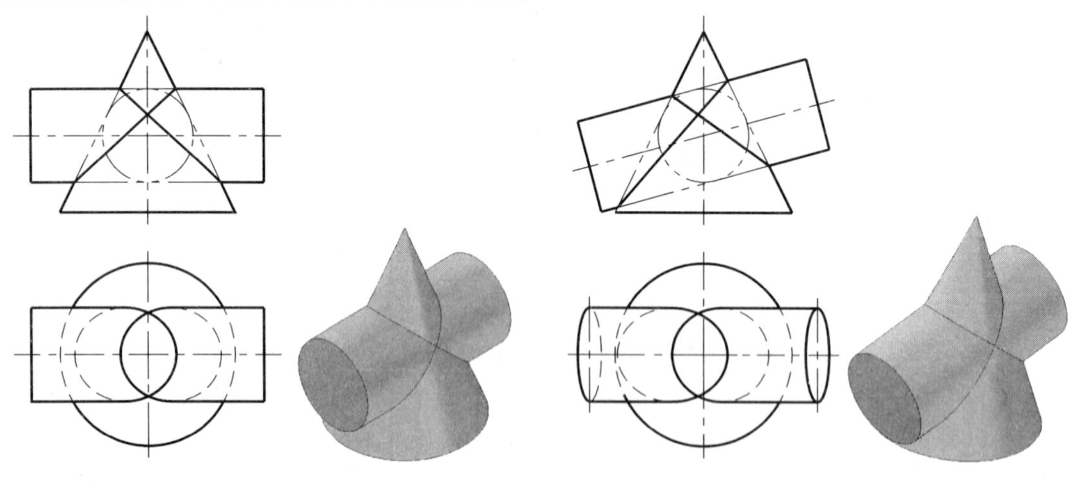

a) 圆柱与圆锥正交　　b) 圆柱与圆锥斜交

图 3-47　圆柱与圆锥公切于球

工程上常用圆锥过渡接头连接两个不同直径的圆柱管道结构，如图 3-48 所示。两圆柱分别与圆锥过渡接头公切于圆球面，它们的相贯线(椭圆)的投影为直线段。

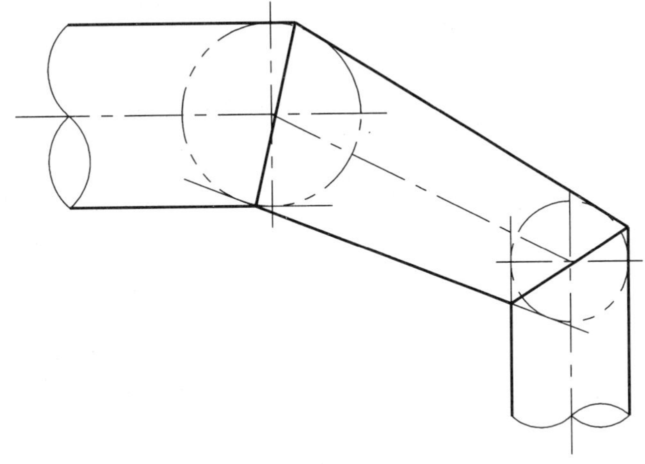

图 3-48 过渡接头连接管道

工程上常见由圆柱面组成的屋顶交线，如图 3-49 所示。图中屋顶是由两个直径相等，轴线正交的半圆柱组成的，屋顶的交线是两个相等的半椭圆。

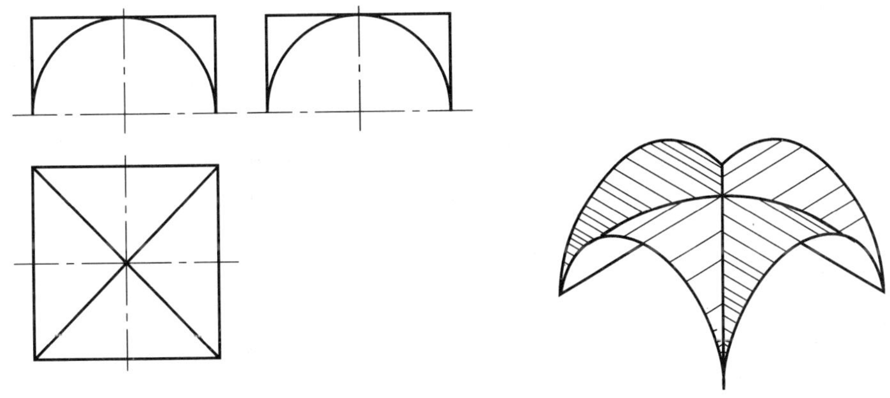

图 3-49 圆柱面组成的屋顶交线

4. 立体表面交线的综合举例

在实际物体中，有时会遇到两个以上的立体相交的情况，如图 3-50 所示。求多个立体相交的相贯线，其作图方法和求两个立体相交的相贯线一样，只是在作图前，首先要分析各相交立体的形状和相对位置，确定每两个相交立体的相贯线形状，然后分别求出各部分相贯线的投影。

【例 3-27】 如图 3-50a)所示，求三个互交的圆柱的交线。

分析：

圆柱 A 和圆柱 B 同轴（轴线为侧垂线），直立圆柱 C 分别与圆柱 A、B 正交，立体图如图 3-50b)所示。圆柱 C、A 的相贯线和圆柱 C、B 的相贯线都是空间曲线，其正面投影表现为向圆柱 A 和 B 内弯曲（因圆柱 C 的直径较小）；圆柱 B 的左端面（平面）与圆柱 C 的轴线平行且相交，其交线为圆柱 C 上的两条素线。通过以上分析可知，三圆柱之间的交线由两段空间曲线和两条直线段组成。

作图：

(1) 求圆柱 C 与 A 的相贯线及圆柱 C 与 B 的相贯线，如图 3-50c)所示。

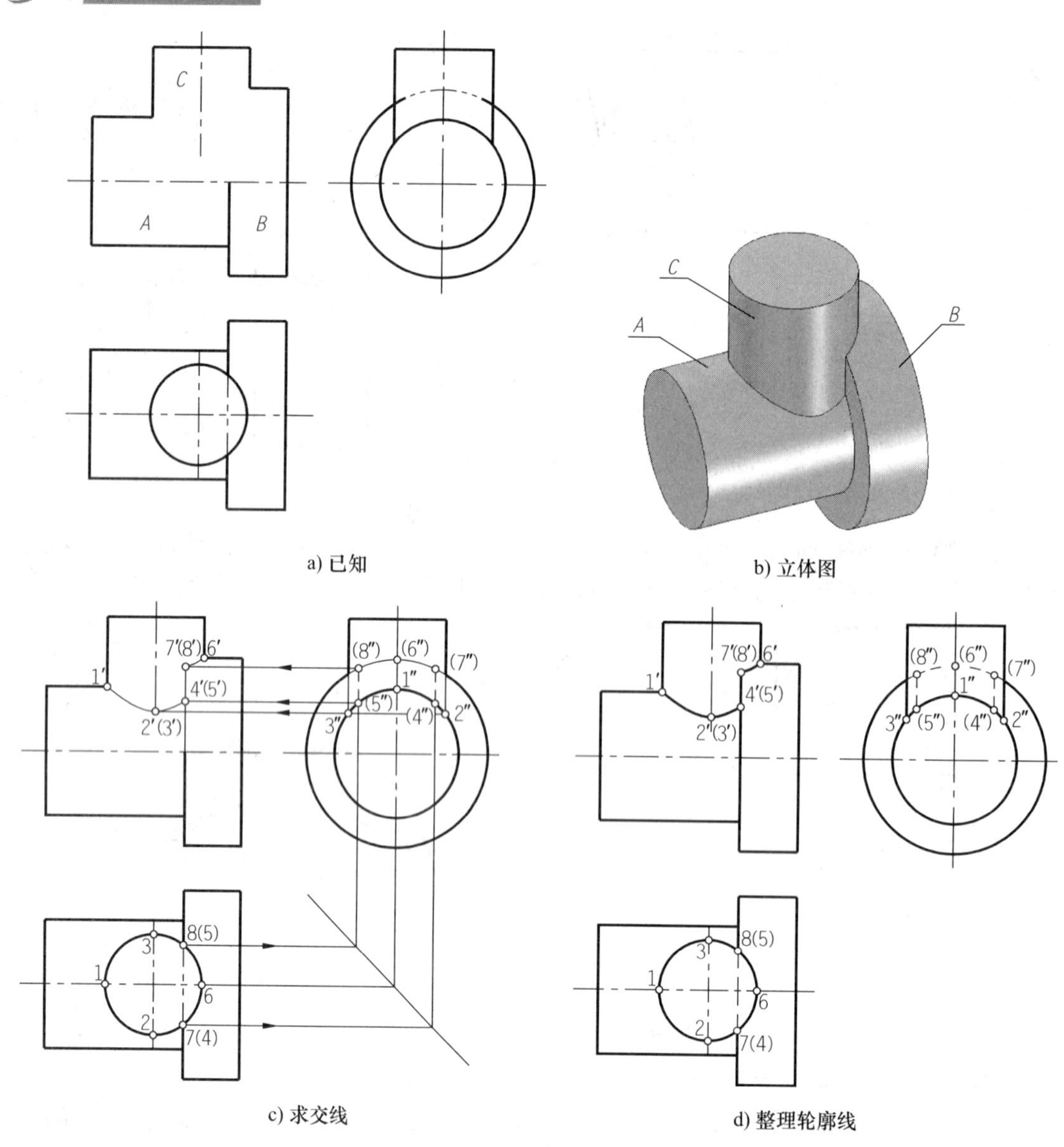

图 3-50　三个圆柱相交

圆柱 C 的水平投影和圆柱 A 的侧面投影均有积聚性，所以它们的相贯线Ⅳ—Ⅱ—Ⅰ—Ⅲ—Ⅴ的水平投影(4)—2—1—3—(5)和侧面投影(4″)—2″—1″—3″—(5″)都分别在相应的圆弧上，利用水平投影和侧面投影可求出相贯线的正面投影 4′—2′—1′—(3′)—(5′)，其中Ⅰ为圆柱 C 和 A 正面投影轮廓线上点，Ⅱ、Ⅲ为圆柱 C 侧面投影轮廓线上点。同样方法，可求出圆柱 C 与 B 相贯线Ⅶ—Ⅵ—Ⅷ的三面投影。两段相贯线都是前后对称，正面投影分别前后重合，按可见画出。

(2) 求圆柱 B 的左端面与圆柱 C 的截交线，如图 3-50c)所示。

圆柱 C 及圆柱 B 左端面水平投影有积聚性，截交线Ⅶ—Ⅳ、Ⅷ—Ⅴ是铅垂线，其水平投影积聚为点 7(4)和 8(5)；侧面投影为直线段(7″)—(4″)和(8″)—(5″)，不可见；正面投影为 7′—4′和(8′)—(5′)，二线段重合，按可见画出。

(3) 整理投影轮廓线，完成作图，结果如图 3-50d)所示。

圆柱 C 侧面投影轮廓线应画到 $2''$、$3''$；圆柱 B 的侧面投影中，与圆柱 C 重影部分应画成虚线；圆柱 B 左端面的水平投影中 78 一段为贯入线，但端面下部积聚投影不可见，画成虚线，正面投影向上画至 $7'(8')$。

小　结

本章开始接触立体的投影，主要学习基本形体(平面立体和曲面立体)的投影、截交线和相贯线的作图方法，为组合形体的学习打下基础。

本章重点为截交线和相贯线的求法。

1. 熟悉常见平面立体和曲面立体的投影特点。
2. 铅垂放置的圆柱和圆锥，其水平投影均为圆，说明其意义的不同。
3. 简述影响平面立体截交线形状的因素。
4. 圆柱截交线的三种情况是怎样形成的?
5. 圆锥截交线的五种情况是怎样形成的?
6. 截交线或相贯线上的特殊点一般都包括哪些?
7. 简述两曲面立体相交的几种特殊情况。

第 4 章 轴测图

本章概要

1. 介绍轴测投影的基本知识；
2. 介绍正等轴测投影的画法；
3. 介绍斜二等轴测投影的画法。

4.1 轴测图的基本概念

图 4-1a)为形体的三面正投影图,图 4-1b)为同一形体的轴测投影图。比较这两种图可以看出:多面正投影图用多个投影准确地表达出形体长、宽、高三个方向的真实形状,且作图简便,但缺乏立体感,需要受过专门训练者才能看懂;而轴测投影图用单面投影即能同时反映出物体的三维方向的形状,立体感较强,但度量性差,作图也较繁琐。

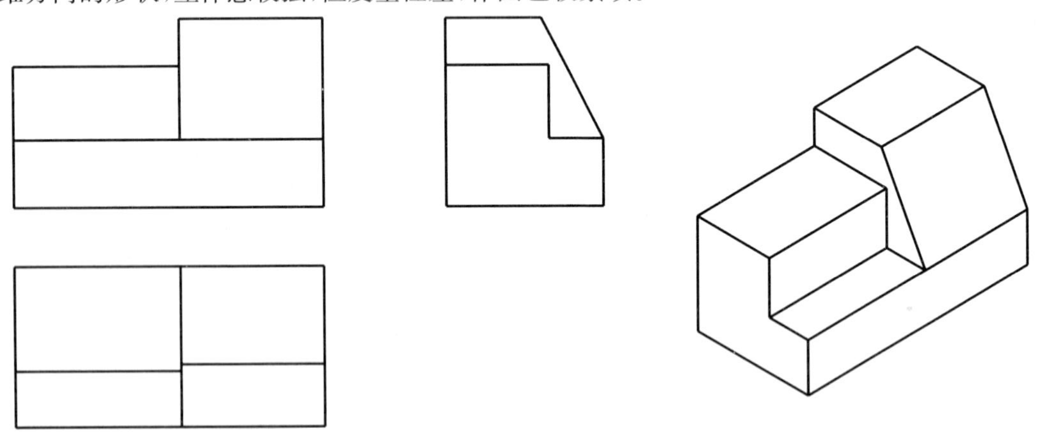

a) 正投影图　　　b) 轴侧投影图

图 4-1　正投影图和轴测投影图

工程上广为采用的是多面正投影图,为弥补直观性差的缺点,常常要画出形体的轴测投影图,所以轴测投影图常作为帮助读图的辅助性图样。

4.1.1 轴测图的形成

图 4-2 给出形体的正投影图和轴测图的形成过程。将形体连同确定其空间位置的直角坐标系用平行投影法，沿 S 方向投射到单一投影面 P 上，所得到的投影称为轴测投影。用这种方法画出的图，称为轴测投影图，简称轴测图。

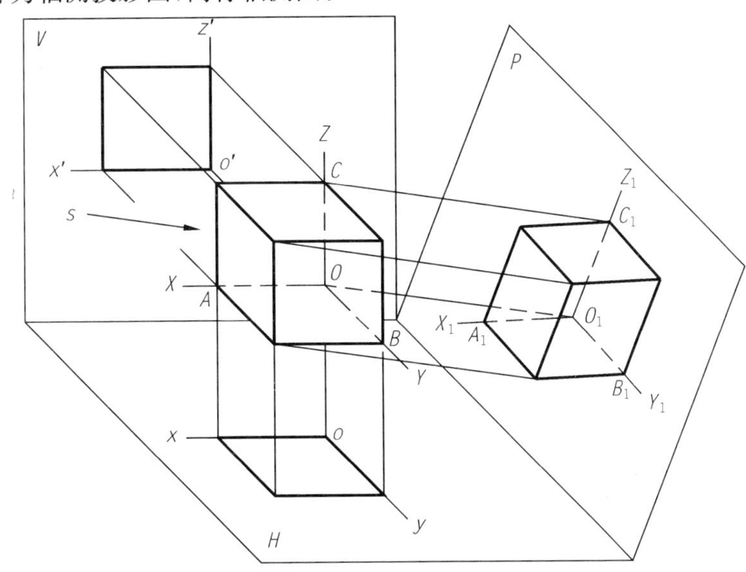

图 4-2 轴测投影图的形成

投影面 P 称为轴测投影面。确定形体的坐标轴 OX、OY 和 OZ 在轴测投影面 P 上的投影 O_1X_1、O_1Y_1 和 O_1Z_1 称为轴测投影轴，简称轴测轴。轴测轴之间的夹角 $\angle X_1O_1Z_1$、$\angle X_1O_1Y_1$、$\angle Y_1O_1Z_1$ 称为轴间角。

轴测轴上单位长度与相应直角坐标轴上的单位长度的比值，称为轴向伸缩系数。OX、OY、OZ 轴的轴向伸缩系数分别用 p、q、r 表示。图 4-2 中，直角坐标轴 OX、OY、OZ 上的单位长度分别为 OA、OB、OC，其相应的轴测轴 O_1X_1、O_1Y_1、O_1Z_1 上的单位长度分别为 O_1A_1、O_1B_1、O_1C_1，则

$$p=O_1A_1/OA,q=O_1B_1/OB,r=O_1C_1/OC$$

如果给出轴间角，便可作出轴测轴；再给出轴向伸缩系数，便可画出与空间坐标轴平行的线段的轴测投影。所以，轴间角和轴向伸缩系数是画轴测图的两组基本参数。

4.1.2 轴测图的特性

由于轴测图是在单一投影面上由平行投影得到的一种投影图，所以，它具有平行投影的一切性质。在此应特别指出的是：

(1) 平行性

空间平行的线段，其轴测投影仍互相平行；形体上与坐标轴平行的线段，其轴测投影仍平行于相应的轴测轴。

(2) 等比性

形体上平行于坐标轴的线段，其轴测投影长与原线段实长之比等于相应的轴向伸缩系数。

4.1.3 轴测图的分类

根据投射线和轴测投影面的相对位置不同，轴测图可分为两种：

(1) 正轴测图：用正投影法（投射线 S 垂直于轴测投影面 P）得到的轴测图。

(2) 斜轴测图：用斜投影法（投射线 S 倾斜于轴测投影面 P）得到的轴测图。

根据轴向伸缩系数的不同，轴测图又可分为三种：

(1) 正（或斜）等轴测图：三个轴向伸缩系数均相等（$p=q=r$）。

(2) 正（或斜）二等轴测图：只有两个轴向伸缩系数相等（$p=r\neq q$ 或 $p=q\neq r$ 或 $p\neq q=r$）。

(3) 正（或斜）三轴测图：三个轴向伸缩系数均不相等（$p\neq q\neq r$）。

国家标准允许选用其中绘图较为简便、立体效果较好、变形较小的几种轴测图。本章将介绍其中用途最广的正等轴测图和斜二等轴测图。

不同的轴测图具有不同的轴向伸缩系数和轴间角，只要知道各轴向伸缩系数和轴间角，便可以根据形体的正投影图画出轴测图。在绘制轴测图时，应先根据形体的形状特征选择恰当的轴测图种类（即确定轴间角和轴向伸缩系数），再根据形体在坐标系中的位置，沿着平行于相应轴的方向测量形体上各边的尺寸或确定点的位置。

4.2 正等轴测图

当确定形体空间位置的直角坐标轴 OX、OY、OZ 与轴测投影面的倾角均相等时，用正投影法投射形体所得到的投影图称为正等轴测图，简称正等测。

4.2.1 正等测的轴间角和轴向伸缩系数

(1) 轴间角

正等测的轴间角均为 120°，即 $\angle X_1O_1Z_1=\angle X_1O_1Y_1=\angle Y_1O_1Z_1=120°$。一般使 O_1Z_1 处于铅垂位置，O_1X_1、O_1Y_1 分别与水平线成 30°，如图 4-3 所示。

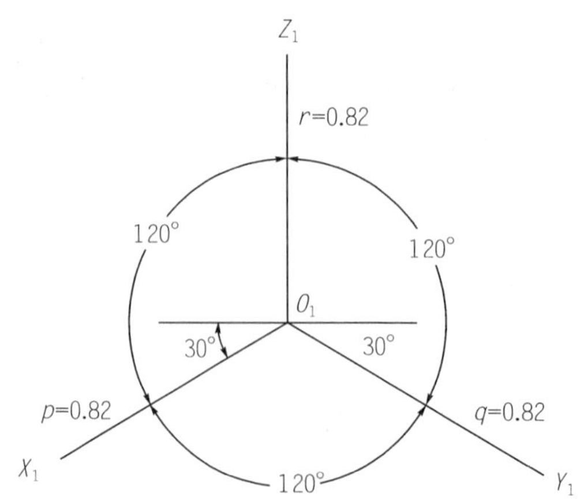

图 4-3 正等测的轴间角和轴向伸缩系数

(2) 轴向伸缩系数

根据计算,正等测的轴向伸缩系数为 $p=q=r=0.82$。为了作图方便,常采用简化轴向伸缩系数 $p=q=r=1$。用简化轴向伸缩系数画的正等测,其形状不变,只是三个轴向尺寸比用实际轴向伸缩系数 0.82 所画的正等测放大 1.22 倍(即 $1/0.82\approx1.22$)。

4.2.2 轴测图的画法

绘制轴测图的方法有坐标法、切割法和叠加法三种。坐标法是绘制轴测图的基本方法,根据形体表面上各顶点的坐标,分别画出它们的轴测投影,然后依次连接成形体表面的轮廓线;切割法适用于带切面的形体,它以坐标法为基础,先用坐标法画出完整形体的轴测图,然后用挖切的方法逐步画出各个切口部分;叠加法适用于叠加而形成的组合形体,它依然以坐标法为基础,根据各基本体所在的坐标及相对位置,分别画出各基本形体的轴测投影。

这三种方法不但适用于正等测,也适用于其他轴测投影。

根据形体的正投影图画轴测图的基本步骤为:

(1) 读正投影图,进行形体分析,并确定直角坐标轴的位置。设立坐标轴时,要考虑有利于坐标的定位和度量,一般将坐标原点设在形体可见表面的角点或对称中心线上。

(2) 根据轴间角作轴测轴,一般将 O_1Z_1 画成铅垂位置。

(3) 按各轴向伸缩系数确定形体上平行于各坐标轴的线段的轴测投影长度。

(4) 用坐标法、切割法或叠加法等方法逐步完成形体的轴测图。

4.2.3 平面立体的正等测

【例 4-1】 根据正六棱柱的投影图,如图 4-4a)所示,作正六棱柱的正等测。

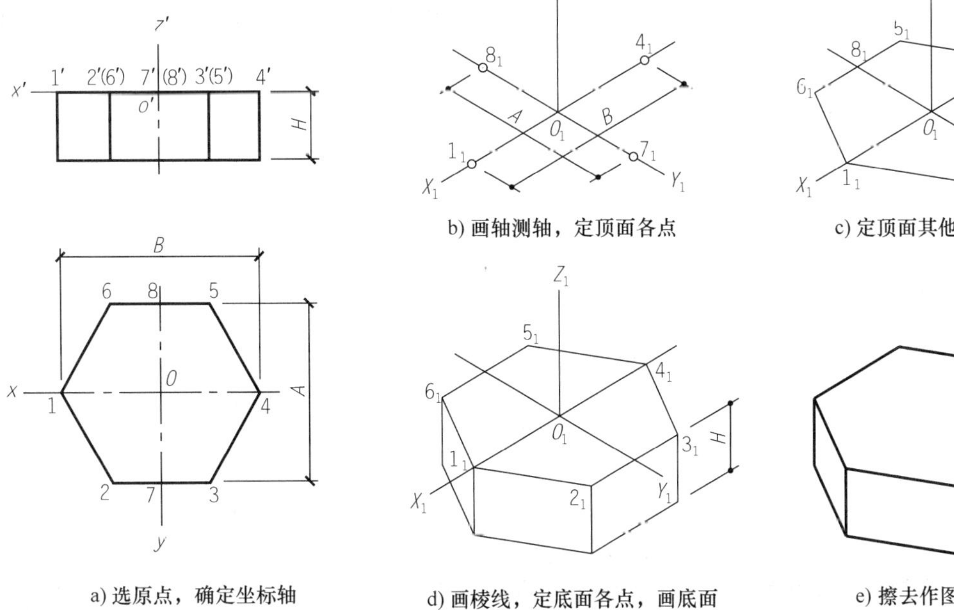

a) 选原点,确定坐标轴　b) 画轴测轴,定顶面各点　c) 定顶面其他点,画顶面　d) 画棱线,定底面各点,画底面　e) 擦去作图线,加深

图 4-4　正六棱柱的正等测

分析：

六棱柱是基本形体，适合用坐标法作图。选定恰当的坐标轴及坐标原点，作出正六棱柱上各顶点的正等测，将相应各点连接起来即得到正六棱柱的正等测。为了图形清晰，轴测图上一般不画不可见轮廓线。

作图：

(1) 在正投影图上选择顶面中心 O 作为坐标原点，并确定坐标轴，如图 4-4a)所示。

(2) 画出轴测轴，根据顶面各点坐标，在 $X_1O_1Y_1$ 坐标面上定出六棱柱顶面 1_1、4_1、7_1、8_1 点的位置，如图 4-4b)所示。

(3) 根据平行关系，定出顶面 2_1、3_1、5、6 点的位置，顺序连接各顶点得出顶面投影，如图 4-4c)所示。

(4) 由各顶点向下作 O_1Z_1 轴的平行线(只画出可见棱线)，并根据六棱柱的高度 H 在平行线上截得棱线长度，定出底面各可见点的位置，然后连线，得出底面投影，如图 4-4d)所示。

(5) 擦去作图线，加深可见棱线，即得正六棱柱的正等测，如图 4-4e)所示。

【例 4-2】 根据如图 4-5a)所示的截头棱锥的投影图，画出正等测。

分析：

截头四棱锥底面各边与坐标轴平行，可根据坐标作轴测轴的平行线；切面有两边Ⅰ Ⅱ、ⅢⅣ与坐标轴不平行，因此需根据坐标作出各点的轴测投影后连线。适合用坐标法作图。

作图：

(1) 在正投影图上选择底面中心为坐标原点，确定坐标轴，如图 4-5a)所示。

(2) 画轴测轴，在 $X_1O_1Y_1$ 坐标面上利用平行关系画出底面，再根据坐标定出切面顶点 1_1、2_1、3_1、4_1 的位置，如图 4-5b)所示。

(3) 连接顶面各点 1_1—2_1—3_1—4_1—1_1 和可见的棱线，擦去作图线，加深，完成截头棱锥的正等测，结果如图 4-5c)所示。

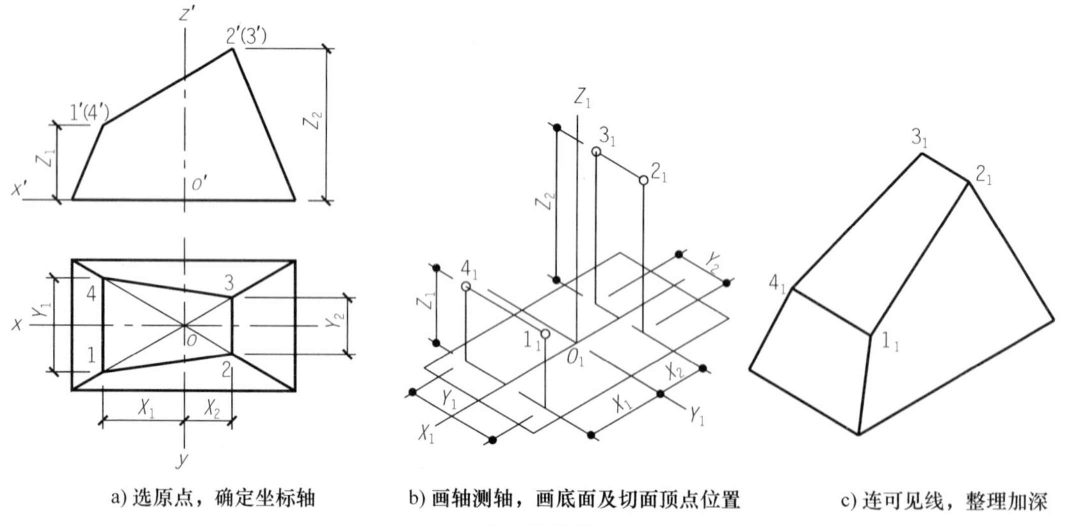

a) 选原点，确定坐标轴　　b) 画轴测轴，画底面及切面顶点位置　　c) 连可见线，整理加深

图 4-5　截头棱锥的正等测

注意，对于不与任何坐标轴平行的直线，如图4-5中线段Ⅰ Ⅱ和Ⅲ Ⅳ，其轴测投影长度并不按轴向伸缩系数缩变，因此画这些线段的轴测投影时，应先沿轴测量，画出其端点的轴测投影，然后连线。

【例4-3】 作出如图4-6a)所示形体的正等测。

分析：

从正投影图可知，该形体是在完整长方体的基础上，逐步切去左上方的四棱柱、右前方的三棱柱和左下端方槽后形成的。适合用切割法作图。

作图：

先用坐标法绘出完整长方体，然后逐步切去各个部分，利用坐标确定各截切平面的位置。作图步骤如图4-6所示。

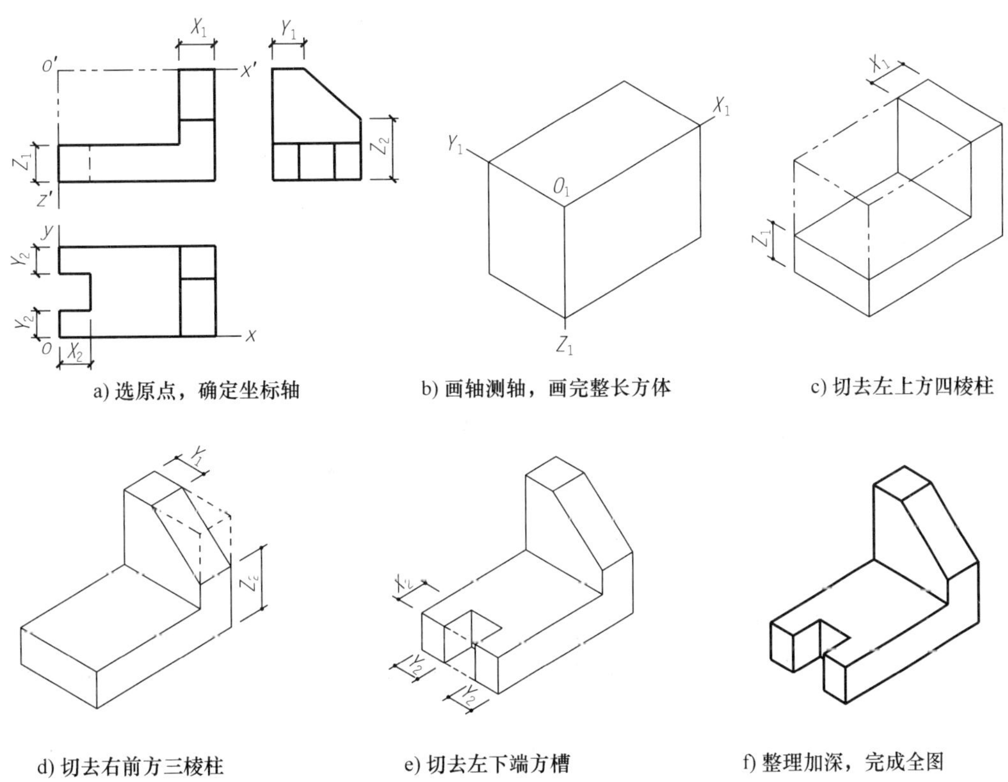

a) 选原点，确定坐标轴 b) 画轴测轴，画完整长方体 c) 切去左上方四棱柱

d) 切去右前方三棱柱 e) 切去左下端方槽 f) 整理加深，完成全图

图4-6 切割法作切口平面立体的正等测

【例4-4】 作出如图4-7a)所示台阶的正等测。

分析：

台阶由两侧栏板和三级踏步组成。适合用叠加法画图。一般先逐个画出两侧栏板，然后再画踏步(注意各部分的相对位置关系)。

作图：

(1) 在正投影图上选择坐标原点，确定坐标轴，如图4-7a)所示。

(2) 画轴测轴及右侧栏板。根据栏板的长、宽、高画出右侧栏板的轴测投影，如图4-7b)所示。

(3) 画左侧栏板。根据两栏板之间的距离画出左侧栏板的轴测投影，如图4-7c)所示。

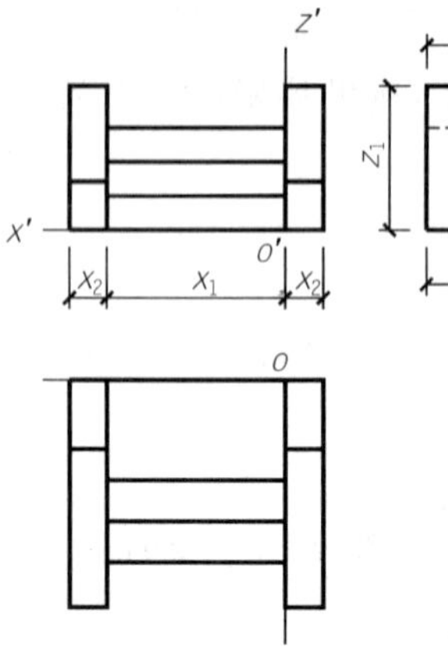

a) 确定坐标轴 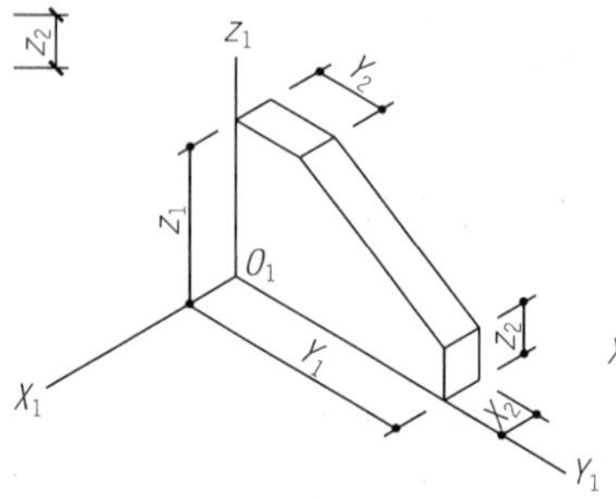　　b) 画轴测轴，作右侧栏板 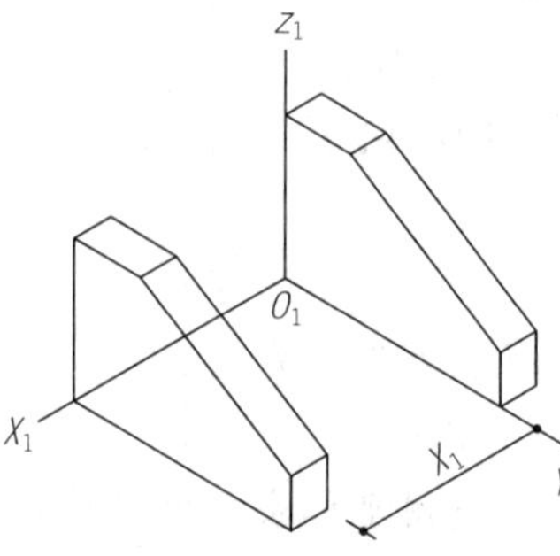　　c) 作左侧栏板

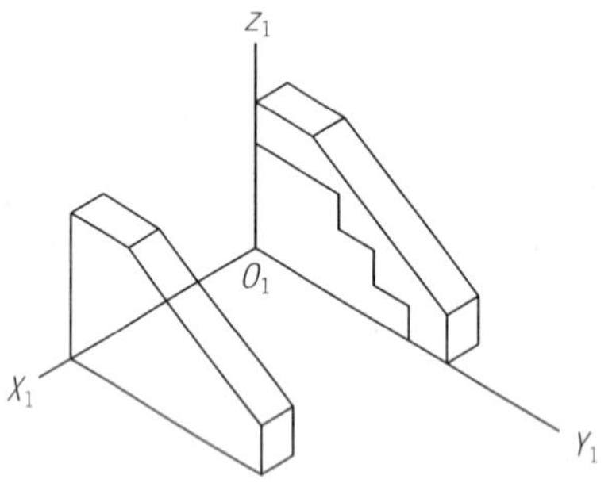

d) 画踏步端面 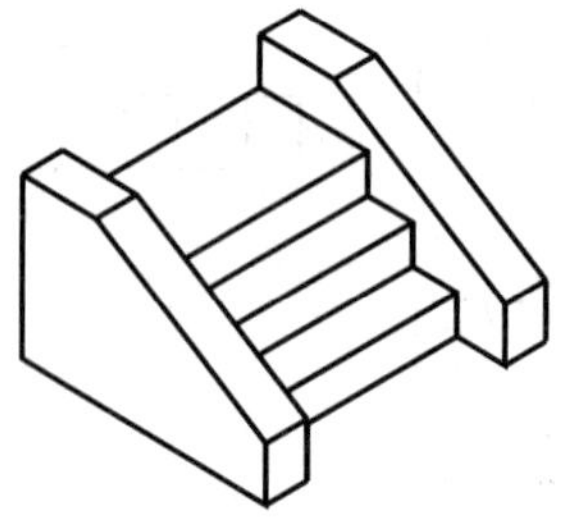　　e) 画踏步，完成全图

图 4-7　叠加法绘制台阶的正等测

(4) 画踏步端面。在右侧栏板的内侧面(平行于 W 面)上,按踏步的侧面投影形状画出踏步端面的轴测投影,如图 4-7d)所示。对于断面比较复杂的棱柱体,都可先画出端面。

(5) 画踏步,完成作图。过端面各顶点引线平行于 O_1X_1 轴,得踏步的轴测投影。擦去作图线,加深,完成台阶的正等测,结果如图 4-7e)所示。

注意:绘制轴测图时,要考虑其投射方向。常用的方向有如图 4-8 所示的四种。图 4-8b)是从形体的左、前、上方向右、后、下方投影所得的图形,这时,轴测轴的安排与上面各例相同;图4-8c)是从形体的右、前、上方向左、后、下方投影所得的图形,轴测轴的方向与第一种比较,相当于绕 O_1Z_1 轴顺时针旋转了 90°;图 4-8d)是从形体的左、前、下方向右、后、上方投射所得的图形,轴测

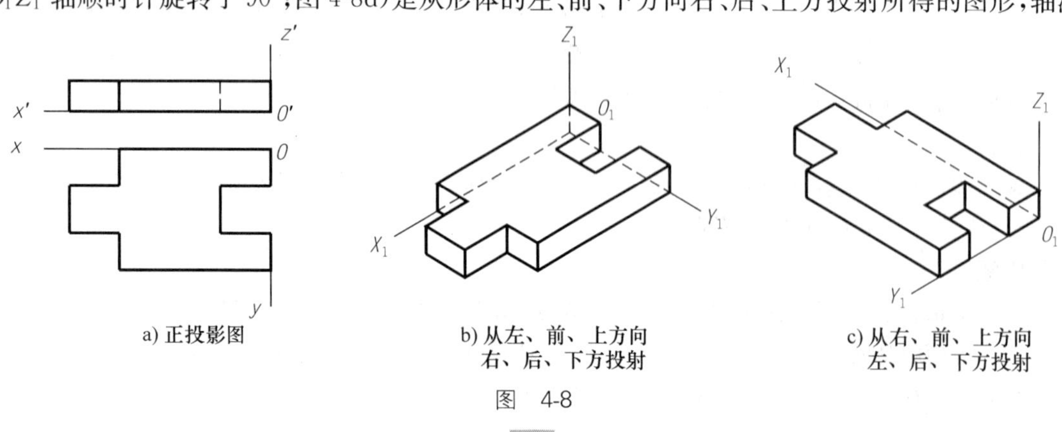

a) 正投影图　　b) 从左、前、上方向右、后、下方投射　　c) 从右、前、上方向左、后、下方投射

图　4-8

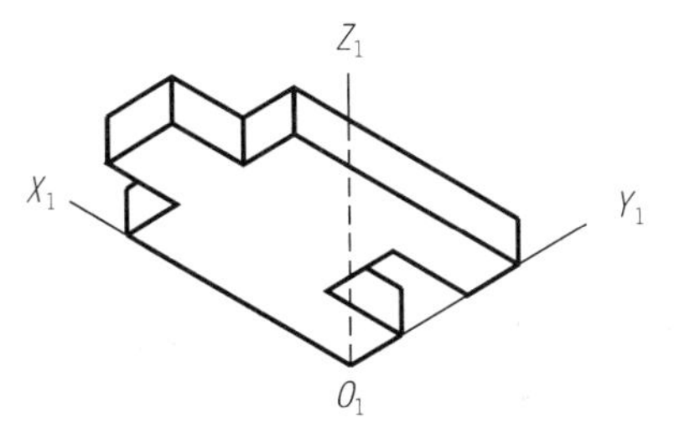

d) 从左、前、下方向右、后、上方投射

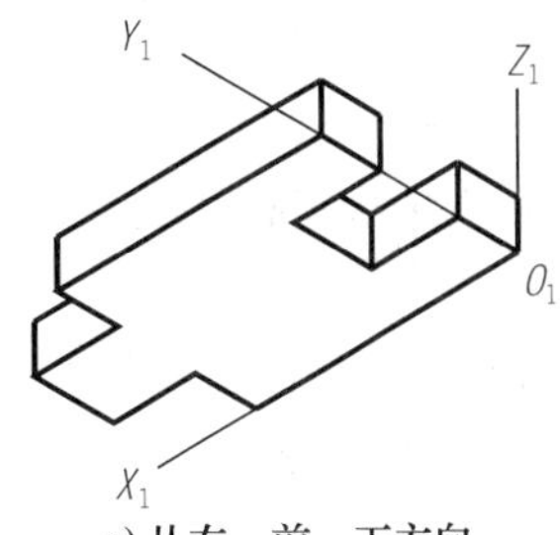

e) 从右、前、下方向左、后、上方投射

图 4-8　四种投影方向的轴测图

轴的方向与第一种比较，只是把 O_1X_1 和 O_1Y_1 两个轴倾角改画在水平线的上方；而图 4-8e) 是从形体的右、前、下方向左、后、上方投射所得的图形，轴测轴的方向与第三种比较，相当于绕 O_1Z_1 轴逆时针旋转了 90°。

【例 4-5】 作出如图 4-9a) 所示梁板柱节点的正等测。

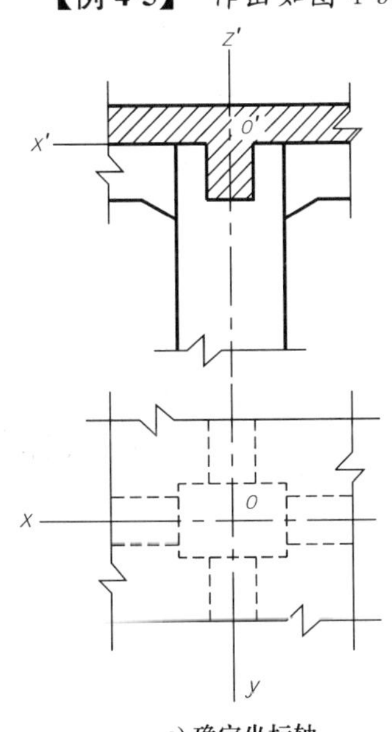

a) 确定坐标轴

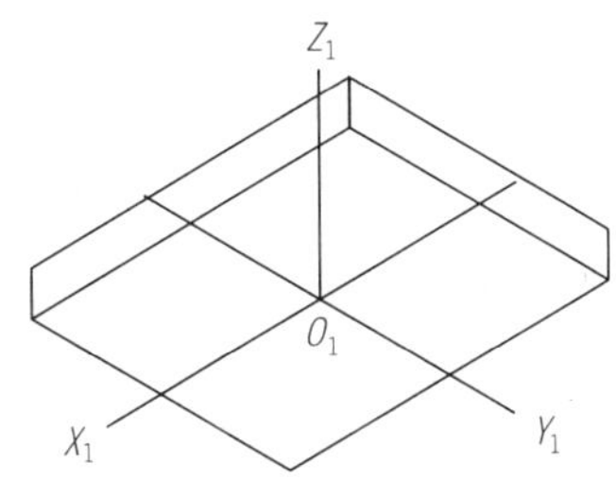

b) 画轴测轴，画出楼板的轴测投影

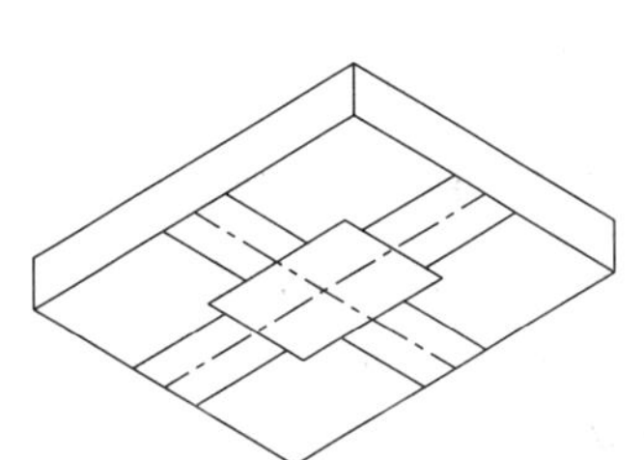
c) 在楼板底面定位梁、柱

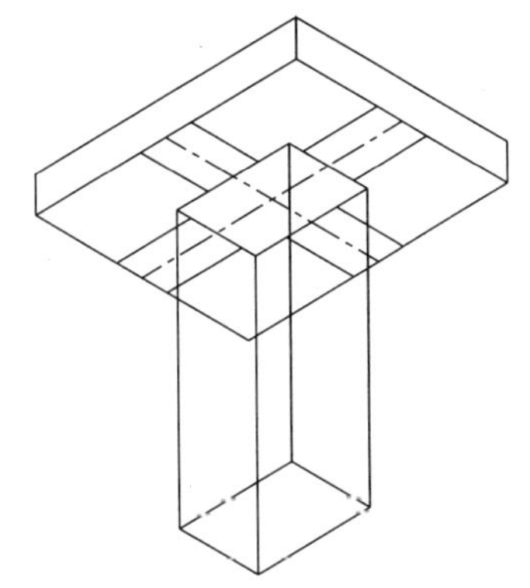
d) 画出柱子的轴测投影

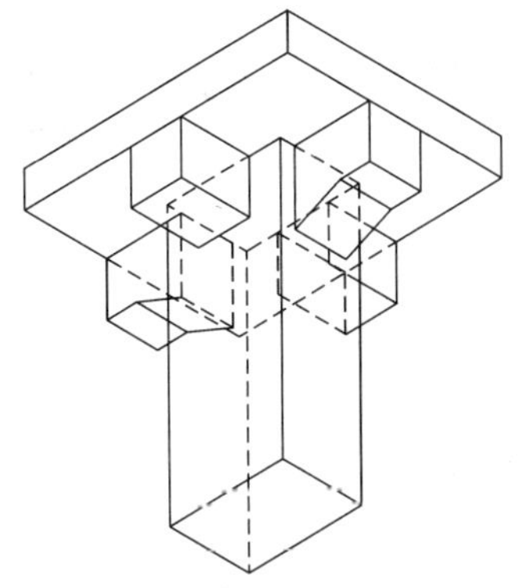
e) 画出主梁和次梁的轴测投影

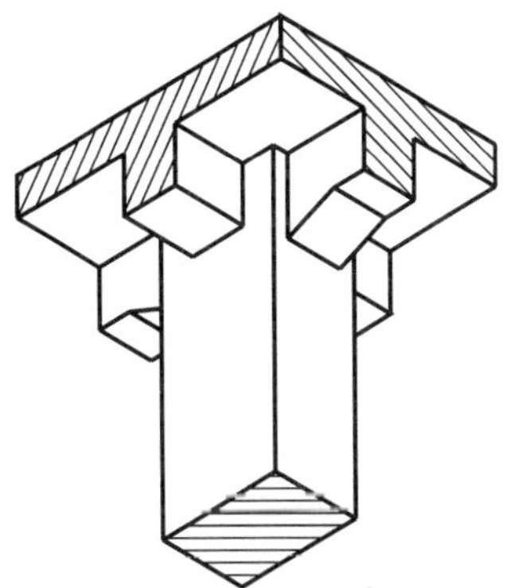
f) 整理加深，完成全图

图 4-9　绘制梁板柱节点的正等测

分析：

梁板柱节点是由若干个四棱柱叠加组合而成，适合用叠加法画图。为了清楚地表达组成梁板柱节点的结构，应选择从下向上的投射方向画轴测图。

作图：

(1) 在正投影图上选择楼板底面中心为坐标原点，确定坐标轴，如图 4-9a)所示。

(2) 画轴测轴，在 $X_1O_1Y_1$ 坐标面上用坐标法画出四棱柱楼板的轴测投影，如图 4-9b)所示。

(3) 定位梁、柱。在楼板底面上绘出柱子、主梁、次梁的水平面轴测投影，如图 4-9c)所示。

(4) 过柱子的水平面轴测投影向下定柱子的高度，绘出柱子的轴测投影，如图 4-9d)所示。

(5) 过主梁和次梁的水平面轴测投影向下定高度，绘出主梁和次梁的轴测投影及与柱子的交线，如图 4-9e)所示。

(6)擦去作图线及不可见线，加深可见轮廓线及节点断面边界线，断面画剖面符号，完成全图，结果如图 4-9f)所示。

4.2.4 曲面立体的正等测

曲面立体表面除了直线轮廓线外，还有曲线轮廓线，工程中用得最多的曲线轮廓线是圆或圆弧。要画曲面立体的轴测图必须先掌握圆和圆弧轴测投影的画法。

1. 平行于坐标面的圆的正等测

根据正等测的形成原理可知，平行于坐标面的圆，其正等测是椭圆。如图 4-10 所示为平行于三个坐标面(*XOY*、*XOZ* 和 *YOZ*)的直径相同的圆的正等测，这三个圆可视为处于同一个正方体的三个不同方位表面上的三个内切圆。由图可知，这三个椭圆形状、大小相同，但长、短轴

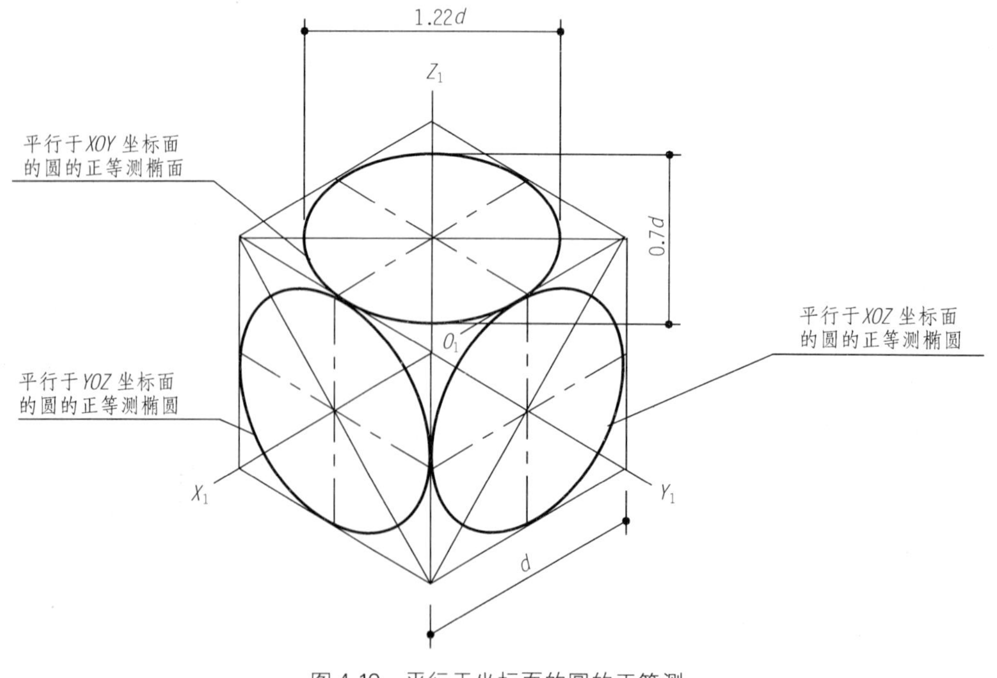

图 4-10　平行于坐标面的圆的正等测

的方向各不相同。其中椭圆的长轴垂直于与圆平面相垂直的坐标轴的轴测投影(轴测轴),而短轴则平行于这条轴测轴。

各椭圆长、短轴的方向为:

平行于 XOY 坐标面的圆的正等测椭圆,其长轴垂直于 O_1Z_1 轴,短轴平行于 O_1Z_1 轴;

平行于 XOZ 坐标面的圆的正等测椭圆,其长轴垂直于 O_1Y_1 轴,短轴平行于 O_1Y_1 轴;

平行于 YOZ 坐标面的圆的正等测椭圆,其长轴垂直于 O_1X_1 轴,短轴平行于 O_1X_1 轴;

各椭圆的长轴$\approx 1.22d$,短轴$\approx 0.7d$(d 为圆的直径)。

平行于坐标面的圆的正等测椭圆,常用四心圆法近似绘制。四心圆法作近似椭圆,是用相切的四段圆弧代替椭圆。作图时需要求出这四段圆弧的圆心、切点及半径。如图 4-12 所示,以 XOY 坐标面上的圆为例,说明了这种近似画法的作图步骤。

(1) 在图 4-11a)所示的正投影图上,选定坐标原点和坐标轴。并沿坐标轴方向作出圆的外切正方形 $efgh$,得正方形与圆的四个切点 a、b、c 和 d。

(2) 如图 4-11b)所示,作正等轴测轴 O_1X_1、O_1Y_1。沿轴截取 $O_1A_1=O_1B_1=O_1C_1=O_1D_1=d/2$($d$ 为圆的直径),得点 A_1、B_1、C_1 和 D_1,作出圆的外切正方形的正等测(菱形)$E_1F_1G_1H_1$。

(3) 如图 4-11c)所示,连接 F_1A_1,F_1D_1(或 H_1B_1,H_1C_1)分别与菱形长对角线 E_1G_1 交于点 M_1,N_1。则 F_1、H_1、M_1、N_1 为四段圆弧的圆心。

(4) 如图 4-11d)所示,分别以点 F_1 和 H_1 为圆心,以 F_1A_1 或 H_1C_1 为半径作大圆弧 A_1D_1 和 C_1B_1。

(5) 如图 4-11e)所示,分别以点 M_1 和 N_1 为圆心,以 M_1A_1 或 N_1C_1 为半径作小圆弧 A_1B_1 和 C_1D_1。

由大圆弧 A_1D_1,C_1B_1 和小圆弧 A_1B_1 和 C_1D_1 就组成了一个近似椭圆。

画其他坐标面上圆的正等轴测椭圆时,应注意长短轴的方向。

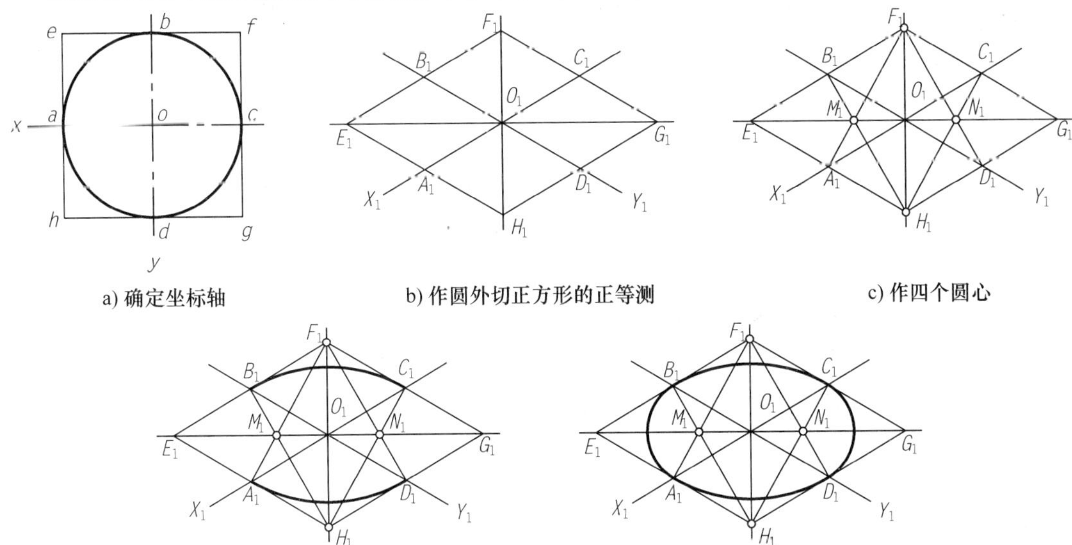

a) 确定坐标轴　　b) 作圆外切正方形的正等测　　c) 作四个圆心

d) 作两段大圆弧　　e)作两段小圆弧，完成圆的正等测椭圆

图 4-11　四心圆法作圆的正等测椭圆

2. 曲面立体正等测举例

在画回转曲面立体的正等测时，首先用四心圆法画出回转体中平行于坐标面的圆的正等测椭圆，然后再画出整个回转体的正等测。

【例 4-6】 作圆柱的正等测，如图 4-12a)所示。

分析：

圆柱轴线为铅垂线，上、下底圆平行于水平坐标面。

作图：

(1) 在正投影图中选定坐标原点和坐标轴。为便于画图，将坐标原点取在上底圆的圆心，如图 4-12a)所示。

(2) 作轴测轴，根据圆柱的直径和高，作上、下底圆外切正方形的轴测投影，如图 4-12b)所示。

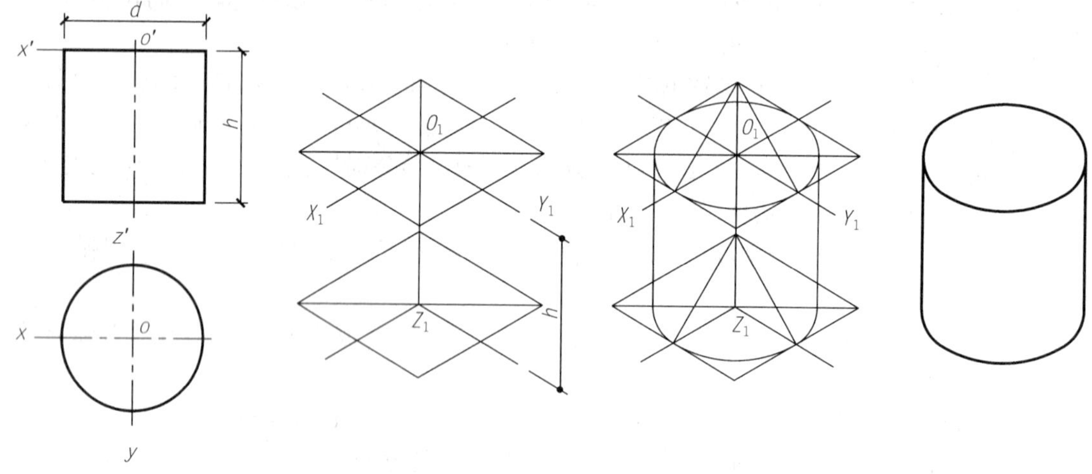

a) 选坐标轴　b) 作上下底圆外切正方形的正等测　c) 作上下底圆近似椭圆及公切线　d) 整理加深

图 4-12　圆柱的正等测

(3) 用四心圆法作出上底圆的近似椭圆以及下底圆近似椭圆的可见部分，并作出两椭圆的公切线，如图 4-12c)所示。

(4) 擦去作图线，加深可见轮廓线，完成全图，如图 4-12d)所示。

【例 4-7】 作如图 4-13a)所示的圆柱左端被切割后的正等测。

分析：

圆柱轴线为侧垂线，左、右端面平行于侧平坐标面。绘制切割体的正等测，需要作出截交线的轴测投影。该侧垂圆柱被水平面截切后切口为矩形，被正垂面截切后切口为椭圆弧，且前后对称。作图时，先作出完整圆柱，然后用切割法作出每个截平面截切圆柱形成截交线的正等测。椭圆曲线可采用坐标定位法描点作出。坐标定位法是先在正投影图上找出截交线上一系列点的投影，然后根据坐标作出这些点的轴测投影，最后光滑连接各点。

作图：

(1) 选定坐标原点(选在圆柱左端面中心)，确定坐标轴，并在正投影图上表示出来，如图 4-14a)所示。

(2) 作轴测轴，作圆柱两端面的正等测椭圆及两椭圆公切线(与右端面切点为 N_1、M_1)，作出完整圆柱的轴测投影，如图 4-13b)所示。

(3) 作水平面截切圆柱形成截交线（矩形）的轴测投影，如图 4-13c)所示。

(4) 作正垂面截切圆柱形成截交线（椭圆弧）的轴测投影，如图 4-13d)所示。先用坐标法定出椭圆弧上若干点（特殊点、一般点）的轴测投影，然后依次光滑连接各点。

其中点 8_1 为切口截交线与圆柱轴测投影转向轮廓线的交点。先由 $Z_8=Z_n$（Z_n 见图 4-13b)）在正投影图上定出 $8''$ 及 $8'$，然后由 X_8 在轴测投影上定出 8_1。

(5) 擦去作图线，加深可见轮廓线，完成带切口圆柱的正等测，结果如图 4-13e)所示。

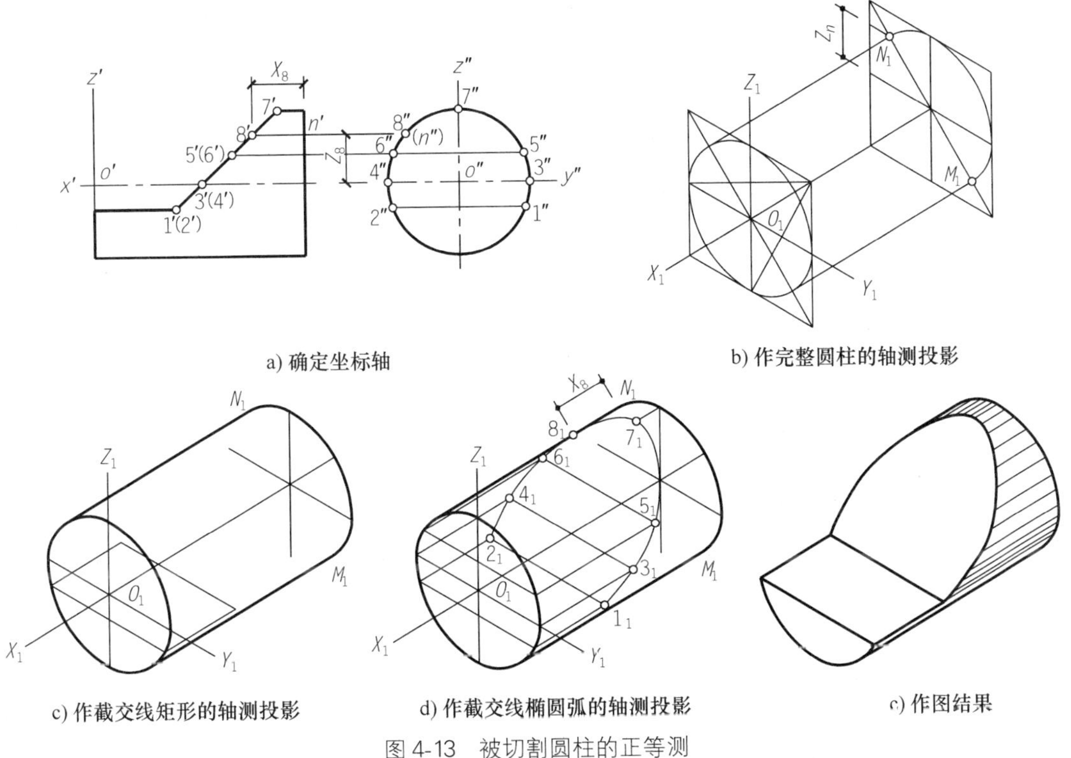

a) 确定坐标轴　b) 作完整圆柱的轴测投影

c) 作截交线矩形的轴测投影　d) 作截交线椭圆弧的轴测投影　e) 作图结果

图 4-13　被切割圆柱的正等测

【例 4-8】 作如图 4-14a)所示形体的正等测。

分析：

该形体由底板、竖板和肋板三块板组成。下面是一块带圆角的长方形底板，开有两个圆柱孔；上面是一块竖板，其顶部是圆柱面，中间有一圆柱孔；中间是一块三棱柱肋板。

作图：

(1) 确定坐标轴，并在正投影图上表示出来。因形体左右对称，取底板上表面后边线的中点为坐标原点，如图 4-14a)所示。

(2) 作轴测轴，画长方体底板的轴测投影，并画出竖板底面的轮廓线 $1_1 2_1 3_1 4_1$，如图 4-14b)所示。

(3) 确定竖板后孔口的圆心 B_1，由 B_1 定出前孔口的圆心 A_1，画出竖板前、后半圆的正等测近似椭圆，然后分别过 1_1、2_1、3_1、4_1 作直线与两椭圆弧相切，并作出两椭圆弧的公切线，完成竖板的正等测，如图 4-14c)所示。

(4) 作出竖板上圆柱孔及底板上两圆柱孔的正等测，如图 4-14d)所示。

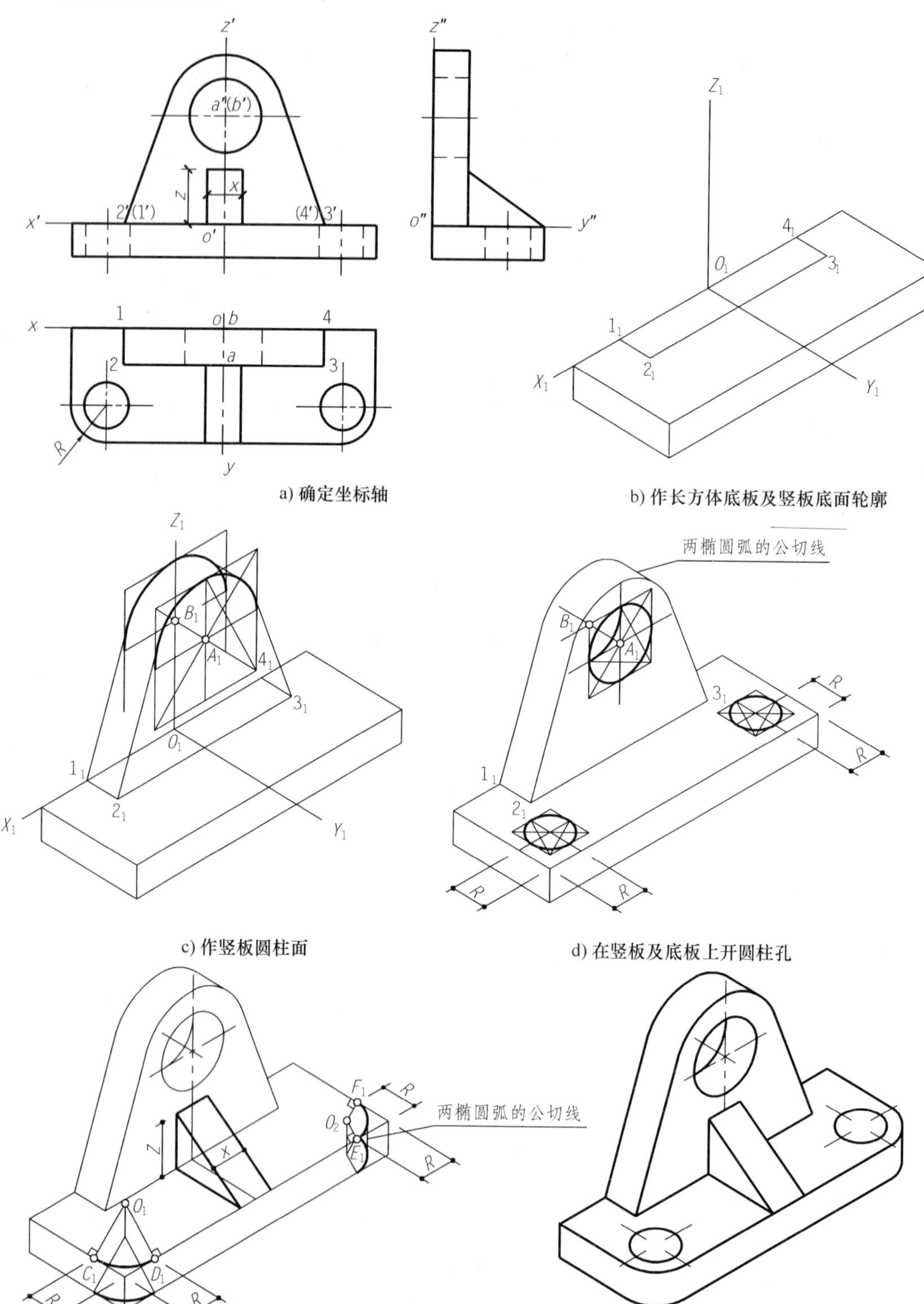

a) 确定坐标轴

b) 作长方体底板及竖板底面轮廓

c) 作竖板圆柱面

d) 在竖板及底板上开圆柱孔

e) 作三棱柱块和底板圆角

f) 整理加深，完成作图

图 4-14　支架的正等测

(5) 作三棱柱肋板和底板圆角的轴测投影，如图 4-14e)所示。底板圆角(整圆的四分之一段圆弧)可用近似画法作它们的正等测椭圆弧，具体作法如下：

先根据圆角半径 R 确定圆角的切点 C_1、D_1、E_1、F_1，再由 C_1、D_1、E_1、F_1 作相应边的垂线，垂线两两相交得两个圆心 O_1、O_2，然后分别以 O_1、O_2 为圆心在切点 C_1、D_1 及 E_1、F_1 间作圆弧，得到底板顶面圆角的正等测。

将圆心 O_1、O_2 向下平移一个底板厚度，作出底板底面圆角的正等测。然后作右边两椭圆弧的公切线。

(6) 擦去作图线，加深可见轮廓线，完成全图，结果如图 4-14f)所示。

4.3 斜轴测图

当投射方向 S 倾斜于轴测投影面 P，在 P 面上所得到的投影称为斜轴测投影。为了便于画图，常使物体的某一坐标面平行于轴测投影面，而轴测投射方向倾斜于轴测投影面。

4.3.1 正面斜二测

将物体连同确定其空间位置的直角坐标系，用斜投影的方法投射到与 XOZ 坐标面平行的轴测投影面上，所得到的轴测投影称为正面斜二等轴测投影，简称正面斜二测。

由于坐标面 XOZ 平行于轴测投影面，所以轴测轴 O_1X_1 和 O_1Z_1 仍分别为水平方向和铅垂方向，轴间角 $\angle X_1O_1Z_1=90°$，OX 轴和 OZ 轴上的轴向伸缩系数 $p=r=1$。位于物体上平行于 XOZ 坐标面的平面图形，其正面斜二测反映实形。在作斜轴测投影时，可根据物体具体的形状结构，灵活地选择轴向伸缩系数 q 及轴间角 $\angle X_1O_1Y_1$（或 $\angle Y_1O_1Z_1$），使所作出的斜轴测图立体感更强。

1. 斜二测的轴间角和轴向伸缩系数

图 4-15 列出了正面斜二测常用的两种投射方向。O_1Z_1 轴铅垂放置，O_1X_1 轴水平放置，轴

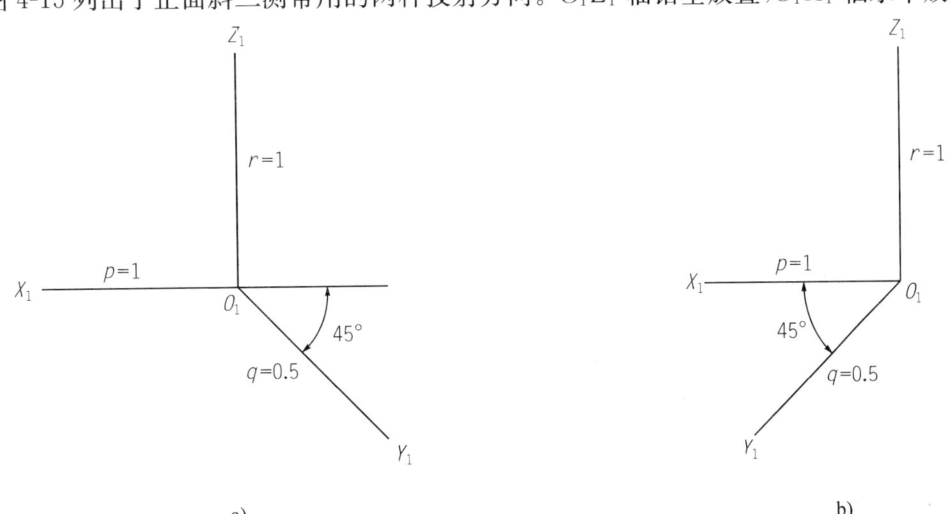

图 4-15　正面斜二测的轴间角和轴向伸缩系数

向伸缩系数 $p=r=1$；O_1Y_1 轴与水平线成45°方向，其轴向伸缩系数 $q=0.5$。因此在画形体的斜二测时，凡平行于 O_1X_1 轴和 O_1Z_1 轴的线段按1∶1量取，平行于 O_1Y_1 轴的线段按1∶2量取。

2. 平面立体的正面斜二测

斜二测的画法与正等测的画法类似，只是轴间角和轴向伸缩系数不同。

【例4-9】 作如图4-16a)所示台阶的正面斜二测。

分析：

台阶平行于 XOZ 坐标面的端面其斜二测形状不变。

作图：

(1) 确定坐标轴，并在正投影图上表示出来，如图4-16a)所示。

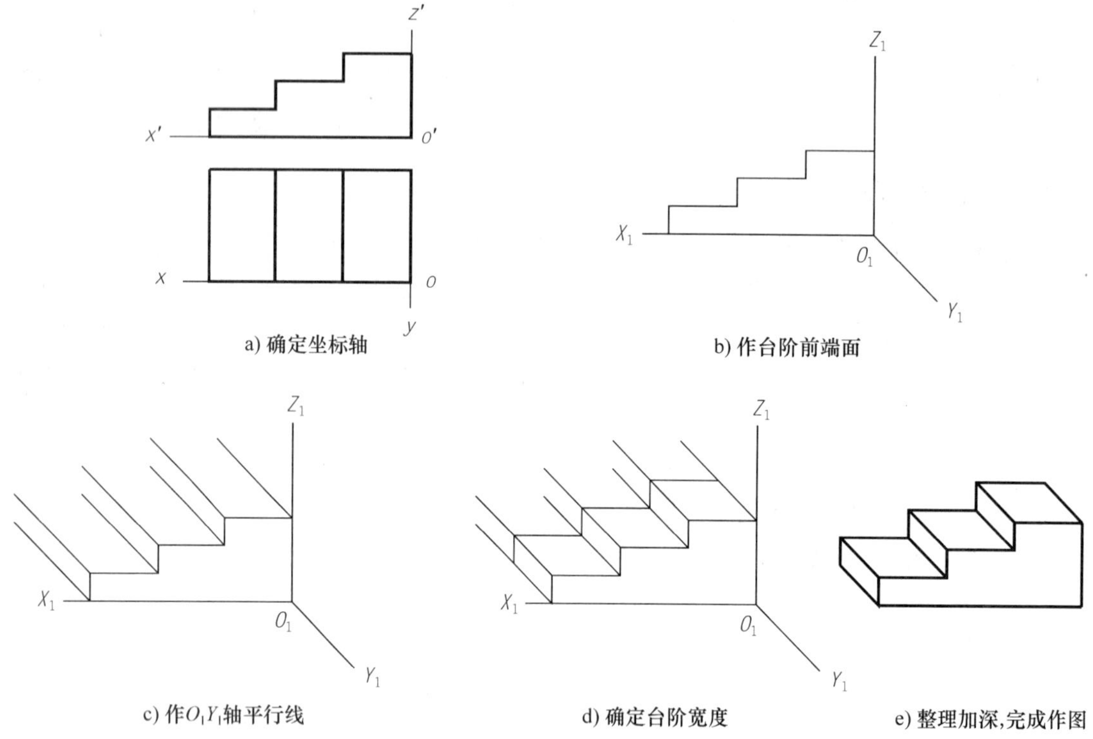

a) 确定坐标轴　b) 作台阶前端面　c) 作O_1Y_1轴平行线　d) 确定台阶宽度　e) 整理加深，完成作图

图4-16　台阶的正面斜二测

(2) 画轴测轴，并画出台阶前端面的轴测投影，如图4-16b)所示。

(3) 从前端面的各顶点向后拉伸出 Y 方向的平行线，如图4-16c)所示。

(4) 按 $q=0.5$ 确定台阶宽度的轴测投影，如图4-16d)所示。

(5) 擦去作图线，加深可见轮廓线，完成全图，如图4-16e)所示。

3. 曲面立体的正面斜二测

因为形体上平行于 XOZ 坐标面的图形其斜二测反映实形，所以，当形体一个投射方向上有较多的圆和圆弧时，宜采用斜二测。将形体上圆或圆弧较多的面平行于该坐标面，作其轴测投影时，可直接画出圆或圆弧。

【例4-10】 作如图4-17所示形体的正面斜二测。

分析：

由正投影图可知，该形体由圆筒及支板两部分组成，它们的前后端面均有平行于 XOZ 坐标面的圆及圆弧，其正面斜二测为圆及圆弧实形，画图时，首先应确定各端面圆及圆弧的圆心位置。

作图：

（1）在正投影图中选定坐标原点和坐标轴，原点设在形体后端面圆心，如图 4-17a）所示。

（2）画轴测轴，作回转体轴线，确定各圆心Ⅰ、Ⅱ、Ⅲ、Ⅳ、Ⅴ的轴测投影位置 1_1、2_1、3_1、4_1、5_1，如图 4-17b）所示。

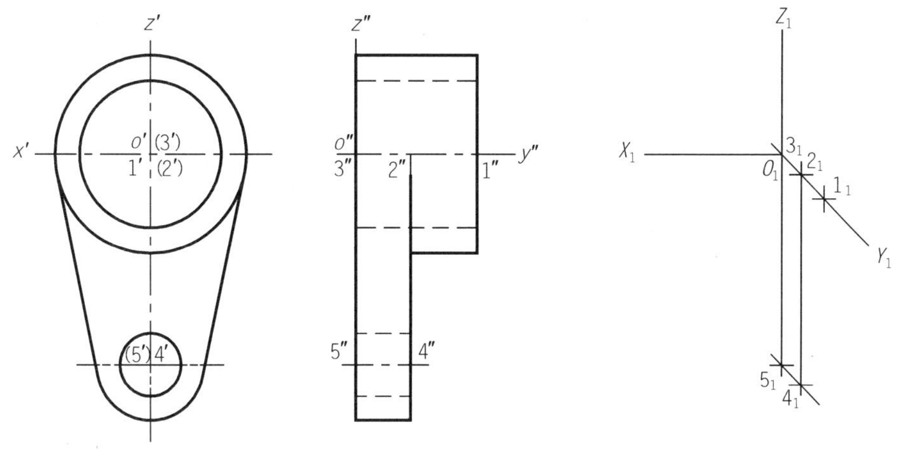

a) 确定坐标轴　　b) 确定各圆及圆弧的圆心位置

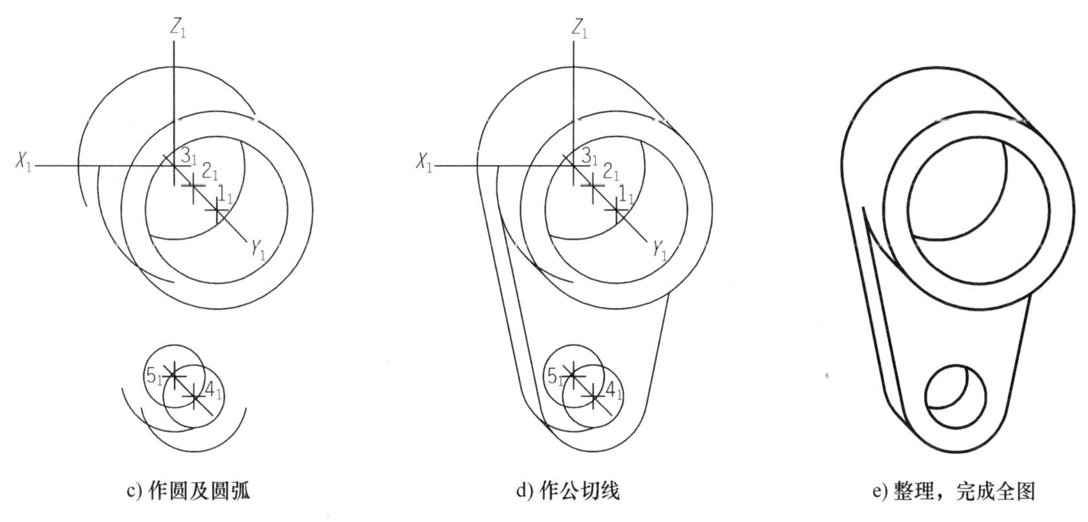

c) 作圆及圆弧　　d) 作公切线　　e) 整理，完成全图

图 4-17　曲面体的正面斜二测

（3）以所求各点为圆心，按正投影图上给定半径由前往后分别作各端面的圆或圆弧，如图 4-17c）所示。

（4）作各圆或圆弧的公切线，如图 4-17d）所示。

（5）擦去多余作图线，加深可见轮廓线，完成全图，结果如图 4-17e）所示。

【例 4-11】　作出如图 4-18a）所示形体的正面斜二测。

分析：

立体基本形状为 L 形。平行于 XOZ 坐标面的端面上开有圆柱孔、圆柱面槽及方槽，所有平行于 XOZ 坐标面的端面其斜二测形状不变。

作图：

（1）在正投影图中选定坐标原点和坐标轴，原点设在形体中间端面的大圆柱孔中心，如图 4-18a)所示。

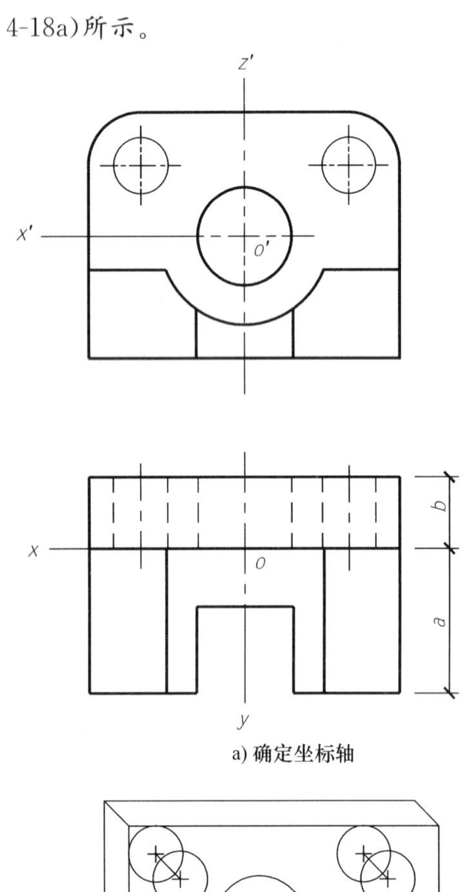

a) 确定坐标轴

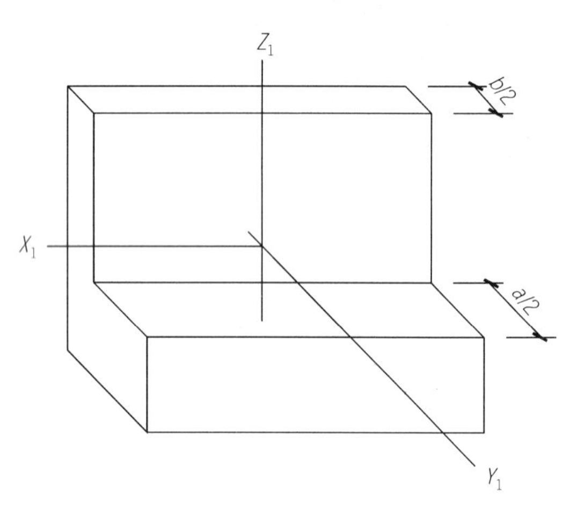

b) 画出立体的基本形状

c) 作各圆柱孔圆及圆柱面槽

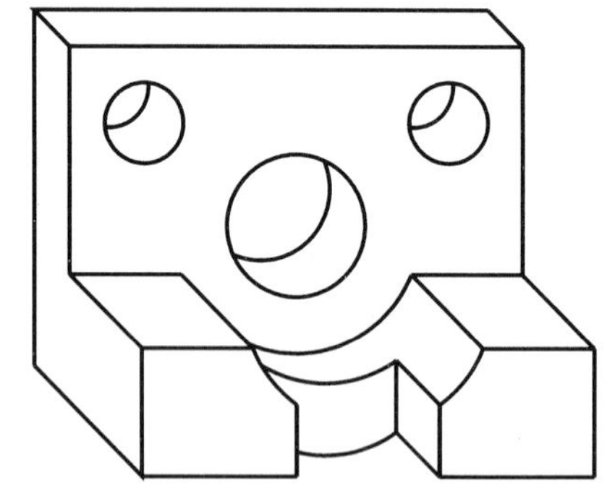
d) 作方槽，整理完成全图

图 4-18　作形体正面斜二测

（2）画轴测轴，作出立体的基本形状，如图 4-18b)所示。

（3）确定各圆柱孔及圆柱槽的圆心位置，画出圆柱孔及圆柱面槽，如图 4-18c)所示。

根据正投影图上三个心的位置，在轴侧图上确定中间端面上三个圆柱孔及圆弧的圆心；然后把三个圆柱孔的圆心沿 O_1Y_1 轴均向后移动 $b/2$ 距离，为后端面三个圆柱孔的圆心；同样方法，

把圆柱面圆弧 1_1、2_1、3_1 的圆心沿 O_1Y_1 轴向前移动 $a/2$ 距离，得到前端面圆弧的圆心。最后根据心位置及正投影图上不同半径作出各端面的圆及圆弧，并连接圆柱面槽两圆弧之间直线。

(4) 由前端面向后作方槽；擦去多余作图线及不可见线，加深可见轮廓线，完成全图，结果如图 4-18d)所示。

4.3.2 水平斜等轴测投影

将物体连同确定其空间位置的直角坐标系，用斜投影的方法投射到与 XOY 坐标面平行的轴测投影面上，所得到的轴测投影称为水平斜等轴测投影。

由于坐标面 XOY 平行于轴测投影面，因此 OX 轴和 OY 轴上的轴向伸缩系数 $p=q=1$，轴间角 $\angle X_1O_1Y_1=90°$。OZ 轴的投影与伸缩系数由投射方向确定，为作图方便，通常取 $r=1$ 或 $r=0.5$，取 $\angle X_1O_1Z_1=120°$。

画图时，将 O_1Z_1 画成铅垂方向，O_1X_1 和 O_1Y_1 分别与水平线成 30°和 60°，如图 4-19 所示。

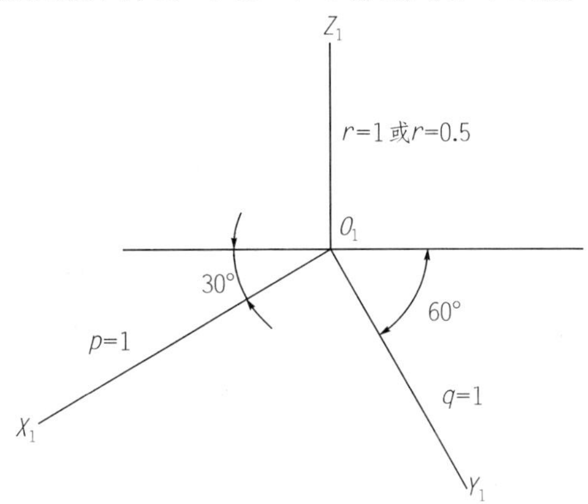

图 4-19 水平斜等轴测投影的轴间角和轴向伸缩系数

图 4-20 为水平斜等轴测投影的作图过程。先将图 4-20a)所示的水平投影逆时针旋转 30°，得到图 4-20b)，再在各转角处画出高线，量取高度，即可画出形体的水平斜轴测投影，如图4-20c)所示。

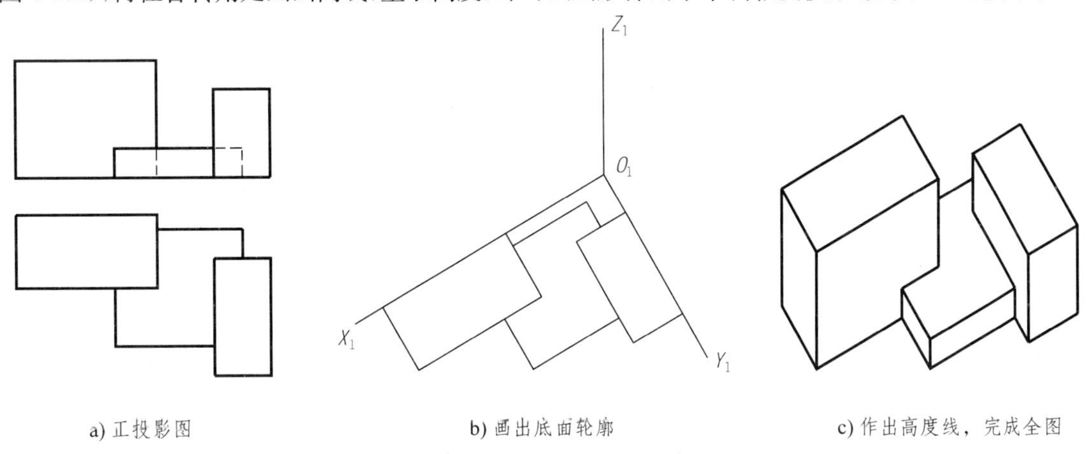

a) 正投影图　　b) 画出底面轮廓　　c) 作出高度线，完成全图

图 4-20 建筑形体的水平斜等轴测投影

水平斜等轴测投影适合于表达一幢房屋的水平剖面或建筑小区的平面布置，它可以反映出

房屋内部布置，或一个区域中各建筑物、道路、设施等的平面位置及相互关系，以及建筑物和设施等的实际高度。

【例 4-12】 根据房屋的立面图和平面图(图 4-21a))，作房屋剖切的水平斜等轴测投影。

分析：

本例是用水平剖切平面剖切房屋后，把剖切平面以上部分移走，需要画出剩余房屋的水平斜等轴测投影。房屋平面平行于 *XOY* 坐标面，其轴测投影不变形，因此可以将房屋平面图旋转 30°后向下画出房屋高度。

作图：

(1) 先画断面，即把房屋平面图旋转 30°后画出。然后过各个角点向下画高度线，画出室内外的墙脚线。要注意室内外的地面标高的不同，如图 4-21b)所示；

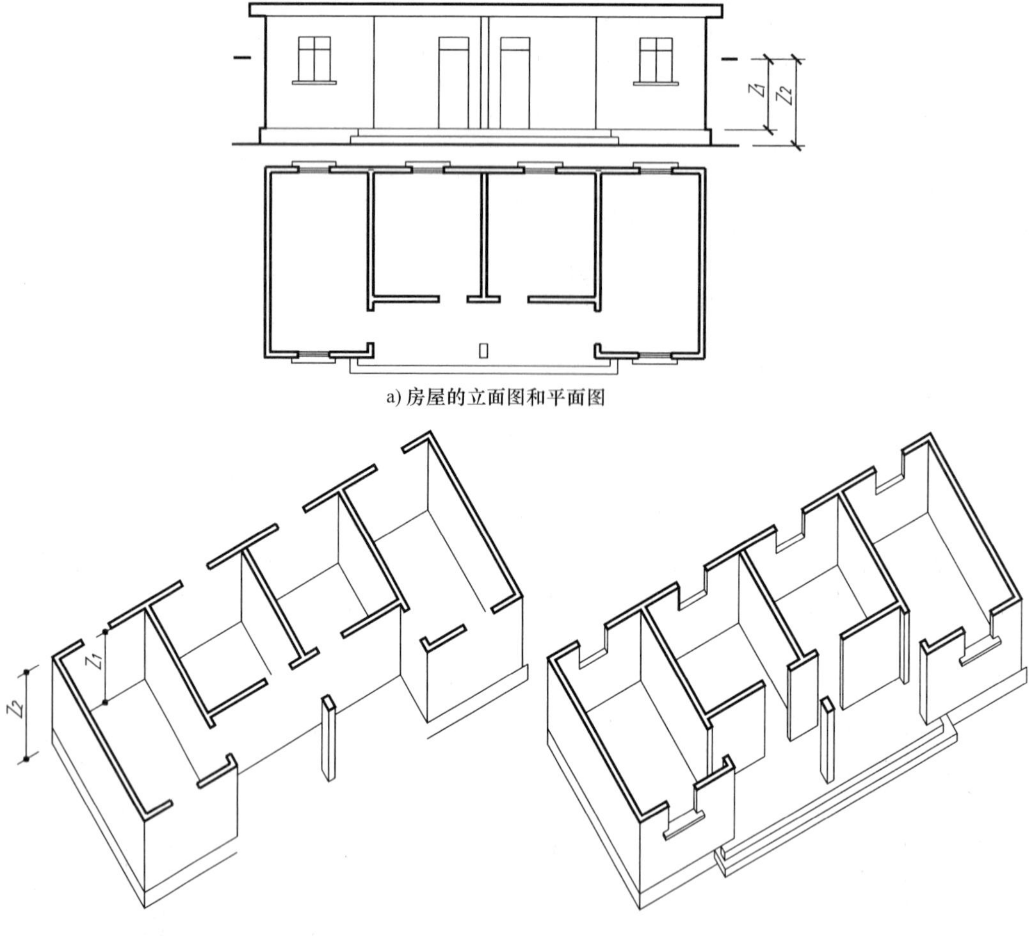

a) 房屋的立面图和平面图

b) 画出内外墙角、墙脚线和柱

c) 画门窗洞、窗台和台阶

图 4-21 房屋的水平斜等轴测投影

(2) 画门窗洞、窗台和台阶，完成房屋的水平斜轴测，如图 4-21c)所示。

【例 4-13】 根据某小区的总平面图，如图 4-22a)所示，作出小区的水平斜等轴测投影。

分析：

由于小区内各房屋的高度不同，可先把总平面图旋转 30°画出，然后在房屋的平面图上向上取高度，如图 4-22b)所示。

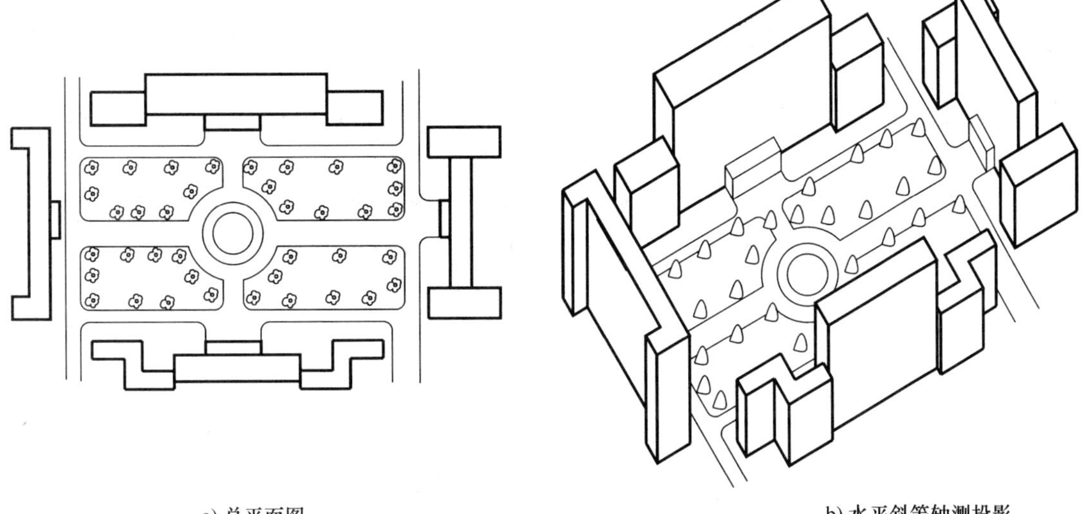

a) 总平面图　　b) 水平斜等轴测投影

图 4-22　某小区的水平斜等轴测投影

4.4　带剖切的轴测图

对于内部有孔的形体，用如图 4-23a)所示的轴测图无法把内部构造完全表达清楚。为了清楚地表达形体的内部构造，可假想用剖切平面将形体的一部分剖去，画出带剖切的轴测图，如图 4-28b)所示。

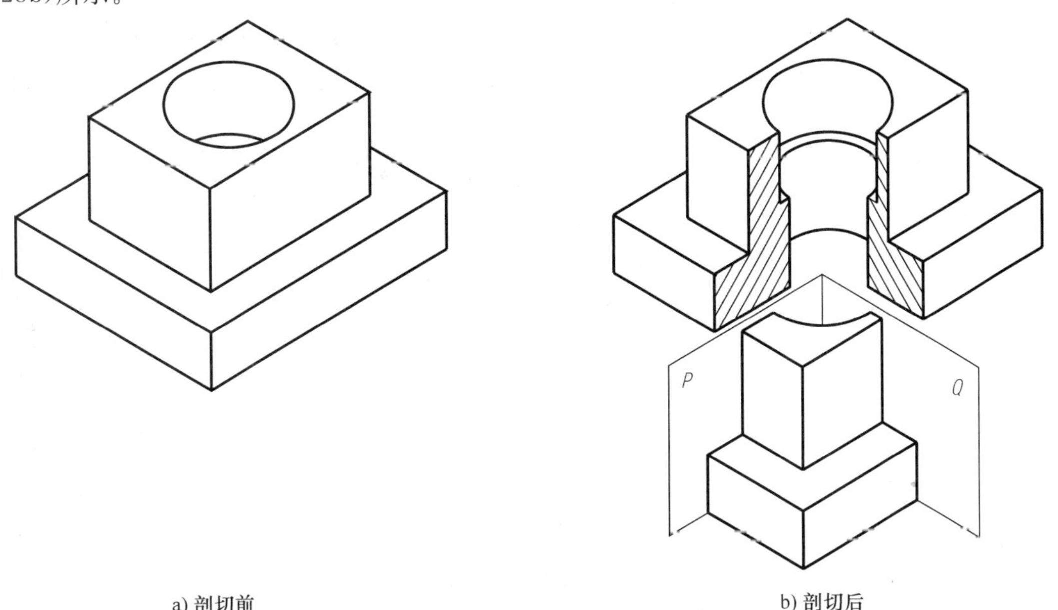

a) 剖切前　　b) 剖切后

图 4-23　带剖切的轴测图

4.4.1 带剖切轴测图画法的一些规定

（1）为了在轴测图上能同时表达出形体的内外形状，通常采用平行于相应坐标面的两个互相垂直的平面剖切形体。剖切平面一般应通过形体的主要轴线或对称平面。如图4-23b)中，采用两个互相垂直的剖切平面 P、Q 剖切形体，剖切平面 P 平行于 XOZ 坐标面；剖切平面 Q 平行于 YOZ 坐标面。

（2）在带剖切的轴测图的断面上应画出剖面线（互相平行的细实线）。平行于三个坐标面的剖面区域上剖面线的方向随不同轴测图而有所不同，如图4-24所示。

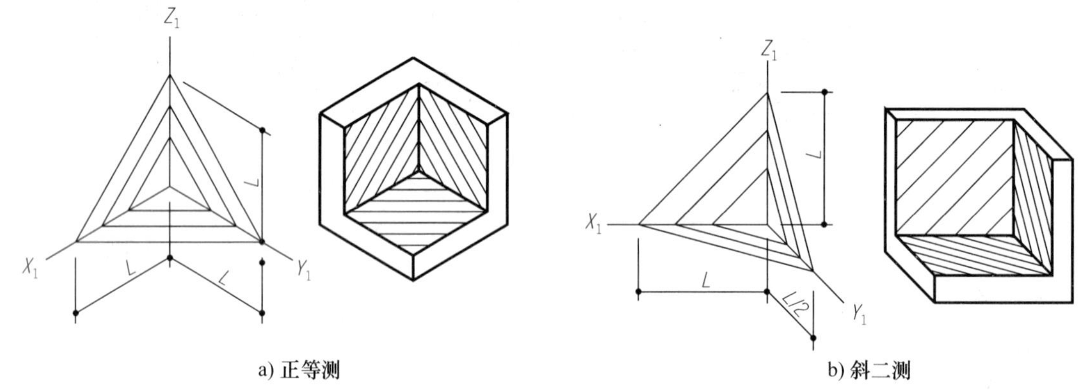

a) 正等测　　b) 斜二测

图4-24　不同轴测图中的剖面线方向

4.4.2 带剖切轴测图的画法

带剖切轴测图有两种画法。

（1）先整体，后剖切。先画形体的外形，然后按选定的剖切平面画出断面和内部形状。

（2）先剖切，后整体。先画出剖切部分的断面形状，然后再画形体的内外形状。

后一种方法比第一种方法作图线少，但初学者不易掌握。初学者应在熟悉前一种的画法后，再用后一种画法。

【例4-14】 画出如图4-25a)所示圆柱套筒带剖切的正等测。

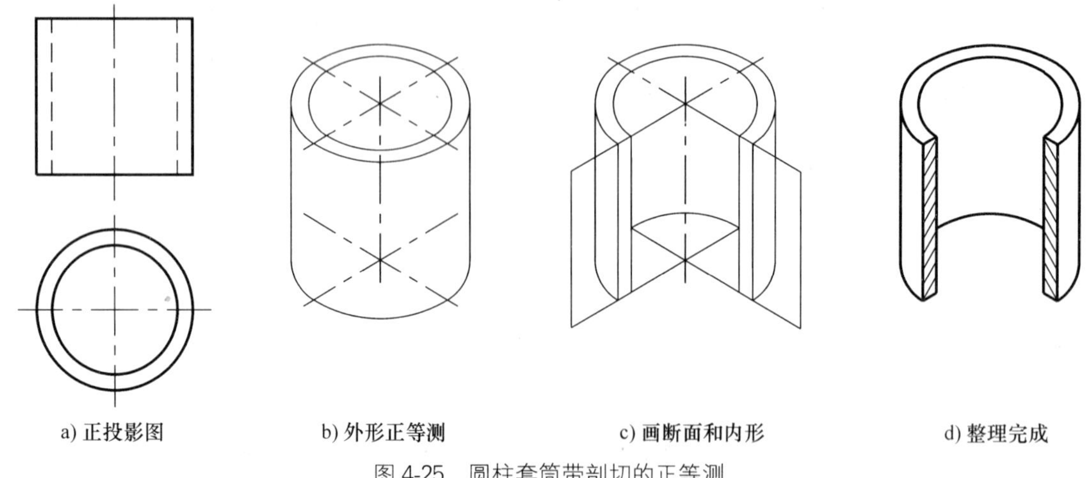

a) 正投影图　　b) 外形正等测　　c) 画断面和内形　　d) 整理完成

图4-25　圆柱套筒带剖切的正等测

作图：

(1) 用四心法画出圆柱套筒的正等测，如图 4-25b)所示。

(2) 假想用两个相互垂直的剖切平面沿坐标面把套筒剖开，画出断面轮廓。注意剖切后圆柱孔底圆的部分正等测(椭圆弧)应画出，如图 4-25c)所示。

(3) 画剖面线，擦去多余作图线，加深，完成全图，如图 4-25d)所示。

【例 4-15】 画出如图 4-26a)所示组合形体带剖切的正等测。

作图：

(1) 选定坐标原点和坐标轴，并在正投影图上表示出来，如图 4-26a)所示。

(2) 画轴测轴，确定各圆心位置，画出主要中心线，如图 4-26b)所示。

(3) 画剖切部分的断面形状，并画剖面线。肋板由前后对称平面纵向剖开，不画剖面线，如图 4-26c)所示。

(4) 画形体其余部分，包括底板，内外圆柱，肋板，圆柱孔等，如图 4-26d)所示。

(5) 擦去多余的作图线，加深，完成全图，结果如图 4-26e)所示。

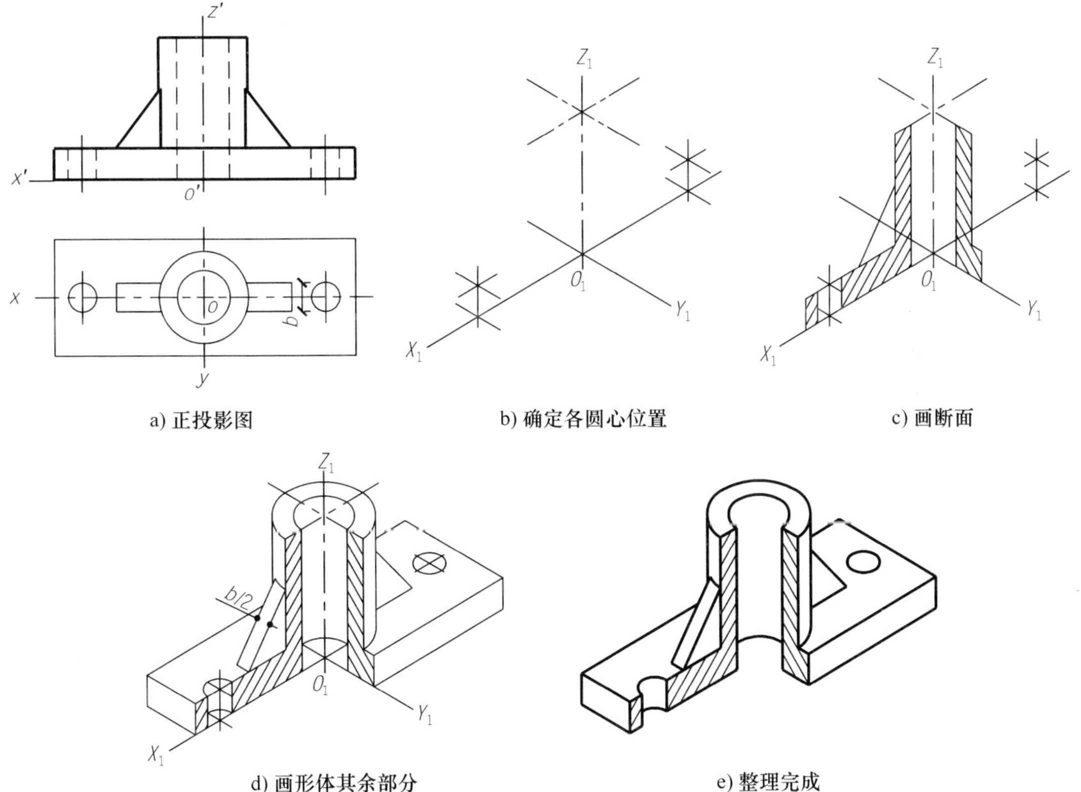

图 4-26 组合形体带剖切的正等测

小 结

轴测图主要是研究如何根据正投影图来画立体图，常作为帮助读图的辅助性图样。不同的轴测图有各自的轴间角及轴向伸缩系数。作图时，根据观察角度及作图方便选择轴测类型。

本章重点为正等测和斜二测的画法。

1. 简述轴测图、轴向伸缩系数的概念。
2. 轴测图有哪些性质?
3. 简述正等测的轴间角和轴向伸缩系数。
4. 简述斜二测的轴间角和轴向伸缩系数。
5. 简述根据正投影图画轴测图的作图步骤。
6. 简述平行于坐标面的圆的正等测和斜二测的作图方法。

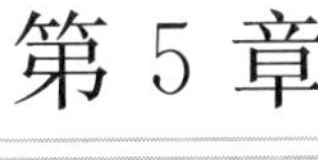

第5章 国家制图标准与制图基本知识

本章概要

1. 介绍制图国家标准中对图纸幅面、图线、字体、比例和尺寸注法的有关规定；
2. 介绍常用绘图仪器的使用方法和常用几何作图法；
3. 介绍圆柱螺旋线、平螺旋面的形成及其投影，并介绍螺旋楼梯投影图的画法；
4. 介绍平面图形的尺寸和线段分析及画图步骤；
5. 介绍徒手作图方法。

为了统一建筑制图规范，保证制图质量，提高制图效率，便于工程建设及技术交流，国家有关部门制定出建筑制图国家标准。制图国家标准(简称国标)是一项所有工程人员在设计、施工、管理中必须严格执行的国家条例。本章将主要介绍 GB/T 50001—2001《房屋建筑制图统一标准》、GB/T 50103—2001《总图制图标准》、GB/T 50104—2001《建筑制图标准》和 GB/T 50105—2001《结构制图标准》等的有关规定。

代号 GB/T 50001—2001 中，GB 表示国标(国标的汉语拼音缩写)，T 表示推荐使用，50001 表示该标准的标号，2001 表示颁布年号。

5.1 国家标准有关制图的基本规定

5.1.1 图纸幅面规格

1. 图纸幅面

幅面是指图纸本身的大小规格。为了合理使用图纸，所有图纸的幅面及图框尺寸应符合表 5-1 的规定及图 5-1 的格式。

幅面及图框尺寸(mm) 表 5-1

	A0	A1	A2	A3	A4
$b\times l$	841×1189	594×841	420×594	297×420	210×297
c	10		5		
a	25				

图纸的使用方式有两种:横式和立式,如图 5-1 所示。

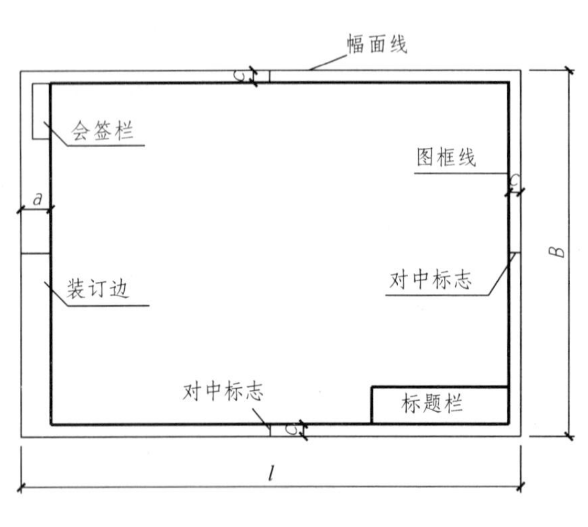

a) 横式

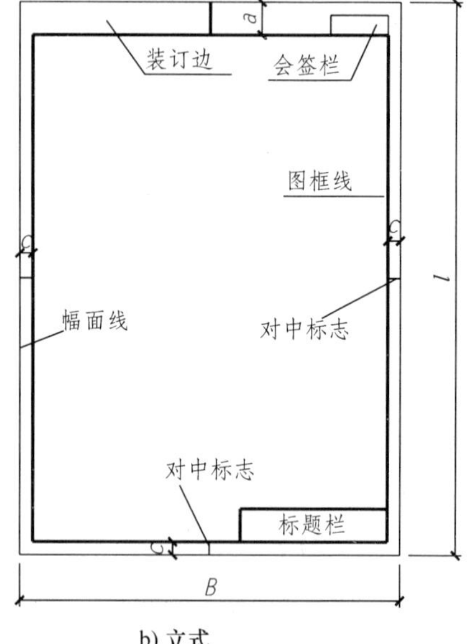

b) 立式

图 5-1 图纸的幅面和图框格式

必要时图纸幅面可按表 5-2 加长长边,图纸短边不得加长。

图纸上必须用粗实线画出图框。图框是图纸所提供绘图的范围边线。

图纸长边加长尺寸(mm) 表 5-2

幅面代号	长边尺寸	长边加长后尺寸
A0	1189	1486 1635 1783 1932 2080 2230 2378
A1	841	1051 1261 1471 1682 1892 2102
A2	594	743 891 1041 1189 1338 1486 1635 1783 1932 2080
A3	420	630 841 1051 1261 1471 1682 1892

2. 标题栏及会签栏

每张图上都必须画出标题栏。其位置必须放置在图框的右下角。标题栏一般由图名区、签名区、图号区等组成,如图 5-2a)。结合学习期间的实际情况,制图作业的标题栏建议采用图 5-2b)所示的格式。

<table>
<tr><td rowspan="2">设计单位
名称区</td><td>工程名称区</td><td rowspan="2">签字区</td><td rowspan="2">图号区</td></tr>
<tr><td>图名区</td></tr>
</table>

a)

<table>
<tr><td colspan="3" rowspan="2">(校名)</td><td>图号</td><td></td></tr>
<tr><td>比例</td><td></td></tr>
<tr><td>制图</td><td></td><td>(日期)</td><td colspan="2" rowspan="2">(图名)</td></tr>
<tr><td>班级</td><td></td><td></td></tr>
</table>

b)

图 5-2 标题栏

会签栏是为各工种负责人签字用的表格，放在图纸左侧上方的图框线外，如图 5-1 所示。

图纸标题栏和会签栏的具体格式和内容没有统一规定，可根据需要自行拟定。制图作业不用会签栏。

5.1.2 图线

工程图中每条图线都有其特定的作用和含义，绘图时必须按照制图标准的规定，正确使用不同的线型和不同粗细的图线。

建筑工程图的图线线型有实线、虚线、单点长画线、双点长画线、折断线、波浪线等。每种线型(除折断线、波浪线外)又有粗、中、细三种类型。粗细不同，其用途也不同。表 5-3 列出了工程图样中常用的线型的名称和适用范围。每个图样应根据其复杂程度及比例，选用适当的线宽，比例较大的图样选用较宽的图线。粗线的宽度 b 可在 2.0、1.4、1.0、0.7、0.5、0.35 中选用。当粗线的宽度 b 确定后，中线及细线的宽度也就随之确定。

图线的线型及线宽 表 5-3

名称		线型	线宽	一般用途
实线	粗		b	主要可见轮廓线
	中		$0.5b$	可见轮廓线
	细		$0.25b$	可见轮廓线、图例线
虚线	粗		b	见各有关专业制图标准
	中		$0.5b$	不可见轮廓线
	细		$0.25b$	不可见轮廓线、图例线
单点长画线	粗		b	见各有关专业制图标准
	中		$0.5b$	见各有关专业制图标准
	细		$0.25b$	中心线、对称线
双点长画线	粗		b	见各有关专业制图标准
	中		$0.5b$	见各有关专业制图标准
	细		$0.25b$	假想轮廓线、成型前原始轮廓线
折断线			$0.25b$	断开界线
波浪线			$0.25b$	断开界线

在绘图时应注意：

(1) 相互平行的图线，其间隙不宜小于其中的粗实线的宽度，且不宜小于 0.7mm。

(2) 虚线、单点长画线或双点长画线的线段长度和间隔，宜各自相等，如图 5-3 所示。

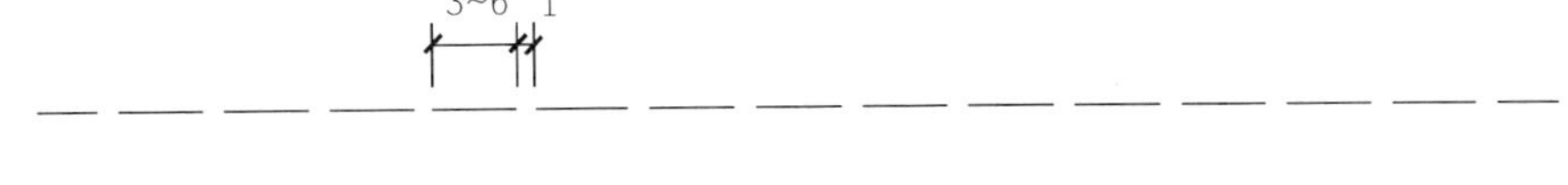

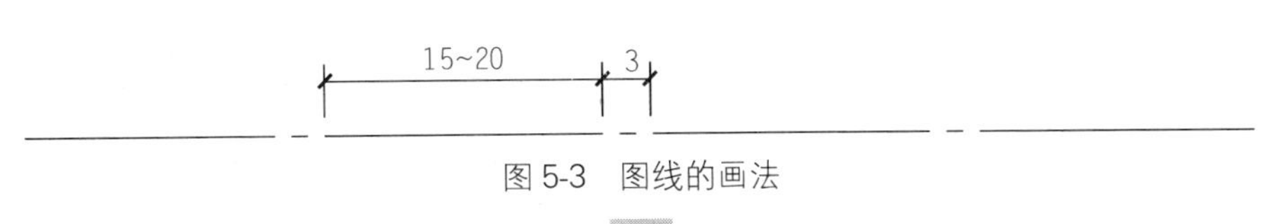

图 5-3 图线的画法

(3) 单点长画线或双点长画线的两端，不应是点，且应超出轮廓线 2～5mm；点画线与点画线交接或点画线与其他图线交接时，应是线段交接，如图 5-4 所示。

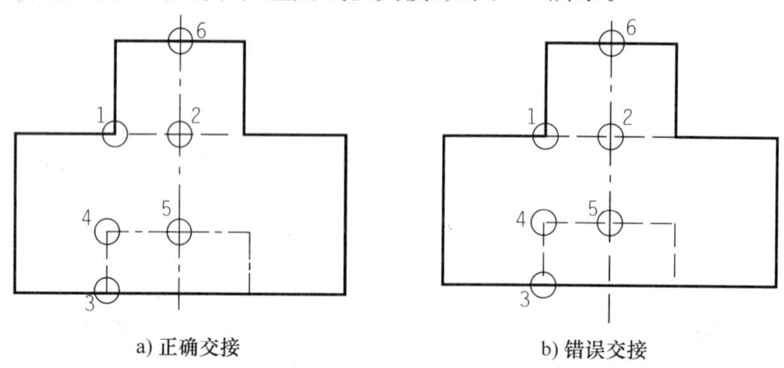

图 5-4　图线的交接

(4) 虚线与虚线交接或虚线与其他图线交接时，应是线段交接。虚线为实线的延长线时，不得与实线连接，如图 5-4 所示。

(5) 图线不得与文字、数字或符号重叠、混淆。不可避免时，应首先保证文字等的清晰。

(6) 成图后各种图线的浓淡要一致，不要误以为细线就是轻轻的画，细和轻是不同的概念。

(7) 同一张图纸内，相同比例的各个图样，应选用相同的线宽组。同一种线型的图线宽度应保持一致。

(8) 图线接头处要整齐，不要留有空隙。

5.1.3　比例

图样的比例，应为图形与实物相对应的线性尺寸之比。比例规定用阿拉伯数字表示，如 1∶20，1∶50，1∶100 等。

对于建筑工程图，多用缩小的比例绘制在图纸上，如用 1∶20 画出的图样，其线性尺寸是实物相对应线性尺寸的 1/20。比例的大小是指比值的大小，如 1∶50 大于 1∶100；无论图的比例大小如何，在图中都必须标注物体的实际尺寸。

绘图时选用哪种比例，应根据图样的用途和被绘物体的复杂程度，选用表 5-4 中的比例。

常 用 比 例　　表 5-4

图　　名	比　　例
建筑物或构筑物的平面图、立面图、剖面图	1∶50　1∶100　1∶200
建筑物或构筑物的局部放大图	1∶10　1∶20　1∶50
配件及构件详图	1∶1　1∶2　1∶5 1∶10　1∶20　1∶50

图中的比例，应注写在图名的右侧，比例的字高，应比图名的字高小 1 或 2 号，图名下画一条粗实线（不要画两条），其长度与图名文字所占长短相当，比例下不画线，字的底线应取平；当同一张图纸上的各图只选用一种比例时，也可把比例统一注写在标题栏内。

5.1.4　字体

图样上除了表达形体形状的图形外，还要用文字和数字说明形体的大小、技术要求和其他内容。在图样中书写字体必须做到:字体工整、笔画清楚、间隔均匀、排列整齐。

1. 字体高度

字体的高度(用 h 表示),其公称尺寸系列为(单位为 mm):1.8,2.5,3.5,5,7,10,14,20。如果要书写更大的字,其字体高度应按 $\sqrt{2}$ 的比率递增。字体高度代表字体的号数,如 7 号字即字高为 7mm。

2. 汉字

汉字应写成长仿宋体,并应采用国家正式公布的简化字。汉字的高度 h 应不小于 3.5mm,其字宽一般为 $h/\sqrt{2}$。汉字的宽度与高度的关系,应符合表 5-5 的规定。

长仿宋字高宽关系(mm)　　表 5-5

字高	20	14	10	7	5	3.5
字宽	14	10	7	5	3.5	2.5

书写长仿宋体的要点为:横平竖直、注意起落、结构匀称、填满方格。长仿宋体字示例如图 5-5 所示。

10号字

字体工整 笔画清楚 间隔均匀 排列整齐

7号字

横平竖直 注意起落 结构均匀 填满方格

5号字

技术制图机械电子汽车航空船舶 土木建筑矿山井坑港口纺织服装

图 5-5　长仿宋字示例

3. 字母及数字

字母和数字分为 A 型和 B 型。A 型字体的笔画宽度为字高的 1/14;B 型字体的笔画宽度为字高的 1/10。在同一图样上,只允许选用一种字型。字母和数字可写成斜体或直体,斜体字字头与水平线向右倾斜 75°。一般采用 A 型斜体字。如图 5-6 所示为 A 型斜体拉丁字母及数字示例。

ABCDEFGHIJKLMNOP

QRSTUVWXYZ

a) 拉丁字母大写斜体示例

图　5-6

abcdefghijklmnop

qrstuvwxyz

b) 拉丁字母小写斜体示例

0123456789

c) 阿拉伯数字斜体示例

图 5-6 字母及数字示例

5.1.5 尺寸标注

在建筑工程图中，图样仅表示物体的形状，而物体的真实大小则由图样上所标注的实际尺寸来确定。图样上标注的尺寸由界线、尺寸线、尺寸起止符号和尺寸数字组成，如图 5-7 所示。

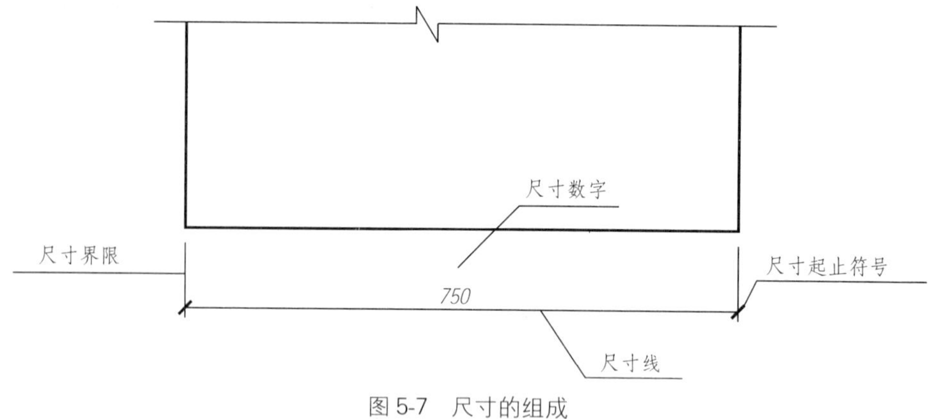

图 5-7 尺寸的组成

1. 尺寸界线

尺寸界线应用细实线绘制，一般应与被注长度垂直，其一端应离开图样轮廓线不小于 2mm，另一端宜超出尺寸线 2～3mm。必要时，图样轮廓线、中心线及轴线都允许用作尺寸界线，如图 5-8 所示。

2. 尺寸线

尺寸线应用细实线绘制，并应与被标注的长度平行，且不宜超出尺寸界线，如图 5-8 所示。

3. 尺寸起止符号

尺寸线与尺寸界线相交处为尺寸的起止点。在尺寸的起止点应画出尺寸起止符号。一般为 45°倾斜的中粗短线，其倾斜方向应与尺寸线成逆时针 45°，长度宜为 2～3mm，如图 5-8 所示。

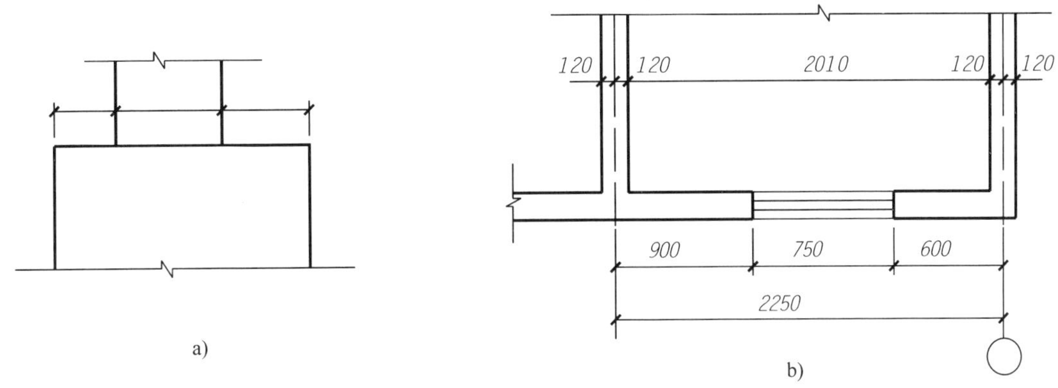

图 5-8 尺寸的注法

在标注半径、直径、角度与弧长时，尺寸起止符号宜用箭头而不用 45°短斜线表示。其画法如图 5-9 所示。

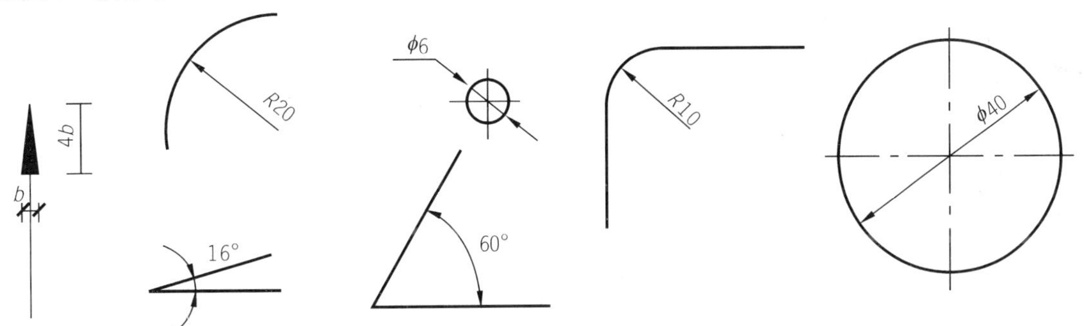

图 5-9 箭头的画法、半径、直径、角度的标注

4. 尺寸数字

在建筑工程图上，一律用阿拉伯数字标注工程形体实际尺寸，它与绘图所用的比例无关。图样上的尺寸单位，除标高及总平面图以米为单位外，均以毫米为单位。图样中的尺寸，应以所注尺寸数字为准，不得从图上直接量取。

标注尺寸时应注意一些问题，如表 5-6 所示。

尺寸的标注 表 5-6

说明	正确	错误
尺寸数字写在尺寸线的中间，水平方向的尺寸从左向右写在尺寸线的上方，竖直方向的尺寸从下向上写在尺寸线的左方。	52 45 90	52 45 90

续上表

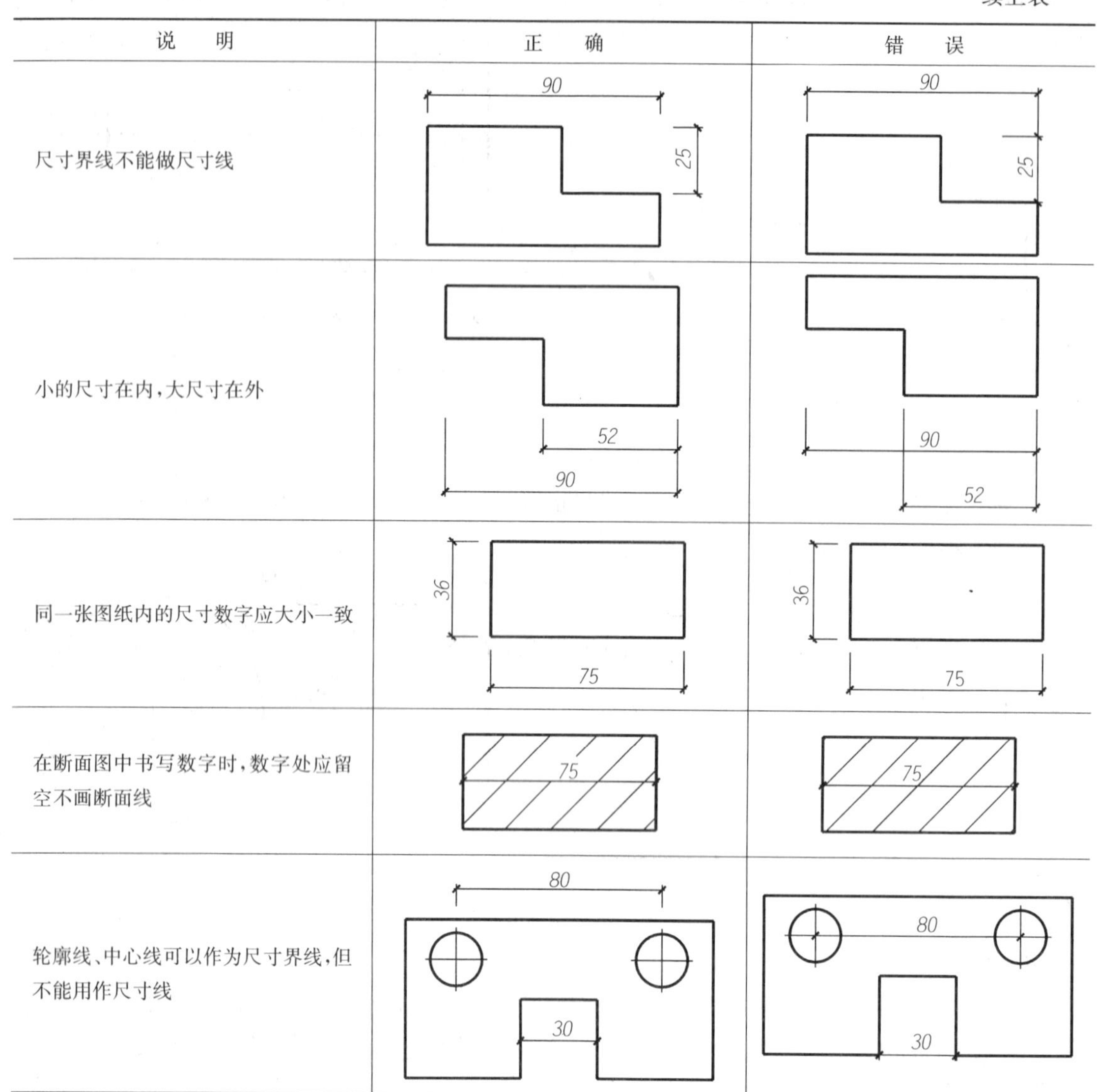

说　明	正　确	错　误
尺寸界线不能做尺寸线		
小的尺寸在内，大尺寸在外		
同一张图纸内的尺寸数字应大小一致		
在断面图中书写数字时，数字处应留空不画断面线		
轮廓线、中心线可以作为尺寸界线，但不能用作尺寸线		

5.1.6　建筑材料图例

建筑材料图例是用来表示建筑材料的，在建筑工程图中，一些难于如实画出的建筑细部也可用图例来表示。常用建筑材料图例如表 5-7 所示。

常用建筑材料图例(部分)　　表 5-7

名　称	图　例	说　明
自然土壤		包括各种自然土壤
夯实土壤		

续上表

名　称	图　例	说　明
砂、灰土		靠近轮廓线点较密
粉刷		点较稀
普通砖		1. 包括各种砌体砌块； 2. 断面较窄，不易画出图例线时，可涂红
混凝土		1. 本图例仅适用于能承重的混凝土及钢筋混凝土； 2. 在剖面图上画出钢筋时，不画图例线； 3. 断面较窄，不易画出图例线时，可涂黑
钢筋混凝土		
防水材料		构造层次多或比例较大时，用上面的图例
金　属		1. 包括各种金属； 2. 图形小时，可涂黑
饰面转		包括铺地砖、陶瓷锦砖、人造大理石、马赛克等
毛　石		
天然石材		包括岩层、砌体、铺地、贴面等材料

5.2 绘图工具和仪器的使用方法

正确使用制图工具和仪器，是确保绘图质量、提高绘图速度的重要因素。因此必须养成正确使用、维护绘图工具和仪器的良好习惯。

5.2.1 图板、丁字尺和三角板

图板用于铺贴图纸，要求表面平坦光洁，图板的左边用作丁字尺的导边，所以必须平直。图纸用胶带纸固定在图板上，一般在图板的左下方，如图 5-10 所示。

丁字尺主要用来画水平线，由尺头和尺身组成，尺身带有刻度，便于画线时直接度量。画图时，用左手握住尺头，使其紧靠图板左侧的导边，利用尺身工作边由左向右画水平线。由上往下移动丁字尺，可画出一组水平线，如图 5-11 所示。

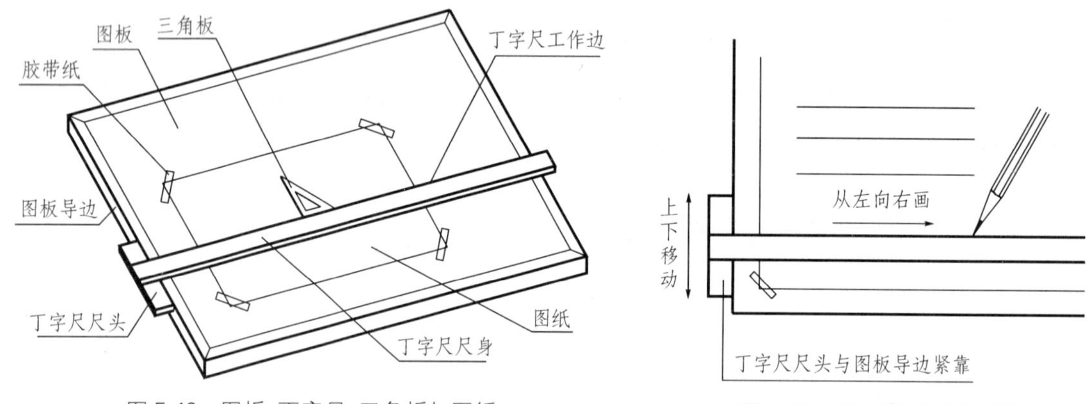

图 5-10　图板、丁字尺、三角板与图纸　　图 5-11　用丁字尺画水平线

三角板两块为一副，除直接用来画直线外，也可配合丁字尺画铅垂线和与水平线成 15°、30°、45°、60°、75°的倾斜线，如图 5-12 所示。两块三角板相互配合还可画出已知直线的平行线和垂直线，如图 5-13 所示。

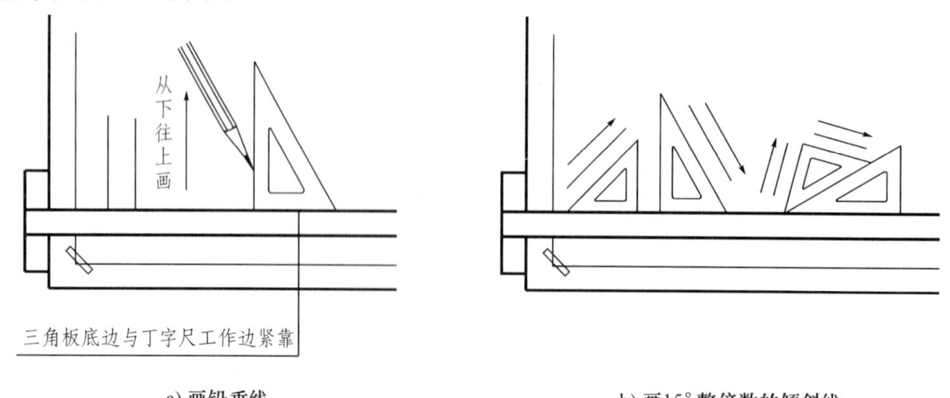

a) 画铅垂线　　b) 画15°整倍数的倾斜线

图 5-12　丁字尺与三角板配合画铅垂线和倾斜线

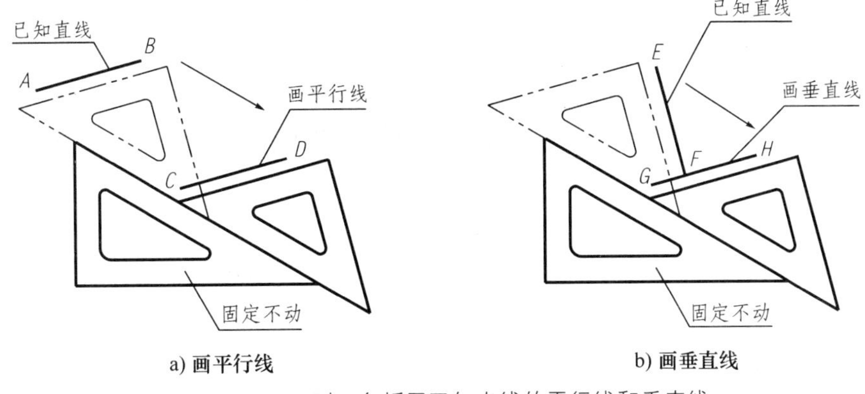

a) 画平行线　　b) 画垂直线

图 5-13　用一副三角板画已知直线的平行线和垂直线

5.2.2　绘图铅笔

绘图铅笔按笔芯的软硬有 B、HB、H 等多种标号，B 前面的数值越大，表示铅芯越软，H 前面的数值越大，表示铅芯越硬，HB 表示软硬适中。B 型铅笔画粗实线，HB 铅笔写字及画箭头，H 型铅笔画细线和打底稿。铅笔尖端根据作图线型不同可削成锥状和铲状。图 5-14 为铅笔的削法，锥状铅芯用作打底稿、写字，铲状铅芯用作加深。圆规用铅芯的削法如图 5-15 所示，楔形铅芯用于画细线，正四棱柱铅芯用作画粗线。画相同线宽的图线，圆规铅芯的硬度要比铅笔芯的硬度软一号。如画粗直线用 B 型铅笔，则画粗圆弧要用 2B 铅芯的圆规。

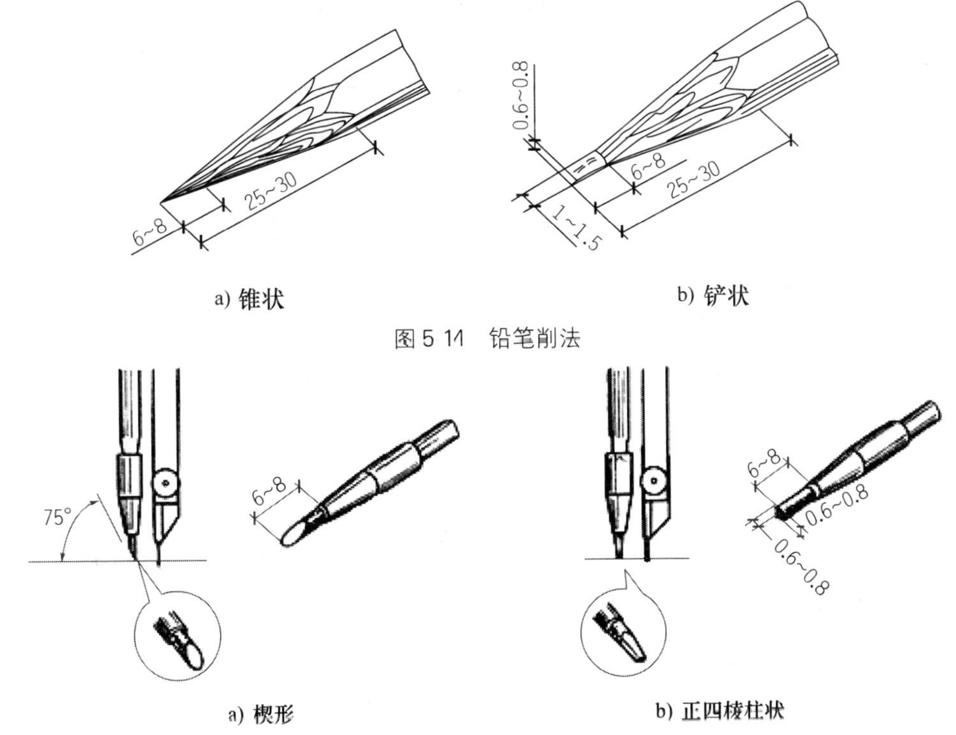

a) 锥状　　b) 铲状

图 5-14　铅笔削法

a) 楔形　　b) 正四棱柱状

图 5-15　圆规用铅芯削法

5.2.3 圆规和分规

圆规用来画圆和圆弧，大圆规可接换不同的插脚、加长杆，以满足不同的作图要求。

在使用前，应先调整针脚，使针尖略长于铅芯尖。画圆或画弧时，将带台阶的一端针尖扎入圆心处纸面，铅芯接触纸面，并将圆规向前进方向稍微倾斜，按顺时针方向一次画成，注意用力要均匀，如图 5-16 所示。根据不同的直径，尽量使钢针和铅芯同时垂直于纸面，若需画较大圆或圆弧时，可接加长杆。画小圆可用弹簧圆规。若用钢针接腿替换铅芯插腿时，圆规可作分规用。

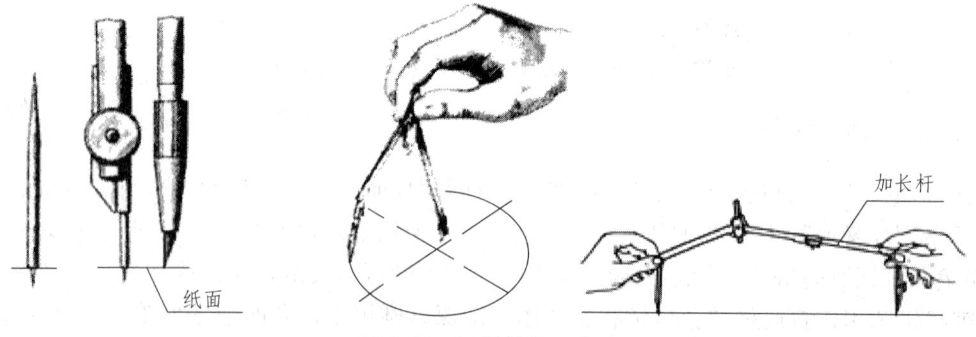

图 5-16 圆规的使用方法

分规主要用来量取线段长度或等分已知线段。为了准确地度量尺寸，分规的两针尖应平齐。从比例尺上量取长度时，针尖不要正对尺面，应使针尖与尺面保持倾斜。用分规等分线段时，将分规的两针尖调整到所需距离，然后用右手拇指、食指捏住分规手柄，使分规两针尖沿线段交替作为圆心旋转前进，如图 5-17 所示。分规等分线段通常用试分法。

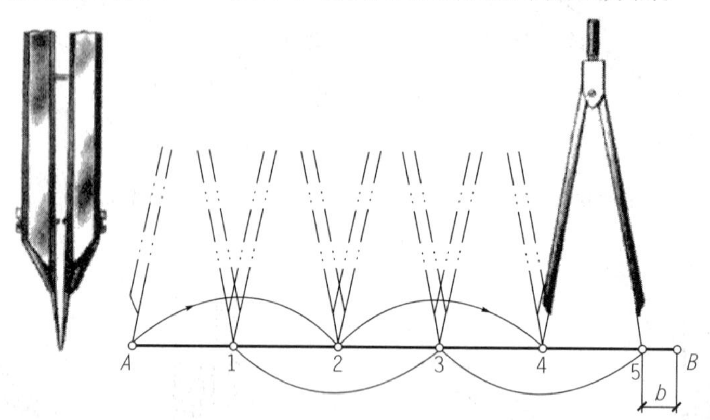

图 5-17 分规的使用方法

5.2.4 曲线板

曲线板用于绘制非圆曲线，其轮廓线由多段不同曲率半径的曲线组成。作图时，先用细线徒手把曲线上一系列点顺序连接起来，然后选择曲线板上曲率合适的部分与徒手连接的曲线贴合，分段描绘，每次连接应至少通过曲线上三个点，并注意在两段连接处要有一小段重复，以保证所连曲线光滑过渡，如图 5-18 所示。

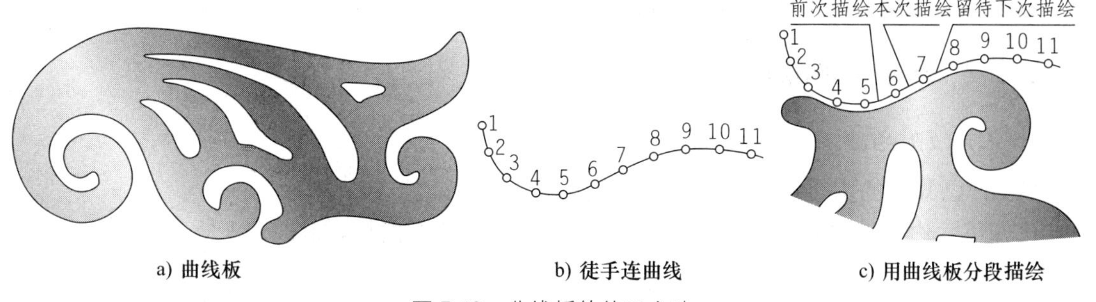

a) 曲线板　　b) 徒手连曲线　　c) 用曲线板分段描绘

图 5-18　曲线板的使用方法

5.2.5　其他制图工具

除上述常用的绘图工具外，还有比例尺、擦图片、胶带纸、毛刷、橡皮、小刀等制图工具。

比例尺是刻有不同比例的直尺，分别刻在三个侧面上，可放大或缩小尺寸，如图 5-19a）所示。比例尺用于直接在图上度量尺寸或用分规从比例尺上量取尺寸。

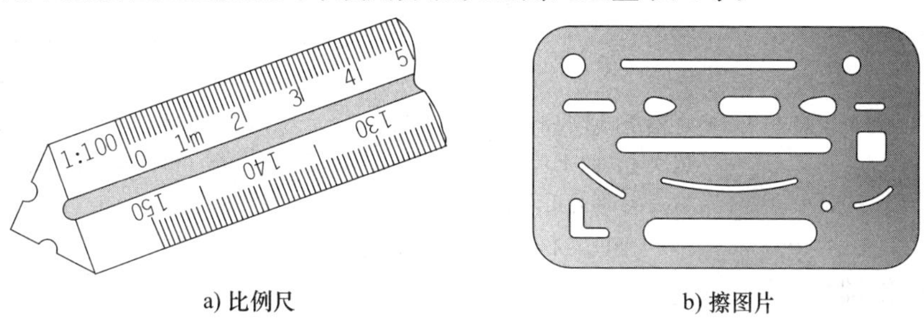

a) 比例尺　　b) 擦图片

图 5-19　比例尺和擦图片

利用擦图片上各种形式的镂孔，可擦去多余的线条，以保持图面清洁，如图 5-19b)所示。

5.3　几何作图

形体的轮廓形状是多种多样的，但基本上都是由直线、圆和其他一些曲线所组成的平面几何图形。因此应掌握一些基本的几何作图方法。

5.3.1　等分已知直线段

以五等分已知线段 AB 为例。作图步骤如图 5-20 所示。

A　B

a) 已知直线段 AB

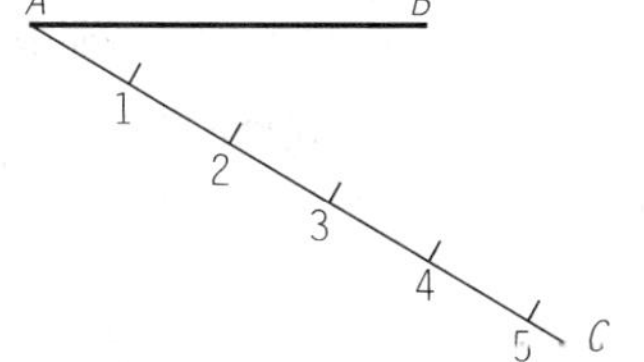

b) 过点A任作一直线AC，用分规或直尺在AC上从点A起截取任意长度的五等份，得1、2、3、4、5点

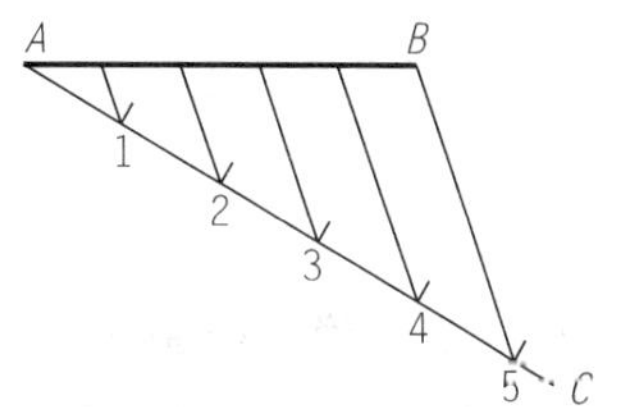

c) 连接$5B$，然后过1、2、3、4点作$5B$的平行线与AB相交，即可将AB分为五等份

图 5-20　等分已知线段

以上作图方法适用于任意等分已知线段。

5.3.2　正多边形的画法

1. 正六边形的画法

(1) 作已知圆的内接正六边形

已知正六边形外接圆半径 R,作正六边形。作图方法有两种,如图 5-21 所示。

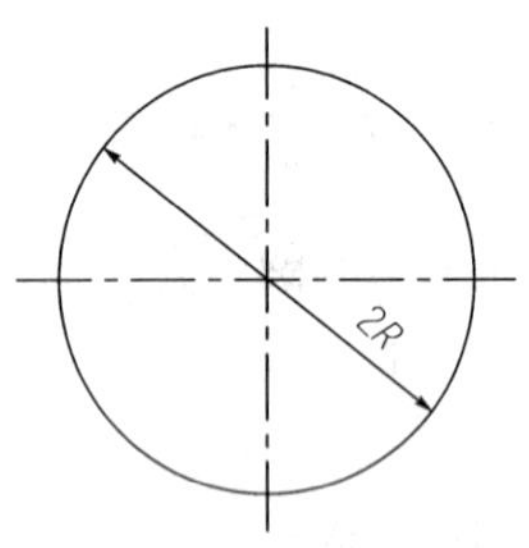

a) 画正六边形外接圆

b) 在圆上以半径R画弧六等分圆周,依次连接圆上六个分点1、2、3、4、5、6即为正六边形

c) 用丁字尺与30°(60°) 三角板配合,也可作出正六边形

图 5-21　作圆的内接正六边形

(2) 作已知圆的外切正六边形

已知正六边形内切圆半径 R_1,作正六边形。作图方法如图 5-22 所示。

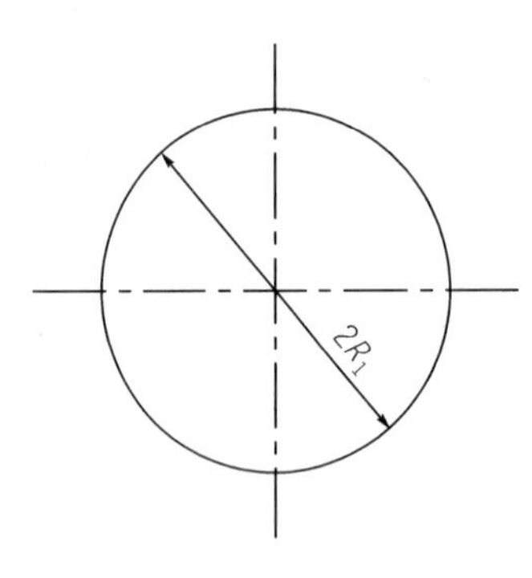

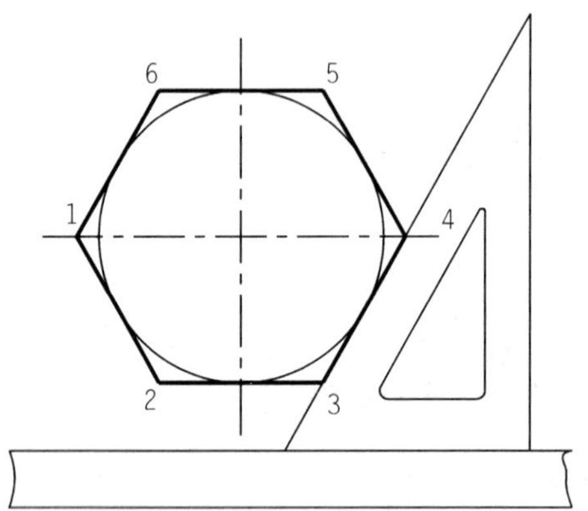

a) 画正六边形内切圆

b) 利用丁字尺与30°(60°) 三角板配合,作圆的切线,即可画出正六边形

图 5-22　作圆的外切正六边形

2. 正五边形的画法

已知正五边形外接圆直径,作正五边形。作图步骤如图 5-23 所示。

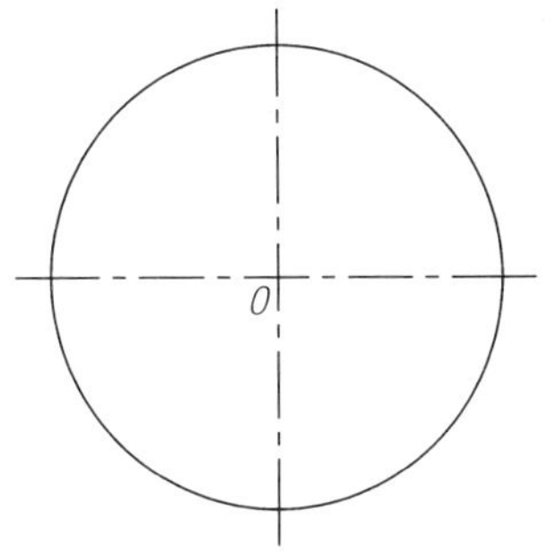

a) 画正五边形外接圆O

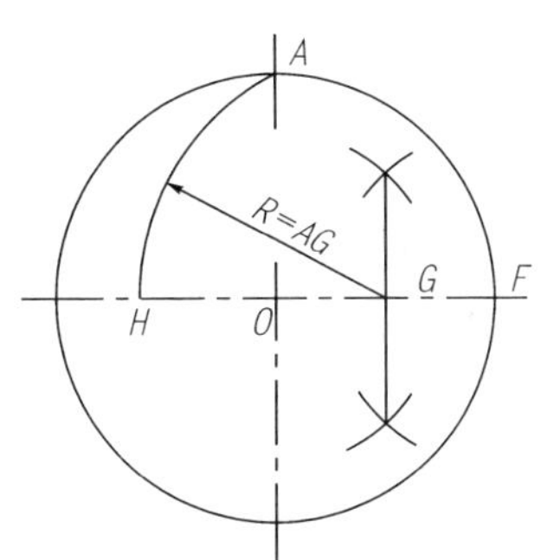

b) 作半径OF的等分点G，以G为圆心，AG为半径作圆弧，交直径于H

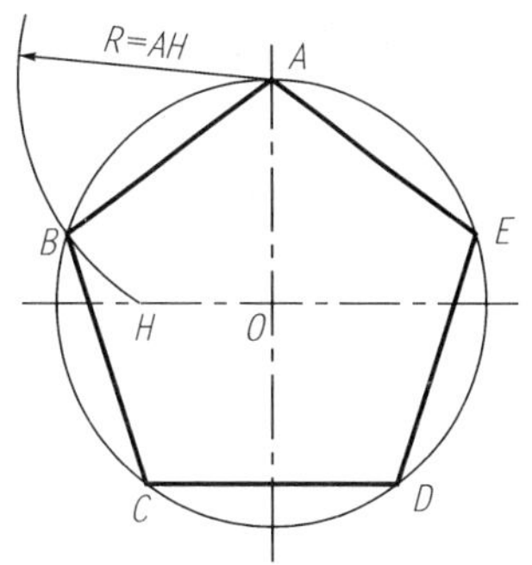

c) 以AH为半径，分圆周为五等分。连接各等分点A、B、C、D、E、A得正五边形

图 5-23　作圆的内接正五边形

5.3.3　圆弧连接的画法

在制图中，经常要用已知半径的圆弧（称连接圆弧），光滑连接（即相切）已知线段（直线或圆弧），称为圆弧连接。为了保证相切，必须准确地作出连接圆弧的圆心和切点。

圆弧连接的作图步骤为：

（1）求出连接圆弧的圆心。

（2）定出切点的位置。

（3）准确画出连接圆弧。

1. 圆弧与直线连接

作半径为 R 的圆弧与已知直线 AB 相切，如图 5-24a）所示。圆弧圆心 O 的轨迹是距离直线 AB 为 R 的两条平行线。如果选择以圆心为 O 的圆弧作为连接圆弧，则过 O 作直线 AB 的垂线，垂足 T 即为连接点（切点）。

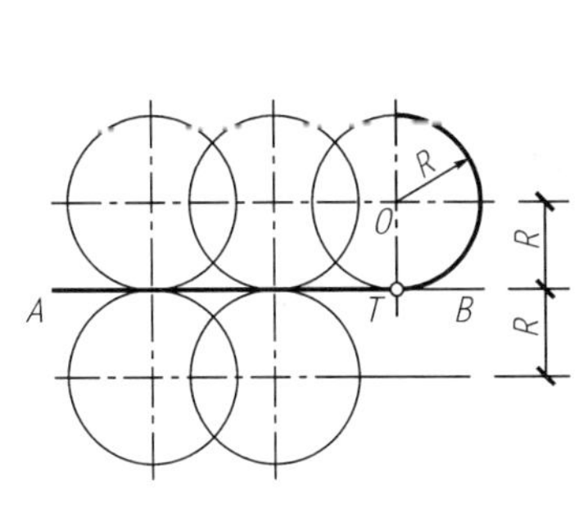

a) 圆弧与直线连接

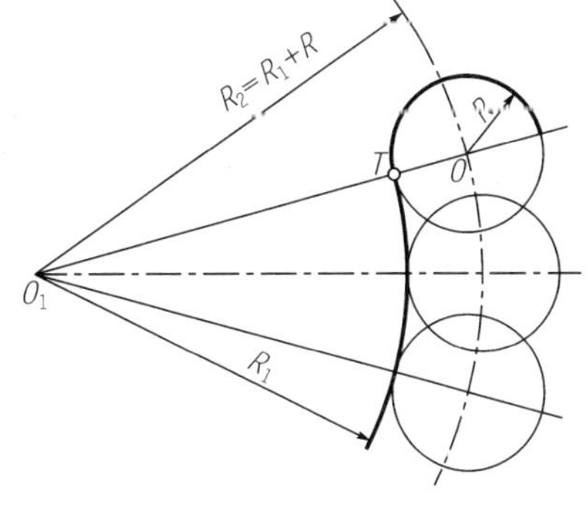

b) 圆弧与圆弧外切连接

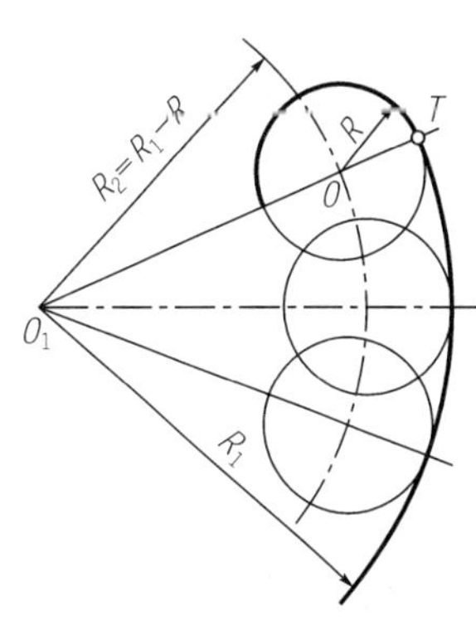

c) 圆弧与圆弧内切连接

图 5-24　圆弧连接的作图原理

2. 圆弧与圆弧连接

作半径为 R 的圆弧与已知圆弧（圆心为 O_1、半径为 R_1）相切。连接圆弧圆心 O 的轨迹是已知圆弧的同心圆，此同心圆的半径 R_2 视相切情况（外切或内切）而定。当两圆弧外切时，轨迹圆

的半径为两圆弧半径之和 $R_2=R_1+R$，如图 5-24b)所示；当两圆弧内切时，轨迹圆的半径为两圆弧半径之差 $R_2=|R_1-R|$，如图 5-24c)所示。如果选择 O 为连接圆弧的圆心，两圆心的连线 O_1O 与已知圆弧的交点 T 即为连接点(切点)。

实际作图时，根据连接的两条已知线段(直线或圆弧)，作出两条轨迹线的交点即为连接圆弧的圆心，然后确定切点，完成圆弧连接。

【例 5-1】 求作图 5-25a)所示圆弧连接。

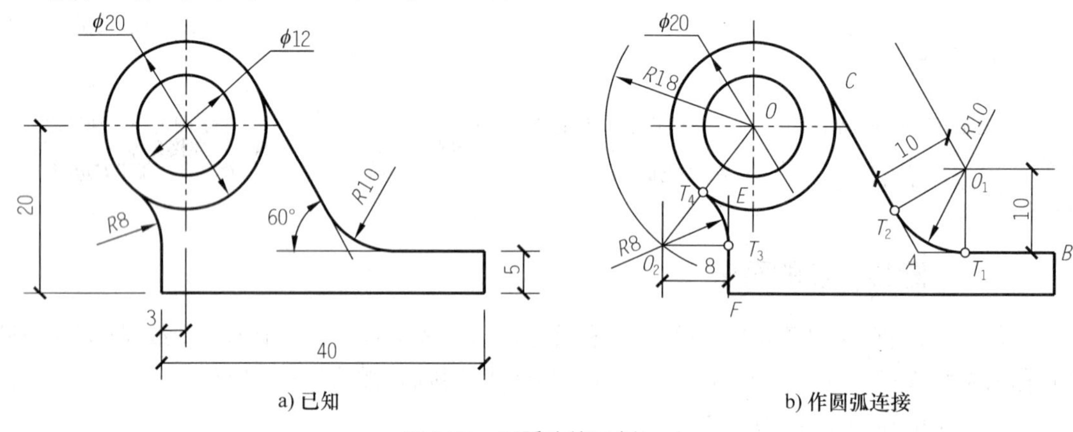

图 5-25 圆弧连接示例(一)

分析：

图上有两个连接圆弧，一个($R10$)连接两条直线；另一个($R8$)连接直线和圆弧(外切)。

作图：如图 5-25b)所示。

(1) 求两连接圆弧的圆心 O_1、O_2

分别作与已知直线 AB、AC 相距为 10 的平行线，其交点 O_1 为连接圆弧($R10$)的圆心；作与已知直线 EF 相距为 8 的平行线，再以 O 为圆心，$R(10+8)=R18$ 为半径画圆弧，此弧与平行线的交点 O_2 为连接圆弧($R8$)的圆心。

(2) 求连接点(切点)

自 O_1 分别向 AB 及 AC 作垂线，得垂足 T_1、T_2，即为连接点(切点)；自 O_2 向 EF 作垂线，得连接点(切点)T_3；连接 O 与 O_2，与已知圆弧($\Phi20$)相交于 T_4，即为连接点(切点)。

(3) 画连接圆弧

以 O_1 为圆心，$R10$ 为半径，自点 T_1 至 T_2 画圆弧；以 O_2 为圆心，$R8$ 为半径，自点 T_4 至 T_3 画圆弧，即完成作图。

【例 5-2】 求作图 5-26a)所示的圆弧连接。

分析：

图中有两个连接圆弧，一个($R18$)外切连接两圆弧；另一个($R40$)内切连接两圆弧。

作图：如图 5-26b)、c)所示。

(1) 求两连接圆弧的圆心 O_3、O_4

分别以 O_1、O_2 为圆心，$R(8+18)=R26$、$R(11+18)=R29$ 为半径画弧，得交点 O_3；以 $R(40-8)=R32$、$R(40-11)=R29$ 为半径画弧，得交点 O_4。O_3、O_4 即为连接圆弧的圆心。

(2) 求连接点(切点)

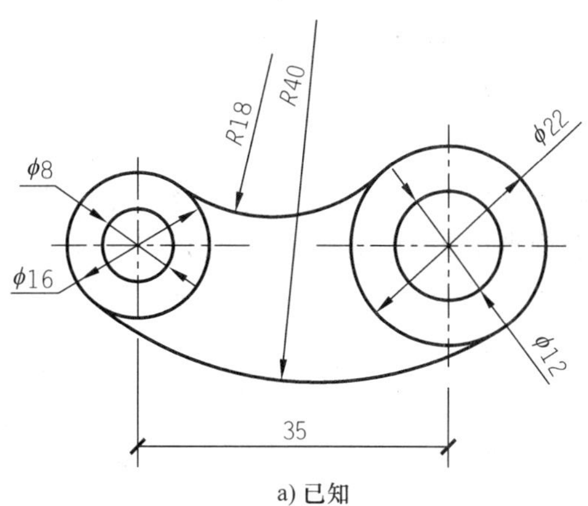

a) 已知

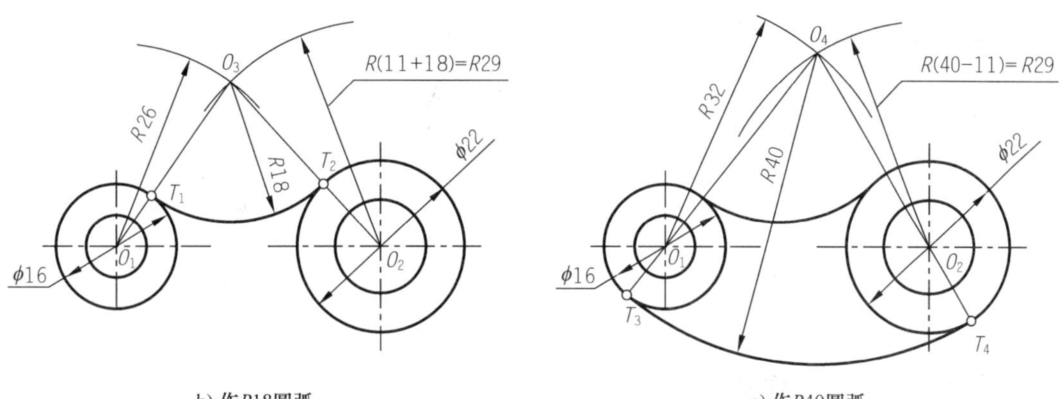

b) 作R18圆弧　　c) 作R40圆弧

图 5-26　圆弧连接示例(二)

作两圆心连线 O_1O_3、O_2O_3 以及 O_4O_1、O_4O_2 的延长线,与已知圆弧(φ16、φ22)分别交于点 T_1、T_2 以及 T_3、T_4,即为连接点(切点)。

(3) 画连接圆弧

以 O_3 为圆心,R18 为半径,自点 T_2 至 T_1 画圆弧;以 O_4 为圆心,R40 为半径,自点 T_4 至 T_3 画圆弧,即完成作图。

5.3.4 椭圆的画法

已知椭圆的长轴为 AB,短轴为 CD,常用作椭圆的方法如图 5-27 所示。图 5-27a)为四心法(近似画法),图 5-27b)为同心圆法。

1. 四心法

(1) 连接 A、C,以 O 为圆心、OA 为半径画弧,与 CD 的延长线交于点 E;以 C 为圆心、CE 为半径画弧,与 AC 交于点 F。

(2) 作 AF 的垂直平分线,与长短轴分别交于点 O_1、O_2,再作对称点 O_3、O_4。O_1、O_2、O_3、O_4 即为四段圆弧的圆心。

(3) 分别作圆心连线 O_1O_4、O_2O_3、O_3O_4 并延长。

(4) 分别以 O_1、O_3 为圆心,O_1A 或 O_3B 为半径画小圆弧 K_1AK 和 NBN_1,分别以 O_2、O_4 为

圆心，O_2C 或 O_4D 为半径画大圆弧 KCN 和 N_1DK_1（切点 K、K_1、N_1、N 分别位于相应的圆心连线上），即完成近似椭圆的作图。

2. 同心圆法

分别以 AB、CD 为直径作两同心圆，过中心 O 作一系列直径与两圆相交，过大圆上各交点Ⅰ、Ⅱ…引垂线，过小圆上各交点 1、2…作水平线，并与相应的垂线交于 M_1、M_2…各点，光滑连接以上各点即完成椭圆的作图。

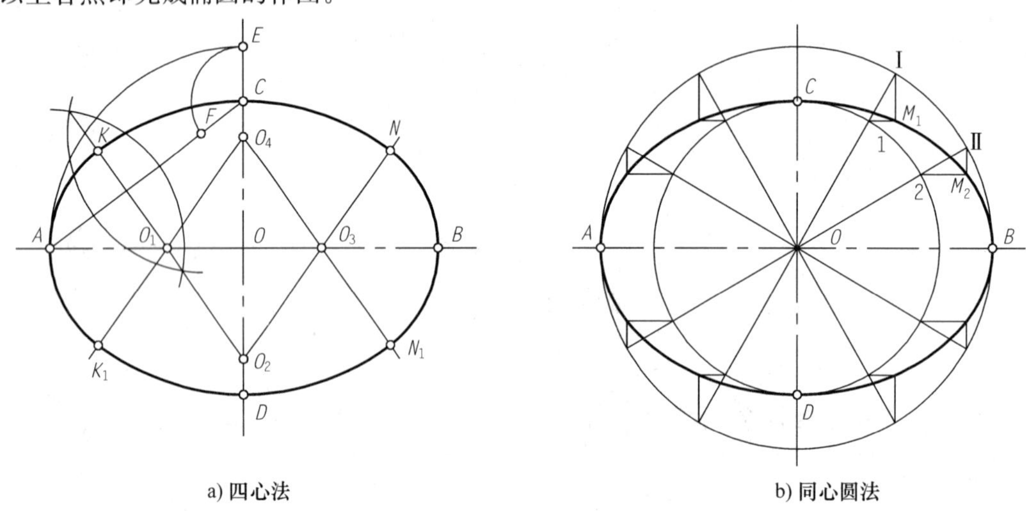

a) 四心法　　b) 同心圆法

图 5-27　椭圆的画法

5.3.5　螺旋线与螺旋面

1. 圆柱螺旋线

(1) 圆柱螺旋线的形成

当一动点 M 沿着一直线等速移动，而该直线同时绕与它平行的一轴线 O 等速旋转时，动点的运动轨迹即为一根圆柱螺旋线，如图 5-28 所示。直线旋转时形成一圆柱面，圆柱螺旋线就是

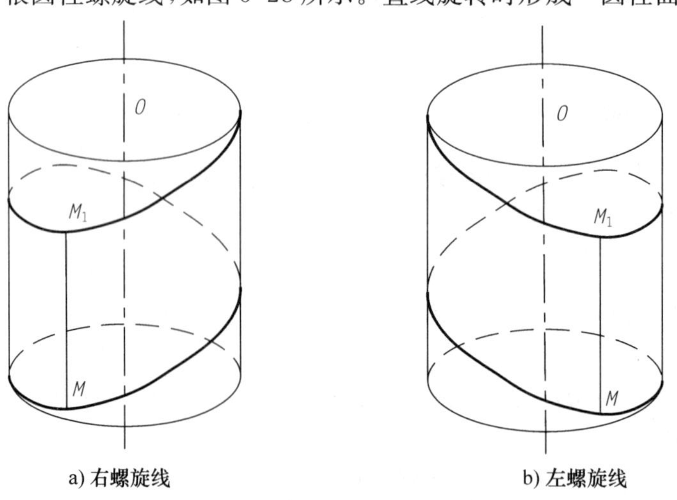

a) 右螺旋线　　b) 左螺旋线

图 5-28　圆柱螺旋线

该圆柱面上的一根曲线。形成圆柱螺旋线必须具备三个要素：

① 导圆柱的直径 D。

② 导程 S。当直线旋转一周，回到原来位置时，动点移到位置 M_1，点 M 在该直线上移动的距离 MM_1，称为圆柱螺旋线的导程，用 S 表示。

③ 旋向。分右旋和左旋两种旋向。母线按右手规则旋转形成的螺旋线称为右螺旋线(图 5-28a)，反之称为左螺旋线(图 5-28b)。

(2) 圆柱螺旋线的投影

① 设圆柱螺旋线的轴线垂直于 H 面，由导圆柱直径 D 和导程 S 画出导圆柱的 H 和 V 面投影，如图 5-29a)所示。圆柱螺旋线是圆柱面上的线，所以圆柱螺旋线的水平投影重合在圆柱面的水平投影圆周上，不必另求，现只需作出圆柱螺旋线的正面投影。

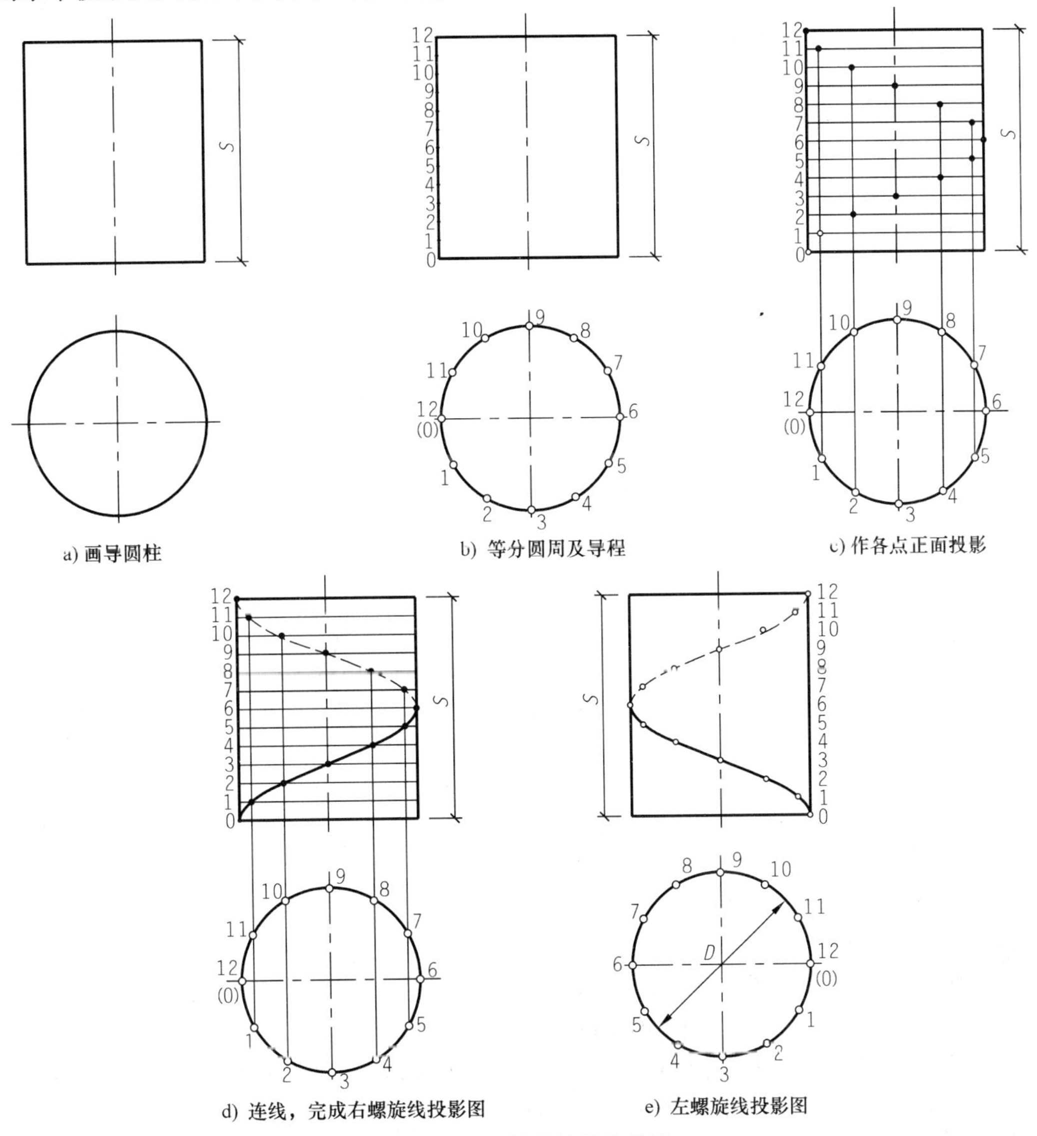

图 5-29 圆柱螺旋线的投影

② 将圆柱面的水平投影——圆周分为若干等份(如 12 等分),把导程 S 也分为相同等份,并编号,如图 5-29b)所示。

③ 从圆周上各分点引垂直线,与正面投影中相应分点所引的水平线相交,得到螺旋线上各点的正面投影,如图 5-29c)所示。

④ 将各点的正面投影用光滑的曲线连接起来,便得到螺旋线的正面投影。这是一根余弦曲线。在圆柱后面部分的一段螺旋线,因不可见用虚线画出,如图 5-29d)所示。

图 5-29e)为左螺旋线投影图。

2. 平螺旋面

(1) 平螺旋面的形成

平螺旋面是一种锥状面。它的曲导线为一根圆柱螺旋线,而直导线为该螺旋线的轴线。当直母线运动时,一端沿着曲导线,另一端沿着直导线移动,但始终平行于与轴线垂直的一个导平面 P,如图 5-30a)所示。

(2) 平螺旋面的投影

首先给出圆柱螺旋线及其轴线的两投影,再画出曲面上若干条素线的投影就得到平螺旋面的投影,其具体画法如下(图 5-30b):

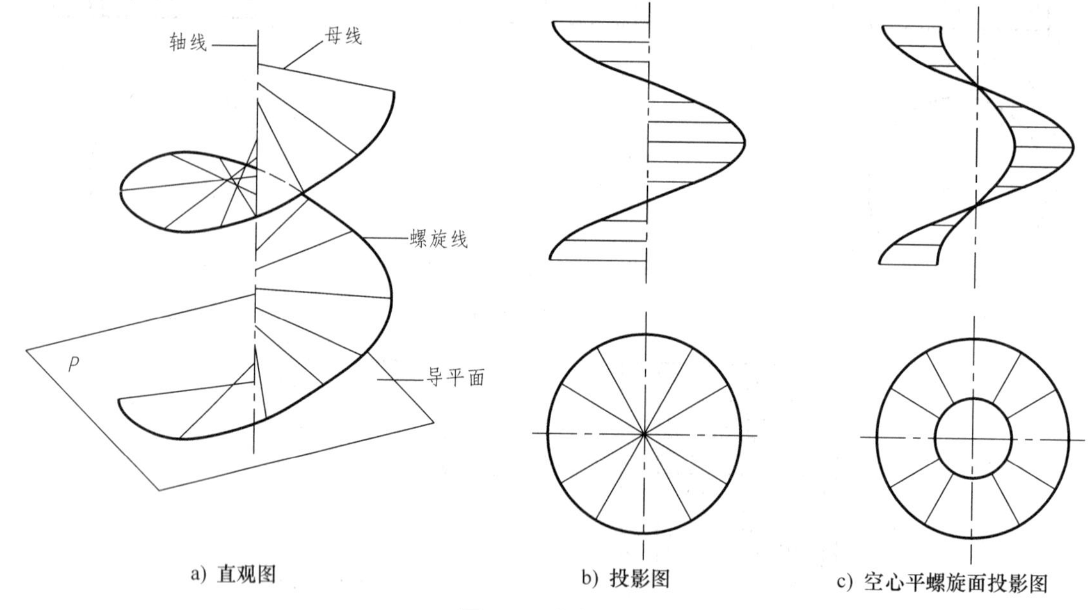

a) 直观图　b) 投影图　c) 空心平螺旋面投影图

图 5-30　平螺旋面

① 将螺旋线的水平投影圆周分成若干等份(图中为 12 等分),各分点与圆心连线,即为平螺旋面上各素线的水平投影。

② 由螺旋线上各分点的水平投影作出正面投影,然后过各分点的正面投影作水平线与轴线相交,即得平螺旋面上各素线的正面投影。各素线为水平线。

如果螺旋面被一个同轴的小圆柱面所截,它的投影图如图 5-30c)所示。小圆柱面与螺旋面的交线,是一根与螺旋曲导线有相等导程的螺旋线。

【例 5-3】 已知螺旋楼梯扶手弯头的水平投影和弯头断面 $ABCD$ 的投影(图 5-31a)),求扶手弯头的正面投影。

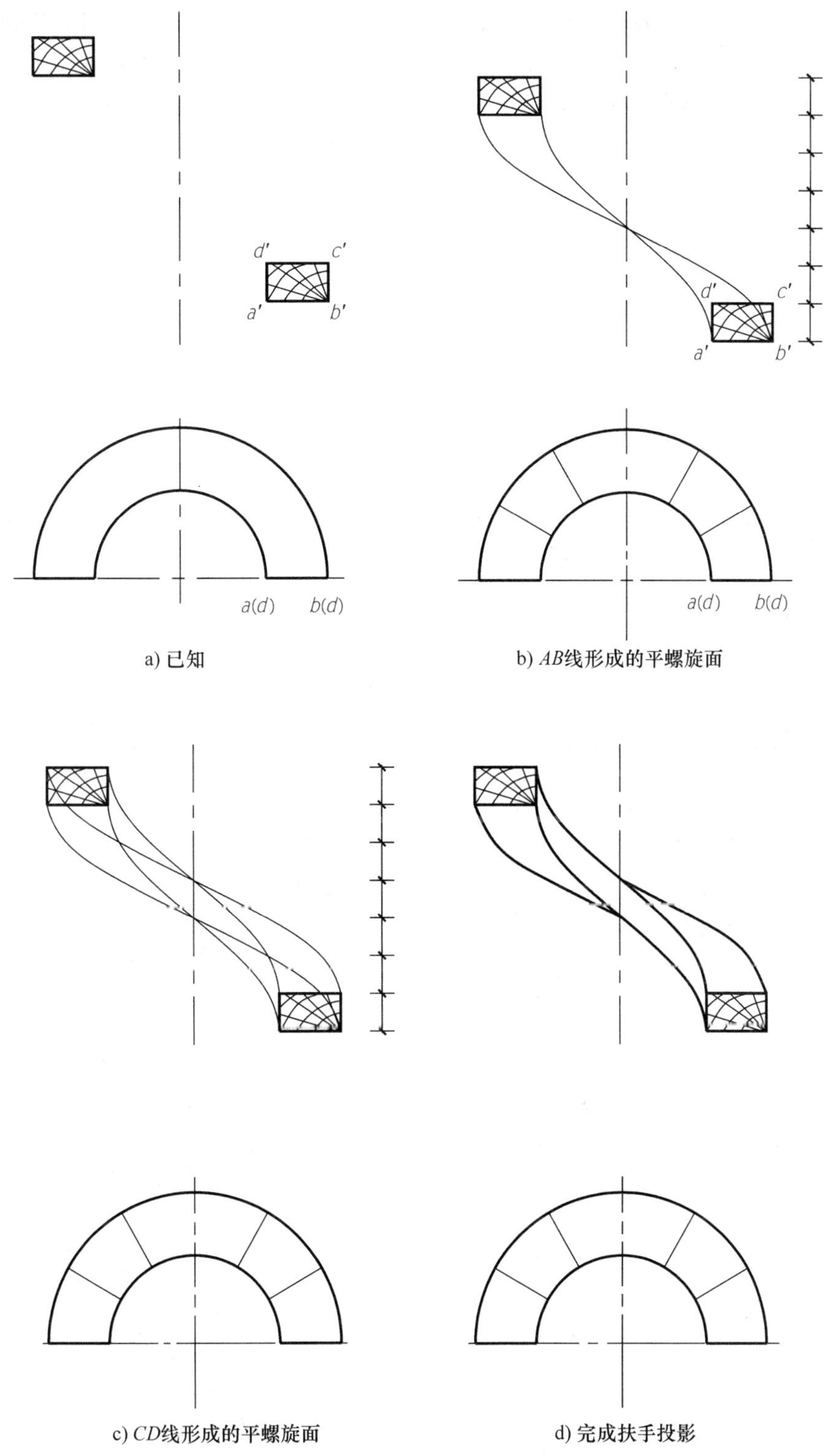

a) 已知

b) *AB*线形成的平螺旋面

c) *CD*线形成的平螺旋面

d) 完成扶手投影

图 5-31　螺旋楼梯扶手

分析：

以矩形 $ABCD$ 为断面的螺旋楼梯扶手形状，实际上是由 1/2 导程的平螺旋面和内外圆柱面所组成的，直线 AB 和 CD 的运动轨迹都是空心平螺旋面，直线 AD 和 BC 形成的曲面是内外圆柱面。只要作出以直线 AB 和 CD 为母线的两个空心平螺旋面的正面投影，就可得到弯头的正面投影。

作图：

(1) 根据螺旋面的画法，把半圆分成 6 等份，作出 AB 线形成的平螺旋面，如图 5-31b)所示。

(2) 同样方法作出 CD 线形成的平螺旋面，如图 5-31c)所示。

(3) 判断可见性，完成 V 面投影。为了加强直观性，擦去不可见线，加深可见线，结果如图 5-31d)所示。

在建筑工程中，平螺旋面的实际应用为螺旋楼梯。

3. 螺旋楼梯

已知螺旋楼梯的导程、踢板厚、螺旋梯内外侧圆柱面的直径，作螺旋楼梯的两面投影。作图步骤如下：

(1) 根据内、外圆柱的直径、导程以及梯级数，画出螺旋面的两面投影(为简化作图，假设沿螺旋楼梯走一圈有十二级踏步)，如图 5-32a)所示。

(2) 画螺旋楼梯踏面和踢面的投影，如图 5-32b)所示。

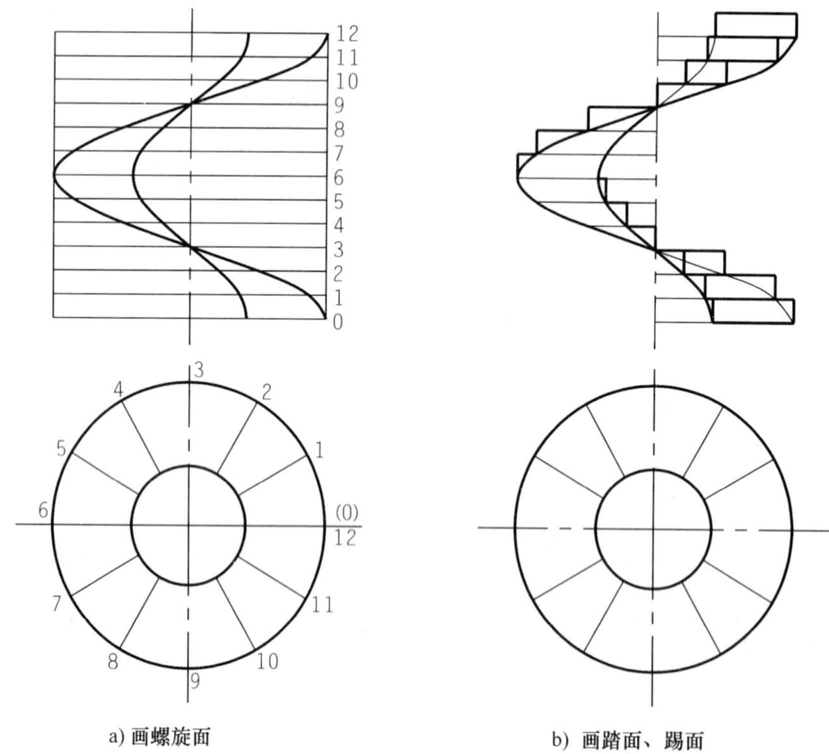

a) 画螺旋面　　b) 画踏面、踢面

图 5-32

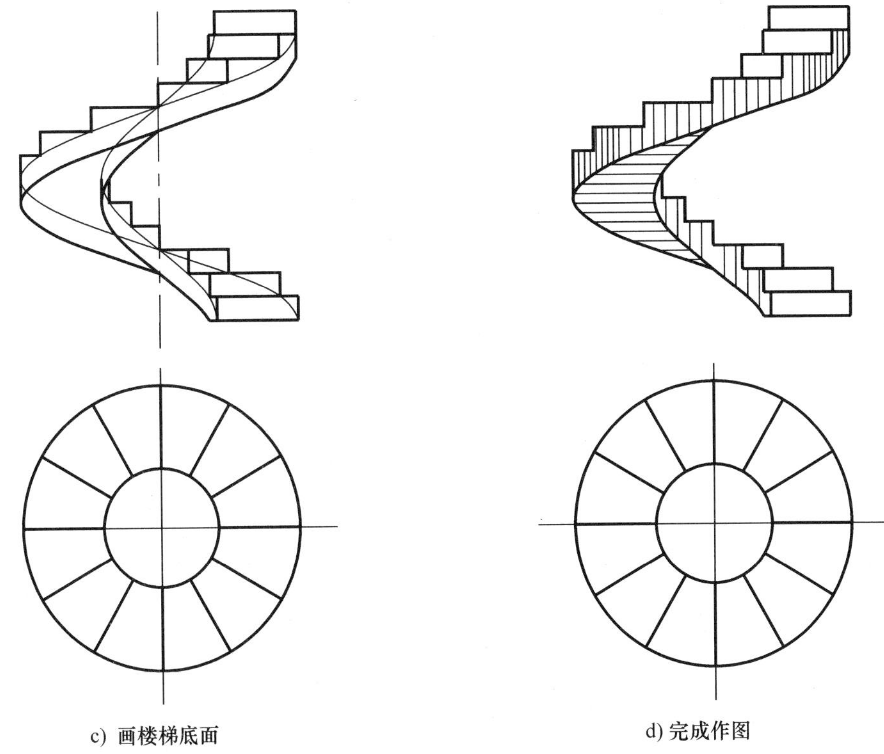

图 5-32　螺旋楼梯的画法

螺旋面水平投影的每一等份就是螺旋楼梯的一个踏面的投影，两踏面的分界线是螺旋楼梯踢面的积聚投影。踏面和踢面的正面投影可由水平投影作图得到。踏面的正面投影为水平线，踢面的正面投影为矩形。每一踢面高是导程的 1/12。

(3) 画螺旋楼梯梯板底面的投影，如图 5-32c)所示。

梯板底面也是一个螺旋面，它的形状、大小与梯级的螺旋面完全一样，只是两者相距一个梯板沿竖直方向的厚度。梯板底面的水平投影与各梯级的水平投影重合。正面投影可对应于梯级螺旋面上的各点，向下截取相同的高度(即梯板沿竖直方向的厚度)，求出底板螺旋面上的各点的正面投影，然后用光滑曲线连接。

(4) 最后，擦去不必要的作图线，完成作图。为了加强直观性，可修饰螺旋楼梯的侧面，如图 5-32d)所示。

5.4　平面图形的画法

任何平面图形总是由若干线段(包括直线段、圆弧、曲线)连接而成的，每条线段又由相应的尺寸来决定其长短(或大小)和位置。一个平面图形能否正确绘制出来，要看图中所给的尺寸是否齐全和正确。因此，绘制平面图形时应先进行尺寸分析和线段分析，以明确作图步骤。

5.4.1 平面图形的尺寸分析

平面图形中的尺寸按其作用,可分为定形尺寸和定位尺寸,以图 5-33 所示手柄为例。

1. 定形尺寸

确定平面图形中几何要素大小的尺寸称为定形尺寸。例如直线段的长度(图 5-33 中的尺寸 15)、圆的直径(或半径)(图 5-33 中的 $\Phi 5$、$R50$ 等)、角度的大小等尺寸。

2. 定位尺寸

确定图形中几何元素位置的尺寸称为定位尺寸。如圆心的位置尺寸(图 5-33 中 $\Phi 5$ 圆的定位尺寸 8)等。

标注尺寸时,必须先选好尺寸基准。标注尺寸的起点称为尺寸基准。在平面图形中,图形的垂直方向和水平方向各有一个主要基准,还会有一个或几个辅助基准。通常将图形的对称线、较大圆的中心线、主要轮廓线等作为尺寸基准(图 5-33 中,垂直方向以轴线为基准,水平方向以左端面为基准)。

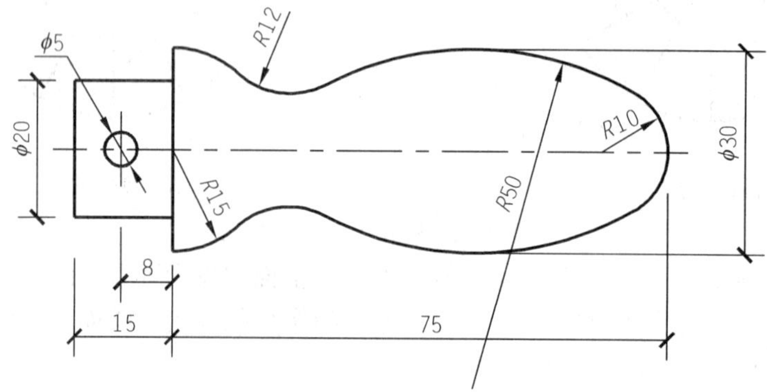

图 5-33　平面图形的尺寸分析与线段分析

5.4.2 平面图形的线段分析

根据所注的尺寸,平面图形中线段可以分为已知线段、中间线段和连接线段三类。

1. 已知线段

具有完整的定形尺寸和定位尺寸,能根据已知尺寸直接画出的线段。

2. 中间线段

只有定形尺寸和一个定位尺寸,另一个定位尺寸需要根据相邻的已知线段的连接关系求出才能画出的线段。

3. 连接线段

只有定形尺寸,其定位尺寸也需根据相邻线段的连接关系求出才能画出的线段。

图 5-33 所示手柄中各直线段及 $\phi 5$ 圆均为已知线段,可直接画出,各段圆弧分析如下:

$R15$ 和 $R10$ 的圆弧为已知圆弧,其半径尺寸和圆心两个方向的定位尺寸均已知,可直接画出;$R50$ 的圆弧为中间圆弧,其半径尺寸和圆心垂直方向的定位尺寸为已知,其圆心水平方向的定位尺寸未知,需要利用与 $R10$ 圆弧内切的关系,才能求出它的圆心和连接点;$R12$ 的圆弧为连接圆弧，只有半径尺寸已知，缺少圆心的定位尺寸，需要利用与其相邻的两圆弧 $R50$ 及 $R15$ 的外切关系才能确定其圆心位置，故最后画出。

当若干线段处于光滑连接（相切）关系时，确定每个线段的性质应遵循的规律是：在两个已知线段之间，可以有任意个中间线段，但必须有而且只能有一个连接线段。

5.4.3 平面图形的尺寸标注

1. 尺寸标注要求

平面图形尺寸标注的要求是：正确、完整、清晰。

正确　平面图形的尺寸应严格遵守国家标准规定进行标注，尺寸数值不能写错和出现矛盾。

完整　平面图形的尺寸要注写齐全。即不遗漏各组成部分的定形尺寸和定位尺寸，又没有多余的尺寸。当利用所注全部尺寸能绘制出整个图形时，则尺寸标注是完整的；若某些地方尚不能绘制，则尺寸有遗漏；作图中用不上的尺寸则是多余尺寸。

清晰　标注的尺寸位置要安排在图形的明显处，标注清楚，布局整齐。

2. 平面图形尺寸标注的一般步骤

(1) 分析图形，选择尺寸基准，确定已知线段、中间线段和连接线段。

(2) 标注已知线段尺寸，注出已知线段的定形尺寸和两个定位尺寸。

(3) 标注中间线段尺寸，注出中间线段的定形尺寸和一个定位尺寸。

(4) 标注连接线段尺寸，即注出连接线段的定形尺寸。

(5) 检查、调整、补遗删多。

5.4.4 平面图形的作图步骤

平面图形的作图步骤是：先对图形进行尺寸分析和线段分析，判断各线段和圆弧的性质；然后画基准线；再按已知线段、中间线段、连接线段的顺序依次画出各线段；最后检查全图，按各种图线的要求加深，并标注尺寸。

手柄的作图步骤如图 5-34 所示。

(1) 作出图形的基准线，首先画已知线段。已知线段包括各直线段、$\Phi5$ 圆及 $R15$、$R10$ 圆弧，如图 5-34a)所示。

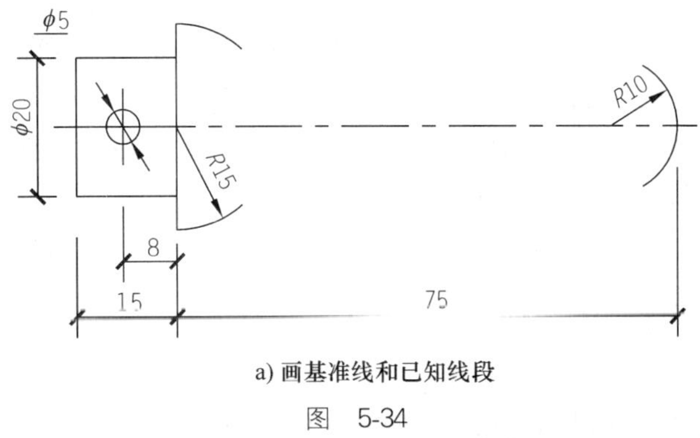

a) 画基准线和已知线段

图　5-34

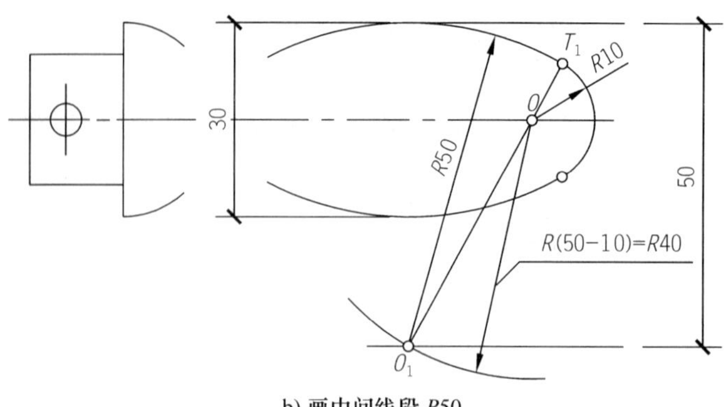

b) 画中间线段 $R50$

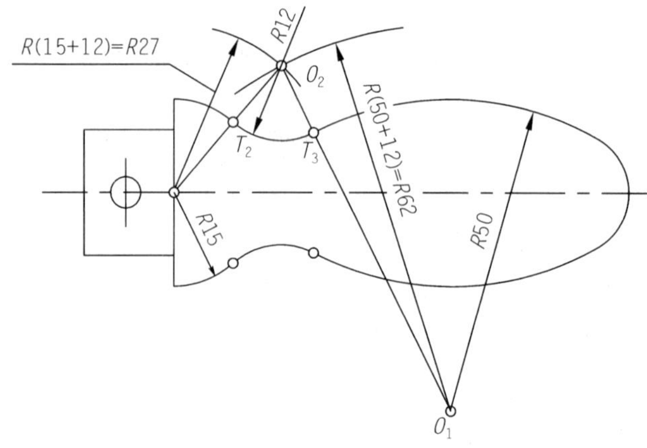

c) 画连接线段 $R12$，完成底稿

图 5-34 手柄的画法

(2) 画中间线段。$R50$ 圆弧为中间圆弧,如图 5-34b)所示。

(3) 画连接线段。$R12$ 圆弧为连接圆弧,如图 5-34c)所示。

(4) 校核作图过程,擦去多余的作图线,描深图形,标注尺寸,结果如图 5-33 所示。

5.4.5 仪器绘图的方法和步骤

1. 绘图前的准备工作

(1) 准备好必要的绘图工具和仪器。

(2) 根据图形大小和复杂程度选定图形所采用的比例,确定图纸幅面。

(3) 鉴别图纸正面,并将图纸固定在图板左下方适当位置。

(4) 画出图框和标题栏。按国标规定的幅面尺寸和标题栏位置,用细实线绘制图框和标题栏,待图纸完工后再对图框线加深、加粗。

2. 图形布局

图形在图纸上的布局应匀称、美观。

3. 画底稿

用 2H(或 H)的铅笔画底稿,底稿线要细而浅,但应清晰。

按布图确定各图形的位置，首先画各图形的基准线，如对称中心线等，再画主要轮廓线，然后画细节。

4. 图线加深

用B(或2B)型铅笔加深粗线，用HB型铅笔加深中粗线，用2H(或H)型铅笔加深细线。画圆时圆规的铅芯应比画相应直线的铅芯软一号。尽可能将同一类型、同样粗细的图线一起加深。图线的加深顺序为：先圆弧(圆)后直线，从图的上方开始按顺序向下加深水平线，自左至右加深垂直线，最后加深其余的图线。

5. 标注尺寸

标注尺寸时，先画出尺寸界线、尺寸线和尺寸起止符号，再注写尺寸数字和其他文字说明。

6. 填写标题栏

全面检查，填写标题栏中的各项内容，加深图框及标题栏，完成全部绘图工作。

5.5 徒手绘图

徒手画草图是要求不用绘图仪器和工具，靠目测比例徒手画出的图样。在绘制设计草图时，采用徒手绘图。对徒手绘制的草图，仍应基本做到：图形正确、图线分明、比例匀称、字体工整、图面整洁。徒手画图一般用HB铅笔，铅芯磨削成锥状，常在网格纸上画图。

徒手绘图是工程技术人员的一项重要的基本技能，要经过不断实践，才能逐步提高。各种图线的徒手画法如下：

1. 徒手画直线

画直线时，执笔要稳，眼睛要注意终点，用力均匀，一次画成。画较短线时，常用手腕运笔；画长线则运动手臂，且肘部不宜接触纸面，否则不易画直。画水平线时可将图纸放成稍向左倾斜，从左向右画；画垂直线时自上而下运笔；画倾斜线时，可适当将图纸转到绘图顺手的位置，如图5-35所示。

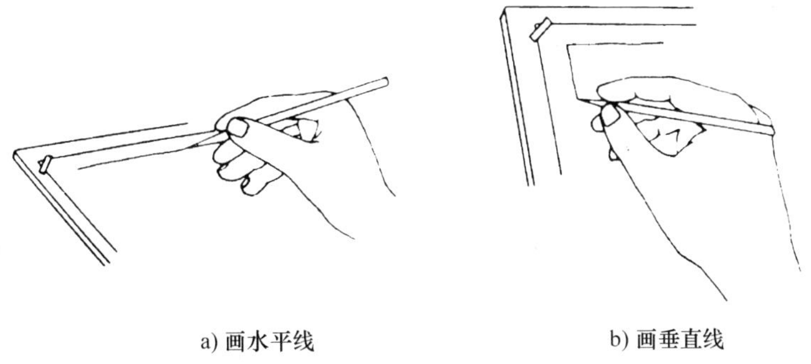

a) 画水平线　　b) 画垂直线

图5-35　徒手画直线

2. 徒手画圆及圆弧

画圆时，应定出圆心的位置，过圆心画中心线。画小圆时，可在对称中心线上取四个点，过四点画圆，如图5-36a)所示。画大圆时，可过圆心增画两条45°的辅助斜线，在斜线上再定四点，过八点画圆。如图 5-36b)所示。

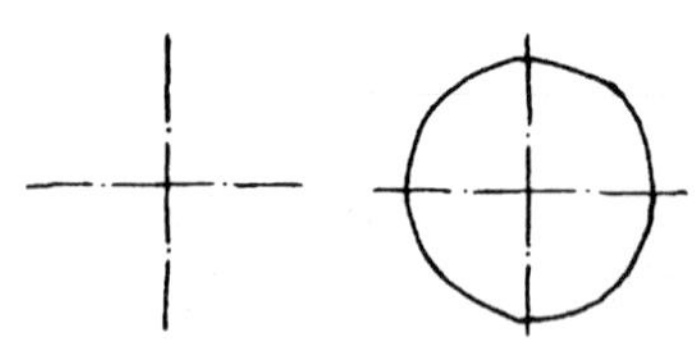

a) 小圆画法

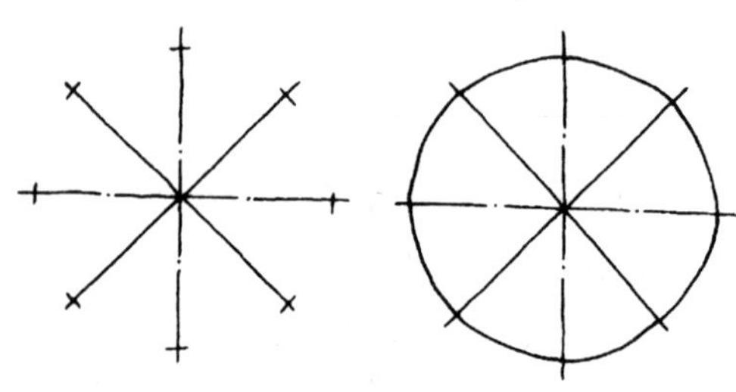

b) 大圆画法

图 5-36 徒手画圆

画圆弧、椭圆等曲线时，同样用目测定出曲线上若干点，光滑连接即可。一般利用它们与正方形、长方形、菱形相切的特点画出，如图 5-37 所示。

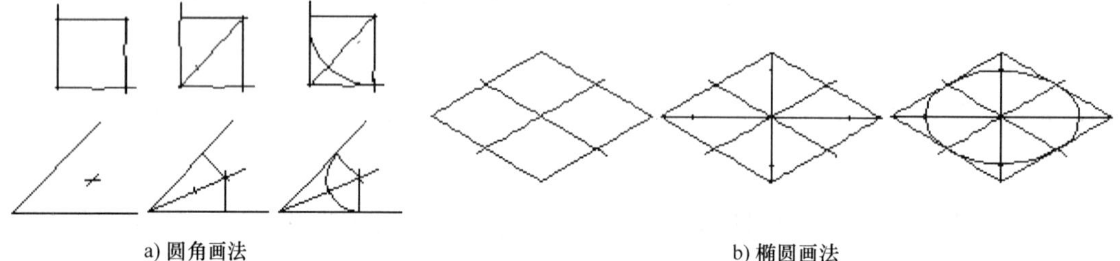

a) 圆角画法　　b) 椭圆画法

图 5-37 徒手画圆角及椭圆

3. 徒手画角度线

30°、45°、60°等常见角度，可根据两直角边的比例关系，定出两端点，然后连接两点即为所画的角度线；若画 10°、15°等角度线，可先画出 30°角后，再等分求得，如图 5-38 所示。

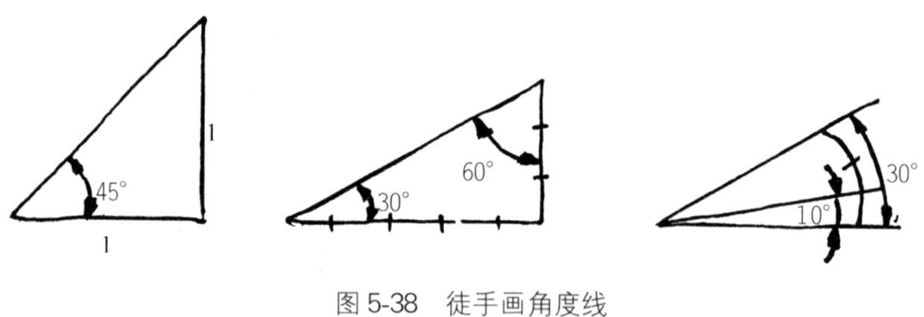

图 5-38 徒手画角度线

小　结

本章学习了建筑制图标准中有关制图的一些基本规定，介绍了绘图仪器的使用和平面图形的画法，为后续章节绘制仪器图打下基础。

本章的重点是建筑制图标准中有关图纸幅面、图线、字体、比例及尺寸标注的规定。

几何作图中圆弧连接和螺旋楼梯的画法是难点。

在今后的学习中注意培养认真、细致的工作作风，使所绘图样图面整洁，作图准确，图线分明，字体工整，符合国家标准制图规定。

1. 熟悉国家标准关于制图的一些基本规定。

2. 说明虚线、点画线的规定画法及图线交接画法。

3. 说明尺寸标注的组成部分及规定画法。

4. 练习使用图板、丁字尺、三角板配合绘图。

5. 作圆弧连接时需要先求出哪两个条件?

6. 什么是右螺旋线和左螺旋线？如何画圆柱螺旋线的投影?

7. 已知螺旋楼梯的导程、踢板厚、螺旋梯内外侧圆柱面的直径,如何作螺旋楼梯的两面投影?

8. 什么是定形尺寸？什么是定位尺寸？如何根据尺寸进行线段分析?

9. 如何绘制平面图形？简述绘制仪器图的方法和步骤。

第6章 组合体的投影与构型设计

本章概要

1. 介绍组合体的组成；
2. 介绍组合体的画图与读图；
3. 介绍组合体构型设计的原则。

6.1 组合体的形体分析

任何组合体，不论其繁简如何，都可看成是由基本形体组合而成的，即由许多棱柱、棱锥、圆柱、圆锥、球等基本几何体叠加（堆积）或切割而组合在一起的形体，即为组合体。工程图中常将物体的水平投影称之为平面图，正面投影称之为正立面图，侧面投影称之为侧立面图，统称为物体的三面投影。

对组合体进行分析，就是将形体分解成由若干个基本几何体，分析各基本形体的形状及相互位置，以及各基本形体之间表面间的连接方式，从而得出整个组合体的形状与结构，这种方法称为形体分析法。它是画图、读图和标注尺寸的基本方法。

常见的组合体主要有叠加和切割两种基本方式组成，但很多组合体同时具有这两种组合方式，所以也称为综合式。

6.1.1 叠加

叠加就是把基本几何体重叠地摆放在一起而构成组合体。

如图6-1a)所示挡土墙，可看成是由底板、直墙和支撑板三部分叠加而成，其中底板是一个四棱柱，在底板上右边叠加了一四棱柱直墙，左边叠加了一三棱柱支撑板，如图6-1b)所示。

6.1.2 切割

切割是指由一个或多个截平面对简单基本几何体进行截割，使之变为较复杂的形体，如图6-2a)所示的条形基础，是在一大四棱柱的基础上前后对称的各切割去一个小四棱柱和一个小三棱柱而形成的，如图6-2b)所示。

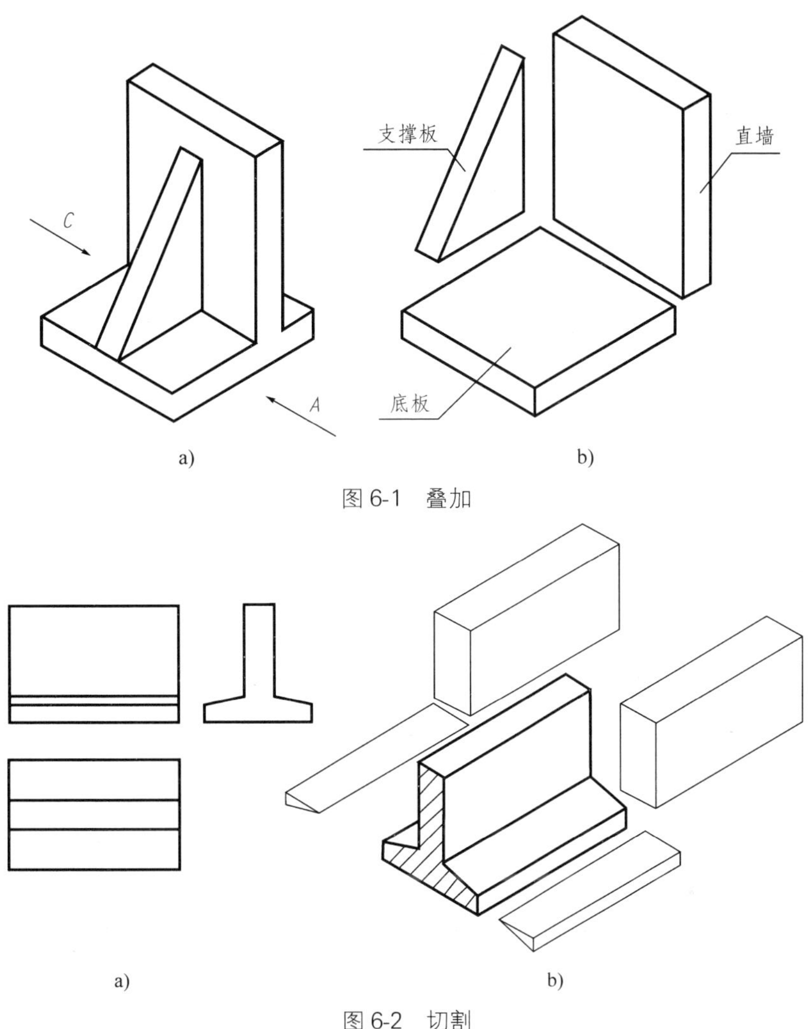

图 6-1 叠加

a) b)

图 6-2 切割

6.1.3 综合式

大多数组合体都是由切割和叠加组合而成的，如图 6-3 的台阶，可以看成综合式的组成方式。

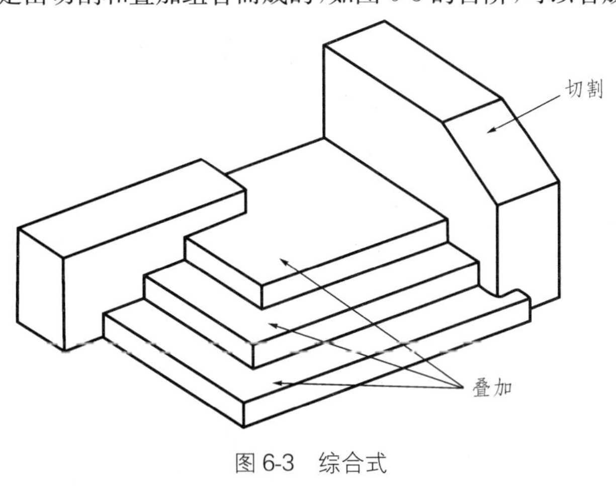

图 6-3 综合式

6.2 组合体表面间的连接方式

各基本形体在组合的时候，表面之间由于过渡的方法不同，表面间的连接方式也不一样，在画图时，必须注意分析表面间的连接关系，才能不多线、不漏线。同理，读图时，也必须分出各基本形体表面间的连接关系，才能想出物体的形状。

6.2.1 各基本形体表面间的连接关系

具体可分为四种：平齐、不平齐、相交、相切。如图 6-4 所示。

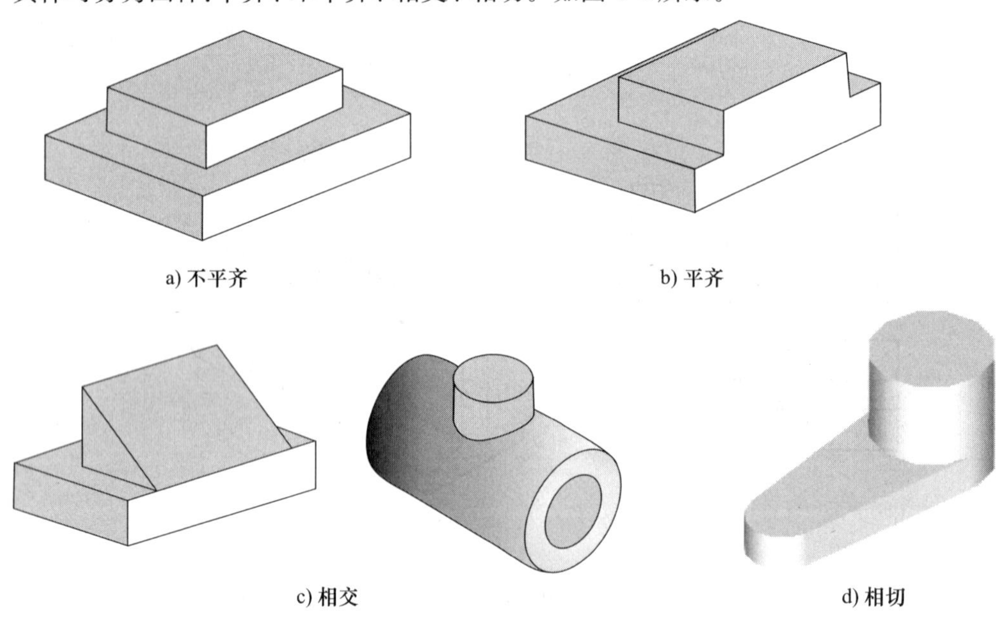

a) 不平齐　b) 平齐　c) 相交　d) 相切

图 6-4 组合体表面间的连接方式

6.2.2 各基本形体表面间连接关系的画法

在读图和画图的时候，要注意分析各形体表面间连接关系的画法。

1. 平齐

当两基本几何体上的两个平面互相平齐地连接成一个平面时，则它们在连接处（是共面关系）而不再存在分界线。因此在画它的视图时不应该再画它们的分界线。如图 6-4b)所示，底板和直墙的前端面连成一个共同的表面（即平齐），没有间隔，故其间不应画线。

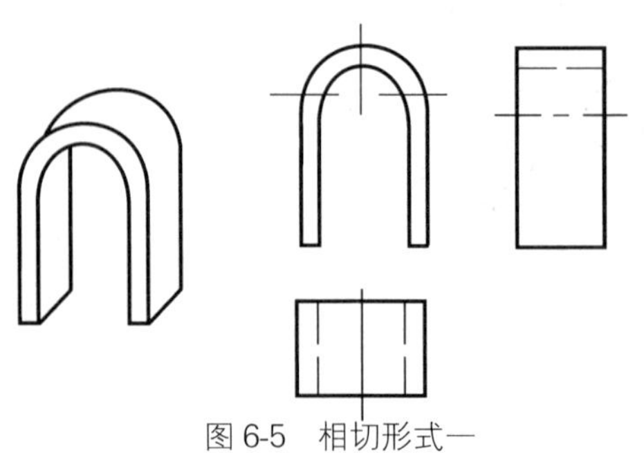

图 6-5 相切形式一

2. 相切

相切是指两基本体的表面光滑过渡，形成相切组合面。如图 6-5 所示的隧洞，由两个四棱柱与半个圆柱相切而成。注意由于两个基本体相切的地方没有轮廓线，因此形体间的切线不画。又如图 6-6 所示两圆柱表面相切，不画交线。

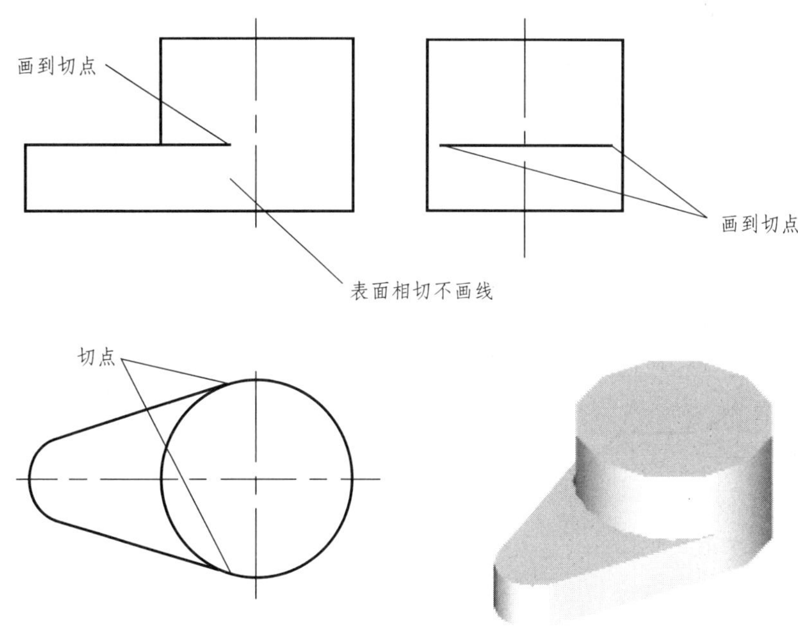

图 6-6　相切形式二

3. 相交

相交是指两基本体的表面相交。如图 6-7a）所示的烟囱与坡屋面相交，其形体可看成是由四棱柱与五棱柱相交而成，其交线是一条闭合的空间折线。表面交线是它们的表面分界线，图上必须画出它们交线的投影，如图 6-7b）、图 6-8 所示。

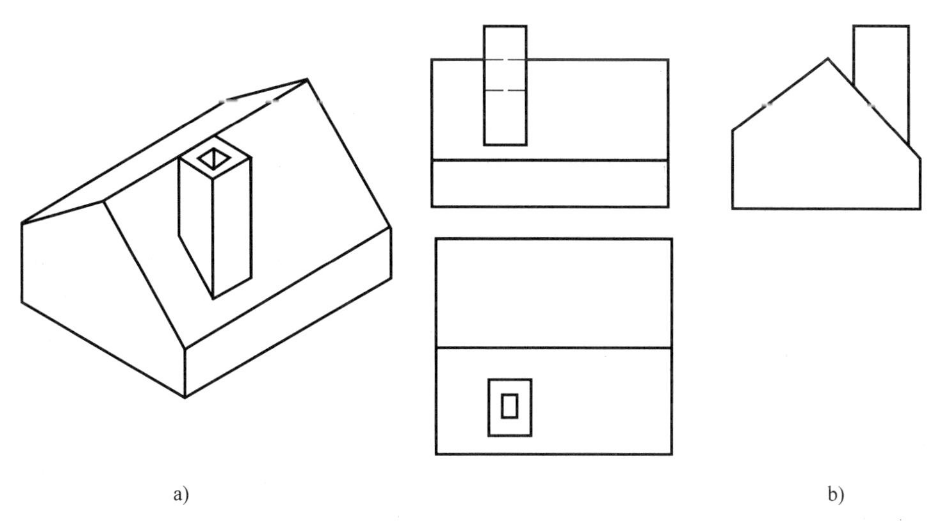

图 6-7　相交形式一

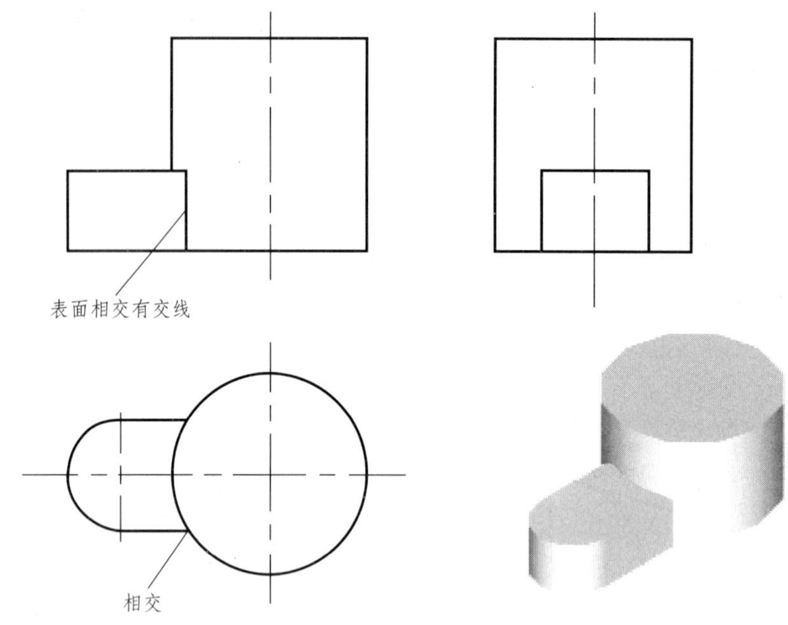

图 6-8　相交形式二

6.3　组合体的画图方法

画组合体的视图经常采用的是形体分析法，就是按照组合体的特点，假想将一个复杂的组合体分解为若干个基本形体，分析出各个基本形体的形状，以及各基本形体的相对位置和表面间的连接关系，并据此进行画图。

一般的组合体，可用三面投影图来表示。组合体投影的选择按以下几步考虑：

1. 确定形体的安放位置

一般形体按自然位置或工作位置安放。如图 6-1、6-3 都是选择底面与 H 面平行。

有些形体按加工制作时的位置放置，如预制桩一般平放。

2. 选择正立面图

正立面图通常作为形体的主要投影，因此要求它的投射方向能尽量反映物体总体或主要组成部分的形状特征，以及各组成部分的相对位置关系。如图 6-9 所示的花格砖，箭头所指的方向不仅反映了砖的总体形状特征，同时也反映了花格部分的形状特征，所以选择该方向的投影作为正立面图。

选择正立面图时，应尽量减少图中虚线的出现，因虚线表示不可见部分的轮廓线，虚线过多，不利于读图。如图 6-1 所示的挡土墙，选择 A 向或 C 向投影作为正立面图方向时，正立面图所反映的轮廓特征是完全相同的，但前者的侧立面图（图 6-10a））中无虚线，后者（图 6-10b））有虚线，显然选择 A 向比较恰当，如图 6-10 所示。

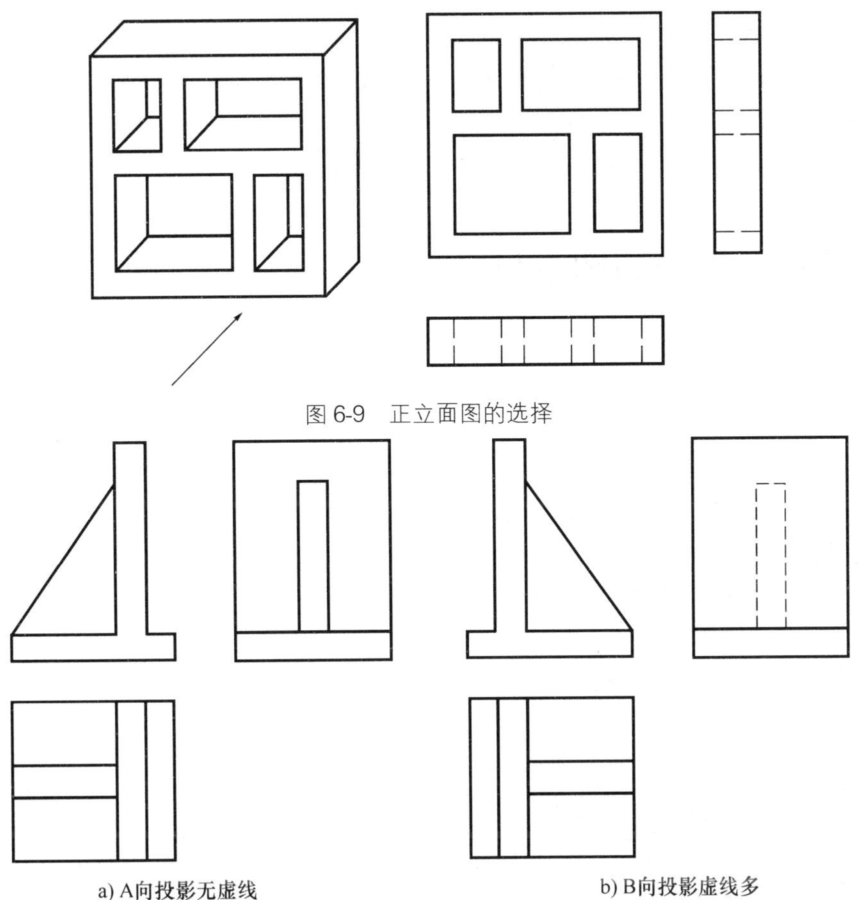

图 6-9　正立面图的选择

a) A向投影无虚线　　b) B向投影虚线多

图 6-10　正立面图方向的选择

3. 合理布置图纸

此外，画正立面图时还要合理利用图纸。如图 6-11 所示的条形基础，一般选择较长的一面作为正立面图，这样投影所占的图幅较小，图形间匀称、协调，如图 6-11a) 所示，而图 6-11b) 显然图面布置不合理，右下角空白太多。

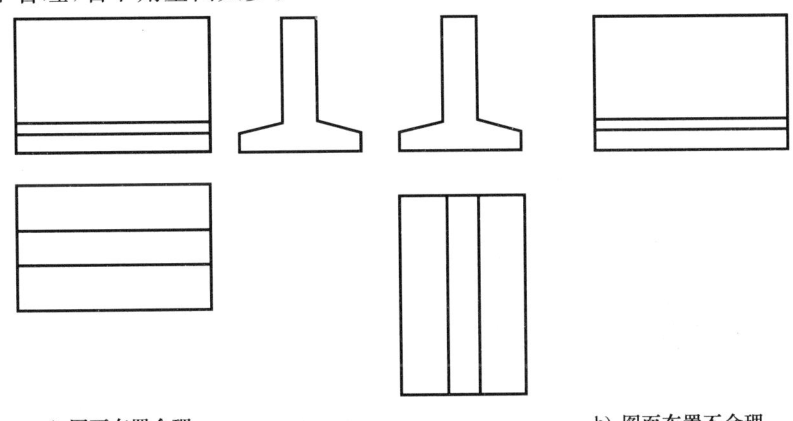

a) 图面布置合理　　b) 图面布置不合理

图 6-11　图面布置

4. 确定投影数量

确定投影数量的原则是:在完整、清晰地表达物体形状的条件下,投影数量应尽量减少。如图 6-10 所示挡土墙,画出正立面图后,底板和支撑板还必须用平面图或侧立面图表示形状和宽度,而直墙则必须用平面图和侧立面图确定其形状和宽度,综合起来需要用三个投影表示。

6.4 组合体的画图举例

以图 6-12 所示的板式基础为例,介绍组合体的画图步骤。

1. 形体分析

如图 6-12a)所示,该板式基础由底板、中柱、左右主梁和前后次梁四部分组成,其中底板是一个四棱柱;中柱在底板的中央,也是一个四棱柱;左右主梁在中柱左右两侧的中央,在两个大小不同的四棱柱叠合的基础上再在小的四棱柱上边各切割四分之一圆柱;前后次梁位于中柱的前后两侧中央,由一个小四棱柱和三棱柱叠合而成,如图 6-12b)所示。

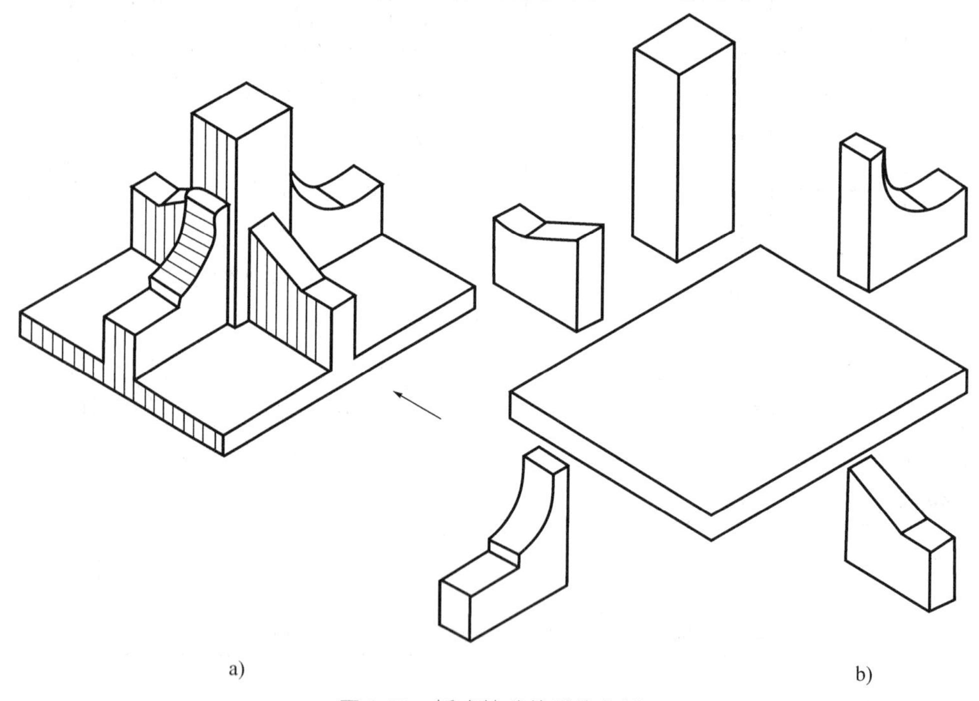

图 6-12 板式基础的形体分析

2. 选择投影

该板式基础按正常工作位置放置,使底板底面与 H 面平行。选能够反映基础各组成部分的形状特征及相对位置的方向作为正立面图方向。按上述步骤选定的三面投影,如图 6-13 所示。

3. 画三面投影图底稿

选定了三面投影后,应根据形体的大小和注写尺寸所占的位置,选择适宜的图幅和比例,画图框和标题栏,布置各投影的位置,然后画底稿。画底稿的次序是:先画出各投影的基准线,如

图 6-14a)所示；然后从主要形体入手，按各自之间的相互位置及“先主后次、先大后小、先整体后细部”的顺序逐个画出各基本体的投影。如图画 6-12 所示的基础时，应先画底板，如图6-14a)所示；再在底板上方画出中柱，如图 6-14b)所示；然后在中柱左右两侧中央画出左右主梁，如图

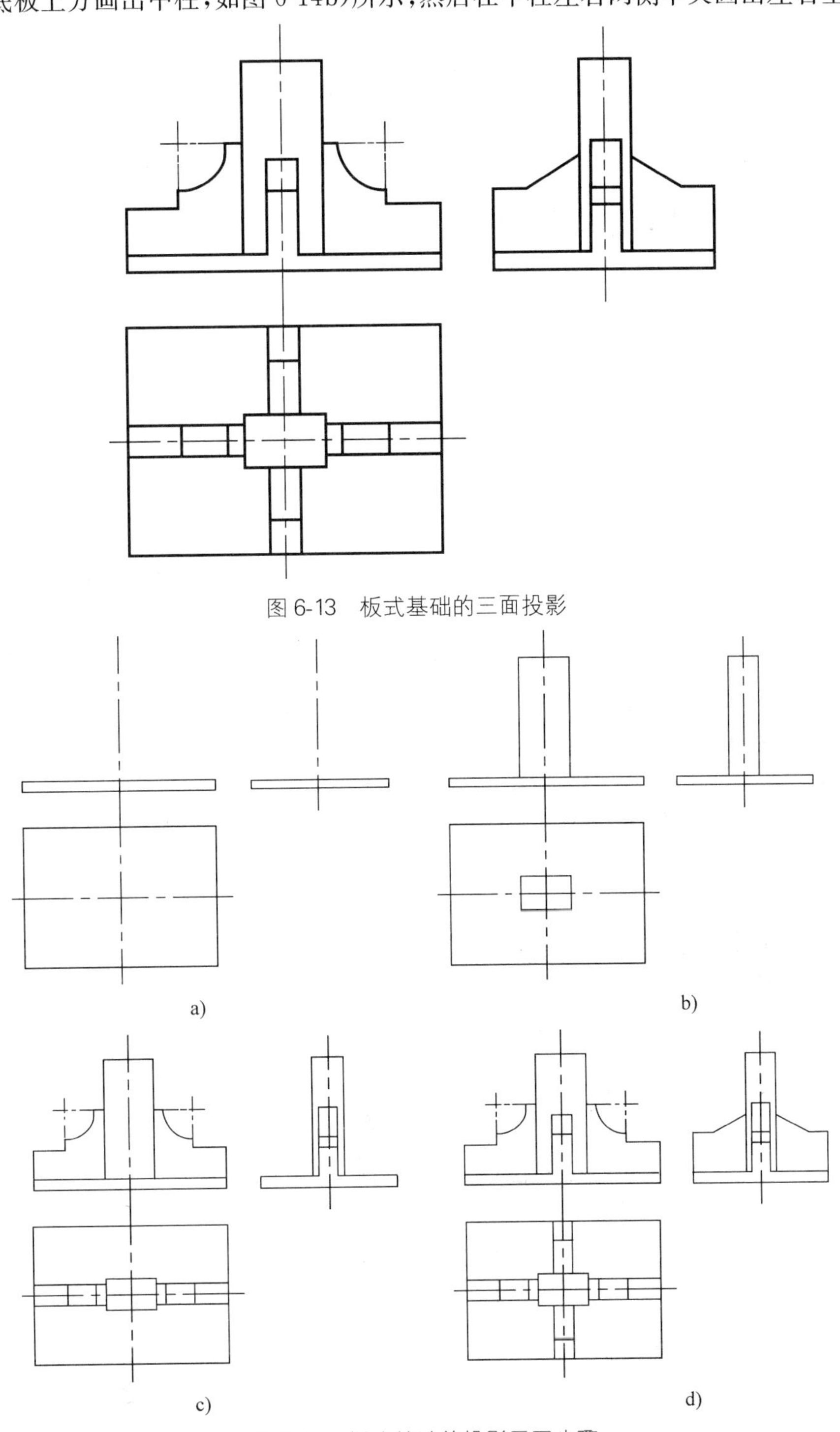

图 6-13　板式基础的三面投影

图 6-14　板式基础的投影画图步骤

6-14c)所示;最后在中柱前后两侧中央画出前后次梁,如图 6-14d)所示。

画图的一般顺序是:根据形体分析的结果先画主要部分,后画次要部分;先画大形体,后画小形体;先画整体形状,后画细节形状;先画反映圆的视图,再画非圆视图。

4. 加深

底稿完成后,检查各部分的投影是否完整,各投影之间是否符合投影规律。在校核无误后,擦去多余图线,按规定线型加深,如图 6-13 所示。

6.5 组合体的尺寸标注

组合体的投影图虽然已清楚地表达了形体的形状和各部分的相互关系,但还需要标注尺寸表示形体的大小和各部分的相互位置。

尺寸是施工的重要依据,所以标注尺寸要求做到以下几点:

(1) 尺寸正确——是指投影图上标注的尺寸应符合国家制图标准中关于尺寸标注的基本规定。

(2) 尺寸完整——是指这些尺寸标注可以唯一地确定形体的形状、大小及各部分的相互位置。

(3) 尺寸清晰——是指标注的所有尺寸在投影图中的位置明显、整齐、有条理并符合施工的要求。

为此,在标注尺寸时,要考虑两个问题:一是形体上应标注哪些尺寸,二是尺寸应标注在投影图的什么位置。

6.5.1 尺寸的种类

在投影图上所标注的尺寸要能完全表达出形体的大小和各部分的相互位置,需在形体分析的基础上标注以下三类尺寸:

1. 定形尺寸

确定形体各组成部分大小的尺寸。由于组合体是由多个基本形体进行叠加或切割而成的,因此,定形尺寸的标注应以基本形体的尺寸标注为基础。如图 6-15 是一些常见的基本形体的

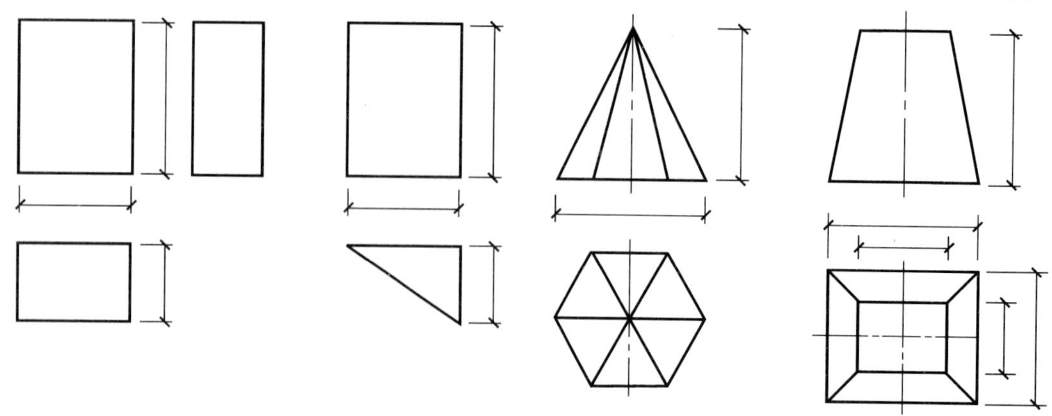

图 6-15

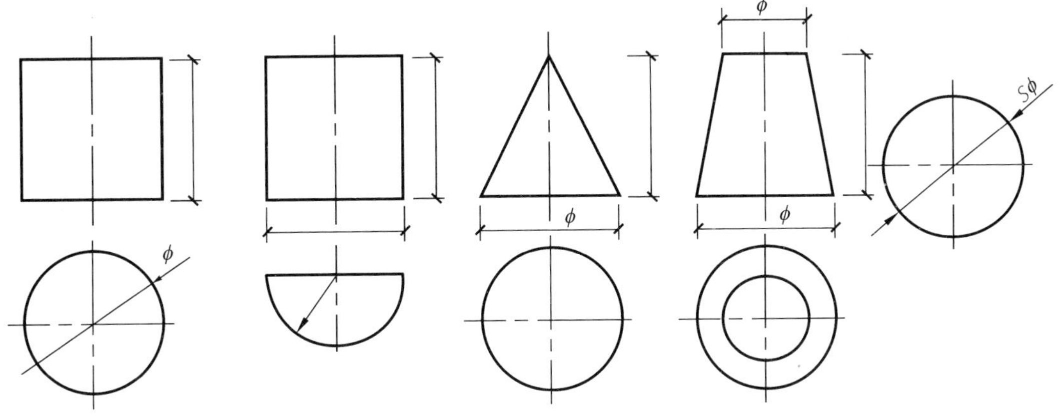

图 6-15　常见基本形体的尺寸标注

尺寸标注。

2. 定位尺寸

确定形体各部分之间相对位置的尺寸。前面说过,标注定位尺寸要有基准,通常把形体的底面、侧面、对称轴线、中心轴线等作为尺寸的基准。图 6-16 是各种定位尺寸标注的示例,说明如下:

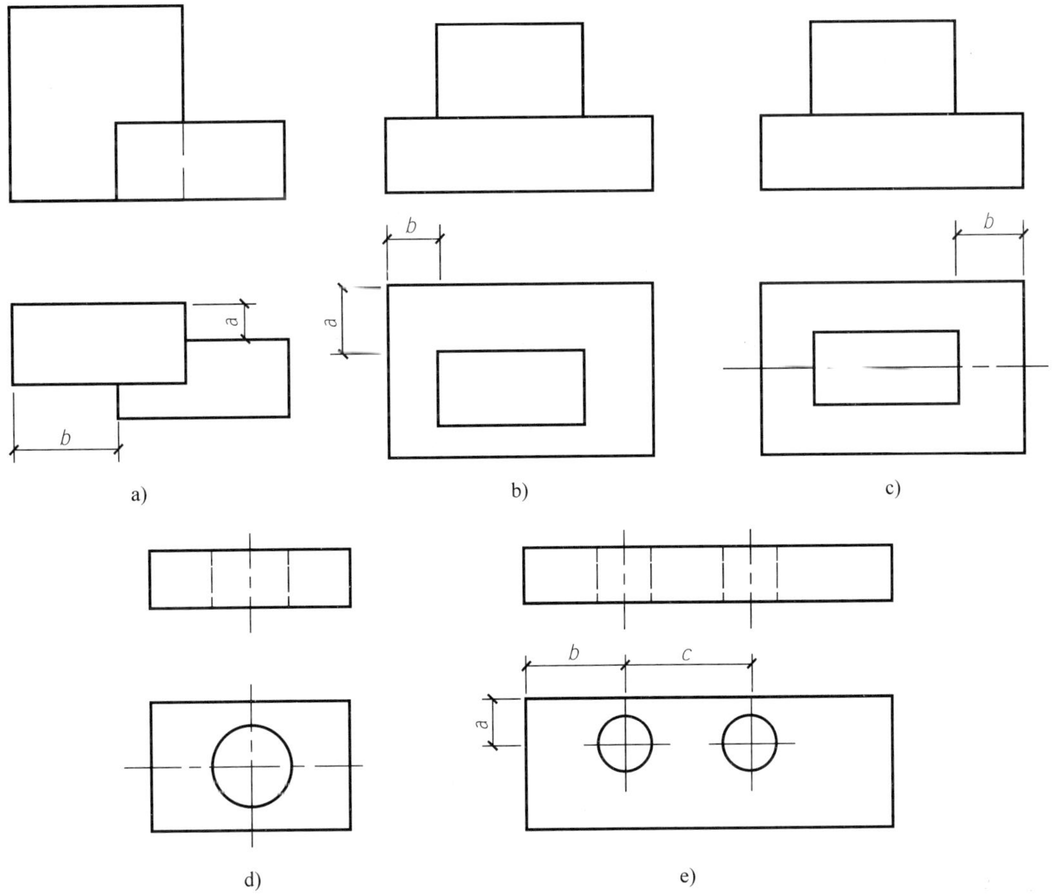

a)　b)　c)

d)　e)

图 6-16　各种形体的定位尺寸标注

图 6-16a)所示形体是由两个长方体组合而成的,因它们有共同的底面,所以高度方向不需标定位尺寸,但需要标注出前后和左右两个方向的定位尺寸 a 和 b。它们的基准可分别选后面长方体的后面和左侧面。

图 6-16b)所示的形体是由两个长方体叠加而成的,因它们有一重叠的水平面,所以高度方向不需标定位尺寸,但需要标注出前后和左右两个方向的定位尺寸 a 和 b。它们的基准可分别选下面长方体的后面和左侧面。

图 6-16c)所示的形体,组成它的两个长方体前后对称,其前后位置可由对称线确定,不必标注前后方向的定位尺寸,只需标注左右方向的定位尺寸 b 即可,其基准为下面长方体的右侧面。

图 6-16d)所示形体是由圆柱和长方体叠加而成的。叠加时前后,左右对称,相互位置可由两中心线确定。因此,不必标注任何方向的定位尺寸。

图 6-16e)所示形体是在长方体上切割出两个圆孔而成的,由于两圆孔上下贯通,因此需要标注两圆孔在长方体上的前后、左右位置,即圆心的定位尺寸。在前后方向上,以长方体的后面为基准,标注定位尺寸 a;在左右方向上,先以长方体的左侧面为基准标出左边圆孔的定位尺寸 b,再以左边圆孔的圆心为基准标出右边圆孔的定位尺寸 c。

3. 总体尺寸

在形体中除以上两类尺寸外,还常需要标注出形体的总体尺寸:总长、总宽、总高。

6.5.2 尺寸标注的原则

(1) 尺寸标注要严格遵守国家制图标准的有关规定。

(2) 尺寸标注要齐全,即所标注的尺寸完整不遗漏、不多余、不重复。

(3) 尺寸尽量标注在反映该形体特征的投影图上,并将表示同一部分的尺寸集中在同一投影图上。

(4) 尺寸尽量标注在轮廓线之外,但又要靠近被标注的基本形体。

(5) 应尽量避免在虚线上标注尺寸。

(6) 与两投影图有关的尺寸尽量标注在两投影图之间。并将同一方向的尺寸组合起来,排成几道,小尺寸在内,大尺寸在外,相互间要平行、等距。

(7) 尺寸线与尺寸线间距应≥7mm。

6.5.3 尺寸标注的步骤

1. 进行形体分析

运用形体分析法分析形体的各组成部分以及相对位置,进而分析形体的尺寸。

2. 标注定形尺寸

3. 标注定位尺寸

4. 标注总体尺寸

下面以图 6-17 板式基础为例,介绍组合体的尺寸标注的方法和步骤。

首先进行形体分析,分析清楚后,先标注定形尺寸。底板的长、宽、高分别是 3000mm、2100mm、150mm;中柱的长、宽、高分别是 780mm、480mm、1800mm;左右主梁的长度方向的尺寸有 510mm、R450、150mm，高度尺寸有 450mm、150mm、450mm，厚度为 300mm；前后次梁宽度方向的尺寸有 300mm、510mm，高度尺寸有 600mm、300mm，厚度为 300mm，所有这些尺寸均为定形尺寸。

再标注定位尺寸。在实际施工中，为了测量放线需标注长度和宽度中心线的定位尺寸 1500mm、1500mm 和 1050mm、1050mm，同时也是中柱和主次梁长度方向和宽度方向的定位尺寸，它们的高度方向的定位尺寸为 150mm。主梁上被切割的四分之一圆柱的定位尺寸有：长度方向为 510mm，高度方向为 750mm。

最后标注总体尺寸。基础的总长、总宽、总高分别为 3000mm、2100mm、1950mm。

尺寸标注的位置如图 6-17 所示。

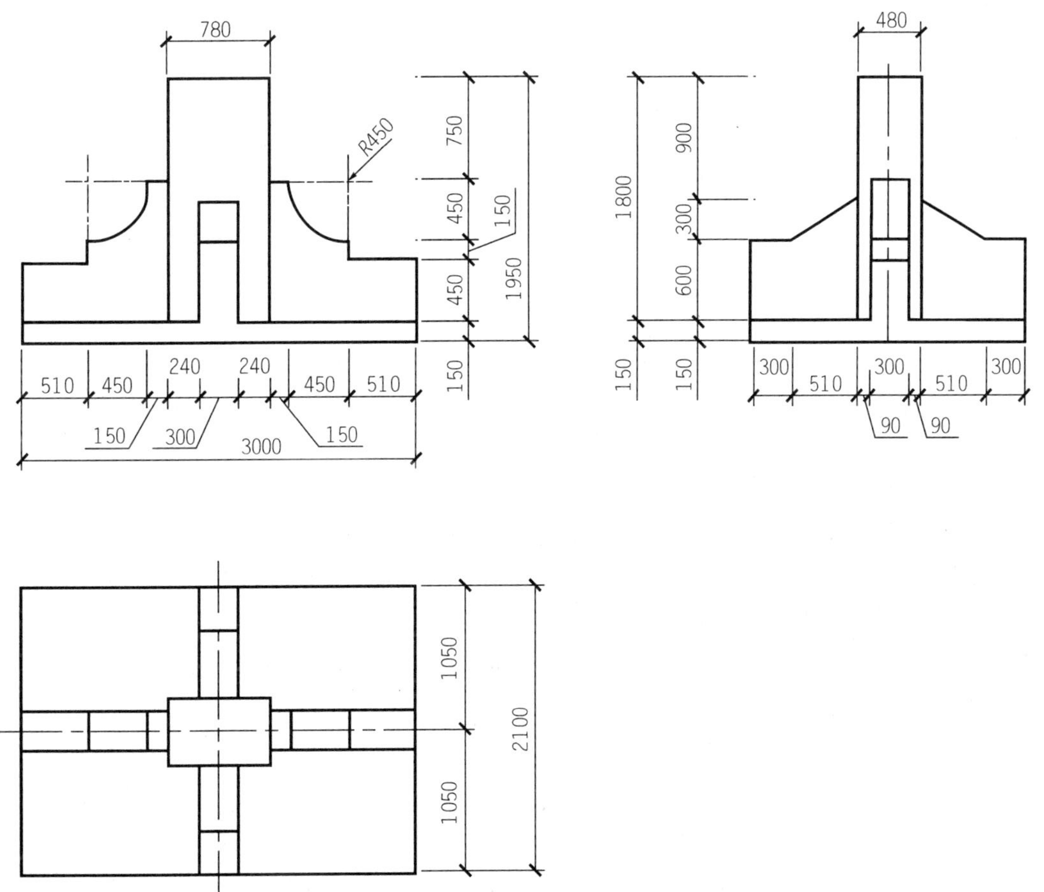

图 6-17 板式基础的尺寸标注

6.6 组合体的读图方法

组合体读图常采用方法是以形体分析法为主，线面分析法为辅，根据视图想像出物体在空间的形状。

6.6.1 读图时应注意的几个问题

前面介绍过点、线、面投影由于和读图的关系非常密切，在这里特别作为问题提出。

1. 视图上的线与线框

图中的每一条实线或虚线，它们可能是平面的投影，或者是曲面的投影轮廓线，或是两面的交线，三者必居其一。

图中一个封闭的线框，一般对应着物体上的一个表面（平面或曲面），相邻的两个线框，一般对应着物体两个相交的表面或者是前后、上下、左右错位的两个表面，如图 6-18 所示。

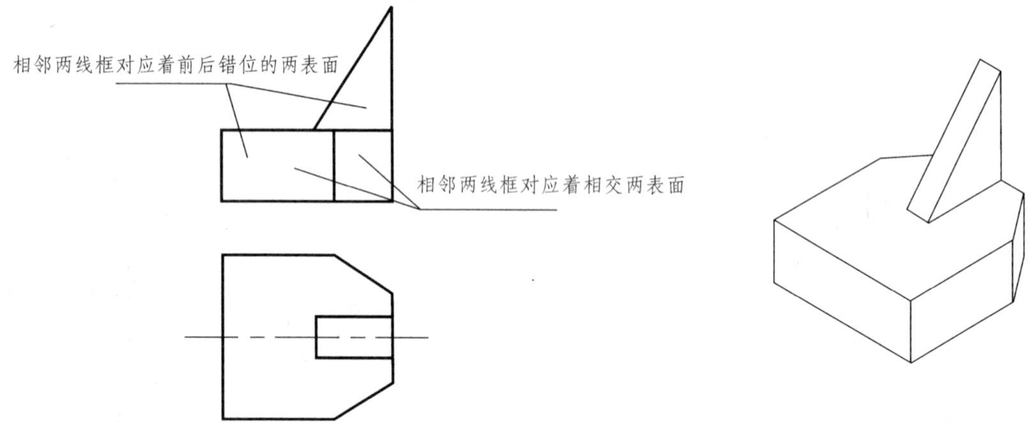

图 6-18 视图线框分析

2. 物体上的平面多边形

在形体上的平面多边形，它的投影可能是一条直线，或者是一个边数相同的多边形。因此，视图中的多边形线框如果对应着另一视图中的投影是水平线段或者是垂直线段，则表示是形体上的投影面平行面，如所对应的是一斜直线，所表示的是形体投影面垂直面，如所对应的是相同的多边形，所表示的是投影面垂直面或者是一般位置平面，要根据第三投影来确定。

3. 读图时要几个视图结合起来看

在没有标注尺寸的情况下，只看一个视图是不能确定物体的形状，必须两个视图结合起来看，但是两视图如果选的不合适，也不能确定物体的形状，如图 6-19 所示的图形，正立面图和平面图不能确定形状，而正立面图和侧立面图可以确定物体的形状，所以读图时还要注意抓住特征视图来读图。

4. 抓住特征视图读图

特征视图就是反映物体特征形状的视图，如图 6-19 所示的圆柱、三棱柱等视图的特征视图是圆、三角形等，读图只要抓住特征视图，再结合其他视图，就能较快的想像出物体的形状了。但组成形体的各个形状特征并非总是集中在一个视图上，如图 6-20 所示的物体由底板和立板两部分组成，正立面图反映了物体的整体形状，平面图反映了底板的特征形状，侧立面图反映了立板的特征形状。

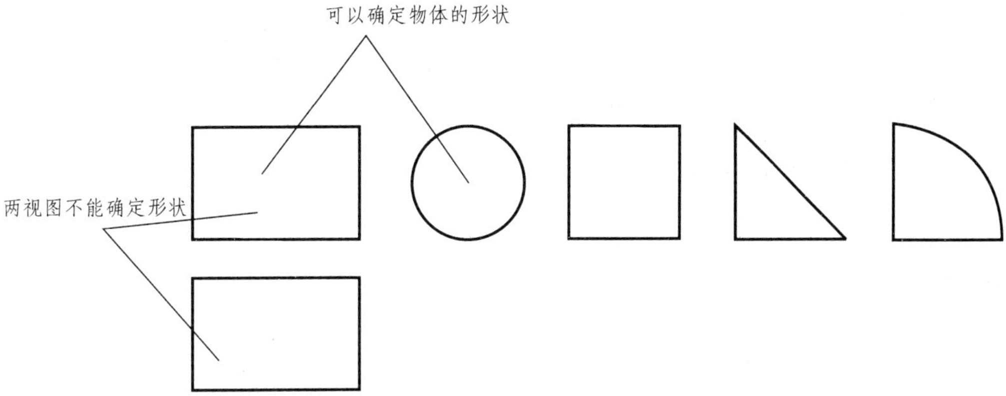

可以确定物体的形状

两视图不能确定形状

图 6-19　选择合适的视图确定形状

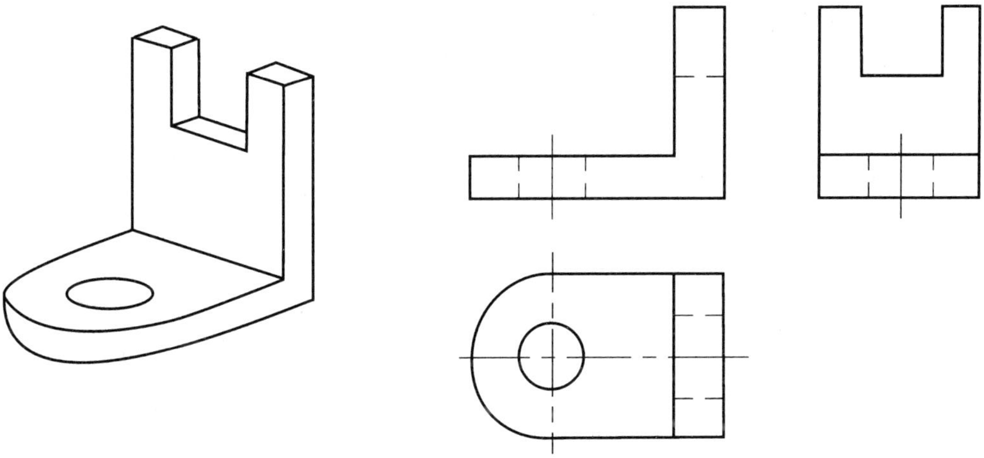

图 6-20　三视图的特征视图

5. 要注意视图表面间的连接关系

在前面介绍过各组合体表面间连接关系，在读图时要特别注意分析，如图 6-21a)、b)、c)所示的三个投影图，水平面投影是一样的，但是在正立面图上各基本形体表面之间分别是无线、虚线、实线，说明了组合体在空间具有不同的形状和位置。

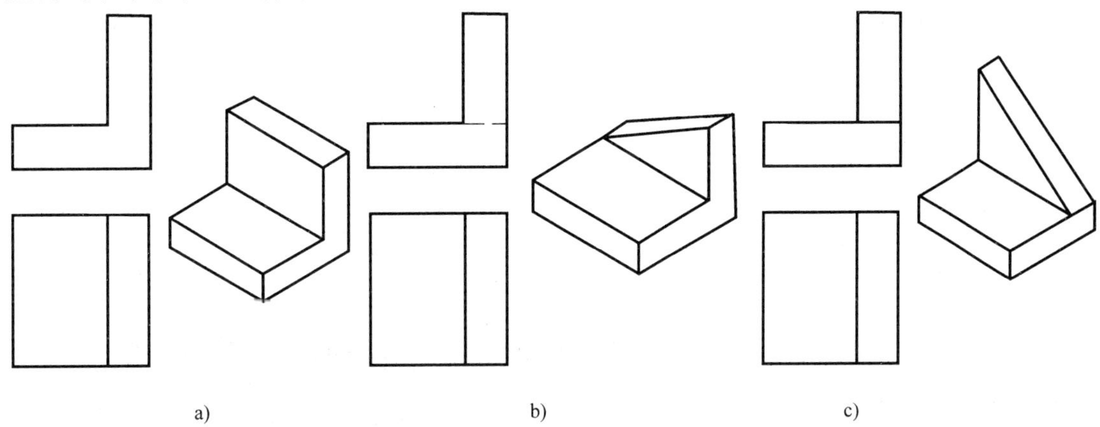

图 6-21　形体表面间连接关系的变化

综上所述,读图时一般先粗略的看看各个视图,明确视图之间的投影关系,根据视图的投影特点,分成几个组成部分,想像出它们的形状,最后综合各部分的形状及其相互之间的位置关系想像出组合体的整体形状。下面介绍组合体基本读图步骤。

6.6.2 形体分析读图法

形体分析法一般适用于叠加式组合体的读图。

形体分析法读图步骤:

(1) 首先看组合体有哪几个视图来表达的,明确它们之间的相互关系。

(2) 运用形体分析法从最能反映物体形状特征的视图上入手,将视图分解为若干个线框,然后按照长对正、高平齐、宽相等的原则找出它们在其他视图上相应的投影。

(3) 根据各个线框投影的特点,确定每个线框在空间的形状。

(4) 再根据各部分结构形状以及它们的相对位置和表面间的连接方式,综合起来想出物体在空间的整体形状。

【例 6-1】 分析如图 6-22 所示的房屋投影图。

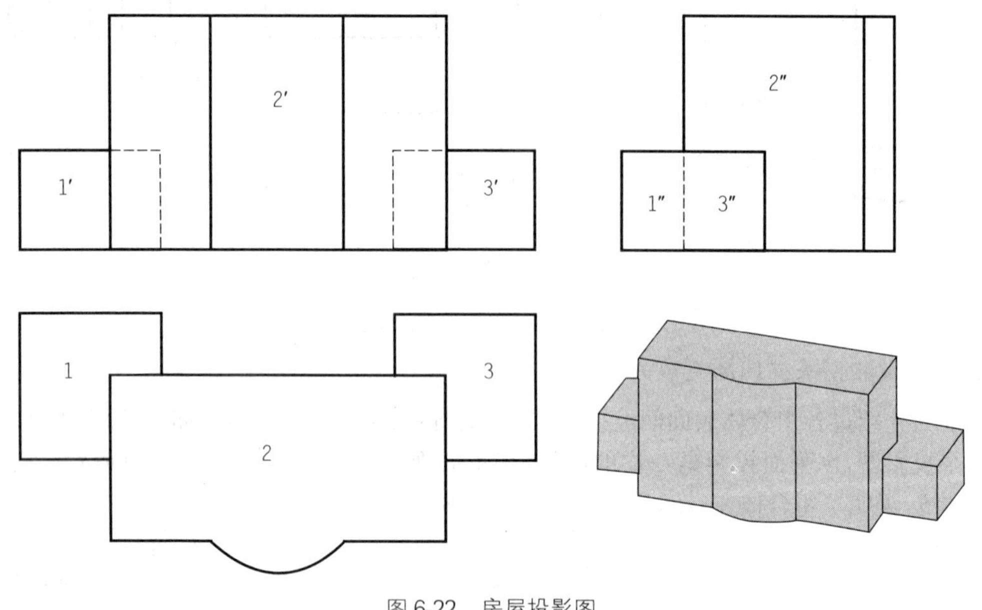

图 6-22 房屋投影图

(1) 分线框

读图时,可以从组合体反映形状特征比较明显的水平投影图入手,从图中可以看出在水平投影图中有三个线框,即中间的矩形线框 2、左右两个 L 型线框 1、3。

(2) 对投影

分完线框后。利用三视图长对正、高平齐、宽相等的投影特性,在正立面图和侧立面图中找出个部分对应的投影将每一个线框所对应的投影分别单独画出,分别想出每个简单基本形体的形状,如图 6-23 所示。

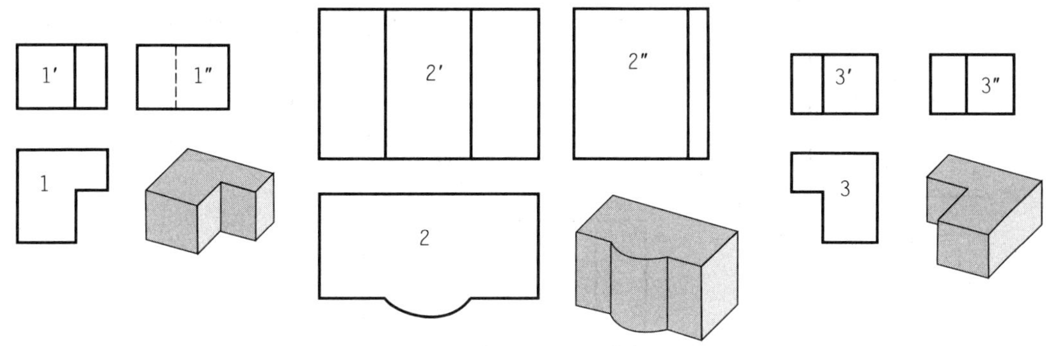

图 6-23　各基本形体的形状

(3) 综合起来想整体

分析完各个基本形体的形状后，再根据投影图各形体的相对位置将它们组合起来，想像出房屋的空间形状。如图 6-22 所示。

【例 6-2】 分析如图 6-24 所示的组合体投影图。

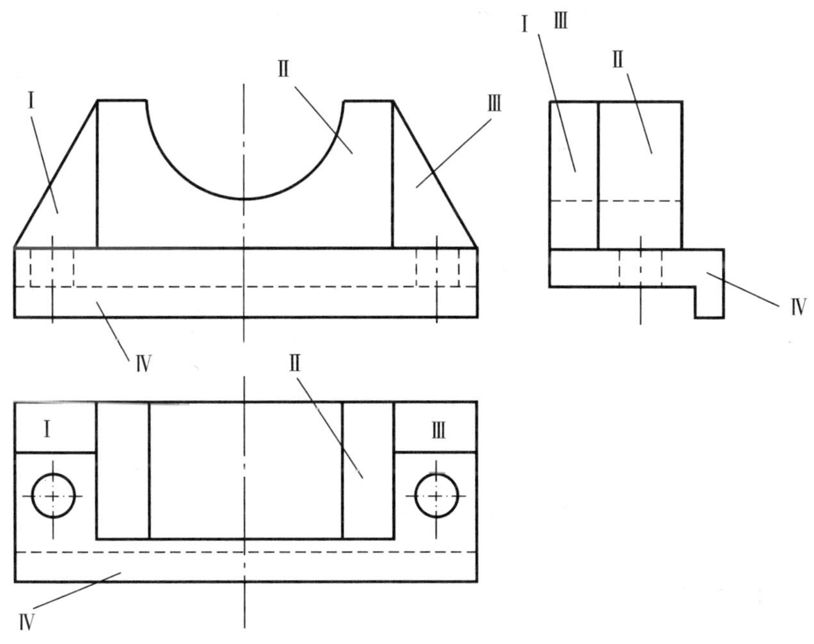

图 6-24　组合体的投影

图 6-24 反映形状特征较多的是正面图，将正面图分为Ⅰ、Ⅱ、Ⅲ、Ⅳ个线框，然后利用三视图长对正、高平齐、宽相等的投影特性，找出这 4 个线框所对应的水平投影和侧面投影，想像出它们的形状，如图 6-25 所示。

在看懂每块形状的基础上，再根据整体三视图的相互位置关系，想像出整体形状。从投影图上可以看出，形体Ⅳ在最下面，形体Ⅱ在形体Ⅳ的上面，后面靠齐，形体Ⅰ、Ⅲ在形体Ⅳ的上面，分别在左右两侧，也是后面靠齐。这样综合起来既可以想像出整体形状，如图 6-26 所示。

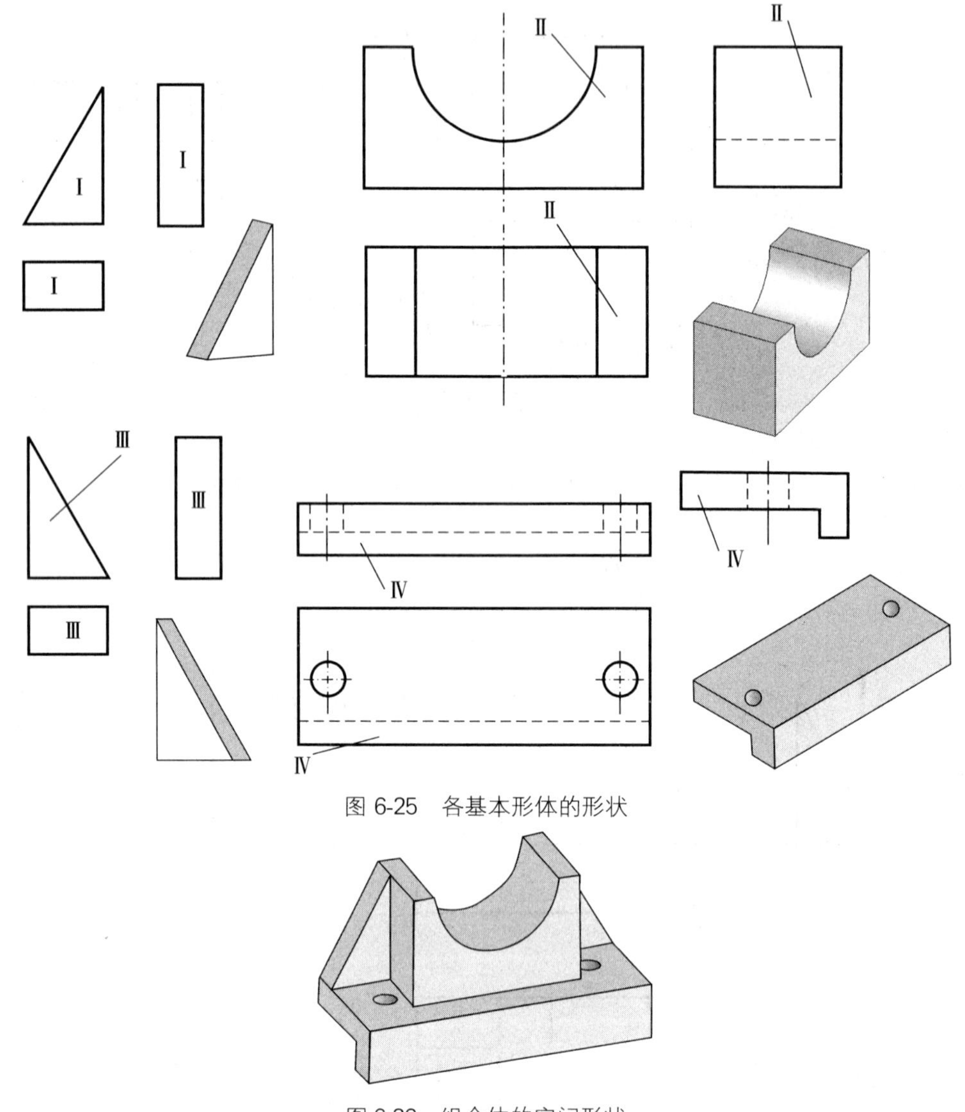

图 6-25　各基本形体的形状

图 6-26　组合体的空间形状

6.6.3　线面分析读图法

线面分析法一般用于切割式组合体或局部形状比较复杂的叠加式组合体的读图。

一般情况下，大多数组合体采用形体分析法就能看懂，对于比较复杂的组合体，在运用形体分析法的同时，对于投影图上一些比较复杂的部分，还通常要用线面分析法来帮助想像和读懂这些局部形状。

在前面讲过，根据平面和曲面的投影规律，一般情况下，视图一个封闭的线框代表物体上的一个表面，利用线和面的投影特性（显实性、积聚性、类似性）去分析物体表面的性质和相对位置，同时还要分析面与面的交线性质及画法，这种方法就叫做线面分析法。如图 6-27 所示的各线框的含义。

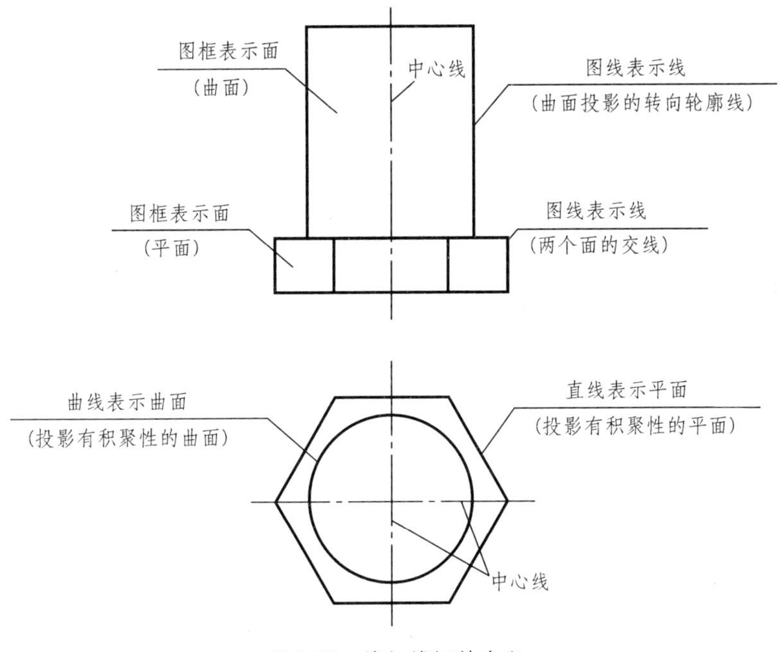

图 6-27　线与线框的含义

线面分析法读图步骤：

(1) 首先用形体分析法粗略的分析一下组合体在没有切割之前的完整形状。

(2) 然后按照长对正、高平齐、宽相等的原则在视图中逐一分析每一条线、每一个线框的含义。一步一步地从完整的形状进行切割，进一步分析细节形状。分步画出每一部分的形状。

(3) 最后根据物体上每一个表面的形状和空间位置，综合起来想整体。下面以几个例子介绍线面分析法在读图中的应用。

【例 6-3】 分析图 6-28a)所示挡土墙的三面投影，说明用线面分析法读图的方法和步骤。

(1) 根据投影图上的线框，找出它们的对应投影，分析形体上各个面的形状和空间位置。

如图 6-28b)所示，平面图上有 1、2 两个线框，按投影图之间的三等关系，找出 1 所对应的正立面图上的水平直线 1′和侧立面图上的水平直线 1″。可知 1 面是一个水平面，1 反映该水平面的实形；线框 2 在正立面图上对应线框 2′，在侧立面图上对应斜线 2″，可知Ⅱ面是一个侧垂面，2′和 2″是它的类似图形。如图 6-28c)所示，正立面图上除线框 2′外，还有 3′、4′两个线框，找出它们在平面图上的水平直线 3、4 和侧立面图上的竖直线 3″、4″，可知Ⅲ和Ⅳ面都是正平面，3′和 4′分别反映这两个正平面的实形。侧立面图上还有线框 5″、6″，对应着正立面图上的竖直线 5′、6′和平面图上的铅直线 5、6，可知Ⅴ、Ⅵ都是侧平面，5″、6″分别反映这两个侧平面的实形。

(2) 分析形体各面的相互位置，想出整体的形状。

对照形体的三个投影可以看出，水平面Ⅰ在形体的最上面，侧垂面Ⅱ在Ⅰ的前方，两个正平面Ⅲ和Ⅳ一前一后在Ⅱ的前面的下方，Ⅲ和Ⅳ之间有侧平面Ⅵ连接，侧平面Ⅴ在形体的左侧，再加上底面的水平面，后面的正平面和右侧的侧平面，就形成了这个组合体的整体形状，如图6-28d)所示。

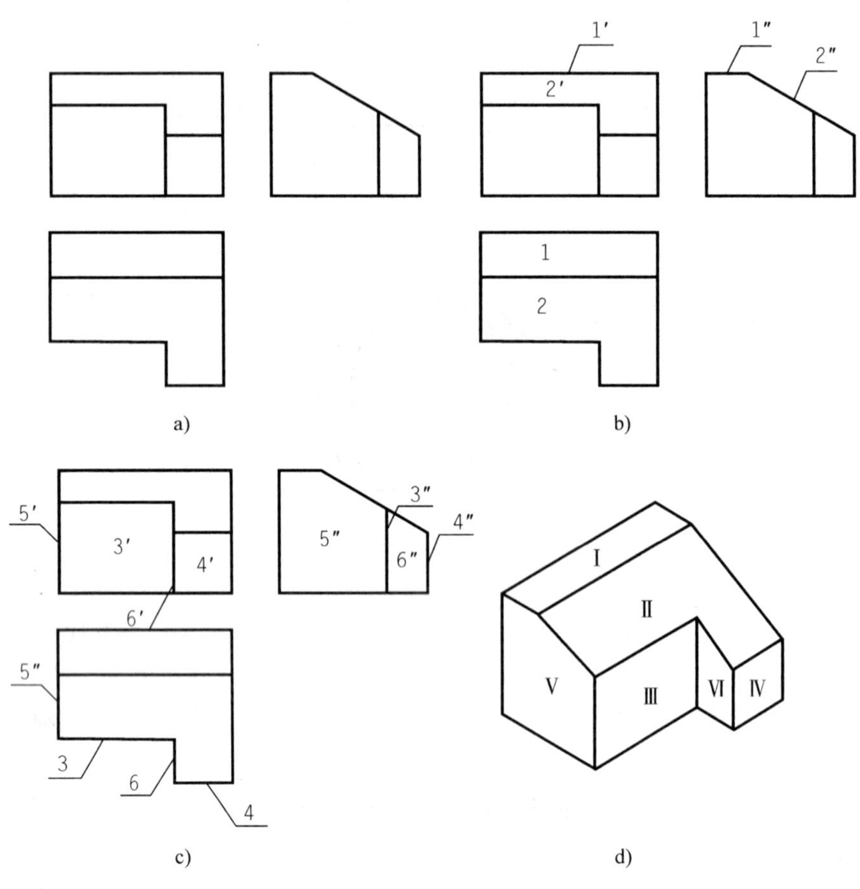

图6-28 线面分析法读图(一)

【例6-4】 补画出如图6-29所示组合体的侧立面图。并想像出其结构形状。

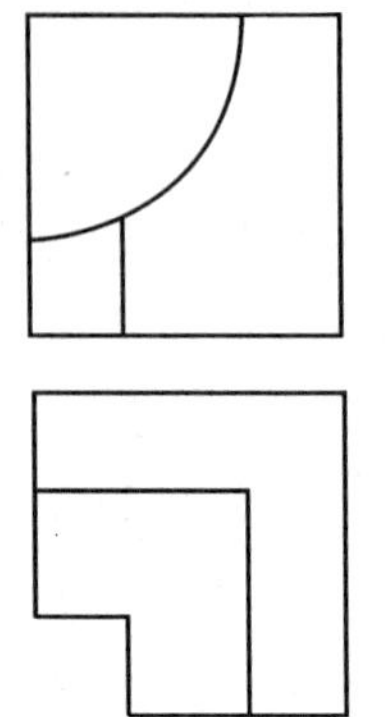

图6-29 补画左侧立面图

(1) 根据正立面图和平面图可以分析出原形是个正方体。先画出原形的侧立面图是一矩形。如图6-30a)所示。

(2) 从正立面图可以看出在正方体的左上方的前面挖去了1/4的圆柱体。根据投影画出左侧立面图，如图6-30b)所示。

(3) 从平面图可以看出在左前方又切去一角。一直切到圆柱面。如图6-30c)所示。

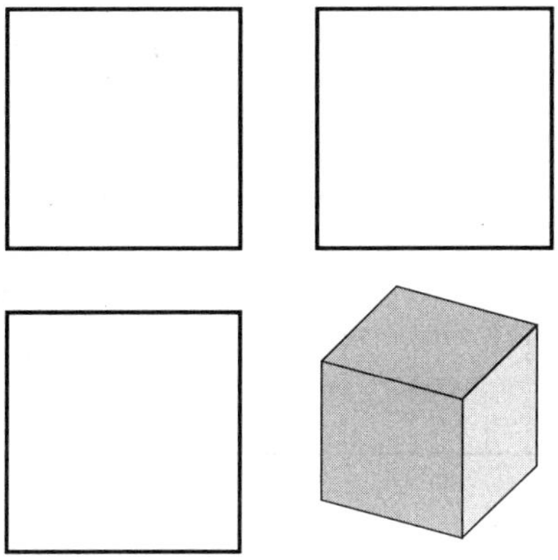

a) 原形

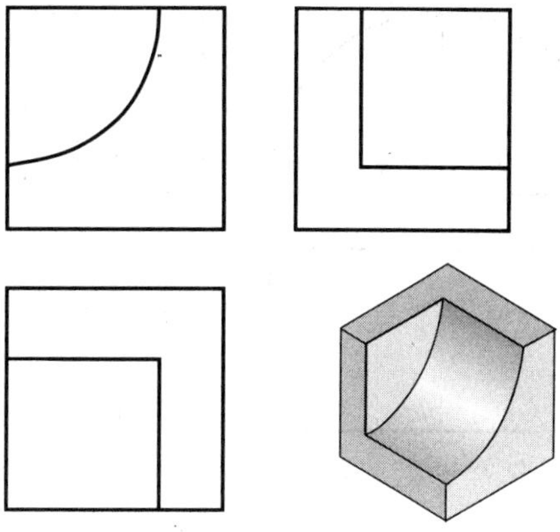

b) 挖去1/4圆柱体

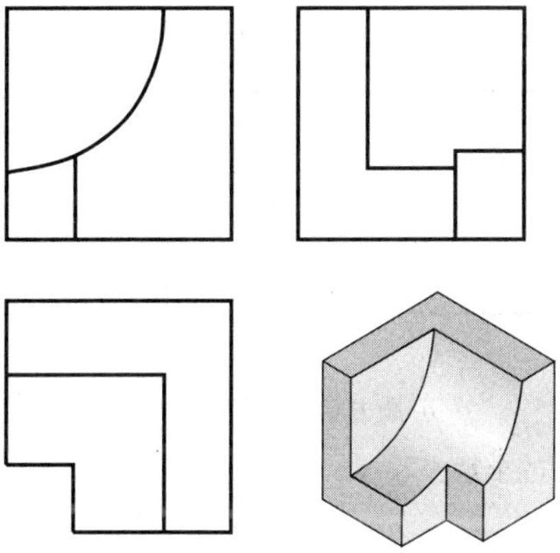

c) 切去左下角

图 6-30　线面分析法读图(二)

【例 6-5】 已知如图 6-31 所示组合体的正立面图和侧立面图，求该组合体的平面图。

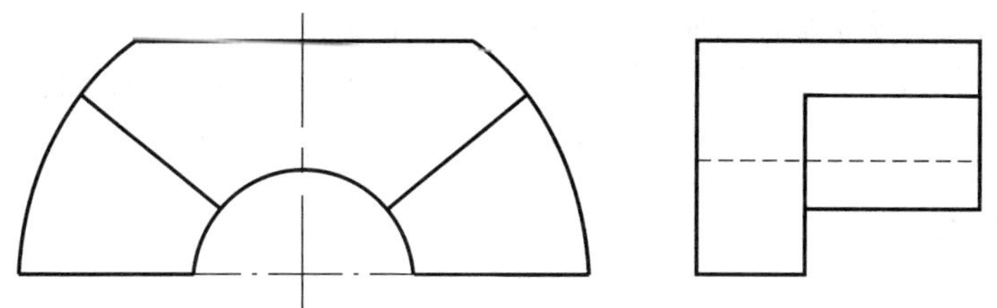

图 6-31　求该组合体的水平面图

(1) 首先分析该组合体的原形是半个圆柱筒，如图 6-32a)所示。

(2) 从正立面图上看圆筒的上部分被切掉，如图 6-32b)所示。

(3) 结合正立面图和侧立面图可以看出从圆筒的左前下方和右前下方分别切去两块。如图6-32c)所示。

(4) 从图 6-32c)所示的轴测图形中可以看出，圆筒最左、最右和孔的最左、最右分别被切了去，整理图形得到最终结果如图 6-32d)所示。

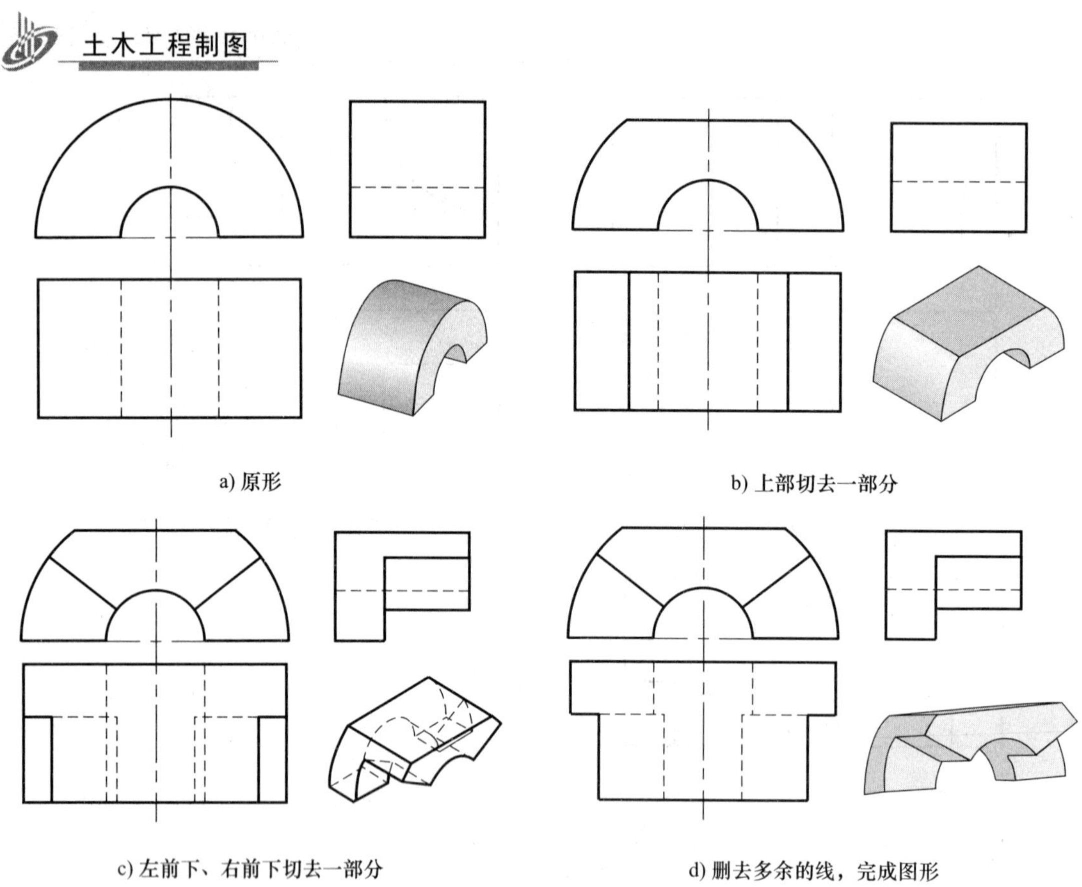

图 6-32　组合体平面图的求解步骤

6.7　组合体的构型设计

组合体是由两个或两个以上基本形体组合而成的形体，而基本形体又分为平面体和曲面体，组合体的构型设计是将基本形体按照一定的构型方法组合出一个新的几何形体，并用适当的图示方法表达出来的设计过程。它是产品设计、建筑设计及其他工程设计的基础。通过组合体构型设计的学习和训练，可以开发空间思维，培养和提高想像力和创造力，初步建立工程设计能力。

6.7.1　构型设计原则

1. 以基本几何体构型为主

在抽象形态中，几何形体块的造型是最基本的构成法。立体几何形的单独体可以分为：球体、立方体、圆柱体、圆锥体、方柱体和方锥体等几种基本形体。可以是实心的单独体块，也可以是体现空间的空心体块。建筑的平面形状基本的有正方形、矩形、三角形、圆形等，或者是由上述几种形式的演变和组合体。平面造型主要取决于建筑师的总体构思，所设计对象的功能要求与面积，建筑技术条件和地址具体环境。按几何平面的形状、数量以及各个几何图形之间的相互关系来组合、组群，在平面构成上又可分为单体式、双体式、变平面式、群体及自由式。如把这些相同的和不同的单体、综合体加以组合，将能变化产生出丰富的造型形态。如图 6-33 所示的图形刚开始构型是可以看作几个长方体组成基本的框架，然后在这个基础上再进行分割、拉伸处理形成建筑立面的造型。如图 6-34 所示。

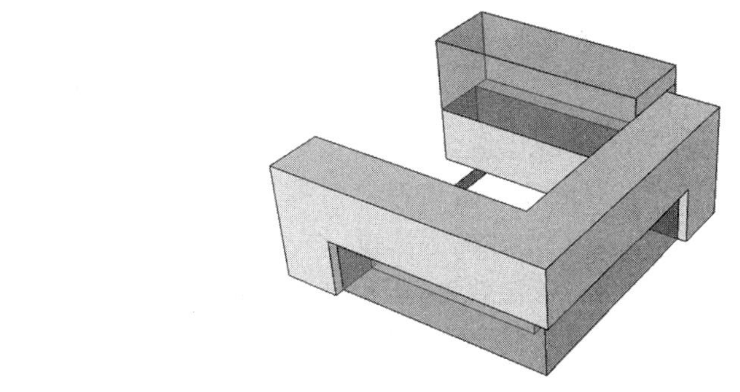

图 6-33 几何体构型之一

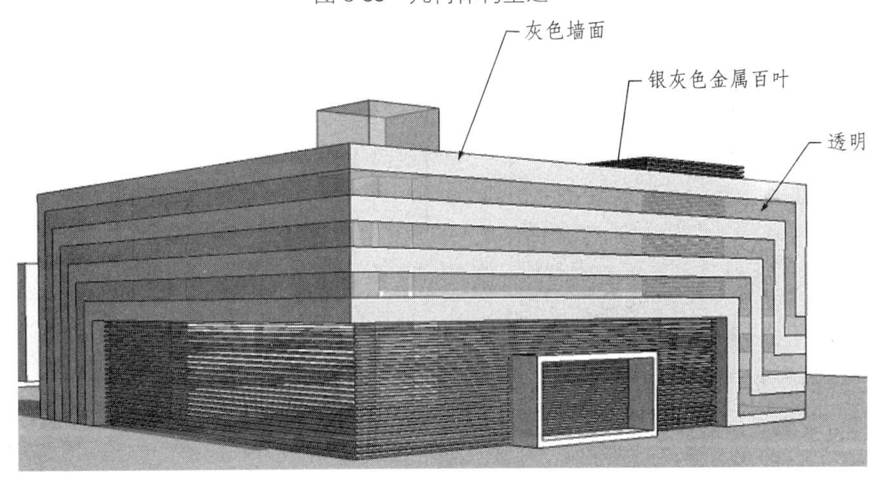

图 6-34 几何体构型变化

2. 多样、新颖、独特

构成组合体所使用的基本体种类、组合方式和相对位置应尽可能多样和变化，充分发挥想像力，突破常规的思维方式，力求构思出新颖、独特的造型方案。

例如，要求按给定的平面图(图 6-35a)设计组合体。由于所给视图含有六个封闭线框，故可构想该形体有六个上表面，它们可以是平面，也可是曲面，位置可高可低，还可倾斜；整个外框表示底面，它也可以是平面、曲面或斜面，这样就可以构想出许多方案：

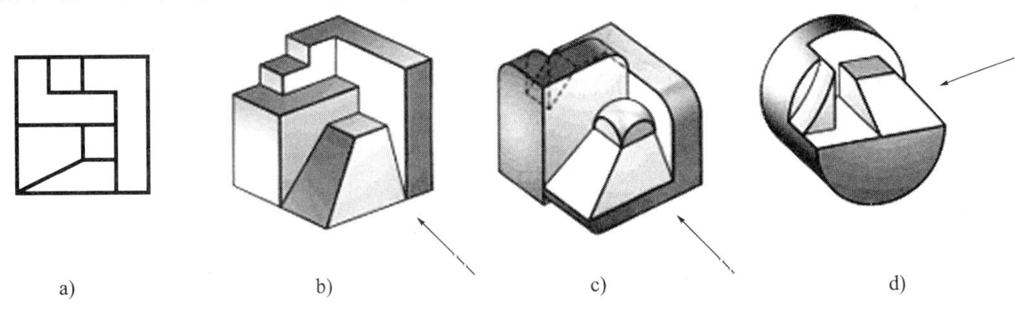

图 6-35 根据水平面图进行多种构型设计

图 6-35b)所示方案均是由平面体叠加构成，由前向后逐层拔高，富有层次感，但显得单调；

图 6-35c)所示方案也是叠加构成,但含有圆柱面、球面,且高低错落有致,形体变异多样;图 6-35d)方案则采用圆柱切割而成,既有平面截切,又有曲面截切,构思新颖、独特。

3. 建筑造型体现稳定、平衡、活泼、美的艺术法则

建筑形体构造要遵循一定的美学规律,设计出的形体才能给人以美感。任何物体只要具备和谐的比例关系(如:均方根比例、黄金分割比例、中间值比例、费波纳齐级数等),就会有视觉上的美感。对称形体具有稳定与平衡感(图 6-36),构造非对称形体时,应注意形体大小和位置分布,以获得视觉上的平衡(图 6-37)。运用对比的手法可以表现形体的差异,产生直线与曲线、凸与凹、大与小、高与低、实与虚、动与静的变化效果,避免造型单调。如图 6-38a),在以平面体为主的构型中,局部设计成曲面,其造型效果就比图 6-38b)所示的单纯用平面体构型富于变化。

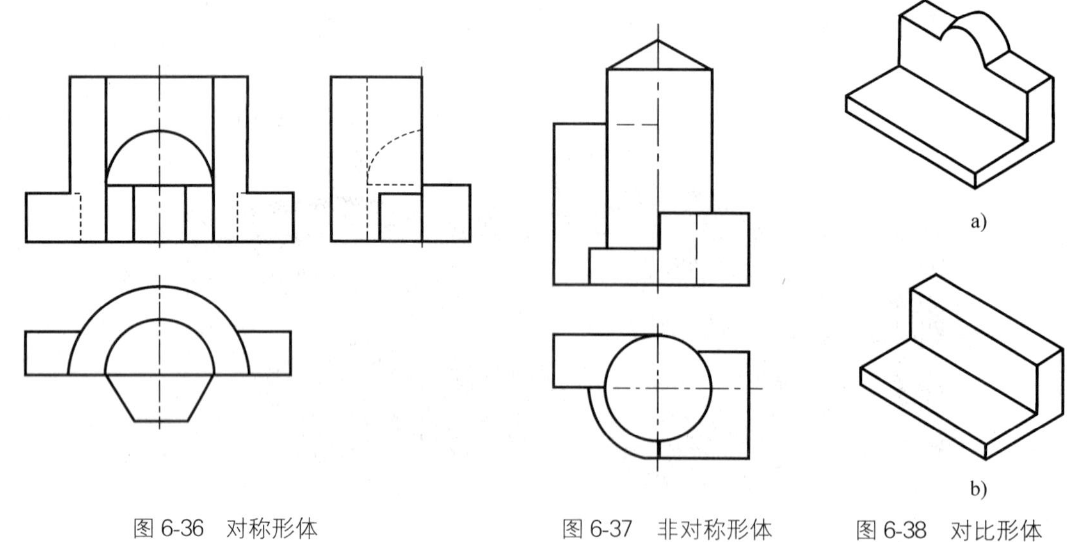

图 6-36 对称形体　　图 6-37 非对称形体　　图 6-38 对比形体

4. 构成的形体应符合实际

各个形体组合时应牢固连接、构成实体,不能出现点接触、线接触或面连接,如图 6-39a)所示的线接触、图 6-39b)所示的面连接在建筑设计中都是不允许出现的。形体放置要平稳,在建筑设计中不要出现点、线立足(图 6-39c 即为点立足,图 6-39d 为线立足)。

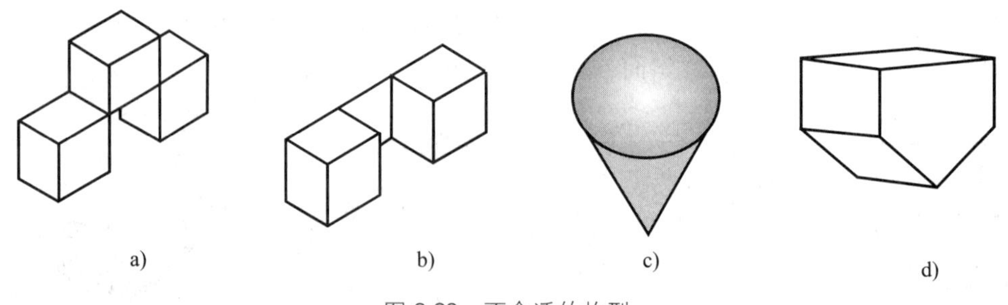

图 6-39 不合适的构型

6.7.2 构型的基本方法

1. 切割法

一个基本形体经数次切割,可以构成一个组合体,切割形体有多种方式:平面切割、曲面切

割(包括贯通)、曲直综合切割、凸向切割、凹向切割等。采用不同的切割方式或变换切割位置，会产生形态各异的立体造型。

图 6-40a)表示用宽窄不同的平面对正立方体进行垂直和水平方向的切割，形成大小、厚薄、高低错落的对比变化；同样，经过曲面切割的平面体(图 6-40b、d)或平面切割的曲面体(图 6-40c)都能反映出曲、直的对比，增强了形体变化的美感。

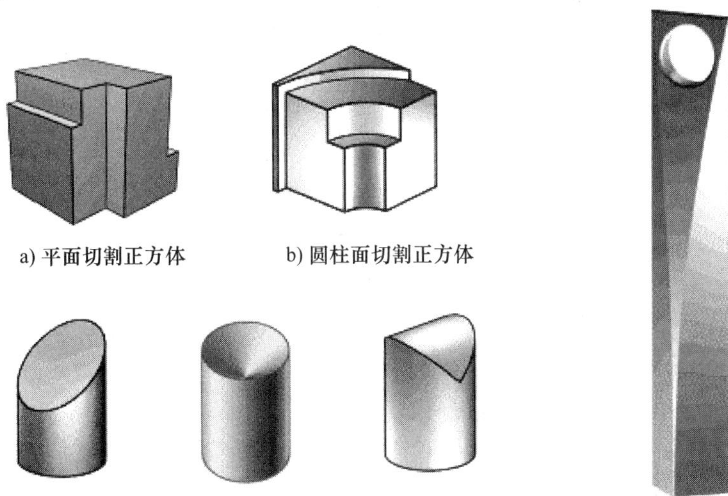

a) 平面切割正方体　b) 圆柱面切割正方体

c) 平面、曲面切割圆柱　d) 曲面切割立方体

图 6-40　基本形体切割构型

2. 叠加法

形体叠加是构型的一种主要形式。单一形体可以采用重复、变位(图 6-41a))、渐变、相似等组合方式构成新的形体；不同形体可以通过变换位置构成叠合、相切、相交(相贯)等组合关系，如图 6-41b)所示。

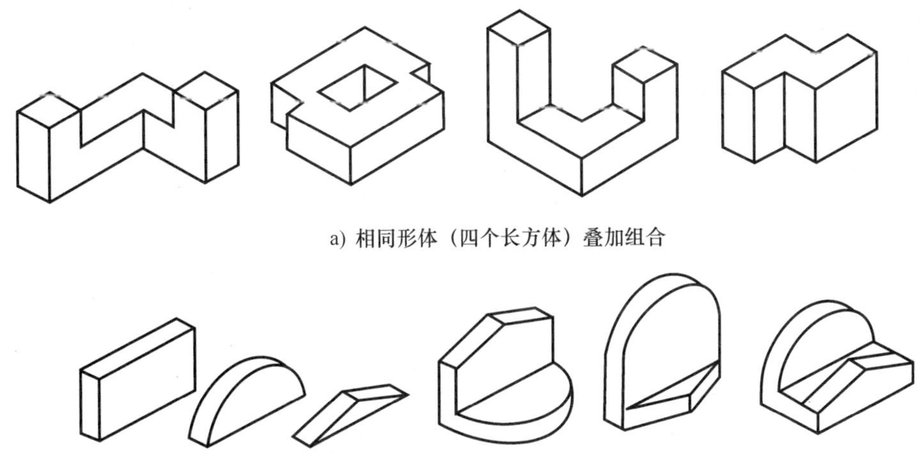

a) 相同形体（四个长方体）叠加组合

b) 不同形体叠加组合

图 6-41　基本形体的叠加

3. 综合法

同时运用切割和叠加构成的组合体称为综合法，这也是组合体构型常用的方法。

6.7.3 构型设计举例

【例 6-6】 由形体的正面投影(图 6-42)构思出形式多样的组合体，并画出它们的水平投影、侧面投影。

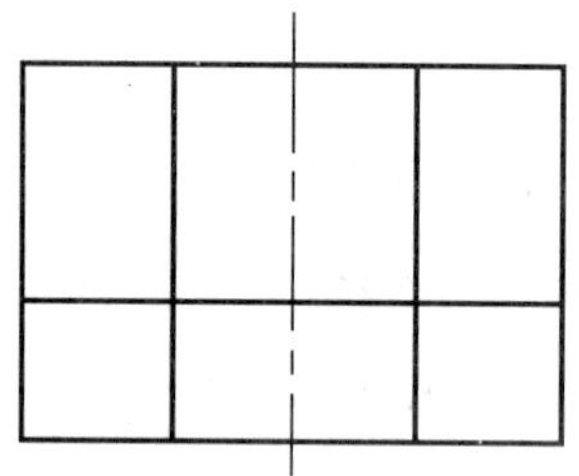

图 6-42 已知正面投影

形体分析：所给视图整体形状可以看成有上下两个矩形线框组成。该形体可以从两个角度进行构思：一是由一个整体经过几次切割构成，二是由若干个基本体叠加，再经过切割而构成。对应外框是矩形的形体是柱体(棱柱或圆柱、半圆柱)，与上、下两个矩形线框对应的截平面可以是平面、圆柱面或是平面与圆柱面的组合面，截平面可以直切、斜切；对应内框的矩形可以看成切割或叠加，这样构思就可以设计出多种组合形体(图 6-43a、b、c)。

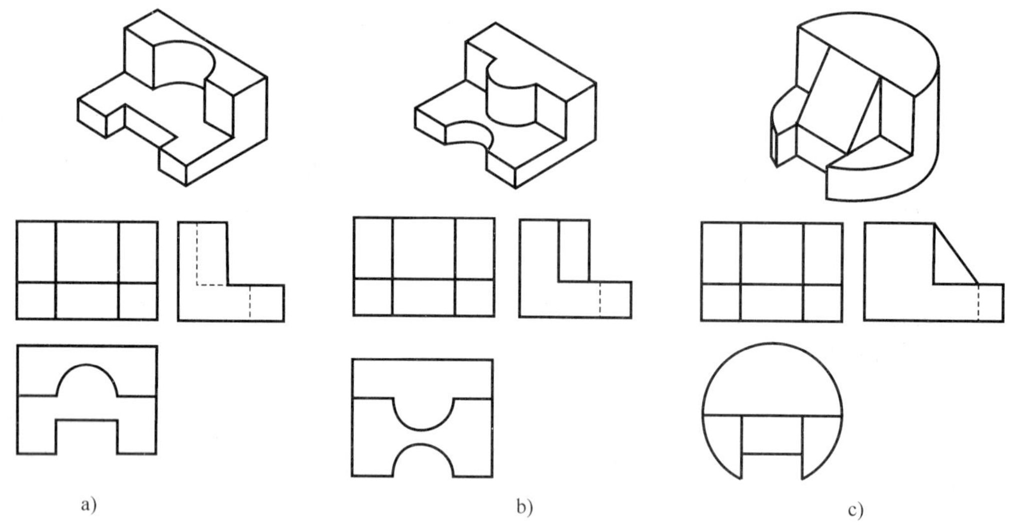

图 6-43 由单面投影构型

【例 6-7】 在平板上制有三个孔(方孔、三角孔、圆孔)(图 6-44)，试设计一个形体，使它能沿三个不同方向不留间隙地通过这三个孔，画出该形体的三视图。

形体分析：要设计一个形体沿三个不同方向不留间隙地通过这三个孔，一般先从形状简单、容易构型的大孔入手，想像出尽可能多的能穿过此孔的形体，然后用排除法剔除不符合其他两个孔条件的形体，再用切割法对留下来的形体按孔形进行切割，以达到穿孔要求。这里，先从最大的方孔开始构思形体，能沿前后方向通过方孔的形体很多，如长方体、圆柱、三棱柱等(图 6-

45)，但能上下通过圆孔的只有圆柱(图 6-45)，故可以剔除长方体和三棱柱，留下圆柱体，而要使圆柱沿左右方向通过三角孔，只需用两个侧垂面切去圆柱的前后两块即可，如图 6-45 所示。将平板上的三个孔作为形体三视图的外轮廓(图 6-46a)，只需补全视图中的漏线，即得形体的三视图(图 6-46b)。形体沿三个不同方向不留间隙穿孔效果图如图 6-47 所示。

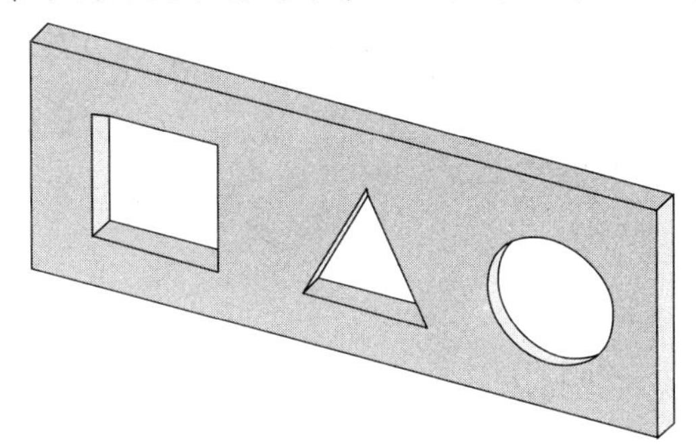

图 6-44　三孔板

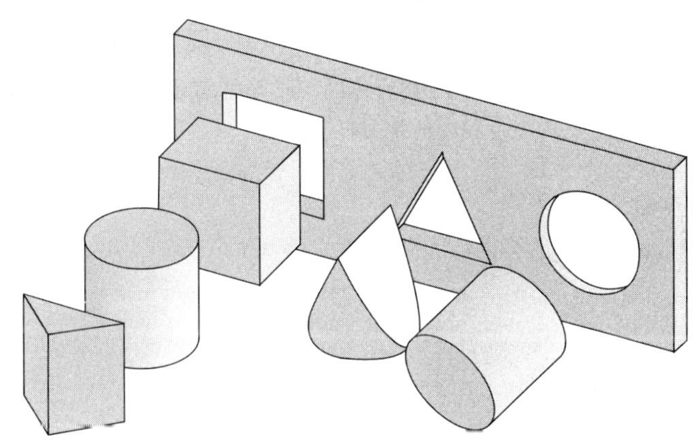

图 6-45　分向穿孔构型设计

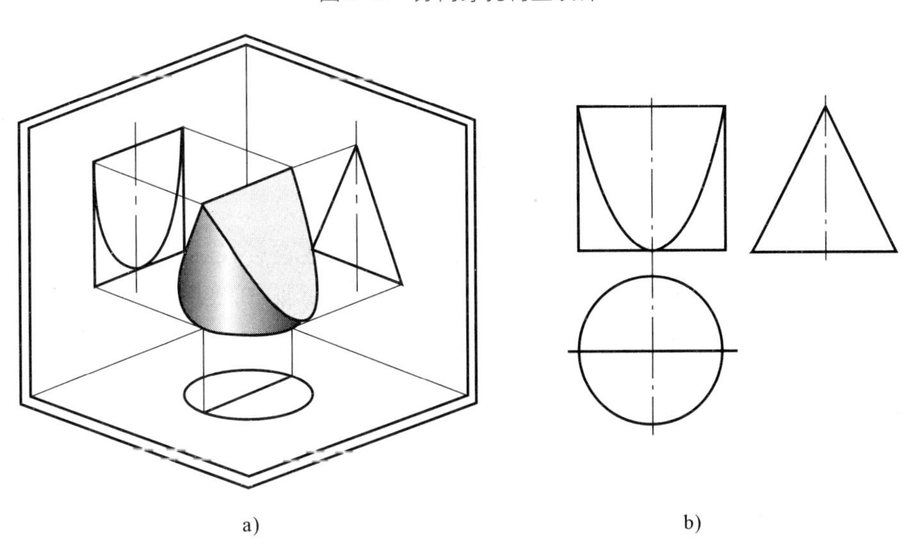

图 6-46　设计的形体三视图

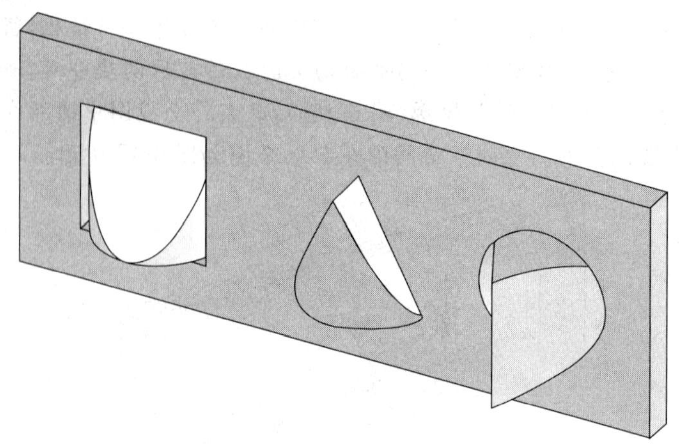

图 6-47 形体穿三孔效果图

小 结

本章在前面基本形体的基础上详细地介绍了组合体的组成方式，组合体的画图与读图，特别强调了构型设计原则，进一步提高空间想像能力。为专业制图的学习打下基础。

1. 三视图的组成方式有几个？
2. 三视图的投影特性是什么？
3. 读图一般分哪几个步骤？
4. 画图的步骤是什么？
5. 尺寸标注有哪几项原则？
6. 构型设计的原则是什么？

参考文献

[1] 王永智，齐明超，李学京. 建筑制图手册. 北京：机械工业出版社，2006.

[2] 中国计划出版社. 建筑制图标准汇编. 北京：中国计划出版社，2003.

[3] 中华人民共和国建设部. GB/T 50103—2001 总图制图标准. 北京：中国计划出版社，2002.

[4] 中华人民共和国建设部. GB/T 50104—2001 建筑制图标准. 北京：中国计划出版社，2002.

[5] 张英，郭树荣. 建筑工程制图. 北京：中国建筑工业出版社，2005.

[6] 陈文斌. 建筑工程制图. 上海：同济大学出版社，2003.

[7] 于春艳，张国兴. 工程制图. 北京：中国电力出版社，2004.

[8] 何斌,陈锦昌,等. 建筑制图. 北京:高等教育出版社,2001.
[9] 乐嘉龙. 学看建筑装饰施工图. 北京:中国电力出版社, 2002.
[10] 龚小兰,等. 建筑工程施工图读解. 北京:化学工业出版社, 2003.
[11] 罗康贤. 建筑工程制图与识图. 广州:华南理工大学出版社,2004.
[12] 谢步瀛. 土木工程制图. 上海:同济大学出版社,2004.
[13] 危道军. 土木建筑制图. 北京:高等教育出版社,2002.
[14] 杨为邦,唐明怡. 土木工程制图. 北京:中国水利水电出版社,2005.
[15] 杜廷娜. 土木工程制图. 北京:机械工业出版社,2006.
[16] 王兰美. 画法几何及工程制图. 北京:机械工业出版社,2002.

第 7 章 工程形体的表达方法

本章概要

1. 介绍工程形体的基本表达方法；
2. 介绍剖面图的形成及种类；
3. 介绍断面图的形成及种类；
4. 介绍简化画法。

在建筑工程建造中，建筑物和构筑物的形状和结构是比较复杂的，为了正确、完整、清晰、规范地将建筑形体的内外形状表达出来，国家标准《技术制图》、《建筑制图》中规定了各种画法，如基本视图、剖面图、断面图、简化画法等，本章将逐一举例进行介绍。

7.1 工程形体的基本视图

在工程制图中常把建筑形体在某个投影面上的投影称为视图，在前面基本形体投影部分已经介绍了形体的三面视图的形成及投影关系，但建筑物的形体有时比较复杂，房屋的几个立面形状不同，要想将每个立面的形状都表达出来，三个视图是远远不够的，因此，为了便于画图和读图，需增加一些视图。

7.1.1 六个基本视图

房屋建筑的视图，应按正投影法绘制。自前方 A 投影称为正立面图，自上方 B 投影称为平面图，自左方 C 投影称为左侧立面图，自右方 D 投影称为右侧立面图，自下方 E 投影称为底面图，自后方 F 投影称为背立面图，如图 7-1 所示。如在同一张图纸上绘制若干个视图时，各视图的位置宜按图 7-2 的顺序进行配置。每个视图一般均应标注图名。图名宜标注在视图的下方或一侧，并在图名下用粗实线绘一条横线，其长度应以图名所占长度为准(图 7-2)。使用详图符号作图

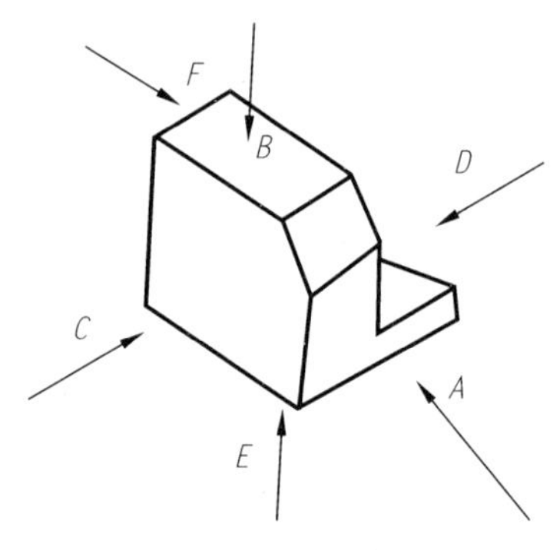

图 7-1 基本视图投影方向

名时，符号下不再画线。

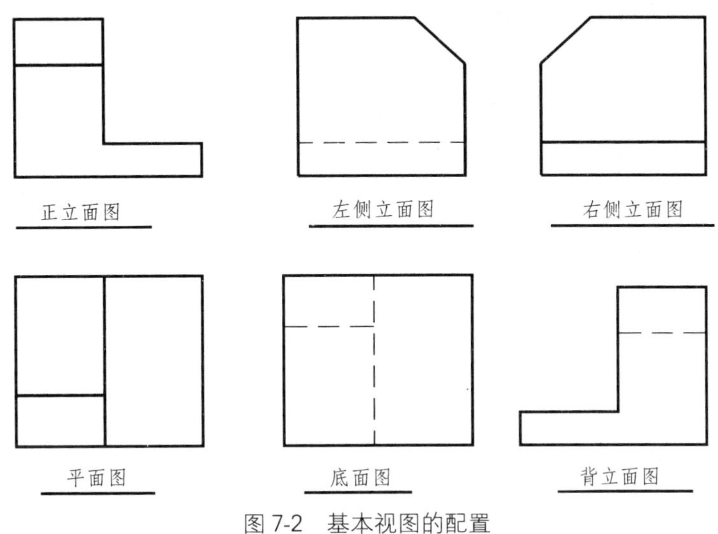

图 7-2　基本视图的配置

7.1.2　镜像视图

在建筑工程图中一般不采用底面图，但有些建筑物是在下面看不见，如梁、柱是在楼板的下面，如果直接作正投影图绘制平面图，这些梁、柱等建筑构件就要用虚线画出(图 7-3b)，这样会给读图带来不便，而且虚线太多，图形显得杂乱，如果将底面当成个镜面，柱、梁、板的投影在镜面中会得到一个垂直映像(图 7-3a)，这就是镜像投影。用镜像投影法绘制的图形应在图名后注写“镜像”二字(7-3c)。

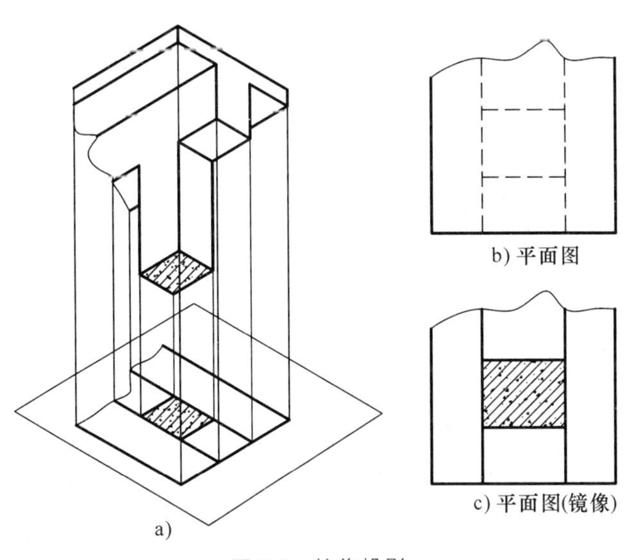

图 7-3　镜像投影

7.2 工程形体的剖面图

建筑形体上不可见部分的投影，在视图中是用虚线表示的，若形体的内部结构较复杂，在视图中就会出现很多虚线，这些虚线往往与其他线型重叠在一起，使得图面上虚实线交错，混淆不清，而影响图形的清晰，既影响读图又不便于尺寸标注，甚至产生差错。为了解决这一问题，国家标准规定采用剖面图来表达形体的内部形状。

7.2.1 剖面图的形成

假想用一剖切平面在形体的适当位置将形体剖开，移去剖切平面与观察者之间的部分，将剩下的部分投射到投影面上，所得到的投影图称为剖面图，如图 7-4 所示。

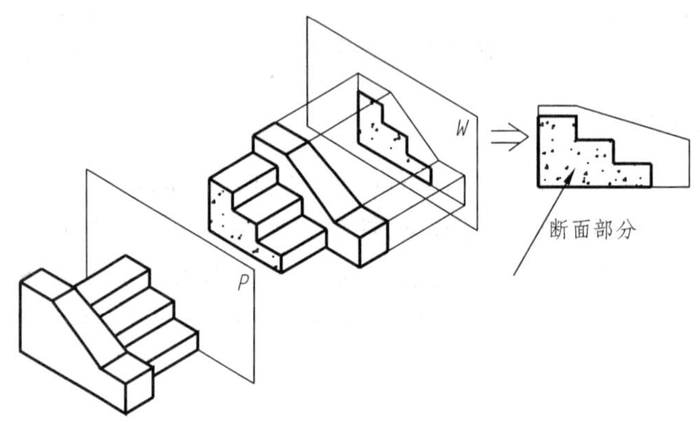

图 7-4　剖面图的形成

7.2.2 剖面图的内容

1. 断面

剖切平面与形体接触的部分称为断面，在断面上要画上材料图例，材料图例要根据材料进行绘制，当不需要在断面区域表示材料的类别时，可采用常用材料图例系（见第 5 章）。间隔均匀的 45°平行细实线表示断面，如果剖面图中主要轮廓线为 45°时，可画成 60°或 45°间隔相等的平行细实线。

2. 剖面图的画法

剖面图除应画出剖平切面切到部分的图形外，还应画出沿投射方向看到的部分，被剖切面切到部分的轮廓线用粗实线绘制，剖切面没有切到、但沿投射方向可以看到的部分，用中实线绘制。如图 7-5 所示的台阶剖面图。

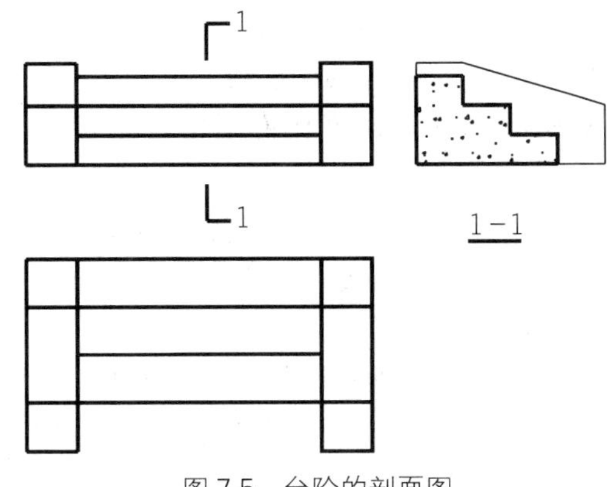

图 7-5　台阶的剖面图

3. 剖面图的标注

剖面图的图形是由剖切平面的位置和投射方向决定的。因此，在剖面图中要用剖切符号指明剖切位置和投射方向。为了便于读图，还要对剖切符号进行编号，并在相对应的剖面图上用该编号作图名，剖面图的剖切符号应由剖切位置线及投射方向线组成，均应以粗实线绘制。

(1) 剖切位置

剖切符号由剖切位置线和投射方向线组成。剖切位置线表示剖切平面的剖切位置，用粗实线绘制，剖切位置线的长度宜为 6～10mm，并且不能与图中的其他图线相交，如图7-5 所示。

(2) 投射方向

表示剖切后的投射方向，投射方向线应垂直于剖切位置线，长度应短于剖切位置线，用粗实线垂直地画在剖切位置线的两端，长度约 4～6mm，其指向即为投射方向，如图 7-5 所示。

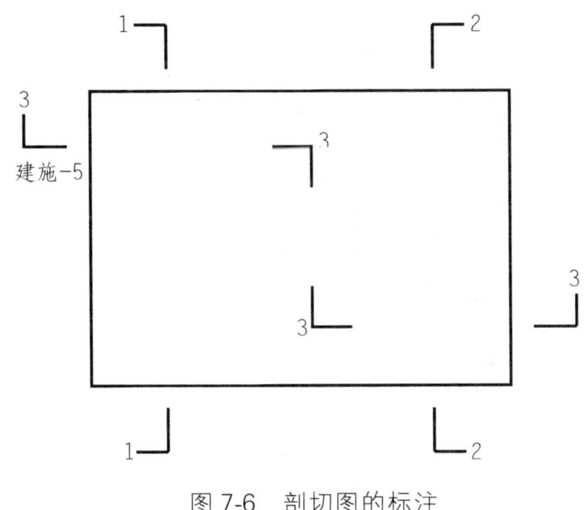

图 7-6　剖切图的标注

(3) 剖切符号的编号

宜采用阿拉伯数字，一般按从左到右，从上到下的顺序连续编排，并应注写在投影方向线的端部。如图 7-5 所示；剖切位置线需要转折时，在转折处也要加上相同的编号，如图 7-6 所示；剖面图或断面图，如与被剖切图样不在同一张图内，可在剖切位置线的另一侧注明其所在图纸的编号，也可以在图上集中说明，如图 7-6 所示。

4. 画剖面图应注意的事项

(1) 由于剖面图是假想被剖开的，所以在画剖面图时，除剖面图外，在画其他视图时，应按完整的形体画出，如图 7-5 所示，在画台阶的正立面图和平面图时，并不能因为画了 1-1 剖面图而只画一半。

(2) 作剖面图时，为了把形体的内部形状准确、清楚的表达出来，一般剖切平面要平行于基本投影面，剖切位置应通过物体的孔、洞、槽的中心线。

(3) 常用建筑材料的图例画法，对其尺度比例不作具体规定。使用时，应根据图样大小而定。

(4) 建筑材料图例线应间隔均匀，疏密适度，做到图例正确，表示清楚。不同品种的同类材料使用同一图例时(如某些特定部位的石膏板必须注明是防水石膏板时)，应在图上附加必要的说明。同一个形体材料图例必须一致。

(5) 两个相同的材料图例相接时，图例线宜错开或使倾斜方向相反，如图 7-7 所示。

(6) 两个相邻的涂黑图例(如混凝土构件、金属件)间，应留有空隙。其宽度不得小于 0.7mm，如图 7-8 所示。

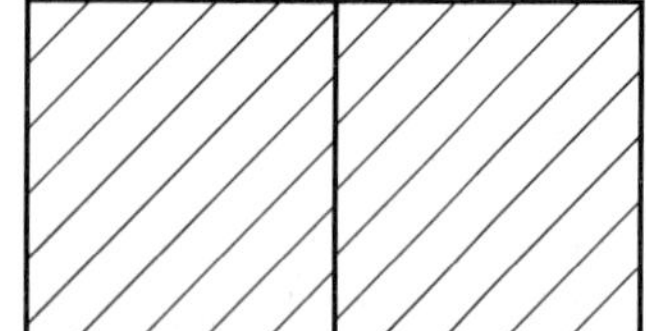

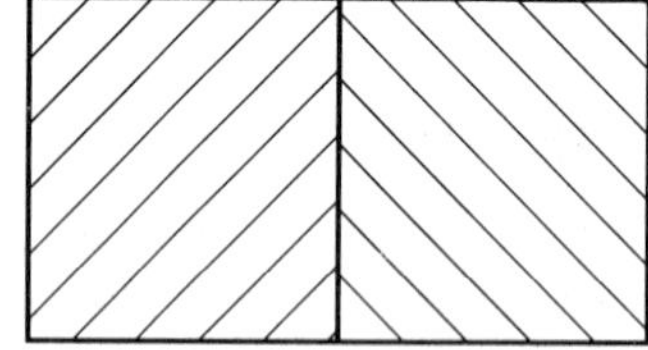

图 7-7 相同图例相接时的画法

图 7-8 相邻涂黑图例的画法

(7) 当选用标准中未包括的建筑材料时，可自编图例。但不得与标准中所列的图例重复。绘制时，应在适当位置画出该材料图例，并加以说明。

(8) 剖面图中已表达清楚的形体内部形状，在其他视图中投影为虚线时，一般不再画出，但对没有表达清楚的内部形状，仍应画出必要的虚线。

(9) 剖切平面后面的可见轮廓线必须画出，初学者往往容易漏画这些线型，必须给予特别注意，如图 7-9 所示。

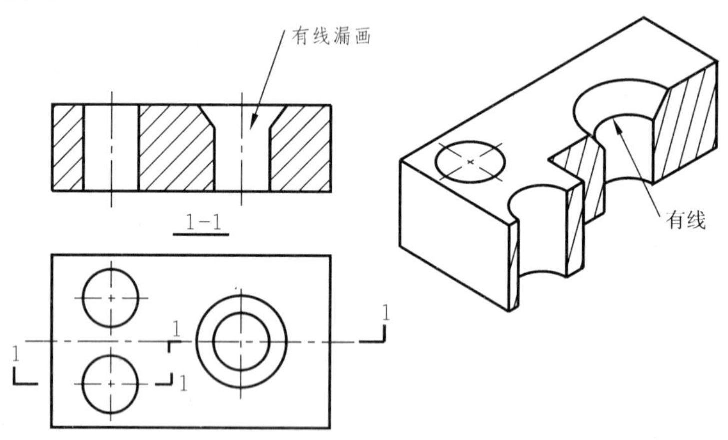

图 7-9 不要漏画剖切平面后面的可见轮廓线

7.2.3 剖面图的分类

画剖面图时，可以根据形体的不同形状特点采用如下几种处理方式：

1. 全剖面图

对于不对称的组合体，或虽然对称但外形较简单，或在另一投影中已将其外形表达清楚时，可以假想使一剖切平面将形体全剖切开，然后画出形体的剖面图，这样的剖面图称为全剖面图。如图 7-5 所示台阶的 1-1 剖面图和图 7-9 的 1-1 剖面图。

全剖面图一般应进行标注，但当剖切平面通过形体的对称线，且又平行于某一基本投影面时，可不标注。

2. 半剖面图

当形体的内、外部形状均较复杂，且在某个方向上的投影为对称图形时，可以在该方向的投影图上一半画没剖切的外部形状，另一半画剖切开后的内部形状，此时得到的剖面图称为半剖面图。如图 7-10a）所示沉井，其正立面图是对称图形，可假想用一正平面作剖切平面，沿沉井的前后对称线剖开，然后在正立面图上，以对称线为界，一半画沉井的外部形状，另一半画剖切开后的内部形状，如图 7-10c)；同样可得剖切开后的平面图 1-1 和侧立面图。由于剖切位置在图形左右、前后对称线上，所以剖切标注省略。

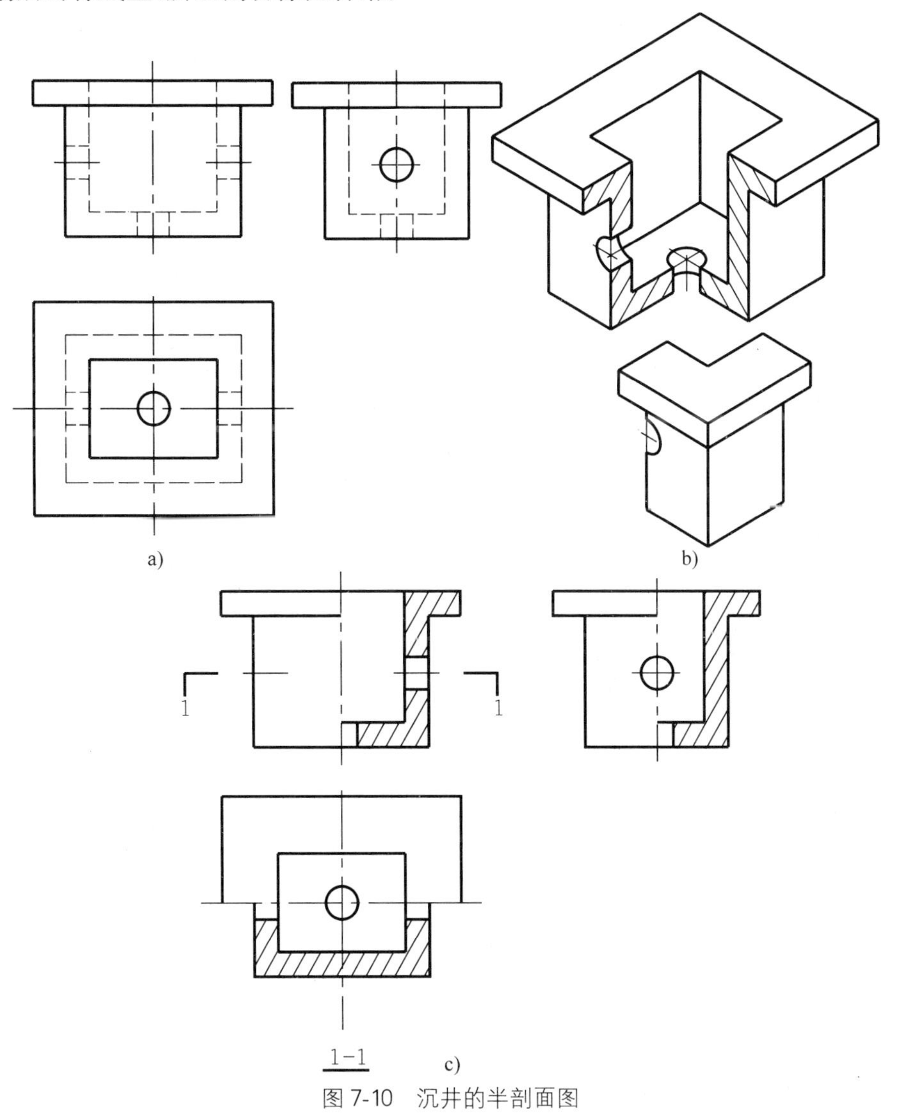

图 7-10　沉井的半剖面图

半剖面图的标注方法同全剖面图一样。

另外，画半剖面图时要注意：

(1) 在半剖面图中，规定用形体的对称线（细点画线）作为剖面图和投影图之间的分界线。

(2) 半剖面图中的半个剖面图通常画在图形的垂直对称线的右方或水平对称线的下方。

(3) 由于在剖面图一侧的图形已将形体的内部形状表达清楚。因此，在投影图一侧不应再画表达内部形状的虚线。

(4) 对于同一图形来说，所有剖面图的工程材料图例要一致。

3. 局部剖面图

当形体某一局部的内部形状需要表达，但又没必要作全剖面图或不适合作半剖面图时，可以保留原投影图的大部分，用剖切平面将形体的局部剖切开而得到的剖面图称为局部剖面图。如图 7-11 所示的杯形基础，其正立剖面图为全剖面图，在断面上详细表达了钢筋的配置，所以在画平面图时，保留了该基础的大部分外形，仅将其一角画成剖面图，反映内部的配筋情况。

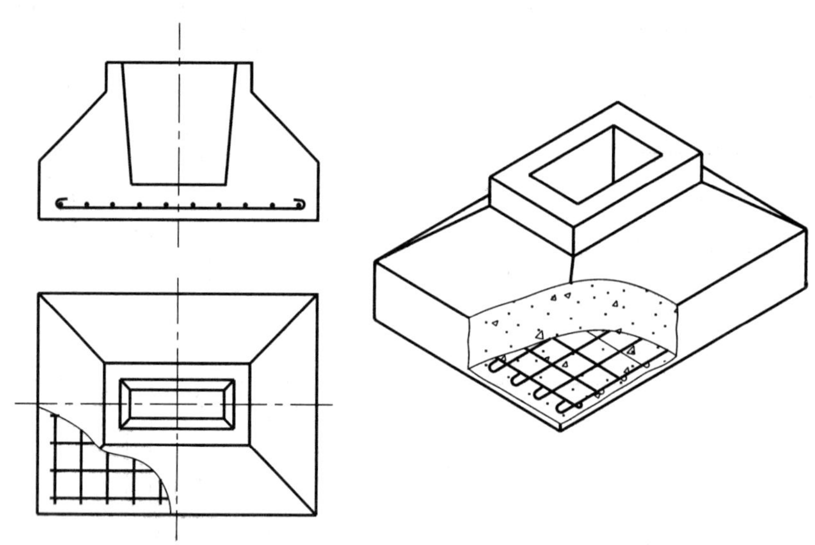

图 7-11　杯形基础的局部剖面图

局部剖面图一般不需标注，但局部剖面图与投影图之间要用波浪线隔开。需要注意的是，波浪线不能与投影图中的轮廓线重合，也不能超出图形的轮廓线。

4. 分层剖切的剖面图

图 7-12 表示应用分层局部剖面图，反映地面各层所用的材料和构造的做法，多用来表达房屋的楼面、地面、墙面和屋面等处的构造。分层局部剖面图应按层次以波浪线将各层分开，波浪线也不应与任何图线重合。

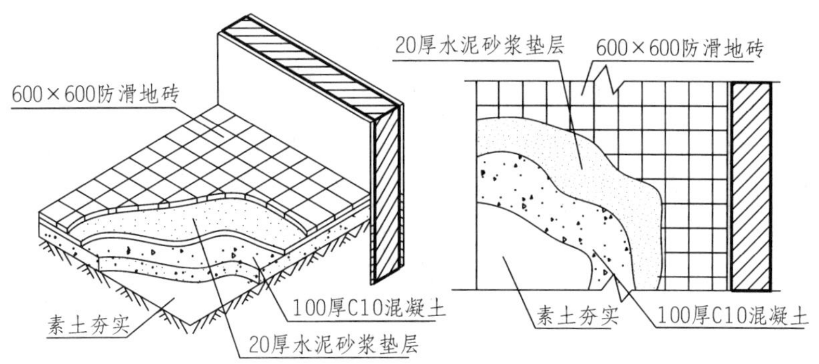

图 7-12 分层局部剖面图

5. 阶梯剖面图

当形体上有较多的孔、槽等内部结构，且用一个剖切平面不能都剖到时，则可假想用几个互相平行的剖切平面，分别通过孔、槽等的轴线将形体剖开，所得的剖面图称为阶梯剖面图，如图 7-13 所示。

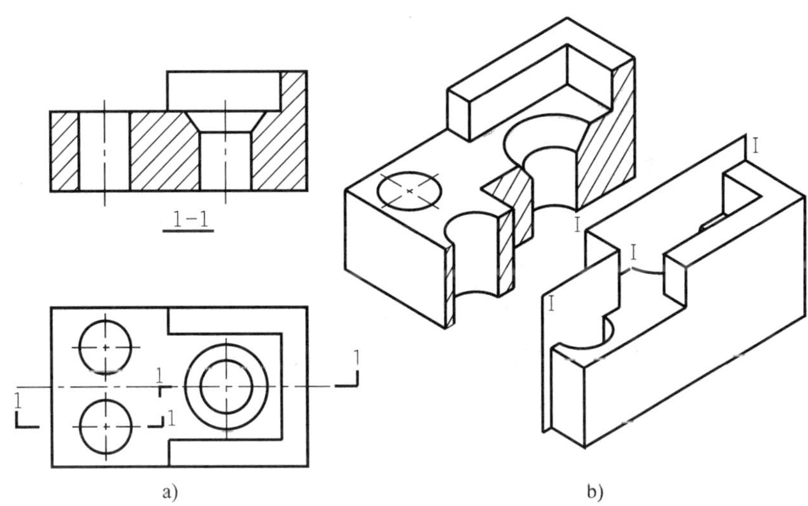

图 7-13 阶梯剖面图

在阶梯剖面图中，不能把剖切平面的转折平面投影成直线，并且要避免剖切平面在图形轮廓线上转折。阶梯剖面图必须要进行标注，其剖切位置的起、止和转折处都要用相同的阿拉伯数字标注，如图 7-13 所示。

6. 旋转剖面图

采用两个或两个以上的相交平面把形体剖开，并将倾斜于投影面的断面及其所关联部分的形体绕剖切面的交线旋转到与基本投影面平行后再进行投射，所得的剖面图称为旋转剖面图，如图 7-14 所示。

旋转剖面图的标注与阶梯剖面图相同，并在剖面图的图名后加注“展开”字样，如图 7-14a）的 2-2 剖面图。

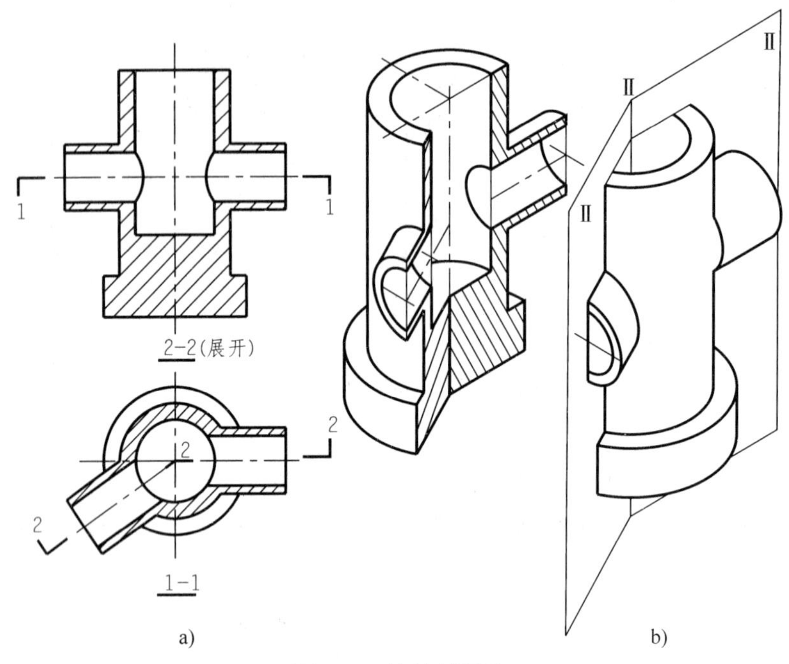

图 7-14　旋转剖面图

7.2.4　剖面图的读图

【例 7-1】　图 7-15 所示为一组合体，为了清楚表达形体的内部形状，从平面图上的剖切位置线可知，它采用了两个剖切平面。因该形体前后是对称的，故把侧立面图改用半剖面图表示，即 2-2 剖面。因该形体的左右不对称，故把正立面图改用全剖面图表示，即 1-1 剖面。此外因为形体中部的三个圆孔的形状已由两个剖面图表示清楚，故平面图中只要画出圆孔的三条轴线即可；又因为底板的底面上的二条转折线，已由两个剖面图所确定，所以在平面图上不再画出虚线。

图 7-15b)所示为该组合体的轴测剖面图。

【例 7-2】　看懂化污池的三视图，如图 7-16 所示，选择合适的剖切将化污池改为剖面图。材料为钢筋混凝土。

读图步骤：

1. 形体分析

该形体可以看成由四部分组成。现自下而上逐个分析：

(1) 长方体底板：底板下方四角有四个四棱台墩子，近中间处下方有一个四棱柱，由于它们都在底板下所以画成虚线。如图 7-17 所示。

(2) 长方体池身：底板上部有一个箱形长方体池身，近中间处有一块隔板将内部分为两个空间，构成了两个池子，左右外壁上各有一个 $\phi240$ 的小圆柱孔，位于前后对称的中心线上，隔板上下有两个 $\phi240$ 的小圆柱孔。在隔板的前后端，有两个对称的方孔，其大小是 240×240，高度与隔板上部小孔的位置一样，如图 7-18 所示。

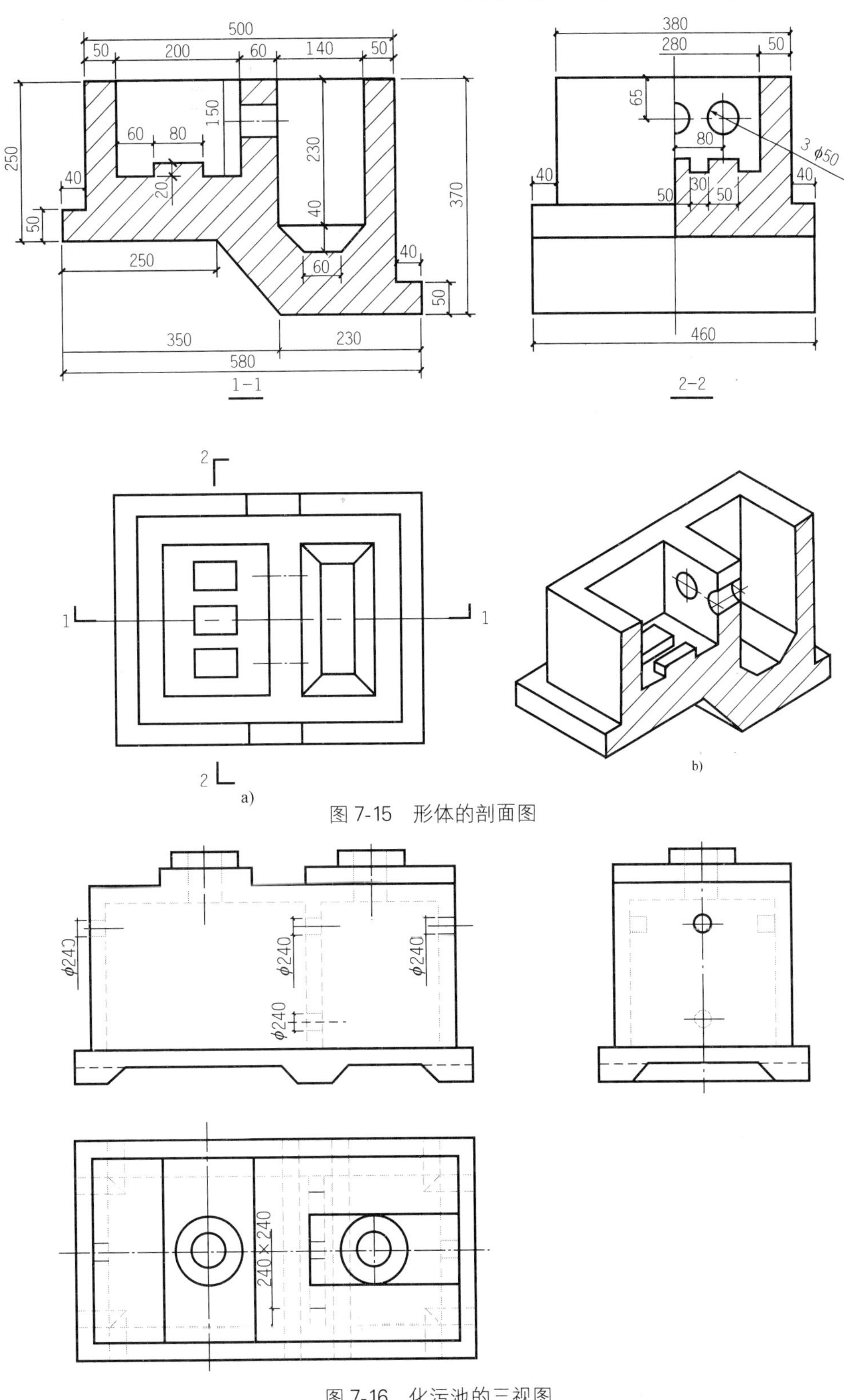

图 7-15 形体的剖面图

图 7-16 化污池的三视图

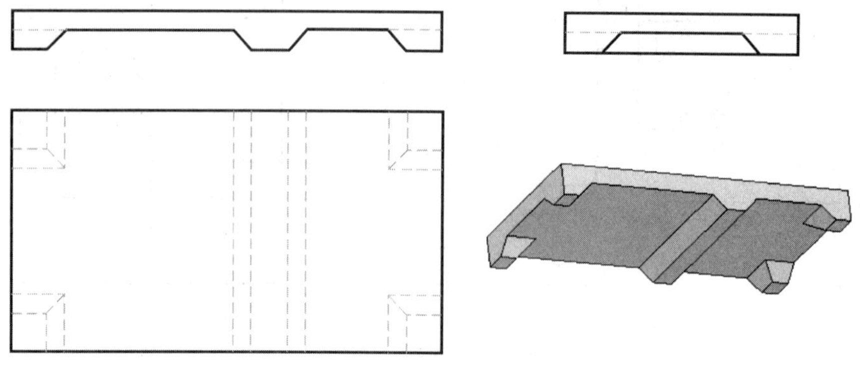

图 7-17　长方体底板

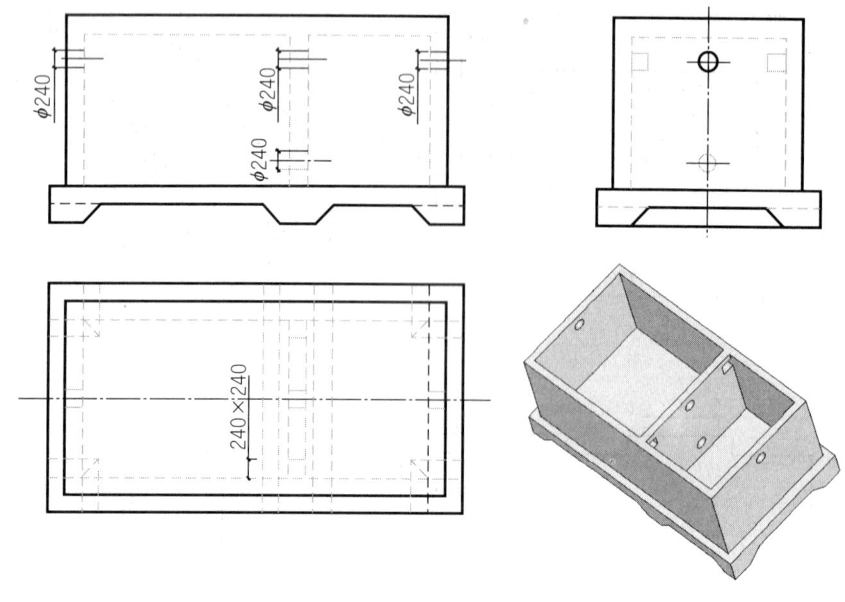

图 7-18　箱形长方体池身

(3) 长方体池身顶面：顶面有两块四棱柱板，左边一块横放，右边一块纵放，如图 7-19 所示。

(4) 长方体池身顶面圆柱通孔：在长方体顶面两块四棱柱板上，各有一个圆柱体，其中又挖去一个圆柱通孔，与箱内池身相通。综合分析后，即可确定化污池整体形状如图 7-20 所示。

2. 选择剖面方式

分析完化污池的形状后，可以看出正面外型较为简单，所以正立面图采用全剖面，平面图前后方向对称，外部形状和内部结构都需要表达，故采用半剖面图。左侧立面图在外壁上有一小圆柱孔，所以也亦采用半剖面图来表达，如图 7-21 所示。

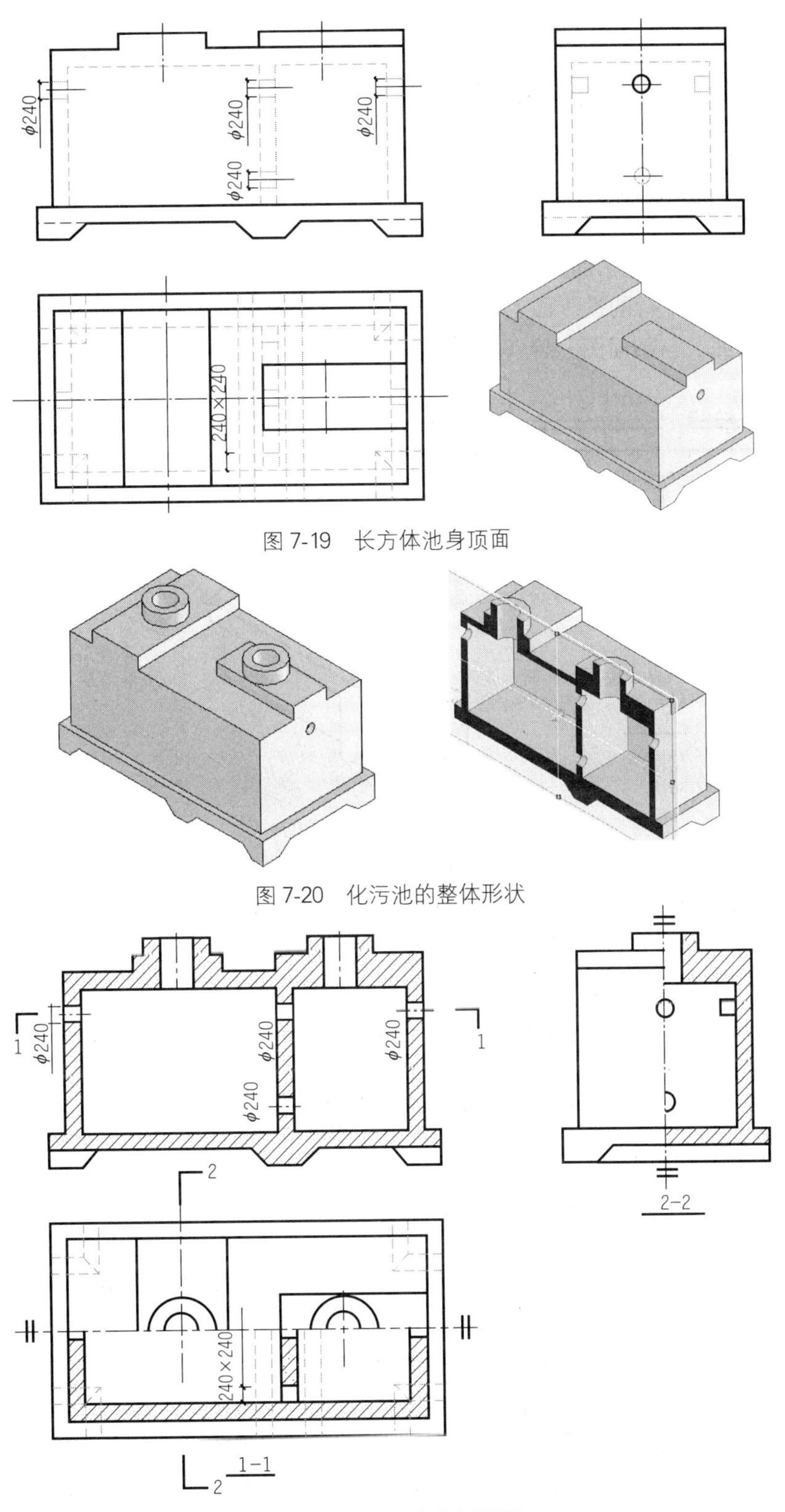

图 7-19　长方体池身顶面

图 7-20　化污池的整体形状

图 7-21　化污池的剖面图

7.3 工程形体的断面图

7.3.1 断面图的概念

前面讲过，用一个剖切平面将形体剖开之后，剖切平面与形体接触的部位称为断面，如果把这个断面投射到与它平行的投影面上，所得到的投影，表示出断面的实形，称为断面图，如图7-22所示的1-1断面。与剖面图一样，断面图也是用来表示形体的内部形状的。

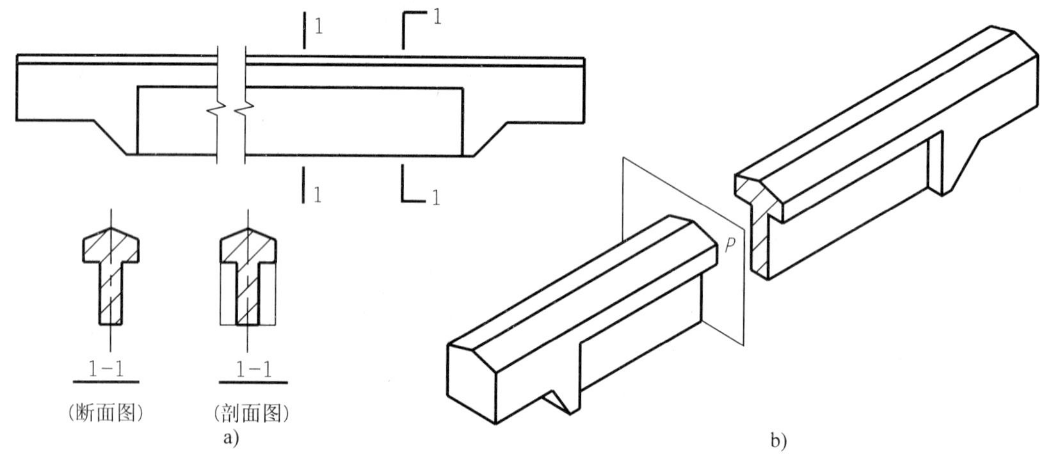

图7-22 剖面图与断面图的区别

如图7-22所示，剖面图与断面图的区别在于：

(1) 断面图只画出形体被剖开后断面的投影，是面的投影。而剖面图要画出形体被剖开后整个余下部分的投影，是体的投影。

(2) 剖切符号的标注不同。断面图的剖切符号只画出剖切位置线，不画投射方向线，而是用编号的注写位置来表示剖切后的投射方向。如编号写在剖切位置线下侧，表示向下投射；注写在右侧，表示向右投射。

(3) 剖面图中的剖切平面可转折，断面图中的剖切平面则不转折。

7.3.2 断面图的画法

1. 移出断面

画在投影图外的断面，称为移出断面。移出断面的轮廓线用粗实线绘制，如图7-23a)所示的1-1断面和图7-24a)所示的“T”形梁的1-1断面。

一个形体有多个断面图时，可以整齐地排列在投影图的四周。如图7-23所示为梁、柱节点构件图，花篮梁的断面形状如1-1断面所示，上方柱和下方柱分别用2-2、3-3断面图表示。这种处理方式，适用于断面变化较多的形体，并且往往用较大的比例画出。

形体较长且断面没有变化时，可以将断面图画在投影图中间断开处。如图7-24b)所示，在“T”形梁的断开处，画出梁的断面，以表示梁的断面形状。这样的断面图不需标注。

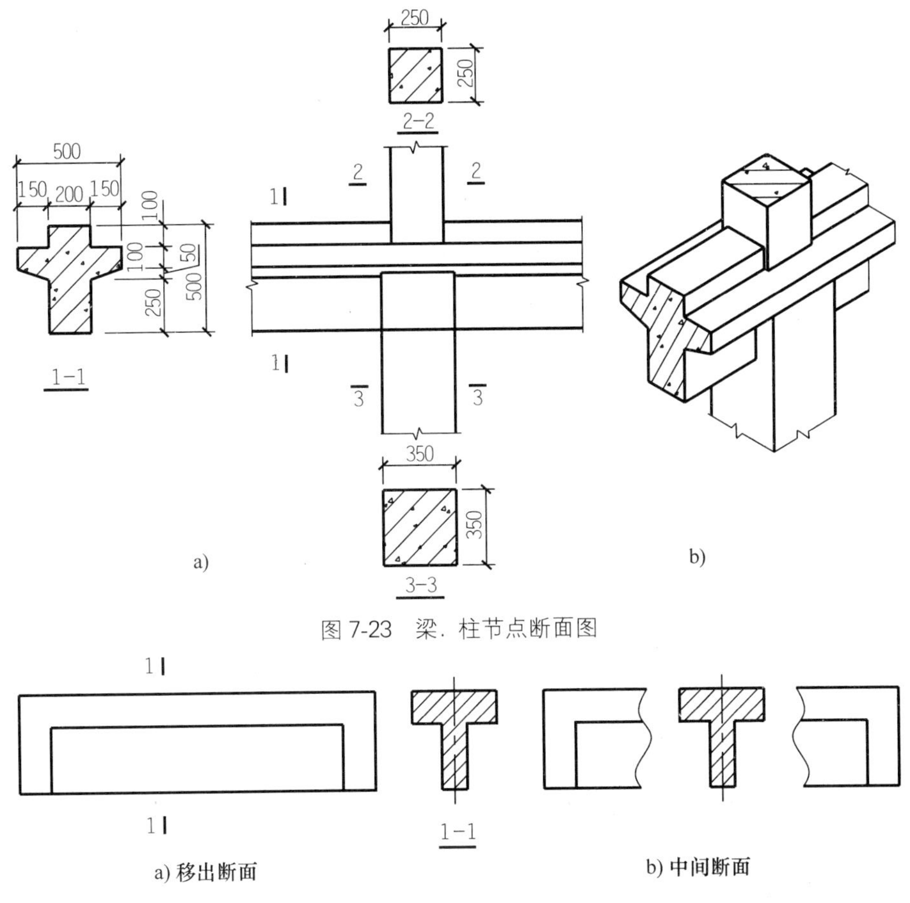

图 7-23 梁. 柱节点断面图

图 7-24 断面图

2. 重合断面

画在投影图内的断面，称为重合断面。重合断面的图线与投影图的图线应有所区别，当重合断面的图线为粗实线时，投影图的图线应为细实线，反之则用粗实线。

【例 7-3】 如图 7-25a)所示，可在墙壁的正立面图上加画断面图，比例与正立面图一致，表示墙壁立面上装饰花纹的凹凸起伏状况。图中右边小部分墙面没有画出断面，以供对比。这种断面是假想用一个与墙壁立面相垂直的水平面作为剖切平面，剖开后向下旋转到与立面重合的位置得出来的。这种断面图也不需标注。

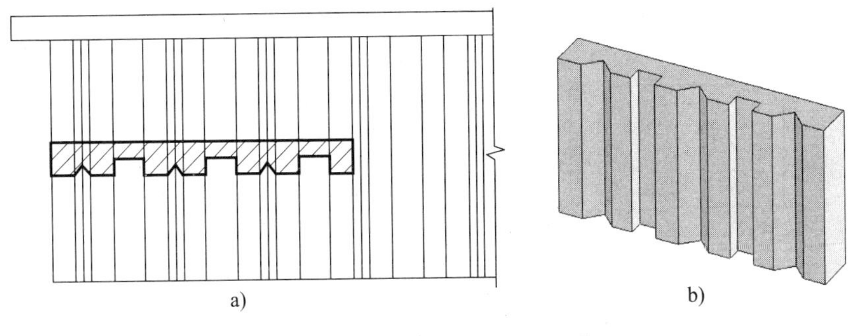

图 7-25 重合断面图一

【例 7-4】 如图 7-26 所示为屋顶平面图，是假想用一个垂直屋脊的剖切平面将屋面剖开，然后将断面向左旋转到与屋顶平面图重合的位置得出来的。

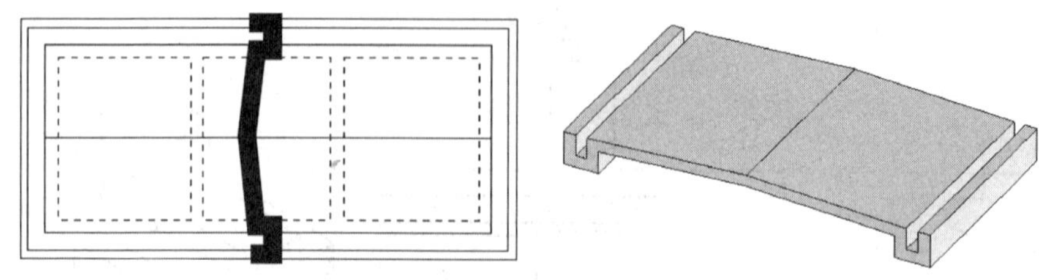

图 7-26 重合断面图二

7.4 工程形体的简化画法

为了节省绘图时间，或由于图幅位置不够，工程制图国家标准 GB/T 50001—2001 规定了一些简化画法，此外，还有一些在工程制图中惯用的简化画法。现简要介绍如下：

7.4.1 对称图形的画法

构配件的对称图形，可以对称中心线为界，只画出该图形的一半，并画上对称符号。对称符号用两平行细实线绘制，平行线的长度宜为 6～10mm，两平行线的间距宜为 2～3mm，平行线在对称线两侧的长度应相等，两端的对称符号到图形的距离也应相等，如图 7-27a)所示。如果图形不仅左右对称，而且上下也对称，还可进一步简化只画出该图形的四分之一，但此时要增加一条竖向对称线和相应的对称符号，如图 7-27b)所示。对称图形也可稍超出对称线，此时不宜画对称符号，而在超出对称线部分画上折断线，如图 7-27c)所示。

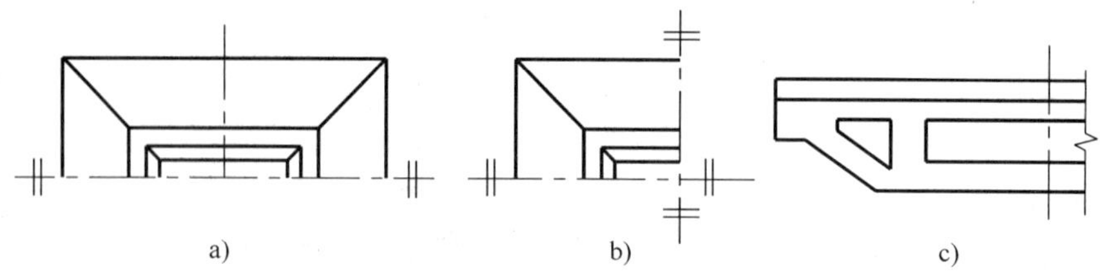

图 7-27 对称图形的画法

对称的形体，需画剖面(断面)图时，也可以对称中心线为界，一半画外形图，一半画剖面(断面)图，如图 7-28 所示。

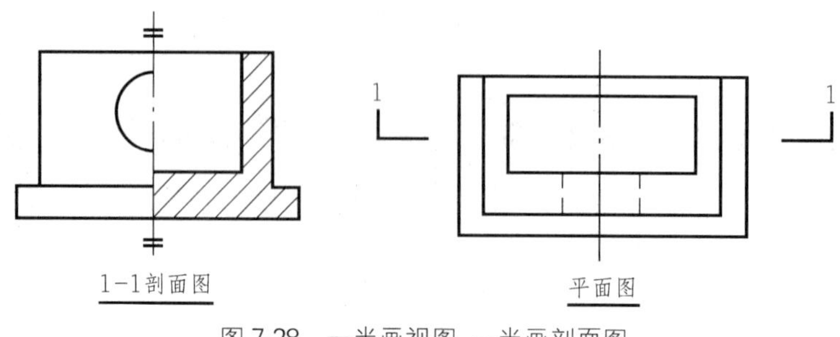

图 7-28 一半画视图，一半画剖面图

7.4.2 相同构造要素的画法

工程物或构配件的图样中，构配件内多个完全相同而连续排列的构造要素，可仅在两端或适当位置画出其完整形状，其余部分以中心线或中心线交点表示，如图 7-29a)、b)所示。

如连续排列的构造要素少于中心线交点，则其余部分应在相同构造要素位置的中心线交点处用小圆点表示，如图 7-29c)、d)所示。

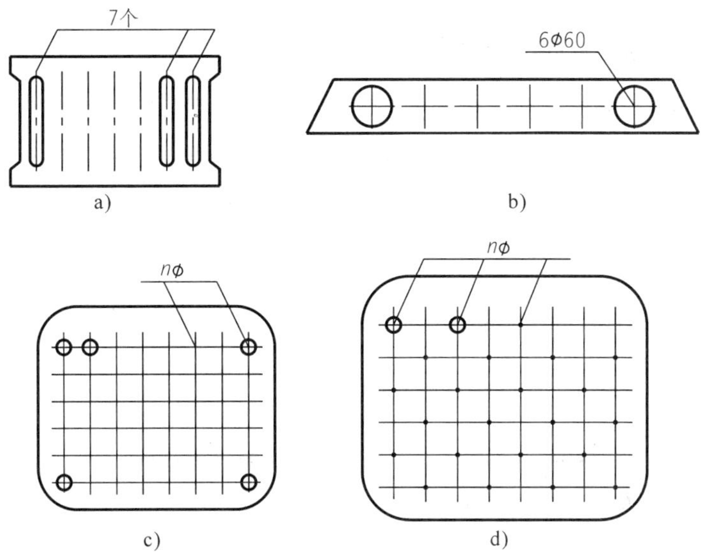

图 7-29 相同要素的省略画法

7.4.3 较长构件的画法

较长的构件，如沿长度方向的形状相同，或按一定规律变化，可折断省略绘制。断开处应以折断线表示，如图 7-30 所示。应注意：当在用折断省略画法所画出的图样上标注尺寸时，其长度尺寸数值应标注构件的全长。

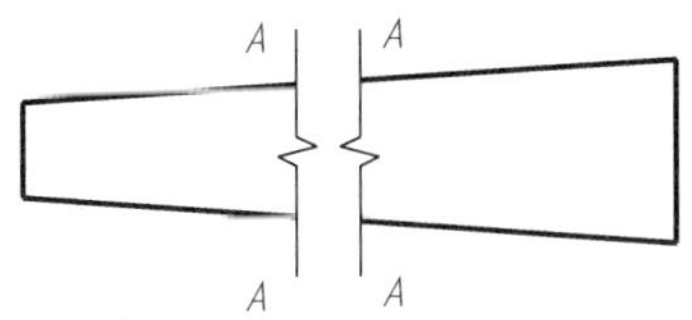

图 7-30 较长构件的画法

7.4.4 构件的分部画法

绘制同一个构件，如幅面位置不够，可分成几个部分绘制，并以连接符号表示相连。连接符号用折断线表示需连接的部位，并以折断线两端靠图样一侧用大写拉丁字母表示连接编号。两个被连接的图样，必须用相同的字母编号，如图 7-31 所示。

7.4.5 构件局部不同的画法

当两个构配件仅部分不相同时，则可在完整地画出一个后，另一个只画不相同部分，但应在两个构配件的相同部分与不同部分的分界处，分别绘制连接符号。两个连接符号应对准在同一线上，如图 7-32 所示。

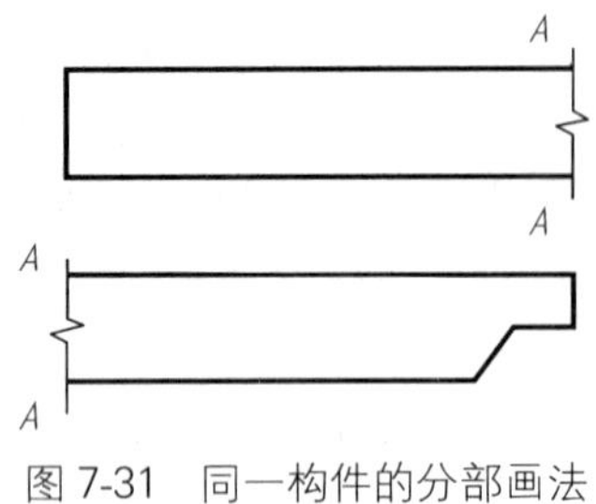

图 7-31 同一构件的分部画法

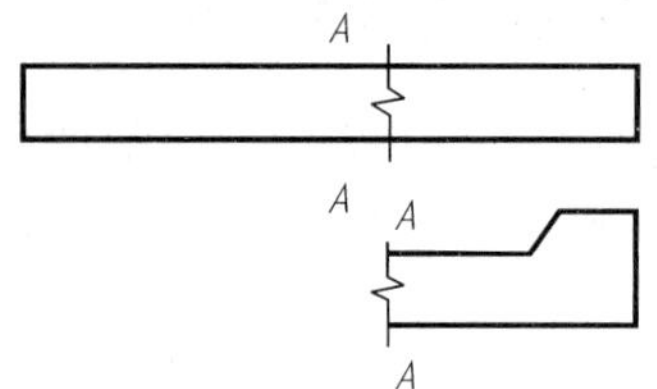

图7-32 构件局部不同省略画法

7.4.6 相贯线投影的简化画法

在不致引起误解时，允许简化相贯线投影的画法，例如用圆弧或直线代替非圆曲线。图 7-33 所示的是两个最常见的实例。图 7-33a)是两个半径差既不很小，又不很大的轴线正交的圆柱相贯，相贯线在正立面图中应是非圆曲线。制图时，常用圆心在小圆柱的轴线上，半径为大圆柱的半径 R，并通过两圆柱面外形线交点，凸向大圆柱的圆弧代替。图 7-33b)是一个大圆柱，被一个轴线与大圆柱轴线正交的小圆柱孔贯通，大圆柱的直径 $\phi1$ 比小圆柱孔的直径 $\phi2$ 大得多，其相贯线在正立面图中也应是非圆曲线。制图时，则常用直线来代替，也就是用大圆柱面的外形线延伸过孔口的这段直线来代替。

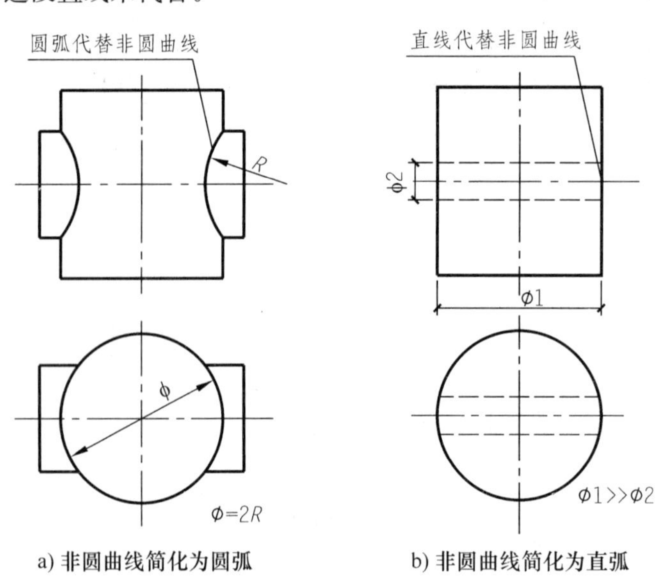

a) 非圆曲线简化为圆弧　　b) 非圆曲线简化为直弧

图 7-33 相贯线投影的简化画法示例

小 结

本章详细地介绍了工程形体的表达方法，剖面图与断面图的形成及作用，通过本章的学习掌握工程形体的各种表达方法，并能正确的选择剖面图的种类，为专业制图打下基础。

1. 什么是剖面图？它可分为几个类型？
2. 什么是断面图？
3. 剖面图与断面图的区别？标注有何不同？
4. 全剖面和半剖面的标注是否一致？
5. 什么是旋转剖面？
6. 什么是阶梯剖面？

参考文献

[1] 王永智.建筑制图手册. 北京:机械工业出版社，2006.
[2] 中国计划出版社.建筑制图标准汇编. 北京:中国计划出版社,2003.
[3] 中华人民共和国建设部.GB/T 50103—2001 总图制图标准.北京:中国计划出版社,2002.
[4] 中华人民共和国建设部.GB/T 50104—2001 建筑制图标准. 北京:中国计划出版社,2002.
[5] 张英,郭树荣.建筑工程制图.北京:中国建筑工业出版社,2005.
[6] 陈文斌.建筑工程制图.上海:同济大学出版社,2003.
[7] 于春艳,张国兴. 工程制图. 北京:中国电力出版社,2004.
[8] 何斌,陈锦昌等.建筑制图. 北京:高等教育出版社,2001.
[9] GB/T 50001—2001 房屋建筑制图统一标准.北京:中国计划出版社,2001.
[10] 龚小兰,等. 建筑工程施工图读解. 北京:化学工业出版社. 2003.
[11] 罗康贤.建筑工程制图与识图.广州:华南理工大学出版社,2004.
[12] 谢步瀛.土木工程制图.上海:同济大学出版社,2004.
[13] 危道军.土木建筑制图.北京:高等教育出版社,2002.
[14] 杨为邦,唐明怡.土木工程制图.北京:中国水利水电出版社,2005.

第8章 建筑施工图

本章概要

1. 介绍有关的建筑知识；
2. 介绍建筑施工图的作用与内容；
3. 介绍建筑施工图的画法与读图。

建筑施工图是其他各类施工图的基础和先导，简称“建施”。一幅合格的建筑施工图，除了它所反映的内容要正确完整，符合规范要求外，所绘图样要求投影正确、尺寸标注齐全、线型分明、文字说明书书写工整正确、布置紧凑、图面整洁等。一张有效的建筑施工图，最后还必须填写标题栏内的各项内容，尤其是各栏的负责人必须签字，否则是不能进行施工的。建筑施工图根据其内容与作用可分为：首页图、总平面图、建筑平面图、建筑立面图、建筑剖面图、建筑详图等。本章将详细的介绍建筑施工图的各部分内容。

8.1 建筑的含义与分类

有人类历史便有建筑，建筑总是伴随着人类共存。从建筑的起源发展到建筑文化，经历了几千年的变迁。有许多著名的格言可以帮助我们加深对建筑的认识，如：“建筑是石头的史书”、“建筑是一切艺术之母”、“建筑是凝固的音乐”、“建筑是住人的机器”、“建筑是城市经济制度和社会制度的自传”、“建筑是城市的重要标志”等等，在今天的信息时代，则以“语言”、“符号”来剖析建筑的构成，许多不同的认识形成了建筑的各种流派，长期以来进行着热烈的讨论。一般是将铁路、水坝等称为“土木工程”，只有“建造适用和美好的住宅、公共建筑和城市艺术”才称为“建筑学”。

8.1.1 建筑的含义

建筑是人工创造的空间环境，通常认为是建筑物和构筑物的总称。

建筑物——直接供人们使用的建筑称为建筑物。如住宅、学校、办公楼、影剧院、体育馆等。

构筑物——间接供人们使用的建筑称为构筑物。如水塔、蓄水池、烟囱、贮油罐等。

我国的建筑方针是全面贯彻实施“适用、安全、经济、美观”。这个方针又是评价建筑优劣的基本准则。房屋建筑按其使用功能通常可分为工业建筑、农业建筑和民用建筑。

8.1.2 建筑的分类

1. 按使用功能分类

(1) 民用建筑

指供人们工作、学习、生活、居住用的建筑物。如住宅、宿舍、公寓等;文教建筑;托幼建筑;医疗卫生建筑;观演性建筑;体育建筑;展览建筑;旅馆建筑;商业建筑;电信、广播电视建筑;交通建筑;行政办公建筑;金融建筑;饮食建筑;园林建筑;纪念建筑等。

(2) 工业建筑

指为工业生产服务的生产车间及为生产服务的辅助车间、动力用房、仓储等。

(3) 农业建筑

指供农(牧)业生产和加工用的建筑,如种子库、温室、畜禽饲养场、农副产品加工厂、农机修理厂(站)等。

2. 按建筑规模和数量分类

(1) 大量性建筑

指建筑规模不大,但修建数量多,与人们生活密切相关的分布面广的建筑,如住宅、中小学教学楼、医院、中小型影剧院、中小型工厂等。

(2) 大型性建筑

指规模大、耗资多的建筑,如大型体育馆、大型剧院、航空港、博览馆、大型工厂等。与大量性建筑相比,其修建数量是很有限的,这类建筑在一个国家或一个地区具有代表性,对城市面貌的影响也较大。

3. 按建筑层数分类

(1) 住宅建筑按层数划分为:1~3 层为低层;4~6 层为多层;7~9 层为中高层;10 层以上为高层。

(2) 公共建筑及综合性建筑总高度超过 24m 者为高层(不包括总高度超过 24m 的单层主体建筑)。

(3) 建筑物高度超过 100m 时,不论住宅或公共建筑均为超高层。

4. 按承重结构的材料分类

(1) 木结构建筑

指以木材作房屋承重骨架的建筑。

(2) 砖(或石)结构建筑

指以砖或石材为承重墙柱和楼板的建筑。这种结构便于就地取材,能节约钢材、水泥和降低造价,但抗害性能差,自重大。

(3) 钢筋混凝土结构建筑

指以钢筋混凝土作承重结构的建筑。如框架结构、剪力墙结构、框剪结构、筒体结构等,具有坚固耐久、防火和可塑性强等优点,故应用较为广泛。

(4) 钢结构建筑

指以型钢等钢材作为房屋承重骨架的建筑。钢结构力学性能好,便于制作和安装,工期短,结构自重轻，适宜超高层和大跨度建筑中采用。随着我国高层、大跨度建筑的发展，采用钢结构的趋势正在增长。

(5) 混合结构建筑

指采用两种或两种以上材料作承重结构的建筑。如由砖墙、木楼板构成的砖木结构建筑；由砖墙、钢筋混凝土楼板构成的砖混结构建筑；由钢屋架和混凝土(或柱)构成的钢混结构建筑。其中砖混结构在大量性民用建筑中应用最广泛。

8.2 房屋的组成

房屋是供人们生活、生产、工作、学习和娱乐的场所，与人们关系密切。将一幢拟建房屋的内外形状和大小，以及各部分的结构、构造、装修、设备等内容，按照"国标"的规定，用正投影方法详细准确地画出的图样，称为"房屋建筑图"。它是用以指导施工的一套图纸，所以又称为"施工图"。

学习建筑识图，首先应该了解房屋的构造组成。如图 8-1 为某房屋的构造实例，主要有以下的组成部分：

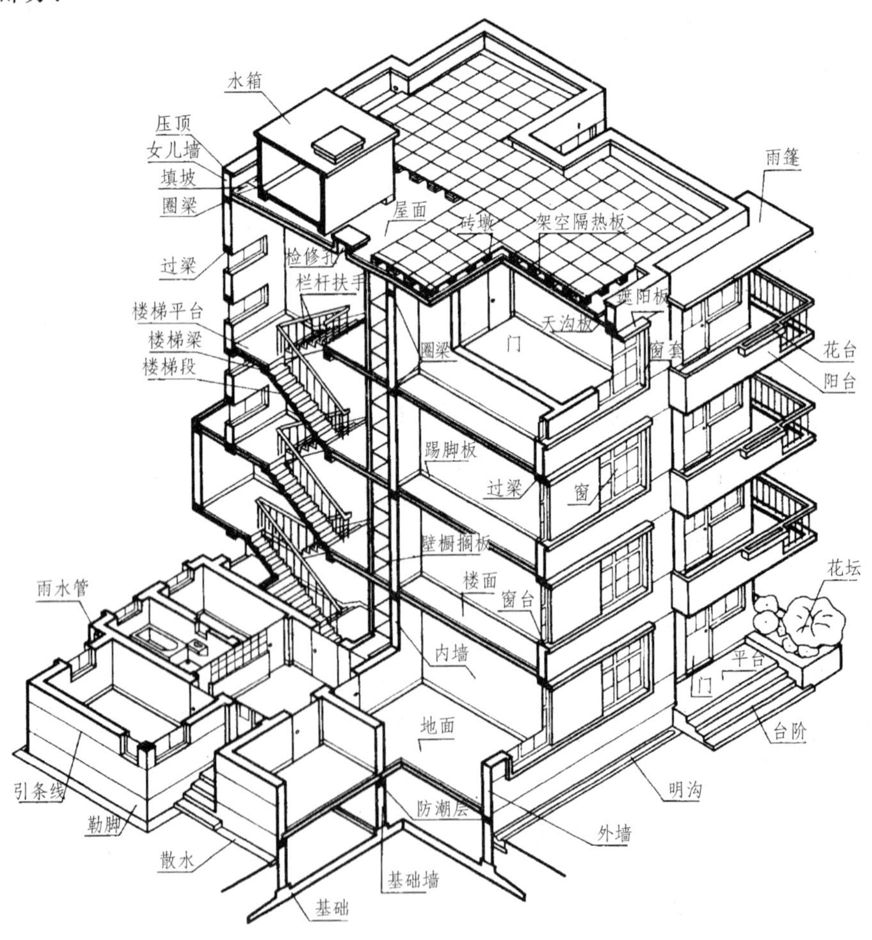

图 8-1 房屋的组成

1. 基础

是建筑物最下部的承重构件，其作用是承受建筑物的全部荷载，并将这些荷载传给地基。因此，基础必须具有足够的强度，并能抵御地下各种有害因素的侵蚀。

2. 墙(或柱)

是建筑物的承重构件和围护构件。作为承重构件，承受着建筑物由屋顶或楼板层传来的荷载，并将这些荷载再传给基础；作为围护构件的外墙，其作用是抵御自然界各种因素对室内的侵袭；内墙主要起分隔空间及保证舒适环境的作用。框架或排架结构的建筑物中，柱起承重作用，墙仅起围护作用。因此，要求墙体具有足够的强度、稳定性、保温、隔热、防水、防火等性能，并且耐久，具有经济性。

3. 楼板层和地坪

楼板是水平方向的承重结构，按房间层高将整幢建筑物沿水平方向分为若干层；楼板层承受家具、设备和水体荷载以及本身的自重，并将这些荷载传给墙或柱；同时对墙体起着水平支撑的作用。因此要求楼板层应具有足够的抗弯强度、刚度和隔声性能，对有水侵蚀的房间，还应具有防潮、防水的性能。

4. 楼梯

是楼房建筑的垂直交通设施。供人们上下楼层和紧急疏散之用。故要求楼梯具有足够的通行能力，并且防滑、防火，能保证安全使用。

5. 屋顶

是建筑物顶部的围护构件和承重构件。抵抗风、雨、雪的侵袭和太阳辐射热的影响；又承受风雪荷载及施工、检修等屋顶荷载，并将这些荷载传给墙或柱。故屋顶应具有足够的强度、刚度及防水、保温、隔热等性能。

6. 门与窗

门与窗均属非承重构件。门主要供人们内外交通和分隔房间之用；窗主要起通风、采光、分隔、眺望等围护作用。在某些有特殊要求的房间，门、窗具有保温、隔声、防火的能力。

一座建筑物除上述六大基本组成部分以外，对不同使用功能的建筑物，还有许多特有的构件和配件，如阳台、雨篷、台阶、垃圾井等。

8.3 建筑模数

为了实现工业化大规模生产，使不同材料、不同形式和不同制造方法的建筑构配件、组合件具有一定的通用性和互换性，在建筑业中必须共同遵守 GBJ 2—86《建筑模数协调统一标准》，以下简称标准。

建筑模数是指选定的尺寸单位，作为尺度协调中的增值单位，也是建筑设计、建筑施工、建筑材料与制品、建筑设备、建筑组合件等各部门进行尺度协调的基础，其目的是使构配件安装吻合，并有互换性。

1. 基本模数

基本模数的数值规定为100mm，表示符号为M，即1M等于100mm，整个建筑物或其中一部分以及建筑组合件的模数化尺寸均应是基本模数的倍数。

2. 扩大模数

指基本模数的整倍数。扩大模数的基数应符合下列规定：

(1) 水平扩大模数为3M、6M、12M、15M、30M、60M等6个，其相应的尺寸分别为300mm、600mm、1200mm、1500mm、3000mm、6000mm。

(2) 竖向扩大模数的基数为3M、6M两个，其相应的尺寸为300mm、600mm。

3. 分模数

指整数除基本模数的数值。分模数的基数为M/10、M/5、M/2等3个，其相应的尺寸为10mm、20mm、50mm。

4. 模数数列

指由基本模数、扩大模数、分模数为基础扩展成的一系列尺寸(模数数列的幅度及适用范围如下)。

(1) 水平基本模数的数列幅度为(1～20)M。主要适用于门窗洞口和构配件断面尺寸。

(2) 竖向基本模数的数列幅度为(1～36)M。主要适用于建筑物的层高、门窗洞口、构配件等尺寸。

(3) 水平扩大模数数列的幅度：3M为(3～75)M；6M为(6～96)M；12M为(12～120)M；15M为(15～120)M；30M为(30～360)M；60M为(60～360)M，必要时幅度不限。主要适用于建筑物的开间或柱距、进深或跨度、构配件尺寸和门窗洞口尺寸。

(4) 竖向扩大模数数列的幅度不受限制。主要适用于建筑物的高度、层高、门窗洞口尺寸。

5. 分模数数列的幅度

M/10为(1/10～2)M，M/5为(1/5～4)M；M/2为(1/2～10)M。主要适用于缝隙、构造节点、构配件断面尺寸。

8.4 建筑施工图的产生及分类

房屋建筑设计过程按工程复杂程度、规模大小及审批要求，划分为不同的设计阶段。一般分两阶段设计或三阶段设计。

两阶段设计是指初步设计和施工图设计两个阶段，一般的工程多采用两阶段设计。对于大型民用建筑工程或技术复杂的项目，采用三阶段设计，即初步设计、技术设计和施工图设计。

8.4.1 初步设计阶段

初步设计的内容一般包括设计说明书、设计图纸、主要设备材料表和工程概算等四部分，具体的图纸和文件有：

(1) 设计总说明　设计指导思想及主要依据,设计意图及方案特点,建筑结构方案及构造特点,建筑材料及装修标准,主要技术经济指标以及结构、设备等系统的说明。

(2) 建筑总平面图　比例 1:500、1:1000,应表示用地范围,建筑物位置、大小、层数及设计标高,道路及绿化布置,技术经济指标。

(3) 各层平面图、剖面图及建筑物的主要立面图　比例 1:100、1:200,应表示建筑物各主要控制尺寸,如总尺寸、开间、进深、层高等,同时应表示标高,门窗位置,室内固定设备及有特殊要求的厅、室的具体布置,立面处理,结构方案及材料选用等。

(4) 工程概算书　建筑物投资估算,主要材料用量及单位消耗量。

(5) 大型民用建筑及其他重要工程,必要时可绘制透视图、鸟瞰图或制作模型。

8.4.2 技术设计阶段

主要任务是在初步设计的基础上进一步解决各种技术问题。技术设计的图纸和文件与初步设计大致相同,但更详细些。具体内容包括整个建筑物和各个局部的具体做法,各部分确切的尺寸关系,内外装修的设计,结构方案的计算和具体内容、各种构造和用料的确定,各种设备系统的设计和计算,各技术工种之间各种矛盾的合理解决,设计预算的编制等。

8.4.3 施工图设计阶段

施工图设计是建筑设计的最后阶段,是提交施工单位进行施工的设计文件。

施工图设计的主要任务是满足施工要求,解决施工中的技术措施、用料及具体做法。

施工图设计的内容包括建筑、结构、水电、采暖通风等工种的设计图纸、工程说明书,结构及设备计算书和概算书。具体图纸和文件有:

(1) 建筑总平面图:与初步设计基本相同。

(2) 建筑物各层平面图、剖面图、立面图:比例 1:50、1:100、1:200。除表达初步设计或技术设计内容以外,还应详细标出门窗洞口、墙段尺寸及必要的细部尺寸、详图索引。

(3) 建筑构造详图:应详细表示各部分构件关系、材料尺寸及做法、必要的文字说明。根据节点需要,比例可分别选用 1:20、1:10、1:5、1:2、1:1 等。

(4) 各工种相应配套的施工图纸,如基础平面图、结构布置图、钢筋混凝土构件详图、水电平面图及系统图、建筑防雷接地平面图等。

(5) 设计说明书:包括施工图设计依据、设计规模、面积、标高定位、用料说明等。

(6) 结构和设备计算书。

(7) 工程概算书。

8.4.4 施工图的图示特点及阅读步骤

施工图中的各图样,主要是用正投影法绘制的。通常,在 H 面上作平面图,在 V 面上作正、背立面图和在 W 面上作侧立面图成剖面图。在图幅大小允许下,可将平、立、剖面三个图样,按投影关系画在同一张图纸上,以便于阅读,如果图幅过小,平、立、剖面图可分别单独画在几张图纸上。

平面图、立面图和剖面图(简称“平、立、剖”),是建筑施工图中最重要的图样。

房屋形体较大，所以施工图一般都用较小比例绘制。由于房屋内各部分构造较复杂，在小比例的平、立、剖面图中无法表达清楚，所以还需要配以大量较大比例的详图。

由于房屋的构、配件和材料种类较多，为作图简便起见，“国标”规定了一系列的图形符号来代表建筑构配件、卫生设备、建筑材料等，这种图形符号称为图例。为读图方便，“国标”还规定了许多标注符号。所以施工图上会大量出现各种图例和符号。

施工图的绘制是前述各章投影理论、图示方法及有关专业知识的综合应用。因此，要读懂施工图纸的内容，必须做好下面一些准备工作：

(1) 应掌握作投影图的原理和形体的各种表示方法。

(2) 要熟识施工图中常用的图例、符号、线型、尺寸和比例的意义。

(3) 由于施工图中涉及一些专业上的问题，故应在学习过程中注意观察和了解房屋的组成和构造上的一些基本情况。对更详细的专业知识应留待专业课程中学习。

一套房屋施工图纸，简单的有几张，复杂的有十几张，几十张甚至几百张。当我们拿到这些图纸时，应从哪里看起呢？

首先根据图纸目录，检查和了解这套图纸的分类情况。如有缺损或需用标准图和重复利用旧图时，应及时配齐。检查无缺后，按目录顺序（一般是按“建施”、“结施”、“设施”的顺序排列）通读一遍，对工程对象的建设地点、周围环境、建筑物的大小及形状、结构型式和建筑关键部位等情况先有一个概括的了解。然后，负责不同专业（或工种）的技术人员，根据不同要求，重点深入地读不同类别的图纸。阅读时，应按先整体后局部，先文字说明后图样，先图形后尺寸等原则依次仔细阅读。同时应特别注意各类图纸之间的联系，以避免发生矛盾而造成质量事故和经济损失。

本章将列出一般的民用房屋和工业厂房建筑施工图中较主要的图纸，以作参考。所附各图因篇幅关系都缩小了，但图中仍注上原来的比例。

8.5 首页图

建筑施工图的首页图包括工程概况、主要设计依据、设计说明、图纸目录、门窗表、装修表以及有关的技术经济指标等。有时建筑总平面图也可以画在首页图上。

1. 工程概况

内容一般应包括建筑名称、建设地点、建设单位、建筑面积、建筑基底占地面积、建筑工程等级、设计使用年限、建筑层数和建筑高度、防火设计建筑分类和耐火等级、人防工程防护等级、屋面防水等级、地下室防水等级、抗震设防烈度等，以及能反映建筑规模的主要技术经济指标，如住宅的套型和套数（包括每套的建筑面积、使用面积、阳台建筑面积。房间的使用面积可在平面图中标注）、旅馆的客房间数和床位数、医院的门诊人次和住院部的床位数、车库的停车泊位数等；设计标高、本项目的相对标高与总图绝对标高的关系，工程设计的范围等。

2. 主要设计依据

本项目工程施工图设计的依据性文件、批文和相关规范。

3. 设计说明

工程所在地区的自然条件，建筑场地的工程地质条件，规划要求以及人防、防震的依据，承担设计的范围与分工，水、电、暖、煤气等供应情况以及道路条件，采用新技术、新材料的做法说明及对特殊建筑造型和必要的建筑构造的说明等。

4. 技术经济指标

技术经济指标一般以表格形式列出，一般包括用地面积、总建筑面积、建筑系数、建筑容积率、绿化系数、单位综合指标等。

5. 图纸目录

一般以表格形式画出。每一项工程都会有许多张图纸，为了便于查阅，针对每张图纸所表示的建筑部位，给图纸起个名称，再用数字编号，确定图纸的顺序。如建施-01，表示建筑施工图的第一张图纸。

6. 门窗表

一般包含门窗个数及门窗性能(防火、隔声、防护、抗风压、保温、空气渗透、雨水渗透等)、用料、颜色、玻璃、五金件等设计要求。

7. 装修表

一般包括墙体、墙身防潮层、地下室防水、屋面、外墙面、勒脚、散水、台阶、坡道、油漆、涂料等的材料和做法，可用文字说明或部分文字说明，部分直接在图上引注或加注索引号。室内装修部分除用文字说明以外，亦可用表格形式表达，在表上填写相应的做法或代号；较复杂或较高级的民用建筑应另行委托室内装修设计；凡属二次装修的部分，可不列装修做法表和进行室内施工图设计，但对原建筑设计、结构和设备设计有较大改动时，应征得原设计单位和设计人员的同意。

8.6 建筑总平面图

8.6.1 建筑总平面图的产生与作用

1. 产生

为了反映新设计的建筑物的位置，朝向及其与周围环境（如原有建筑、道路、绿化、地形等）的相互关系，在画有等高线或加上坐标方格网的地形图上，以图例形式用水平投影的方法画出新建筑物、原有建筑物、拆除建筑物、建筑物周围的道路、绿化区域、以及该建造地区的方位和风向频率玫瑰等的平面图，就叫做总平面图。见图 8-2 所示。

2. 作用

总平面图是新建的建筑物施工定位、放线和布置施工现场的依据。

是了解建筑物所在区域的大小和边界，其他专业（如水、电、暖、煤气）的管线总平面图规划布置的依据。

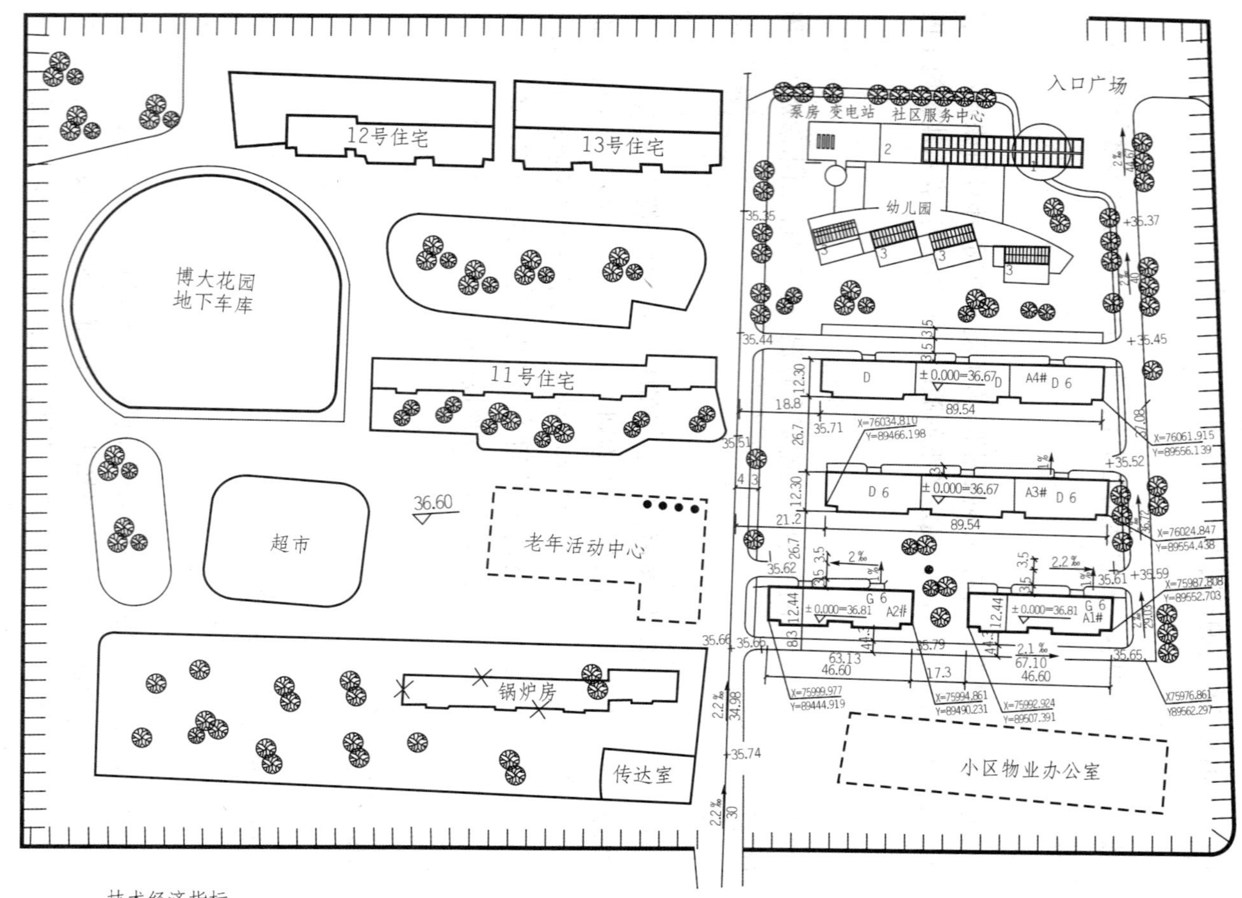

技术经济指标

总用地面积：15.98公顷
总建筑面积：23.56万平方米
住宅建筑面积：23.31万平方米
公建建筑面积：0.25万平方米

容积率：1.47
建筑密度：18.2%
绿地率：35.2%

图 8-2 某住宅小区总平面图

是建设项目开展技术设计的前提的依据。是房产、土地管理部门审批动迁、征用、划拨土地手续的前提。

是城市规划行政主管部门核发建设工程规划许可证、核发建设用地规划许可证、确定建设用地范围和面积的依据。

是建设项目是否珍惜用地、合理用地、节约用地的依据。

是建设工程进行建设审查的必要条件。

8.6.2 建筑总平面图的内容

1. 比例

总平面图所要表示的地区范围较大，除新建房物外，还要包括原有房屋和道路、绿化等总体布局。因此，在《建筑制图国家标准》中规定，总平面图的绘图比例应选用 1∶500、1∶1000、1∶2000，在具体工程中，由于国土局及有关单位提供的地形图比例常为 1∶500，故总平面图的常用绘图比例是 1∶500。

2. 图例与线型

由于总平面图绘图比例较小，图中的原有房屋、道路、绿化、桥梁边坡、围墙及新建房屋等均是用图例表示，书中表 8-1 列出了建筑总平面图的常用比例。在较复杂的总平面图中，如用了《国标》中没有的图例，应在图纸中的适当位置绘出新增加的图例。

新建建筑物用粗实线绘制，层数可用小圆黑点或数字表示。新建的道路、桥涵、围墙等用中实线绘制，原有的建筑物、道路及坐标网、尺寸线、引出线等用细实线绘制，红线指规划部门批给建设单位的占地面积，一般用红笔圈在图纸上，具有法律效力。其余线型的规定详见表 8-1。

总平面图常用的图例　　表 8-1

名　称	图　例	说　明	名　称	图　例	说　明
新建的建筑物		①上图为不画出入口图例，下图为画出入口图例 ②需要时，可在图形内右上角以点数或数字（高层宜用数字）表示层数 ③用粗实线表示	填挖边坡		边坡较长时可在一端或两端局部表示
			护坡		
原有的建筑物		①应注明利用者 ②用细实线表示	雨水井		
			消火栓井		
计划扩建的预留地或建筑物		用中虚线表示	室内标高	151.00	
拆除的建筑物		用细实线表示	室外标高	▼143.00	

续上表

名 称	图 例	说 明	名 称	图 例	说 明
新建的地下建筑物或构筑物		用粗虚线表示	新建道路	5 101.00 R9 150.00	①"R9"表示道路转弯半径为 9m;"150.00"为路面中心标高;"5"表示 5%,为纵向坡度;"101.00"表示变坡点距离 ②图中斜线为道路端面示意,根据实际需要绘制
围墙及大门		①上图为砖石、混凝土或金属材料的围墙 ②下图为镀锌铁丝网、篱笆等围墙 ③如仅表示围墙时不画大门	原有道路		
			计划扩建的道路		
露天桥式起重机			道路曲线段	JD2 R20	①"JD2"为曲线转折点编号 ②"R20"表示道路曲线半径为 20m
架空索道		"I"为支架位置	桥梁		①上图为公路桥 ②下图为铁路桥 ③用于旱桥时应注明
坐标	X105.00 Y425.00 A131.51 B278.25	①上图表示测量坐标 ②下图表示施工坐标	跨线桥		道路跨铁路 铁路跨道路 道路跨道路 铁路跨铁路
方格网交叉点标高	-0.50 | 77.85 78.35	①"78.35"为原地面标高 ②"77.85"为设计标高 ③"-0.50"为施工高度 ④"-"表示挖方,"+"表示填方	管线	—— 代号 ——	管线代号按现行国家有关标准的规定标注

3. 标高

标高——建筑物的某一部位与确定的基准点的高差,称为该部位的标高。在总平面图、平面图、立面图和剖面图上,经常用标高符号表示某一部位的高度。

各图上所用标高符号应按图 8-3a)所示形式以细实线绘制。图 8-3b)所示为具体的画法。标高数值以 m 为单位,一般注至小数点后三位数(总平面图中为二位数)。在"建施"图中的标高数字表示其完成面的数值。如标高数字前有"-"号的,表示该处完成面低于零点标高。如数字前没有符号的,则表示高于零点标高。如同一位置表示几个不同标高时,数字可按图 8-3d)的形式注写。总平面图中的标高和尺寸均以 m 为单位，一般注写到小数点以后的第二位。室外整平标高采用全部涂黑的等腰三角形表示，如图 8-3b)所示。

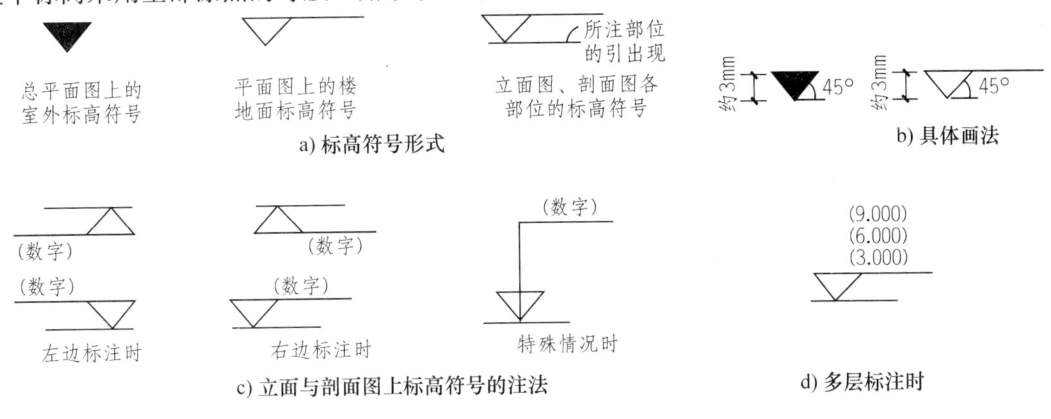

图 8-3 标高符号

标高分为绝对标高和相对标高两种：

(1) 绝对标高

是指以我国青岛市黄海海平面作为零点而测定的高度尺寸。全国的各地标高均以此为基准。

(2) 相对标高

相对标高是以建筑物的首层室内主要房间的地面为零点(±0.000)，表示某处距首层地面的高度。新建建筑物应标注室内外地面的绝对标高。

新建建筑名称(或编号)、层数及室内底层地面和室外整平地面的绝对标高。总平面图中标高，一般注至小数点后两位。

总图中标注的标高应为绝对标高，如标注相对标高，则应注明相对标高与绝对标高的换算关系。建筑物首层室内地面、室外整平地面的绝对标高：要标注室内地面的绝对标高和相对标高的相互关系，如：±0.000=48.25，室外整平地面的标高符号为涂黑的实心三角形，标高注写到小数点后两位，可注写在符号上方、右侧或右上角。若建筑基地的规模大，且地形有较大的起伏时，总平面图除了标注必要的标高外，还要绘出建设区内的等高线，从等高线的分布可知建设区内地形的坡向，从而确定建筑物室外的排水方向及平场需开挖、填方的土石方量。

4. 定位

(1) 需要表明新建区的总体布局。包括用地范围、各建筑物及构筑物的位置(原有建筑、拆除建筑、新建建筑、拟建建筑)、道路、交通等的总体布局。

(2) 确定新建建筑物的平面位置，根据原有房屋和道路进行定位。若新建房屋周围存在原有建筑、道路，此时新建房屋定位是以新建房屋的外墙到原有房屋的外墙或到道路中心线的距离。新建房屋的定位尺寸或坐标，标出测量坐标网(以细实线画出交叉十字坐标网格，坐标代号宜用“X、Y”表示)或施工坐标网(坐标网格画成网格通线，坐标代号宜用“A、B”表示)。对一般中小型建筑物也可根据原有建筑物相对位置来定位，通常以米为单位，精确至小数点后两位，不足时以“0”补齐。相邻有关建筑、待拆除建筑的位置或范围。

(3) 修建成片住宅、规模较大的公共建筑、工厂或地形较复杂时，可用坐标定位。

① 测量坐标定位:在与总平面图采用相同比例的地形图,绘出 100m×100m 或 50m×50m 的坐标网格,纵轴为 x 轴,代表南北方向,横轴为 y 轴,代表东西方向。对于一般建筑物定位应标明两个墙角的坐标,若为南北朝向的建筑,可只标明一个墙角的坐标即可。放线时,根据现场已有的导线点的坐标,用测量仪导测出新建房屋的坐标。

② 建筑坐标定位:将新建房屋所在的地区具有明显标志的地物定为"0"点,以水平方向为 B 轴,垂直方向 A 轴,按 100m×100m 或 50m×50m 绘制坐标网格,绘图比例与地形图相同,用建筑物墙角距"0"点的距离确定新建房屋的位置。

5. 指北针或风玫瑰图

风向频率玫瑰图简称风玫瑰图,不仅画出了指北方向,而且按当地多年平均统计的各个方向的吹风次数的百分数以一定比例在各个方向线上画出诸端点,然后连成多边形,风吹方向是指从外吹向中心,实线表示全年风向频率,虚线表示按 6、7、8 三个月统计的夏季风向频率。如图 8-4 所示。根据图中所绘制的指北针可知新建建筑物的朝向,风玫瑰图可了解新建房屋地区常年的盛行风向(主导风向)以及夏季风主导风方向。有的总平面图中绘出风玫瑰图后就不绘指北针。

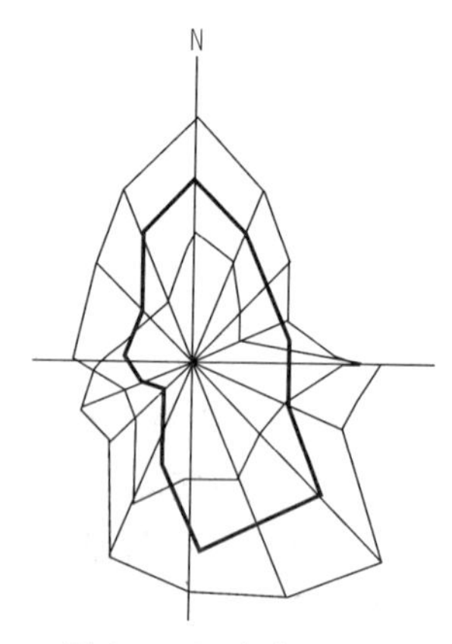

图 8-4　风玫瑰图

6. 绿化规划、管道布置

水、暖、电等管线及绿化布置情况:给水管、排水管、供电线路尤其是高压线路,采暖管道等管线在建筑基地的平面布置。随着人们生活水平的提高,居住生活环境越来越受到重视,绿化和建筑小品在总平面图中也是重要的内容之一。一些树木、花草、建筑小品和美化构筑物的位置、场地建筑坐标(或与建筑物、构筑物的距离尺寸)、设计标高等。绿化率已成为居住生活质量的重要衡量指标之一。绿地率是项目绿地总面积与总用地面积的比值。一般用百分数表示。

7. 容积率、建筑密度

容积率是项目总建筑面积与总用地面积的比值。一般用小数表示。建筑密度是项目总占地基地面积与总用地面积的比值。一般用百分数表示。

上面所列内容,不是任何工程设计都缺一不可,而应根据具体工程的特点和实际情况而定。对一些简单的工程,可不画出等高线、坐标网或绿化规划和管道的布置。图 8-2 为某工程总平面图。

8.6.3　读建筑总平面图

(1) 看图名、比例及有关文字说明。总平面图因包括的地面范围较大,所以绘图比例较小,图中所用图例符号较多,应熟记。了解工程性质、绘图比例、文字说明,熟悉常用图例。

(2) 了解新建工程的性质与总体布局。在用地范围内,了解各建筑物及构筑物的位置、道路、场地和绿化等布置情况以及各建筑物的层数。

(3) 明确新建工程或扩建工程的具体位置。新建工程或扩建工程一般根据原有房屋或道路来定位。当新建成片的建筑物或较大的建筑物时,可用坐标来确定每一建筑物及其道路转折点等的位置。了解地形地貌从高低起伏可知道地面的坡向、排水方向。当地形起伏较大,还应画出等高线。

(4) 了解新建房屋室内外高差、道路标高及坡度。看新建房屋底层室内地面和室外整平地面的绝对标高。可知室内外地面高差,及相对零标高与绝对标高的关系。

(5) 看总平面图上的指北针或风向频率玫瑰图。可知新建房屋的朝向和该地区常年风向频率。

(6) 查看房屋与管线走向的关系、管线引入建筑物的位置。总平面图上有时还画上给排水、采暖、电器等管网布置图,一般与设备施工图配合使用。

8.7 建筑平面图

建筑平面图简称平面图,是建筑施工图中重要的基本图,在施工过程中,可作为放线、砌筑墙体、安装门窗、室内装修、施工备料及编制预算的依据。

8.7.1 建筑平面图的产生与作用

1. 产生

假想用一水平的剖切面沿门窗洞的位置将房屋剖切后(如图 8-5 所示),对剖切面以下部分所作出的水平剖面图,即为建筑平面图,简称为平面图。它反映出房屋的平面形状、大小和房间的布置,墙(或柱)的位置、厚度和材料,门窗的类型和位置等情况。这是施工图中最基本的图样之一。

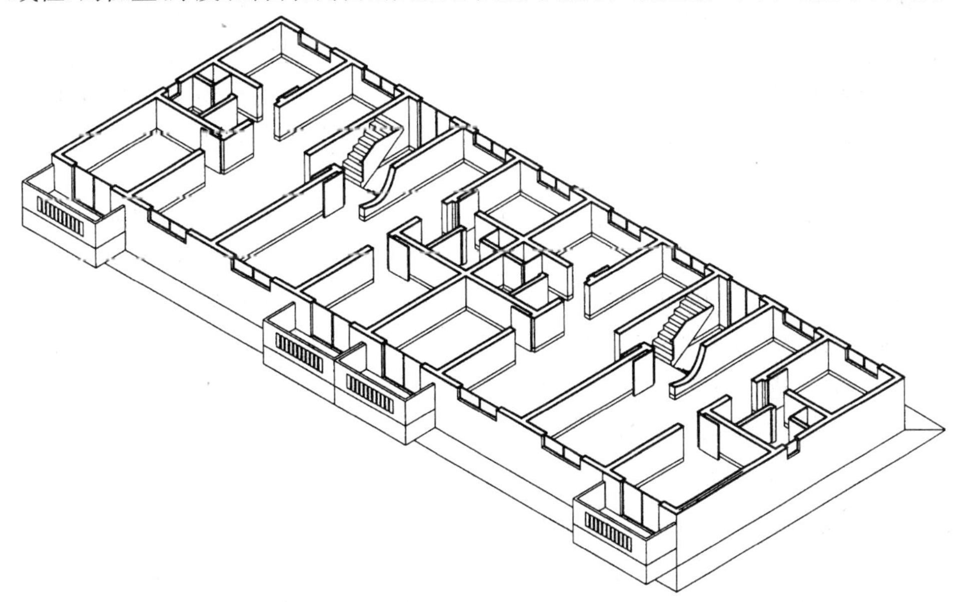

图 8-5 房屋剖切后的轴测图

一般地说,房屋有几层,就应画出几个平面图,并在图的下方注明相应的图名,如底层平面图、二层平面图……等等。此外还有屋面平面图,是房屋顶面的水平投影,一般可适当缩小比例绘制(对于较简单的房屋可不画出)。习惯上,如上下各层的房间数量、大小和布置都一样时，则相同的楼层可用一个平面图表示，称为标准层平面图。如建筑平面图左右对称时，亦可将两层平面画在同一个图上，左边画出一层的一半，右边画出另一层的一半，中间用一对称符号作分界线，并在图的下方分别注明图名。有时，根据工程性质及复杂程度，可绘制夹层、高窗、顶棚、预留洞等局部放大平面图。如建筑平面较长较大时，可分段绘制，并在每个分段平面的右侧绘出整个建筑外轮廓的缩小平面，明显表示该段所在位置。平面图上的断面，当比例大于 1:50 时，应画出其材料图例和抹灰层的面层线(见 8.10 建筑详图)。如比例为 1:100～1:200 时，抹灰层面层线可不画，而断面材料图例可用简化画法(如砖墙涂红色，钢筋混凝土涂黑色等)。

2. 作用

建筑平面图主要表示房屋的平面布置情况，如房间的形状、大小、位置，墙(或柱)的位置、厚度、材料，门窗的位置、宽度、类型，走廊、楼梯的平面位置等。建筑平面图在施工过程中是放线、砌墙、安装门窗及编制概预算、建筑面积的计算的重要依据。建筑面积指建筑物长度、宽度的外包尺寸的乘积再乘以层数。它由使用面积、交通面积和结构面积组成。施工备料、施工组织都要用到平面图。

建筑平面图应包括被剖切到的断面，可见的建筑构造及必要的尺寸、标高等内容。

8.7.2 建筑平面图的内容

1. 平面图的图名、比例

沿具有±0.000 标高位置的底层门窗洞口剖切后得到的平面图称为底层平面图，又称为首层平面图或底层平面图，如图 8-6 所示。在多层和高层建筑中，往往中间几层剖开后的图形是一样的，就只需要画一个平面图作为代表层，将这一个作为代表层的平面图称为标准层平面图，如各层均不相同则应逐层画出。见图 8-7。沿最上一层的门窗洞口剖切开得到的平面图称为顶层平面图。将房屋直接从上向下进行投射得到的平面图称为屋顶平面图，见图 8-8。

综上所述，在多层和高层建筑中一般有底层平面图、标准层平面图、顶层平面图和屋顶平面图四个。此外，有的建筑还有地下层(±0.000 以下)平面图。平面图的方向宜与总图方向一致。平面图的长边宜与横式幅面图纸的长边一致。在同一张图纸上绘制多于一层的平面图时，除顶棚平面图外，各层平面图宜按层数由低向高的顺序从左至右或从下至上布置。各种平面图应按正投影法绘制。建筑物平面图应注写房间的名称与编号，编号注写在直径为 6mm 的细实线绘制的圆圈内，并在同张图纸上列出房间名称表。

2. 建筑物的朝向及内部布置

建筑物的内部布置和朝向应包括各种房间的分布及相互关系，入口、走道、楼梯的位置等，一般平面图均注明房间的名称和编号，建筑物主要入口在哪面墙上，就称建筑物朝哪个方向，建筑物的朝向在建筑物±0.000 标高的平面图上应画出指北针，指北针宜用细实线绘制，圆的直径宜为 24mm，指北针尾宽宜为 3mm，如图 8-8 所示在指针尖端处，国内工程注“北”，涉外工程注“N”字，指北针应绘制在建筑物±0.000 标高的平面图上，并放在明显位置，所指的方向应与总图一致。由指北针就可以看出这幢房屋和各个房间的朝向，见图 8-6 图中的指北针。

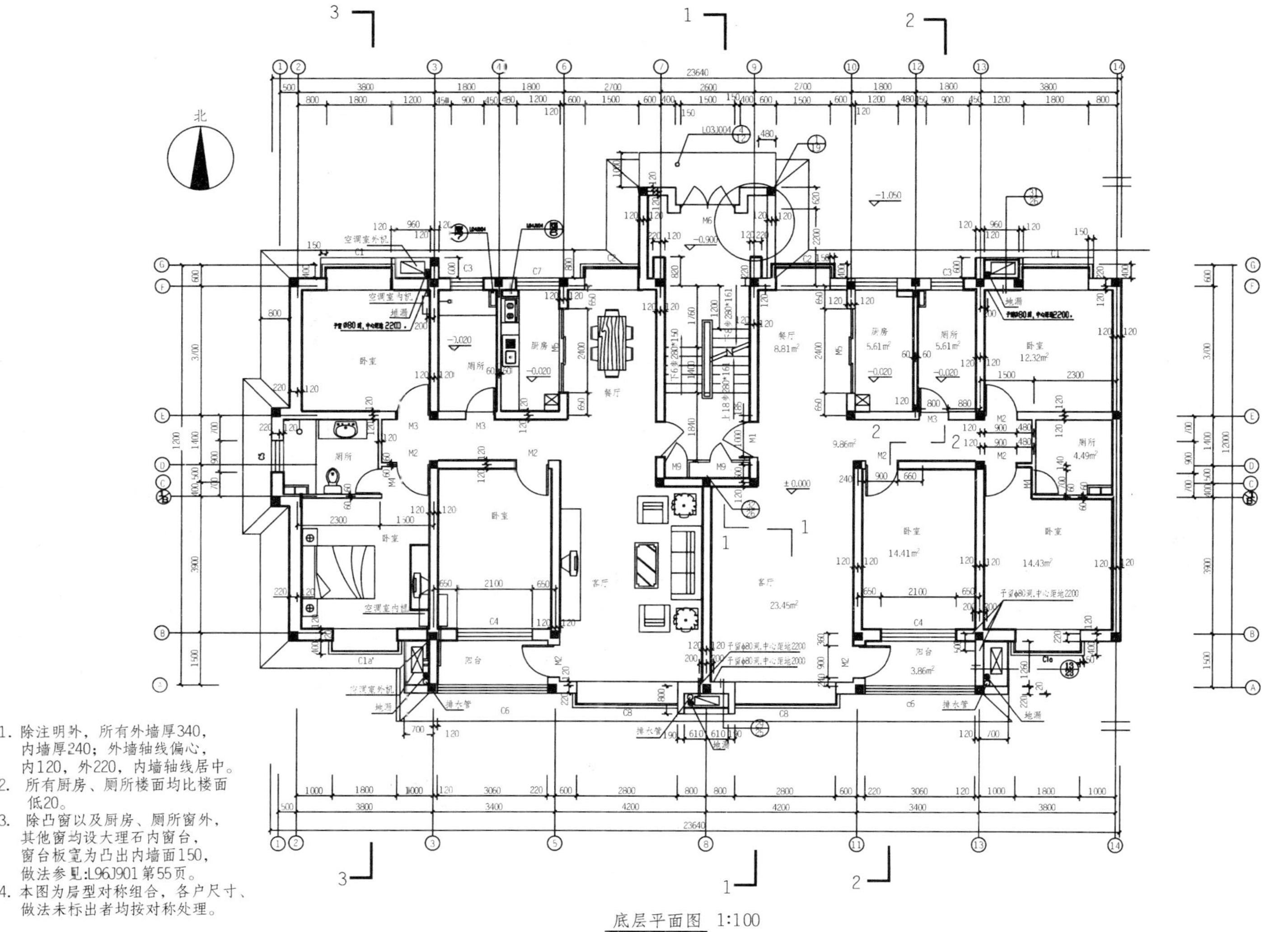

说明：1. 除注明外，所有外墙厚340，内墙厚240；外墙轴线偏心，内120，外220，内墙轴线居中。
2. 所有厨房、厕所楼面均比楼面低20。
3. 除凸窗以及厨房、厕所窗外，其他窗均设大理石内窗台，窗台板宽为凸出内墙面150，做法参见L96J901第55页。
4. 本图为房型对称组合，各户尺寸、做法未标出者均按对称处理。

图 8-6 底层平面图

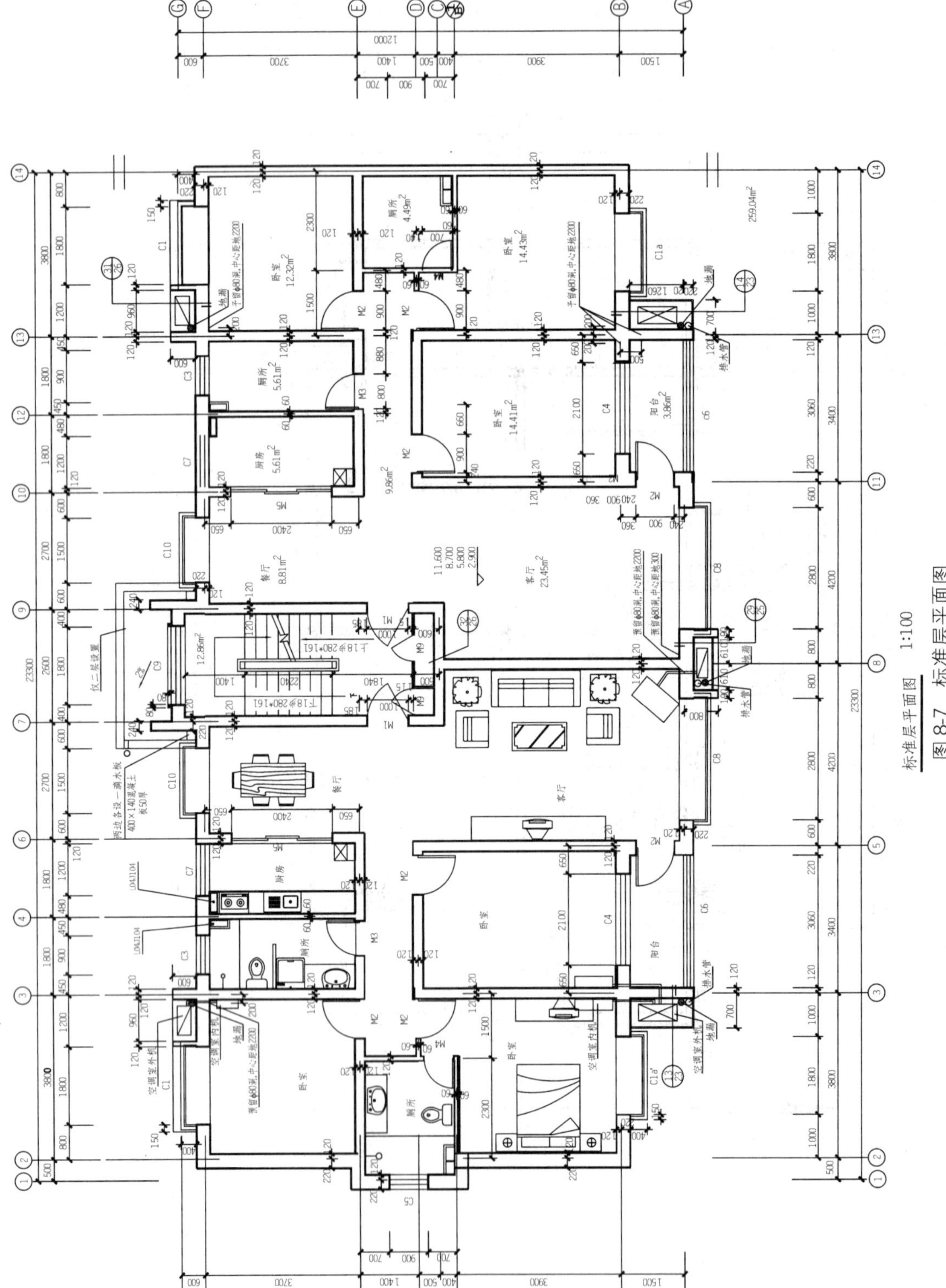

标准层平面图 1:100

图 8-7 标准层平面图

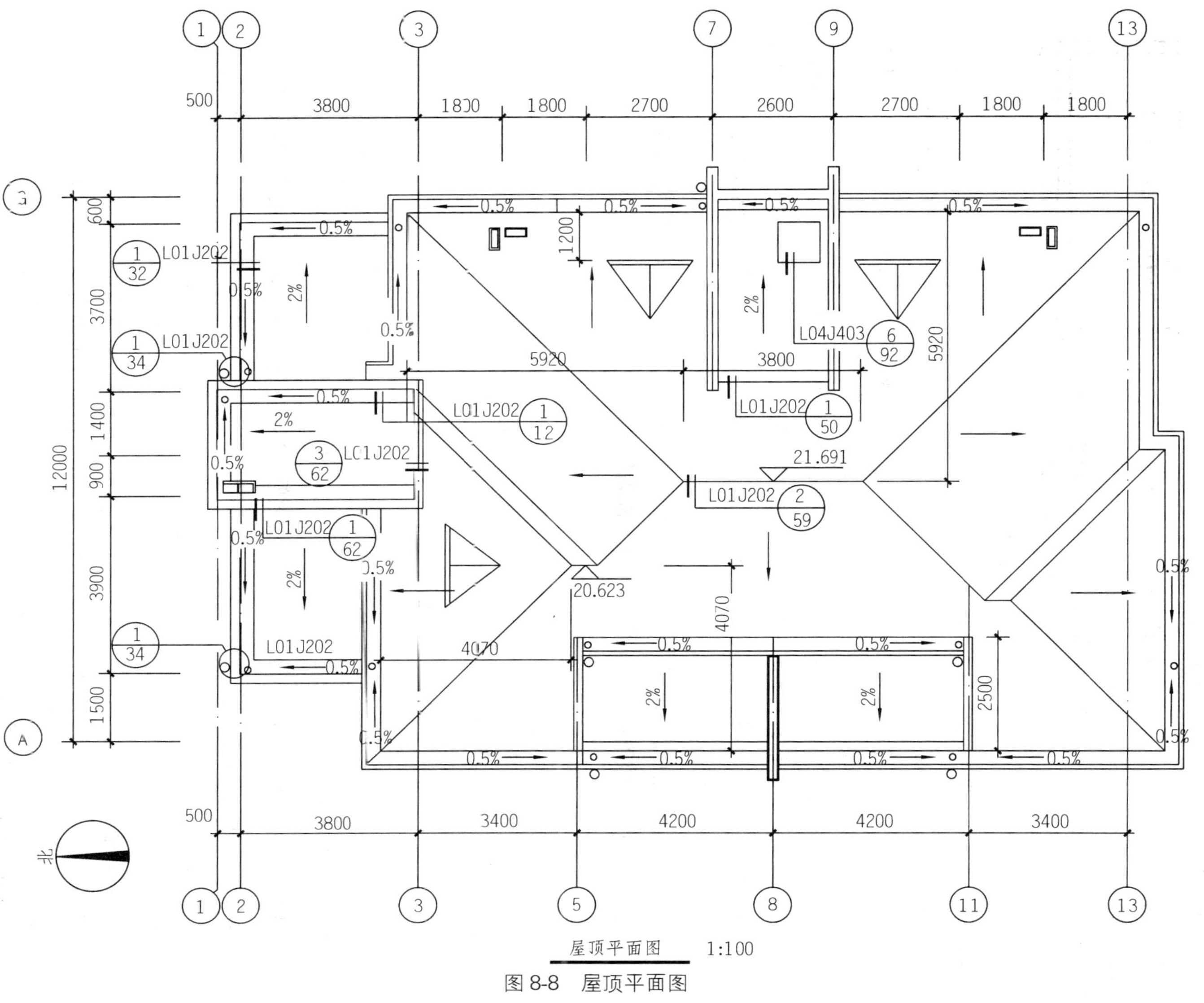

屋顶平面图 1:100

图 8-8 屋顶平面图

3. 定位轴线及编号

在建筑物主要承重构件处，如墙或柱等位置均有它们的定位轴线，并编有序号。定位轴线应用细点画线绘制。

定位轴线是用来确定建筑物主要结构或构件的位置及其标志尺寸的线。在平面图中，纵向和横向轴线构成轴线网(见图 8-9)，定位轴线一般应编号，编号应注写在轴线端部的圆内。圆应用细实线绘制，直径为 8～10mm。定位轴线圆的圆心，应在定位轴线的延长线上或延长线的折线上。平面图上定位轴线的编号，宜标注在图样的下方与左侧。横向轴线编号由左至右用阿拉伯数字①、②、③……顺序编号。纵向轴线编号应用大写拉丁字母 *A*、*B*、*C*……从下至上顺序编号，拉丁字母的 *I*、*O*、*Z* 不得用作轴线编号。如字母数量不够使用，可增用双字母或单字母加数字注脚，如 *AA*、*BA*…*YA* 或 *A*1、*B*1…*Y*1。编号写在圆内。

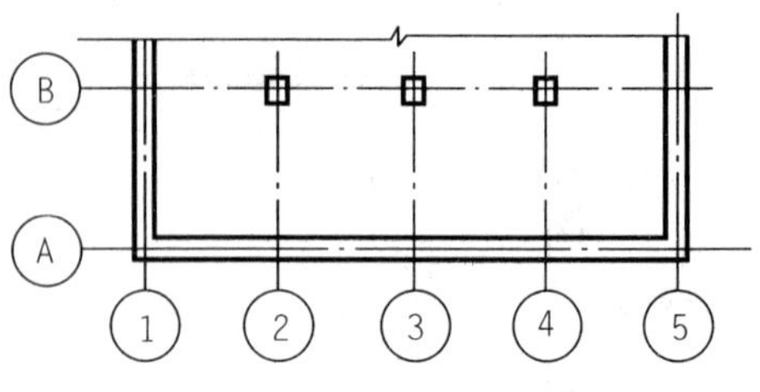

图 8-9　定位轴线

对于次要构件的位置，可采用附加定位轴线表示。附加定位轴线号用分数标注，编号规则是：两根轴线之间的附加轴线，分母表示前一轴线的编号，分子表示附加轴线的编号。附加轴线的编号用阿拉伯数字顺序编号。图 8-10a)、b)的附加轴线分别表示③轴之后的第 1 根附加轴线、*B* 轴之后的第 3 根附加轴线。

① 轴和 *A* 轴之前的附加轴线分母分别用 01、0*A* 表示。图 8-11a)、b)的附加轴线分别表示①轴之前的第 1 根附加轴线、*A* 轴之前的第 2 根附加轴线。

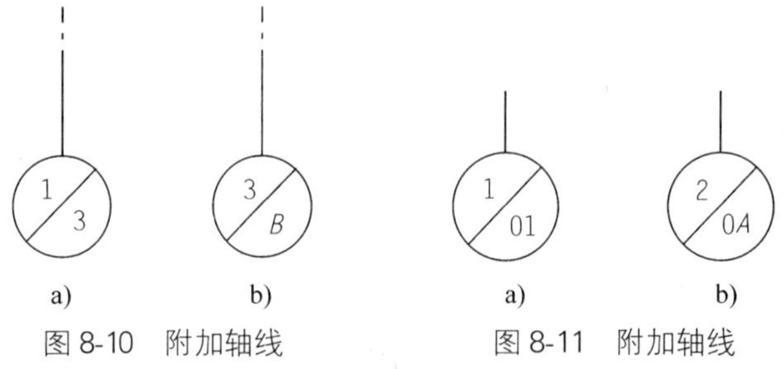

图 8-10　附加轴线　　图 8-11　附加轴线

4. 房屋的开间与进深

开间指一间房屋的宽度，即两条横向轴线之间的距离；进深指一间房屋的深度，即两条纵向轴线之间的距离。

5. 线型

(1) 实线

实线用来表示物体看得见的轮廓线。图纸中把主要的轮廓线用粗实线表示，次要的轮廓线用中实线表示。定位轴线、尺寸线、引出说明线、标高、图例等用细实线绘制。如图 8-12 所示。

(2) 虚线

虚线用来表示看不见的轮廓线。

(3) 折断线

有的部分在制图时不必全部表示出来，所省略的部分或者是物体断开处用折断线表示加图例可结合图 8-12。

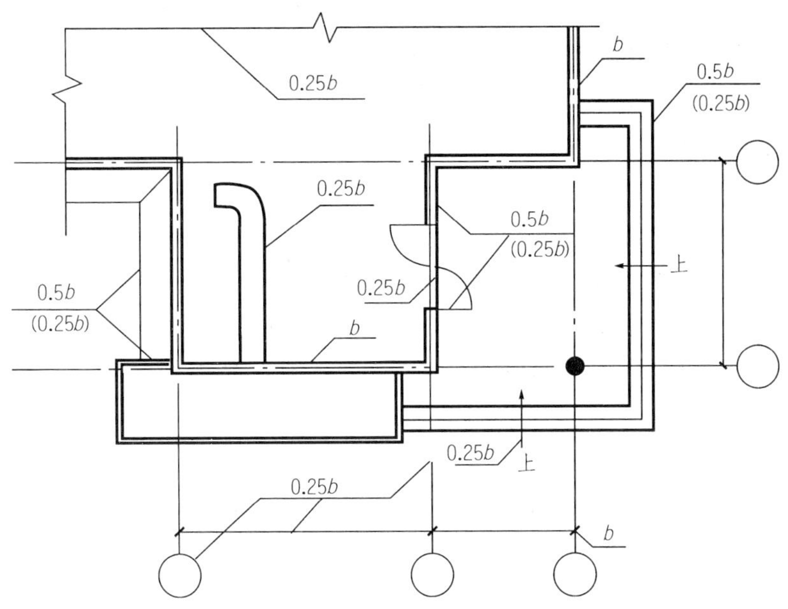

图 8-12 平面图图线宽度选用示例

6. 建筑物的尺寸及标高

建筑平面图外部和内部尺寸。从各道尺寸的标注，可了解到各房间的开间、进深、外墙与门窗及室内设备的大小和位置。

(1) 外部尺寸

为便于读图和施工，一般在图形的下方及左侧注写三道尺寸：

第 道尺寸，表示外轮廓的总尺寸，即指从一端外墙边到另一端外墙边的总长和总宽尺寸。

第二道尺寸，表示轴线间的距离，用以说明房间的开间及进深的尺寸。房屋的开间、进深称为横向轴线和纵向轴线间的尺寸，一般情况下两横墙之间的距离称为“开间”，两纵墙之间的距离称为“进深”。

第三道尺寸，表示各细部的位置及大小，如门窗洞宽和位置、墙柱的大小和位置等。标注这道尺寸时，应与轴线联系起来。

另外，台阶(或坡道)、花池及散水等细部的尺寸，可单独标注。

三道尺寸线之间应留有适当距离(一般为 7～10mm，但第三道尺寸线应离图形最外轮廓线 10～15mm)，以便注写数字。如果房屋前后或左右不对称时，则平面图上四边都应注写三道尺寸。如有部分相同，另一些不相同，可只注写不同的部分。如有些相同尺寸太多，可省略不注出，而在图形外用文字说明，如：各墙厚尺寸均为 240mm。

(2) 内部尺寸

为了说明房间的净空大小和室内的门窗洞、孔洞、墙厚和固定设备(例如厕所、盥洗室、工作台、搁板等)的大小与位置，以及室内楼地面的高度，在平面图上应清楚地注写出有关的内部尺寸和楼地面标高。楼地面标高是表明各房间的楼地面对相对零标高(注写为±0.000)的相对高度。标高符号与总平面图中的室内地坪标高相同。本例首层客厅地面定为标高零点。而厕所地面标高是-0.020,即表示该处地面比客厅地面低20mm。

其他各层平面图的尺寸,为便于施工,一般不省略。

7. 门、窗的表示方法

(1) 门窗的编号

门用M表示,窗用C表示,并采用阿拉伯数字编号,如M1、M2、M3……C1、C2、C3……同一编号代表同一类型的门或窗。它们的构造和尺寸都是一样(在平面图上表示不出的门窗编号,应在立面图上标注)。从编号可知门窗共有多少种。当门窗采用标准图时,注写标准图集编号及图号。一般情况下,在首页图或在与平面图同页图纸上,附有门窗表,表中列出了门窗的构造详图。

(2) 门窗的画法

门线用90°或45°的中实线表示门的开启方向。开启弧线(细实线)应绘出。如图8-13所示。

窗线用二条平行的细实线图例(高窗用虚线)表示窗框与窗扇,加上窗台共有四条线。如图8-14所示,当小比例(1∶200)绘制时,窗线可以用单粗实线表示。如图8-15所示。

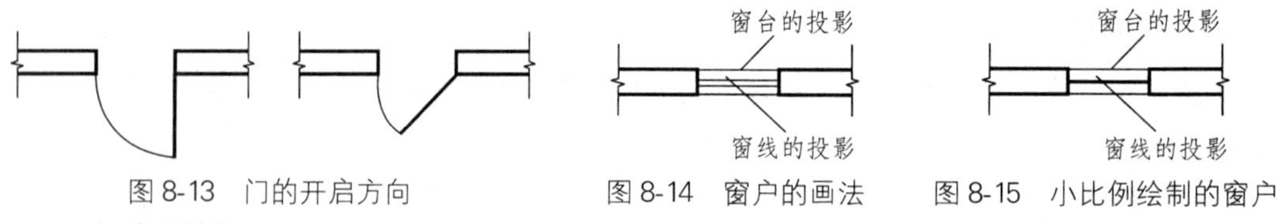

图8-13 门的开启方向　　图8-14 窗户的画法　　图8-15 小比例绘制的窗户

(3) 门窗图例

常用的门窗图例见表8-2所示。

常用门窗图例　　表8-2

名 称	图 例	说 明	名 称	图 例	说 明
单扇门(包括平开或单面弹簧)		1. 门的名称代号用M; 2. 图例中剖面图左为外、右为内,平面图下为外、上为内; 3. 立面图上开启方向线交角的一侧为安装合页的一侧,实线为外开,虚线为内开; 4. 平面图上门线应90°,或45°开启,开启弧线宜绘出	推拉门		1. 门的名称代号用M; 2. 图例中剖面图左为外、右为内,平面图下为外、上为内; 3. 立面形式应按实际情况绘制
双扇门(包括平开或单面弹簧)			空洞门		*H*为门洞高度

续上表

名 称	图 例	说 明	名 称	图 例	说 明
转门		1. 门的名称代号用M； 2. 图例中剖面图左为外、右为内，平面图下为外、上为内； 3. 平面图上门线应90°，或45°开启，开启弧线宜绘出； 4. 立面图上的开启线在一般设计图中可不表示，在详图及室内设计图上应表示； 5. 立面形式应按实际情况绘制	单层外开平窗		1. 窗的名称代号用C表示； 2. 立面图中的斜线表示窗的开启方向，实线为外开，虚线为内开；开启方向线交角的一侧为安装合页的一侧，一般设计图中可不表示； 3. 图例中，剖面图所示左为外、右为内，平面图所示下为外、上为内； 4. 平面图和剖面图上的虚线仅说明开关方式，在设计图中不需表示； 5. 窗的立面形式应按实际绘制； 6. 小比例绘图时平、剖面的窗线可用单粗实线表示
自动门		1. 门的名称代号用M； 2. 图例中剖面图左为外、右为内，平面图下为外、上为内； 3. 立面形式应按实际情况绘制	单层内开平窗		
推拉窗		1. 窗的名称代号用C表示； 2. 图例中，剖面图所示左为外、右为内，平面图所示下为外、上为内； 3. 窗的立面形式应按实际绘制； 4. 小比例绘图时平、剖面的窗线可用单粗实线表示	高窗	h=	h 为窗底距本层楼地面的高度
上下推拉窗					

8.7.3 读建筑平面图

在看平面图时，首先从一层平面看起，由外向内，由大到小，先看图标、比例及图中说明，再看图样。

(1) 看第一道尺寸线，了解总长、总宽尺寸和建筑外形及内部房间布置特点等。

(2) 看第二道尺寸线及轴线编号，通过承重墙轴线间的距离了解房间开间和进深的尺寸。

(3) 看外墙、内墙与轴线的位置关系，墙的厚度和材料。

(4) 看第三道尺寸线，了解门、窗尺寸和窗间墙宽度，外墙上门、窗种类和数量。

(5) 看室内门、窗的尺寸及与轴线的关系。

(6) 看楼梯出入口的位置,了解其与走道的关系及出入口内外、楼梯上下等处的标高尺寸。

(7) 看内墙上有没有预留洞、预留槽或高窗,其位置和尺寸;有没有顶柜、挂衣钩等设施,如有,砌墙时要注意预埋安装的零件。

(8) 看室外设施如台阶、散水、花台及雨水管等的位置和尺寸。

(9) 工业建筑中要注意吊车等设备的位置。

现以本章实例的图 8-6、图 8-7、图 8-8 为例说明阅读方法:

(1) 首先通过图 8-6 的底层平面图可以了解该住宅楼是用 1∶100 的比例绘制的,该建筑物坐北朝南,平面图的基本形状为矩形。从⑭轴对称符号中可以看出该住宅是对称的两个单元,根据对称画法,图中只绘制其中的一个单元。

(2) 定位轴线横向轴线为①至⑭,纵向轴线为Ⓐ至Ⓗ,涂黑构件为构造柱,构造柱主要是为了抗震需要而设定的,一般外墙四角、楼(电)梯间四角,较大洞口两侧、大房间内外墙交接处,各内墙(轴线)与外墙交接处;8 度时,内纵墙与横墙(轴线)交接处。较大洞口两侧,所有纵横墙交接处设有构造柱。且构造柱间距不宜大于 4.8m。

(3) 出入口及楼梯间在⑦～⑨轴之间,开间为 2600mm,散水坡的宽度为 800 mm。

(4) 卧室开间尺寸有 3800 mm、3400mm,进深尺寸有 3900 mm、3700 mm、4800 mm。

(5) 图 8-7 为标准层平面图,房间布置同底层平面图。

(6) 图 8-8 为屋顶平面图。屋顶为坡屋面,坡度为 2%。坡屋面的结构见图 8-8a)。

8.7.4 建筑平面图的绘图步骤

(1) 画墙柱的定位轴线。

(2) 画墙厚、柱子截面,定门窗位置。

(3) 画台阶、窗台、楼梯等细部位置。

(4) 画尺寸线、标高符号。

(5) 检查无误后按要求加深各种图线并标注尺寸数字,书写文字说明。

8.8 建筑立面图

建筑立面图,是对建筑立面的描述。

8.8.1 建筑立面图的产生与作用

1. 产生

一般建筑物都有前后左右四个面,在与房屋立面平行的投影面上所作的房屋正投影图,称为建筑立面图,简称立面图。其中反映主要出入口或比较显著地反映出房屋外貌特征的那一面的立面图,称为正立面图,其余的立面图相应地称为背立面图和侧立面图。但通常也按房屋的朝向来命名,如南立面图、北立面图、东立面图和西立面图等。立面图也可按轴线编号来命名,如① — ⑨立面图或Ⓐ — Ⓑ立面图等,如图 8-16 所示。

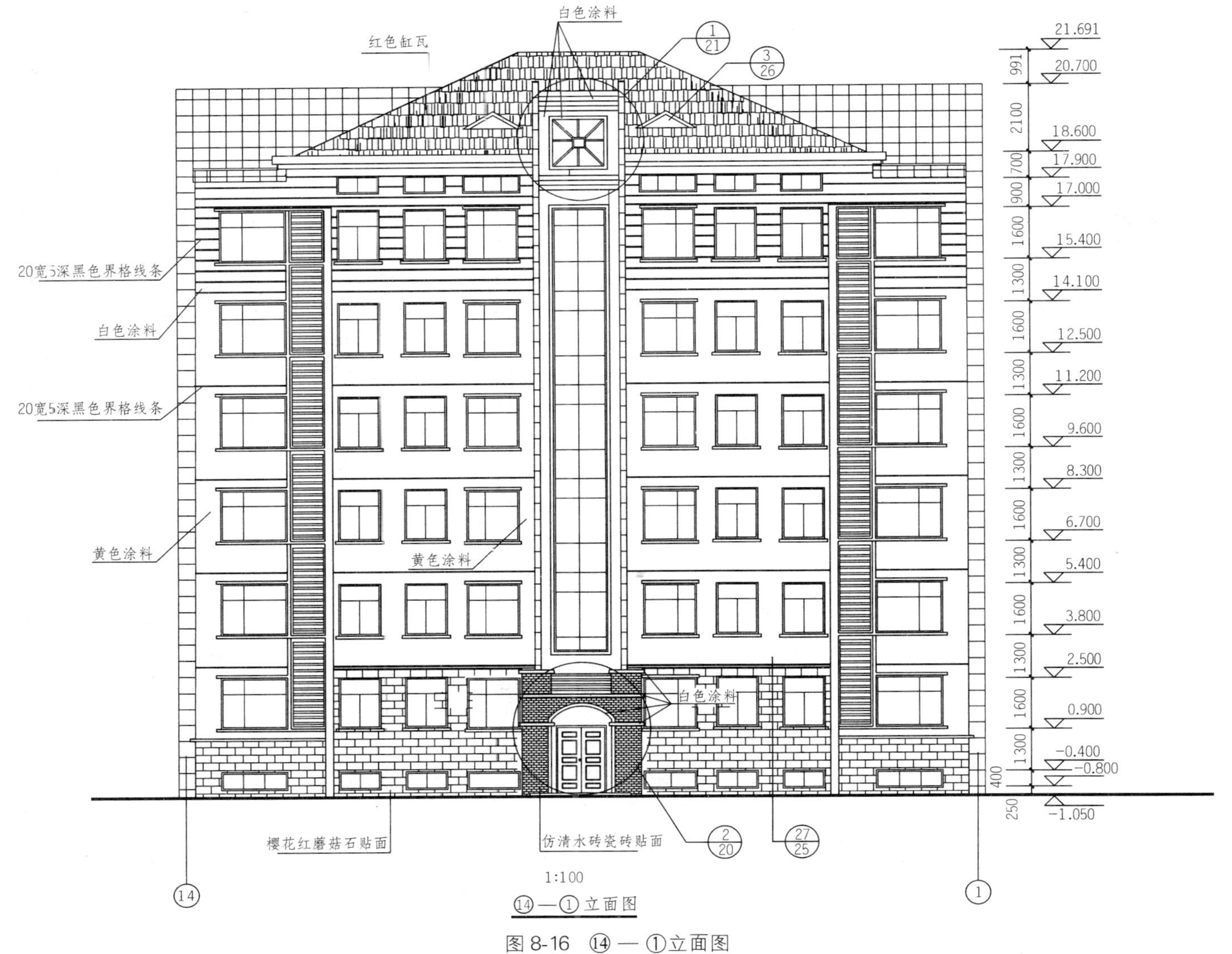

1:100

⑭—①立面图

图 8-16 ⑭—①立面图

按投影原理，立面图上应将立面上所有看得见的细部都表示出来。但由于立面图的比例较小，如门窗扇、檐口构造、阳台栏杆和墙面复杂和装修等细部，往往只用图例表示。它们的构造和做法，都另有详图或文字说明。因此，习惯上对这些细部只分别画出一两个作为代表，其他都可简化，只画出它们的轮廓线。若房屋左右对称时，正立面图和背立面图也可各画一半，单独布置或合并成一图。合并时，应在图的中间画一竖直的对称符号作为分界线。

房屋立面如果有一部分不平行于投影面，例如成圆弧形、折线形、曲线形等，可将该部分展开(摊平)到与投影面平行，再用正投影法画出其立面图，但应在图名后注写"展开"两字。对于平面为回字形的房屋，它在院落中的局部立面，可在相关的剖面图上附带表示。如不能表示时，则应单独绘出。

2. 作用

一座建筑物是否美观，很大程度上决定于它在主要立面上的艺术处理，包括造型与装修是否优美。在设计阶段中，立面图主要是用来研究这种艺术处理的。在施工图中，建筑立面图主要用来表达房屋的外部造型、门窗位置及形式，墙面装修、阳台、雨篷等部分的材料和做法。立面图是设计工程师表达立面设计效果的重要图纸，在施工中是外墙面造型、外墙面装修、工程概预算、备料等的依据。

8.8.2 建筑立面图的内容

1. 图名与比例

建筑立面图的命名方式有三种方式：

(1) 以建筑墙面的特征命名。

常把建筑主要出入口所在墙面的立面图称为正立面图，其余几个立面相应的称为背立面图、侧立面图。

(2) 以建筑各墙面的朝向来命名，如东立面图、西立面图、南立面图、北立面图。

(3) 以建筑两端定位轴线编号命名，①—⑨立面图，Ⓔ—Ⓐ立面图。如图 8-16 所示。

建筑立面图的比例与平面图要一致，常用比例 1:50，1:100，1:200。

2. 线型

为使立面图形外形更清晰，通常用粗实线表示立面图的最外轮廓线，而凸出墙面的阳台、柱子、窗台、窗楣、台阶、雨篷、花池等投影线用中粗线画出，地坪线用特粗线(粗于标准粗度的 1.4 倍)画出，其余如门、窗及墙面分格线、落水管以及材料符号引出线、说明引出线等用细实线画出。

3. 定位轴线

在建筑立面图中只画出两端的轴线并注出其编号，编号应与建筑平面图该立面两端的轴线编号一致，以便与建筑平面图对照阅读，从中确认立面的方位。

4.尺寸标注及文字说明

(1) 竖直方向尺寸

在竖直方向标注室内外地面高差、防潮层位置、窗下墙高度、门窗洞口高度、洞口顶面到上一屋楼面的高度、上下相邻两层楼地面之间的距离。女儿墙或挑檐板高度。

(2) 水平方向尺寸

立面图水平方向一般不注尺寸,但需要标注出立面图最外两端墙的轴线及编号。

(3) 其他标注

立面图上可在适当位置用文字标出其装修,也可以在建筑设计总说明中列出外墙面的装修。

标高:标注房屋主要部位的相对标高,如室外地坪、室内地面、各层楼面、檐口、女儿墙压顶、雨罩等。

说明:索引符号及必要的文字说明在立面图的下方写明图名、比例。

5. 图例

立面图应根据正投影原理绘出建筑物外墙面上所有门窗、雨篷、檐口、壁柱、窗台、窗楣及底层入口处的台阶、花池等的投影。由于比例较小,立面图上的门窗等构件也用图例表示。相同类型的门窗只画出一、两个完整图形,其余的只画出单线图形。相同的门窗、阳台、外檐装修、构造做法等可在局部重点表示,绘出其完整图形,其余部分可只画轮廓线。如立面图中不能表达清楚,则可另用详图表达。常用的门窗图例见表 8-2。

8.8.3 读建筑立面图

以图 8-16 为例阅读建筑立面图。

(1) 宿舍楼总高 21.691m,室内外高差为 1.05m。

(2) 外墙装修做法为喷仿石涂料墙面(加气混凝土墙),勒脚为樱花红蘑菇石贴面。屋面为坡屋面,红色缸瓦铺屋顶面。

(3) 设入户单元门,门外墙为仿清水砖瓷砖贴面。

(4) 从⑭—①立面图可以看出有地下储藏间。

8.8.4 建筑立面图的绘图步骤

(1) 画室外地坪线。

(2) 画外形轮廓线。

(3) 画分格线。实际上是窗台、窗顶线。

(4) 根据平面图画出门窗洞。

(5) 画其他细部。如门窗分格、雨水管、阳台、窗台、勒脚等。

(6) 画标高符号、尺寸线、尺寸界线、尺寸起止符号。

(7) 检查、描深,注写文字说明,填写标题栏。

8.9 建筑剖面图

8.9.1 建筑剖面图的产生与作用

1. 产生

建筑剖面图是用一假想剖切平面，平行于房屋的某一墙面，将整个房屋从屋顶到基础剖切开，把剖切面和剖切面与观察人之间的部分移开，将剩下部分按垂直于剖切平面的方向投影而画成的图样。所得的图形称为建筑剖面图，简称剖面图。

建筑剖面图是一个垂直的剖面图。剖面图的数量没有明确的规定，是根据房屋的具体情况和施工实际需要而决定的，剖切位置剖切面一般为横向，即平行于侧面，必要时也可纵向，即平行于正面。

剖面图的剖切位置，应选择在内部结构和构造比较复杂以及有代表性的部位，若为多层房屋，应选择在楼梯间或层高不同、层数不同的部位。一般情况下，通过下面几个位置：

(1) 通过门窗洞的位置。

(2) 通过主要出入口。

(3) 通过楼梯间。

(4) 能够反映主要的结构类型。

(5) 层高、结构、构造有变化的地方。

有的情况下，在同一座建筑物中，不一定都是独立存在的，剖切平面往往是重合的。其位置应选择在能反映出房屋内部构造比较。

2. 作用

建筑剖面图主要是用来表示建筑物内部垂直方向的高度、楼层分层、垂直空间的利用，沿高度方向分层情况、各层构造做法、层高及各部位的相互关系，门窗洞口高、层高及建筑总高等，以及简要的结构形式和构造方式等情况的图样—例如屋顶形式、屋顶坡度、檐口形式、楼板搁置方式、楼梯的形式及其简要的结构、构造等等，是与平、立面图相互配合的不可缺少的重要图样之一，也是施工、概预算及备料的重要依据。

8.9.2 建筑剖面图的内容

1. 注明图名与比例

剖面图的图名必须与底层平面图中的剖切编号一致。如 1-1 剖面图、2-2 剖面图等。比例应与建筑平面图、立面图一致，通常为 1:50、1:100、1:200 等。由于比例较小，剖面图中的门窗等构件也是采用国际规定的图例来表示。为了清楚地表达建筑物各部分的材料及构造层次，当剖面图比例大于 1:50 时，应在剖到的构件断面画出其材料图例。

当剖面图的比例小于 1:50 时，则不画具体材料图例，而用简化的材料图例表示其构件断面的材料，如钢筋混凝土构件应在断面涂黑以区别砖墙和其他材料。

2. 剖切位置及剖视方向的标注

剖面图的剖切位置标注在同一建筑物反映±0.000 的底层平面图上。如图 8-17 所示的1-1剖面图与图 8-6 所示底层平面图剖切位置 1-1 要一致。

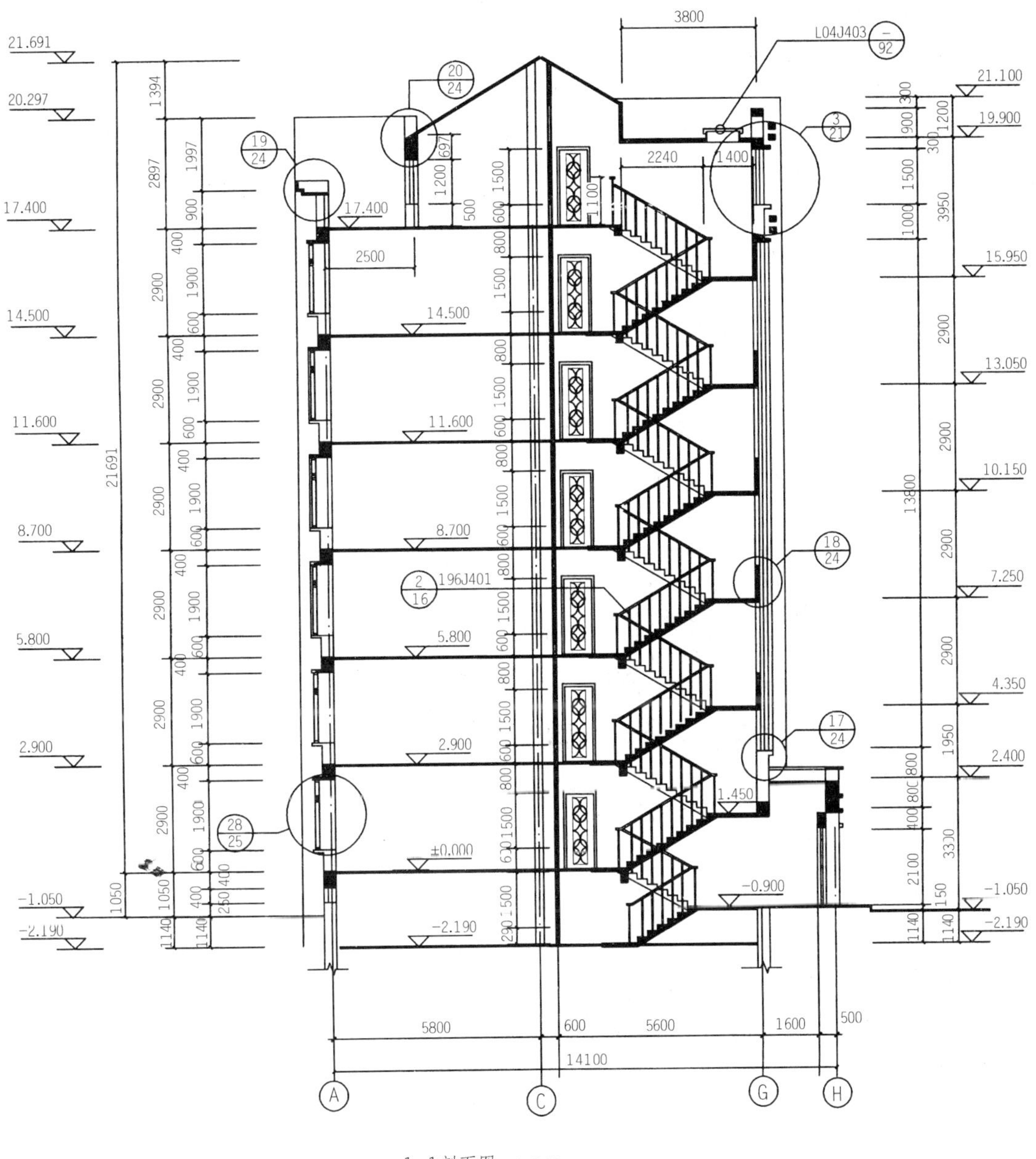

图 8-17

3. 定位轴线

在剖面图中应画出两端墙或柱的定位轴线及其编号，以明确剖切位置及剖视方向，以便与平面图对照。

4. 图线

剖面图的线型按国标规定，凡是剖到的墙、板、梁等构件的剖切线用粗实线表示；而没剖到的其他构件的投影，则常用细实线表示。

(1) 室内外地坪(1.4*b*)画特粗实线。

(2) 剖切到的房间即墙身轮廓线、柱子、走廊、楼梯、楼梯平台、楼面层和屋顶层粗实线，在1:100 的剖面图中可只画两条粗实线作为结构层和面层的总厚度。在 1:50 的剖面图中，则应在两条粗实线的上面加画一条细实线以表示面层。板底的粉刷层厚度，在 1:50 的剖面图中，应加绘细实线来表示粉刷层的厚度。

(3) 其他可见的轮廓线如门窗洞、楼梯梯段及栏杆扶手、可见的女儿墙压顶、内外墙轮廓线、踢脚线、勒脚线等均画中粗实线。

(4) 门、窗扇及其分格线、水斗及雨水管；外墙分格线（包括引条线）、剖面图中的断面，其材料图例与粉刷面层线和楼、地面面层线等画细实线，尺寸线、尺寸界线和标高符号均画细实线。

5. 标高

建筑剖面图中需标注标高的部位有室内外各部分的地面、楼面、楼梯休息平台面、阳台面、屋顶檐口顶面等的标高和某些梁的底面、雨篷的底面以及必须标注的某些楼梯平台梁底面等的标高。标高所注的高度位置与立面图一样，有建筑标高和结构标高之分。如图 8-18 所示。

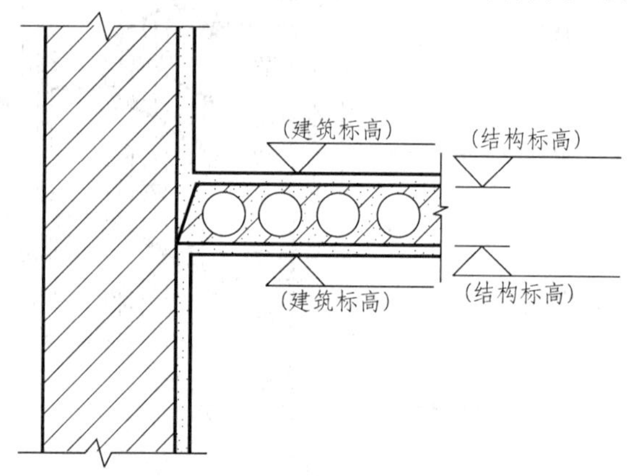

图 8-18　建筑标高与结构标高注法实例

(1) 建筑标高是指各部位竣工后的上(或下)表面的标高。

(2) 结构标高是指各结构构件不包括粉刷层时的下(或上)标高。

但门、窗洞的上顶面和下底面均标注到不包括粉刷层的结构面，建筑物室内外地坪、各层楼面、门窗的上下口及墙顶等部位的标高。图形内部的梁等构件的下口标高也应标注，楼地面的标高应尽量标注在图形内。

6. 尺寸标注

建筑剖面图中应标注出剖到部分的必要尺寸，即竖直方向尺寸和标高。

(1) 竖直方向

竖直方向的高度尺寸分为外墙的竖向尺寸和局部尺寸。

外墙的竖向尺寸，一般也标注三道尺寸：

最外一道为室外地面以上的总高尺寸。即从室外地平面起标到墙顶止，标注建筑物的总高度。

中间一道尺寸为层高尺寸，标注各层层高（两层之间楼地面的垂直距离称为层高），即底层地面至二层楼面、各层楼面至上一层楼面、顶层楼面至檐口处屋面顶面等。同时还需注出室内外地面的高差尺寸以及檐口至女儿墙压顶面等的尺寸。

最里边一道尺寸称为细部尺寸，标注墙段及洞口尺寸。尺寸为门、窗洞及洞间墙的高度尺寸。

此外，还需注上某些局部尺寸，如内墙上的门、窗洞高度，窗台的高度，高引窗的窗洞和窗台高度以及有些不另画详图的如栏杆扶手的高度尺寸，屋檐和雨篷等的挑出尺寸以及剖面图上两轴线间的尺寸等。

（2）水平方向

常标注剖到的墙、柱及剖面图两端的轴线编号及轴线间距。

（3）其他标注

由于剖面图比例较小，某些部位如墙脚、窗台、过梁、墙顶等节点不能详细表达，可在剖面图上该部位处画上详图索引符号，另用详图来表示其细部构造尺寸。此外，楼地面及墙体的内外装修，可用文字分层标注。

注写标高及尺寸时，注意与立面图和平面图相一致。

在图的下方注写图名和比例。

7. 坡度

建筑物倾斜的地方如屋面、散水等，需用坡度来表示倾斜的程度。图 8-19a）是坡度较小时的表示方法，箭头指向下坡方面，2%表示坡度；图 8-19b）、图 8-19c）是坡度较大时的表示方法，分别读作 1∶2 和 1∶2.5。图 8-19c）中直角三角形的斜边应与坡度平行，直角边上的数字表示坡度的高宽比。

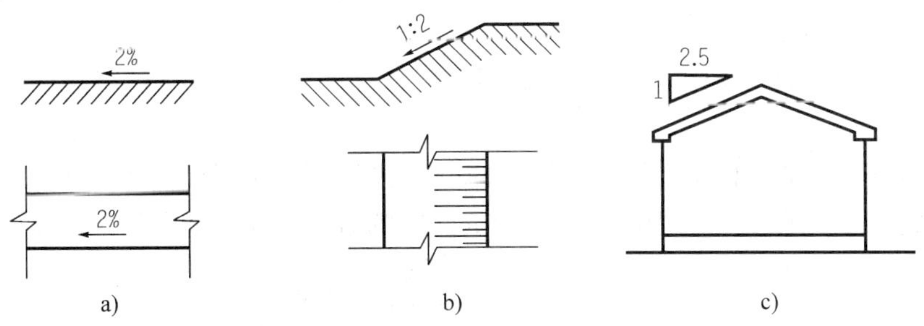

图 8-19　坡度的表示方法

8. 表示楼、地面各层构造

一般可用引出线说明。引出线指向所说明的部位，并按其构造的层次顺序，逐层加以文字。若另画有详图，可在详图中说明，也可在“构造说明一览表”中统一说明。

9. 索引符号与详图符号

（1）索引符号

图样中的某一局部或构件，如需另见详图，应以索引符号索引如图 8-20a）所示。索引符号是由直径为 10mm 的圆和水平直径组成，圆及水平直径均应以细实线绘制。索引符号应按下列规定编写：

① 索引的详图，如与被索引的图画在一张图纸内，应在索引符号的上半圆中用阿拉伯数字注明该详图的编号，并在下半圆中间画一段水平细实线如图 8-20a)所示。

② 索引出的详图，如与被索引的图不画在同一张图纸内，应在索引符号的上半圆中用阿拉伯数字注明该详图的编号，在索引符号的下半圆中用阿拉伯数字注明该详图所在图纸的编号如图 8-20a)所示。数字较多时，可加文字标注。

③ 索引出的详图，如采用标准图，应在索引符号水平直径的延长线上加注该标准图册的编号如图 8-20a)所示。

索引符号如用于索引剖视详图，应在被剖切的部位绘制剖切位置线，并以引出线引出索引符号，引出线所在的一侧应为投射方向。如图 8-20b)所示。

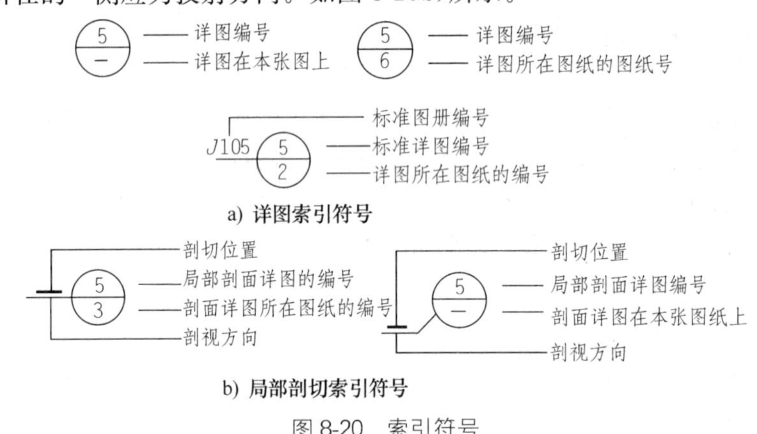

图 8-20 索引符号

(2) 详图符号

详图的位置和编号，应以详图符号表示。详图符号的圆应以直径为 14mm 粗实线绘制。详图应按下列规定编号：

① 详图与被索引的图样同在一张图纸内时，应在详图符号内用阿拉伯数字注明详图的编号。如图 8-21a)所示。

② 详图与被索引的图样不在同一张图纸内，应用细实线在详图符号内画一水平直径，在上半圆中注明详图编号，在下半圆中注明被索引的图纸的编号。如图 8-21b)所示。

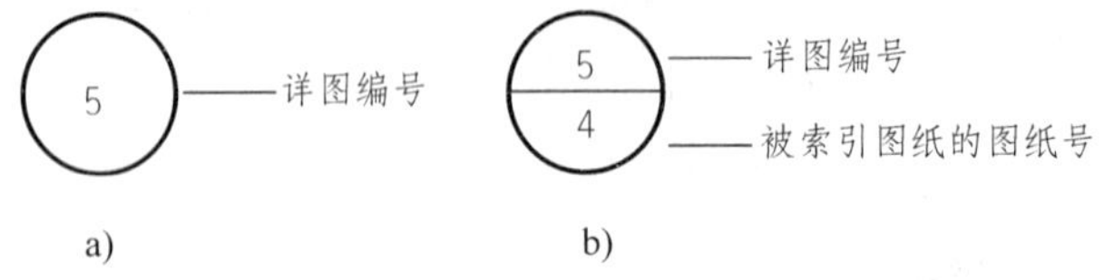

图 8-21 详图符号的画法

10. 其他

在剖面图中还有台阶、排水沟、散水、雨篷等。凡是剖切到的或用直接正投影法能看到的都应表示清楚。

8.9.3 读建筑剖面图

(1) 首先看图名、比例。找到剖面图剖切位置在平面图的哪个位置。

(2) 看外墙（或柱）的定位轴线及其间距尺寸。

(3) 看剖切到的室内外地面（包括台阶、明沟及散水等）、楼面层（包括吊天棚）、屋顶层（包括隔热通风防水层及吊天棚）、剖切到的内外墙及其门、窗（包括过梁、圈梁、防潮层、女儿墙及压顶）、剖切到的各种承重梁和连系梁、楼梯梯段及楼梯平台、雨篷、阳台以及剖切到的孔道、水箱等等的位置、形状及其图例。

(4) 看未剖切到的可见部分，如看到的墙面及其凹凸轮廓、梁、柱、阳台、雨篷、门、窗、踢脚、勒脚、台阶（包括平台踏步）、水斗和雨水管，以及看到的楼梯段（包括栏杆扶手）和各种装饰等的位置和形状。

(5) 竖直方向的尺寸和标高、详图索引符号、某些用料注释。

(6) 一定要看建筑平面图、立面图、剖面图的投影关系，读图时一定要将三图联系起来。

8.10 建筑详图

8.10.1 建筑详图的产生及作用

1. 产生

对一个建筑物来说，有了建筑平、立、剖面图是否就能施工了呢？不行。因为平、立、剖面图样比例较小，建筑物的某些细部及构配件的详细构造和尺寸无法表示清楚，不能满足施工需求。所以，在一套施工图中，除了有全局性的基本图样外，还必须有许多比例较大的图样，对建筑物细部的形状、大小、材料和做法加以补充说明，这种图样称为建筑详图(也叫大样图)。建筑详图是建筑细部施工图，是建筑平、立、剖面图的补充，是施工的重要依据之一。

2. 作用

建筑详图主要表示建筑构配件(如门、窗、楼梯、阳台、各种装饰等)的详细构造及连接关系；表示建筑细部及剖面节点(如檐口、窗台、明沟、楼梯、扶手、踏步、楼地面、屋面等)的形式、层次、做法、用料、规格及详细尺寸；表示施工要求及制作方法。

8.10.2 建筑详图的内容

建筑详图包括的主要图样有：墙身剖面详图、楼梯详图、门窗详图，以及厨房、浴室、卫生间详图等。详图根据图形的情况常用的比例 1:10、1:20、1:50 等。

8.10.3 外墙身详图

外墙身详图实际上建筑剖面图的局部放大图，常用比例为 1:20，它表达房屋的屋面、楼层、地面和檐口构造、楼板与墙的连接、门窗顶、窗台和勒脚、散水等处构造的情况，是施工的重要依据。

多层房屋中，若各层的情况一样时，可只画底层或加一个中间层来表示。画图时，往往在窗洞中间处断开，成为几个节点详图的组合(见图 8-22)。有时，也可不画整个墙身的详图，而是把各个节点的详图分别单独绘制，例图 8-17(1-1 剖面图)中的 $\frac{28}{25}$ 节点处详图可单独绘制，如图

8-23 所示。详图的线型要求与剖面图一样。

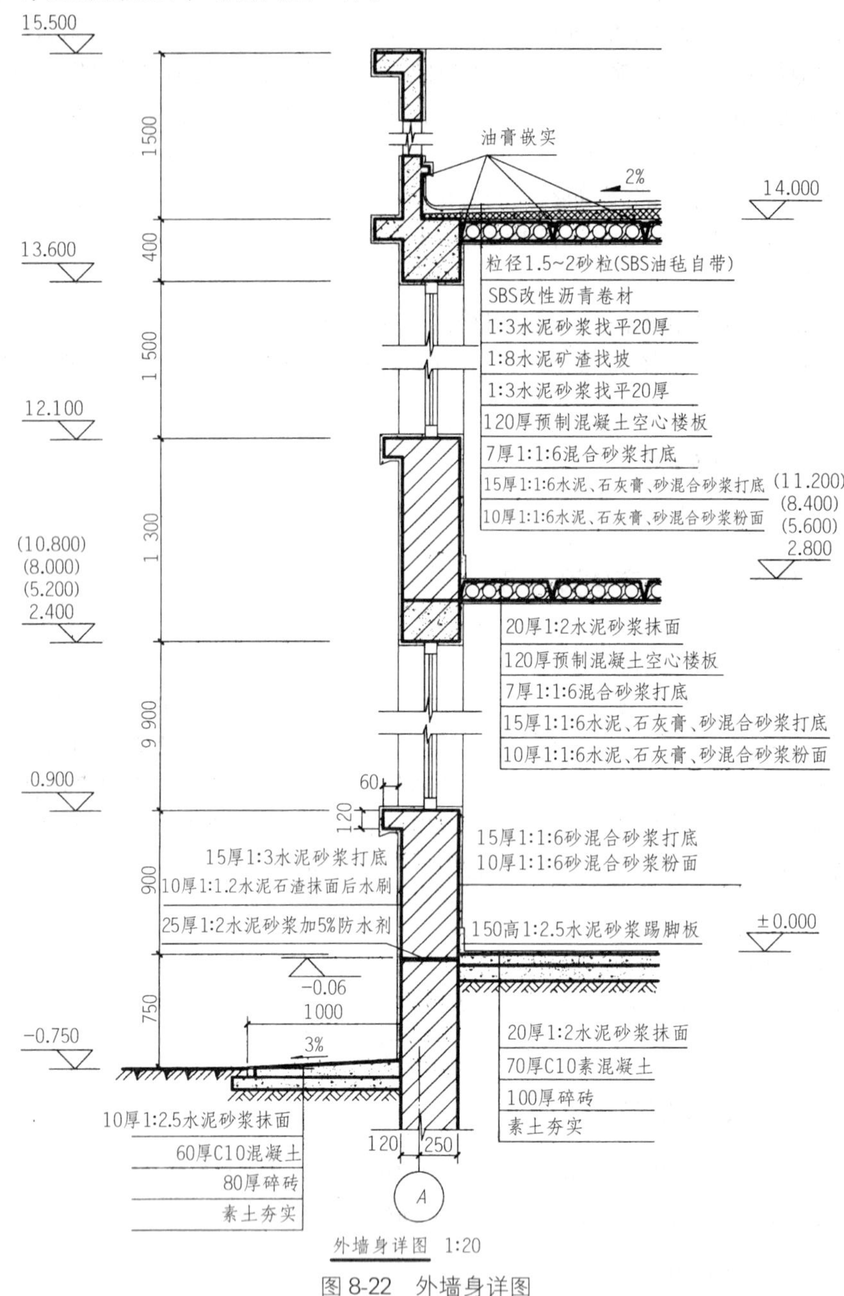

图 8-22　外墙身详图

8.10.4　楼梯详图

楼梯是多层房屋上下的主要交通设施。建造楼梯常用钢、木、钢筋混凝土等材料。木楼梯现在很少应用,钢楼梯大多用于工业厂房。在房屋建筑中最广泛应用的是预制或现浇的钢筋混凝土楼梯。楼梯通常由楼梯段、楼梯梁、楼梯平台、楼梯栏杆或栏板与扶手组成。见图 8-24。

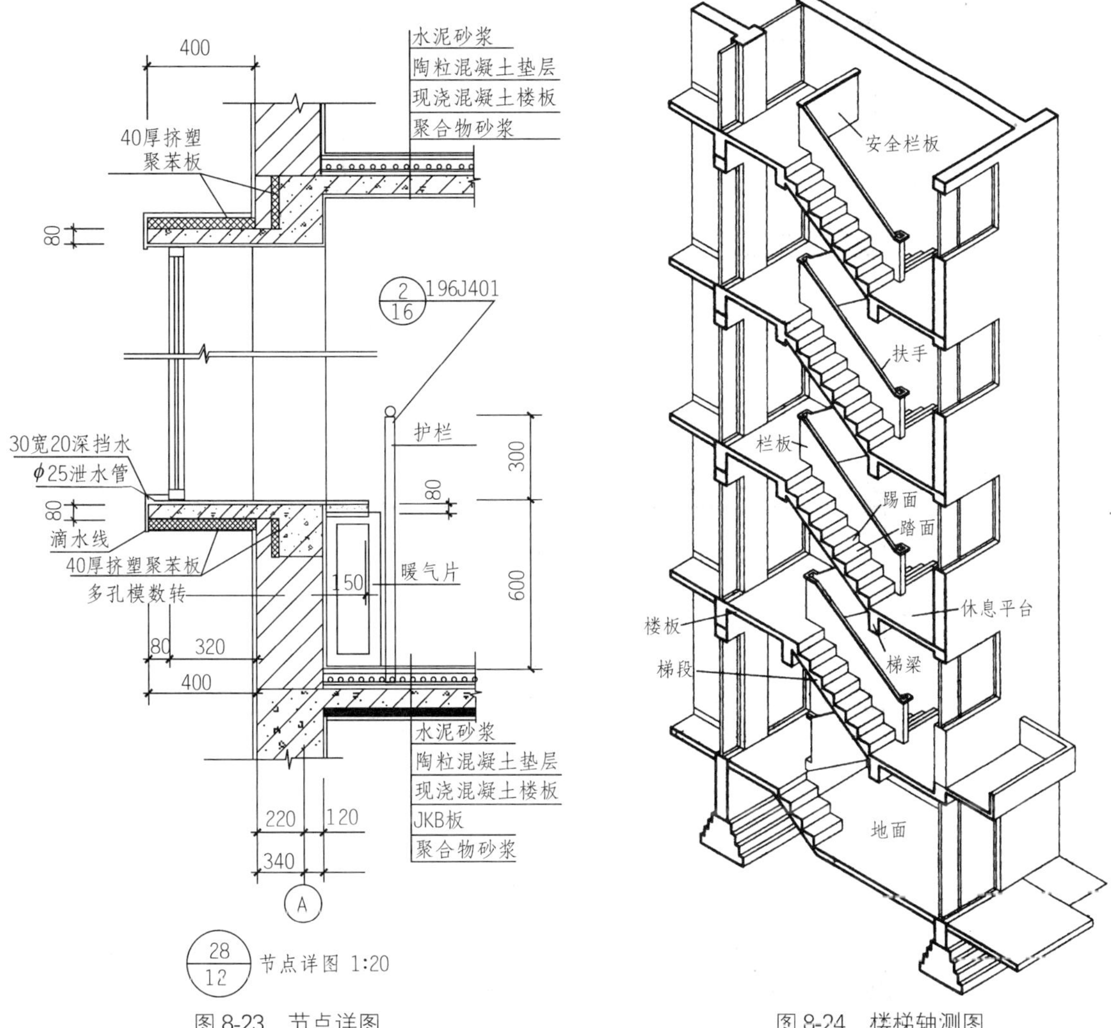

图 8-23 节点详图

图 8-24 楼梯轴测图

楼梯详图一般分建筑详图和结构详图，并分别绘制，分别编入建筑施工图和结构施工图中。当楼梯的构造和装修都比较简单时，也可将建筑详图与结构详图合并绘制，或编入建筑施工图中，或编入结构施工图中。

楼梯详图主要表明楼梯形式、结构类型、楼梯间各部位的尺寸及装修做法，为楼梯的施工制作提供依据。

楼梯建筑详图一般包括楼梯平面图、楼梯剖面图，以及栏杆或栏板、扶手、踏步详图等图样。

1. 楼梯平面图

楼梯平面图是通过该层窗洞或往上走的第一梯段（休息平台下）的任意位置处剖切向下投影得到的水平剖面图。各层被剖到的楼梯段用 45°折断线表示。楼梯平面图一般应分层绘制，对于三层以上的建筑物，当中间各层楼梯完全相同时，可用一个图样表示（即楼梯标准层平面图），同时标有中间各层的楼面标高（见图 8-25）。

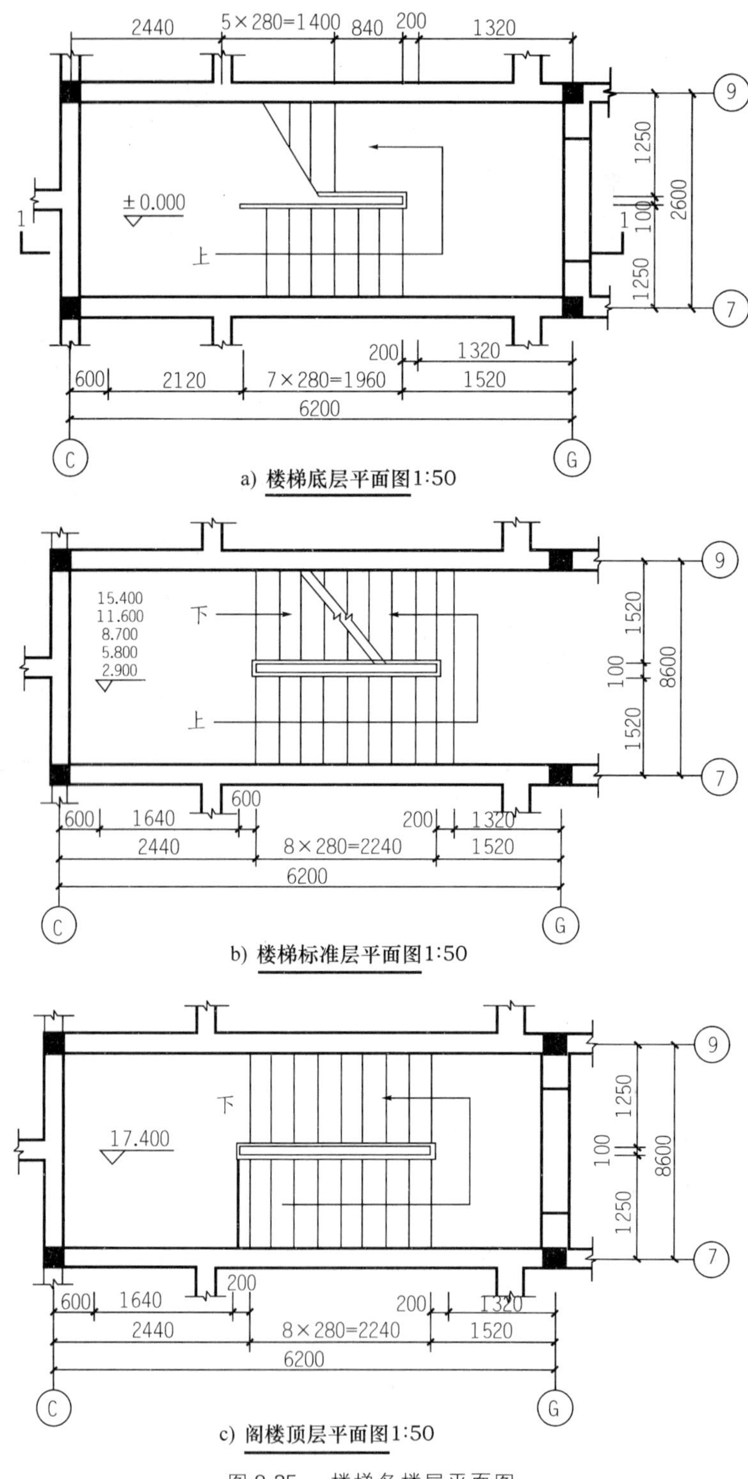

a) 楼梯底层平面图1:50

b) 楼梯标准层平面图1:50

c) 阁楼顶层平面图1:50

图 8-25　楼梯各楼层平面图

2. 楼梯平面图一般包括的内容

(1) 图名与比例。通常楼梯平面图的比例为 1:50，以便于识读。

(2) 轴线编号、开间及进深尺寸。楼梯平面图的轴线编号必须与建筑平面图中所表示的楼梯间的轴线编号相同，若编号不标，则代表通用。开间、进深尺寸也与建筑平面图中所表示的楼梯间的尺寸相等。

(3) 楼地面及休息平台标高。楼梯平面图所表示的每一部分的高度不同，而水平投影图不能表示高度。因此，用标高表示出楼地面及休息平台这些重要部位的高度。

(4) 楼梯段宽度及梯井宽度。

(5) 楼梯段水平投影长度及休息平台宽度。楼梯段水平投影长度＝踏步宽×(踏步数－1)，休息平台宽度≥楼梯段宽。

(6) 楼梯走向。在楼梯段中部，用带箭头的细实线表示楼梯走向，并注有"上"或"下"的字样。其中，"上"或"下"均是相对该层楼地面而言，即以该层楼地面为起点，表示出某段楼梯的上下方向。

(7)楼梯间的墙体，门窗、构造柱等位置。

(8)索引符号：对于更为详细的细部做法，如踏步、扶手等，采用索引符号表示另绘有详图。

(9)剖切符号：在底层楼梯平面图用剖切符号表示楼梯剖面图的剖切位置、投影方向及剖面图的编号。

3. 楼梯剖面图的形成

假想用一铅垂面，将某一跑楼梯垂直剖开，向未剖到的另一跑楼梯方向投影，所得到的就是楼梯剖面图见图 8-26 (1-1 剖面)。剖切面所在位置表示在楼梯底层平面图上。如图 8-25a)所示。

4. 楼梯剖面图的内容

楼梯剖面图重点表明楼梯间的竖向关系，具体内容包括：

(1) 图名与比例

楼梯剖面图的图名与楼梯平面图中的剖切编号相同，比例也与楼梯平面图的比例相一致。

(2)轴线编号与进深尺寸

楼梯剖面图的轴线编号和进深尺寸与楼梯平面图的编号相同、尺寸相等。

(3)楼梯的结构类型和形式

钢筋混凝土楼梯有现浇和预制装配两种；从楼梯段的受力形式又可分为板式和梁板式。

(4)其他细部构造做法

建筑物的层数、楼梯段数及每段楼梯踏步数和踏步高度(又称踢面高度)。室内地面、各层楼面、休息平台的位置、标高及细部尺寸。楼梯间门窗、窗下墙、过梁、圈梁等位置及细部尺寸。楼梯段、休息平台及平台梁之间的相互关系。若为预制装配式楼梯，则应写出预制构件代号。栏杆或栏板的位置及高度。投影后所看到的构件轮廓线，如门窗等。

(5)索引符号

节点细部的构造做法用索引符号标出，表示另外绘有详图。

8.10.5 门窗详图

门窗详图，一般都有预先绘制好的各种不同规格的标准图，供设计者选用。因此，在施工图中，只要说明该详图所在标准图集中的编号，就可不必另画详图。如果没有标准图时，就一定要画出详图。

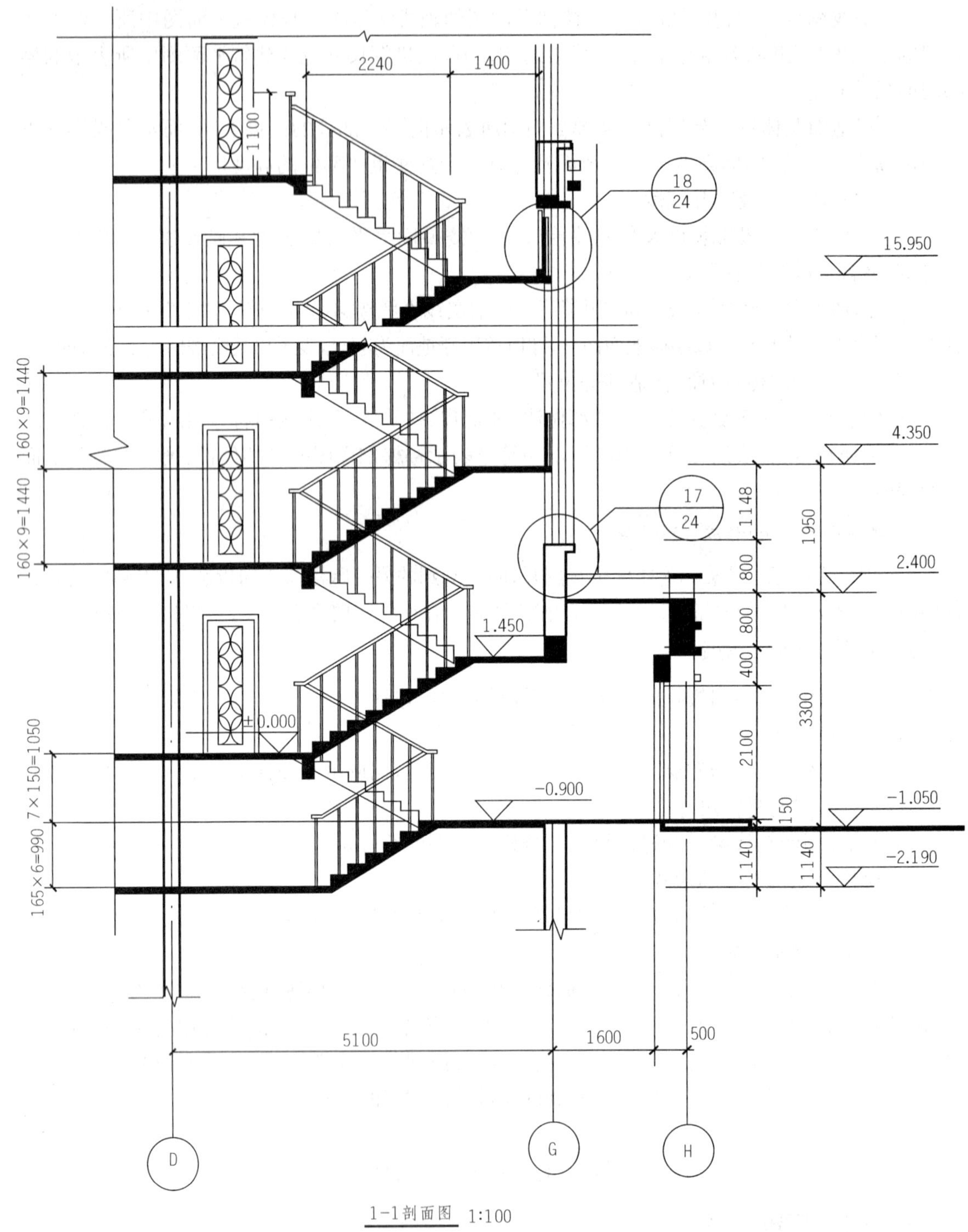

图 8-26　楼梯 1-1 剖面图

门窗详图一般用立面图、节点详图、断面图以及五金表和文字说明等来表示。按规定，在节点详图与断面图中，门窗料的断面一般应加上材料图例。

现以铝合金窗为例，介绍门窗详图的特点如下：

1. 立面图

所用比例较小，只表示窗的外形、开启方式及方向、主要尺寸和节点索引符号等内容，如图8-27所画的为本章图8-6实例的C2窗户的立面图。

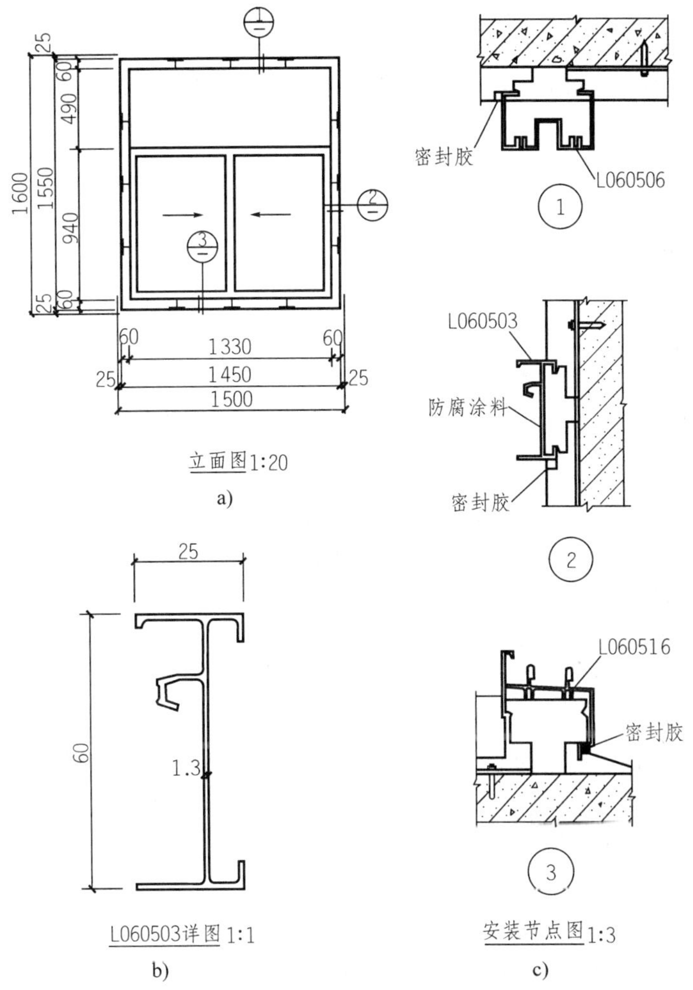

图8-27 某宿舍楼铝合金推拉窗详图

立面图尺寸一般有三道：第一道为窗洞口尺寸；第二道为窗框外包尺寸；第三道为窗扇、窗框尺寸。洞口尺寸应与建筑平、剖面图的窗洞口尺寸一致。窗框和窗扇尺寸均为成品的净尺寸。

立面图上的线型，除轮廓线用粗实线外，其余均用细实线。

2. 节点详图

一般画出剖面图和安装图，并分别注明详图符号，以便与窗立面图相对应。节点详图比例较大，能表示各窗料的断面形状、定位尺寸、安装位置和窗扇的连接关系等内容(图8-27c))。

3. 断面图

用较大比例(1:5、1:2)将各不同窗料的断面图画出，注明断面上各截口的尺寸，以便于下料加工,如图8-27b)的详图。有时,为减少工作量,往往将断面图与节点详图结合画在一起。

小　结

本章重点介绍了建筑施工图所包含的内容,并介绍了有关的建筑知识,通过本章的学习,读者可以初步了解工程管理专业与工程制图之间的关系,掌握建筑施工图绘图与读图的方法,并为识读结构施工图、设备施工图打下基础。

思考题

1. 建筑施工图的内容有哪些?
2. 建筑物用几种图样可以表达清楚?
3. 建筑物与构筑物有何区别?
4. 什么是容积率、什么是建筑密度、什么是绿地率(绿化率)?
5. 什么是日照间距?
6. 什么是统一模数制? 什么是基本模数、扩大模数、分模数?
7. 什么是标志尺寸、构造尺寸、实际尺寸?
8. 什么是定位轴线? 什么是横向轴线、纵向轴线?
9. 什么是标高? 什么是绝对标高、相对标高?
10. 什么是红线?
11. 什么是建筑面积、使用面积、使用率? 什么是交通面积、结构面积?
12. 什么是容积率? 什么是绿地率(绿化率)? 什么是建筑密度?
13. 什么是建筑"三大材"?
14. 什么是标志尺寸、构造尺寸、实际尺寸?
15. 什么是房屋的开间、进深?
16. 什么是层高? 什么是净高? 什么是建筑总高度?
17. 什么是红线?
18. 什么是防潮层?
19. 什么是勒脚? 什么是踢脚? 其作用各是什么?
20. 什么是散水? 什么是明沟? 其作用是什么?
21. 什么是横墙? 什么是纵墙?
22. 什么是构造柱? 其作用是什么?

参考文献

[1] 王永智. 建筑制图手册. 北京:机械工业出版社, 2006.
[2] 中国计划出版社. 建筑制图标准汇编. 北京:中国计划出版社,2003.

[3] 中华人民共和国建设部. GB/T 50103—2001 总图制图标准. 北京:中国计划出版社,2002.
[4] 中华人民共和国建设部. GB/T 50104—2001 建筑制图标准. 北京:中国计划出版社,2002.
[5] 张英,郭树荣. 建筑工程制图. 北京:中国建筑工业出版社,2005.
[6] 陈文斌. 建筑工程制图. 上海:同济大学出版社,2003.
[7] 于春艳,张国兴. 工程制图. 北京:中国电力出版社,2004.
[8] 何斌,陈锦昌,等. 建筑制图(第五版). 北京:高等教育出版社,2005.
[9] 中华人民共和国建设部 GB/T 50001—2001 房屋建筑制图统一标准. 北京:中国计划出版社,2001.
[10] 龚小兰,等. 建筑工程施工图读解. 北京:化学工业出版社. 2003.
[11] 罗康贤. 建筑工程制图与识图. 广州:华南理工大学出版社,2004.
[12] 谢步瀛. 土木工程制图. 上海:同济大学出版社,2004.
[13] 危道军. 土木建筑制图. 北京:高等教育出版社,2002.
[14] 杨为邦,唐明怡. 土木工程制图. 北京:中国水利水电出版社,2005.

第9章
结构施工图

本章概要

1. 介绍结构施工图的内容、钢筋的画法、构件代号；
2. 介绍现浇钢筋混凝土柱、剪力墙和梁的平法制图规则；
3. 介绍基础平面图及基础详图；
4. 介绍结构平面图及构件详图。

结构施工图是在建筑设计的基础上，进行结构设计的工作内容。结构工程师依据建筑设计的要求和结构工程设计规范，先进行工程结构选型和承重构件布置，再通过力学计算选定各构件的材料、形状、尺寸和内部构造，最后把设计结果绘制成图，称为结构施工图。结构施工图必须密切与建筑施工图互相配合，这两个工种的施工图之间不能有所矛盾。

9.1 概述

一套完整的结构施工图往往包含许多张图纸，这些图纸依据表达的内容可以分成三个部分，即结构设计说明、结构平面布置图和构件详图。结构施工图的排列顺序一般为图纸目录、结构设计说明、基础平面布置图、基础详图、结构平面布置图（从低楼层到屋顶）和构件详图。

9.1.1 结构施工图的分类

1. 结构设计说明

包括本工程的设计依据、工程概况、所选用的建筑材料、所选用的标准构件图集以及一些构造要求和施工中的注意事项等，是对结构平面布置图和构件详图中表达不清楚的地方和本工程通用的建材及施工要点所作的进一步的文字说明。

2. 结构平面布置图

结构平面布置图（简称结构平面图）主要是用水平投影的形式来表示建筑物各承重构件的位置及相互关系等。结构平面布置图一般包括基础平面图、楼层结构平面图和屋顶结构平面图等。

3. 构件详图

构件详图主要是为了把一些重要构件的结构情况表达清楚，采用较大的比例来绘制节点的图样。常见的结构构件详图有：基础详图、楼梯详图、柱断面图、梁断面图和特殊的板配筋图等。

9.1.2 结构平面图与建筑平面图之间的关系

结构布置平面图与建筑平面图的定位轴线及编号应完全一致。结构布置平面图绘图的比例一般与建筑平面图的绘图比例相同，但在尺寸标注上，结构平面图一般只标注出定位轴线间的尺寸和总尺寸。

具体地说，结构布置平面图要标出墙、柱、梁、板等承重构件的详细位置、尺寸和编号。而在建筑平面图中只是大致标出这些构件的尺寸、位置。结构布置平面图中各种梁和板的标高往往与建筑图的标高不同，因为它们表示的是结构标高。除了梁、柱外，一般有圈梁和门窗过梁的结构还要标注出圈梁和过梁的位置、代号和编号。结构布置平面图中要标出现浇板的位置、厚度、配筋、构造及预留孔和预埋件的位置与尺寸，预制板的铺设范围、铺设方向、数量、代号及相同铺设房间的编号等，这一点与建筑平面图有很大的区别。

结构布置平面图中有关剖切符号、详图索引等符号与建筑平面图表示方法一样。每一张结构布置平面图上往往有设计说明，主要内容是本楼层中需要特别说明的构件布置、特殊材料及构造措施等。例如圈梁的布置、现浇板的厚度、配筋等。

9.1.3 结构施工图的作用

建筑工程的结构施工图，不仅是工程主体施工制作实施最重要的技术依据，而且还是工程招标、投标以及监理所必须的技术依据。除此之外，结构施工图还是工程竣工以后装修、改建、拆迁等重要的依据资料。

9.1.4 结构施工图制图的线型和比例

绘制建筑结构施工图，应遵守 GB/T 50001—2001《房屋建筑制图统一标准》和 GB/T 50105—2001《建筑结构制图标准》的规定。该制图标准规定图线的宽度 b，宜从下列线宽系列中选取：2.0、1.4、1.0、0.7、0.5、0.35mm。每个图样，应根据复杂程度与比例大小，先选定基本线宽 b，再选用相应的线宽组。在同一张图纸中，相同比例的各图样，应选用相同的线宽组。建筑结构专业制图，应选用表 9-1 所示的图线。

结构施工图的图线　　表 9-1

名称		线形	线宽	一般用途
实线	粗	━━━	b	螺栓、主钢筋线、结构平面图中的单线结构构件线、钢木支撑及系杆线、图名下划线、剖切线
	中	──	$0.5b$	结构平面图及详图中剖到可见的墙身轮廓线、基础轮廓线、钢、木结构轮廓线、箍筋线、板钢筋线
	细	—	$0.25b$	可见的钢筋混泥土构件的轮廓线、尺寸线、标注引出线、标高符号、索引符号

续上表

名称		线形	线宽	一般用途
虚线	粗	▬ ▬ ▬ ▬ ▬	b	不可见的钢筋、螺栓线，结构平面中不可见的单线结构构件线及钢、木支撑线
	中	— — — — —	$0.5b$	结构平面中的不可见构件、墙身轮廓线及钢、木结构轮廓线
	细	— — — — —	$0.25b$	结构平面中的管沟轮廓线、不可见的钢筋混凝土构件轮廓线
单点长画线	粗	▬ · ▬ · ▬	b	柱间支撑、垂直支撑、设备基础轴线图中的中心线
	细	— · — · —	$0.25b$	定位轴线、对称线、中心线
双点长画线	粗	▬ ·· ▬ ·· ▬	b	预应力钢筋线
	细	— ·· — ·· —	$0.25b$	原有结构轮廓线
折断线		—\/—	$0.25b$	断开界线
波浪线		∿∿∿	$0.25b$	断开界线

绘图时根据图样的用途，被绘物体的复杂程度，应选用表 9-2 中的常用比例，特殊情况下也可选用可用比例。

绘图比例 表 9-2

图名	常用比例	可用比例
结构平面图 基础平面图	1∶50、1∶100 1∶150、1∶200	1∶60
圈梁平面图、总图 中管沟、地下设施等	1∶200、1∶500	1∶300
详图	1∶10、1∶20	1∶5、1∶25、1∶4

9.2 钢筋混凝土构件

9.2.1 钢筋混凝土的基础知识

混凝土是由胶凝材料(水泥或其他胶结料)、粗细骨料和水等拌和而成的先可塑后硬化的结构材料。需要时可另加掺和料或外加剂。建筑工程中常用的混凝土是由水泥、砂、石子和水按一定比例混合，经搅拌、浇筑、凝固及养护而制成的。混凝土构件的特点是抗压强度高，而抗拉、抗弯和抗剪强度低。混凝土按其抗压强度划分为不同的等级，普通混凝土一般可分为 C15、C20、C25、C30、C35、C40、C45、C50、C55、C60、C65、C70、C75、C80 等 14 个等级。

混凝土强度等级应按立方体抗压强度标准值确定。立方体抗压强度标准值系指按照标准方法制作养护的边长为 150mm 的立方体试件，在 28d 龄期用标准试验方法测得的具有 95%保证率的抗压强度。混凝土轴心抗压，轴心抗拉强度标准值 f_{ck}，f_{tk}应按表 9-3 采用。

混凝土强度标准值(N/mm²) 表 9-3

强度种类	混凝土强度等级													
	C15	C20	C25	C30	C35	C40	C45	C50	C55	C60	C65	C70	C75	C80
f_{ck}	10	13.4	16.7	20.1	23.4	26.8	29.6	32.4	35.5	38.5	41.5	44.5	47.4	50.2
f_{tk}	1.27	1.54	1.78	2.01	2.2	2.39	2.51	2.64	2.74	2.85	2.93	2.99	3.05	3.11

素混凝土构件是由无筋或不配置受力钢筋的混凝土制作成的构件。钢筋混凝土构件是在混凝土构件内配置一定数量的钢筋，由钢筋和混凝土两种材料来共同承受荷载的构件。它的特点是抗压、抗拉、抗弯及抗剪性能都很好。与素混凝土构件相比较，相同断面的钢筋混凝土构件能承担更大的承载力。

9.2.2 钢筋混凝土构件中的钢筋

依据钢筋在构件中所起的作用不同，对构件中的钢筋分类，如图 9-1 所示。

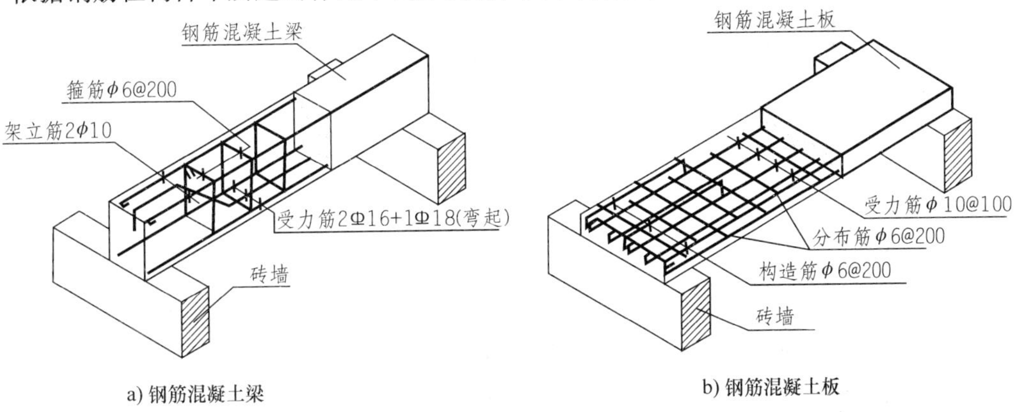

a) 钢筋混凝土梁　　b) 钢筋混凝土板

图 9-1 钢筋混凝土构件中钢筋的分类

1. 钢筋按其作用分类

(1) 主筋：也称为受力筋，主要作用是承受构件中的拉应力或压应力，用于梁、板、柱等各种混凝土构件中。

(2) 箍筋：主要作用是固定构件内受力筋的位置，将构件承受的荷载均匀地传给受力筋，用于梁和柱内。

(3) 架立筋：主要作用是固定箍筋的位置，与受力筋和箍筋一起构成钢筋骨架，用于梁内。

(4) 分布筋：主要作用是固定构件内受力筋的位置，与受力筋一起构成钢筋网，将构件承受的荷载均匀地传给受力筋，并抵抗温度应力、收缩应力，用于板内。

(5) 构造筋：主要作用是满足构件构造上的要求或安装需要，常用于建筑装饰或安装构件。

2. 钢筋的种类与符号

在钢筋混凝土结构设计规范中，对钢筋的标注按其产品种类不同分别给予不同的符号，例如 HRB 为热轧带肋钢筋，H、R、B 分别为热轧(Hot rolled)、带肋(Ribbed)、钢筋(Bars)三个词的英文首位字母。HPB 指热轧光圆钢筋，RRB 指余热处理钢筋。235、335、400 为强度值。普通钢筋的抗拉强度设计值 f_y 及抗压强度设计值 f_y' 应按表 9-4 采用。

普通钢筋的种类、符号和强度设计值(N/mm²)　　表 9-4

种类		符号	f_y	f'_y
热轧钢筋	HPB 235(Q235)	Φ	210	210
	HRB 335(20MnSi)	Φ	300	300
	HRB 400(20MnSiV、20MnSiNb、20MnTi)	Φ	360	360
	RRB 400(K20MnSi)	Φ^R	360	360

3. 钢筋的图示方法

在配筋图中，由于钢筋的种类和作用不同，往往形状也不同。钢筋的一般画法应符合表 9-5 的规定。

一般钢筋图例　　表 9-5

序　号	名　称	图　例	说　明
1	钢筋横断面		
2	无弯钩的钢筋端部		下图表示长、短钢筋投影重叠时，短筋的端部用 45°斜画线表示
3	带半圆形弯钩的钢筋端部		
4	带直钩的钢筋端部		
5	带丝扣的钢筋端部		
6	无弯钩的钢筋搭接		
7	带半圆弯钩的钢筋搭接		
8	带直钩的钢筋搭接		
9	花篮螺丝的钢筋搭接		
10	机械连接的钢筋搭接		用文字说明机械连接方式(冷挤压或锥螺纹等)
11	单根预应力钢筋断面		

GB/T 50105—2001《建筑结构制图标准》要求钢筋的画法应符合表 9-6 规定。

钢筋的画法　　表 9-6

序　号	说　明	图　例
1	在结构平面图中配置双层钢筋时，底层钢筋的弯钩应向上或向左，顶层钢筋的弯钩应向下或向右	(底层)　(顶层)

续上表

序 号	说 明	图 例
2	钢筋混凝土墙体配置钢筋时，在配筋立面图中，远面钢筋的弯钩应向上或向左，而近面钢筋的弯钩向下或向右。(*JM*:近面;远面:*YM*)	JM JM YM YM JM JM YM YM
3	在断面图中不能表达清楚的钢筋布置，应在断面图外增加钢筋大样图(如钢筋混凝土墙、楼梯等)。	
4	图中所表示的箍筋、环筋等若布置复杂时，可加画钢筋大样及说明。	
5	每组相同的钢筋、箍筋或环筋，可用一根粗实线表示，同时用一两端带斜短画线的细线横穿，表示其余钢筋及起止范围。	

4. 保护层与弯钩

钢筋混凝土构件的钢筋不能外露，为了保护钢筋防锈、防火、防腐蚀，在钢筋的外边缘与构件表面之间应留有一定厚度的保护层。结构图上一般不标注保护层的厚度，但规范中规定纵向受力的普通钢筋及预应力钢筋，其混凝土保护层厚度不应小于钢筋的公称直径，且应符合依据构件所处的环境类别和混凝土强度等级所作的规定。可参考表 9-7。

钢筋混凝土构件的保护层 表 9-7

钢 筋	构件种类		保护层厚度(mm)
受力筋	板	断面厚度≤100mm	10
		断面厚度>100mm	15
	梁和柱		25
	基础	有垫层	35
		无垫层	70
钢箍	梁和柱		15
分布筋	板		10

为了使钢筋和混凝土具有良好的粘结力，应在光圆钢筋两端做成半圆弯钩或直弯钩；带肋钢筋与混凝土的粘结力强，两端可不做弯钩。钢箍两端在交接处也要做出弯钩。弯钩的常见形式和画法见图 9-2 所示。在图 9-2a)的光圆钢筋弯钩，分别标注了弯钩的尺寸；图 9-2b)仅画出了箍筋的简化画法，箍筋弯钩的长度，一般分别在两端各伸长 50mm 左右。图 9-2c)用弯钩的方向表示出钢筋在构件中的位置。

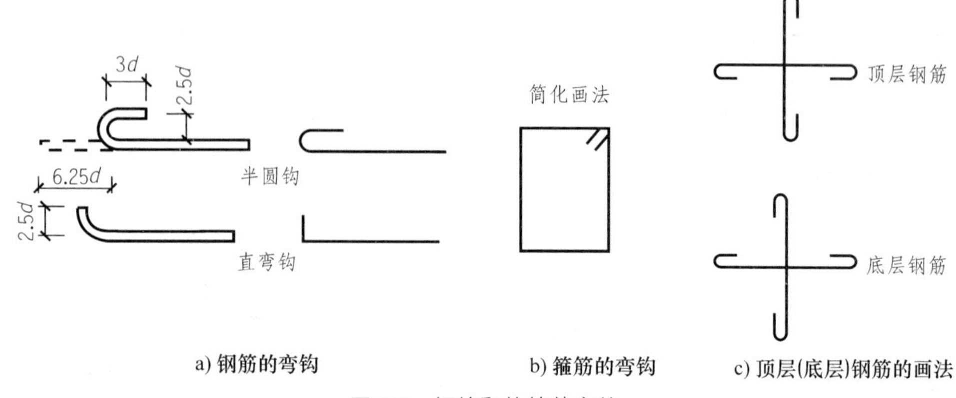

图 9-2 钢筋和箍筋的弯钩

5. 钢筋的标注

对钢筋具体数值的标注是构件表达的重要组成。建筑结构制图标准要求钢筋、钢丝束及钢筋网片的标注应按下列规定：

(1) 钢筋、钢丝束的说明应给出钢筋的代号、直径、数量、间距、编号及所在位置，其说明应沿钢筋的长度标注或标注在相关钢筋的引出线上，如图 9-3a)所示。

(2) 钢筋网片的编号应标注在对角线上。网片的数量应与网片的编号标注在一起。如图 9-3b)、c)所示。

实际工作中简单的构件、钢筋种类较少可不编号。钢筋的标注通常有两种形式：

(1) 常用于表示梁、柱内的受力筋和架立筋及梁、柱、板内的构造筋，标注钢筋的根数、级别、直径，例如 2Φ18 表示 2 根直径为 18mm 的 HRB335 级钢筋。

(2) 常用于表示箍筋和板的配筋，标注钢筋的级别、直径、相邻钢筋的中心距，例如 ϕ8@200 表示直径为 8mm 的 HRB235 级钢筋以间距为 200mm 分布布置。

构件中钢筋的引出标注见图 9-3，其中钢筋编号的圆圈直径用 6mm。引出线应以细实线绘制，宜采用水平方向的直线、与水平方向成 30°、45°、60°、90°的直线，或经上述角度再折为水平线。文字说明宜注写在水平线的上方，也可注写在水平线的端部。

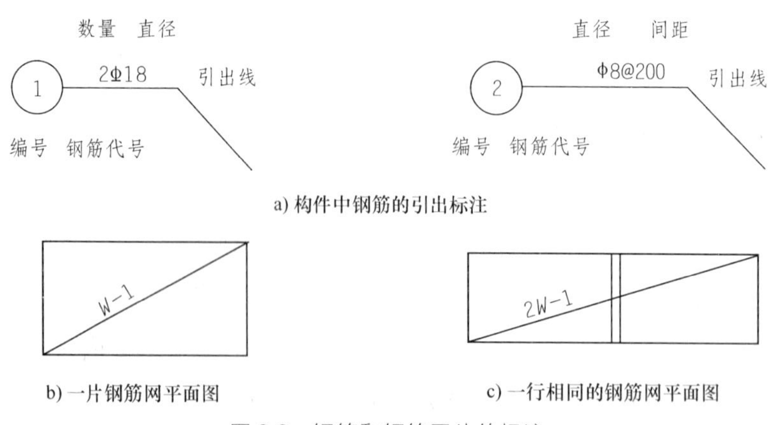

图 9-3 钢筋和钢筋网片的标注

6. 钢筋纵向的搭接长度

钢筋的长度标注中，常常不标注搭接长度和锚固长度。现行的 GB 50010—2002《混凝土结构设计规范》和 GB 50204—2002《混凝土结构工程施工质量验收规范》中都有相关的具体规定。规范规定当纵向受拉钢筋的绑扎搭接接头面积百分率不大于 25%时，其最小搭接长度应符合表 9-8 的规定。

纵向受拉钢筋的最小搭接长度 表 9-8

钢筋类型		混凝土强度等级			
		C15	C20～C25	C30～C35	≥C40
光圆钢筋	HPB(Ⅰ)级	45d	35d	30d	25d
带肋钢筋	HRB(Ⅱ)级	55d	45d	35d	30d
	HRB400(Ⅲ)级、RRB400(Ⅲ)级	—	55d	40d	35d

规范还规定两根直径不同钢筋的搭接长度，以较细钢筋的直径计算。当符合一定条件时，钢筋的最小搭接长度应根据规定进行修正。但是在任何情况下，受拉钢筋的搭接长度不应小于 300mm，受压钢筋的搭接长度不应小于 200mm。有关钢筋的锚固长度，规范给出了计算公式和相关的修正规定。

9.2.3 结构图中常用构件代号

在建筑工程中，往往有很多种钢筋混凝土的构件。构件的名称应用代号来表示，代号后应用阿拉伯数字标注该构件的型号或编号，也可为构件的顺序号。构件的顺序号采用不带角标的阿拉伯数字连续编排。为了便于工程的设计与施工，GB/T 50105—2001《建筑结构制图标准》对常用的构件代号作了规定。这些构件的代号一般为构件名称大写汉语拼音第 1 个字母。常用构件代号见表 9-9。

常用构件代号 表 9-9

序号	名称	代号	序号	名称	代号	序号	名称	代号
1	板	B	19	圈梁	QL	37	承台	CT
2	屋面板	WB	20	过梁	GL	38	设备基础	SJ
3	空心板	KB	21	连系梁	LL	39	桩	ZH
4	槽形板	CB	22	基础梁	JL	40	挡土墙	DQ
5	折板	ZB	23	楼梯梁	TL	41	地沟	DG
6	密肋板	MB	24	框架梁	KL	42	柱间支撑	ZC
7	楼梯板	TB	25	框支梁	KZL	43	垂直支撑	CC
8	盖扳或沟盖板	GB	26	屋面框架梁	WKL	44	水平支撑	SC
9	挡雨板或檐口板	YB	27	檩条	LT	45	梯	T
10	吊车安全走道板	DB	28	屋架	WJ	46	雨篷	YP
11	墙板	QB	29	托架	TJ	47	阳台	YT
12	天沟板	TGB	30	天窗架	CJ	48	梁垫	LD

续上表

序号	名称	代号	序号	名称	代号	序号	名称	代号
13	梁	L	31	框架	KJ	49	预埋件	M-
14	屋面梁	WL	32	刚架	GJ	50	天窗端壁	TD
15	吊车梁	DL	33	支架	ZJ	51	钢筋网	W
16	单轨吊车梁	DDL	34	柱	Z	52	钢筋骨架	G
17	轨道连接	DGL	35	框架柱	KZ	53	基础	J
18	车挡	CD	36	构造柱	GZ	54	暗柱	AZ

预制钢筋混凝土构件、现浇钢筋混凝土构件、钢构件和木构件，一般可直接采用上表中的构件代号。在绘图中，当需要区别上述构件的材料种类时，可在构件代号前加注材料代号，并在图纸中加以说明。预应力钢筋混凝土构件的代号，应在构件代号前加注“Y”。如 Y-DL 表示预应力钢筋混凝土吊车梁。当采用标准、通用图集中的构件时，应用该图集中的规定代号或型号注写。

9.3 结构施工图的基本表示方法

在混凝土结构施工图平面整体表示方法未实施前，结构施工图的图示是采用将构件从结构平面布置图中索引出来，再逐个绘制配筋详图的方法。这是钢筋混凝土结构施工图最基本的表示方法，虽然绘图较为繁琐，但读图易懂，为了使初学者对结构施工图有个初步的了解，这里先简要地介绍一下梁、板传统的图示方法。

9.3.1 钢筋混凝土梁

图 9-4 所示为钢筋混凝土梁结构详图的画法。从立面图上的轴线编号可以知道该梁位于轴线①与轴线④之间。该梁是一根矩形梁，全长 7690mm（7200＋120＋370），宽 350mm，高 800mm。在配筋立面图的左边是 1-1 断面图。当钢筋标注的位置不够时，可采用引出线标注。引出线应为细实线。图中①号钢筋是受力筋，共 9 根 HRB335 级钢筋，直径为 25mm，分两排放在梁的下方。②号钢筋是架立筋，为两根 HRB335 级钢筋，直径为 20mm。③号钢筋为两根受压筋，放在构件的顶部。④号钢筋是箍筋，是直径为 8mm 的 HPB235 级钢筋，箍筋布置在梁中段，每隔 100mm 一个。⑤号钢筋是构造筋，是直径为 12mm 的 HPB235 级钢筋，箍筋布置在梁中部，每隔 200mm 高度两个。⑥号钢筋是拉结筋，是直径为 8mm 的 HPB235 级钢筋，箍筋布置在梁中部，每隔 200mm 高度两个，每隔 400mm 一组。⑦号钢筋是吊筋。在混凝土梁中，宜采用箍筋作为承受剪力的钢筋。当采用吊筋时，其弯起段应伸至梁上边缘，且末端水平段长度不应小于规范的规定。当在混凝土梁中采用弯起钢筋时，其弯起角宜取 45°或 60°；在弯起钢筋的弯终点外应留有平行于梁轴线方向的锚固长度，在受拉区不应小于 $20d$，在受压区不应小于 $10d$。此处，d 为弯起钢筋的直径；梁底层钢筋中的角部钢筋不应弯起，顶层钢筋中的角部钢筋不应弯下。

另外，一般还应列出钢筋表，说明该梁中钢筋的编号、钢筋简图、直径、长度、数量、总重量等，见图中 L-1 梁钢筋表。

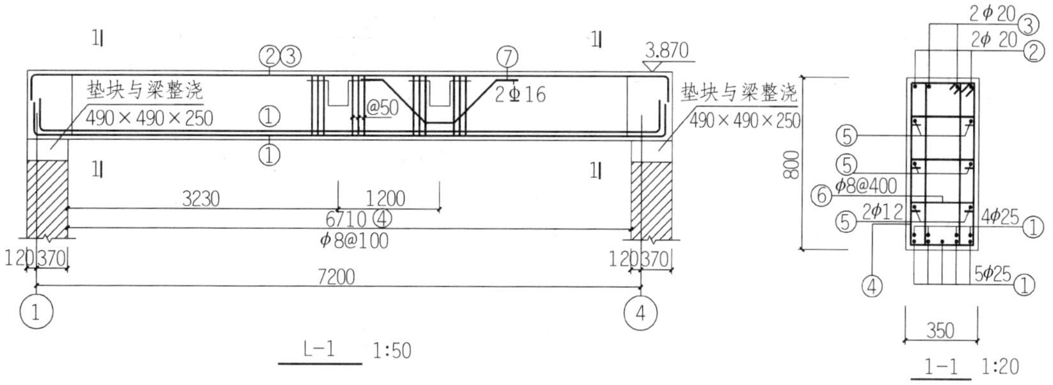

L-1　梁钢筋表

编号	钢筋简图	规格	长度	根数	重量
①	380 7550 380	Φ25	8310	9	288
②	300 7630 300	Φ20	8230	2	41
③	300 7620 300	Φ20	8220	2	41
④	223 710	ϕ8	2106	152	126
⑤	7070	ϕ12	7220	6	38
⑥	290	ϕ8	390	51	8
⑦	320 340 212	Φ16	1410	2	4
总重					546

图 9-4　钢筋混凝土梁结构详图

9.3.2　楼层板结构平面布置图

楼层结构布置平面图(简称结构平面图)是假想将房屋沿楼板面水平剖切后所得到的水平剖面图,用来表示房屋中每一层楼面板及板下的梁、墙、柱等承重构件的布置情况,或现浇楼板的构造和配筋情况。

楼板分为预制板和现浇板两大类。预制板是由厂家在工厂生产,工艺:将若干钢筋平行串于两铆柱上;通过机械将其拉直并扭形(产生预应力);再将根据用户要求选择的标号混凝土浇注于钢筋上;待其养护期满达到测试抗震抗压强度后再按用户要求规格切分成若干块;施工时纵向铺于楼板上;现浇板系工地现场根据具体楼层不同楼板规格浇注之楼板及墙体;采用双层双向钢筋铺底,灌注混凝土;成型后,整个楼板或墙体就是一块浇筑物。

1. 预制板的图示方法

对于预制楼板,用中实线表示楼层平面轮廓,用细实线表示预制板的铺设方向,一般情况把楼板下不可见墙体的虚线画为实线。预制板的布置方式有两种表达形式:一是在结构单元范围内,按实际投影分块画出楼板,并注写数量及型号。如图 9 5 所示。在结构平面图中,如若干部分相同时,可只绘制一部分,并用大写的拉丁字母(A、B、C、……)外加细实线圆圈表示相同部分的分类符号。分类符号圆圈直径为 8mm 或 10mm。其他相同部分仅标注分类符号;二是在结构单元范围内,画一条对角线,并沿首对角线方向注明预制板数量及型号。如图 9-6 所示。

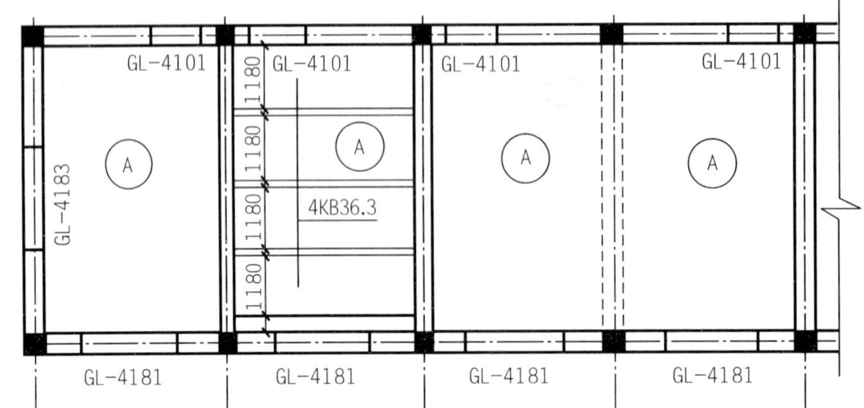

图 9-5 预制板的表达方式之一

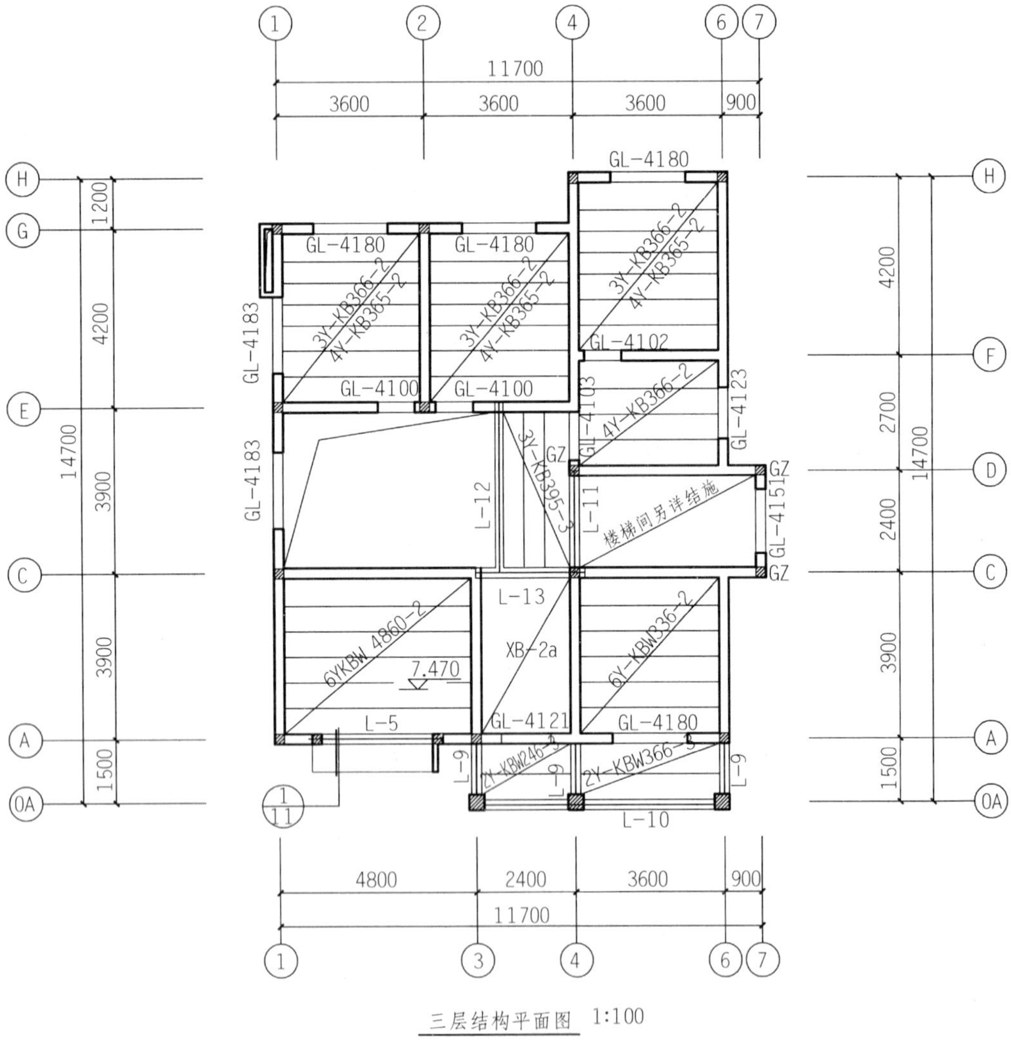

1 2 4 6 7
11700
3600 3600 3600 900
H G E C A 0A
1200 4200 3900 3900 1500 14700
H F D C A 0A
4200 2700 2400 3900 1500 14700
GL-4180 GL-4180 GL-4180
3Y-KB366-2 4Y-KB365-2
3Y-KB366-2 4Y-KB365-2
3Y-KB366-2 4Y-KB365-2
GL-4183 GL-4183
GL-4100 GL-4100
GL-4102 GL-4103 4Y-KB366-2 GL-4123
GZ GZ GZ
L-12 3Y-KB395-3 L-11 楼梯间另详结施 GL-4151
L-13
6YKBW 4860-2 XB-2a 6Y-KBW36-2
7.470
L-5 GL-4121 GL-4180
L-9 2Y-KBW246-3 L-9 2Y-KBW366-3 L-9
L-10
1/11
4800 2400 3600 900
11700
1 3 4 6 7

三层结构平面图 1:100

图 9-6 某农村住宅的三层结构平面图

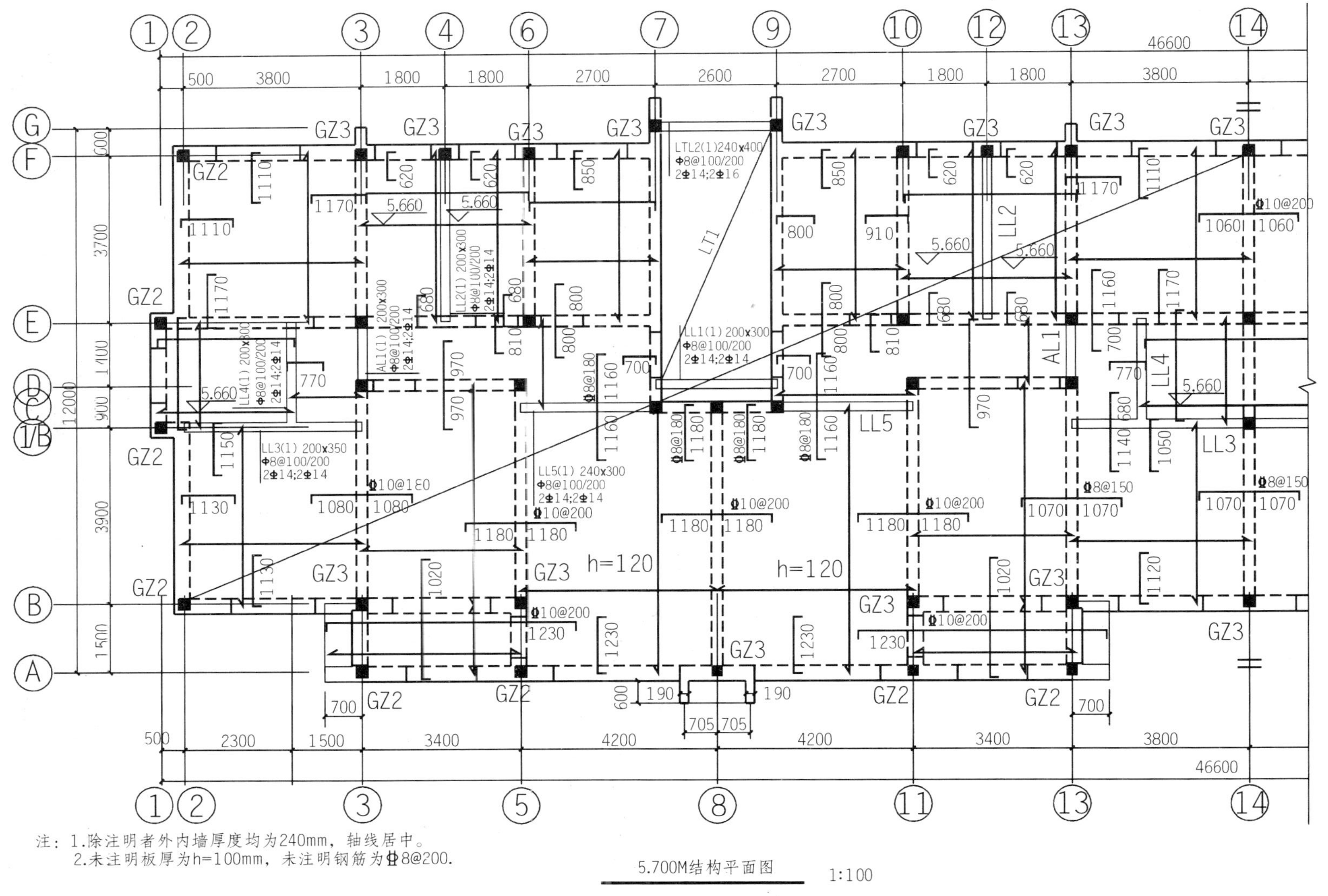

注：1.除注明者外内墙厚度均为240mm，轴线居中。
2.未注明板厚为h=100mm，未注明钢筋为Φ8@200.

5.700M结构平面图 1:100

图 9-7 住宅楼现浇板的图示方式

过梁的构件编号为 GL-X_1 X_2X_2 X_3 X_4。其中 X_1 是过梁所在的墙厚，以 2、8、4、7 分别代表 120mm、180mm、240mm、370mm 墙厚，组合断面省略；X_2X_2 是两位数，是过梁的净跨长度，如 12 代表过梁的净跨长度为 1200mm；X_3 代表过梁所承担的梁板荷载等级，梁板荷载设计值设定为 6 级，分别为 0kN/m、10kN/m、20kN/m、30kN/m、40kN/m、50kN/m 相应的荷载等级为 0、1、2、3、4、5；X_4 是过梁的断面形式，省略是代表是矩形，L 代表 L 型，Z 代表组合断面。例如图 9-6 中①轴线上有两个 GL-4183，表示的是该过梁所在墙厚为 240mm，过梁净跨度 1800mm，所承担的梁板荷载等级为 30kN/m，过梁的断面是矩形的。

板的编号为 n Y-KB X_1X_1 X_2-X_3。编号中 n 表示的是本房间所选用的这种预应力空心板的数量；Y — KB 是规范规定的常用构件代号，代表预应力混凝土空心板；X_1X_1 是板的长度，板的标志长度(轴跨)有 2.1m、2.4m、2.7m、3.0m、3.3m、3.6m、3.9m、4.2m、4.5m、4.8m 共 10 种；X_2 是板的宽度，板的宽度有 500mm、600mm、900mm、1200mm 共四种；X_3 是板的荷载等级序号。例如图 9-6 中Ⓔ、Ⓕ、①、②轴线间的房间选用的是 3 块 600mm 宽和 4 块 500 宽，长度都是 3.6m，承担的荷载等级为 20kN/m。

需要注意的是在我国不同的地区图集中，构件的编号及其所代表的含义会有所差异。

2. 现浇板的图示方法

当构件布置较简单时，结构平面布置图可与板配筋平面图合并绘制。用中实线画出每块现浇楼板中的钢筋，每一种钢筋只画一根，其配置的表示方法如图 9-7 所示。钢筋说明应给出钢筋的代号、直径、数量、间距、编号及所在位置，其说明应沿钢筋的长度标注。当钢筋标注的位置不够时，可采用引出线标注。引出线标注钢筋的斜短划线应为中实线或细实线。图中构件较为简单且钢筋种类不多，所以板钢筋可不编号。图中除了板钢筋之外的中实线，表示剖到或可见的墙身轮廓线。中虚线表示结构平面中的不可见的墙身轮廓线。细实线表示可见的钢筋混凝土构件的轮廓线、尺寸线、标注引出线、标高符号等。有时为了表示清楚板的形状、板厚及板的标高，也可在结构布置图上画出结构梁板的断面图，这种画法常用在表达坡屋顶平面图上。

9.4 平面整体表示法的制图规则

9.4.1 概述

建筑结构施工图平面整体设计方法(简称平法)的表达形式是把结构构件的尺寸和配筋等，按照平面整体表示方法制图规则，整体直接表达在各类构件的结构平面布置图上，再与标准构造详图相配合，即构成一套新型完整的结构设计。它改变了传统的那种将构件从结构平面布置图中索引出来，再逐个绘制配筋详图的繁琐方法。平法被认为是我国混凝土结构施工图设计表示方法的一次重大改革，现今已经在我国广泛使用。平面整体表示法的制图规则既是设计者完成柱、墙、梁平法施工图的依据，也是施工、监理人员准确理解和实施平法施工图的依据。

平法设计绘制的施工图，一般是由各类结构构件的平法施工图和标准构造详图两大部分构成，但对于复杂的工业与民用建筑，尚需增加模板、开洞和预埋件等平面图。只有在特殊情况下才需增加剖面配筋图。在平面布置图上表示各构件尺寸和配筋的方式，分平面注写方式、列表注写方式和截面注写方式三种。

在平法绘制的结构施工图中，要将所有柱、墙、梁构件进行编号，编号中含有类型代号和序号等，其中类型代号的主要作用是指明所选用的标准构造详图；在标准构造详图上，已经按其所属构件类型注明代号，以明确该详图与平法施工图中相同构件的互补关系，使两者结合构成完整的结构设计图；同时用表格或其他方式注明包括地下和地上各层的结构层楼（地）面标高、结构层高及相应的结构层号。

下面介绍常用现浇钢筋混凝土框架结构中柱、梁、剪力墙和板构件的平法制图示例与规则。

9.4.2 柱平法规则

柱平法施工图是在柱平面布置图上采用列表注写方式或截面注写方式表达。柱平面布置图可采用适当比例单独绘制，也可与剪力墙平面布置图合并绘制。

1. 列表注写方式

列表注写方式，是在柱平面布置图上分别从同一编号的柱中选择一个（有时需要选择几个）截面标注几何参数代号；在柱表中注写柱号、柱段起止标高、几何尺寸（含柱截面对轴线的偏心情况）与配筋的具体数值，并配以各种柱截面形状及其箍筋类型图的方式，来表达柱平法施工图。列表注写方式一般只需采用适当比例绘制一张柱平面布置图，包括框架柱、框支柱、梁上柱和剪力墙上柱。如图 9-8 所示。

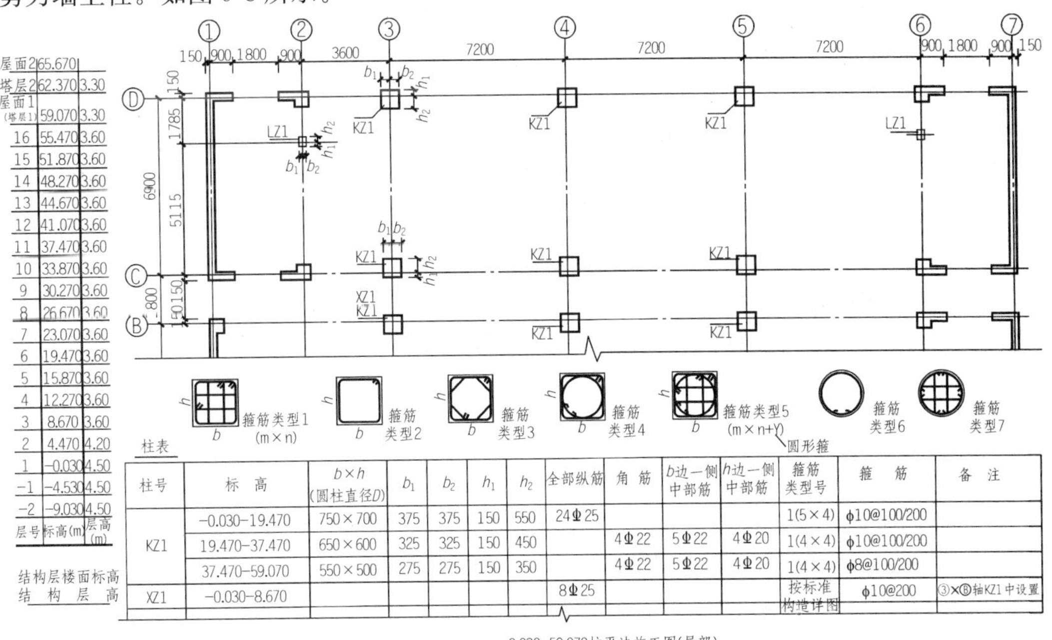

层号	标高(m)	层高(m)
屋面2	65.670	
塔层2	62.370	3.30
屋面1（塔层1）	59.070	3.30
16	55.470	3.60
15	51.870	3.60
14	48.270	3.60
13	44.670	3.60
12	41.070	3.60
11	37.470	3.60
10	33.870	3.60
9	30.270	3.60
8	26.670	3.60
7	23.070	3.60
6	19.470	3.60
5	15.870	3.60
4	12.270	3.60
3	8.670	3.60
2	4.470	4.20
1	-0.030	4.50
-1	-4.530	4.50
-2	-9.030	4.50

结构层楼面标高
结构层高

柱表

柱号	标高	$b\times h$（圆柱直径D）	b_1	b_2	h_1	h_2	全部纵筋	角筋	b边一侧中部筋	h边一侧中部筋	箍筋类型号	箍筋	备注
KZ1	-0.030-19.470	750×700	375	375	150	550	24Φ25				1(5×4)	φ10@100/200	
	19.470-37.470	650×600	325	325	150	450		4Φ22	5Φ22	4Φ20	1(4×4)	φ10@100/200	
	37.470-59.070	550×500	275	275	150	350		4Φ22	5Φ22	4Φ20	1(4×4)	φ8@100/200	
XZ1	-0.030-8.670						8Φ25				按标准构造详图	φ10@200	③×Ⓑ轴KZ1中设置

图 9-8 柱平法施工图列表注写方式

图 9-8 中柱号 KZ1 表示该柱类型为框架柱，序号为 1。柱号由类型代号和序号组成，常用的柱类型代号还有框支柱 KZZ、芯柱 XZ、梁上柱 LZ、剪力墙上柱 QZ。编号时，当柱的总高、分段截面尺寸和配筋均对应相同，仅分段截面与轴线的关系不同时，仍可将其编为同一柱号。

柱表中各段柱的起止标高，是自柱根部往上以变截面位置或截面未变但配筋改变处为界分段注写的。框架柱和框支柱的根部标高是指基础顶面标高。芯柱的根部标高是指根据结构实际需要而定的起始位置标高。梁上柱的根部标高是指梁顶面标高。剪力墙上柱的根部标高分两种：当柱纵筋锚固在墙顶部时，其根部标高为墙顶面标高；当柱与剪力墙重叠一层时，其根部标高为墙顶面往下一层的结构层楼面标高。

对于矩形柱，注写柱截面尺寸 $b \times h$ 及与轴线关系的几何参数代号 b_1、b_2、h_1、h_2 具体数值，须对应于各段柱分别注写。其中 $b=b_1+b_2$，$h=h_1+h_2$。例如图 9-8 中柱表中柱号 KZ1 标高－0.030 至 19.470 段，柱的宽度为 750mm，高度为 700mm.，柱中心在③轴上，偏离Ⓓ轴 200mm。当截面的某一边收缩变化至与轴线重合或偏到轴线的另一侧时，b_1、b_2、h_1、h_2 中的某项为零或为负值。对于圆柱，表中 $b \times h$ 一栏改用在圆柱直径数字前加 d 表示。为表达简单，圆柱截面与轴线的关系也用 b_1、b_2、h_1、h_2 表示，并使 $d=b_1+b_2=h_1+h_2$。对于芯柱，根据结构需要，可以在某些框架柱的一定高度范围内，在其内部的中心位置设置(分别引注其柱编号)。芯柱截面尺寸按构造确定，并按标准构造详图施工，设计不注；当设计者采用与本构造详图不同的做法时，应另行注明。芯柱定位随框架柱走，不需要注写其与轴线的几何关系，例如图中 XZ1。

图表中给出了柱纵筋的注写方法。例如 KZ1 标高－0.030 至 19.470 段，当柱纵筋直径相同，各边根数也相同时，将纵筋注写在“全部纵筋”一栏中，此处柱纵筋为 24Φ25。此外，可以将柱纵筋分角筋、截面 b 边中部筋和 h 边中部筋三项分别注写，例如 KZ1 标高 19.470 至 37.470 段，柱纵筋的角筋为 4Φ22、截面 b 边中部筋为 5Φ22 和 h 边中部筋为 4Φ20。对于采用对称配筋的矩形截面柱，可仅注写一侧中部筋，对称边省略不注。为了表达清楚箍筋类型号及箍筋肢数，具体工程所设计的各种箍筋类型图以及箍筋复合的具体方式，须画在表的上部或图中的适当位置，并在其上标注与表中相对应的 b、h 和编上类型号。柱箍筋注写了钢筋级别、直径与间距。当为抗震设计时，用斜线“/”区分柱端箍筋加密区与柱身非加密区长度范围内箍筋的不同间距。施工人员须根据标准构造详图的规定，在规定的几种长度值中取其最大者作为加密区长度。例如图 9-8 中，ϕ10@100/200 表示箍筋为 HPB235 级钢筋，直径 ϕ10，加密区间距为 100mm，非加密区间距为 200mm。当箍筋沿柱全高为一种间距时，则不使用“/”线。

2. 截面注写方式

截面注写方式，是在分标准层绘制的柱平面布置图的柱截面上，分别在同一编号的柱中选择一个截面，以直接注写截面尺寸和配筋具体数值的方式来表达柱平法施工图。如图 9-9 所示。对除芯柱之外的所有柱截面按规定进行编号，从相同编号的柱中选择一个截面，按另一种比例原位放大绘制柱截面配筋图，并在各配筋图上继其编号后再注写截面尺寸 $b \times h$、角筋或全部纵筋(当纵筋采用一种直径且能够图示清楚时)、箍筋的具体数值，以及在柱截面配筋图上标注柱截面与轴线关系 b_1、b_2、h_1、h_2 的具体数值。例如图 9-9 中⑤轴线上的 KZ3。当纵筋采用两种直径时，须再注写截面各边中部筋的具体数值(对于采用对称配筋的矩形截面柱，可仅在一侧注写中部筋，对称边省略不注)。例如图 9-9 中③、Ⓒ轴线相交处的 KZ1。

在截面注写方式中，如柱的分段截面尺寸和配筋均相同，仅分段截面与轴线的关系不同时，可将其编为同一柱号。但此时应在未画配筋的柱截面上注写该柱截面与轴线关系的具体尺寸。例如图 9-9 中④、Ⓑ轴线相交处的 KZ1。

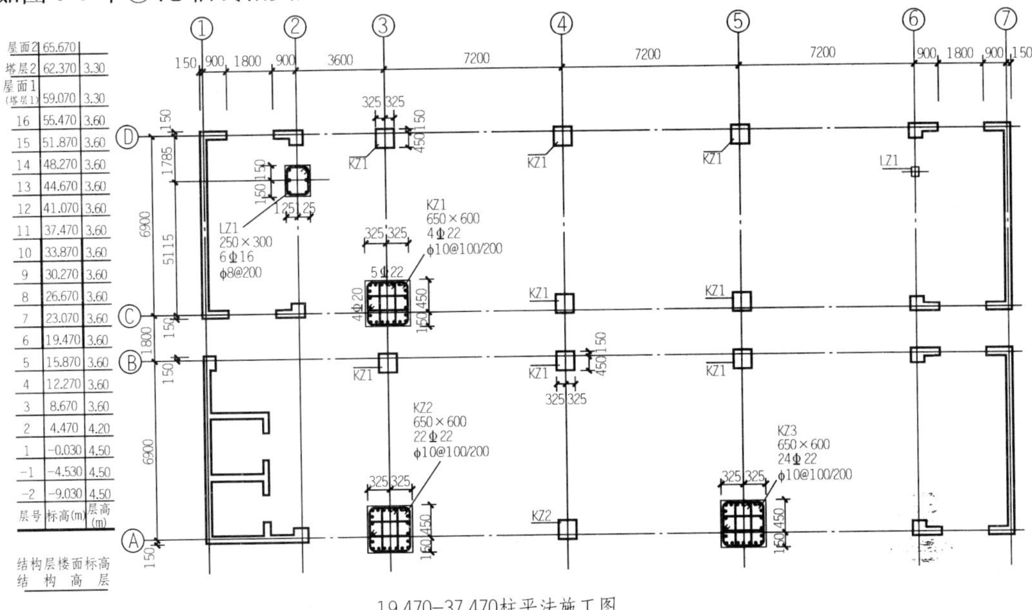

图 9-9 柱平面施工图截面注写方式

9.4.3 梁平法规则

梁平法施工图是采用平面注写方式或截面注写方式表达的梁平面布置图。分别按梁的不同结构层，将全部梁和与其相关联的柱、墙、板一起采用适当比例绘制，并按规定注明各结构层的顶面标高及相应的结构层号。对于轴线未居中的梁，还要标注其偏心定位尺寸(贴柱边的梁可不注)。

1. 平面注写方式

平面注写方式，是在梁平面布置图上，分别在不同编号的梁中各选一根梁，在其上注写截面尺寸和配筋具体数值的方式来表达梁平法施工图。平面注写包括集中标注与原位标注，集中标注表达梁的通用数值，原位标注表达梁的特殊数值。当集中标注中的某项数值不适用于梁的某部位时，则将该项数值原位标注，施工时，原位标注取值优先。如图 9-10 所示。

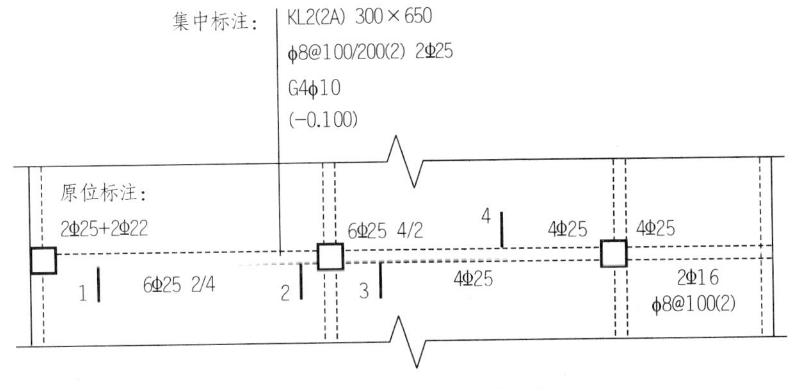

图 9-10 梁平面注写方式示例

图 9-11 是四个梁截面采用传统的表示方法绘制，用于对比按平面注写方式表达同样的内容。实际采用平面注写方式表达时，不需要绘制梁截面配筋图。

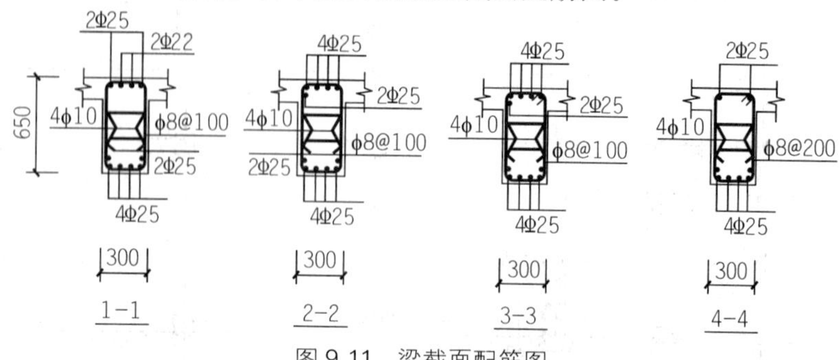

图 9-11　梁截面配筋图

梁集中标注可以从梁的任意一跨引出，集中标注的内容有五项必注值及一项选注值(梁顶高差)，规定如下：

(1) 梁编号，由梁类型代号、序号、跨数及有无悬挑代号几项组成。常用的梁类型代号有楼层框架梁 KL、屋面框架梁 WKL、框支梁 KZL、非框架梁 L、悬挑梁 XL 和井字梁 JZL。悬挑不计入跨数，一端有悬挑表示为(XXA)，两端有悬挑表示为(XXB)。例如图 9-10 中 KL2(2A)表示第 2 号框架梁，有 2 跨，一端有悬挑；再如 L8(6B)表示第 8 号非框架梁，有 6 跨，两端有悬挑。

(2) 梁截面尺寸。当为等截面梁时，用 $b\times h$ 表示，例如图 9-10 中 KL2(2A) 300×650 表示第 2 号框架梁梁宽为 300mm，梁高为 650mm；当为加腋梁时，用 $b\times h$ Y $c_1\times c_2$ 表示，其中 c_1 为腋长，c_2 为腋高，见图 9-12；当有悬挑梁且根部和端部的高度不同时，用斜线分隔根部与端部的高度值，即为 $b\times h_1/h_2$，见图 9-13。

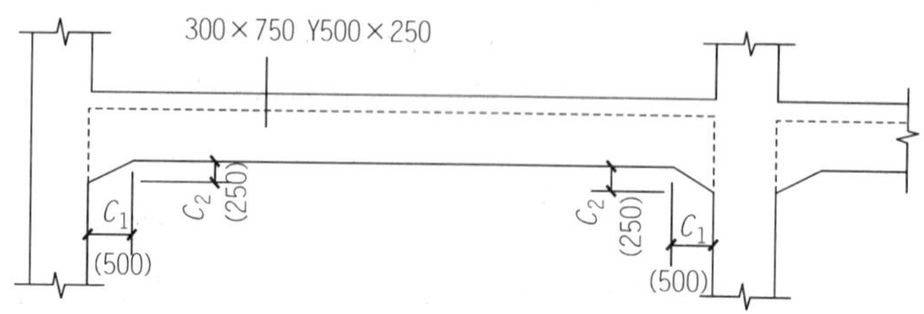

图 9-12　加腋梁截面注写方式

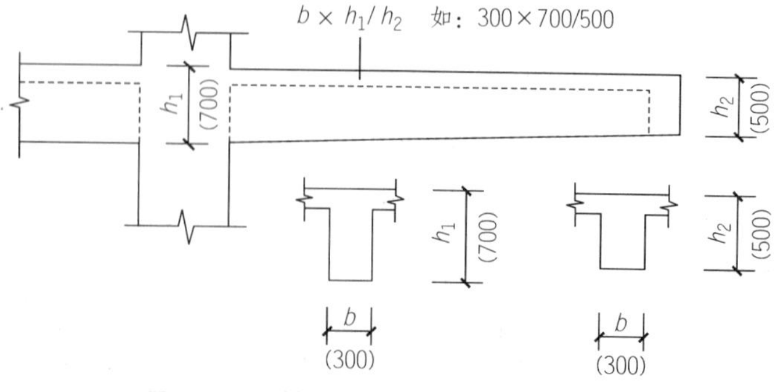

图 9-13　悬挑梁不等高截面尺寸注写方式

(3) 梁箍筋，包括钢筋级别、直径、加密区与非加密区间距及肢数。箍筋加密区与非加密区的不同间距及肢数需用斜线“/”分隔；当梁箍筋为同一种间距及肢数时，则不需用斜线；当加密区与非加密区的箍筋肢数相同时，则将肢数注写一次；箍筋肢数写在括号内。例如图 9-10 中 KL2 标有 ϕ8@100/200(2)，表示箍筋为 HPB235 级钢筋，直径 ϕ8，加密区间距为 100mm，非加密区间距为 200mm，均为两肢箍。再如 ϕ8@100(4)/200(2)，表示箍筋为 HPB235 级钢筋，直径 ϕ8，加密区间距为 100mm，四肢箍；非加密区间距为 200mm，两肢箍。当抗震结构中的非框架梁、悬挑梁、井字梁及非抗震结构中的各类梁采用不同的箍筋间距及肢数时，也用斜线“/”将其分隔开来。并先注写梁支座端部的箍筋(包括箍筋的箍数、钢筋级别、直径、间距与肢数)，在斜线后注写梁跨中部分的箍筋间距及肢数。例如 18ϕ12@150(4)/200(4)，表示箍筋为 HPB235 级钢筋，直径 ϕ12，梁的两端各有 18 个四肢箍，间距为 150mm，梁跨中部分间距为 200mm，四肢箍。

(4) 梁上部通长筋或架立筋配置。所注规格与根数应根据结构受力要求及箍筋肢数等构造要求而定。当同排纵筋中既有通长筋又有架立筋时，应用加号“＋”将通长筋和架立筋相连。注写时须将角部纵筋写在加号的前面，架立筋写在加号后面的括号内，以示不同直径及与通长筋的区别。当全部采用架立筋时，则将其写入括号内。例:2ϕ22 用于双肢箍；2 Φ 22 ＋(4ϕ12)用于六肢箍，其中 2 Φ 22 为贯通筋，4ϕ12 为架立筋。当梁的上部纵筋和下部纵筋为全跨相同，且多数跨配筋相同时，此项可加注下部纵筋的配筋值，用分号“;”将上部与下部纵筋的配筋值分隔开来。例:3 Φ 22;3 Φ 20 表示梁的上部配置3 Φ 22的贯通筋，梁的下部配置3 Φ 22的贯通筋。

(5) 梁侧面纵向构造钢筋或受扭钢筋配置。当梁腹板高度 $h_w \geqslant$450mm 时，须配置纵向构造钢筋，此项注写值以大写字母 G 打头，连续注写设置在梁两个侧面的总配筋值，且对称配置。例如图 9-10 中 KL2 标有 G4ϕ10 表示第 2 号框架梁两个侧面共配有 4 根 ϕ10 的纵向构造钢筋，每侧各配置 2ϕ10。需配置受扭纵向钢筋时，此项注写值以大写字母 N 打头，连续注写配置在梁两个侧面的总配筋值，且对称配置。

(6) 梁顶面标高高差，该项为选注值。梁顶面标高高差，是指相对于结构层楼面标高的高差值。有高差时，须将其写入括号内，无高差时不注。当某梁的顶面高于所在结构层的楼面标高时，其标高高差为正值，反之为负值。例如某结构层的楼面标高为 44. 950m 和 48. 250m，当某梁的梁顶面标高高差注写为(－0. 050)时，即表明该梁顶面标高分别相对于 44. 950m 和 48. 250m低 0. 05m。

梁原位标注的内容规定如下：

(1) 梁支座上部纵筋，该部位含通长筋在内的所有纵筋。如图 9-14 所示，当上部纵筋多于一排时，用斜线“/”将各排纵筋自上而下分开。例如梁支座上部纵筋注写为 6 Φ 25 4/2，则表示上一排纵筋为 4 Φ 25，下一排纵筋为 2 Φ 25。当同排纵筋有两种直径时，用加号“＋”将两种直径的纵筋相联，注写时将角部纵筋写在前面。例如梁支座上部有四根纵筋，2 Φ 25 放在角部，2 Φ 22 放在中部，在梁支座上部应注写为 2 Φ 25＋2 Φ 22。当梁中间支座两边的上部纵筋不同时，须在支座两边分别标注；当梁中间支座两边的上部纵筋相同时，可仅在支座的一边标注配筋值，另一边省去不注。

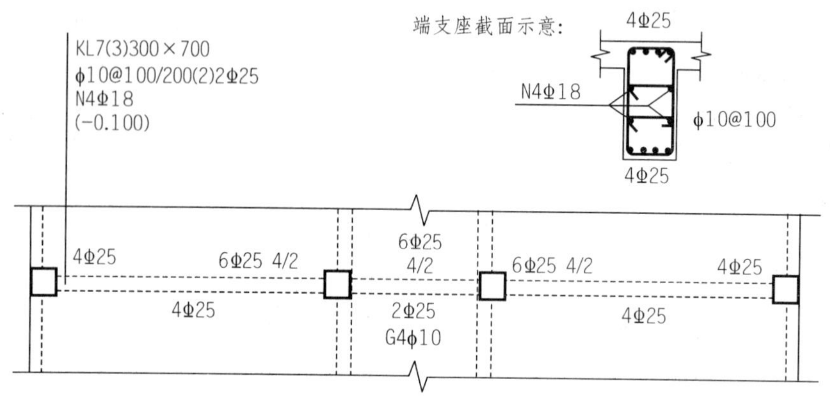

图 9-14　大小跨梁的注写方式

(2) 梁下部纵筋。当下部纵筋多于一排时,用斜线"/"将各排纵筋自上而下分开。例如梁下部纵筋注写为 6Φ25 2/4,则表示上一排纵筋为 2Φ25,下一排纵筋为 4Φ25,全部伸入支座。当同排纵筋有两种直径时,用加号"+"将两种直径的纵筋相联,注写时角筋写在前面。当梁下部纵筋不全部伸入支座时,将梁支座下部纵筋减少的数量写在括号内。例如梁下部纵筋注写为 6Φ25 2(−2)/4,则表示上排纵筋为 2Φ25,且不伸入支座。当梁的集中标注中已按规定分别注写了梁上部和下部均为通长的纵筋值时,则不需在梁下部重复做原位标注。

(3) 附加箍筋或吊筋,将其直接画在平面图中的主梁上,用线引注总配筋值(附加箍筋的肢数注在括号内),图 9-15。当多数附加箍筋或吊筋相同时,可在梁平法施工图上统一注明,少数与统一注明值不同时,再原位引注。

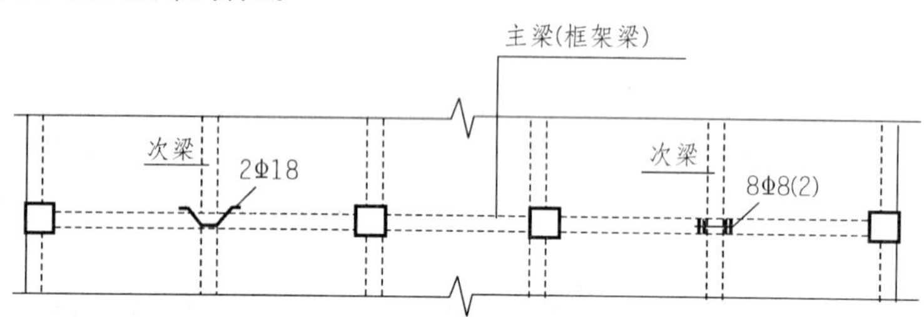

图 9-15　附加箍筋和吊筋的画法

(4)当在梁上集中标注的内容(即梁截面尺寸、箍筋、上部通长筋或架立筋,梁侧面纵向构造钢筋或受扭纵向钢筋,以及梁顶面标高高差中的某一项或几项数值)不适用于某跨或某悬挑部分时,则将其不同数值原位标注在该跨或该悬挑部位,施工时应按原位标注数值取用。当在多跨梁的集中标注中已注明加腋,而该梁某跨的根部却不需要加腋时,则应在该跨原位标注等截面的 $b\times h$,以修正集中标注中的加腋信息。见图 9-16。

在梁平法施工图中,当局部梁的布置过密时,可将过密区用虚线框出,适当放大比例后再用平面注写方式表示。

2. 截面注写方式

截面注写方式,是在分标准层绘制的梁平面布置图上,分别在不同编号的梁中各选择一根梁用剖面号引出配筋图,并在其上注写截面尺寸和配筋具体数值的方式来表达梁平法施工图,见图 9-17。

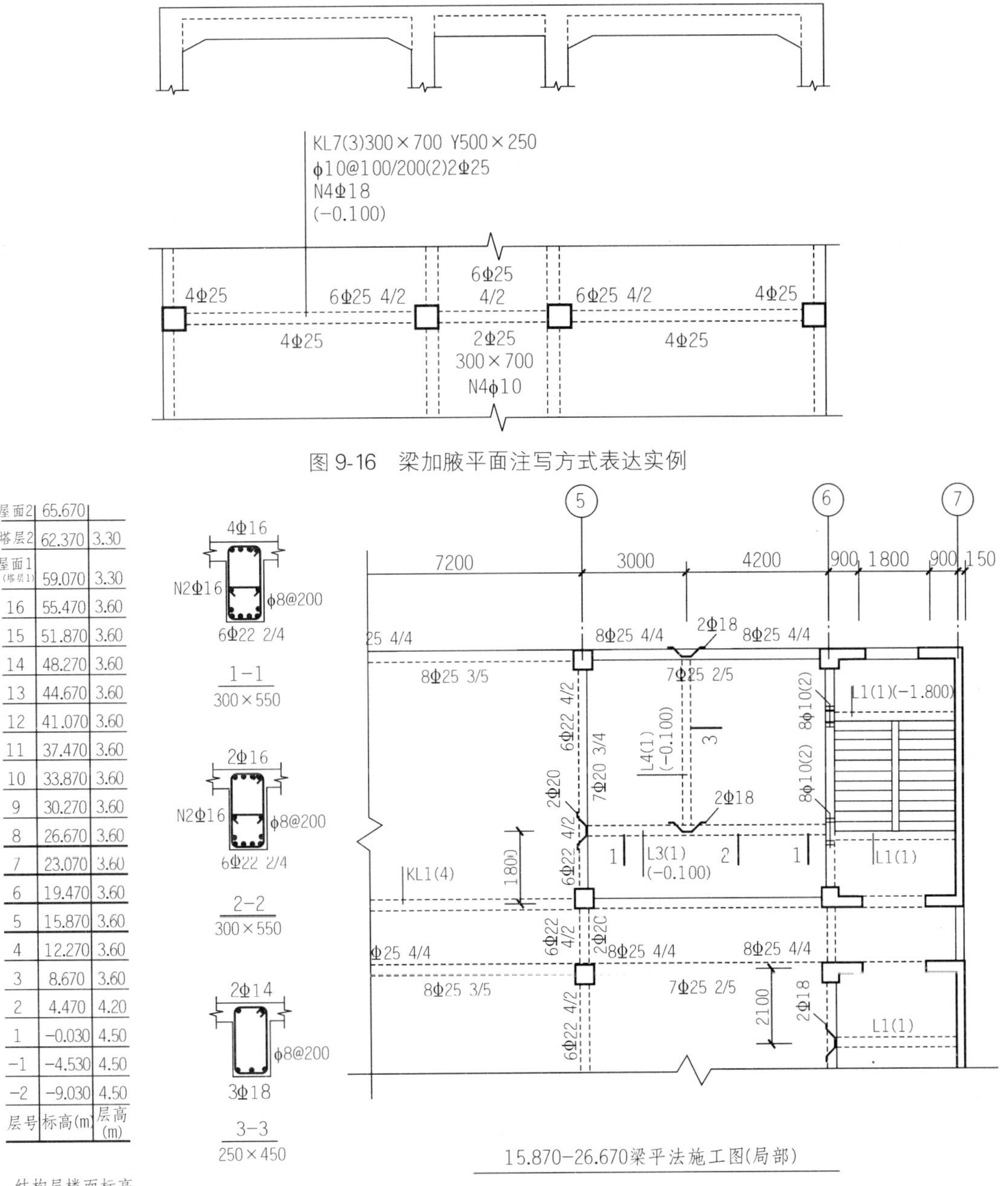

图 9-16　梁加腋平面注写方式表达实例

图 9-17　梁平法施工图截面注写方式

对所有梁按规定进行编号，从相同编号的梁中选择一根梁，先将“单边截面号”画在该梁上，再将截面配筋详图画在本图或其他图上。当某梁的顶面标高与结构层的楼面标高不同时，尚应继其梁编号后注写梁顶面标高高差。在截面配筋详图上注写截面尺寸 $b\times h$、上部筋、下部筋、侧面构造筋或受扭筋、以及箍筋的具体数值时，其表达形式与平面注写方式相同。截面注写方式既可以单独使用，也可与平面注写方式结合使用。

3. 有关梁支座的纵筋长度规定

(1) 为方便施工，凡框架梁的所有支座和非框架梁(不包括井字梁)的中间支座上部纵筋的延伸长度 a_0 值在标准构造详图中统一取为：第一排非贯通筋从柱(梁)边起延伸至 $l_n/3$ 位置；第二排非贯通筋延伸至 $l_n/4$ 位置。l_n 的取值规定为：对于端支座，l_n 为本跨的净跨值，对于中间支座，l_n 为支座两边较大一跨的净跨值。对于井字梁的端部支座和中间支座上部纵筋的延伸长度 a_0 值，应由设计者在支座上部纵筋后面，加注具体延伸长度值的方式予以注明。见图 9-18。

(2) 悬挑梁(包括其他类型梁的悬挑部分)上部第一排纵筋延伸至梁端头并下弯，第二排延伸至 $3l/4$ 的位置，l 为自柱(梁)边算起的悬挑净长。当具体工程需将悬挑梁中的部分上部筋从悬挑梁根部开始斜向弯下时，应由设计者另加注明。见图 9-18。

(3) 不伸入支座的梁下部纵筋长度规定，当梁下部纵筋不全部伸入支座时，不伸入支座的梁下部纵筋截断点距支座边的距离，在一些标准构造详图中取为 $0.1l_{ni}$(l_{ni} 为本跨梁的净跨值)。见图 9-18。

框架梁和框架柱的纵向受力钢筋在框架节点区的锚固长度混凝土结构设计规范上有具体要求。例如框架中间层的中间节点处，框架梁的上部纵向钢筋应贯穿中间节点；对一、二级抗震等级，梁的下部纵向钢筋伸入中间节点的锚固长度不应小于 l_{aE}，且伸过中心线不应小于 $5d$；梁内贯穿中柱的每根纵向钢筋直径，对一、二级抗震等级，不宜大于柱在该方向截面尺寸的 $l/20$；对圆柱截面，不宜大于纵向钢筋所在位置柱截面弦长的 $l/20$。框架中间层的端节点处，当框架梁上部纵向钢筋用直线锚固方向锚入端节点时，其锚固长度除不应小于 l_{aE} 外，尚应伸过柱中心线不小于 $5d$，此处，d 为梁上部纵向钢筋的直径。见图 9-18 所示的一、二级抗震等级楼层框架梁 KL 的纵向钢筋的构造。

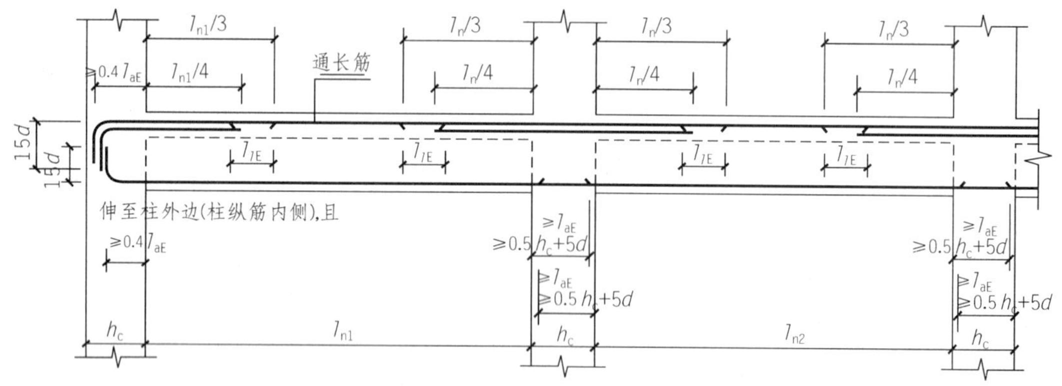

图 9-18　一、二级抗震等级楼层框架梁 KL 纵向钢筋构造

图 9-19 所示，是用传统表达方式画出的一根两跨钢筋混凝土连续梁的配筋图(为简化起见，图中只画出立面图和断面图)。从该图可以了解该梁的支承情况、跨度、断面尺寸，以及各部分钢筋的配置状况。

如采用平面注写方式表达图 9-19 所示的两跨连续梁，可在该梁的平面布置图上标注，如图 9-20 所示，梁的平面注写包括集中标注和原位标注两部分。集中标注表达梁的通用数值，如图中引出线上所注写的三排数字。按规定：第一排数字注明梁的编号和断面尺寸：KL2(2)表示这是一根框架梁(KL)，编号为 2，共有 2 跨(括号中的数字 2)，梁断面尺寸是 300mm×650mm。

第二排数字注写箍筋和上部贯通筋（或架立筋）情况：ϕ8@100/200(2)表示箍筋为直径 ϕ8 的 HPB235 级钢筋，加密区（靠近支座处）间距为 100mm，非加密区间距为 200mm，均为 2 肢箍筋。2Φ25 表示梁的上部配有两根直径为Φ25 的 HRB335 级钢筋为贯通筋。如有架立筋，需注写在括号内。如 2Φ25+(2ϕ12)，表示 2Φ25 的贯通筋和 2ϕ12 的架立筋。如果梁的上部和下部都配有贯通筋，且各跨配筋相同，可在此处统一标注。如 3Φ22;3Φ20，表示上部配置 3Φ22 的贯通筋，下部配置 3Φ20 的贯通筋，两者以分号"；"分离。第三排数字为选注内容，表示梁顶面标高相对于楼层结构标高的高差值，需写在括号内。梁顶面高于楼层结构标高时，高差为正(+)值，反之为负(−)值。图中(−0.050)表示该梁顶面标高比楼层结构标高低 0.05m。

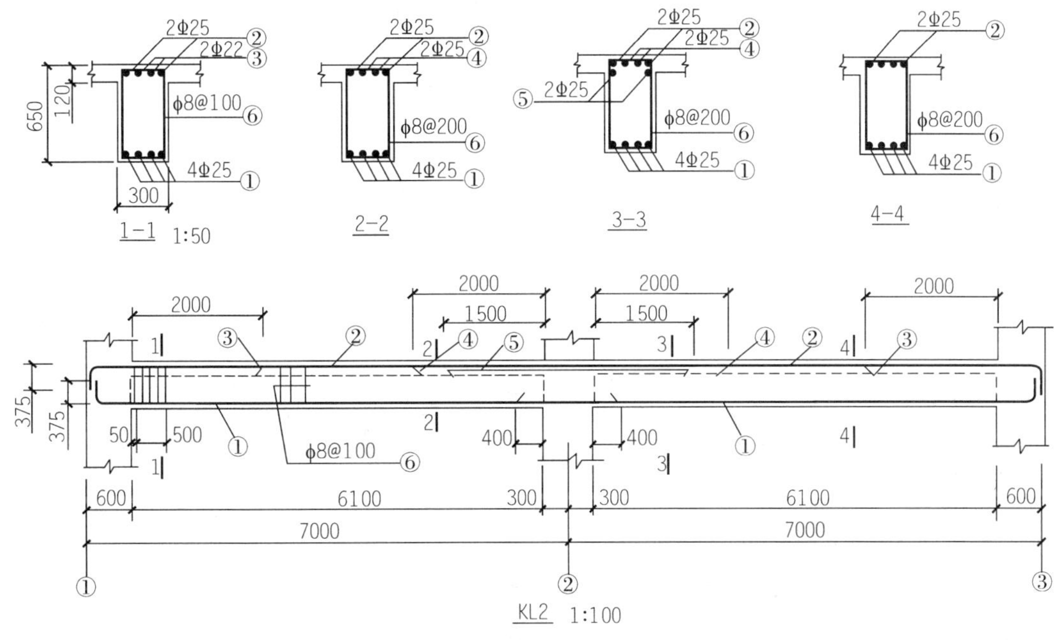

图 9-19　两跨连续梁配筋详图的传统画法

当梁集中标注中的某项数值不适用于该梁的某部位时，则将该项数值在该部位原位标注。施工时原位标注取值优先。图 9-20 中在左边和右边支座处上面注写 2Φ25+2Φ22，表示该处除放置集中标注中注明的 2Φ25 上部贯通筋外，还在上部放置了 2Φ22 的端支座钢筋。而中间支座上部注明 6Φ25 4/2，表示除了 2 根Φ25 贯通筋外，还放置了 4 根Φ25 的中间支座钢筋（共 6 根）。此处分两排配置，上排为 4Φ25，第二排为 2Φ25（即 4/2）。从图中还可以看出，两跨的梁底部都各配有纵筋 4Φ25。注意这 4Φ25 并非贯通筋。

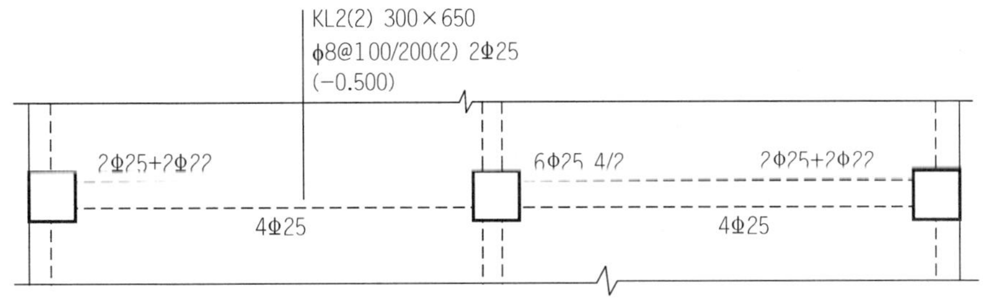

图 9-20　梁平面注写方式

9.4.4 剪力墙平法规则

剪力墙平法施工图是采用列表注写方式或截面注写方式表达的剪力墙平面布置图。剪力墙平面布置图可采用适当比例单独绘制，也可与柱或梁平面布置图合并绘制。对于轴线未居中的剪力墙（包括端柱），应标注其偏心定位尺寸。

1. 列表注写方式

剪力墙可以视为由剪力墙柱、剪力墙身和剪力墙梁三类构件构成。列表注写方式，是分别在剪力墙柱表、剪力墙身表和剪力墙梁表中，对应于剪力墙平面布置图上的编号，用绘制截面配筋图并注写几何尺寸与配筋具体数值的方式，来表达剪力墙平法施工图。见图 9-21。

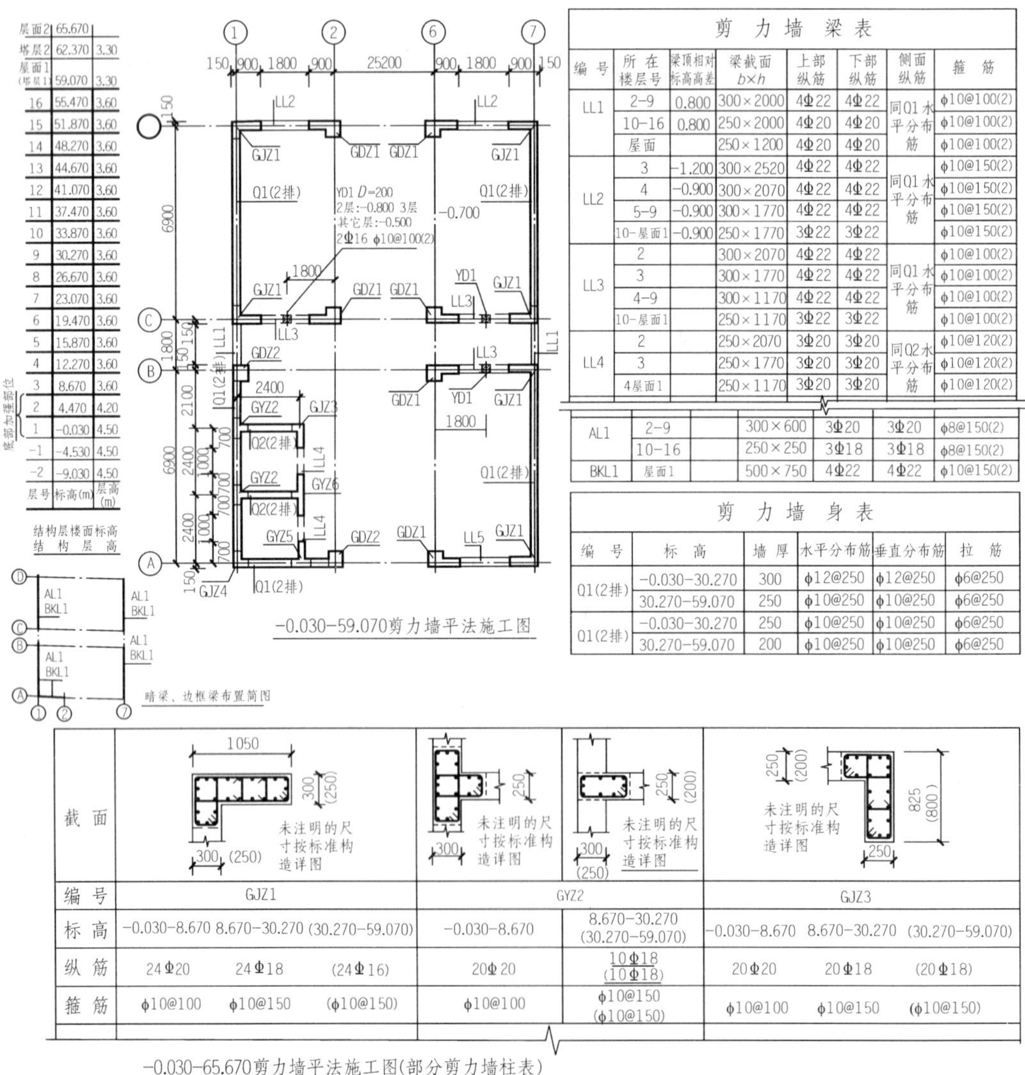

图 9-21 剪力墙平法施工图列表注写方式示例

将剪力墙按剪力墙柱、剪力墙身、剪力墙梁(简称为墙柱、墙身、墙梁)三类构件分别编号。墙柱编号由墙柱类型代号和序号组成,例如图 9-21 中①、Ⓓ轴相交处的 GJZ1,表示第 1 号构造边缘转角墙柱。墙柱类型代号有约束边缘暗柱 YAZ、约束边缘端柱 YDZ、约束边缘翼墙(柱)YYZ、约束边缘转角墙(柱) YJZ、构造边缘端柱 GDZ、构造边缘暗柱 GAZ、构造边缘翼墙(柱)GYZ、构造边缘转角墙(柱) GJZ、非边缘暗柱 AZ、扶壁柱 FBZ。

墙身编号由墙身代号、序号以及墙身所配置的水平与竖向分布钢筋的排数组成,其中排数注写在括号内。表达形式为:Q××(×排)。例如图 9-21 中①轴上的 Q1(2 排),表示第 1 号剪力墙配置的水平与竖向分布钢筋为 2 排。在编号中,如若干墙柱的截面尺寸与配筋均相同,仅截面与轴线的关系不同时,可将其编为同一墙柱号;又如若干墙身的厚度尺寸和配筋均相同,仅墙厚与轴线的关系不同或墙身长度不同时,也可将其编为同一墙身号。

墙梁编号由墙梁类型代号和序号组成,例如图 9-21 中①轴上的 LL1,表示第 1 号剪力墙梁。墙梁类型代号有梁(无交叉暗撑及无交叉钢筋) LL、连梁(有交叉暗撑) LL(JC)、连梁(有交叉钢筋) LL(JG)、暗梁 AL、边框梁 BKL。

在剪力墙柱表中表达的内容有:

(1)墙柱编号。

(2)该墙柱的截面几何尺寸和配筋图。

(3)各段墙柱的起止标高。

(4)各段墙柱的纵向钢筋和箍筋(纵向钢筋注总配筋值,墙柱箍筋的注写方式与柱箍筋相同)。

在剪力墙身表中表达的内容有:

(1)墙身编号(含水平与竖向分布钢筋的排数)。

(2)各段墙身起止标高(自墙身基础顶面标高往上以变截面位置或截面未变但配筋改变处为界分段注)。

(3)水平分布钢筋、竖向分布钢筋和拉筋的具体数值(注写数值为一排水平分布钢筋和竖向分布钢筋的规格与间距,具体设置几排已经在墙身编号后面表达)。

在剪力墙梁表中表达的内容有:

(1)墙梁编号。

(2)墙梁所在楼层号。

(3)墙梁顶面标高高差(指相对于墙梁所在结构层楼面标高的高差值,高于者为正值,低于者为负值,当无高差时不注)。

(4)墙梁截面尺寸 $b \times h$,上部纵筋,下部纵筋和箍筋的具体数值。

(5)当连梁设有斜向交叉暗撑时,注写一根暗撑的全部纵筋,并标注×2 表明有两根暗撑相互交叉,以及箍筋的具体数值。

(6)当连梁设有斜向交叉钢筋时,注写一道斜向钢筋的配筋值,并标注×2 表明有两道斜向钢筋相互交叉。

2. 截面注写方式

原位注写方式,是在分标准层绘制的剪力墙平面布置图上,以直接在墙柱、墙身、墙梁上注写截面尺寸和配筋具体数值的方式来表达剪力墙平法施工图。见图 9-22。

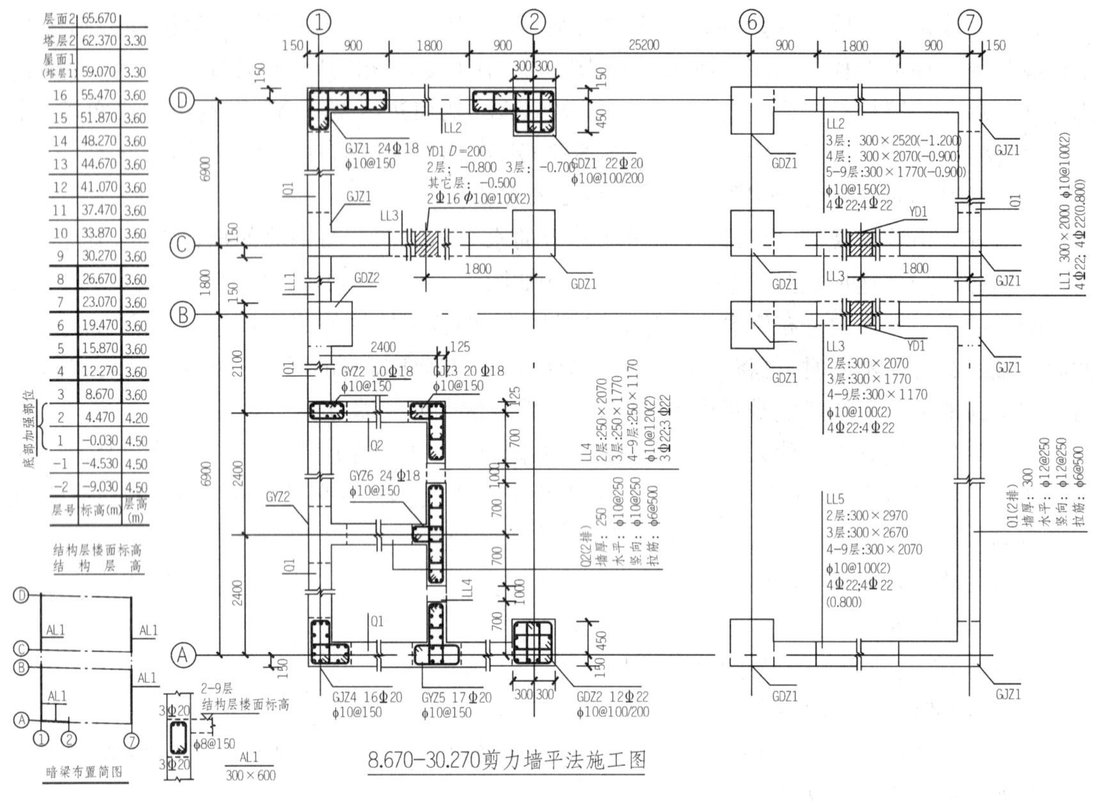

图 9-22　剪力墙平法施工图截面注写方式示例

选用适当比例原位放大绘制剪力墙平面布置图，其中对墙柱绘制配筋截面图。对所有墙柱、墙身、墙梁分别按规定进行编号，并分别在相同编号的墙柱、墙身、墙梁中选择一根墙柱、一道墙身、一根墙梁进行注写。其注写的内容有：

(1) 墙柱标注全部纵筋及箍筋的具体数值。此外对于约束边缘端柱 YDZ 和构造边缘端柱 GDZ 需增加标注几何尺寸 $b_c \times h_c$。对于非边缘暗柱 AZ 和扶壁柱 FBZ 需增加标注几何尺寸。

(2) 墙身按顺序引注墙身编号、墙厚尺寸，水平分布钢筋、竖向分布钢筋和拉筋的具体数值。

(3) 墙梁中当连梁无斜向交叉暗撑时，按顺序注写墙梁编号、墙梁截面尺寸 $b \times h$、墙梁箍筋、上部纵筋、下部纵筋和墙梁项面标高高差的具体数值。当连梁设有斜向交叉暗撑时，还要以 JC 打头附加注写一根暗撑的全部纵筋，并标注×2 表明有两根暗撑相互交叉，以及箍筋的具体数值。当连梁设有斜向交叉钢筋时，还要以 JG 打头附加注写一道斜向钢筋的配筋值，并标注×2 表明有两道斜向钢筋相互交叉。当墙身水平分布钢筋不能满足连梁、暗梁及边框梁的梁侧面纵向构造钢筋的要求时，应补充注明梁侧面纵筋的具体数值，注写时以大写字母 G 打头，连续注写直径与间距。

3. 剪力墙洞口的表示方法

无论采用列表注写方式还是截面注写方式，剪力墙上的洞口均可在剪力墙平面布置图上原位表达。见图 9-21 中的 YD1 和图 9-22 中的 YD1。

洞口的具体表示方法：

(1)在剪力墙平面布置图上绘制洞口示意,并标注洞口中心的平面定位尺寸。

(2)在洞口中心位置引注:洞口编号,洞口几何尺寸,洞口中心相对标高,洞口每边补强钢筋,共四项内容。具体规定中,矩形洞口编号为 JD××(××为序号),圆形洞口编号为 YD××(××为序号);矩形洞口几何尺寸为洞宽×洞高($b\times h$),圆形洞口几何尺寸为洞口直径 D;洞口中心相对标高,是相对于结构层楼(地)面标高的洞口中心高度。当其高于结构层楼面时为正值,低于结构层楼面时为负值;洞口每边补强钢筋,情况不同较为复杂。

9.4.5 楼盖板的平法规则

楼盖是在房屋楼层间用以承受各种楼面作用的楼板、次梁和主梁等所组成的部件总称。本书仅介绍有梁楼盖板制图的平法规则,没有介绍无梁楼盖的平法规则。有梁楼盖板是指以梁为支座的楼面与屋面板。有梁楼盖板的制图规则同样适用于梁板式转换层、剪力墙结构、砌体结构、以及有梁地下室的楼面与屋面板平法施工图设计。有梁楼盖板平法施工图是采用平面注写方式表达的楼面板和屋面板布置图。注写方式有板块集中标注和板支座原位标注。

为方便设计表达和施工识图,规定结构平面的坐标方向为:

(1) 当两向轴网正交布置时,图面从左至右为 X 向,从下至上为 Y 向。

(2) 当轴网转折时,局部坐标方向顺轴网转折角度做相应转折。

(3) 当轴网向心布置时,切向为 X 向,径向为 Y 向。

(4) 对于平面布置比较复杂的区域,如轴网转折交界区域、向心布置的核心区域等,其平面坐标方向应由设计者另行规定并在图上明确表示。

1. 有梁楼盖板块集中标注

板块集中标注的内容为:板块编号,板厚,贯通纵筋,以及当板面标高不同时的标高高差。对于普通楼面,两向均以一跨为一板块;对于密肋楼盖,两向主梁(框架梁)均以一跨为一板块(非主梁密肋不计)。所有板块应逐一编号,相同编号的板块可择其一做集中标注,其他仅注写置于圆圈内的板编号,以及当板面标高不同时的标高高差。板类型代号有楼面板 LB、屋面板 WB、延伸悬挑板 YXB 和纯悬挑板 XB。同一编号板块的类型、板厚和贯通纵筋均应相同,但板面标高、跨度、平面形状以及板支座上部非贯通纵筋可以不同,如同一编号板块的平面形状可为矩形、多边形及其他形状等。

板厚注写为 h=×××(为垂直于板面的厚度);当悬挑板的端部改变截面厚度时,用斜线分隔根部与端部的高度值,注写为 h:×××/×××;当设计已在图注中统一注明板厚时,此项可不注。

贯通纵筋按板块的下部和上部分别注写(当板块上部不设贯通纵筋时则不注),并以 B 代表下部,以 T 代表上部,B&T 代表下部与上部;X 向贯通纵筋以 X 打头,Y 向贯通纵筋以 Y 打头,两向贯通纵筋配置相同时则以 X&Y 打头。当为单向板时,另一向贯通的分布筋可不必注写,而在图中统一注明。当在某些板内(例如在延伸悬挑板 YXB,或纯悬挑板 XB 的下部)配置有构造钢筋时,则 X 向以 X_c,Y 向以 Y_c 打头注写。当 Y 向采用放射配筋时(切向为 X 向,径向为 Y 向),设计者应注明配筋间距的度量位置。当板的悬挑部分与跨内板有高差且低于跨内板时,宜将悬挑部分设计为纯悬挑板 XB。

板面标高高差,是指相对于结构层楼面标高的高差,应将其注写在括号内,且有高差则注,无高差不注。

例如图 9-24 中有一楼面板块注写为：LB2 $h=100$ B：$X\phi10@150$；$Y\phi8@150$。表示 2 号楼面板，板厚 100mm，板下部配置的贯通纵筋 X 向为 $\phi10@150$，Y 向为 $\phi8@150$；板上部未配置贯通纵筋。再例如图 9-23 中有一延伸悬挑板注写为：YXB1 $h=120$ B：$X_c\phi8@150$；$Y_c\phi8@200$ T：$X\phi8@150$。表示 1 号延伸悬挑板，板根部厚 120mm，端部厚 120mm，板下部配置构造钢筋 X 向为 $\phi8@150$，Y 向为 $\phi8@200$，上部受力钢筋见板支座原位标注，上部 Y 向为$\phi8@150$。

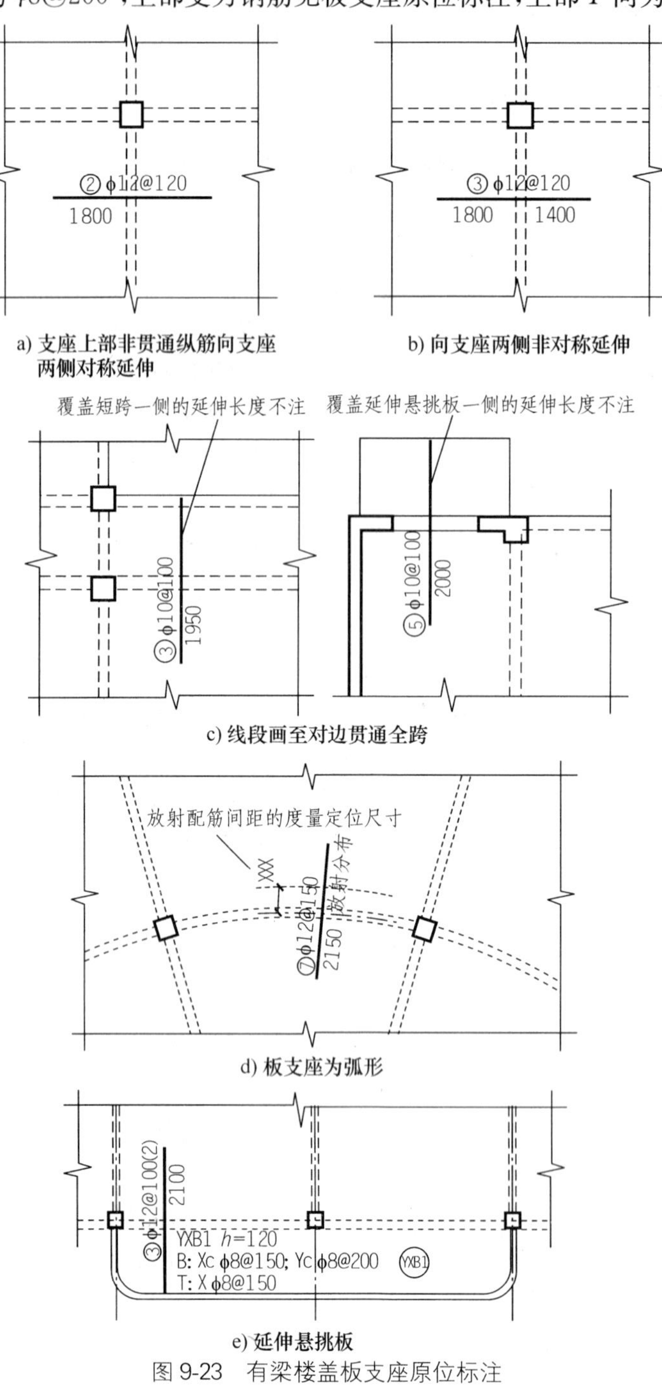

图 9-23　有梁楼盖板支座原位标注

屋面2	65.670	
塔层2	62.370	3.30
屋面1(塔层1)	59.070	3.30
16	55.470	3.60
15	51.870	3.60
14	48.270	3.60
13	44.670	3.60
12	41.070	3.60
11	37.470	3.60
10	33.870	3.60
9	30.270	3.60
8	26.670	3.60
7	23.070	3.60
6	19.470	3.60
5	15.870	3.60
4	12.270	3.60
3	8.670	3.60
2	4.470	4.20
1	−0.030	4.50
−1	−4.530	4.50
−2	−9.030	4.50
层号	标高(m)	层高(m)

结构层楼面标高
结构层高

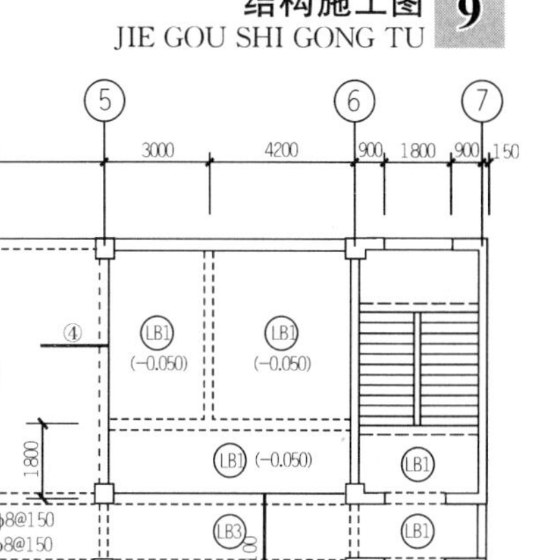

图 9-24　平面注写方式表达的楼面板平法施工图示例

2. 有梁楼盖板支座原位标注

板支座原位标注的内容为：板支座上部非贯通纵筋和纯悬挑板上部受力钢筋。板支座原位标注的钢筋，应在配置相同跨的第一跨表达（当在梁悬挑部位单独配置时则在原位表达）。在配置相同跨的第一跨（或梁悬挑部位），垂直于板支座（梁或墙）绘制一段适宜长度的中粗实线（当该筋通长设置在悬挑板或短跨板上部时，实线段应画至对边或贯通短跨），以该线段代表支座上部非贯通纵筋；并在线段上方注写钢筋编号（如①、②等），配筋值，横向连续布置的跨数（注写在括号内，且当为一跨时可不注），以及是否横向布置到梁的悬挑端。（××）为横向布置的跨数，（××A）为横向布置的跨数及一端的悬挑部位，（××B）为横向布置的跨数及两端的悬挑部位。

板支座上部非贯通筋自支座中线向跨内的延伸长度，注写在线段的下方位置。

当中间支座上部非贯通纵筋向支座两侧对称延伸时，可仅在支座一侧线段下方标注延伸长度，另一侧不注，见图 9-23a）。当向支座两侧非对称延伸时，应分别在支座两侧线段下方注写延伸长度，见图 9-23b）。对线段画至对边贯通全跨或贯通全悬挑长度的上部通长纵筋，贯通全跨或延伸至全悬挑一侧的长度值不注，只注明非贯通筋另一侧的延伸长度值，见图 9-23c）。当板支座为弧形，支座上部非贯通纵筋呈放射状分布时，设计者应注明配筋间距的度量位置并加注“放射分布”四字，必要时应补绘平面配筋图，见图 9-23d）。关于延伸悬挑板的注写方式见图9-23e）。

在板平面布置图中，不同部位的板支座上部非贯通纵筋及纯悬挑板上部受力钢筋，可仅在一个部位注写，对其他相同者则仅需在代表钢筋的线段上注写编号及横向连续布置的跨数（当为一跨时可不注）即可。例如图 9-24 中有⑥ϕ10@100(2)和 1800，表示支座上部⑥号非贯通纵筋为 ϕ10@100，从该跨起沿支承梁连续布置 2 跨，该筋自支座中线向一侧跨内的延伸长度为 1800mm。在同一板平面布置图的另一部位边梁支座绘制的线段上注有⑦(2)，是表示该筋同⑦号纵筋，沿支撑梁连续布置 2 跨，且无梁悬挑端布置。此外，与板支座上部非贯通纵筋垂直且绑扎在一起的构造钢筋或分布钢筋，应由设计者在图中注明，例如图 9-24 中有注：未注明分布筋为 ϕ8@250。

当板的上部已配置有贯通纵筋，但需增配板支座上部非贯通纵筋时，应结合已配置的同向贯通纵筋的直径与间距采取“隔一布一”方式配置。“隔一布一”方式，为非贯通纵筋的标注间距与贯通纵筋相同，两者组合后的实际间距为各自标注间距的 1/2。当设定贯通纵筋为纵筋总截面面积的 50%时，两种钢筋应取相同直径；当设定贯通纵筋大于或小于总截面面积的 50%时，两种钢筋则取不同直径。例如板上部已配置贯通纵筋 ϕ12@250，该跨同向配置的上部支座非贯通纵筋为⑤ϕ12@250，表示在该支座上部设置的纵筋实际为 ϕ 12@125，其中 1/2 为贯通纵筋，1/2 为⑤号非贯通纵筋（延伸长度值略）。再例如板上部已配置贯通纵筋 ϕ10@250，该跨配置的上部同向支座非贯通纵筋为③ϕ12@250，表示该跨实际设置的上部纵筋为（1ϕ10 + 1ϕ12）/250，实际间距为 125m，其中 41% 为贯通纵筋，59% 为③号非贯通纵筋（延伸长度值略）。

9.5 基础图

基础位于建筑物使用部分的下部，是将上部结构的所承受的各种作用和自重传递到地基上的部件。建筑基础依据不同的分类方法有很多种类型。按构造形式可分为连续基础和独立基础两类。按材料不同可分为砖石基础、素混凝土基础和钢筋混凝土基础。按受力特点可分为扩展基础、筏形基础、壳体基础、相形基础和桩基础等。工程中常采用的有条形基础、独立基础和桩基础，见图 9-25。基础类型不同，其施工图的内容和标注方法也有很大的差异。

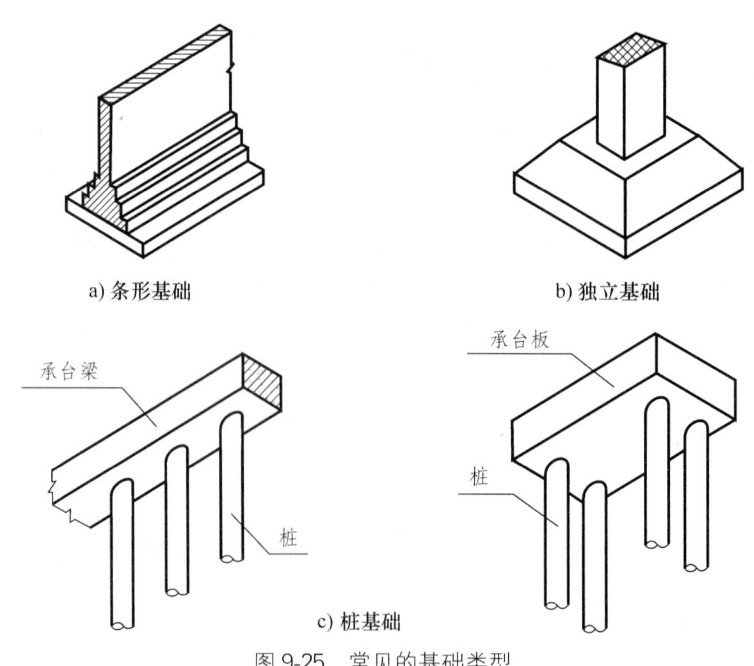

图 9-25　常见的基础类型

9.5.1 基础图的形成和作用

基础施工图一般由基础平面布置图和基础详图组成，有些基础施工图还有相关材料、构造及施工工艺的要求等文字说明。

基础平面布置图是假想用一个水平面贴近基础顶部剖切开整幢建筑物，移去其上部结构和周围的泥土后，由上向下作正投影所得到的水平投影图。虽然基础平面布置图的内容因基础的类型不同相差很大，但常包含的内容有上部结构中墙、柱的位置，基础梁的位置、编号，基础构件的轮廓、编号，还有一些剖切符号的标注等。基础平面图中只画基础墙、基础底面轮廓线。基础的可见轮廓线可省略，其具体的细部形状等用基础详图表示。在基础平面图中，用中实线表示剖切到的基础墙身线，用细实线表示基础底面轮廓线。粗实线（单线）表示可见的基础梁；不可见的基础梁用粗虚线（单线）表示。基础平面布置图是建筑施工中放线、挖基坑、砌筑等施工依据。

基础平面图应绘出的内容有：(1)依据建筑底层或地下室平面图绘出定位轴线和结构需要的插入轴线。(2)基础外轮廓线与基础梁的位置、尺寸、底标高与定位尺寸，基础与基础梁的编号。(3)结构承重墙、柱的位置与尺寸、编号。(4)基础详图的剖切面位置及剖切面的编号。(5)地坑和设备基础的平面位置、尺寸、标高，无地下室时±0.000 标高以下的预留孔与预埋件的位置、尺寸、标高。(6)桩基应绘出桩位平面位置及桩承台的平面尺寸，桩的入土深度、沉桩的施工要求、试桩要求和基桩的检测要求，注明单桩的允许极限承载力值。(7)有关基础施工的附注说明，包括基底及基槽回填土的处理措施与要求以及对施工的有关要求等。

因为基础的类型不同，基础详图的图示和标注方法也不同。基础详图一般常采用垂直剖面图的方法，有的配有平面图。基础详图表示了基础构件的形状、材料、尺寸、构造及埋置深度等。

基础详图应该绘制的内容有：(1)刚性基础应绘出剖面、大放脚、基础圈梁、防潮层，并标注尺寸、标高及定位尺寸。(2)扩展基础（即柱下钢筋混凝土独立基础和墙下钢筋混凝土条形基础）应绘出平、剖面及配筋，标注总、分尺寸、标高及定位尺寸、基础垫层等。(3)桩基除绘出承台梁剖面或承台板平、剖面、配筋、标注总、分尺寸、标高及定位尺寸、垫层外，还应绘出桩构造详图及桩与承台的连接构造详图。(4)筏基、箱基应绘出现浇梁、板、墙详图以及承重墙、柱的位置、尺寸、配筋和标高。(5)基础梁应绘出断面图，并标注断面尺寸和配筋。(6)有关基础施工的附注说明，包括基础材料的强度等级、抗渗等级、垫层材料、钢筋保护层厚度及其他对施工的要求。

基础详图的常用比例是 1∶20 或 1∶30。除了基础各部分的尺寸标注外，还要标注基础的配筋情况、室内外地面及基础底面的标高。剖切到的基础墙和垫层等用相应的材料图例表示。

9.5.2 条形基础图

条形基础是基础宽度远远小于基础长度的一种基础形式，按上部结构分为墙下条形基础和柱下条形基础。

1. 条形基础平面图

图 9-26 是一个某住宅的基础图，图中的中实线表示剖切到的基础墙身线，细实线表示基础底面的轮廓线，它们的具体尺寸一般在剖面图表示。图中的 3-3 等表示了基础详图的剖切面位置及剖切面的编号。从图中剖切符号的编号可以看出，该住宅的基础有九种断面形式。除了定

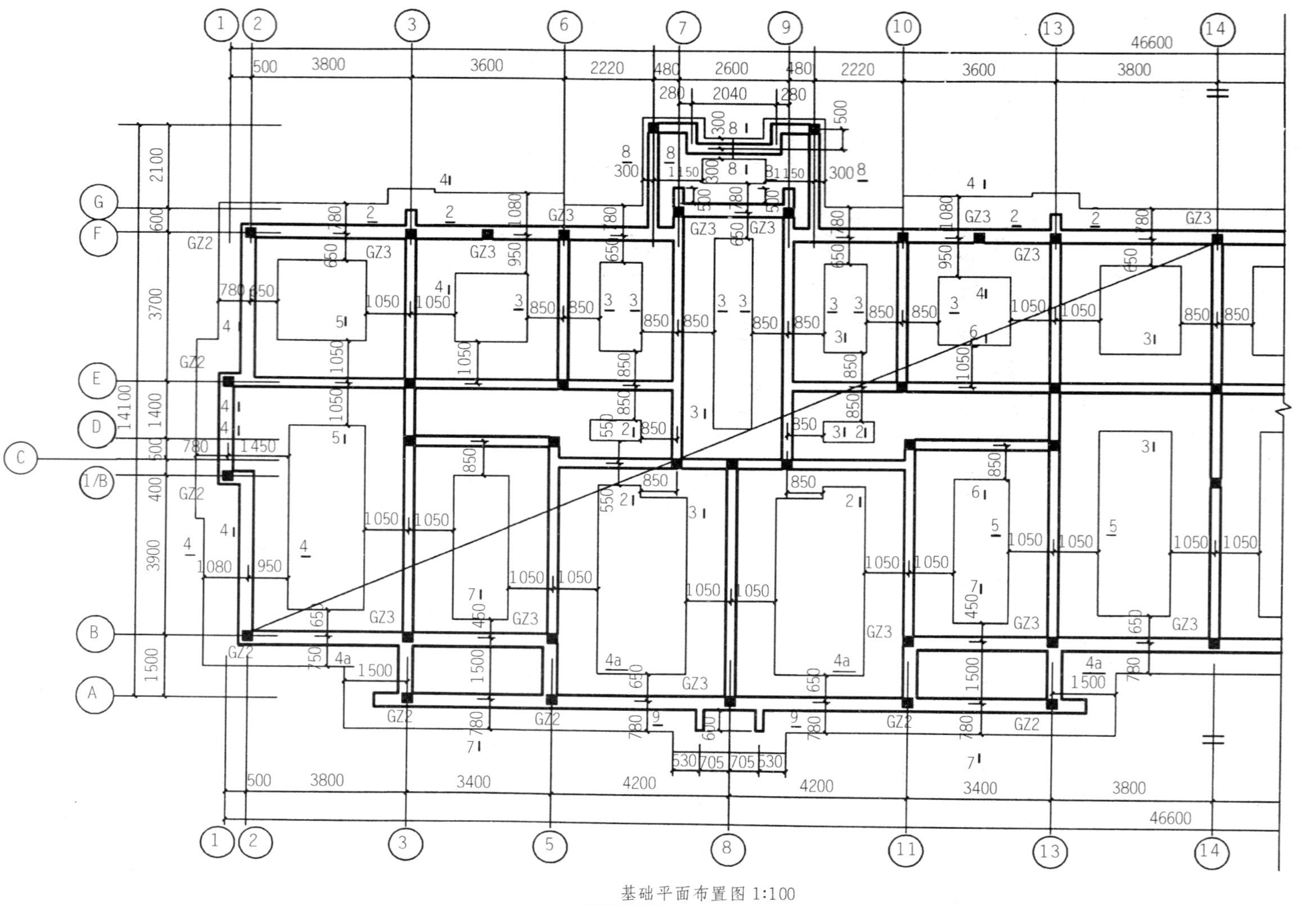

图 9-26 某住宅的基础平面布置图

位轴线尺寸外，图中标注的构件尺寸是基础外轮廓线，不包含基础下垫层的宽度，这也给出了基础的定位尺寸。图中还标出了结构承重墙的位置以及构造柱的位置与尺寸、编号。原图中的有关基础施工的附注说明这里没有表示出来。附注说明中除了包括基底及基槽回填土的处理措施与要求以及对施工的有关要求外，重要的还有除未注明外，外墙厚均为370mm，外墙皮距轴线250mm；内墙厚均为240mm，轴线居中；内墙基础未注明剖面为5-5，外墙基础未注明剖面为1-1；构造柱除图中注明外均为GZ1，且均居轴线中布置。

2. 条形基础详图

图9-27中断面详图3-3是表示墙下刚性基础的一种。它用中粗实线表示剖切到的基础以及基础墙的轮廓线，并在断面上画出材料的图例。图中基础墙及大放脚为砖，基础垫层为素混凝土。为了防止地下潮气沿墙体上升和地表水对墙面的侵蚀，采用防水材料将下部墙体与上部墙体隔开，这个阻断层就是防潮层。防潮层的位置一般在首层室内地面(±0.000)下60mm～70mm处，及标高－0.06m～－0.07m处。一般用特粗实线表示墙身防潮层，本工程用圈梁代替防潮层，所以没有在图中画出防潮层。基础底面标高为－3.7m。混凝土垫层高100mm，宽为1700mm，两侧基底边线(即基坑边线)距离轴线均为850mm。垫层上面是钢筋混凝土条形基础，基顶厚度为300mm，基础边缘厚度为200mm。大放脚底层宽360mm，墙厚240mm，两侧各缩60mm。

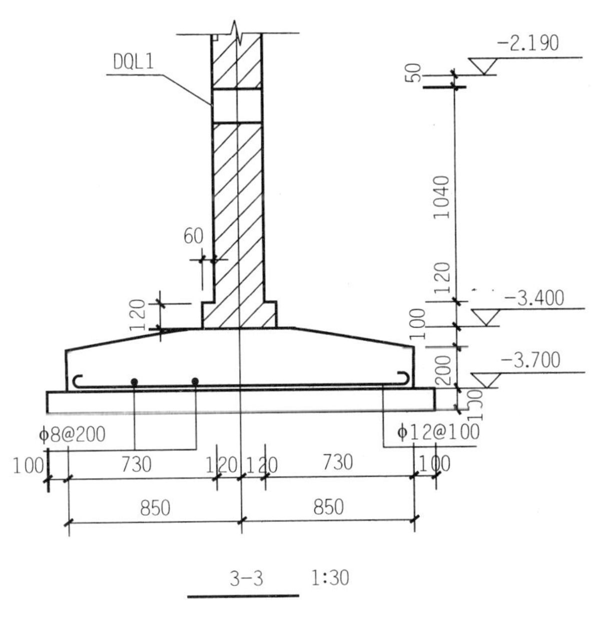

图9-27 条形基础详图

9.5.3 独立基础图

钢筋混凝土独立基础主要指柱下基础，通常有现浇台阶形基础、现浇锥形基础和预制杯的杯口形基础等。在基础平面图中基础底边线用细实线，基础梁边线用中实线，钢筋混凝土柱填黑。基础详图中基础轮廓和柱轮廓用中实线或细实线，钢筋用粗实线，钢筋断面用黑圆点。

1. 独立基础平面图

图 9-28 为某宿舍楼的基础平面布置图和基础详图图。该工程有 J-1 和 J-2 基础均为钢筋混凝土柱下独立基础。基础平面图的比例为 1∶100。基础沿Ⓐ、Ⓑ轴布置，①、②轴和⑫、⑬轴的 Z1 和 Z2 两柱各共用一个基础，为 J-1，共四个，基底的长度为 7800mm，宽度为 5000mm，基础的中心点都在轴线上。其他为 J-2，共八个。基础 J-1、J-2 有详图表示其各部尺寸、配筋和标高等。基础用基础梁连系，横向基础梁为 JL1，共 8 根，纵向基础梁为 JL2，共 2 根。基础梁 JL1 采用集中标注方法，标注含义为：JL1 为梁编号；(1)为跨数；300×600 为梁截面尺寸；ϕ10@200 为箍筋；(2)为双肢箍；4Φ20 为下部钢筋；4Φ20 为上部钢筋。基础梁 JL2(7)表示梁从①～⑬轴共七跨；截面尺寸为 300×750，ϕ10@200 为箍筋；双肢箍；4Φ25 为下部钢筋；4Φ25 为上部钢筋。

2. 独立基础详图

当构件对称时，钢筋网片可用一半或 1/4 表示，可在同一图样中一半表示模板，另一半表示配筋。钢筋混凝土构件配筋较简单时，独立基础在平面模板图左下角，绘出波浪线，绘出钢筋并标注钢筋的直径、间距等；其他构件可在某一部位绘出波浪线，绘出钢筋并标注钢筋的直径、间距等。图 9-28 中独立基础 J-2 由基础平面图和基础断面图 1-1 组成。该独立柱基础下面有 100mm 的垫层，平面尺寸为 5600mm×5600mm 的正方形。四棱柱形状的基础与上面的柱浇筑成一体。基础形状为四棱柱，其底部尺寸为 5400mm×5400mm，高度 800mm。基础底部配有直径为 14mm 间距为 150mm 的双向钢筋网。柱的断面尺寸是 500mm×500mm。

9.5.4 桩基础图

桩基础常用在高层建筑或软弱地基中，一般由设置于土中的桩和承接上部结构的承台组成，桩顶埋入承台中。桩基础主要为墙下条形承台桩基础和柱下独立(或条形)承台桩基础两种。通常，在承重墙、柱下设桩，在门、窗洞口下不设桩。钢筋混凝土桩按施工方法可分为预制桩和灌注桩。桩基础施工图一般由桩位平面布置图、基础平面图和基础详图组成。为了便于施工，一般还附带着桩身剖面图和桩基础设计说明。

1. 桩基础平面图

桩基础平面布置图是用一个贴近桩顶的假想水平面剖切基础，移去上面部分而形成的水平投影图。剖切到的桩和承台的轮廓线用中实线绘制。桩基础平面图中除了表示承台的形状、定位尺寸及形状尺寸外，还应表达桩的布置、数量与定位尺寸等。桩平面布置图包含的主要内容有：图名和比例；定位轴线编号及其间距尺寸；反映桩中心与轴线关系的桩位布置；承台的平面位置及其代号和编号，桩顶标高及桩身长。本书所选用的是某办公楼桩基础图。图 9-29 为桩位平面布置图、图 9-30 为桩基础承台平面布置图。从桩位平面布置图中，可以看出每根桩中心点的与轴线的具体关系。在桩基础承台平面布置图中标注出了该桩基础的各种承台的类型和地梁的布置情况。以轴线⑤为例，该轴线上有 ZCT-3 和 ZCT-2 两种承台，有 DL-2 和 DL-1 两种地梁(注意图中说明文字：未注明地梁为 DL-1)。

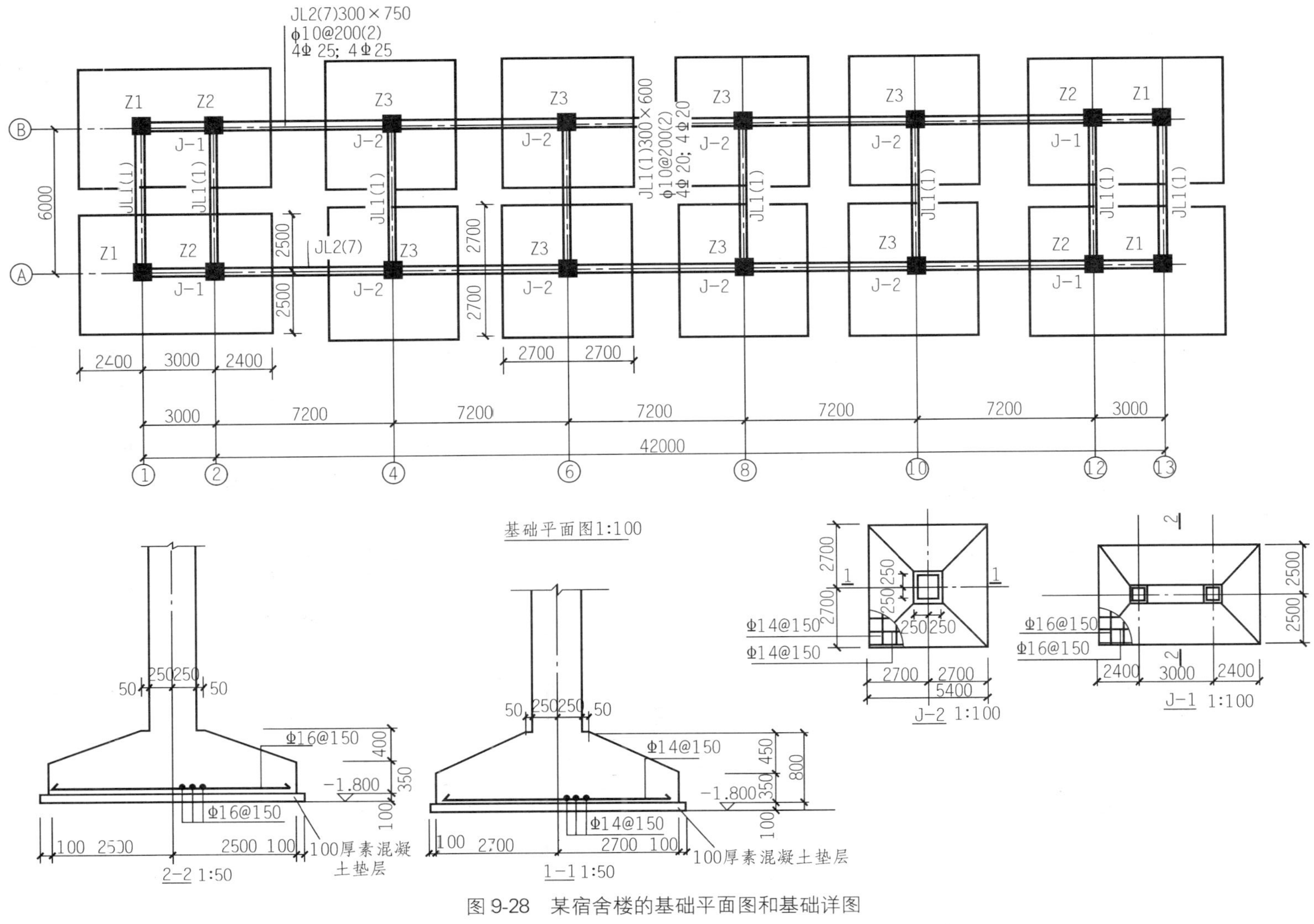

图 9-28　某宿舍楼的基础平面图和基础详图

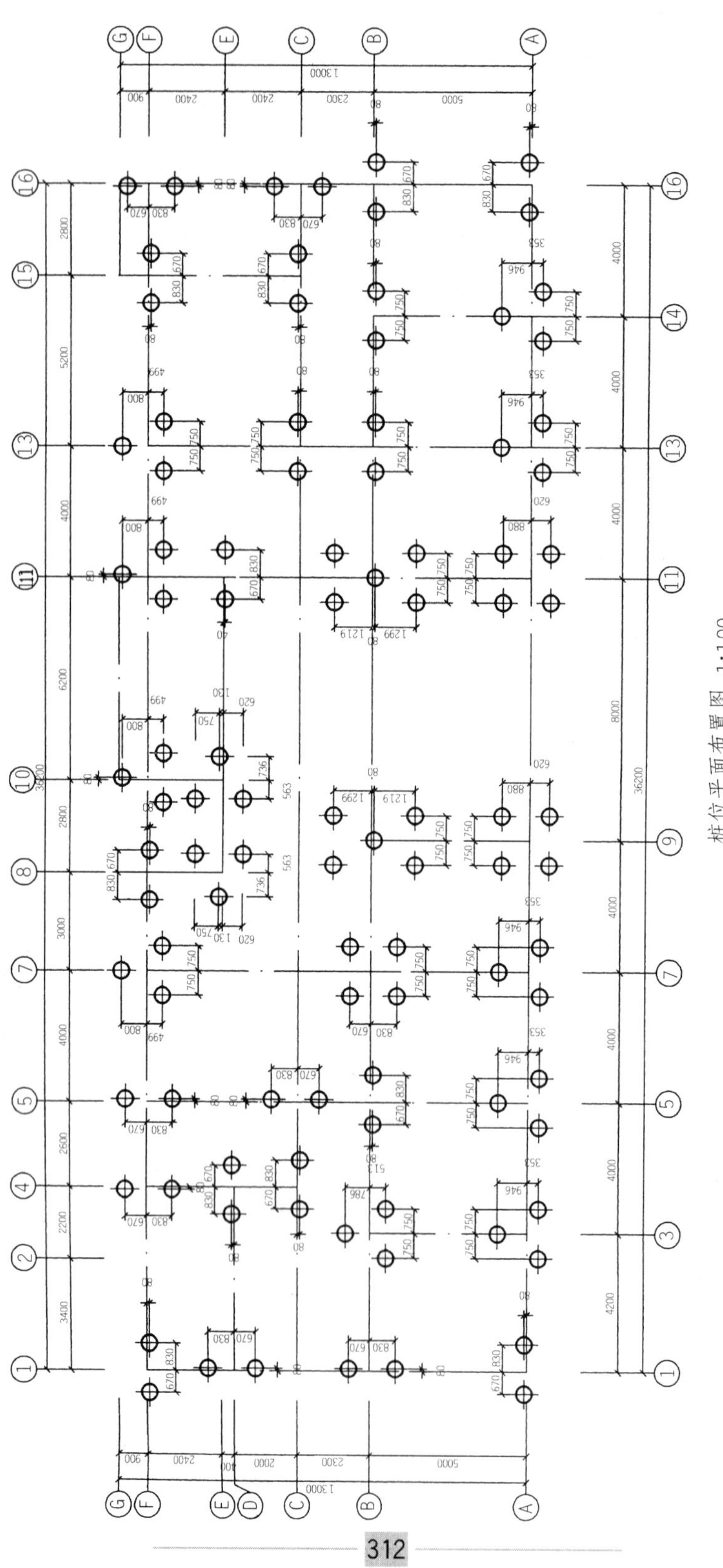

图 9-29 某办公楼的桩位平面布置图

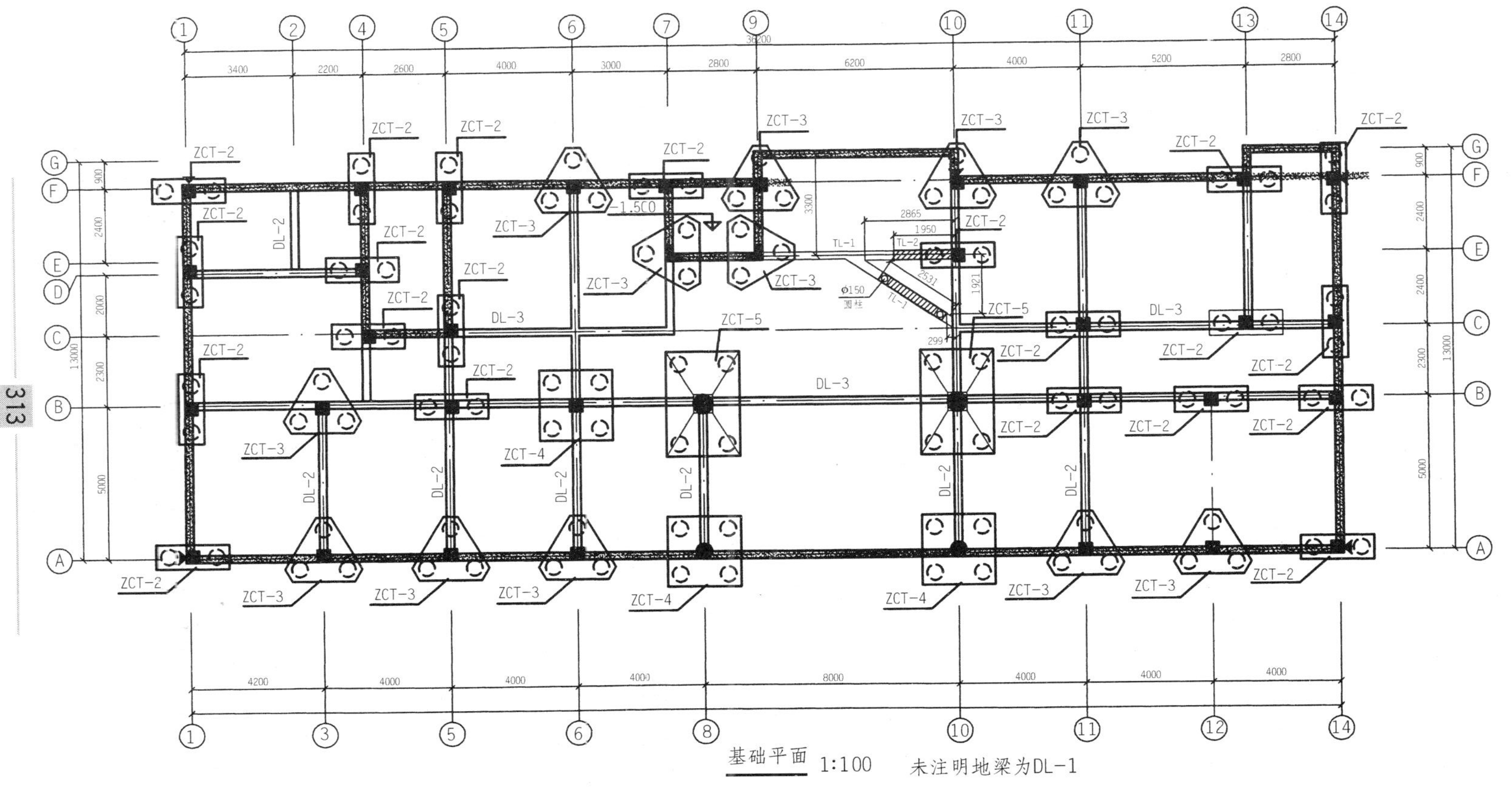

图 9-30 桩基础承台平面布置图

2. 桩基础详图

桩基础详图有承台详图及桩身构造详图。承台详图中反映了桩与承台的连接关系，有时也可单独表达桩与承台的连接详图。桩身详图反映桩径，配筋、桩尖构造等，并在施工说明中注明桩长进入持力层深度，质量控制与检验、施工要求等。

图 9-31 是某办公楼桩基础的部分桩承台和承台梁的立面图和平面图。图中 ZCT-2 是一个矩形承台，尺寸为 800mm×2300mm。它的下面设两根桩，桩中心距离柱中心 750mm。从该桩的 B—B 剖面可见，该工程承台高度为 600mm，其下垫层为 100mm 厚 C10 的混凝土和 200mm 厚碎石疏排夯实，垫层底标高为－1.800m，在承台底部连接两个桩顶的方向配置 7 根Φ 16 的 HRB 335 级钢筋和Φ 12@200 的分布筋。ZCT-5 也是一个矩形承台，这种类型的基础共有两个，都在Ⓑ轴上，尺寸为 2300mm×3398mm。它的下面设五根桩。从该桩的 E-E 剖面可见，该工程承台高度为 7500mm，其下垫层做法同 ZCT-2。另外还有地基梁 DL-1 和 DL-2 的配筋情况，这两种地基梁基底标高相同，都是－1.800m，但梁高和配筋不同。

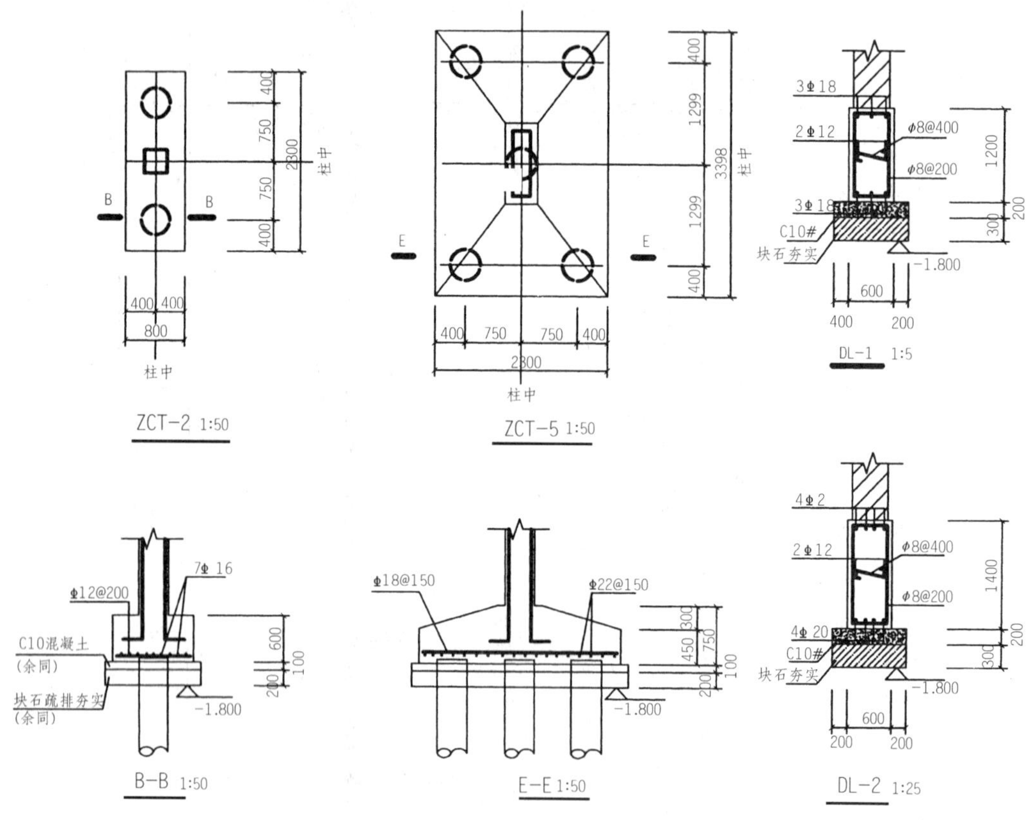

图 9-31　某办公楼的桩基础详图

9.6　结构平面布置图及构件详图工程实例

结构平面布置图主要表示了在楼层或屋盖水平标高上，各结构构件的平面位置、尺寸、构造及相互关系等，是各构件现浇制作、预制安装的依据。

结构图应采用正投影法绘制，特殊情况下也可采用仰视投影绘制。结构平面图中的剖面图、断面详图的编号顺序宜按下列规定编排：

(1) 外墙按顺时针方向从左下角开始编号。

(2) 内横墙从左至右，从上至下编号。

(3) 内纵墙从上至下，从左至右编号。

楼层结构平面图的比例和轴线应与建筑平面图相一致，但标高标注不同，结构施工图标注结构标高。在楼层结构平面图中，被剖切到或可见的构件轮廓线一般用中实线表示，被楼板挡住的墙、柱轮廓线用中虚线(或细虚线)表示，预制楼板的平面布置一般用细实线表示，梁用粗单点长画线(或细虚线)表示，钢筋用粗实线表示。

多层建筑与高层建筑均应绘制各层结构平面布置图(可以有标准层)及屋面结构平面布置图。结构平面布置图应绘出的具体内容有：

(1)绘出与建筑图一致的定位轴线和结构需要的插入轴线和楼层结构标高。

(2)绘出柱、承重墙、梁、抗震构造柱等断面尺寸和定位尺寸，并注明其编号。

(3)现浇板应注明板厚、配筋、板面标高，特别应注意标高或板厚的变化，有预留孔、埋件、已定设备基础时应标注出相关尺寸和洞边加强措施。

(4)注明预制板的数量、型号、跨度方向及板底标高。

(5)预制梁、洞口过梁的位置、型号和梁底标高。

(6)有圈梁时应注明位置和标高。

(7)楼梯间可绘制斜线注明编号与所在详图号。

(8)电梯间应绘制机房结构平面布置图，注明梁板尺寸、编号、标高、配筋、预留洞大小与位置、板面及吊钩平面位置与详图。

(9)屋面结构平面布置图要注意是否有结构找坡、留洞或其他设施、女儿墙构造柱等，如果由要标注出其编号、尺寸、位置及详图。

(10)当选用标准图中详图时，应在平面图中注明详图索引号。

对于现浇钢筋混凝土构件(现浇梁、板、柱、墙及楼梯等)详图应该绘出的内容有：

(1)横剖面几何形式、断面尺寸、配筋。

(2)纵剖面几何形式、长度、定位尺寸、标高及配筋情况，梁和板的支座情况。

(3)钢筋较复杂不易表示清楚时，宜将钢筋分离绘出。

(4)剪力墙立面几何形式、断面尺寸、配筋、标高。

(5)若有预留洞，预埋件时，应注明位置、尺寸、标高、洞边加强配筋及预埋件编号等。

(6)曲梁或平面折线梁宜增绘平面图。

(7)预应力混凝土中预应力筋的定位尺寸。对于预制钢筋混凝土构件详图应绘出构件模板图和构件配筋图，注明断面尺寸、钢筋形式、钢筋规格、数量等。另外需要特别注意节点构造详图、预埋件、特殊设备和构筑物详图的绘制。

9.6.1 柱结构图

1. 柱网布置平面图

图 9-32 是某办公楼的一层柱平面配筋图。从图中可以看出，此办公楼是一幢带有异型柱

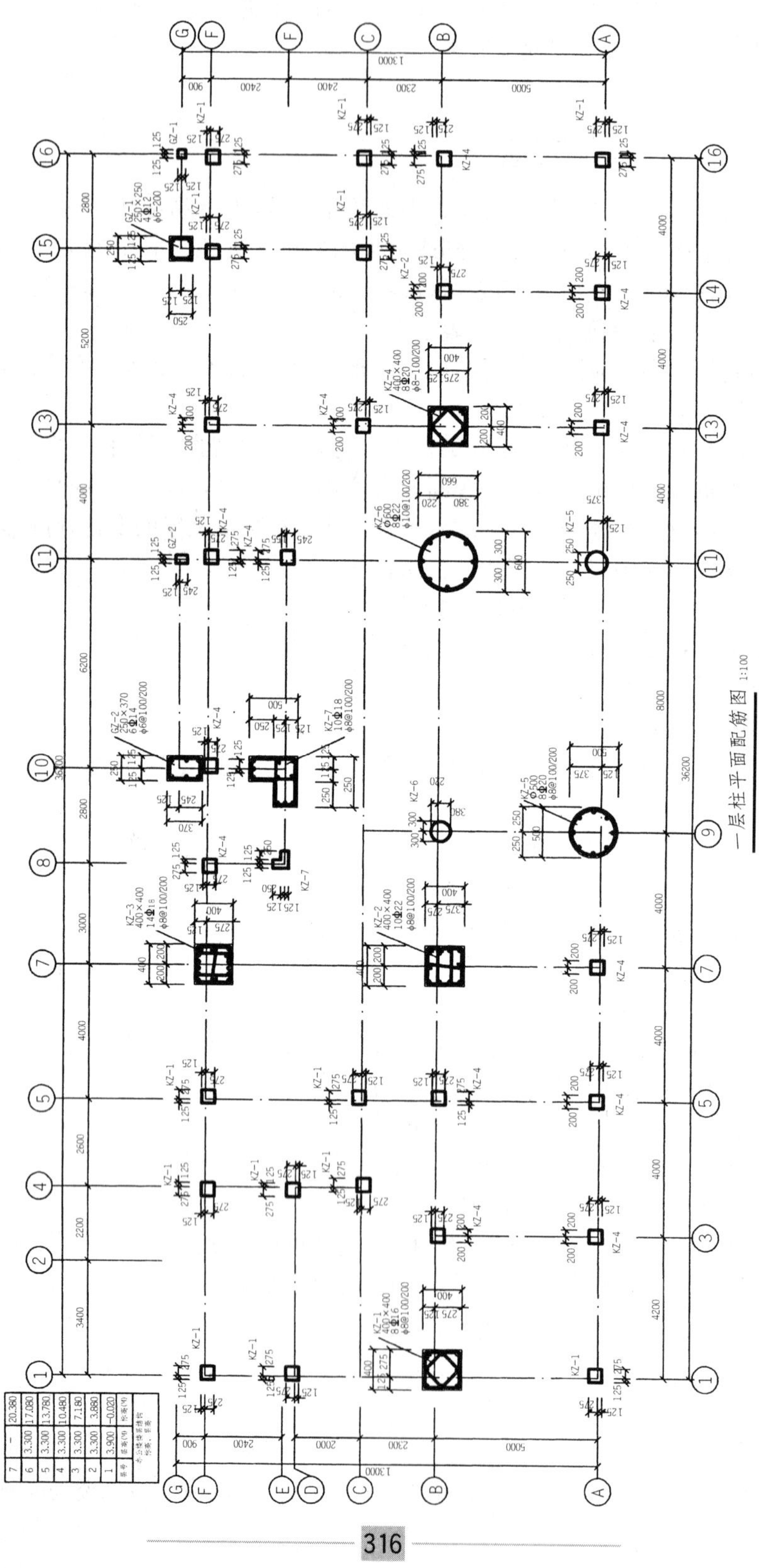

图 9-32 某办公楼的一层柱平面配筋图

(在轴⑩和轴Ⓕ的交点处)、圆柱和矩形柱的框架结构。图中矩形和圆形的轮廓是钢筋混凝土柱,根据它的尺寸及配筋的情况,分别编号。例如 KZ-1,截面尺寸为 400mm×400mm,柱内配 8 根直径 16mm 的 HRB 335 级钢筋和直径 8mm、间距加密区为 100mm、非加密区为 200mm 的 HPB 235 级钢筋的箍筋。KZ-2,截面尺寸为 400mm×400mm,柱内配 10 Φ22 的钢筋和 ϕ8@100/200 的箍筋。KZ-6 是圆柱直径为 600mm,内配 8 Φ 22 的受力筋和 ϕ8@100/200 的箍筋。

2. 钢筋混凝土柱的配筋详图

柱作为房屋的主要承重构件,其结构详图常用断面图来表示。柱的断面图主要反映断面的尺寸、箍筋的形状和受力筋的位置、数量。断面图的剖切位置应设在截面尺寸有变化及受力筋数量、位置有变化处。

图 9-33 所示为图 9-32 某办公楼的一层柱平面配筋图中部分钢筋混凝土柱的结构详图示意。从断面图可看出柱 KZ-1 的截面形状为矩形,尺寸是 400mm×400mm,8 根受力筋直径都是 16mm,分布固定在箍筋的四边内,箍筋用直径为 8mm,在加密区间距为 100mm,在非加密区间距为 100mm,柱内设有菱形箍筋。柱 KZ-2 的截面形状为矩形,尺寸是 400mm×400mm,10 根受力筋直径都是 22mm,分布固定在两个箍筋的四边内,箍筋用直径为 8mm,在加密区间距为 100mm,在非加密区间距为 100mm,另外柱内设有拉接筋。柱 KZ-7 的截面形状为 L 型异型柱,端部尺寸是 250mm,外边尺寸是 500mm,10 根受力筋直径都是 18mm,端部各分布 3 根,另外 4 根在角部形成内柱,箍筋用直径为 8mm,在加密区间距为 100mm,在非加密区间距为 100mm。柱 KZ-6 的截面形状为圆形,尺寸是直径 600mm,8 根受力筋直径都是 22mm,分布固定在圆形箍筋内侧,箍筋用直径为 10mm,在加密区间距为 100mm,在非加密区间距为 100mm。

对于外形变化复杂或有预埋件的柱子,还应该画出其模板图。模板图上的预埋件只画其位置示意和编号,具体细部情况另绘详图。

在平法没有普及之前,柱详图还需要用立面图来表示柱的高度方向尺寸,柱内受力筋和箍筋配置、钢筋截断位置以及搭接长度,搭接区内筋需要加密的具体数量及与柱有关的梁、板。柱截面图的表示方法也有很大不同。

9.6.2 梁结构图

图 9-34 是某办公楼的二层平面梁配筋图。沿轴线在柱与柱之间有框架梁。如轴①处的框架梁 KL1 共有三跨:第一跨支撑在轴Ⓑ和轴Ⓒ的两个柱子间,第二宽跨支撑在轴Ⓒ和轴Ⓕ的两个柱子上,第一跨支撑在轴Ⓔ和轴Ⓖ的两个柱子间;断面尺寸同为 250mm×400mm。在轴Ⓑ和轴Ⓓ上各挑出一根悬挑梁,断面尺寸为 250mm×400mm,梁顶部标高低于本层楼面板标高 0.030m。两根悬挑梁间,有一根编号为 L1 的梁,断面尺寸为 250mm×400mm。

9.6.3 板结构图

钢筋混凝土现浇板的结构详图,一般采用水平剖面图表示。当现浇钢筋混凝土楼板的板中配筋比较简单时,通常直接画在楼层结构平面图上,即结构平面布置图与板配筋平面图合并绘制。如图 9-35 表示的某办公楼二层平面现浇楼面板配筋图。当现浇钢筋混凝土楼板的板中配筋比较复杂时,可以采用一个断面图来表示。每个视图一般均应标注图名。图名宜标注在视图的下方或一侧,并在图名下用粗实线绘一条横线,其长度应以图名所占长度为准。使用详图符号作图名时,符号下不再画线。剖面图或断面图,如与被剖切图样不在同一张图内,可在剖切位置线的另一侧注明其所在图纸的编号,也可以在图上集中说明。如图 9-36 中的①号详图,断面图在 9 号图纸上,被剖切图样在 5 号图纸上。该详图采用的绘图比例为 1∶25,它是一块悬挑板,支承于框架梁 KL10 上,板的厚度为 90mm～110mm,板底标高是 2.150m 等。受力筋 ϕ12@200 放在板的上部,分布筋 ϕ6@200 置于受力筋之下。板的配筋图中标出板的外形尺寸,板的宽度 1 380mm,板的长度一般标注在结构平面图中。

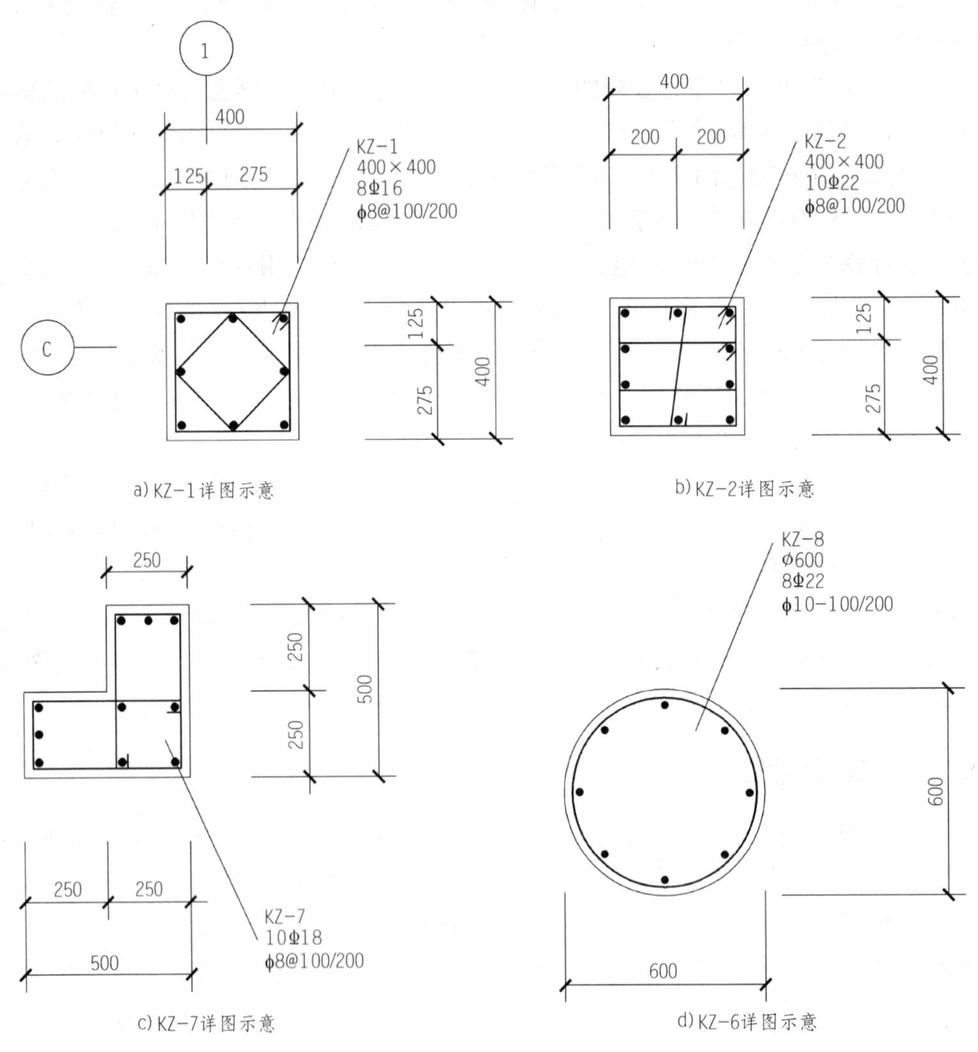

图 9-33 某办公楼的柱平面配筋详图示意

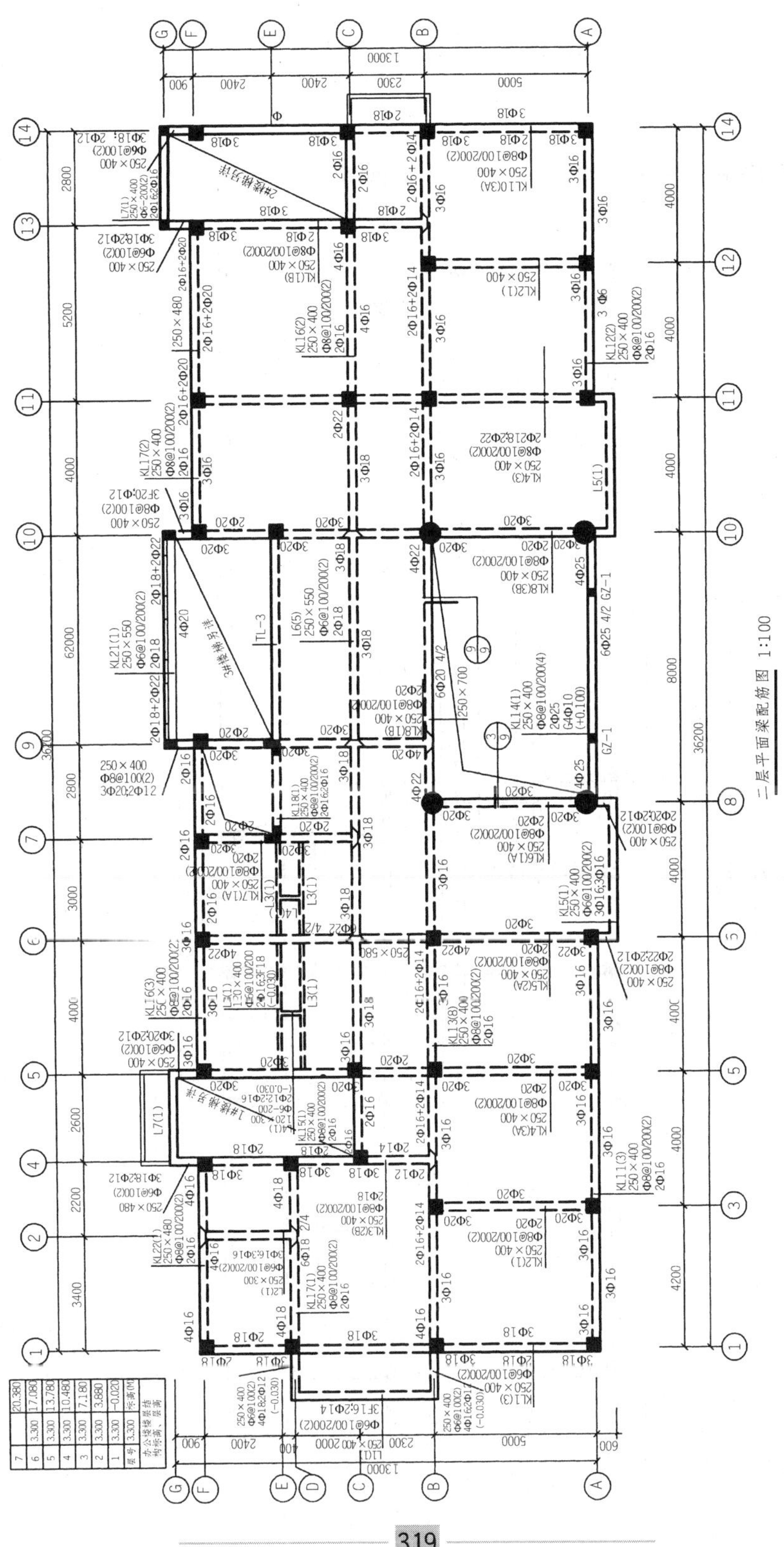

图 9-34 某办公楼的二层平面梁配筋图

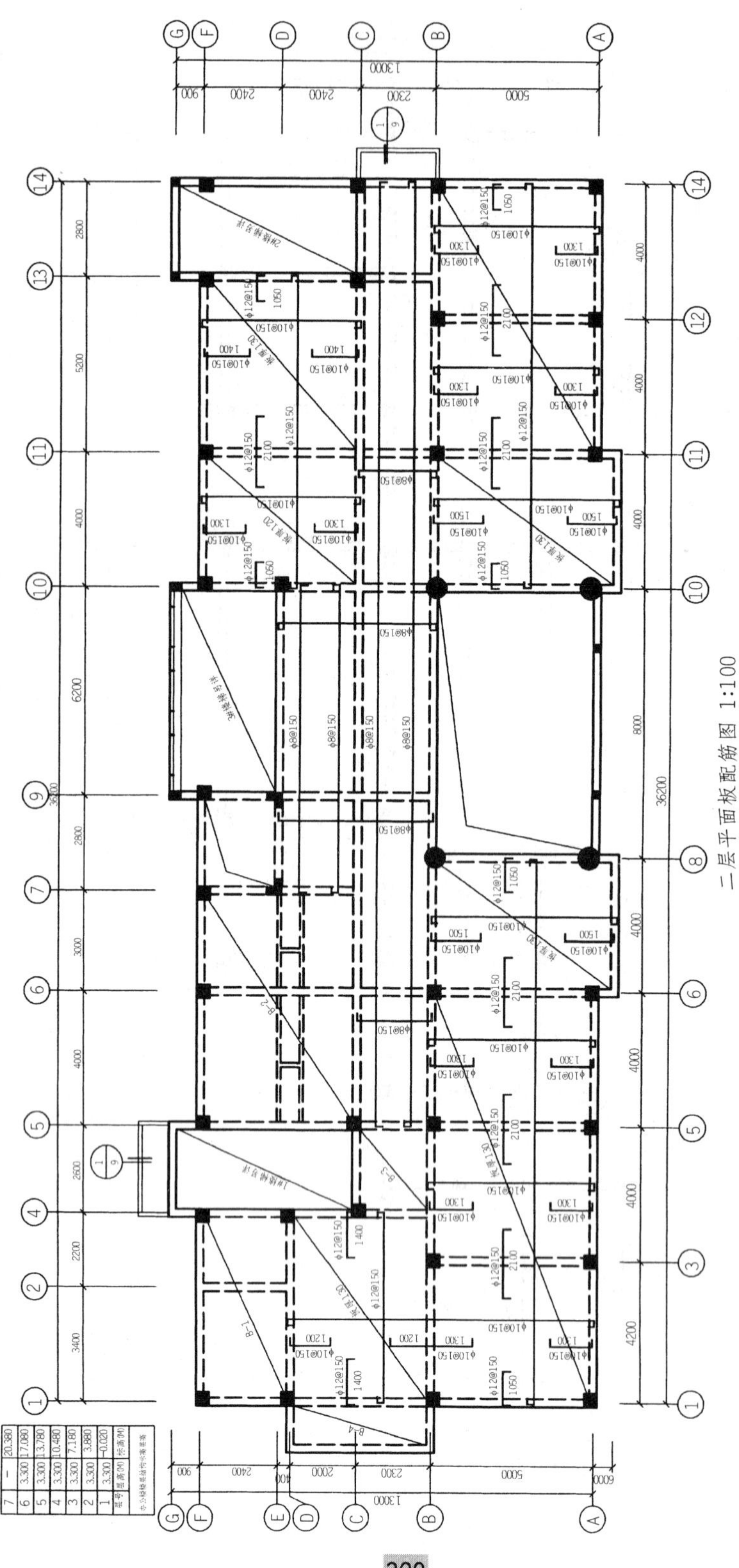

注：B-1~B-4板厚100，配双向双层 ⌀8@150。卫生间均低于相邻标高0.030。未注明板厚均为100。

图 9-35 某办公楼的二层平面板配筋图

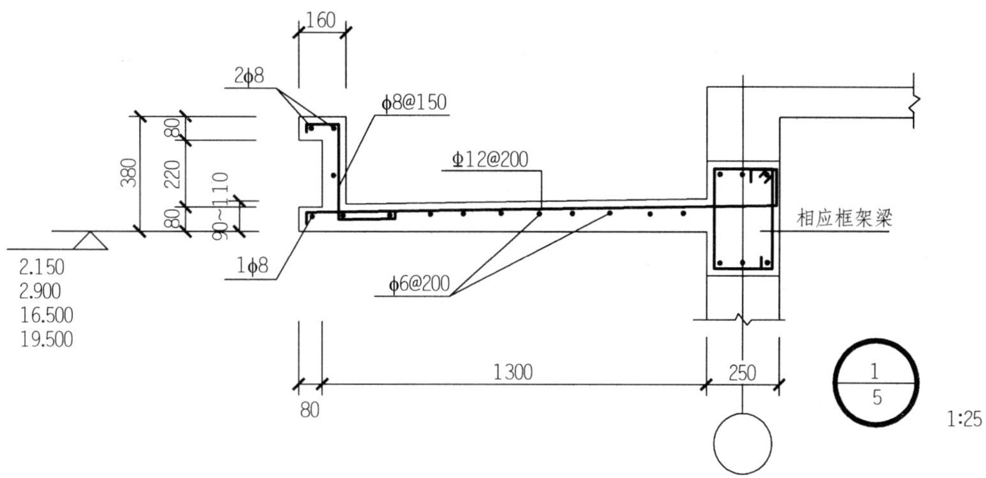

图 9-36 某办公楼的悬挑板详图

小 结

1. 一套完整的结构施工图表达的内容可以分成三个部分，即结构设计说明，结构平面布置图和构件详图。

2. 结构布置平面图与建筑平面图的绘图比例、定位轴线及编号应完全一致，但在尺寸标注上，结构平面图一般只标注出定位轴线间的尺寸和总尺寸，结构布置平面图中各种梁和板的标高表示的是结构标高，与建筑图的标高不同。

3. 钢筋的画法要符合制图标准的要求。钢筋混凝土构件的结构详图在断面图上不画混凝土的材料图例，要表示出轮廓线和配筋情况。钢筋、钢丝束的说明应给出钢筋的代号、直径、数量、间距、编号及所在位置。

5. 构件的名称应用代号来表示，代号后应用阿拉伯数字标注该构件的型号或编号，也可为构件的顺序号。构件的顺序号采用不带角标的阿拉伯数字连续编排。

6. 平法设计绘制的施工图，一般是由各类结构构件的平法施工图和标准构造详图两大部分构成，在平面布置图上表示各构件尺寸和配筋的方式，分平面注写方式、列表注写方式和截面注写方式三种。

7. 基础施工图一般由基础平面布置图和基础详图组成，通常还有相关材料、构造及施工工艺的要求等文字附注说明。

8. 结构平面布置图主要表示了各结构构件的平面位置、尺寸、构造及相互关系等，是各构件现浇制作、预制安装的依据。

学习本章后，能初步掌握阅读和绘制专业施工图的方法，能更好地理解或制作结构施工图或其他专业图纸。

思考题

1. 结构平面布置图与建筑平面图有哪些区别和联系？
2. 在结构平面图中配置的双层钢筋应该怎样用画法表示？
3. 钢筋、钢丝束及钢筋网片的标注有哪些规定？
4. 钢筋的标注通常有哪两种形式？

5. 写出下列构件的代号:圈梁、承台、屋面板、过梁、空心板、连系梁、桩、基础梁、楼梯梁、框架梁、雨篷、阳台、梁、框架、柱、框架柱、基础、构造柱。

6. 平法设计的注写方式有哪几种?

7. 柱平法施工图中截面注写方式的制图规则有哪些?

8. 梁平法施工图中平面注写方式的制图规则有哪些?

9. 什么叫集中标注? 什么叫原位标注? 各表达什么内容?

10. 基础平面图应该绘出内容有哪些?

11. 刚性基础和扩展基础的基础详图应该绘制的内容有哪些?

12. 多层建筑与高层建筑的结构平面布置图应绘出的具体内容有哪些?

13. 现浇钢筋混凝土构件详图应该绘出的内容有哪些?

参考文献

[1] GB/T 50001—2001 房屋建筑制图统一标准. 北京:中国计划出版社,2002.

[2] GB/T 50105—2001 建筑结构制图标准. 北京:中国计划出版社,2002.

[3] GB 50010—2002 混凝土结构设计规范. 北京:中国计划出版社,2002.

[4] 03G101—1,04G101—4 混凝土结构施工图平面整体表示方法制图规则和构造详图. 中国建筑标准设计研究院出版,2003.

[5] GB 50204—2002 混凝土结构工程施工质量验收规范. 北京:中国计划出版社,2002.

[6] 03G322—1 钢筋混凝土过梁. 中国建筑标准设计研究院出版,2003.

[7] SG 435—1～2 预应力混凝土圆孔板. 中国建筑标准设计研究院出版,2003.

[8] 谢步瀛. 土木工程制图. 上海:同济大学出版社,2004.

[9] 危道军. 土木建筑制图. 北京:高等教育出版社,2002.

[10] 杨为邦,唐明怡. 土木工程制图. 北京:中国水利水电出版社,2005.

[11] 伍孝波. 结构设计工程师施工现场工作指南. 北京:中国电力出版社,2007.

[12] 罗康贤. 建筑工程制图与识图. 广州:华南理工大学出版社,2004.

[13] 文佩芳,施林祥,雷光明,陆国栋. 土建图学教程. 北京:高等教育出版社,2002.

第 10 章 建筑设备施工图

本章概要

1. 介绍室内给排水平面图的图示内容、要求及其特点；
2. 介绍室内供暖系统平面图和轴测图的图示内容、特点和绘图步骤；
3. 介绍通风系统施工图纸内容、图示特点和要求；
4. 介绍室内燃气管道平面图和系统施工图的图示特点和要求；
5. 介绍室内电气照明施工图图纸所包括的内容、施工图的图示内容和特点；
6. 介绍几种常见的弱电系统(消防自动报警、有线电视系统、防盗安保系统、电话通信系统)和综合布线系统。

现代建筑是多学科的综合体，其中包括了建筑给水、排水、消防给水、热水供应、供暖、建筑通风、空气调节、燃气供应、建筑供配电、建筑照明、建筑弱电和建筑智能化系统的建筑设备在现代建筑中占有举足轻重的作用。

建筑设备的种类较多，所对应的设备施工图也有多种类型，常见的有给排水工程施工图、供暖通风设备施工图、燃气设备施工图、电气设备施工图。施工图的内容主要包括：设计施工说明、系统平面图、系统轴侧图和详图等内容。本章主要介绍常见设备施工图的内容、绘图特点和要求，以及绘图方法和步骤等内容。

10.1 给排水工程施工图

给水排水工程是现代化城市及工矿企业建设必要的设施。它包括给水工程和排水工程两个方面，给水工程包括取水工程，净水工程，输配水工程等；排水工程是指污水或废水的排出、污水处理和污水排放等工程。

给水排水施工图(简称给排水施工图)可分为室内给排水施工图和室外给排水施工图两部分。室内给排水施工图主要表示一幢建筑物中用水房间的卫生器具、给水排水管道及其附件的类型、大小与房屋的相对位置和安装方式的施工图，主要包括管道平面图、系统轴测图、安装详图、图例和施工说明等；室外给排水施工图主要表示一个区域的给水排水管网的布置情况，主要包括室外管网的总平面布置图、流程示意图、纵剖面图和横剖面图、工艺图和详图等。

10.1.1 室内给排水平面图

室内给排水平面图即管道平面图是排水施工图中最基本的图纸，它主要图示卫生器具、给水排水管道及其附件相对房屋的平面位置。

1. 管道平面图的图示内容及要求

（1）建筑物轮廓线、轴线号、房间名称、绘图比例等均应与建筑专业一致，并用细实线绘制。

（2）各类管道、用水器具及设备、消火栓、喷洒头、雨水斗、阀门、附件、立管位置等应按图例以正投影法绘制在平面图上，线型按 GB/T 50106 第 2.1.2 节规定执行。

（3）安装在下层空间或埋设在地面下而为本层使用的管道，可绘制于本层平面图上；如有地下层，排出管、引入管、汇集横干管可绘于地下层内。

（4）各类管道应标注管径。生活热水管要示意出伸缩装置及固定支架位置；立管应按管道类别和代号自左至右分别进行编号，且各楼层相一致；消火栓可按需要分层按顺序编号。

（5）引入管、排出管应注明与建筑轴线的定位尺寸、穿建筑外墙标高、防水套管形式。

（6）±0.000 标高层平面图应在右上方绘制指北针。

2. 管道平面图的图示特点

（1）管道平面图的比例

室内给排水平面图一般采用与建筑平面图相同的比例，常采用 1∶100 的比例，必要时也可采用 1∶50、1∶200、或 1∶150 等。

（2）管道平面图的数量

多层建筑的给排水平面图原则上应分层绘制，管道系统布置相同的楼层，管道平面图可以只绘制一个给排水平面图，但底层管道平面图必须单独画出，一般应绘制完全的底层平面图。屋面上的管道系统和屋面排水应另画屋顶管道平面图。

由于底层管道平面图中的室内管道与户外管道相连，所以必须单独画出一个完整的底层管道平面图（图 10-1）；各层管道系统的布置相同，可以合并绘制一个楼层管道平面图，如图 10-2 所示。

（3）管道平面图中的房屋平面图

在管道平面图中所画的房屋平面图，仅作为管道系统各组成部分的水平布局和定位的基准，因此，仅需抄绘房屋的墙身、柱、门窗洞口、楼梯、台阶等主要构配件，房屋的细部和门窗代号等均可省略。房屋平面图中的轮廓线均用细实线绘制。

（4）管道平面图中的图例

管道平面图中的图例均应按照 GB/T 50106—2001《给水排水制图标准》中所规定的图例绘制，常用图例见表 10-1。其中除管道用粗实线（b）外，其余均用细实线（$0.35b$）绘制，给水管道用粗实线，排水管道用粗虚线。

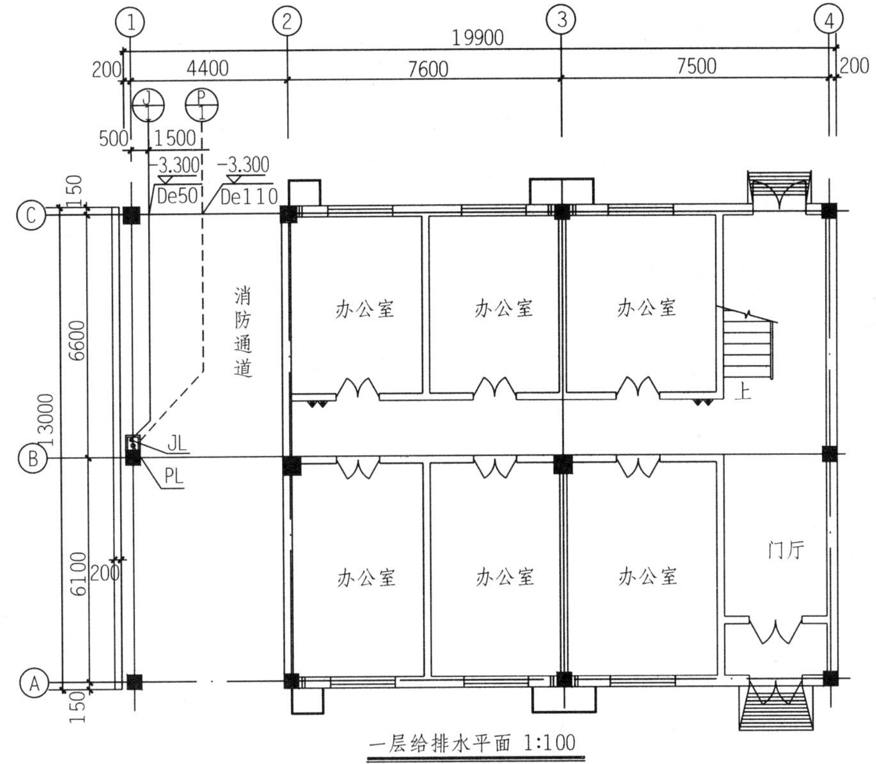

图 10-1　某办公楼一层给水平面布置图

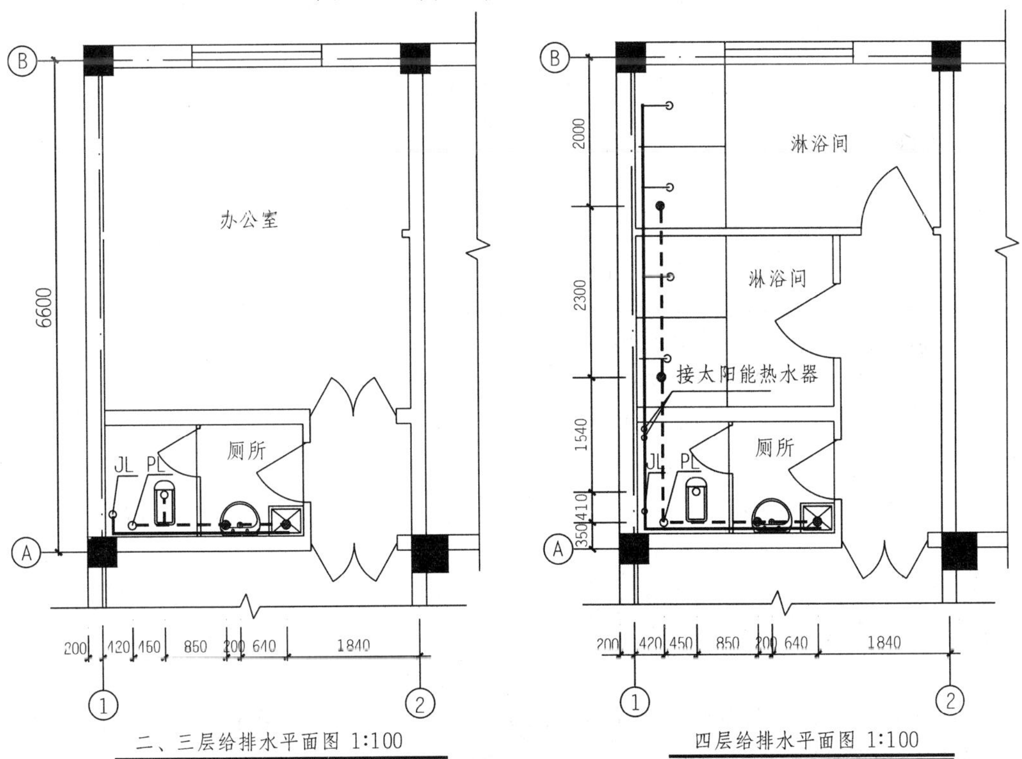

图 10-2　某办公楼二至四层给水平面布置图

给水排水常用图例 表 10-1

名 称	图 例	名 称	图 例
给水管			
排水管		地漏	
雨水管		浴盆	
立管	XL XL	洗脸盆	
检查井		污水池	
配水龙头		座式大便器	
淋浴器		小便槽	
自动冲洗水箱		截止阀	DN≥50 DN<50
通气帽		闸阀	
存水弯		球阀	

(5) 管道的类别代号和管道系统编号

在底层管道平面图中各种管道都要按系统编号,系统的划分一般给水管道以每一个引入管为一个系统,排水管道以每一个承接排水管的检查井为一个系统。给水管道的类别代号为大写汉语拼音字母 J,排水管道有污水系统和废水系统,则其类别代号 W 和 F。管道的类别代号写在表示系统编号、直径为 10mm 的细实线圆圈内的分子处,管道系统的编号写在圆圈内的分母处。

各种管道不论在楼面或地面之上或之下,均按可见表示,按管道的规定线型画出,当管道在平面图上下投影重影时,可以平行画出。即使明装管道也可以画人墙内,但应说明管道系统是明装的。

给水系统中的引入管和排水系统中的排出管仅需在底层房屋管道平面图中画出,在楼层管道平面图中一律不画。

(6) 管道平面图中的尺寸和标高

在给水排水管道平面图中应该标注墙或者柱的轴线的尺寸，以及室内外地面和楼面的标高。一般不标注卫生器具和管道的定位尺寸，因此卫生器具和管道一般都是沿墙或者靠柱设置的，必要时以墙面或柱面为基准标注尺寸，卫生器具的规格可注在引出线上，或在施工说明中说明。管道的管径、标高和排水管道的坡度均注在管道系统图中。管道的长度用比例从图中量出近似尺寸，在安装时则以实测尺寸为准，所以在管道平面图中也不标注管道的长度尺寸。

3. 室内给水排水管道平面图示例

图 10-1、图 10-2 所示是某办公楼的一至四层给排水平面图。从图中可知，室外供水管自©、①轴线相交处的墙角北面进入室内，通过底层水平干管和供水立管向二至四层卫生间中的大便器、洗手池和洗涤池以及四层淋浴间的淋浴喷头供水。大便器、洗手池、洗涤池和淋浴间的排水是通过安设在楼板下的横支管进入排水立管 PL，并汇集到一层的排水干管排出室外。室外供水管和排水管在同一侧，间距为 1500mm。

4. 管道平面图的绘图步骤

绘制给水排水施工图一般都先绘制管道平面图。管道平面图的绘图步骤一般为：

(1) 先绘制底层管道平面图，再绘制各楼层管道平面图。

(2) 在绘制每一层管道平面图时，先抄绘房屋平面图和卫生器具平面图(因卫生器具平面图已在建筑平面图上布置好)，再画管道布置，最后标注有关尺寸、标高、文字说明等。

(3) 管道布置时，先绘制立管，再绘制引入管和排水管，最后按水流方向绘制出横支管和附件。给水管一般画至各设备的放水龙头或冲洗阀的支管接口；排水管一般画至各设备的废、污水的排泄口。

(4) 标注尺寸和标高、编号、图例和文字说明。

10.1.2 给排水管道系统图

管道平面图主要表示室内给水排水设备的水平布置，而连接各管路的管道系统因其在空间转折较多，上下交叉重叠，往往在平面图中无法完整且清楚地表达。因此、需要有一个同时能反映空间三个方向的图来表达、这种图被称为管道系统图(或称管道轴侧图)。

管道系统图是给水排水施工图中的主要图纸，它分给水管道系统图和排水管道系统图，分别表示给水管道系统和排水管道系统的空间走向、各管段的管径、标高、排水管道的坡度，以及各种附件在管道上的位置，一般按正面斜轴测来绘制。如图 10-3 所示。

1. 管道系统图的图示特点

(1) 管道系统图的比例

管道系统图的比例一般采用与管道平面图相同的比例，当管道系统比较复杂时也可采用放大的比例放大画出，必要时也可不按比例绘制。以能表达清楚管路情况为佳。

(2) 管道系统图的数量和管道系统符号

管道系统图的数量是按给水引入管和排水检查井的数量而定的。每个管道系统图的符号都应与管道平面图中的系统索引符号相符，注写在直径为 14mm 的粗实线圆圈内，各管道系统图一般应按系统分别绘制。

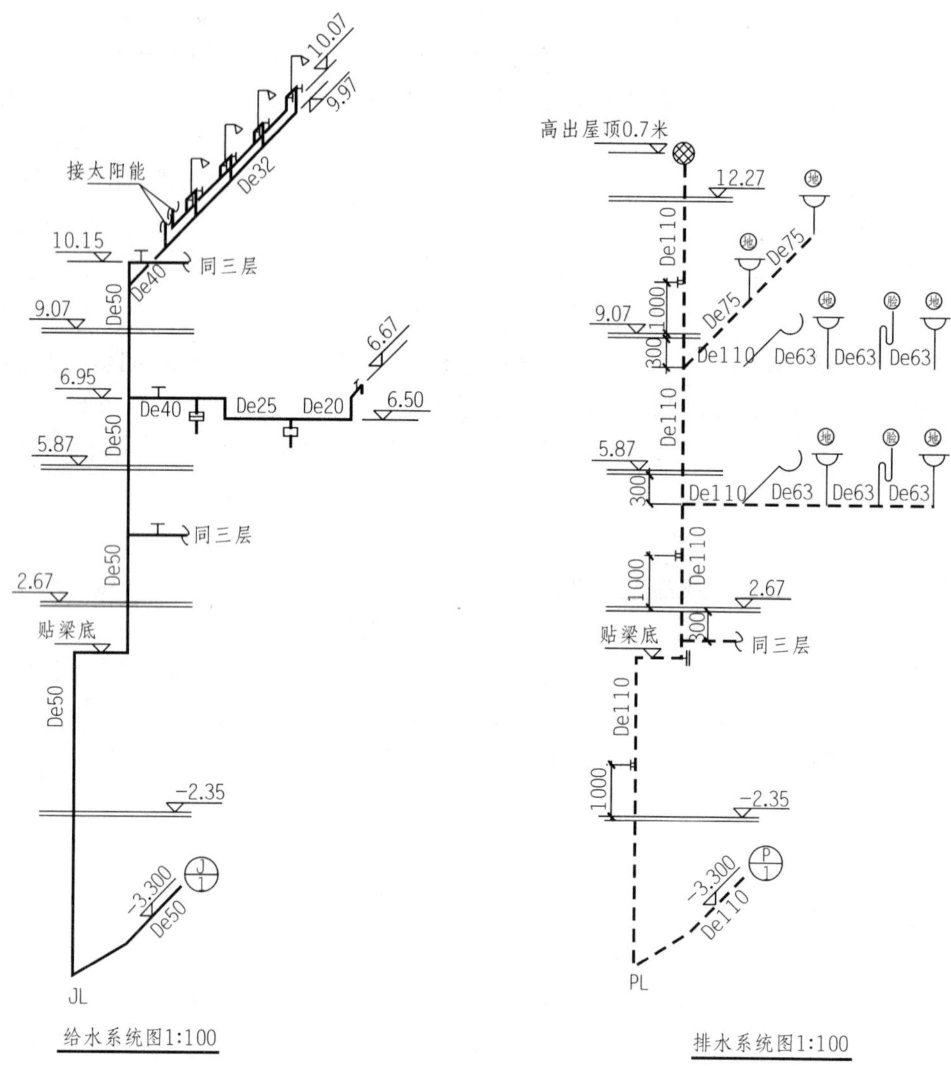

图 10-3　给排水管道系统图

(3) 管道系统图的画法

管道系统图通常采用即正面斜轴测图绘制。通常把房屋的高度方向作为 *OZ* 轴，*OX* 和 *OY* 轴的选择则以能使图上管道简单明了、避免管道过多地交错为原则。轴测图中 *OX* 和 *OY* 方向的尺寸可直接从平面图上量取，*OZ* 方向尺寸根据房屋的层高和配水龙头的习惯安装高度尺寸决定。如洗手池的水龙头的高度一般为 1.2m，大便器的高位水箱高度为 2.4m，其上球形阀门高度一般为 2.2m，淋浴喷头的高度采 2.4m 等。

在管道系统图中的管道及其附件均需照 GB/T 50105—2001《给水排水制图标准》中规定的图例，并按照轴测图的规定画出，当空间的交叉管道在图中相交时，应将不可见的管道在相交处断开，当给水管道被遮挡时，用粗虚线画出，但此虚线的线段比排水管道粗虚线的线段要短一些。当管道比较集中，不易表达清楚时，可将管道断开并沿管道的轴线移开画出，而在管道的断开轴线处用细点画线连接。

(4) 管道系统图中墙、地面和楼面的画法

在管道系统图中还应画出被管道穿过的墙、柱、地面、楼面和屋面,图中被管道穿过的墙、地面、楼面和屋面均用细实线画出其断面。

(5) 管道系统图中的管径、坡度和标高

① 各管段的直径可直接标注在该管段旁边或引出线上。管径尺寸应以毫米为单位。

② 给水系统的管路因为是压力流,当不设置坡度时,可不标注坡度,排水系统的管路一般是重力流,所以在排水横管的旁边都要标注坡度。坡度可注在管段旁边或引出线上,在坡度数字前须加代号"i",数字下边再以箭头以示坡 N(指向下游),废水管的横管采用标准坡度时,在图中可省略不注,而在施工说明中写明即可。

③ 标高应以米为单位,宜注写到小数点后第 3 位、管道系统图中标注的标高都是相对标高,即以底层室内地面作为标高 0.000m。在给水系统图中,标高以管中心为准,一般要求注出横管、阀门、放水龙头、水箱等各部位的标高。在污、废水系统图中,横管的标高以管的内底为准,一般尺标注立管的管顶、检查口和排出管的起点标高,其他污、废水横管的标高一般由卫生器具的安装高度和管件的尺寸所决定,所以不必标注;当有特殊要求时,亦应注出其横管的起点标高。此外,还要标注室内地面、室外地面、各层楼面和屋面等的标高。

(6) 图例

管道平面图和管道系统图应统一列出图例,其大小要与图中的图例大小相同。某管道平面图和管道系统图的图例如图 10-3 所示。

2. 管道系统图的示例

图 10-3 为某办公楼给排水管道系统图,从图中可以看出,室外引入管(中心标高为 −3.300m),通过水平干管(管径为 De50,中心标高为 −3.300m)和管径为 De50 的立管向二至四层卫生间中的大便器、洗手池和洗涤池以及四层淋浴间的淋浴喷头供水。由立管上可以看出,楼板地面的标高分别为 −2.35m、2.67m、5.87m、9.07m。在标高为 3.75m、6.95m、9.97m、10.15m 处通过支管连接到卫生间的卫生器具和淋浴间的淋浴喷头供水。

通过图 10-3 还可以看出,大便器、洗手池和洗涤池的排水是通过带有存水弯的连接管道、安设在楼板下 300mm 的横支管、排水立管 PL 和一层的排水干管排出室外。淋浴间的排水是通过地漏进入横支管、排水立管、排水干管排出室外。

管道系统图图例如表 10-2 所示。

3. 管道系统图的绘图步骤

(1) 先绘制系统的立管,定出各层的楼地面线、屋面线、再画给水引入管及屋面水箱的管路或排水管系中接画排出横管、窨井及立管上的检查口和网罩等。

(2) 从立管上引出各横向的连接管段,并画出给水管系的截止阀、放水龙头、连接支管、冲洗水箱等或排水管系中的承接支管、存水弯等。

(3) 注写各管段的公称直径、坡度、标高、冲洗水箱的容积等数据。

管道系统图图例　　表 10-2

名称	图 例	备注	名称	图 例	备注
给水管	————		排水管	— — — —	
截止阀			地漏		
角阀			感应式冲洗阀	(大便器)	(洗手盆)
蹲便器			清扫口		
洗手盆			检查口		
落地小便器			灭火器		

10.1.3 详图

给排水详图即安装图。各种卫生器具和管道节点的安装一般都有标准图或通用图，如全国通用给排水标准图集、建筑设备安装图册等，应尽可能选用。如卫生器具的尺寸及其在用水房间的安装位置与标准图不一致时，则需专门绘制详图。详图通常用平面图、立面图、剖面图表示。图 10-4 是低位水箱坐式大便器安装详图，图 10-5 是落地式小便器的安装详图。

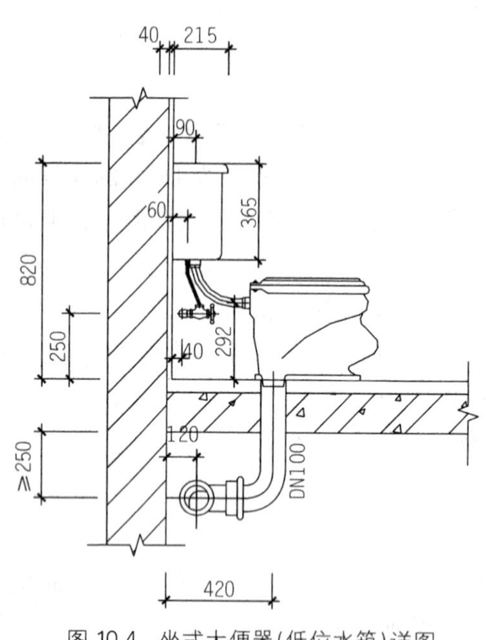

图 10-4　坐式大便器(低位水箱)详图

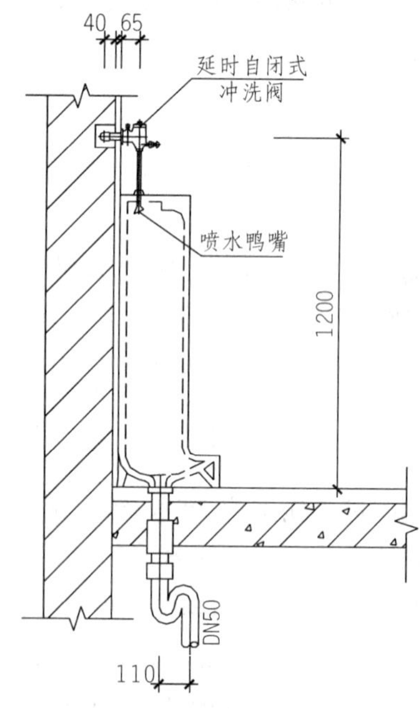

图 10-5　落地式小便器详图

10.1.4 施工说明

较大型的工程应编制专门的施工说明，简单的工程只需在施工图中附加施工说明，以补充施工图中未详尽的内容。施工说明一般有以下内容：给水管、排水管所用管材的种类和接头方法;给水管道、排水管道标高所指管道部位;卫生器具安装、消火栓安装采用或参照采用的图集名称以及某些施工要求,如所有给排水管道的防锈要求和检验要求等。

10.2 供暖、通风系统施工图

10.2.1 概述

随着国民经济的发展,人们对居住和工作地点的生产、生活环境要求越来越高。所以建筑物的供暖、通风和通过空调器来调节人居环境,就显得日益重要。

1. 供暖系统

供暖是用人工方法向室内供给热量,以创造适宜的生活条件或工作条件的技术。供暖系统由热媒制备(热源)、热媒输送和热媒利用三个部分组成。根据三个部分的相互位置不同又可分为局部供暖系统和集中供暖系统。局部供暖系统中三个部分在构造上都集中在一起,如烟气供暖(火炉、火坑等)、电热供暖和燃气供暖等;集中供暖系统,是指热源和散热设备分别设置,用热媒管道相连接,由热源向各个建筑物或房间供给热量。根据供暖系统散热的方式不同可分为对流供暖和辐射供暖。对流供暖主要以对流换热方式供暖;辐射供暖是以辐射传热为主的供暖方式。集中供暖系统按所用热媒不同分为热水供暖系统、蒸汽供暖系统和热风供暖系统。

2. 通风系统

通风就是把室内被污染的空气直接或净化后排至室外,把新鲜空气补充进来,从而保持室内的空气环境符合卫生标准和满足生产工艺的要求。

不同类型的建筑对室内空气环境要求不尽相同,因而通风装置在不同的场合的具体任务及具体结构形式也不完全一样。

一般的民用建筑和一些发热量小而污染轻微的小型工业工厂的厂房,通常只要求保持室内空气清洁新鲜,并在一定程度上改善室内气象参数——空气的温度、相对湿度和流动速度。为此,一般只需采取一些简单的措施,如通过门窗孔口换气,利用穿堂风降温,利用风扇提高空气的流速。在这些情况下,对进风或排风,都不进行处理。

在工业生产中有许多车间,伴随着工艺过程散发出大量的热、湿、各种工业粉尘以及有害气体。对这些有害物如不采取防护措施,将会污染和恶化车间的空气及大气,危害人们的健康、影响生产的正常进行、损坏机器设备及建筑结构,危及周围的动、植物正常生长,因此,就要对工业有害物采取有效的防护措施,消除其对工人健康和生产的危害,创造良好的劳动条件,并切实做到防止大气污染。这样的通风叫做“工业通风”。

工业通风主要是对生产中出现的粉尘、高温、高湿及有害气体等进行控制,从而保持一个良好的生产工作环境。

建筑物内通风按照通风系统的通风动力不同,通风系统可分为自然通风和机械通风。自然通风是利用房间内外冷热空气的密度差异和房间迎风面、背风面的风压高低来进行空气交换的;机械通风是使用通风设备向厂房(房间)内送入或排出一定数量的空气。

3. 供暖、通风施工图组成

供暖、通风施工图一般包括管道平面图、管道系统图(轴测图)、详图、设计施工说明和设备材料明细表。

10.2.2 室内供暖系统施工图

供暖系统施工图主要包括供暖系统平面图、供暖系统轴测图、详图、设计施工说明和设备材料明细表等。供暖系统施工图常用图例如表 10-3 所示。

供暖系统施工图常用图例 表 10-3

名称	图 例	名称	图 例
供暖供水管		截止阀	
供暖回水管		闸阀	
蒸汽管	Z	碟阀	
凝结水管	n	止回阀	
膨胀管	P	平衡阀	
循环管	S	球阀、转心阀	
泄水管	X	波纹补偿器	
管道固定支架		矩形补偿器	
散热器及手动放风阀		温控阀	
散热器及温控阀		Y 型过滤器	
水泵		自动排气阀	
压力表		温度计	

1. 室内供暖系统平面图

室内供暖系统平面图表示建筑物各层供暖管道与设备的平面布置以及它们之间的相互关系。

(1) 图示内容

① 总立管、水平干管的位置、走向、立管编号、干管坡度、各管段的管径。

② 散热器的安装位置、类型、片数及安装方式。

③ 干管上的阀门、固定支座的安装位置与型号。

④ 膨胀水箱、集气罐、排气阀等设备的位置、型号及其与管道的连接情况。

⑤ 引入口的位置,供回水总管的走向、位置及采用的标准图号(或详图号),回水干管的位置,室内管沟(包括过门地沟)的位置和主要尺寸,管道支座的设置位置。

(2) 图示特点和要求

① 比例:平面图常用比例有 1∶50、1∶100、1∶200 等。

② 平面图的数量:对于多层供暖平面图要求分层绘制,但对于管道和散热设备布置相同的楼层平面图只需绘制一个平面图。一般需绘制底层平面图、标准层平面图和顶层平面图。

③ 房屋平面图:平面图上本专业所需的建筑物轮廓应与建筑平面图一致。但由于图中的房屋平面图不是用于土建施工,故只需用细实线把建筑物与供暖有关的墙、门窗、平台、柱、楼梯等部分画出。

④ 尺寸标注:建筑平面图的尺寸一般只需在平面图中标注出轴线间的尺寸,散热器需要标注出规格和数量。

(3) 供暖平面图的绘图步骤

① 按比例画出建筑平面图,以表示供暖管道及设备等在房屋中的安装位置。

② 画出平面图中各组散热器。

③ 画出各立管。

④ 若是顶层供暖平面图或底层供暖平面图还要画出供水总管、干管或回水总管、干管的位置,并与立管连接。

⑤ 画出管道上的部件及设备。

⑥ 按有关规定完成管道相关内容的标注。

⑦ 填写技术要求与说明等。

2. 室内供暖系统轴测图

室内供暖系统轴测图是表示供暖系统的空间布置情况、散热器与管道的空间连接形式,设备、管道附件等空间关系的立体图。

(1) 图示内容

轴测图自入口起,应将干、立支管及散热器、阀门等系统配件全部绘出,包括立管编号、管道标高、各管段管径、水平干管坡度、散热器的片数以及集气罐、膨胀水箱、各种阀件的位置、型号规格等。

(2) 图示特点和要求

① 比例:轴测图应按 45°轴测投影绘制,宜采用与相对应的平面图相同比例绘制。

② 图线:供暖系统图宜用单线图绘制。

③ 散热器：供暖系统图中的散热器宜按图 10-6 所示方法绘制。

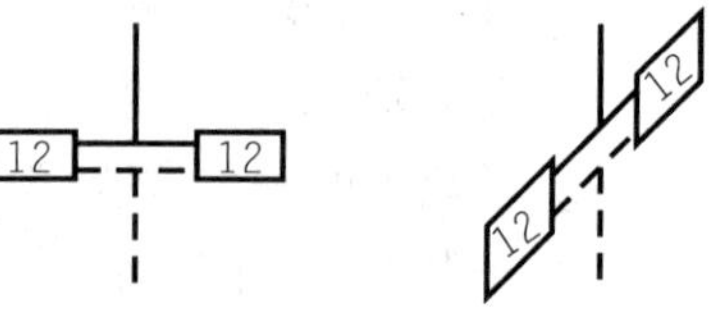

图 10-6　系统图中的散热器画法

(3) 供暖系统图的绘图步骤：

① 从室外引入管开始，绘制总立管、供暖干管。干管的位置、走向应与平面图一致。

② 在供水干管上，按照平面图的立管位置和编号绘制立管，并根据建筑剖面图的楼层地面标高等尺寸确定立管的高度尺寸，并在立管上绘制出楼、地面标高线。

③ 绘制各楼层的散热器和连接所有散热器的立管和支管。

④ 绘制回水管道。绘制回水管道时，若为双管系统就从回水支管画起，若为单管系统从立管末端画起，顺序画出回水干管直到回水总管。

⑤ 标注尺寸和文字。各层楼层地面的标高、管道的标高、管径和坡度、立管的编号、及散热器的规格和数量等。

⑥ 图例。如管道系统上的阀门、排气阀和管道中的固定支点等。

3. 供暖系统详图

供暖系统详图表示供暖系统节点与设备的详细构造及安装尺寸要求。凡施工安装图册及国家标准图中没有且需详细交待的内容，均需另外绘出详图大样，比如引入口位置、膨胀水箱的构造与配管、管沟断面、保温结构等。详图常用的绘图比例是 1∶10～1∶50。

4. 供暖设计施工说明

设计施工说明是说明图样无法表达的问题，如热源情况、供暖设计热负荷、供回水温度、系统形式，进出口压力差，散热器的种类、形式及安装要求，管道的敷设方式、防腐保温、水压实验要求，施工中需要参照的有关专业施工图号或采用的标准图号等。

5. 供暖系统施工图示例

图 10-7 是某办公楼供暖工程的一至四层平面图，图 10-8 是该供暖系统的轴测图。

通过图 10-4 可以看出，该供暖系统为上供下回同程式热水系统。系统的供回水总管设置在②～③轴线的中间，供回水总管的管径均为 DN50，供水总管的标高为－1.500m，回水总管的标高为－1.800m。在③和④号立管的顶端安设有自动排气阀。

平面图和系统轴测图上都标注了干管的管径和坡度、立管的位置和编号、散热器的位置和散热器的数量等。本例供暖系统共有 6 根立管，供水立管和回水立管分别设有截止阀，干管的管径都标注在平面图和系统图上，供回立管标注了立管和支管的管径，如“DN20×20”表示立管管径为 DN20，散热器支管管径为 DN20。从系统轴测图上可以看出，供回干管的坡度为 0.003。

通过平面图可以查明该办公楼散热器的平面布置情况。各房间内的散热器都在窗台下明装。散热器采用柱翼型散热器，每组散热器均设手动排气阀。散热器的片数在平面图和系统图里都有标注，如系统图中散热器中数字表示散热器的片数。

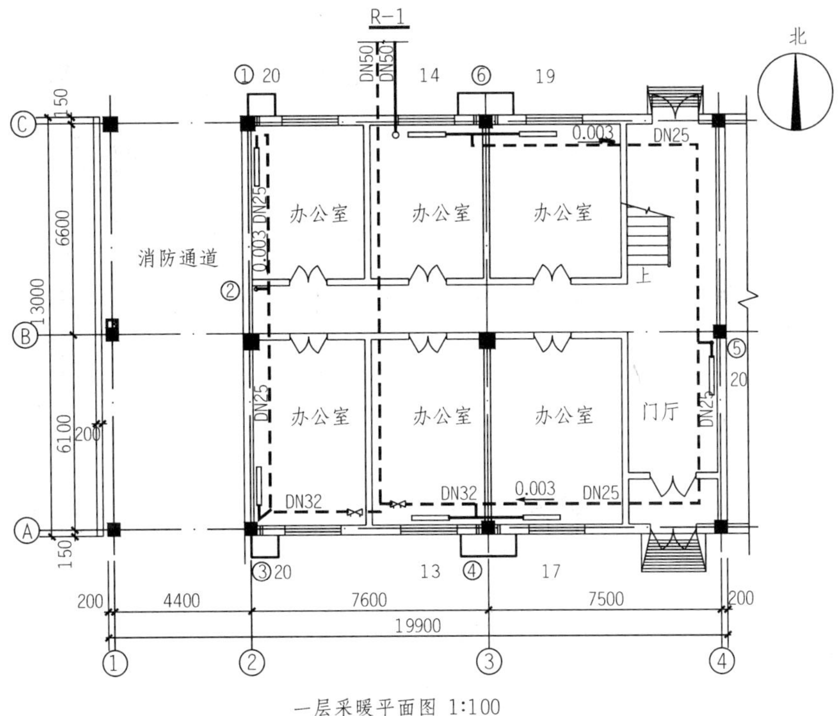

一层采暖平面图 1:100

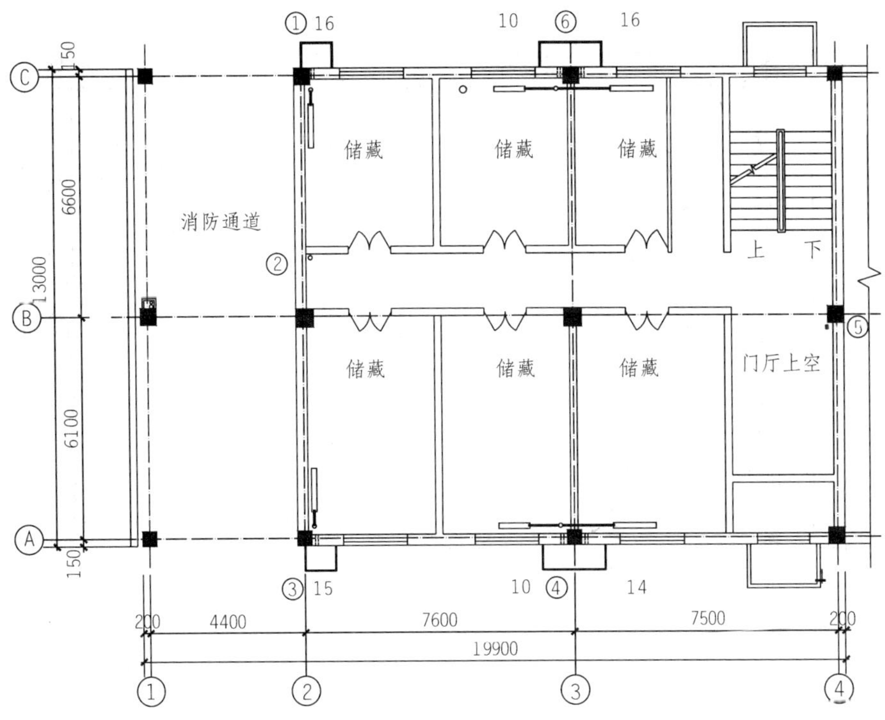

一楼夹层采暖平面图 1:100

图 10-7

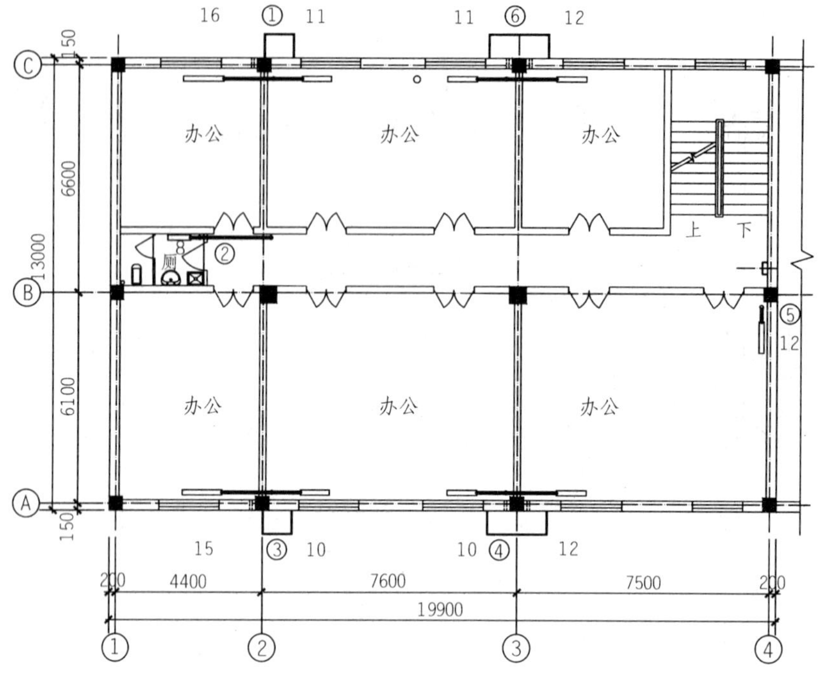

二、三层采暖平面图 1:100

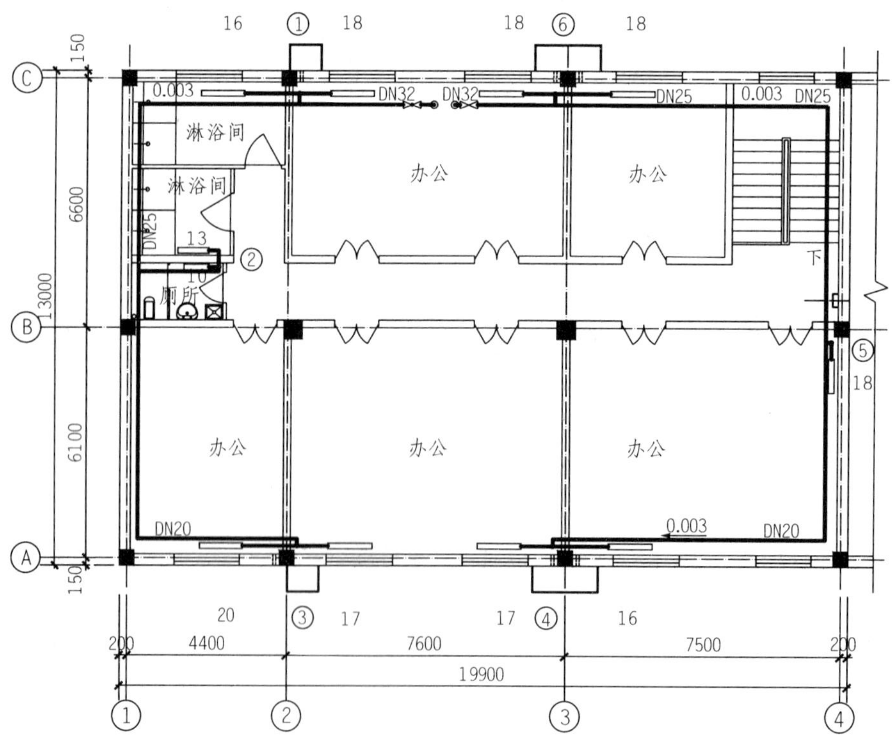

四层采暖平面图 1:100

图 10-7　供暖系统平面图

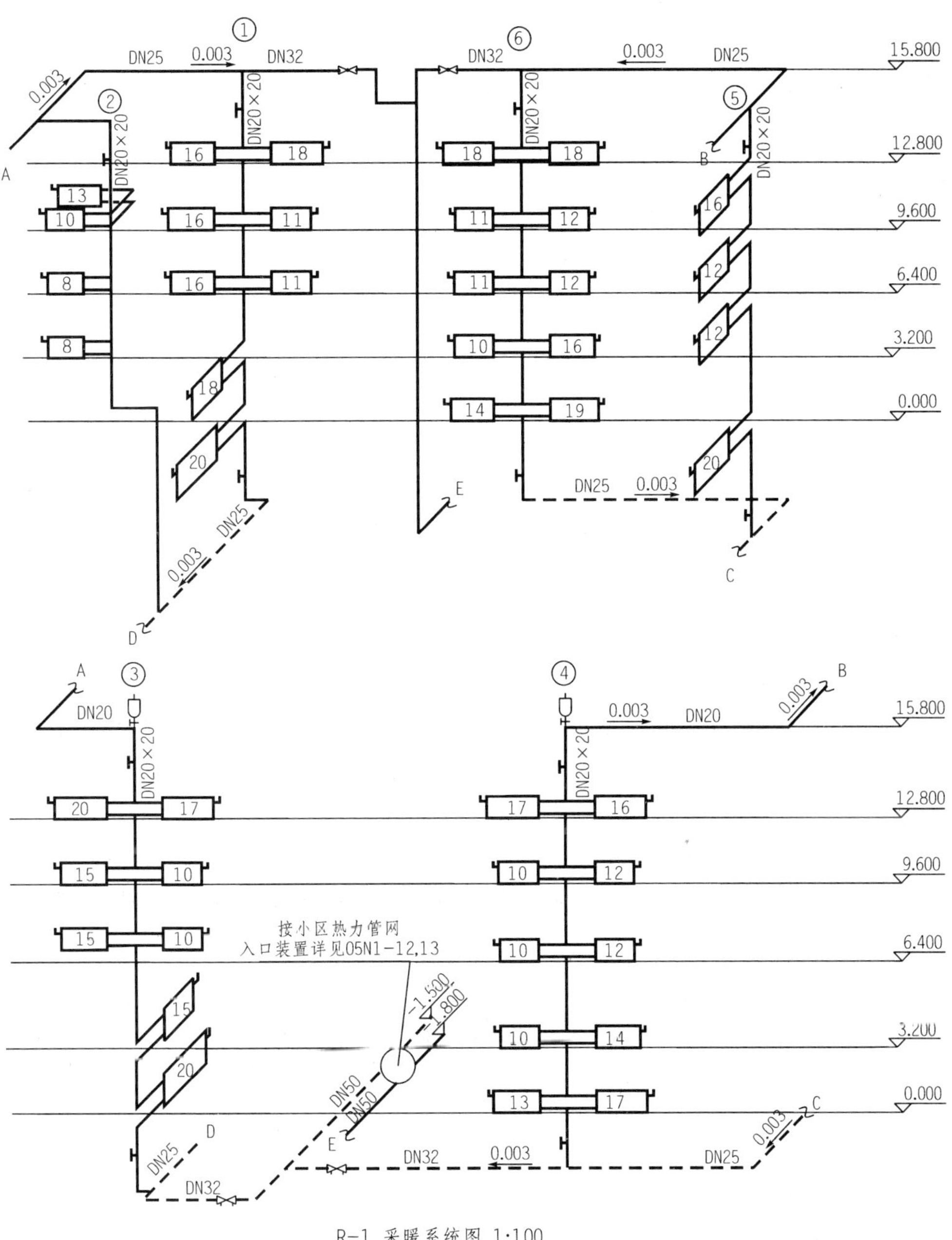

图 10-8 供暖系统轴测图

10.2.3 通风系统施工图

通风系统施工图由通风系统平面图、剖面图、原理图和系统轴测图、详图、图样目录、设计施工说明、设备及材料表等内容组成。

1. 通风系统施工图的图示内容

(1) 通风系统平面图

通风系统平面图主要表示建筑物以及设备的平面布局,管路的走向分布及其管径、标高、坡度坡向等数据。它包括系统平面图、冷冻机房平面图、空调机房平面图等。在平面图中,一般风管用双线绘制、水、汽管用单线绘制。主要图示内容有:

① 通风管道、风口、调节阀和设备的平面位置以及连接形式。

② 标注通风设备、风管、风口等与建筑结构的定位尺寸。

③ 各段通风管道风管断面尺寸。

④ 使用图例符号注明风口空气的流动方向。

⑤ 系统的编号。

⑥ 通风设备的形状轮廓及设备型号。

(2) 剖面图

它是在平面图上能够反映系统全貌的部位垂直剖切后得到的,剖面图主要表示建筑物和设备的立面分布,管线垂直方向上的排列和走向,以及管线的编号、管径和标高。

(3) 原理图

原理图是用示意性的图形表示出所有设备的外形轮廓。反映系统的工作原理、介质的运行方向,设备的编号、建(构)筑物的名称及系统的仪表控制点(温度、压力、流量等的测点),另外,通过原理图还可以在施工过程中协调各个环节的进度,安排好各个环节的试运行和调试程序。

(4) 系统轴测图

系统轴测图是以轴测投影绘出的管路系统单线条的立体图。图中反映管线的分布情况,将管线、部件及附属设备之间的相对位置的空间关系表达出来,此外,还注明管线、部件及附属设备的标高和有关尺寸。

(5) 详图

它是为了详细表明平、剖面图中局部管件和部件的制作、安装工艺,将此部分单独放大,用双线绘制成图。一般在平、剖面图上均标注有详图索引符号,根据详图索引符号可将详图和总图联系起来看。

(6) 节点图

节点图是为了清楚地表示某一部分管道的详细结构及尺寸,对平面图及其他施工图中不能表达清楚的某点图形的放大。

(7) 设计施工说明

设计施工说明主要表达工程施工中一些技术、质量方面的要求,包括工程的主要技术数据,如建筑概况、设计参数、系统划分及施工、验收、调试、运行等方面的有关事项。

(8) 设备及材料表

它可明确表示所选用设备的名称、型号、数量、各种性能参数及安装地点等内容,并要清楚表达各种材料的材质、规格、强度要求等。

2. 通风系统施工图的图示特点和要求

① 图例:通风系统施工图中的常用图例参见 GB/T 50114—2001《暖通空调制图标准》。

② 图线:在平面图中,一般风管用双线绘制,水、汽管用单线绘制(中粗线)。

③ 风管尺寸:圆形风管的截面定型尺寸应以直径符号“ϕ”后跟以 mm 为单位数值表示。矩形风管(风道)的截面定型尺寸以“$A\times B$”表示。“A”为平行该视图投影面方向的边长,“B”为另一边长尺寸。单位为 mm。

④ 标高:矩形风管所注标高未说明时,表示管底标高。圆形风管所注标高未说明时,表示管中心标高。

⑤ 系统轴测图一般按正等测或斜等测绘制,其绘制比例与相应的平面图一致。

⑥ 系统轴测图和原理图的基本要素应与平面图和剖面图及系统轴测图相对应。

3. 通风系统施工图示例

通风系统平面图主要表示建筑物以及设备的平面布局,管路的走向分布及其管径、标高、坡度坡向等数据。图 10-9、图 10-10 所示为某厂房的通风系统平面图和系统轴测图。表明了系统管路的空间走向,风机后的水平总管分成两路水平支管,每路水平支管分别有 10 条 320mm×160mm 的水平支管,并且在垂直方向上连接有 200 mm×200 mm 的百叶风口。平面图表明了风管、风口和设备的平面布局。

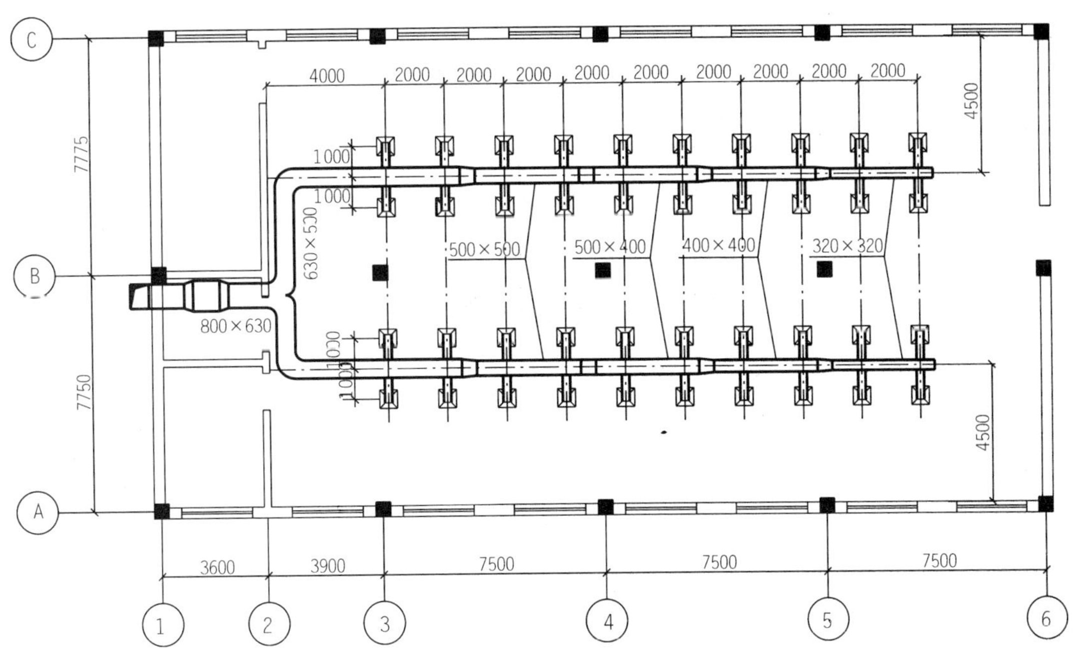

图 10-9 某厂房的通风系统平面图

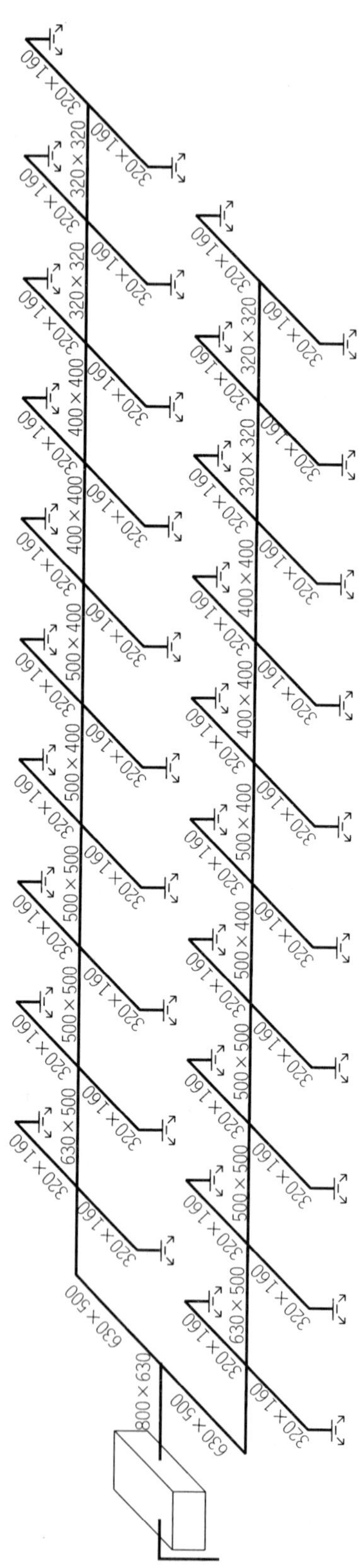

图 10-10 某厂房的通风系统轴测图

10.3 燃气管道施工图

10.3.1 室内燃气系统的组成及有关规定

1. 室内燃气系统组成

室内燃气系统是由钢管道、阀门、燃气表、灶具、接灶管、补偿器及各种管件等组成。

(1) 钢管:具有强度高、韧性好、抗冲击和严密性好,且便于加工等优点。

(2) 燃气表:按用途分为焦炉燃气表、液化石油气燃气表和两用燃气表等;按计量工作原理分为容积式和流速式;按形式分为干式和湿式。

(3) 补偿器:可以补偿温差变形量。高层建筑的燃气管道立管长、自重大,需要在立管底端设置支撑墩,安装补偿器。多层建筑可不安装补偿器。

(4) 燃气灶:可分为家用灶具和公共建筑灶具。

(5) 阀门:是燃气管道中重要的控制设备,用于切断和接通气源,调节燃气的压力和流量。通常在管道维护施工或意外情况时关闭阀门,切断气源。

2. 室内燃气管道安装有关规定

(1) 建、构筑物内部的燃气管道应明设。当建筑和工艺有特殊要求时,可暗装,但必须要便于安装和检修。

(2) 室内燃气管道不得穿越易燃易爆品仓库、配电房、变电室、电缆沟、烟道和进风道等地方。

(3) 室内燃气管道严禁引入卧室。当燃气水平管道穿过卧室、浴室或地下室时,必须采取焊接连接方式,且管道外应设套管。燃气管道的立管不得敷设在卧室、浴室或厕所中。

(4) 输送干燃气的管道可不设置坡度。输送湿燃气(包括液化石油气气体)的管道,其敷设坡度不应小于0.003。

(5) 室内燃气管道和相邻电气设备管道之间的净距离不应小于有关规定。

(6) 室内燃气管道阀门的设置位置应位于:燃气表前;用气设备和燃烧器前;点火器和测压点前;放散管前;燃气引入管上。

10.3.2 室内燃气管道施工图

室内燃气管道施工图一般有平面图、系统图及详图,并附有设计说明。室内燃气管道施工图与其他管道施工图很接近,如给排水管道施工图,它们的平面图、剖面图、详图的表达方法基本相同,只是在管道材质、器具以及施工安装时的密封要求方面不同。室内燃气管道施工图没有统一的制图标准,在设计时除参照其他标准(如给水排水制图标准),还应在施工图中通过文字或图例来加以说明。

1. 室内燃气管道平面图

室内燃气管道平面图主要表达安装燃气管道和用气设备的房间用途,管道走向,燃气表、用气设备、烟道、通风道等的位置,以及管径、标高、建筑尺寸线等。比例一般采用1∶50或

1：100。燃气管道用粗实线，其他轮廓用中实线。

图 10-11 所示为某食堂厨房的燃气管道平面布置图。从图上可看出燃气表、燃气灶布置位置、燃气灶的数量(2 台双眼中式炒锅灶、5 台煲灶、两台民用灶、一台蒸饭车)，管道的直径和走向等标志。燃气管道从建筑物的北面穿墙而入，在墙角处设有立管，管道从立管引出接燃气表，经燃气表沿墙布置管道，分别通过支管连接各接用气设备。

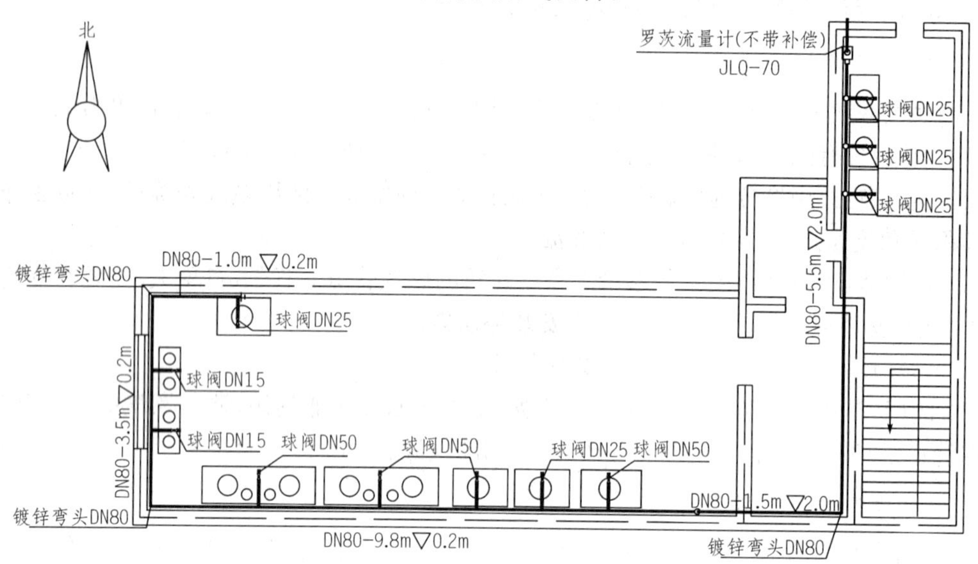

图 10-11　某食堂厨房的燃气管道平面布置图

2. 室内燃气管道系统图

室内燃气管道系统图主要用来表达燃气管道的空间布置、立管和水平管的走向、管径、管道坡度、管道安装高度以及管附件(燃气表、清扫口、阀门、活接头等)所在的位置。系统图一般采用正面斜轴测投影法绘制。如图 10-12 所示是某食堂厨房室内燃气管道系统图。从图上可看出燃气管道的标高、干管与支管以及阀件的连接情况。

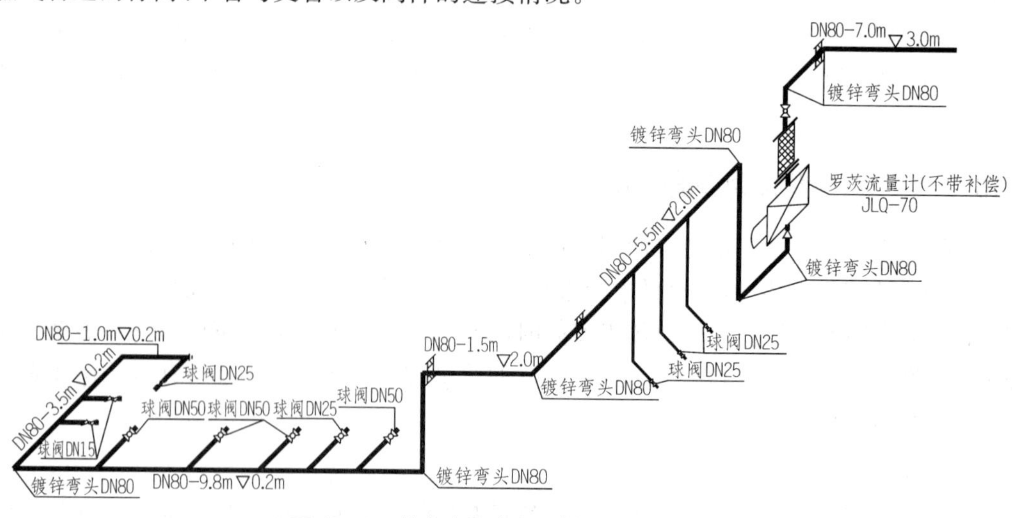

图 10-12　某食堂厨房室内燃气管道系统图

3. 详图

当平面图或系统轴测图中的某些节点或部位需要放大才能表达清楚时，可绘制详图。如燃气表安装、燃气入口做法、管道防腐做法等详图。若套用标准图，只需注明所选用的图名和图号。否则需要另行绘制安装或加工详图。

图 10-13 所示为燃气管道穿墙套管详图。图中表明了套管的直径为 100mm，燃气管道使用防蚀布包扎，在墙的两侧使用泥灰对套管与燃气管道之间的空隙进行封堵。图 10-14 为固定托架断面详图。图中表明了使用固定托架安装管道时尺寸要求。施工人员可按详图的要求进行施工安装。

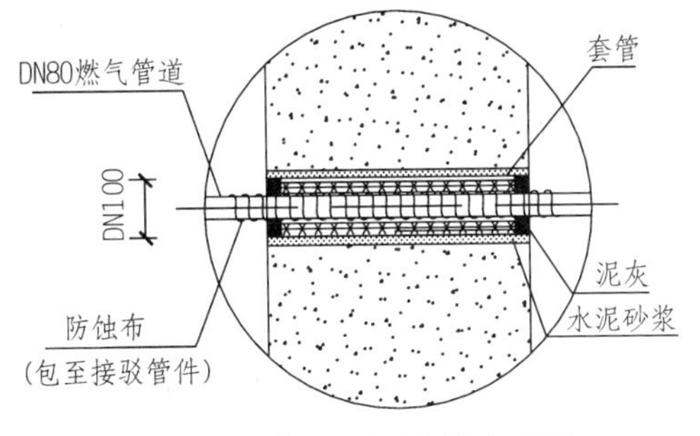

图 10-13 燃气管道穿墙套管图

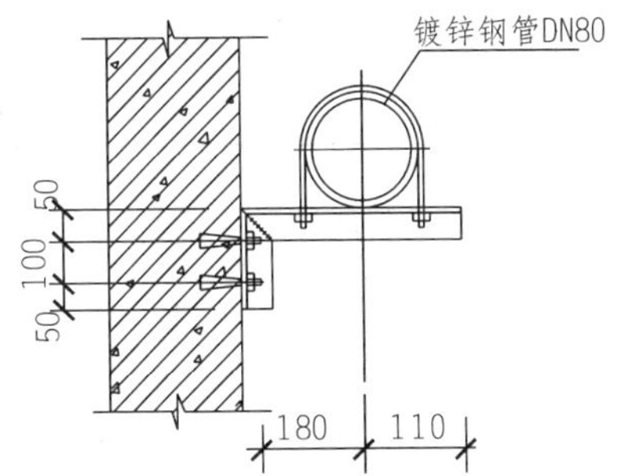

图 10-14 固定托架断面图

10.4 建筑电气设备施工图

10.4.1 概述

电力工业是世界各国国民经济发展中的一个基础产业。作为能源的电可以集中生产，长距离的输送，而且能够方便地转化为其他形式的能量，因此电能的应用十分广泛。建筑电气是以电能、电气设备和电气技术为手段，创造、维持和改善建筑物室内环境的一门科学。建筑电气系统按照电能的供给、分配、输送和消费分，可以分成四类：供配电系统、电气照明系统、建筑弱电系统（包括火灾自动报警自动消防系统、通信电话系统、有线电视和宽带网等）和建筑智能化系统。

电气系统设备施工图主要是用来表达建筑中电气设备的布局、安装方式、连接关系和配电情况的图样。电气施工图按照其在工程中的作用不同可分为：变配电施工图、配电线路施工图、动力及照明施工图、火灾自动报警自动消防施工图、有线电视系统施工图、通信电话系统施工图、宽带网施工图、有线广播施工图和建筑防雷接地施工图等。

一套完整的电气施工图主要包括以下内容：目录、电气设计说明、电气系统图、电气平面图、设备控制图、设备安装大样图（详图）、安装接线图、设备材料表等。本节主要介绍室内照明施工图的有关内容和表达方法以及弱电系统。

10.4.2 室内电气照明系统施工图

1. 室内电气照明系统的组成

室内电气照明系统由灯具、开关、插座、配电箱和配电线路组成。

(1) 灯具:由电光源和控照器组合而成。电光源有白炽灯泡、荧光灯臂等。控照器俗称灯罩,是光源的配套设备,用来控制和改变光源的光学性能并起到美化、装饰和安全的作用。

(2) 开关:用来控制电气照明。

(3) 插座:主要用来插接移动电气设备和家用电气设备。

(4) 配电箱:主要用来非频繁地操作控制电气照明线路,并能对线路提供短路保护或过载保护。

(5) 配电线路:在照明系统中配电线路所用的导线一般是塑料绝缘电线,按敷设方式分为明线和暗线,现代建筑室内最常用的是线管配线和桥架配线。

2. 室内电气照明器材及安装方法

(1) 导线:导线的种类、规格、型号很多,用途也不尽相同。常用导线型号和应用范围见表 10-4。

常用导线型号和应用范围 表 10-4

型　号	名　称	应用范围
BIX	纱编织的铝芯橡皮线	500V,户内和户外固定敷设用
BX	纱编织的铜芯橡皮线	500V,户内和户外固定敷设用
BBLX	丝编织的铝芯橡皮线	500V,户内和户外固定敷设用
BBX	丝编织的铜芯橡皮线	500V,户内和户外固定敷设用
BLV	铝芯塑料线	500V,户内固定敷设用
BV	铜芯塑料线	500V,户内固定敷设用
BLVV	铝芯塑料护套线	500V,户内固定敷设用
BVV	铜芯塑料护套线	500V,户内固定敷设用
BVB	铜芯塑料软线	500V,要求导线比较柔软时用

导线的敷设方法有两种,一种是明敷,可采用瓷夹、槽板、铝卡片、塑料卡片等固定,它具有造价低,施工方便,便于维修等特点,但不够美观;另一种是暗敷,即导线穿入电管、焊接管、塑料管等预埋管材内(管内穿线总面积不超过管子面积 40%,且不超过 10 根),在接线盒内并头。它具有美观、安全等优点,但施工维修不够方便、价格高。

(2) 开关:开关的种类很多,一般有空气开关、闸刀开关、灯具开关等。它主要用来切断或接通电源,也兼有过流保护作用。开关的安装方法有两种,一种是暗装式,即将开关装在开关箱内或嵌在墙内;另一种为明装式,开关明装配于木基座上。

(3) 电表:它串联在线路中,用于记录用电量。

(4) 熔断器:它串联于线路中,起到过流保护作用。

3. 室内电气照明施工图图示特点

电气施工图的图示特点是采用正投影法绘制。在画图时要选取合适的比例,细部构造配以较大比例详图并加以文字说明。由于电气构配件和材料种类繁多,常采用国标中的有关规定和图例来表示。电气施工图和其他图样一样,要遵守统一性、正确性和完整性的原则。统一性,是指各类工程图样的符号、文字和名称要前后一致;正确性,是指图样的绘制要正确无误,符合国家标准,并能正确指导施工;完整性,是指各类技术文件齐全。

(1) 图例和文字标志

在电气系统设备施工图中,各种电气设备、元件和线路都是用统一的图形符号和文字符号表示的。应按照国家标准规定的符号绘制，如 GB 472a《电气图用图形符号》、GB 7159《电气技术中文字符号指定通则》等。表 10-5 是一些室内电气照明系统中常用的文字符号及其含义，表 10-6 是部分室内电气照明系统中常用的图例。

室内电气照明系统中常用的文字标志的含义 表 10-5

电力或照明配电设备	文字标志	照明灯具安装	文字标志
一般标注方法 说明： a—设备标号 b—型号 c—设备容量(kW) d—导线牌号 e—导线根数 f—导线截面(mm^2) g—导线的敷设方式	Ab/c 或 $a-b-c$ $a\frac{b-c}{d(e\times f)-g}$	一般标注方法 说明： a—灯数 b—型号 c—每盏灯的灯泡数 d—灯泡容量(kW) e—安装高度(mm) f—安装方式	$a-b\frac{c\times d}{e}f$

室内电气照明系统中常用的图例 表 10-6

名　称	图　例	名　称	图　例
单极开关		灯的通用符号	⊗
单极开关(暗装)		单相插座	
双极开关		单相插座(暗装)	
双极开关(暗装)		带接地插孔的单相插座	
三极开关		带接地插孔的单相插座(暗装)	
三极开关(暗装)		带接地插孔的三相插座	
延时开关	t	带接地插孔的三相插座(暗装)	
单极双控开关		熔断丝	
双极双控开关		配电箱	
天棚灯			

(2) 安装标高

在电气系统设备施工图中，线路和电气设备的安装高度需要以标高的形式标注，通常采用与建筑施工图相统一的相对标高。

(3) 标注方式

在室内电气照明施工图中，设备、元件和线路除采用图形符号绘制外，还必须在图形符号旁加文字标注，用以说明其功能和特点，如型号、规格、数量、安装方式、安装位置等。不同的设备和线路有不同的标注方式。

(4) 多线表示和单线表示法

电气系统设备施工图按电路的表示方法可以分为多线表示法和单线表示法。多线表示法是指每根导线在图样中各用一条线表示；单线表示法是指并在一起的两根或两根以上的导线，在图样中只用一条线表示。在同一图样中，必要时可以将多线表示法和单线表示法组合起来使用，在需要表达复杂连接的地方使用多线表示法，在比较简单的地方使用单线表示法。在用单线表示法绘制的电气施工平面图上，一根线条表示多条走向相同的线路，而在线条上划上若干短斜线表示根数（一般用3根导线数），或者用一根短斜线旁标注数字表示导线根数（一般用于3根以上的导线数），对于两根相同走向的导线则通常不必标注根数。

4. 室内电气照明施工图的内容

室内电气照明施工图是以建筑施工图为基础（建筑平面图用细线绘制），并结合电气接线原理而绘制的，主要表明建筑物室内相应配套电气照明设施的技术要求，一般由下列内容组成：

（1）图样目录及设计说明

图样目录表明电气照明施工图的编制顺序及每张图的图名，便于查阅。设计说明中主要说明电源来路、线路材料及敷设方法，材料及设备规格、数量、技术参数、供货厂家、施工中的有关技术要求等。

（2）电气原理图

电气照明施工图具有很强的原理性，其接线原理应按电工学的有关规定执行。电气原理图主要表明下列内容：

① 建筑物内的配电系统的组成和连接原理。

② 各回路配电装置的组成，用电容量值。

③ 导线和器材的型号、规格、根数、敷设方法，穿线管的名称、管径。

④ 各回路的去向。

⑤ 线路中设备、器材的接地方式。

图10-15是某住宅电气接线原理图。它表达了电气照明系统的电气器件的类型、型号、安装要求、线路和配线要求。该照明系统图采用单线图表示，设备安装功率为6kW，计算负荷为6kW，计算电流为34A。电源进线3根截面积为10mm^{2}的塑料铜芯导线。配电箱总开关为C65N-40A/2P+VigiC65/2P型空气开关，配电箱总开关后分成5条回路，其中3条为插座回路（2个空调插座和一个厨房插座），采用3根截面积为4mm^{2}的塑料铜芯导线穿管径为20mm的PVC塑料管在地板和墙内敷设；2条插座和照明回路，分别采用2根截面积为2.5mm^{2}的塑料铜芯导线穿管径为20mm的PVC塑料管在地板和墙内敷设。

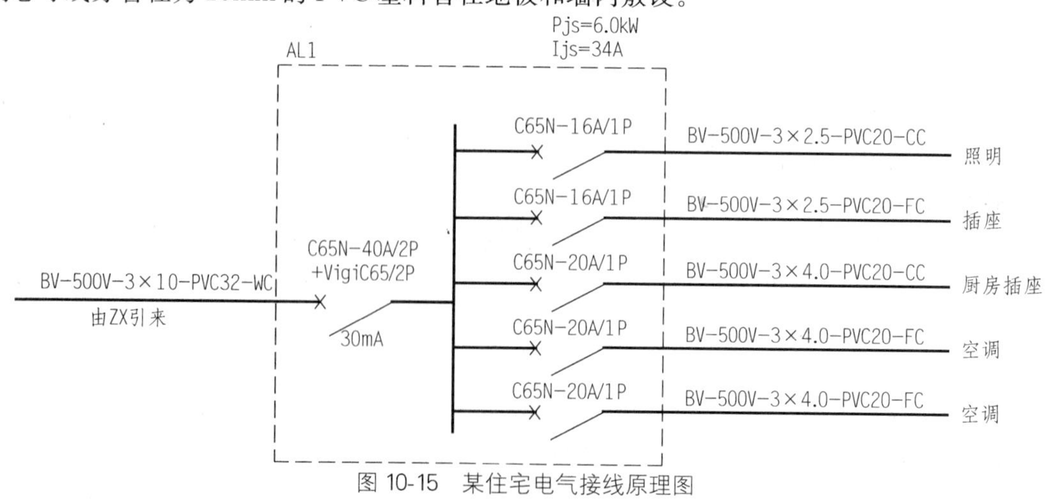

图10-15　某住宅电气接线原理图

(3) 电气照明施工平面图

电气照明施工平面图是在建筑平面图的基础上绘制而成的，其主要表明下列内容：

① 电源进户线的位置，导线规格、型号、根数，引入方法(架空引入时注明架空高度，从地下敷设引入时注明穿管材料、名称、管径等)。

② 配电箱的位置(包括主配电箱、分配电箱等)。

③ 照明线路中导线的根数、型号；规格、线路走向、敷设位置、配线方式、导线的连接方式等。穿线器材的名称、管径。

④ 各用电器材、设备的平面位置、安装高度、安装方法、用电功率。

⑤ 从各配电箱引出回路的编号。

图 10-16 是某住宅楼的首层电气照明平面图。

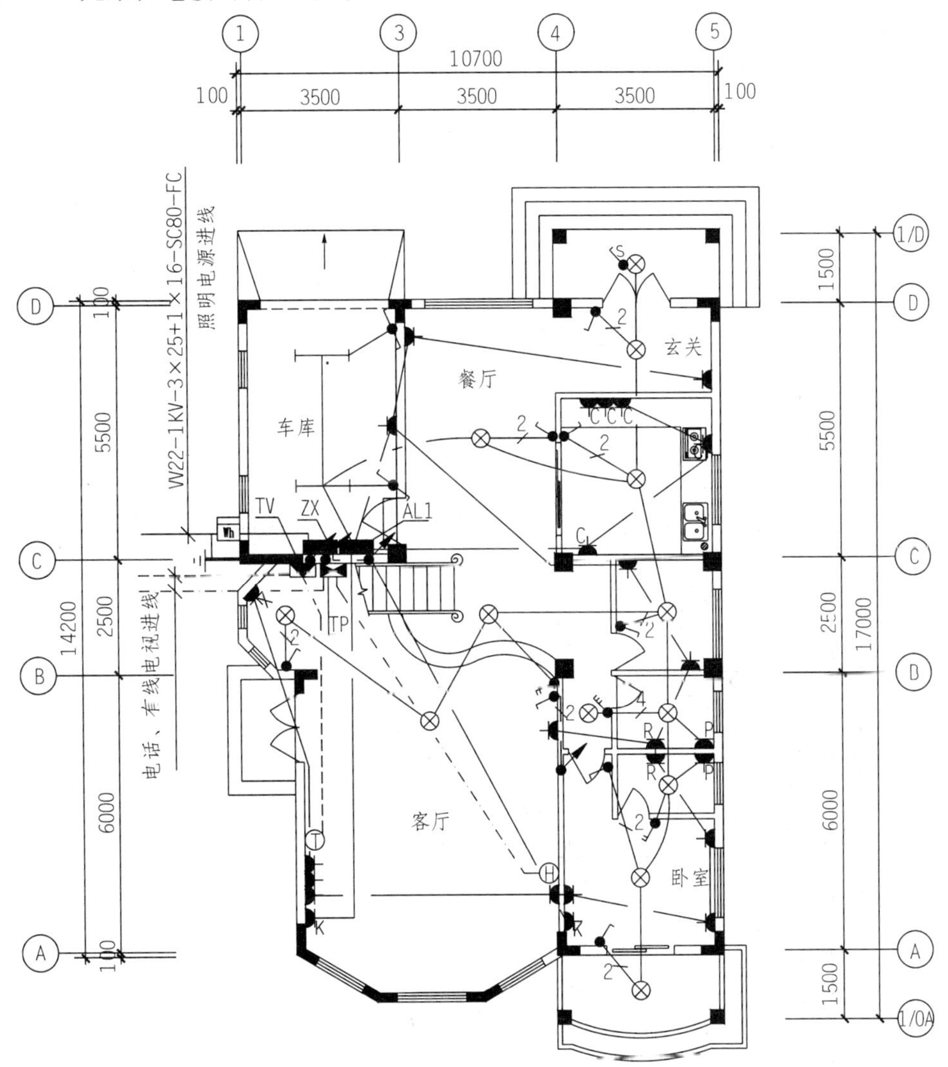

图 10-16　某住宅电气照明平面图

(4) 电气安装大样图

电气安装大样图是表明电气工程中某一部位的具体安装节点详图或安装要求的图样，通常

参见现有的电气安装手册，除特殊情况外，图样中一般不予画出。

10.4.3 弱电与综合布线系统施工图

弱电系统是指通过电能进行信号传递、信息交换的电气系统，相对于动力、照明等通过电能传输能量的强电系统而言，弱电系统中的电能主要用来传输信号，能量极少。弱电系统已经成为现代建筑不可缺少的组成部分，随着生活水平的提高和科学技术的发展，新的弱电系统还在不断出现，使得建筑内的各项功能更加完善，为人们的生产生活提供了更加良好的环境。

弱电施工图主要由弱电平面图、弱电系统图和框图等组成。弱电平面图与电气照明平面图类似，主要是用来表示装置、设备、元件和线路平面布置的图样。弱电系统图是用来表示弱电系统中设备和元件的组成、元件之间的相互连接关系的图样，对于指导安装施工和系统调试具有重要的作用。

1. 几种常见的弱电系统

现代建筑中常见的弱电系统有消防自动报警系统、有线电视系统、防盗安保系统、电话通信系统等等。

(1)消防自动报警系统

消防自动报警系统监测建筑物内的火灾迹象，在未形成损失和灾难之前发出火灾报警，并自动执行某些消防措施。消防自动报警系统一般由火灾探测器、手动报警按钮、自动报警控制器、联动控制器、火灾显示屏等部分组成。图10-17是某住宅的1～6层消防自动报警系统图。

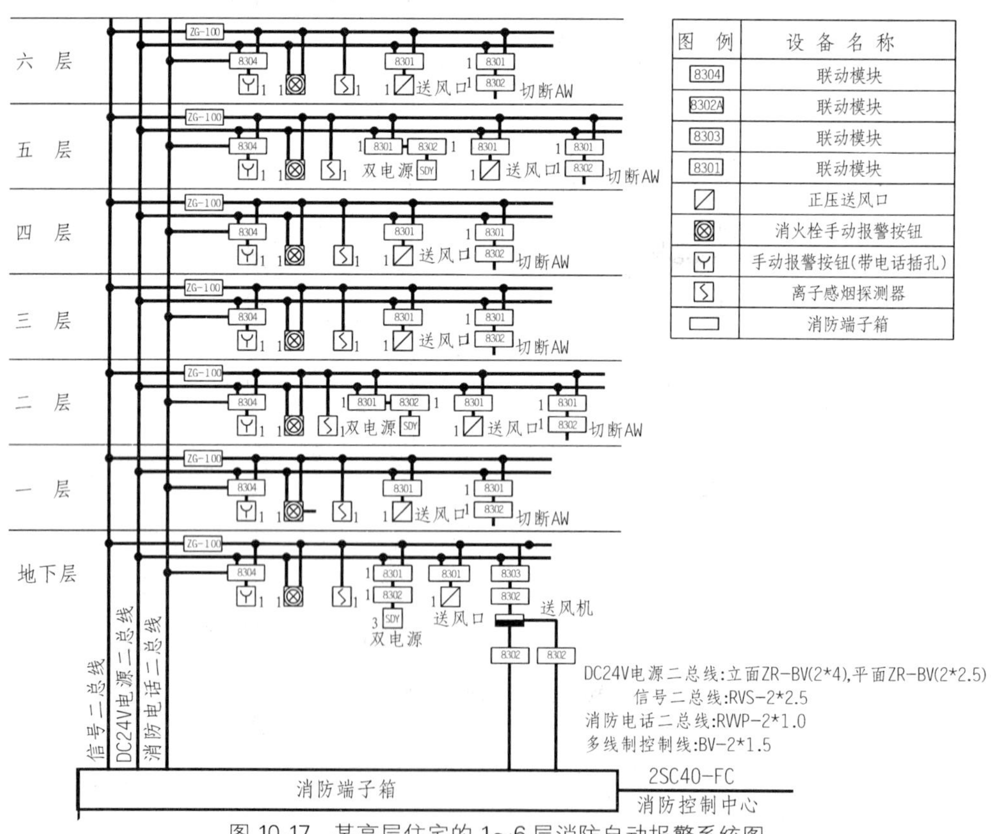

图10-17 某高层住宅的1～6层消防自动报警系统图

(2)有线电视系统

有线电视系统又称共用天线电视系统(Community Antenna Television,缩写为 CATV),它是一种通过同轴电缆连接多台电视机,共用一套电视信号接收装置、前端装置和传输分配线路的有线网络。通过有线电视系统传输的电视信号图像质量高,不易受外界干扰。图 10-18 是某住宅的 1～6 层有线电视系统图。

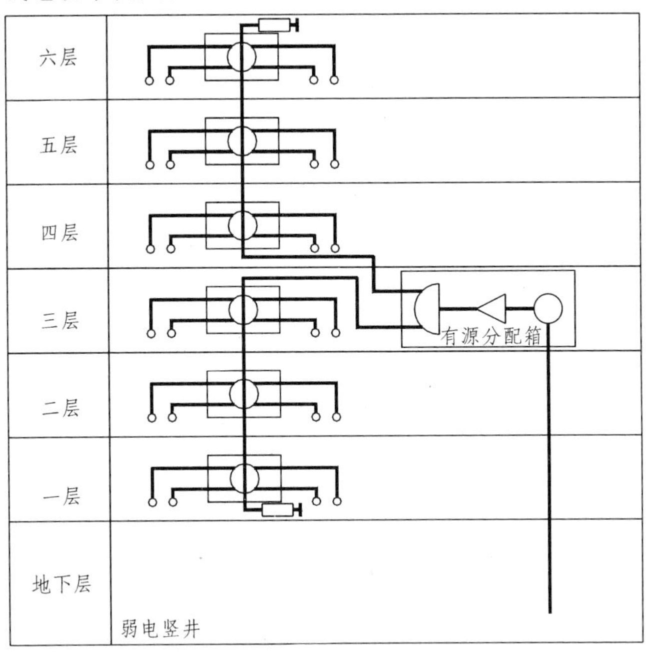

图 10-18　有线电视系统图

(3) 防盗安保系统

防盗安保系统能够实时监视控制安保对象,提高安保管理效率和自动化水平。防盗安保系统包括防盗报警器、电子门禁系统、电视监视系统、对讲安全系统等内容。图 10-19 是某住宅的 1～6 层对讲安全系统图。

(4) 电话通信系统

电话通信系统是现代建筑不可缺少的弱电系统,包括电话、传真、计算机联网等内容,大致可以分为终端设备、交换设备和传输线路三部分。图 10-20 是某住宅的 1～6 层电话通信系统图。

2. 综合布线系统

所谓综合布线系统是指按标准的、统一的和简单的结构化方式编制和布置各种建筑物(或建筑群)内各种系统的通信线路,包括网络系统、电话系统、监控系统、电源系统和照明系统等。因此,综合布线系统是一种标准通用的信息传输系统。

综合布线系统由 6 个子系统组成,包括工作区子系统、水平区子系统、管理间子系统、垂直干线子系统、设备间子系统及建筑群子系统。

由于采用星型结构,任何一个子系统都可独立地接入综合布线中。因此,系统易于扩充,布线易于重新组合,也便于查找和排除故障。

(1) 工作区子系统

工作区子系统是一个可以独立设置终端设备的区域,该子系统包括水平配线系统的信息插座、连接信息插座和终端设备的跳线以及适配器。工作区的服务面积一般可按 5～10m^2 估算,工作区内信息点的数量根据相应的设计等级要求设置。

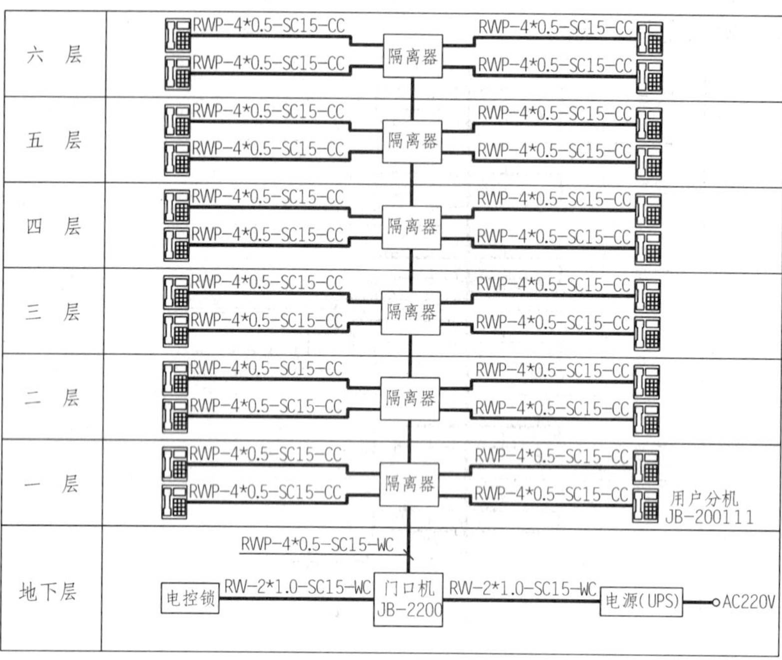

图 10-19　对讲安全系统图

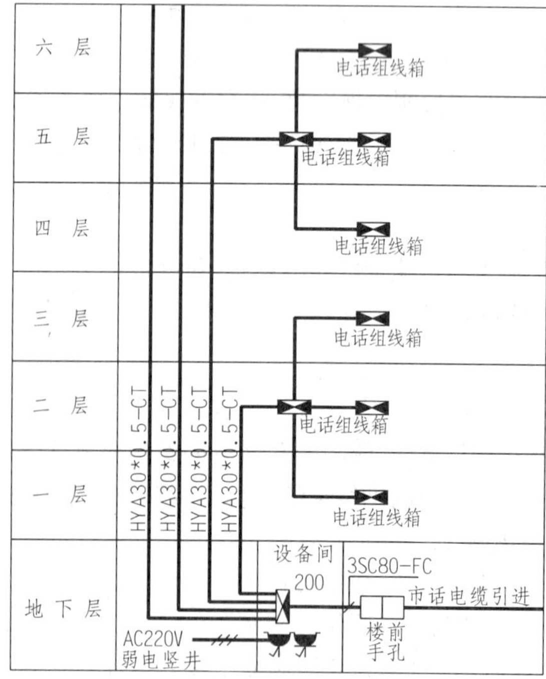

图 10-20　电话通信系统

工作区的每个信息插座都应该支持电话机、数据终端、计算机及监视器等终端设备，同时，为了便于管理和识别，有些厂家的信息插座做成多种颜色：黑、白、红、蓝、绿、黄，这些颜色的设置应符合 TIA/EIA 606 标准。

（2）水平区子系统

水平区子系统应由工作区用的信息插座，楼层分配线设备至信息插座的水平电缆、楼层配线设备和跳线等组成。一般情况，水平电缆应采用 4 对双绞线电缆。在水平子系统有高速率应用的场合，应采用光缆，即光纤到桌面。水平子系统根据整个综合布线系统的要求，应在二级交接间、交接间或设备间的配线设备上进行连接，以构成电话、数据、电视系统和监视系统，并方便地进行管理。水平子系统的电缆长度应小于 90m，信息插座应在内部做固定线连接。

（3）管理间子系统

管理间子系统设置在楼层分配线设备的房间内。管理间子系统应由交接间的配线设备，输入/输出设备等组成，也可应用于设备间子系统中。

管理间子系统应采用单点管理双交接。交接场的结构取决于工作区、综合布线系统规模和选用的硬件。在管理规模大、复杂、有二级交接间时，才设置双点管理双交接。在管理间，应根据应用环境用标记插入条来标出各个端接场。

交接区应有良好的标记系统，如建筑物名称、建筑物位置、区号、起始点和功能等标志。交接间和二级交接间的配线设备应采用色标区别各类用途的配线区。

（4）垂直干线子系统

垂直干线子系统应由设备间的配线设备和跳线以及设备间至各楼层分配线间的连接电缆组成。

在确定垂直子系统所需要的电缆总对数之前，必须确定电缆中话音和数据信号的共享原则。对于基本型每个工作区可选定 2 对，对于增强型每个工作区可选定 3 对双绞线，对于综合型每个工作区可在基本型或增强型的基础上增设光缆系统。如果设备间与计算机机房处于不同的地点，而且需要把语音电缆连至设备间，把数据电缆连至计算机机房，则应在设计中选取不同的干线电缆或干线电缆的不同部分来分别满足不同路由语音和数据的需要。当必要时，也可以采用光缆系统予以满足。

（5）设备间子系统

设备间是在每一幢大楼的适当地点设置进线设备，进行网络管理以及管理人员值班的场所。设备间子系统应由综合布线系统的建筑物进线设备、电话、数据、计算机等各种主机设备及其保安配线设备等组成。设备间内的所有进线终端设备应采用色标区别各类用途的配线区。设备间位置及大小应根据设备的数量、规模、最佳网络中心等内容综合考虑确定。

（6）建筑群子系统

建筑群子系统由二个以上建筑物的电话、数据、监视系统组成一个建筑群综合布线系统，其连接各建筑物之间的缆线和配线设备，组成建筑群子系统。

建筑群子系统应采用地下管道敷设方式，管道内敷设的铜缆或光缆应遵循电话管道和入孔的各项设计规定。此外安装时至少应予留 1～2 个备用管孔，以供扩充之用。

小 结

建筑给排水、供暖、建筑通风、空气调节、燃气供应、建筑供配电、建筑照明、建筑弱电和建筑智能化系统等建筑设备是现代建筑的重要内容。本章主要介绍了常见给排水工程施工图、供暖通风设备施工图、燃气设备施工图、电气设备施工图图纸所包括的内容、施工图的图示特点、要求以及绘图方法和步骤，并给出了具体的实例介绍。通过本章的学习，读者可以掌握建筑设备施工图绘图方法，并为识读建筑设备施工图打好基础。

1. 建筑设备施工图包含哪些内容？
2. 试述室内给排水平面图和系统图的图示内容、特点及要求。
3. 供暖施工图图纸有哪些内容组成？
4. 试述室内供暖系统平面图和轴测图的图示内容和特点。
5. 识读课本中的图 10-7、图 10-8 所示的供暖系统平面图和系统轴测图。
6. 通风系统施工图纸包括哪些主要内容？试述通风系统施工图的图示特点和要求。
7. 识读课本中的图 10-9、图 10-10 某厂房的通风系统平面图和轴测图。
8. 试述室内燃气管道平面图和系统施工图的图示特点和要求。
9. 识读课本中图 10-11、10-12 所示的某食堂厨房燃气管道平面图和系统图。
10. 试述室内电气照明系统的组成和室内电气照明施工图包括哪些内容。
11. 试述室内电气照明施工图图示内容和特点。
12. 阅读课本中的图 10-17 所示的某住宅楼电气照明平面图。

参考文献

[1] 王永智，齐明超，李学京. 建筑制图手册. 北京：机械工业出版社，2006.
[2] 中国计划出版社. 建筑制图标准汇编. 北京：中国计划出版社，2003.
[3] 中华人民共和国建设部. GB/T 50103—2001 总图制图标准. 北京：中国计划出版社，2002.
[4] 中华人民共和国建设部. GB/T 50104—2001 建筑制图标准. 北京：中国计划出版社，2002.
[5] 张英，郭树荣. 建筑工程制图. 北京：中国建筑工业出版社，2005.
[6] 陈文斌. 建筑工程制图. 上海：同济大学出版社，2003.
[7] 于春艳，张国兴. 工程制图. 北京：中国电力出版社，2004.
[8] 何斌，陈锦昌，等. 建筑制图(第五版). 北京：高等教育出版社，2005.

第 11 章 道路工程图

本章概要

1. 介绍标高投影的基本原理和常见的工程交线问题的求解方法；
2. 介绍路线工程图的表达方法和绘图步骤。

11.1 标高投影

11.1.1 基本概念

土木工程建筑物常常与地面相联系，为了表达土木工程建筑物与地面的关系，在土木建筑工程中(工民建、道桥、水利)常需要绘制表面形状复杂的地形图，以便于在图纸上描述和解决有关问题。由于地面的形状很复杂，一般为不规则的曲面，且水平尺寸与高度尺寸相差很大，难以用多面正投影法表达清楚，标高投影法是适用于表示地形面和复杂曲面的一种投影方法。

在多面正投影中，每一个投影图可以表示两个方向的尺度，在工程上有些物体水平两个方向的尺寸比高度的尺寸要大得多，用三视图的方法作图困难、表达不清，无法清楚地表达物体的形状。如果仅有水平投影可以表达 X、Y 但无法表达 Z，可以采用把 Z 坐标在图上来说明物体的高度的方法，这就是标高投影的基本原理。这种用水平投影加在其上注明的各特征点的高度，也可确定物体的空间形状和位置(图 11-1)。

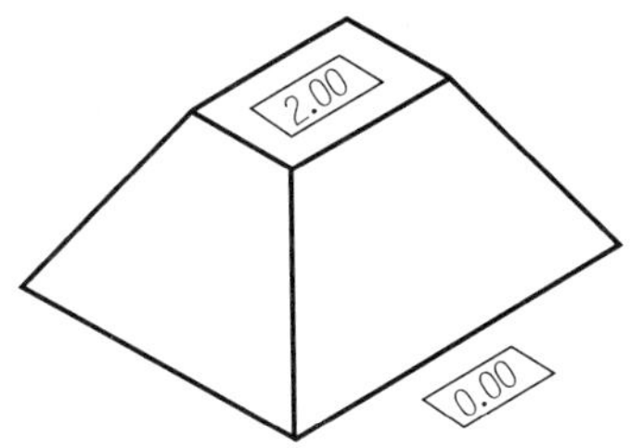

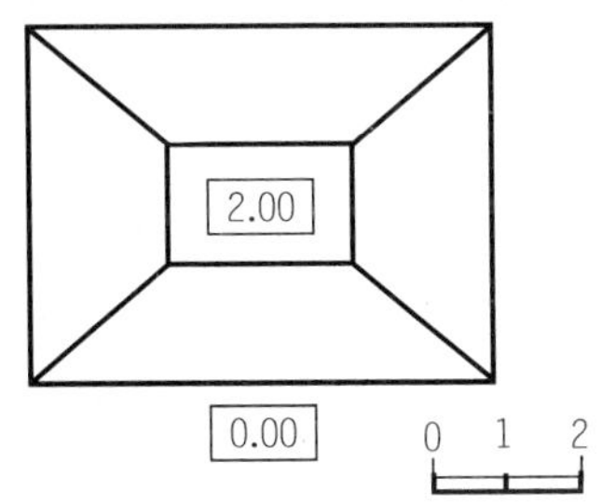

图 11-1 标高投影的基本概念

标高投影：用水平投影加注某些特征面和线，以及控制点高程数字和比例表示空间形体的方法所得到的单面正投影。

标高投影中的高度基准:土木工程中通常采用国家统一规定的水准零点作为基准(我国一般以1956年青岛附近的黄海海平面高程作为基准面),高度数值称为高程,单位为m,在图上无需注明。为了度量需要标高投影中必须画出绘图比例尺或注出绘图比例。

当标高以水准零点所在海平面为基准面时,称为绝对标高,工程中有些时候采用相对标高,即采用某一已选定的水平面为基准面,如房屋的室内地面等。

标高投影是采取:在水平投影图上加注特征地形物上某些特殊点、线、面的高程的方法,以高程数字代替立面图的作用。它是一种单面投影,仍然属于正投影。

11.1.2 点和直线的标高投影

1. 点的标高投影

在点的水平投影旁,标注出该点距离水平投影面 H 的高程数字,即得到该点的标高投影。如图设空间三个点 A、B、C,其水平投影为 a、b、c,在各点水平投影对应字母的右下角标上各点距离水平面的高程数字4,0,−2,这些数字称为各点的标高。选择水平投影面 H 作为基准面,设其高程为零,当一点高于 H 面时,标高为正;低于 H 面时,标高为负;H 面上的点的标高为零。就作出三点的标高投影。

点的标高投影可表示:点的空间位置(图11-2)。

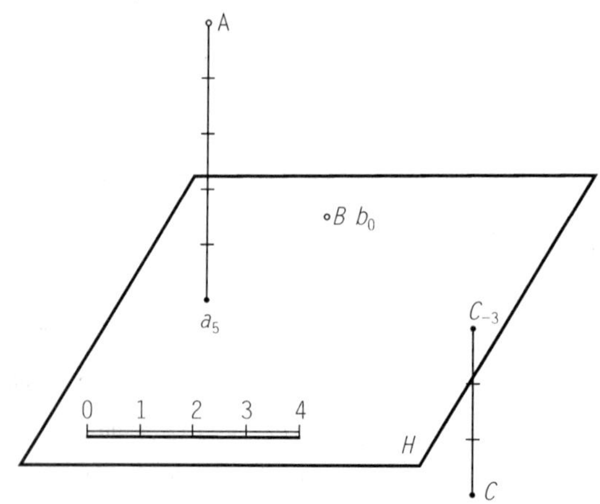

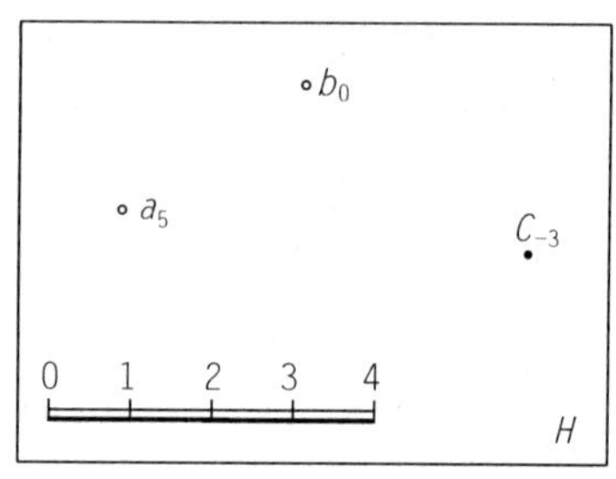

图11-2 点的标高投影

标高投影:以物体的一个水平正投影与标数(高度数值或标高)相结合的表示空间形体的方法。

标高投影的三要素:水平投影、高度标数、比例尺。

(1) 标高投影中,长度单位为m。

(2) 标高投影常按缩小的比例画出,图中必须注明比例或给出比例尺。

(3) 标高必须以某个水平面作为计算的基准面。

2. 直线的标高

(1) 直线的标高投影:可由直线上任意两点的标高投影或直线上一点的标高投影及该直线的方向确定。

设有直线 AB,点 A 高度为2,点 B 高度为4,直线 CD 点 C 高度为2,点 D 高度为6,直线

FG 中，点 F 高度为 2，点 G 高度为 2，其标高投影如图 11-3 所示。

(2) 直线的坡度：直线上任意两点的高度差与水平距离之比。

直线的坡度 $i=\dfrac{\text{高差}}{\text{水平距离}}=\dfrac{\Delta H}{\Delta L}=\tan\alpha$，也就是直线的斜率(图 11-4)。

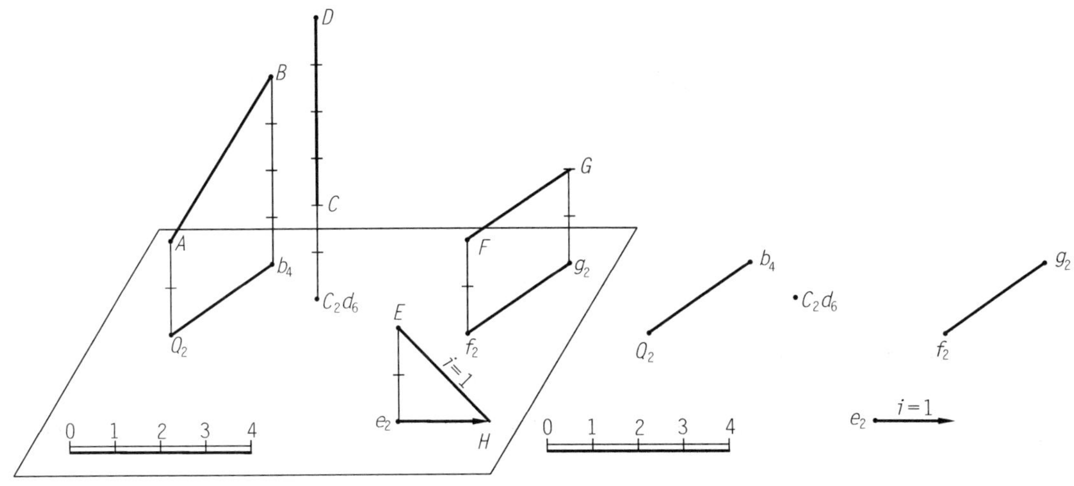

图 11-3 直线的标高投影

意义：当直线上两点间距(水平间距)为 1 个单位时两点的高度差距。直线上任两点的坡度相等。

(3) 直线的平距：当直线上两点的高差为一个单位时它的水平距离称该直线的平距。

$$\text{平距}=\frac{AB\text{ 的水平距离}}{AB\text{ 的高差}}=\frac{L}{H}=1/\tan\alpha=1/i$$

平距与坡度互为倒数。坡度和平距都能反映直线的倾斜程度。由此可见，坡度大则平距小，坡度小则平距大。

由直线的标高投影可求直线上任一点的标高；根据给出的标高值，也可以确定直线上点的位置。

【例 11-1】 已知直线 AB 的标高投影 a_5、b_2 求直线上 C 点的标高(图 11-5)。

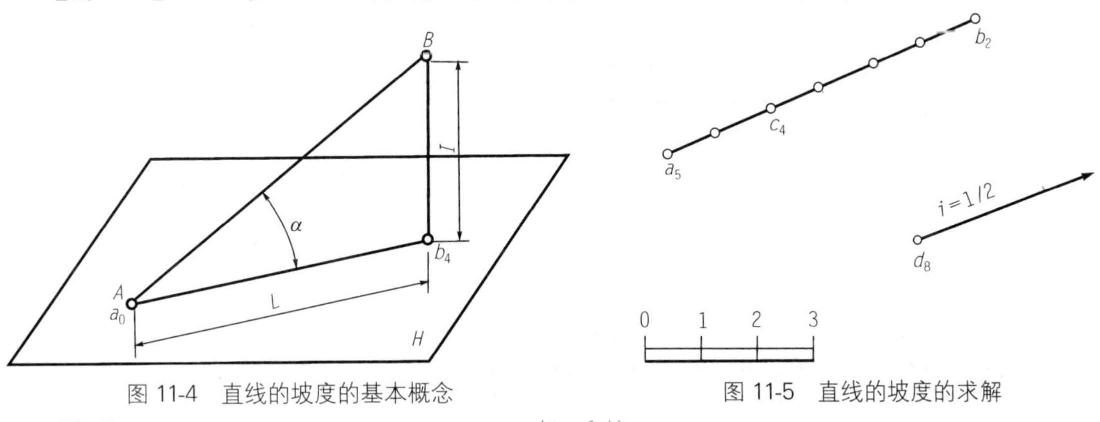

图 11-4 直线的坡度的基本概念

图 11-5 直线的坡度的求解

【解】

$$i-3/6=1/2$$

$$i_{ac}=i_{ab}=1/2=H_{ac}/L_{ac}$$

$$H_{ac}=1/2\times 2=1$$

C 点标高 5−1=4，即 C_4。

直线的第二种表示法：由直线上一点及直线的方向（坡度值、箭头）表示，注意：箭头指向下坡方向。

【例 11-2】 求图所示直线 AB 的坡度与平距，并定出该直线上标高为 4.3 的 C 点（图 11-6）。

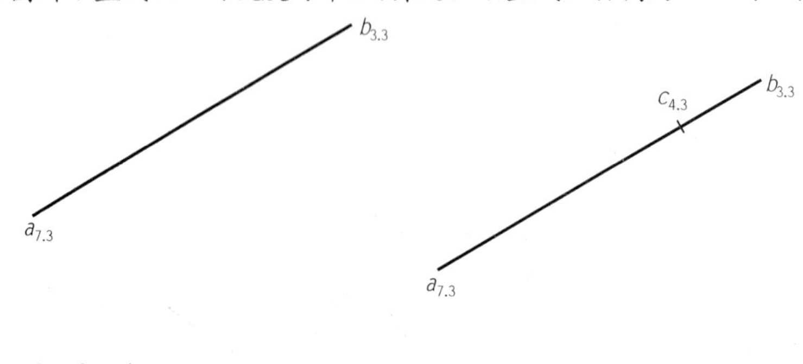

图 11-6　直线上的点

【解】 应先求出直线段 AB 的高差和水平距离 H、L，然后利用上述公式确定直线的坡度与平距。

$H=7.3-3.3=4$

$L=8$ （注：按比例尺在图上量取得到）

$i=H/L=4/8=1/2$　$l=2/1=2$

$H_{ac}=7.3-4.3=3$　$L_{ac}=H_{ac}/i=6$

在图上按比例尺量取 $L_{ac}=6$ 即得 C 点。

(4) 直线的实长及整数标高点的求法

在标高投影中求直线的实长，仍然采用正投影中的直角三角形法。以直线的标高投影为一直角边；直线两端点的高程差为另一直角边，作直角三角形，该直角三角形的斜边为直线的实长，角 α 为直线对基准面 H 的倾角（图 11-7）。

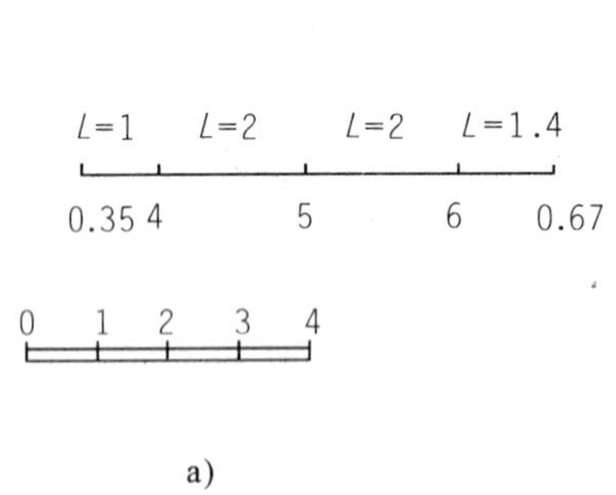

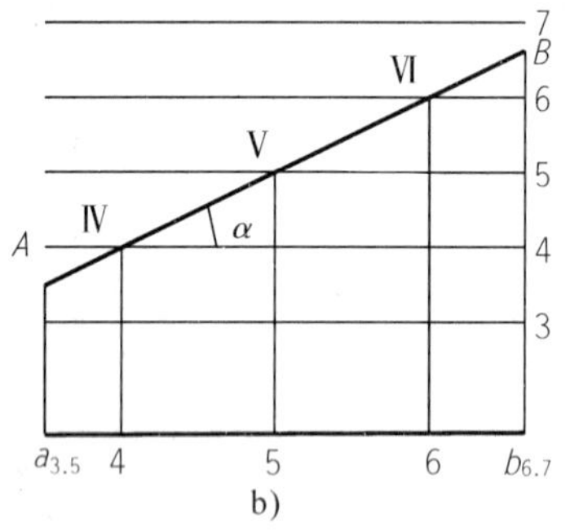

图 11-7　直线上的整数标高点

在实际工作中常遇到直线的两端点的标高数字并非整数，需要在直线的投影上定出各整数标高点，这些整数标高点称为刻度。

求整数标高点有两种方法：计算法（先求出直线的坡度再利用坡度求其他点的投影）和图解法。

【例 11-3】 求图 11-7 所示直线 $a_{3.5}-b_{6.7}$ 的整数标高点。

【解】 计算法：用比例尺从图上量得水平距离为 6.4。$i=(6.7-3.5)/6.4=3.2/6.4=\frac{1}{2}$ 平距 $l=2$。

可知 4、5、6、7、各点的水平距离之差为 2

高程 6 与 6.7 之间的水平距离为(高差 6.7－6)×2＝1.4

高程 4 与 5 之间的水平距离为(高差 4－3.5)×2＝1

则自 6.4 处向左量 1.4 及 2 个 2 单位得 6、5、4 整数标高点或自 3.5 处向右量及 2 个 2 单位得 4、5、6 整数标高点。

图解法：

如图 11-7 所示，已知直线 AB 的标高投影 $a_{3.5}b_{6.7}$，求直线 AB 上的整数标高点。作图方法是在标高投影 $a_{3.5}b_{6.7}$ 的一侧任一位置处，分别过 $a_{3.5}$ 和 $b_{6.7}$ 作 $a_{3.5}b_{6.7}$ 的垂线，在垂线上分别按其标高数字 3.5 和 6.7 按此比例拟值定出 A、B 两点。连接 AB，AB 与各平行线的交点Ⅳ、Ⅴ、Ⅵ即为直线上的整数标高点。再把它们由实长返回到直线的标高投影 $a_{3.5}b_{6.7}$ 上，即得直线上的各整数标高点的投影。如各平行线间距采用单位长度，还可以同时求出直线 AB 的实长和直线对基准面 H 的倾角。

(5) 两直线的相对位置

两直线的相对位置有：平行、垂直、相交、交叉。

两直线平行：两直线的标高投影平行且两直线升降方向一致，坡度或平距相等。

两直线相交：两直线的标高投影相交且交点同高程。

两直线垂直：两直线垂直时，当其中的一条为等高线时其标高投影才能反映 90 度。

两直线交叉：两直线的标高投影相交时投影交点高程不相同。

11.1.3 平面的标高投影

1. 平面上的等高线

平面上的水平线称之为等高线，因为这种直线上的任意点的高程都相等。同一平面上的等高线应彼此平行，当高程差相等时，对应的水平距离也应相等。在实际应用中常取平面上整数标高的水平线为等高线，高差数字为 1、5 或 10。并把平面与基准面(H 面)的交线作为高程为零的等高线(图 11-8)。

平面上的等高线具有以下特性：

① 等高线是直线。

② 等高线互相平行。

③ 等高线平距相等。

平面的等高线的求法如图 11-9 所示。

2. 坡度线

平面坡度线：平面内对水平面的最大斜度线称平面的坡度线

平面的坡度线特性：

(1) 平面的坡度线与其等高线相互垂直，它们的水平投影也相互垂直。

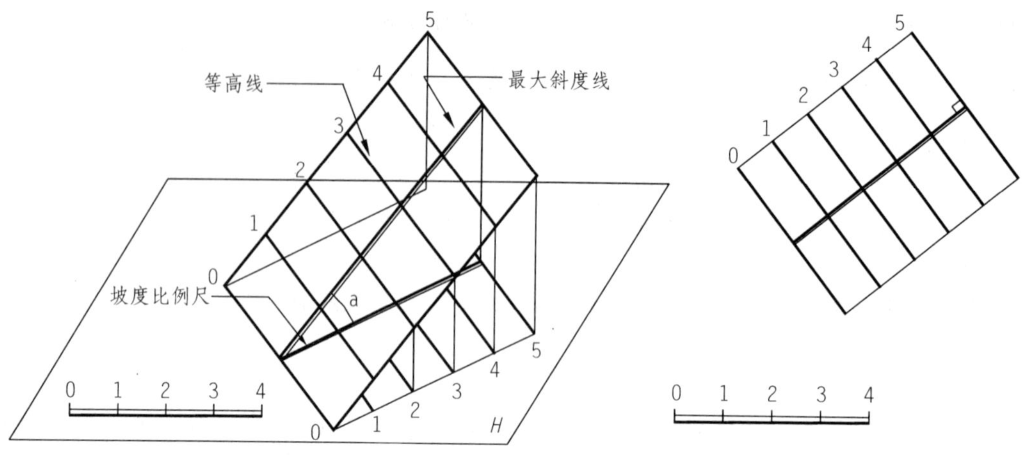

图 11-8　平面的等高线和平面的标高投影

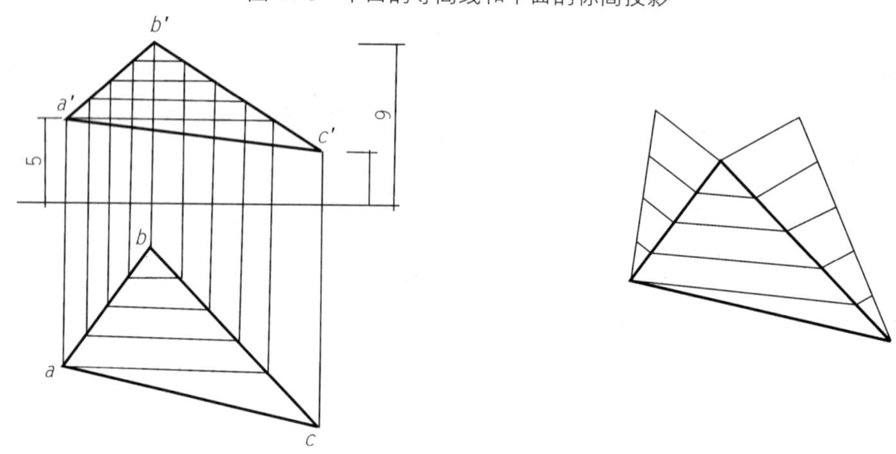

图 11-9　平面的等高线的求法

（2）平面的坡度线的坡度表示该平面的坡度。

坡度线平距＝等高线平距

3. 坡度比例尺

将平面上的最大坡度线的投影附以整数高程，并画成一粗一细的双线，使与一般直线有所区别，这种表示法称为平面的坡度比例尺。坡度比例尺与等高线垂直。坡度比例尺上的刻度间距就是等高线的平距。

4. 平面的表示

平面用平面上的几何元素表示：

（1）用平面上的三点的标高投影表示。

（2）用平面上的一组等高线的标高投影表示。

（3）用平面上的一条等高线的标高投影加平面的坡度（箭头指向下坡方向之为坡度值）表示（图 11-10）。

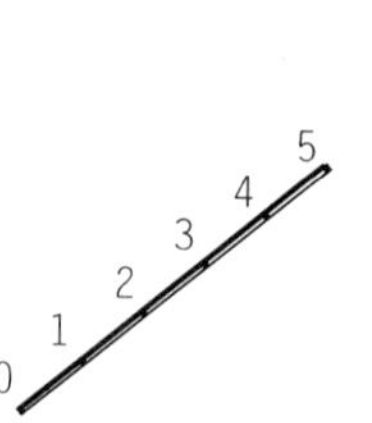

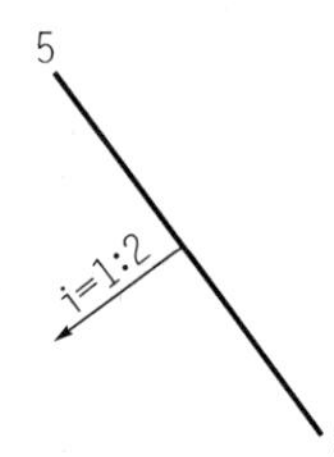

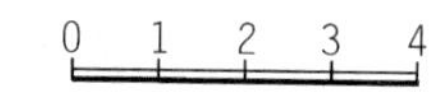

图 11-10　平面的标高投影

已知平面上的一条等高线就可以确定最大坡度线的方向即平面的方向，而平面的坡度已知则平面的倾斜程度也已确定，根椐坡度和平距就可以确定其他等高线上点位置，过这些点作已知等高线的平行线就可以求出其他的等高线。

(4) 用坡度比例尺表示。

因为坡度比例尺的坡度代表平面的坡度，所以坡度比例尺的位置和方向一旦给定，平面的方向位置也就确定。等高线与坡度比例尺垂直，过坡度比例尺上各整数点作坡度比例尺的垂线就是平面上的等高线(图 11-11)。

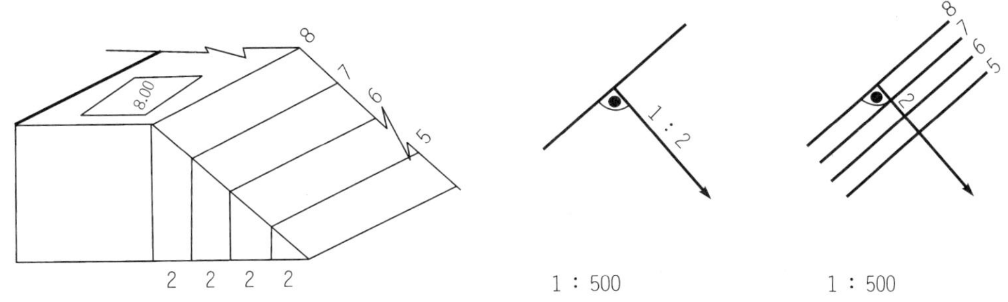

图 11-11 平面的标高投影

(5) 用任一位置的一般位置直线加平面坡度的大致坡向表示(图 11-12)。

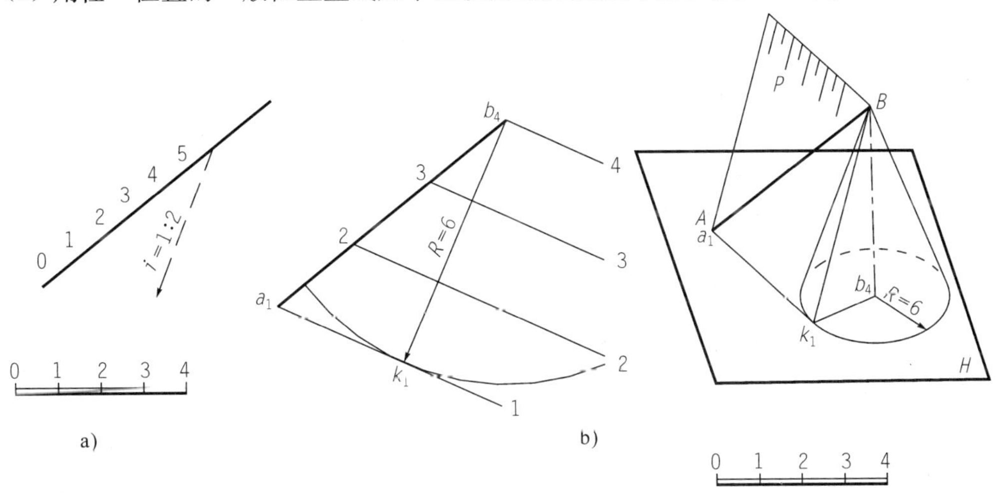

图 11-12 平面的标高投影

过一条直线可以作无数个平面，然而在平面的坡度和倾斜方向确定后，包含该直线的平面就唯一确定。图中的箭头只是表示平面大致向直线的某一侧倾斜，并不表示平面的准确坡度方向，因此将它画成带箭头的虚线。

分析：该平面上高程为 1 的等高线必通过直线上点 a_1，且与 b_4 的水平距离 $L=H/i=6$。以 b_4 为圆心，$R=6$m 为半径画圆弧，过点 a_1 作直线与圆弧相切，切点为 k_1，直线 a_1k_1 即为此平面上高程为 1 的等高线。以 B 为锥顶，作一素线坡度为 $i=1:2$ 的正圆锥，此圆锥与高程为 1 的水平面交于一圆，圆的半径为 6，过点 B 包含直线 AB 作一平面与此圆锥相切，切线 BK 为圆锥的一条素线，也是所做平面上的一条坡度线。直线 AK 就是该平面上高程为 1 的等高线。

(6) 用水平面和平面的高程表示。

【例 11-4】 如图 11-13，已知 a_2、b_4、c_7 三点确定一平面，求平面的等高线、坡度比例尺和平面对 H 面的倾角。

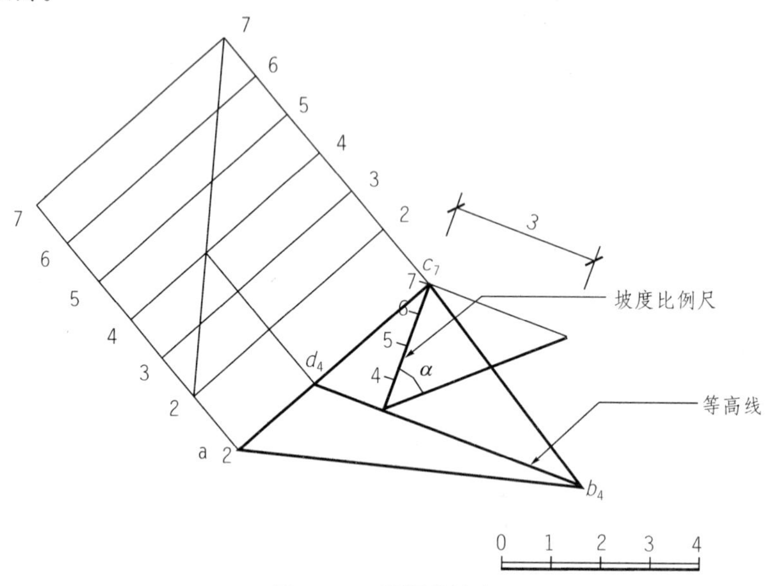

图 11-13 平面的坡度

【解】 先求 a_2c_7 上高程为 4 的标高点 d_4，连接 b_4d_4 即为平面上高程为 4 的等高线，过 c_7 作等高线的垂线，就是平面上的坡度线，在坡度线上按平距(等高线的平距)划分刻度即为坡度比例尺，以平距为一直角边，对应的高差为另一直角边，构成直角三角形，直角三角形高差直角边的对角即为平面对 H 面的倾角。

11.1.4 曲面的标高投影

曲面的标高投影：用曲面上的一系列等高线表示，即一系列水平面与曲面的截交线的标高投影表示曲面。

1. 正锥面的标高投影

用等高差的水平面截正圆锥，得等高线为一系列半径递增的同心圆，即各同心圆间的平距相等，在圆上标上高程数值得锥面的标高投影，高程数字的字头规定朝向高处，正圆锥和倒圆锥都是如此。

圆锥有正置、斜置、倒置圆锥，当其处于不同位置时其标高投影也不相同。正圆锥表面上各素线的坡度相等(图 11-14)。

常用于建筑物的坡面转角处。

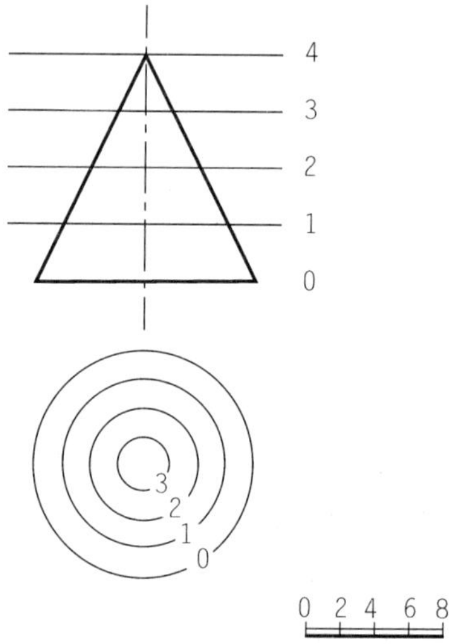

图 11-14 锥面的标高投影

2. 不规则曲面地形面的标高投影

地形面的标高投影用曲面上的一系列等高线表示。用一组高差相等的水平面截割地形面，得到一组高程不同的等高线，注明每条等高线的高程，即得到地形面的标高投影，又称为地形图(图 11-15)。地形图上等高线的高程数字的字头规定朝向上坡方向，相邻等高线之间的高差称为等高距，相邻高差(等高距)一般取1、2、5、10m，土木工程地形图上相邻等高线的高差一般为20m，一般地形图中每隔四根画得较粗并注有标高数字的等高线称为计曲线，在地形图上需注明画图比例。常见的有山丘、山谷、马鞍形等地形。由于地形面是不规则的曲面，因此，地形等高线是不规则的曲线。

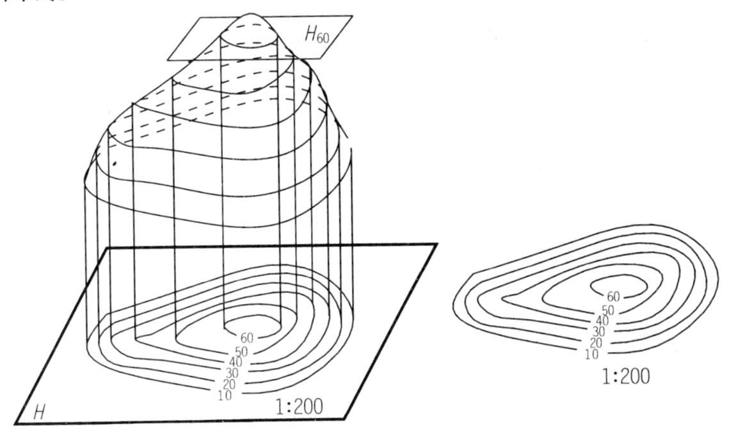

图 11-15　地形面的标高投影

地形面上的等高线具有如下特性：

(1) 等高线一般是封闭曲线；不同高程等高线不相交。

若一组封闭曲线中，中间高外面低则是山丘，中间低外面高则是洼地。

(2) 除悬崖绝壁的地方外，等高线一般不相交。

(3)同一地形图中，等高线越密表示地势越陡，反之越稀地势越平坦。

常见地形特征：

(1) 山脊与山谷

山脊(低高程等高线外凸)与山谷(低高程等高线内凹)的等高线的凹凸方向相反。(图 11-16)。

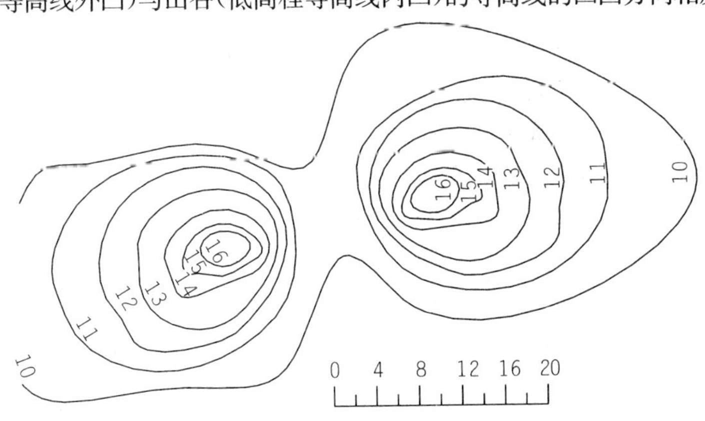

图 11-16　常见地形面的标高投影

(2) 鞍部

相邻两山峰之间形状像马鞍的曲线。

鞍部两侧有同高程的等高线分布。

地形图表示的优点：清楚反映地面形状、地势起伏变化及坡向。

3. 同坡曲面

表面上任何地方的坡度都相同的曲面称为同坡曲面。如图 11-17，以一条空间曲线为导线，一个正圆锥的顶点沿该曲导线运动，在运动过程中，正圆锥顶角不变，轴线始终垂直水平面，则所有这些正圆锥的包络面就是同坡曲面。从同坡曲面的形成过程可以看出，同坡曲面上的等高线和圆锥面上的等高线一定相切。切点在同坡曲面与圆锥面的切线上。

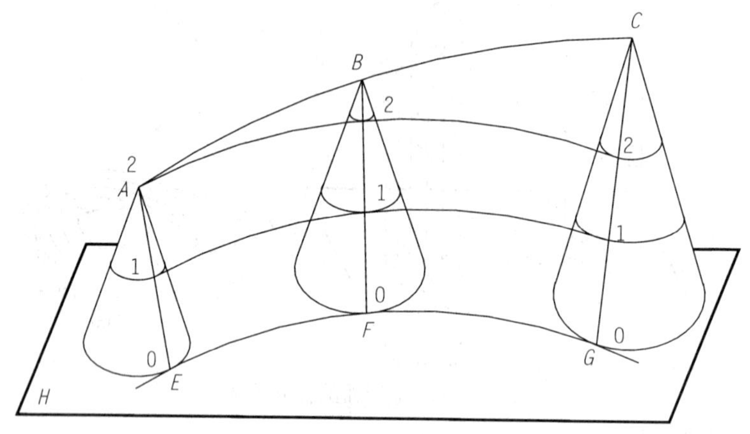

图 11-17　同坡曲面

弯曲的斜坡道，两侧边坡曲面的坡度相等，可看成是一系列底角相等的、渐变高度的正圆锥面的包络面(图 11-18)。

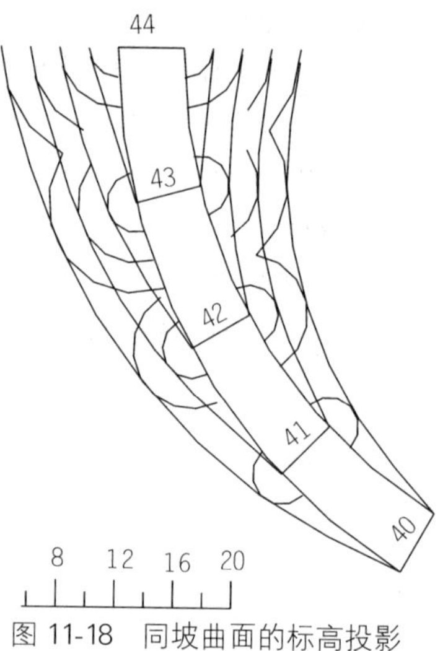

图 11-18　同坡曲面的标高投影

曲面上每条素线都是与圆锥相切。

可见：同坡曲面上的等高线、和圆锥曲面上高程相等的等高线一定相切，切点就在曲面与锥面的切线上。

作法：

(1) 先在弯斜坡上作不同高程点。

(2) 从每一高程点作等坡度等平距同心圆，按等高度降坡。

(3) 同高程圆包络线为该高度的等高线。

【例 11-5】 求图 11-19a)所示弯坡道 a_0、b_1、c_2、d_3、e_3、f_2、g_1、h_0 的内外坡面范围及坡面交线，弯坡连接路堤，地面高程为零，要求坡度为 1∶1，画出弯坡内外坡面的整数高程等高线。

【解】 由于要求统一的坡度，弯坡道的内外坡面均为同坡曲面。

内侧坡面：分别以 b_1、c_2、d_3 为锥顶，作出坡度为 1∶1 的正圆锥，画出这些圆锥面上高程为 0、1、2 的等高线——水平圆，作公切于这些同高程水平圆的曲线，所画曲线即为同坡曲面的等高线(图 11-19b))。

外侧坡面：作图过程与内侧坡面相同。

坡面交线：同坡曲面上与路堤标高数值相等的等高线的交点为坡面交线上的点，连接各点即得内外坡面的交线。

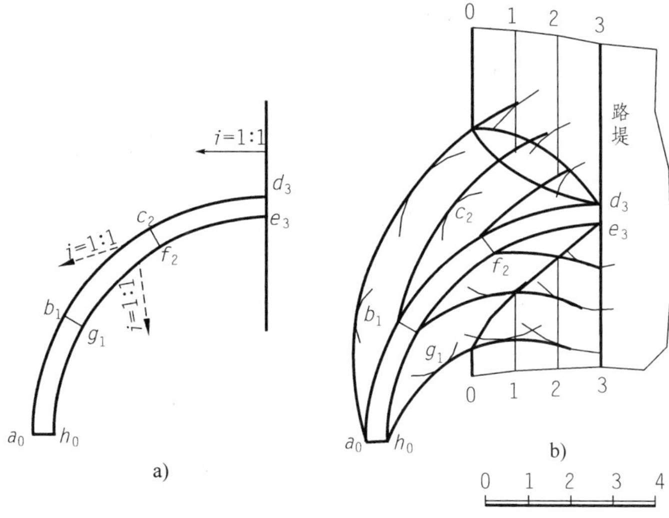

图 11-19　坡面交线

11.1.5　平面、曲面与地形面的交线

1. 两平面的相互位置

(1) 两平面平行

若两平面平行，则两平面的等高线平行，平距相等，或两平面的坡度比例尺平行，平距相等，且标高数字的增减方向相同(图11-20)。

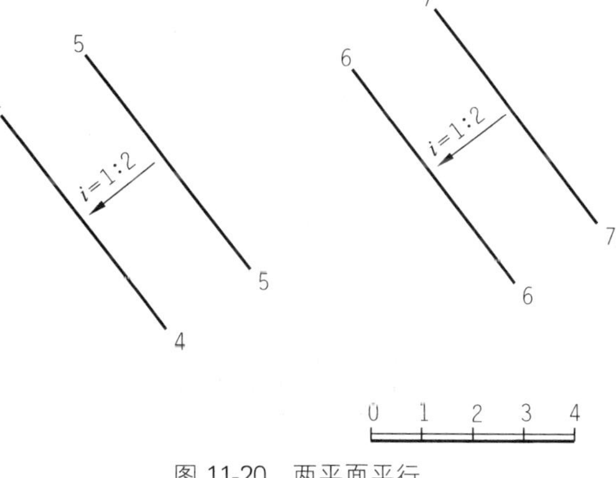

图 11-20　两平面平行

(2) 两平面相交

在标高投影中，求两平面的交线时，通常采用水平面作为辅助平面，水平辅助面与两个相交平面的截交线是两条相同高程的等高线。这两条等高线的交点就是两平面的共有点，即交线上的点，两次截切求得两对不同高程的等高线的交点，连线即为两平面的交线。两平面(或曲面)高程相同的等高线交点是两平面(或曲面)的交点。作图时，只要作出相应的同高程等高线交点相连即可(图 11-21)。

实际工程中，把建筑物上相邻两坡面的交线称为坡面交线，坡面与地面的交线称为坡脚线(填方)或开挖线(挖方)。

通常利用两平面内同高程等高线相交，分别找出两个共有点并连接起来求得交线。

【例 11-6】 求 P、Q 两平面的交线(图 10-21)：

【解】 (1) 做出图 11-21 两平面同高程 9、10 的等高线。

(2) 两条同高程的等高线相交于两个交点 m、n。

(3) 连接这两个交点 m、n 便得到这两个平面交线的标高投影。

(3) 填、挖方交线的求法

在工程建设中，相邻两坡面的交线称坡面交线，常有填、挖方形成的交线。

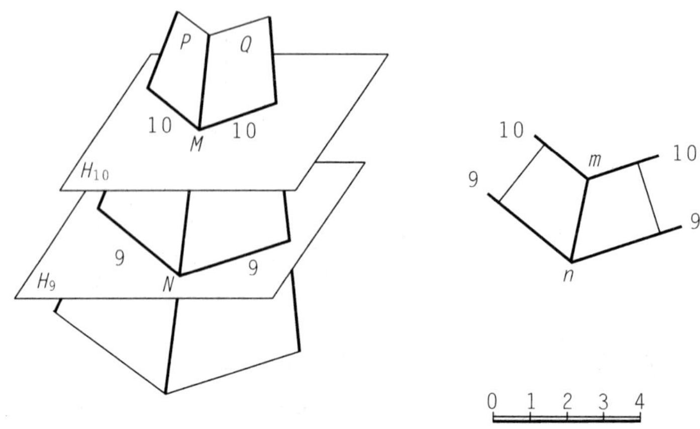

图 11-21　两平面相交

【例 11-7】　在高程为零的地面上挖一基坑，基坑底高程为－2m，基坑底的大小、形状和各坡面的坡度如图 11-22a）图示，求开挖线和坡面交线。

【解】　(1) 求开挖线：地面高程为零，坑底高差为－2，因此开挖线就是个坡面上高程为零的等高线。它们分别与相应的基坑底边线平行，求出各面的水平距离差，其水平距离由 $L=H/i$ 求得。

$$L_1=L_2=2/1=2$$

$$L_3=2/(1/2)=4 \quad L_4=2/(1/1.5)=3$$

(2) 求坡面交线：相邻两坡面上高程相同的两等高线的交点就是两坡面的共有点，高程为 0 和－2 分别连接相应的两个共有点，即得到四条坡面交线。

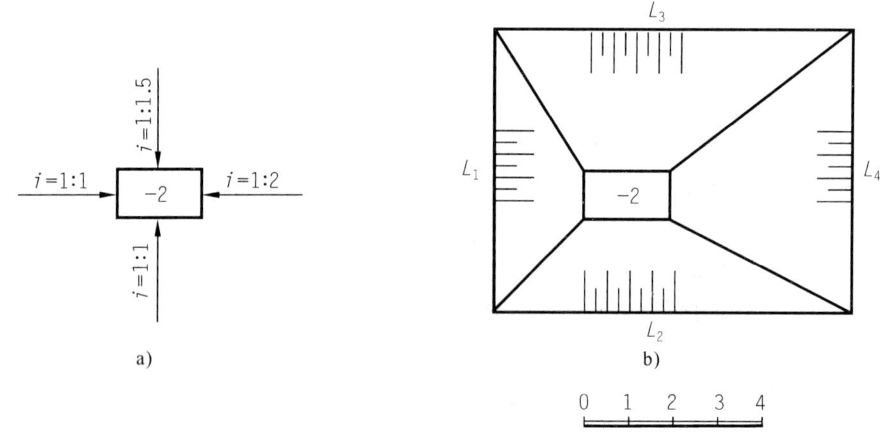

图 11-22　求基坑开挖线和坡面交线

(3) 画示坡线：在坡的高端等高线上用一系列垂直于等高线的长短线表示坡面倾斜方向，这些长短线称为示坡线（图 11-22b）。

示坡线：为了表示坡度的方向，在坡面上画出示坡线，用一长一短的垂直于坡面等高线的细实线画出，密端方向为坡的高端，稀端方向为坡的低端，坡度越大线越密。

【例 11-8】　高低两堤相交如图 11-23 所示，已知两堤顶面标高分别为 3 和 2，地面标高为 0，试作出两堤的标高投影。

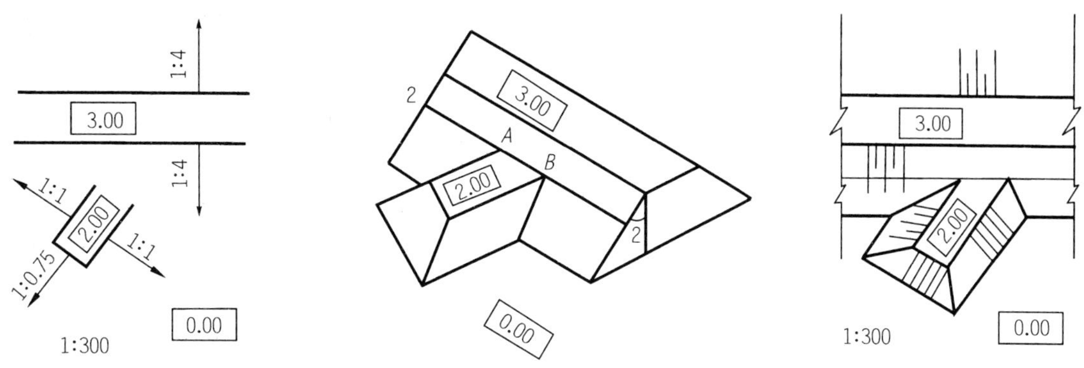

图 11-23　求坡面交线和坡脚线

分析：三种交线：一为坡脚线；二为支堤堤顶与主堤边坡面的交线；三为主堤坡面与支堤坡面的交线。

作图过程：主要为求坡面与坡面、坡面与地面的交线

坡面与地面的交线：高度为 0 的等高线

高低堤的交线：两堤高度为 2 的等高线

(1) 求坡脚线：高度为 0 的等高线。

(2) 求低堤顶与高堤边坡面的交线：两堤高度为 2 的等高线。

(3) 求高低堤侧坡面间的交线。

(4) 画出示坡线。

【例 11-9】　如图示，已知一斜坡路堤 a_0、b_0、c_2、d_2，求斜坡路堤的坡面线和坡脚线(图 11-24)。

【解】　坡脚线：坡脚线即为各坡面上高程为零的等高线，CD 向坡面的坡脚线与 c_2、d_2 平行，水平距离 $L_1=H/i=2/(1/1.5)=3\text{m}$。

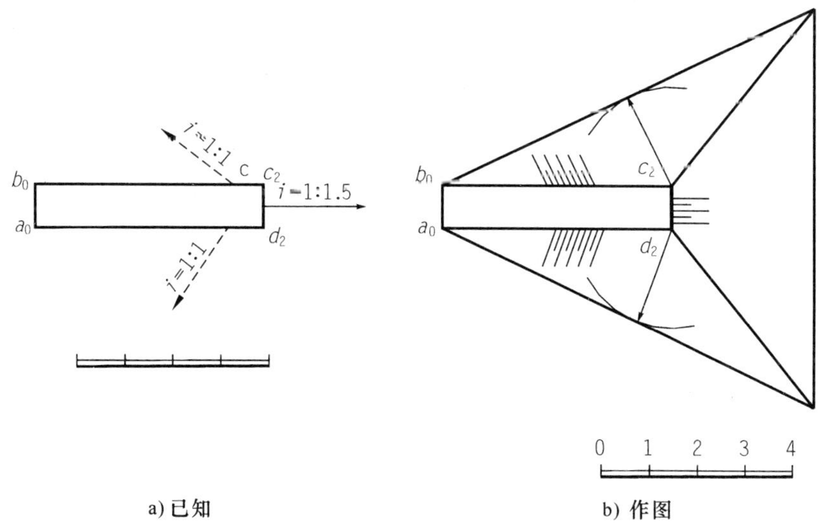

图 11-24　求坡面交线和坡脚线

BC 向坡面和 AD 向坡面的坡脚线求法与图 11-10b)相同，分别以 c_2、d_2 为圆心，$L_2=H/i=2/(1/1)=2\text{m}$ 为半径画圆弧，再自 a_0、b_0 分别作两圆弧的切线，即为斜坡路堤两侧的坡脚线。

坡面交线：同高度等高线交点的连线。

示坡线：画出各坡面的示坡线，其中斜坡路堤两侧坡面的示坡线垂直于相应的坡脚线。

2. 平面与地形面的交线

平面与地形面的交线，就是求平面上与地形面上标高相同的等高线的交点，将这些交点光顺地连接起来即得交线，交线一般为不规则曲线。

铅垂面与地形面相交的交线，就是用铅垂面剖切地形面，所得到的剖面形状称为地形剖面图。工程上有时为了得到某位置的地面起伏情况或某位置的地下地质状况，常要作出地形剖面图(图 11-25)。

地形断面图作图方法如下：

(1) 过Ⅰ-Ⅰ作铅垂面，它与地形面上各等高线的交点分别为 a、b、c、d……，然后按等高距及地形图的比例画一组高程数字不等的水平线，水平线间距为等高距，最下边的一条水平直线为断面图上所剖最低高程线。

(2)自各水平投影点作铅垂线，与相应的水平线相交于 A、B、C、D……

(3) 按地形趋势光滑连接 A、B、C、D……得地形剖面线，并根据地质情况画上相应的剖面材料符号。

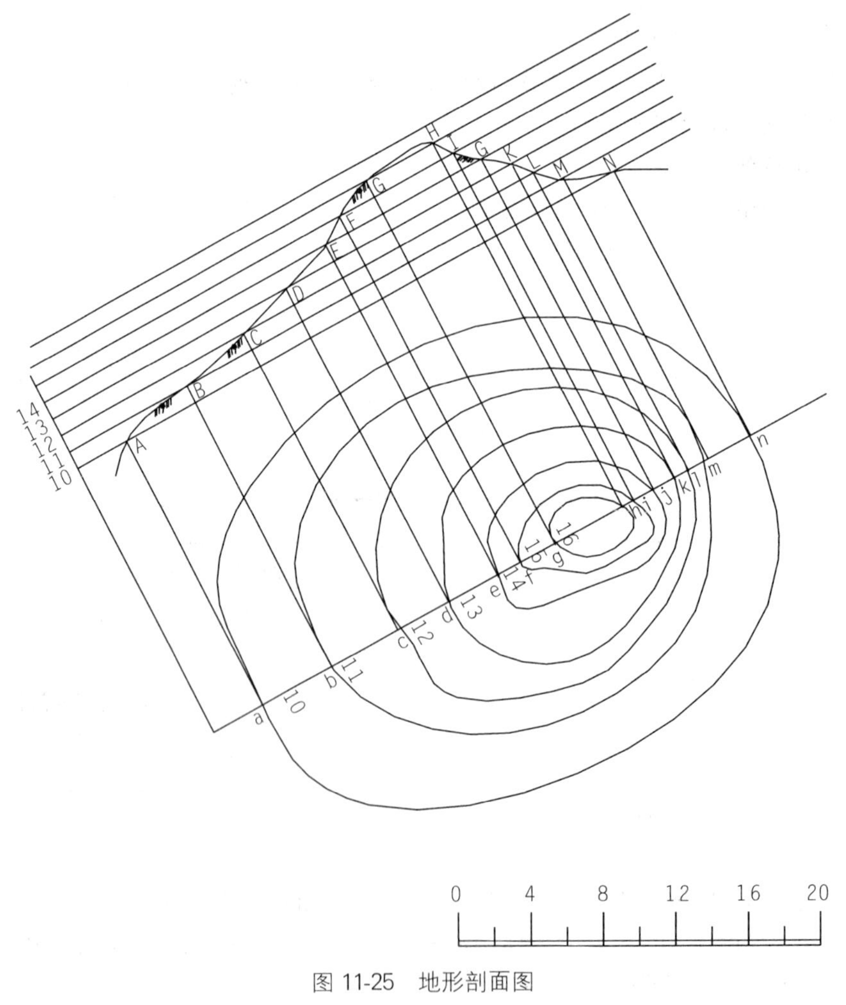

图 11-25　地形剖面图

求平面与地形面的交线，由于地面的等高线已知，只需根据平面的坡度画出平面上对应高程的等高线，平面上与地形面上标高相同的等高线的交点即为交线上的点，得到这一系列的点后光滑连接即得交线。

求直线与地面的交点（地形断面图）

【例 11-10】 已知地形图和 BM 的标高 $b_{11}m_{14}$，求直线与地面的交点（图 11-26a）。

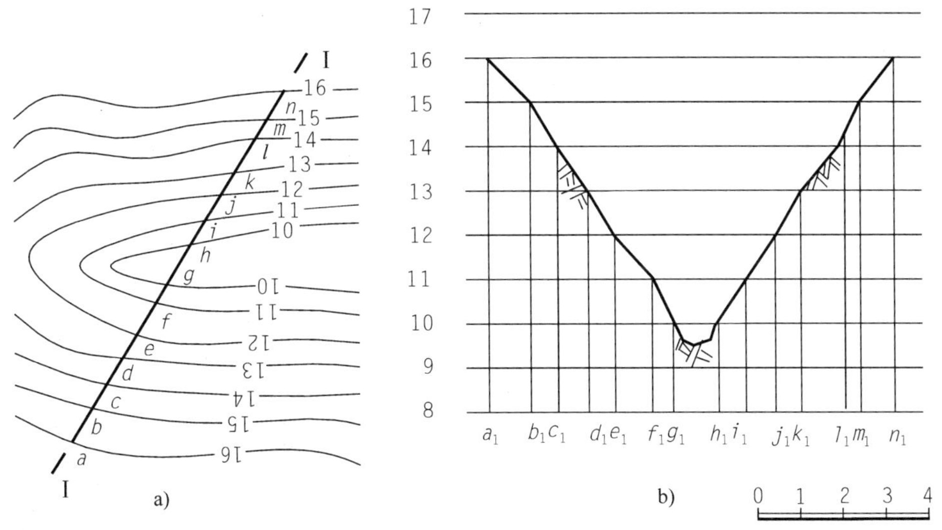

图 11-26　地形断面图

［解］：包含直线作一铅垂剖面垂直剖切地面，作出剖切面的地面投影，在上面求直线交点后返回。

作铅垂面（过直线）和标高线；

求断面图和直线；

求断面图上直线与地面交点，返回。

3. 标高投影求交线应用实例

求地面上建筑物的填、挖方的交线。

【例 11-11】 已知一水坝坝顶 8m，坝底 4m，坝顶形状和坡度如图 11-27，求坡脚线和坡面交线。

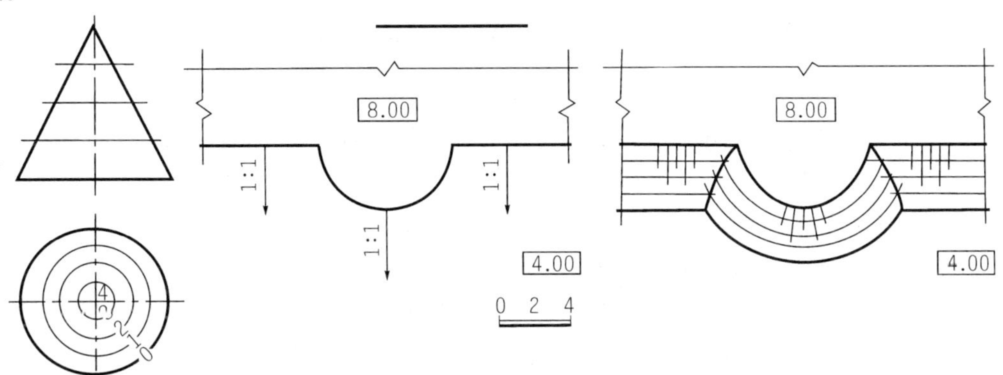

图 11-27　圆台坝交线

[解]:由图可知,平台中部为一半圆形,水坝两侧为平面,中部为锥面,高差为4m,则水平距离为4m。等高线间距为4m。

其边坡呈锥面,用不同高程的水平面可作出不同高程的等高线。两边是直线中间呈圆弧。

【解】 (1) 总高差=8−4=4(底);两边 $L=1/I=1$;坡底水平距离为 4×1=4;

底圆 $l=1/I=1$;坡底水平距离(半径差)4×1=4。

(2) 求坡面交线,分别取高程为5、6、7,连成坡面交线。

(3) 作出示坡线(锥上陡密,两边缓稀)。

【例11-12】 如图11-28所示,在坡面上修建一高程为25m的水平场地,场地填方坡度为1∶1.5,挖方坡度为1∶1,求填挖范围及坡面交线。

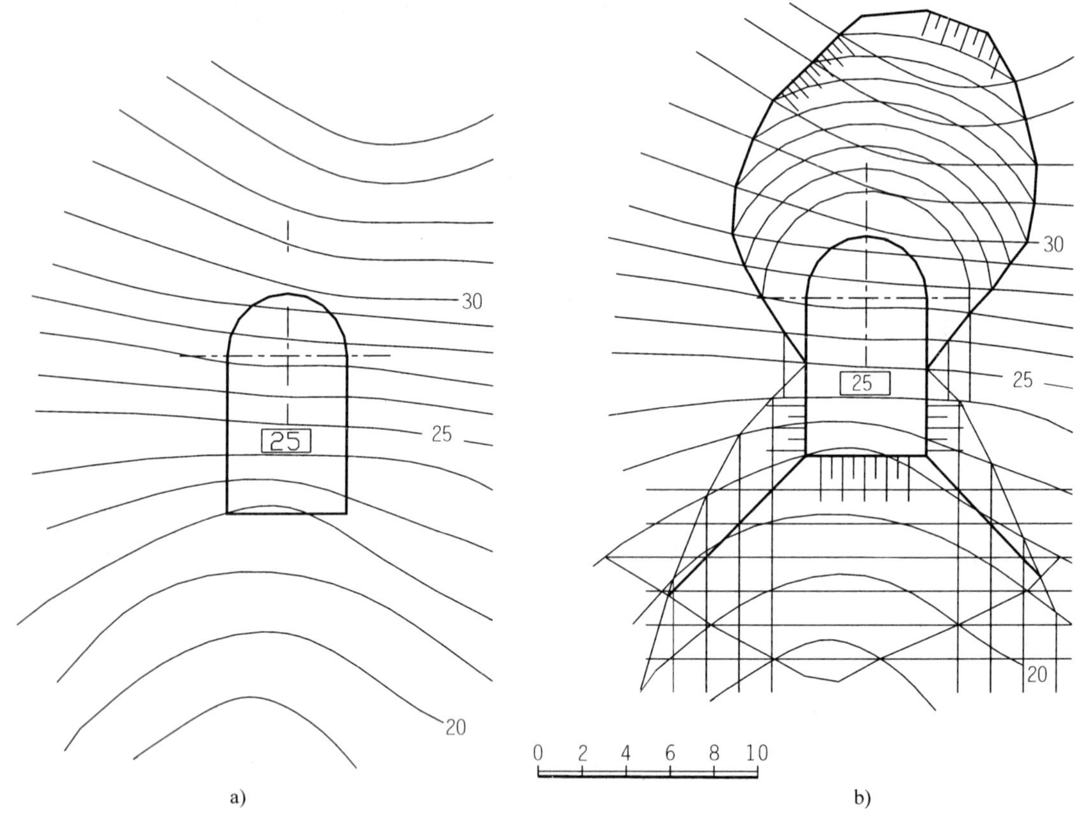

图11-28 开挖平台的交线

分析:① 水平广场高程为25,所以25等高线就是挖方和填方的分界线 C、D 两点是等高线与广场边界交点,不需填、挖。

② 挖方部分是一个倒锥面+两面相切平面,倒锥面等高线为同心圆,半径越大,高程越高。因挖方坡度同为1∶1,则两挖方平面与倒锥面相切。

③ 填方外端广场部分为一矩形,所以三个面均为坡度为1∶1.5的平面,等高线越外越低。等高线与地面和填坡面相交,左、右、下角三面共点,

两坡面间交线是同高程等高线的分角线。

作图：

① 求挖方边界

以 $L=1$ 为平距作同心圆交同高程等高线，得锥面部分交线，两边同作同心圆相切的平行线，截同高程等高线。

② 求填方边界

$L=1.5$

因三坡面同坡度，坡面交线为分角线，三面以 1.5 为平距，作出填方各等高线，得填方部分边界。左、右下方为两条坡脚线的交点。

③ 画出各坡面示坡线。

【解】 (1) 由于水平场地的高程为 25m，故为高于 25m 的一边需挖方，低于 25m 的一边需填方。水平场地的四条边(含圆弧)就是各坡面上高程为 25m 的等高线。根据各坡面的坡度(填方坡度为 1∶1.5，挖方坡度为 1∶1)算出相应的平距，作出各坡面对应的等高线，注意填方坡面作坡面上小于 25m 的等高线。挖方坡面作坡面上大于 25m 的等高线，挖方为圆台坡面，等高线为相应的同心圆。

(2) 各坡面上与地面上高程数字相等的等高线的交点即为对应坡脚线或开挖线上的点，光滑连接即得各坡面的坡脚线或开挖线，由于下部填方各坡面都是平面，相邻坡面的交线为直线。连接即得坡面交线。

【例 11-13】 在某河道上筑一土坝，高程为 9，上、下游坡道如图 11-29，求坝与地面交线。

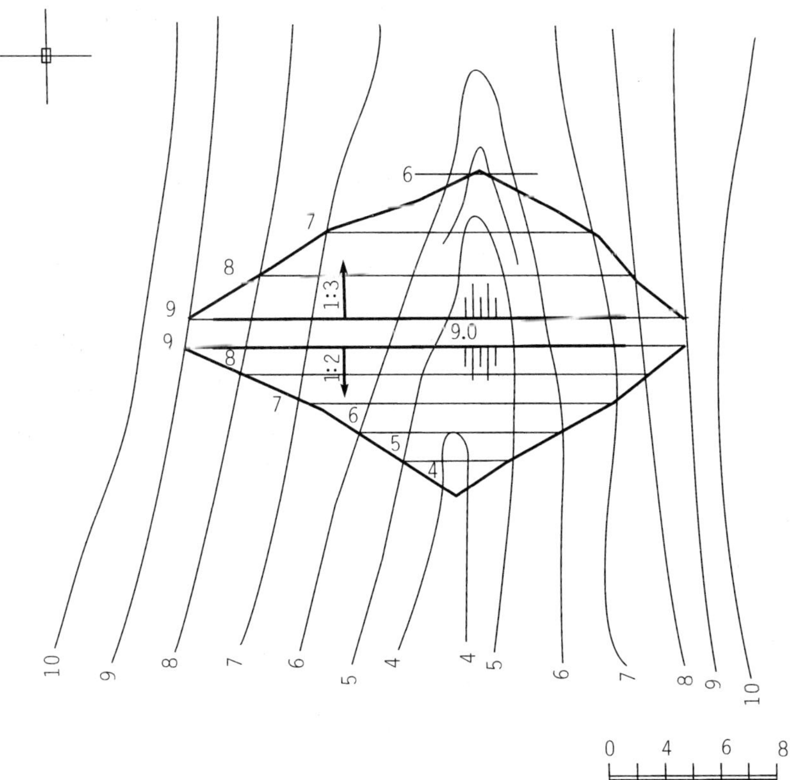

图 11-29　拦河坝的交线

分析:坝顶高出地为 9,呈填方,与上、下游都有交线,由于地面不规则,交线呈不规则曲线,作出同高程的坝表面等高线就可求出交点。

(1) 两端画至 9 等高线。

(2) $L_{上}=3, L_{下}=2$,总高差$=9-5=4$。

(3) 上游各等高线水平距离:$L8=3\times1=3, L7=3\times2=6, L6=3\times2=6, L5=3\times4=12$

下游各等高线水平距离:$L8=2\times1=2, L7=2\times2=4$, $L6=2\times3=6$, $L5=2\times4=8$

依次连接为上、下坡交线。

(4) 作示坡线。

11.2 道路路线工程图

11.2.1 道路路线工程图

1. 概述

道路:供车辆行使、行人步行的带状空间三维构造物,主要由路基、路面、桥梁、涵洞、通道、隧道、防护工程和排水设备等构造物组成。按组成和功能分:公路(市郊、市外)、城市道路。

道路路线:沿长度方向的行车道中心线。路线的线型,由于受地形、地物和地质条件的限制,在平、纵面上由直线和曲线段共同组成,所以路线从整体上往往是由直线和曲线组成的一条空间曲线。

平面看:直、左右弯道、平曲线。

纵向看:平坡、上、下坡道、竖曲线。

道路构成:路基、路堑、半挖半填路基、挡土墙、路面、桥梁、涵洞、隧道、立交、防护工程、排水设备。

道路路线工程图:表达道路路线。

路线设计的最后结果是以平面图、纵断面图和横断面图来表达。由于公路是建筑在大地表面狭长地带上,路线纵向高差和平面的弯曲变化都与地面起伏形状紧密联系。因此路线工程图的图示方法与一般工程图不同,它是以地形图作为平面图,以纵向展开断面图为立面图,以横断面图为侧面图,并且大都各自画在单独的图纸上,一般这三种工程图绘制时采用的的比例也不相同,利用这三种工程图来描述路线的空间位置、线型和尺寸,因此路线工程图由路线平面图、路线纵断面图和路基横断面图组成。

另外,桥、隧、涵工程图:表达各工程实体。

2. 道路路线工程图

道路路线工程图:表达道路路线的空间位置、线型和尺寸。

路线平面图:采用地形图,说明道路路线的平面布置情况、沿线地形、地物、弯曲情况。

路线纵断面图:代立面图,表纵向起伏。

路基横断面图:代侧面图,表达路幅宽度和边坡。

(1) 路线平面图

路线平面图主要表达路线的方向、平面线型(直线和平面曲线)组成以及沿线两侧一定范围内的地形、地物情况。在路线平面图上主要包括以下几个部分：

① 地形

地形图上应包含以下内容：

a. 比例：地形图主要表达路线所处地形的起伏情况，根据地形的变化情况地形图采用不同的比例，一般在山岭区采用1∶2000，丘陵和平原区采用1∶5000。

b. 方位，坐标网，指北针：方位和路线走向，为了表示地区的方位和路线的走向，地形图上需画出指北针或大地坐标网。指北针采用圆内带黑箭头方式表示，箭头指向正北；大地坐标网用垂直相交十字线表示，表示两垂直直线的交点坐标距坐标网原点北3000，东2000，单位为m。

c. 地形起伏情况和图例(表11-1)：地形图上用等高线表示地形起伏情况，相邻两等高线的高差一般为2m；可以通过等高线、等高线间距，了解地形上的山峰、山脊、山谷、河流、丘陵、平原，地形图上用图例表示地物(表11-1)。如旱田、水道、旧公路、桥梁、堤坝、水塘、房屋、高低压线、采石场、小路、桥梁、涵洞、隧道、立交、沙滩等。

平面图图例　　表11-1

名称	符号	名称	符号	名称	符号
房屋		涵洞		水稻田	
大车路		桥梁		草地	
小路		菜地		梨	
堤坝		旱田		高压电力线 低压电力线	
河流		沙滩		人工开挖	

② 路线部分

a. 路线

由于路线平面图所采用的绘图比例一般较小，公路的宽度无法按实际比例尺寸画出，因此路线采用粗实线沿路中心表示，前进方向从左至右(图11-30至图11-32)。

里程桩号：路线的长度用里程表示，规定里程由左向右递增。路线左侧设有"◖"标记的表示公里桩号，公里桩之间路线上设有短细线"|"标记的表示百米标，按道路制图标准规定，数字写在短细线端部，字头朝向上方。要标注路线起止点。

b. 线型

路线的平面线型一般由直线和曲线组成。曲线型路线的转弯处，在平面图中采用交角点编号表示，如JD1表示第1号交角点，平曲线参数有JD、R、α、T、L、E，交角点，还有平曲线控制点。α为偏角，其中α_z表示左偏角，α_y表示右偏角，它是沿路线前进方向向左或向右偏转的角度。平曲线参数一般都标在图上或另表给出：圆曲线的设计半径R、切线长T、曲线长L、外矢距E以及设有缓和曲线段路线的缓和曲线长l。在图中同时还需标出曲线的起点ZY(直圆点)、中点 QZ(曲中)和终点 YZ(圆直点)的位置,如曲线设有缓和曲线则还需标出 ZH(直缓点)、HY(缓圆点)、YH(圆缓点)、HZ(缓直点)的位置。

c. 控制标高的水准点和三角网测量的三角点

在路线平面图上需标出控制地形图标高的水准点位置及三角网测量的三角点,设计过程中,一般沿路线两侧布设一系列水准点和三角点,"⊗ $\frac{\text{BM2}}{30.355}$"表示第 2 号水准点,其标高为 30.355m,$\triangle C_1$ 表示第 1 号三角点。"△"为三角网测量的三角点,"⊗"为控制标高的水准点。

d. 图表

在路线平面图上还应列出平曲线表,平曲线表中列有圆曲线的偏角 α、设计半径 R、切线长 T、曲线长 L、外矢距 E 以及设有缓和曲线段路线的缓和曲线长 l。

绘制路线平面图时,应注意以下几个方面:

① 先画地形图,后画路中心线。

② 等高线按先粗后细步骤徒手绘制,要求线条顺滑。

③ 路线平面图应从左至右绘制,路线桩号左小右大。

④ 路中心线用绘图仪器按先曲线后直线的顺序绘制,为了使路中心线与等高线有明显区别,一般要求以两倍于计曲线(粗等高线)的粗度画出。

⑤ 路线平面图中的植物图例,应朝上或向北绘制,每张图纸的右上角应有角标(也可用表格形式),注明图纸序号及总张数,路线平面图中字体的方向应根据图标的位置确定。

⑥ 路线平面图在标题栏内应注明路线名称、单位、设计、复核、审核和比例等基本情况。

目前路线工程图一般采用路线 CAD 软件绘图。

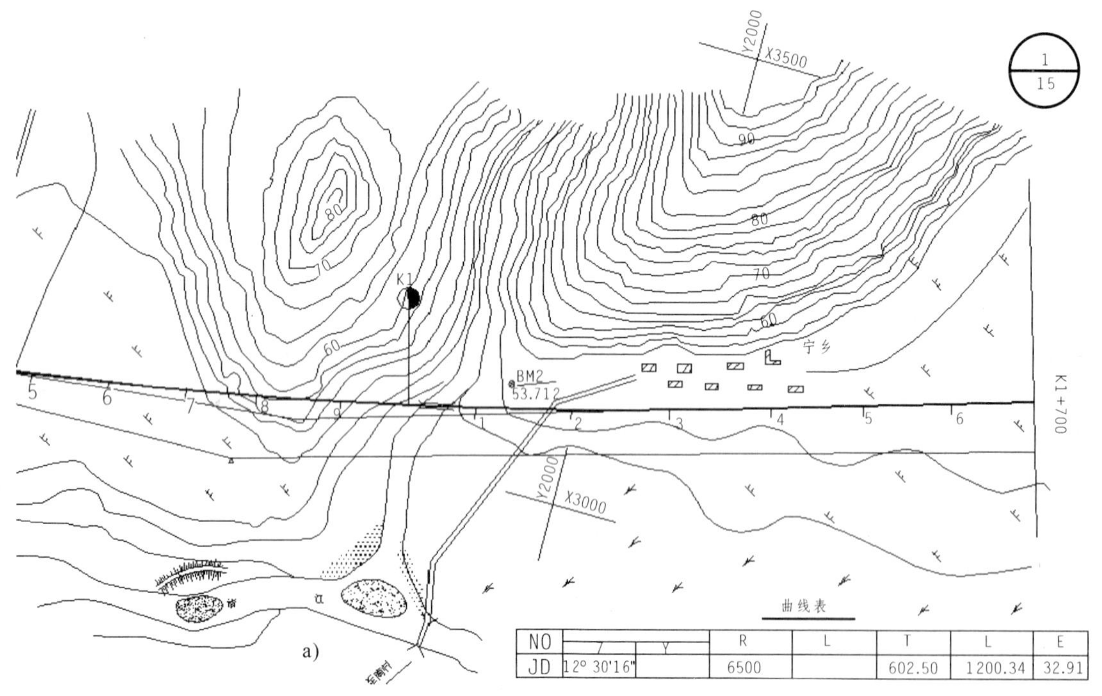

图 11-30　某路段路线平面图

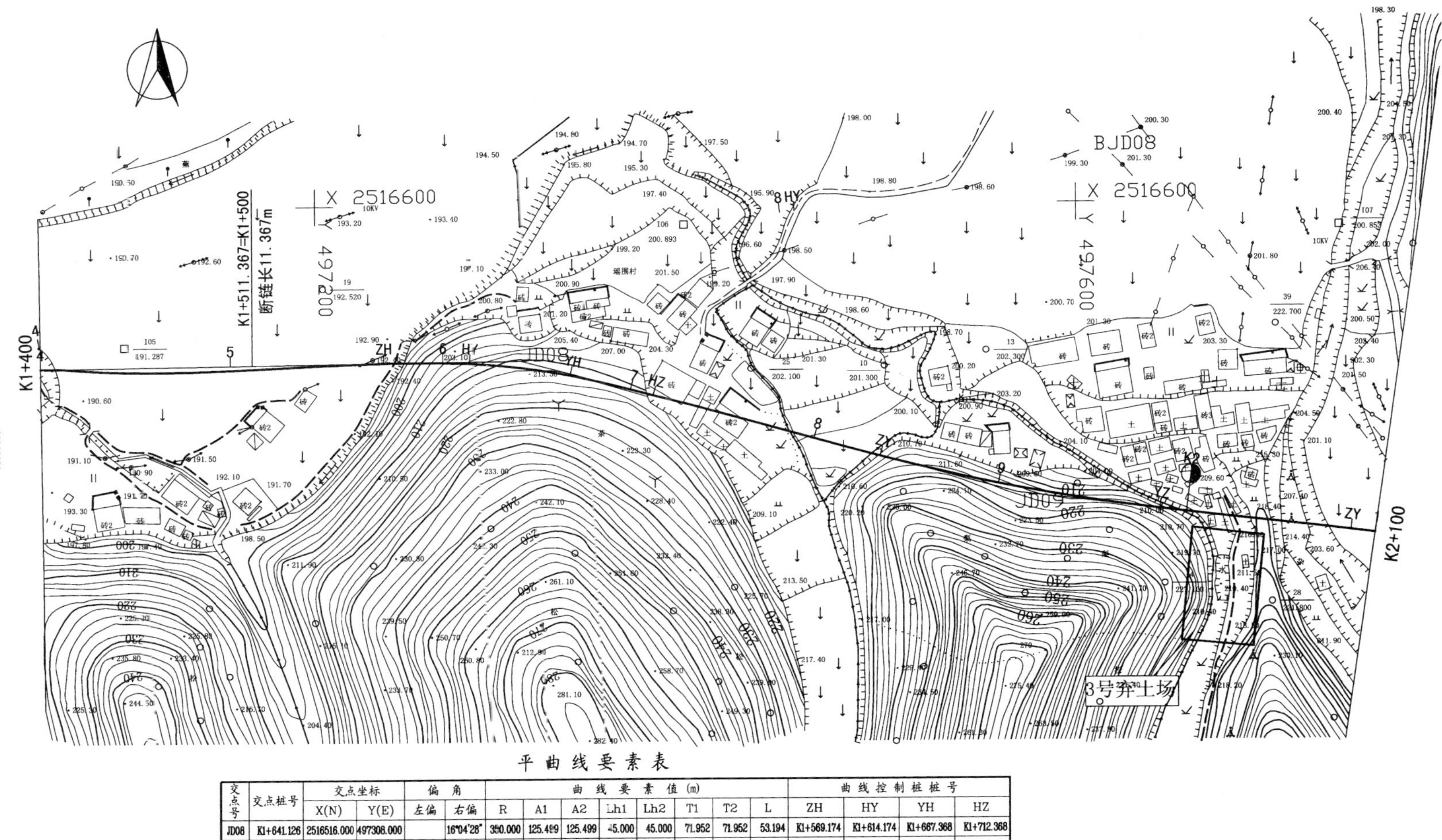

平曲线要素表

交点号	交点桩号	交点坐标 X(N)	交点坐标 Y(E)	偏角 左偏	偏角 右偏	曲线要素值(m) R	A1	A2	Lh1	Lh2	T1	T2	L	曲线控制桩号 ZH	HY	YH	HZ
JD08	K1+641.126	2516516.000	497308.000		16°04′28″	350.000	125.499	125.499	45.000	45.000	71.952	71.952	53.194	K1+569.174	K1+614.174	K1+667.368	K1+712.368
JD09	K1+911.164	2516444.000	497569.000	8°35′46″		1000.000	0.000	0.000	0.000	0.000	75.157	75.157	150.032	K1+836.007	K1+836.007	K1+986.039	K1+986.039

图 11-31 某路段路线平面图

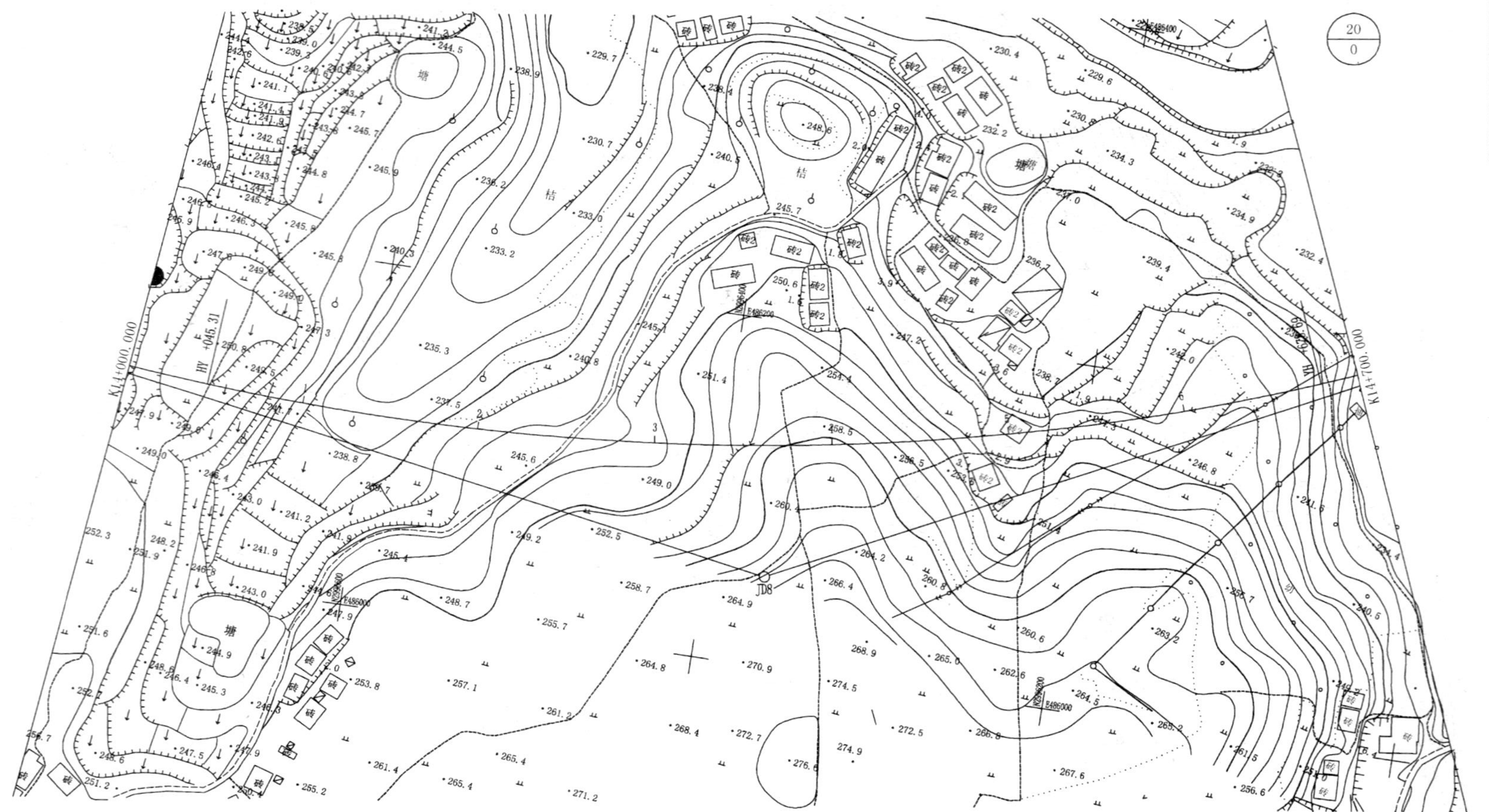

图 11-32 某路段路线平面图

(2) 路线纵断面图

路线纵断面图是通过路中心线用假想的铅垂面进行剖切展开后得到的，由于路中心线一般由直线和曲线共同组成，因此剖切的铅垂面由平面和柱面组成。为了在二维平面图上清晰地表达路线纵断面情况，需将剖切后的铅垂面展开成平面，然后进行投影，这样得到的剖面图称为路线纵断面图。

路线纵断面图主要表达路线中心纵向线型以及路线所经地形的地面起伏情况、地质情况和沿线设置的构造物(桥、涵、隧道等)的概况。路线纵断面图包含路线图样和资料表两部分：

① 图样部分

水平表示路线长度方向，竖向表示高程，竖向比例为水平的 10 倍。

粗实线表示公路纵向设计线，表路基边沿的设计高程(图 11-33、图 11-35)。

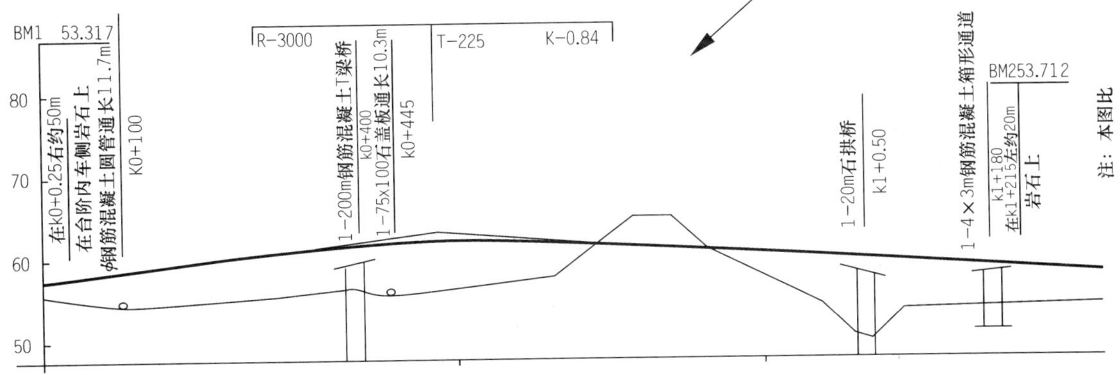

图 11-33 某路段路线纵断面图

纵坡变坡处设竖曲线，竖曲线参数 R、T、E、L，有凹或凸型。

桥、涵、立交、通道等人工构筑物名称、规格、里程。

a. 规定

由于路线纵断面图是用展开剖切的方法得到的断面图，因此它的长度就表达了路线的长度。在图样中水平方向表示路线长度，垂直方向表示路线高程。从图中可以看出，路线和地面在一定范围内的高差比路线的长度一般要小得多，为了在图上清晰地表示路线垂直方向的高差，规定绘图时图上垂直方向的比例按水平方向的比例放大十倍。

b. 地面线

在图上用一组不规则的细实线表示设计中心线处的纵向地面线，它是一系列细折线。它是有一系列的中心桩的地面高程连接而成。

c. 设计线

用粗实线表示路线纵向设计线，它表示路基边缘的设计高程。比较设计线和地面线的相对位置，即可得到该段路线的填、挖情况和填、挖高度。在设计线纵坡变更处，应按规定设置竖曲线，以利于汽车行驶。竖曲线分为凸曲线和凹曲线两种，在图上用符号表示，在图上的相应位置应注明竖曲线的半径 R、切线长 T 和外矢距 E。

d. 构造物

图上还需用图例的形式在相应里程处标出桥梁、涵洞、通道、立交等构造物的名称、规格、基本数据和中心里程。

② 资料表部分

路线纵断面图的资料表是与图样上下对应的，资料表包含以下主要内容(图 11-34)：

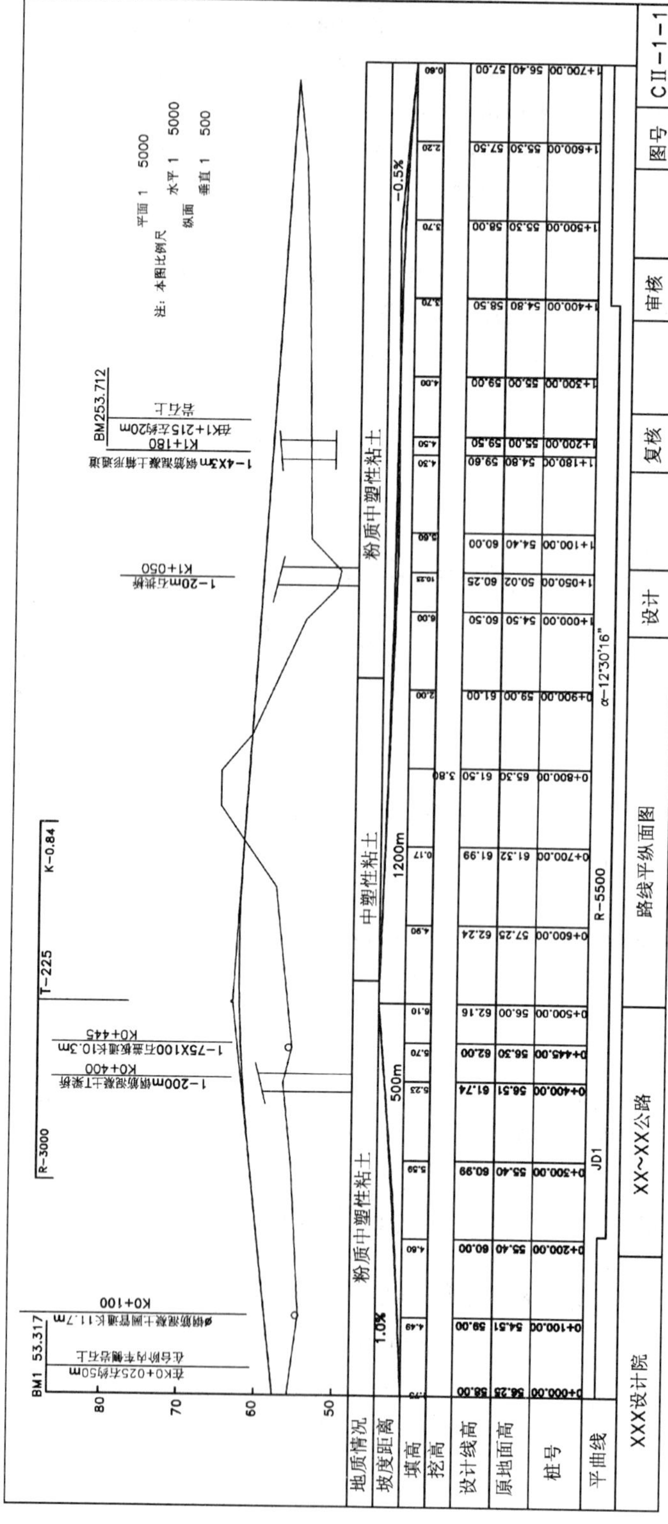

图 11-34 某路段路线纵断面图

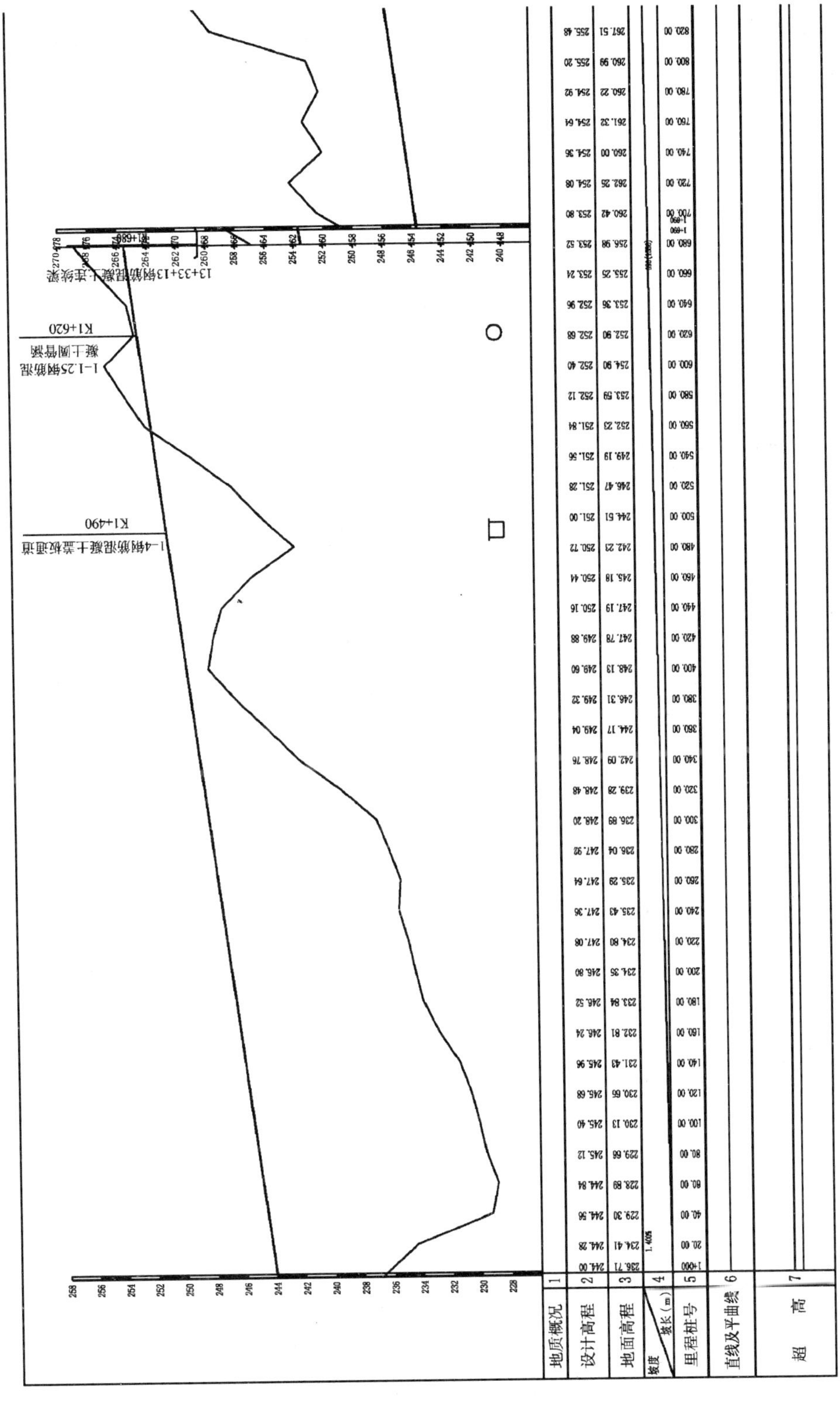

项目		1+000	20.00	40.00	60.00	80.00	100.00	120.00	140.00	160.00	180.00	200.00	220.00	240.00	260.00
地质概况	1														
设计高程	2	244.00	244.28	244.56	244.84	245.12	245.40	245.68	245.96	246.24	246.52	246.80	247.08	247.36	247.64
地面高程	3	236.71	234.41	229.30	228.89	229.66	230.13	230.66	231.43	232.81	233.84	234.35	234.80	235.43	235.29
坡度 / 坡长（m）	4	1.400%													
里程桩号	5	1+000	20.00	40.00	60.00	80.00	100.00	120.00	140.00	160.00	180.00	200.00	220.00	240.00	260.00
直线及平曲线	6														
超　高	7														

项目		280.00	300.00	320.00	340.00	360.00	380.00	400.00	420.00	440.00	460.00	480.00	500.00	520.00	540.00
地质概况	1														
设计高程	2	247.92	248.20	248.48	248.76	249.04	249.32	249.60	249.88	250.16	250.44	250.72	251.00	251.28	251.56
地面高程	3	236.04	236.89	239.28	242.09	244.17	246.31	248.13	247.78	247.19	245.18	242.23	244.51	246.47	249.19
坡度 / 坡长（m）	4														
里程桩号	5	280.00	300.00	320.00	340.00	360.00	380.00	400.00	420.00	440.00	460.00	480.00	500.00	520.00	540.00
直线及平曲线	6														
超　高	7														

项目		560.00	580.00	600.00	620.00	640.00	660.00	680.00	1+690 700.00	720.00	740.00	760.00	780.00	800.00	820.00
地质概况	1														
设计高程	2	251.84	252.12	252.40	252.68	252.96	253.24	253.52	253.80	254.08	254.36	254.64	254.92	255.20	255.48
地面高程	3	252.23	253.59	254.90	252.90	253.36	255.25	256.98	260.42	262.25	260.00	261.32	260.22	260.99	267.51
坡度 / 坡长（m）	4						[illegible]								
里程桩号	5	560.00	580.00	600.00	620.00	640.00	660.00	680.00	1+690 700.00	720.00	740.00	760.00	780.00	800.00	820.00
直线及平曲线	6														
超　高	7														

图 11-35　某路段路线纵断面图

a. 地质情况:在图上沿里程方向简要标注路线经过地段的基本地质情况。

b. 坡度距离:简要注明道路中心线的线型设置情况,并标明相应竖曲线的坡度/长度。

c. 填挖高度:标注各里程桩号处对应的填方高度和挖方高度。

d. 设计线高:标注各里程桩号处的路线设计高程。

e. 原地面高:标注各里程桩号处的原地面高程。

f. 里程桩号:标注各里程桩号值。

g. 平曲线:在资料表上还需用图例简要标注平曲线的基本情况和主要数据,沿前进方向,用符号表示左右偏角的圆曲线方向。

绘制路线纵断面图时,应注意以下几个方面:

① 手工绘制路线纵断面图时,一般在透明的方格纸上绘制,方格纸纵横向均以 1mm 单位规格进行分格,每 5mm 处印成粗线,使之醒目,绘制完成后需制成蓝图。

② 路线纵断面图宜画在方格纸的反面,这样修改错误时不致将方格线擦掉。

③ 画路线纵断面图与路线平面图相同,应从左至右按里程顺序绘制。

④ 每张图纸的右上角应有角标(也可用表格形式),注明图纸序号及总张数。

⑤ 路线纵断面图在标题栏内应注明路线名称、单位、设计、复核、审核和纵、横比例等基本情况。

目前路线工程图一般采用路线 CAD 软件绘图。

(3) 路基横断面图

路基横断面图是一个通过路线中心桩的垂直于路线中心线的平面剖切后得到的断面图。

图形内容:地面横坡,路基顶线,填挖边坡,边沟、断面里程桩号,中心设计高,中心填挖高,填挖边坡坡度,填挖方面积(图 11-36)。

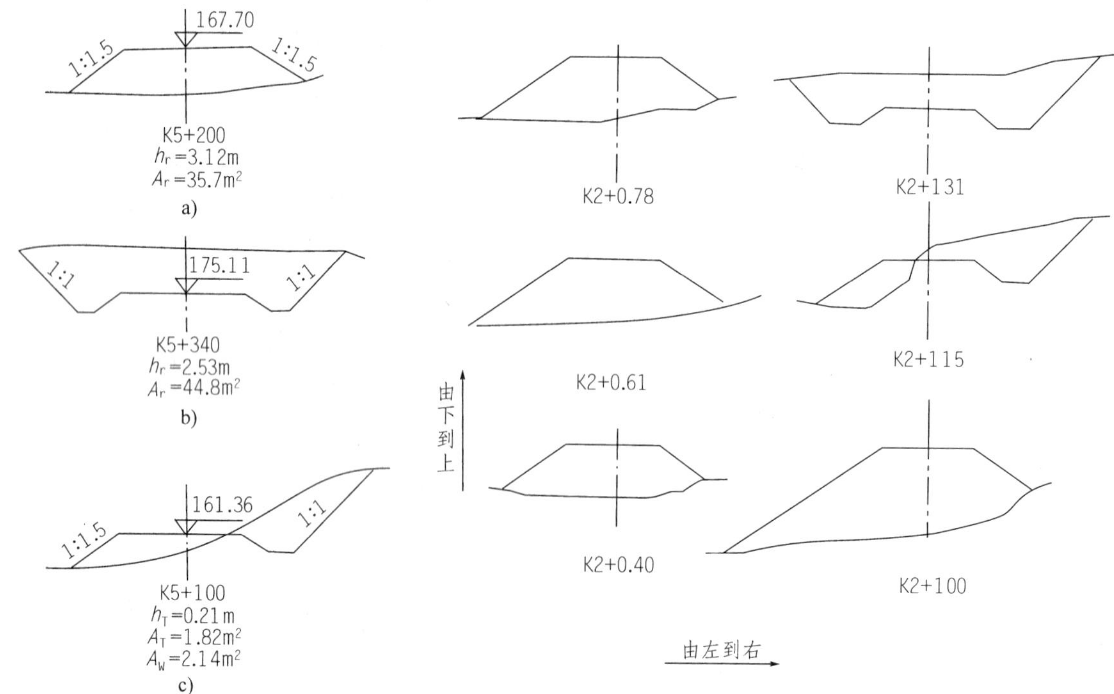

图 11-36 常见的路基横断面图型式

断面按里程自左下向上排列。

路基横断面图(见图 11-37)用来表达各中心桩处横向地面起伏和设计路基横断面的基本情况,表达路幅宽度和边坡,工程设计时要求在每一中心桩处,根据测量资料和设计要求顺序画出每一个路基横断面图,作为计算路基的土石方和路基施工的依据。路基横断面图根据中心桩处路线设计高程和原地面高程的不同可分为三种类型,即填方路基、挖方路基和半填半挖路基。

填方路基(路堤):如图 11-36a)所示,在每一个断面图下应注明该断面的里程桩号、中心线处的填方高度 h_T 和该断面的填方面积 AT,单位分别为 m 和 m^2。

挖方路基(路堑):如图所示,在每一个断面图下应注明该断面的里程桩号、中心线处的挖方高度 h_W 和该断面的挖方面积 A_W,单位分别为 m 和 m^2。

半填半挖路基:这种路基是前两种路基的综合,如图 11-36c)所示,在每一个断面图下应注明该断面的里程桩号、中心线处的填方(或挖方)高度 h、该断面的填方面积 A_T 及该断面的挖方面积 A_W,单位分别为 m 和 m^2。

绘制路基横断面图时,应注意以下几个方面:

① 路基横断面图一般在透明的方格纸上绘制,方格纸纵横向均以 1mm 单位规格进行分格,每 5 mm处印成粗线,使之醒目,绘制完成后需制成蓝图。

② 路基横断面图应根据断面中心桩号大小按从下至上、从左至右的顺序在图上绘制。

③ 画路基横断面图时原地面线采用细实线、路基设计线采用粗实线绘制。

④ 每张图纸的右上角应有角标,注明图纸序号及总张数。

⑤ 路线纵断面图在标题栏内应注明路线名称、单位、设计、复核、审核和比例等基本情况。

11.2.2 城市道路路线工程图

城市道路与立交工程图跟路线工程图的图示方法相同,也是采用平面图、纵断面图和横断面图的形式表示。但由于城市道路与立交工程为混合交通,附近地区的结构物也较多,其设计是在城市规划与交通规则的基础上实施的,它的交通性质和组成部分比公路复杂,城市道路主要包括机动车道、非机动车道、人行道、分隔带、绿化带、照明设施、平面交叉口和交通广场以及其他各种设施等,因此城市道路与立交工程图比公路路线工程图复杂,各图采用的比例也较公路路线工程图大。道路与道路(或铁路)相交处称为道路交叉口,根据相交的空间情况可分为平面交叉和立体交叉。

1. 城市道路工程图

(1) 平面图

城市道路的平面图主要表示城市道路的方向、平面线型、车行道、人行道、分隔带、绿化带、平面交叉口和交通广场以及沿路两侧一定范围内的地形和地物的平面布置情况。由于城市道路所处地形一般较为平坦,除用等高线表示地形外,城市道路的平面图主要包含道路的平面布置和两侧一定范围内的地物的布置两部分。如图 11-38 所示,由于采用的比例较大,道路的平面布置可按比例画出,道路中心线采用点划线绘制,地物采用图例形式表达。

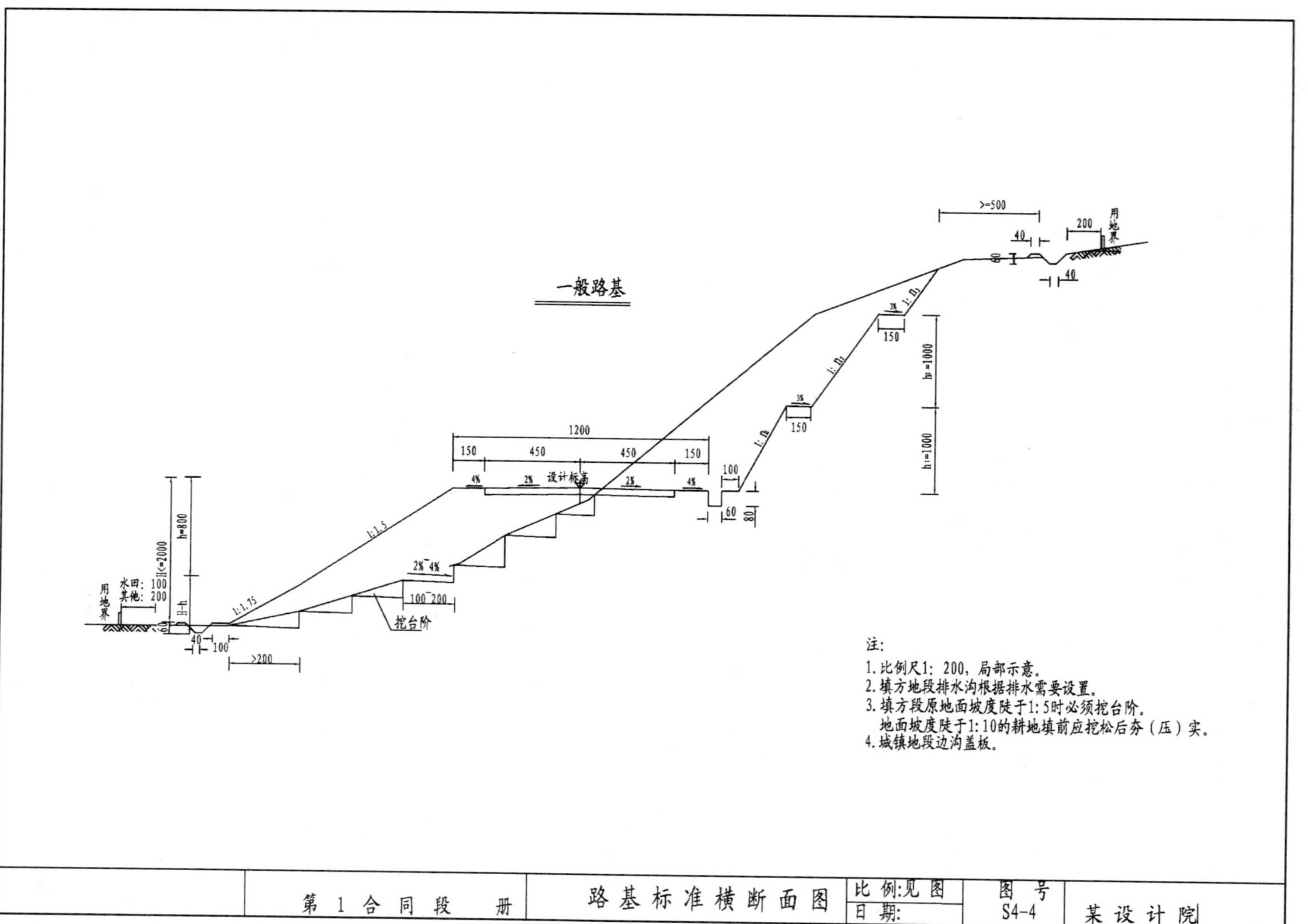

图 11-37 某路段路基横断面图

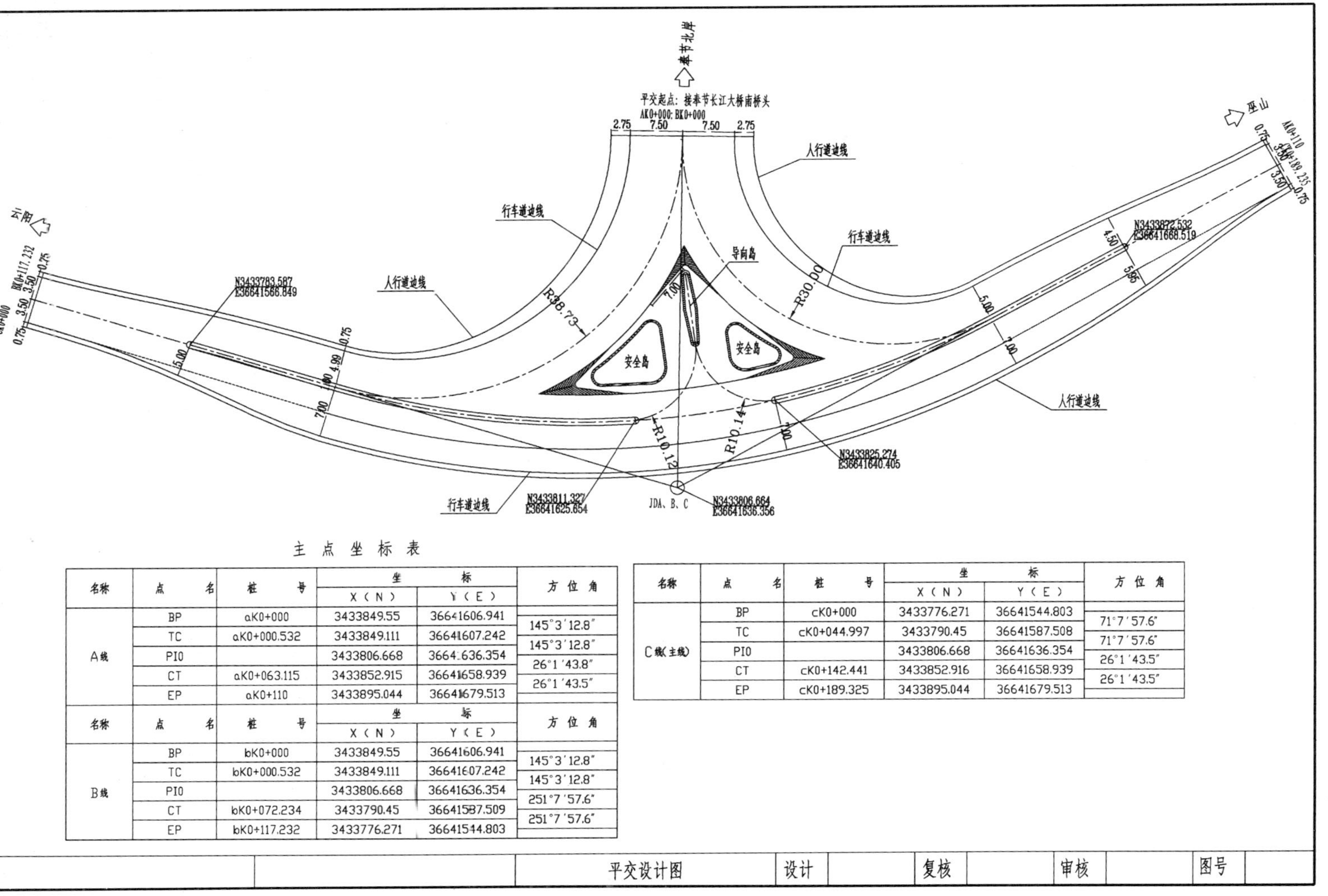

主点坐标表

名称	点名	桩号	坐标 X（N）	坐标 Y（E）	方位角
A线	BP	aK0+000	3433849.55	36641606.941	145°3′12.8″
	TC	aK0+000.532	3433849.111	36641607.242	145°3′12.8″
	PIO		3433806.668	36641636.354	26°1′43.8″
	CT	aK0+063.115	3433852.915	36641658.939	26°1′43.5″
	EP	aK0+110	3433895.044	36641679.513	

名称	点名	桩号	坐标 X（N）	坐标 Y（E）	方位角
B线	BP	bK0+000	3433849.55	36641606.941	145°3′12.8″
	TC	bK0+000.532	3433849.111	36641607.242	145°3′12.8″
	PIO		3433806.668	36641636.354	251°7′57.6″
	CT	bK0+072.234	3433790.45	36641587.509	251°7′57.6″
	EP	bK0+117.232	3433776.271	36641544.803	

名称	点名	桩号	坐标 X（N）	坐标 Y（E）	方位角
C线(主线)	BP	cK0+000	3433776.271	36641544.803	71°7′57.6″
	TC	cK0+044.997	3433790.45	36641587.508	71°7′57.6″
	PIO		3433806.668	36641636.354	26°1′43.5″
	CT	cK0+142.441	3433852.916	36641658.939	26°1′43.5″
	EP	cK0+189.325	3433895.044	36641679.513	

	平交设计图	设计		复核		审核		图号	

图 11-38　某城市平面交叉口平面设计图

(2) 纵断面图

城市道路的纵断面图表达的内容与公路路线纵断面图基本相同,图示方法也相同,由图样和资料表两部分组成,主要表示道路设计中心线和原地面线的纵向布置情况,城市道路的纵向排水系统既可在纵断面图上同时表示,也可单独绘制。

(3) 横断面图

城市道路的交通性质和组成部分与公路不同,城市道路的横断面图比公路路线横断面图复杂,需将各种车道、人行道、分隔带、绿化带、照明设施等表达清楚,根据规划和设计的不同,城市道路的横断面图分为以四种基本形式,如图 11-39 所示:

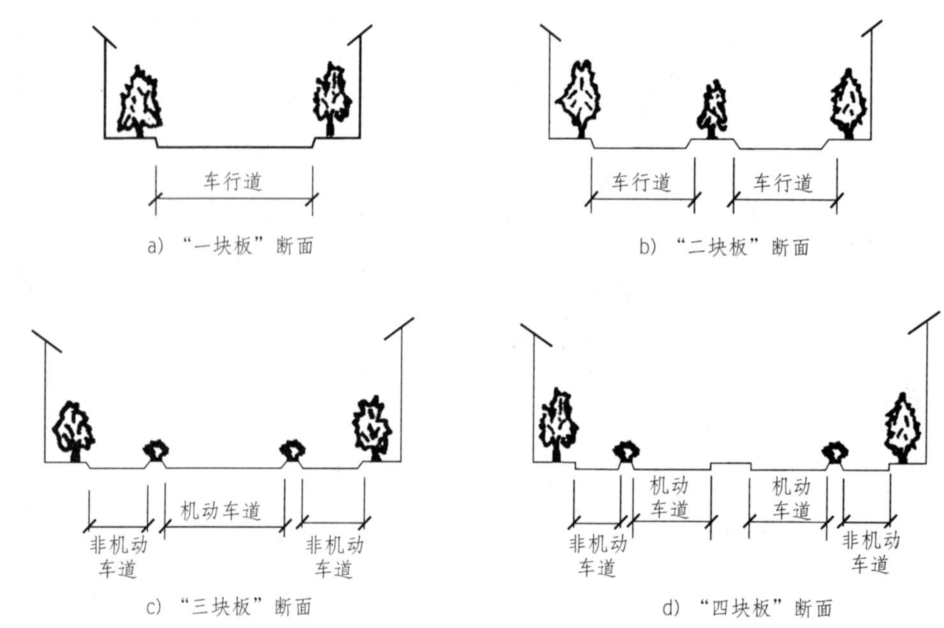

图 11-39 城市道路横断面布置的基本形式

"一块板"断面:所有交通都布置在同一车道上,双向交通或机动车道与非机动车道采用划线方式区分。

"二块板"断面:采用一个分隔带、绿化带或分隔墩将道路分开,形成双向交通。

"三块板"断面:采用两个分隔带、绿化带或分隔墩将道路分开,形成机动车道和非机动车道,机动车道也可采用划线方式形成双向交通(图 11-40、图 11-41)。

"四块板"断面:采用三个分隔带、绿化带或分隔墩将道路分开,形成机动车道和非机动车道,机动车道双向行驶。

如存在规划道路,在横断面图上还需标注或画出规划路的基本轮廓。为了计算土石方工程量和施工放样,与公路横断面图相同,需绘出各个中线桩的原地面横断面,并加绘设计横断面图,标出中线桩的里程和设计标高,这种图称为施工横断面图。

(4) 平面交叉口

平面交叉口常见的有十字形、X 字形、T 字形、Y 字形、错位交叉和复合交叉等形式,如图 11-38 所示为 T 字形交叉口。为了提高平面交叉口的交通通行能力,有时在交叉口中央设置中心岛构成环行交叉,这种环行交叉也称转盘,中心岛的形状有圆形、椭圆形、卵形等。平面交叉口

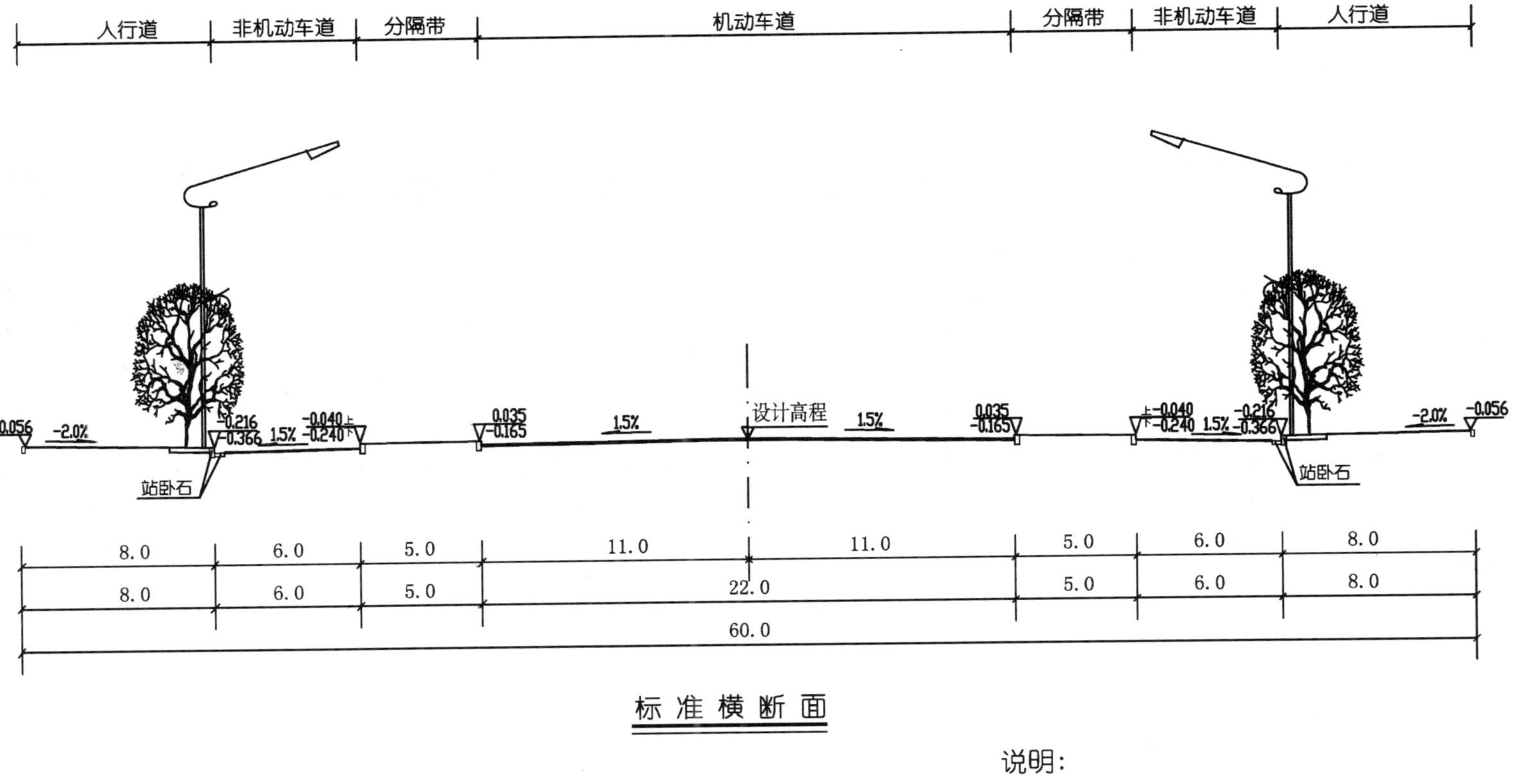

说明：

1. 本图尺寸均以米计；
2. 比例1:200；
3. 人行道上每隔5米设置1.5×1.5方形树池；
4. 非机动车道宽度含卧石，不含站石宽度。

图1-40 某城市道路标准横断面图

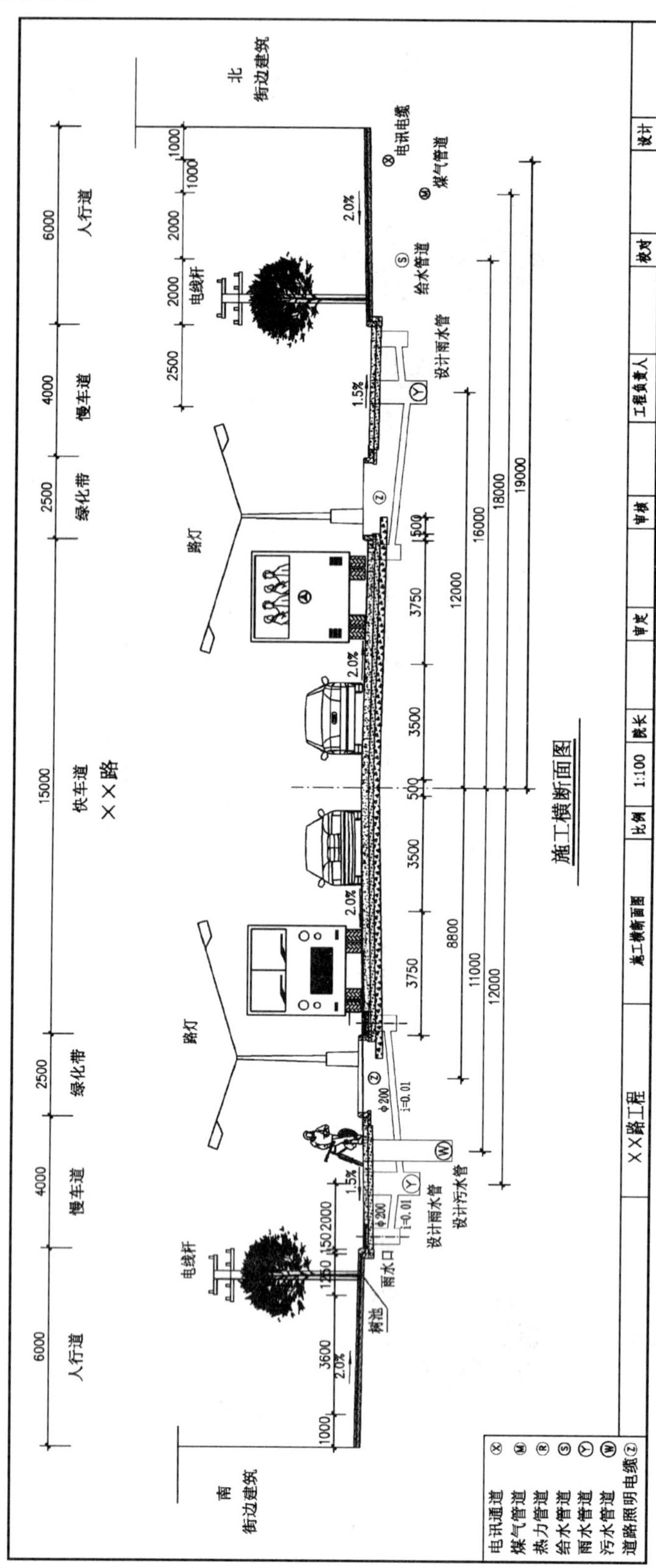

图 11-41 某城市道路施工横断面图

工程图以平面图为主,平面图在地形图的基础上绘制。

2. 立交工程图

当平面交叉难以解决局部地域几个方向的交通要求时,可采用立体交叉提高通行能力和车速。立交工程分为下穿式和上跨式两种基本类型,立交工程按有无匝道又可分为分离式和互通式两种基本类型,分离式立交两相交方向的交通不能互相通行,如图 11-42 所示;互通式立交利用匝道连接上、下道路,因此两相交方向的交通可以互相通行。

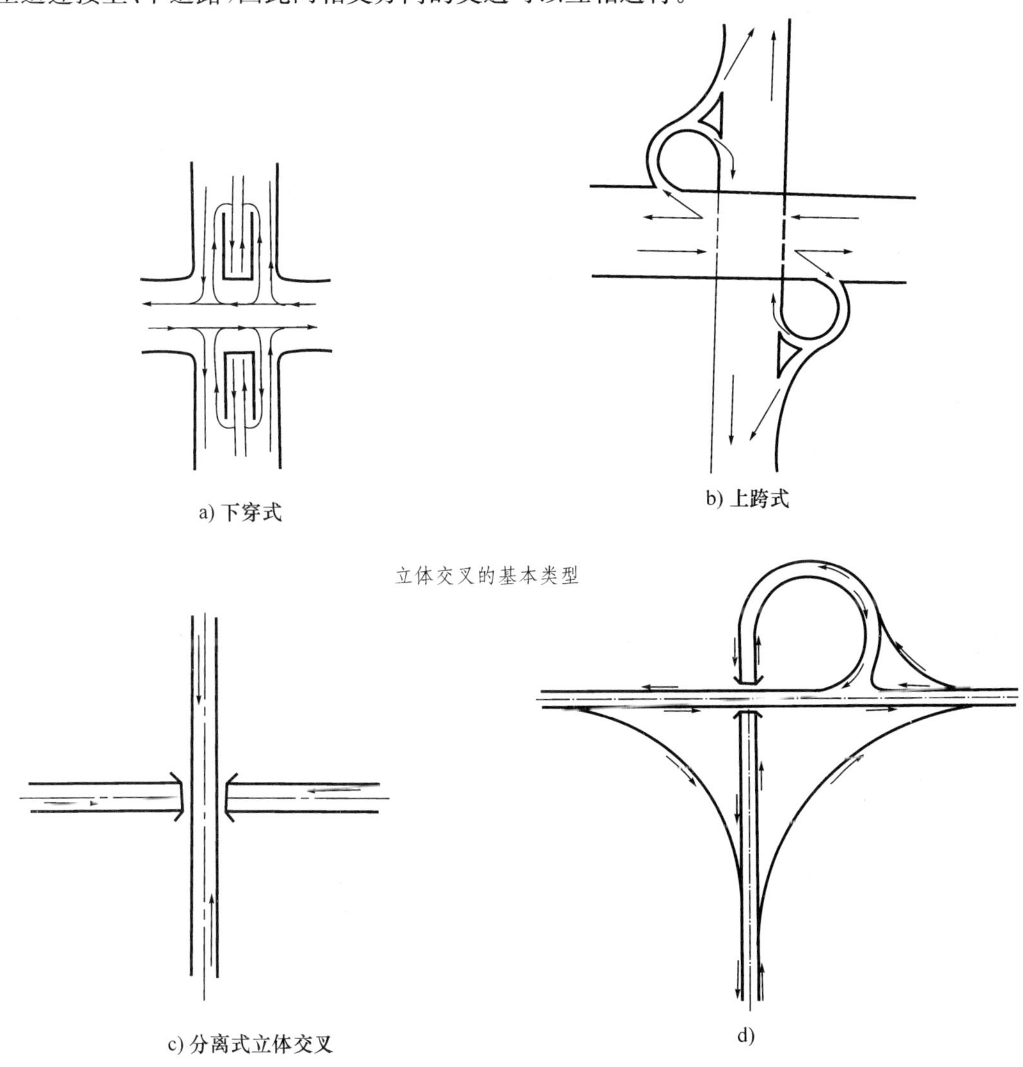

图 11-42 立体交叉口的交通组织图

(1) 互通式立交工程

互通式立交工程常见类型有:三路相交喇叭型、四路相交二层式苜蓿叶型、四路相交三层式苜蓿叶型和四路相交四层式环型等。

(2) 立交工程图

分离式立交工程图以跨路线的桥梁工程图为主,相应的路线工程图与公路路线工程图相同。互通式立交工程图主要包含以下内容:

阜成门桥中心
R=400
E=0.312
T=50
R=1500
E=0.205
T=24.75
R=3000
E=0.063 T=19.5
R=1500
E=0.205
T=24.75
R=3000
E=0.205
T=24.75
R=4000
E=0.304
T=49.4
R=2500
E=0.018
T=9.38
50
49
48
47
46
45
44
43
变坡点
非机动车道设计线
非机动车道设计线
水位 45.134
变坡点
桩号
261.87 261.87 271.87 13+281.87 291.87 301.87 311.87 321.87 331.87 342.12 350 360 366.87 371.87 380 391.62 400.87 410.12 420 429.87 434.87 440 450 459.62 470.47 479.87 489.87 489.87 500 509.87 519.87 529.87 539.87 549.87 559.87 569.87 580
坡度及距离
71.87 1% 48.48 85 3.5% 45.58 45.50 34 0.206% 45.43 0.206% 34 45.50 35% 85 48.48 1.03% 80.13 49.10
机动车道设计路面高
48.73 48.56 48.37 48.17 47.92 47.66 47.38 47.07 46.73 46.37 46.10 45.85 45.71 45.62 45.49 45.45 45.43 45.45 45.49 45.62 45.71 45.81 46.05 46.37 46.75 47.07 47.38 47.67 47.93 48.18 48.38 48.58 48.74 48.89 48.99 49.08

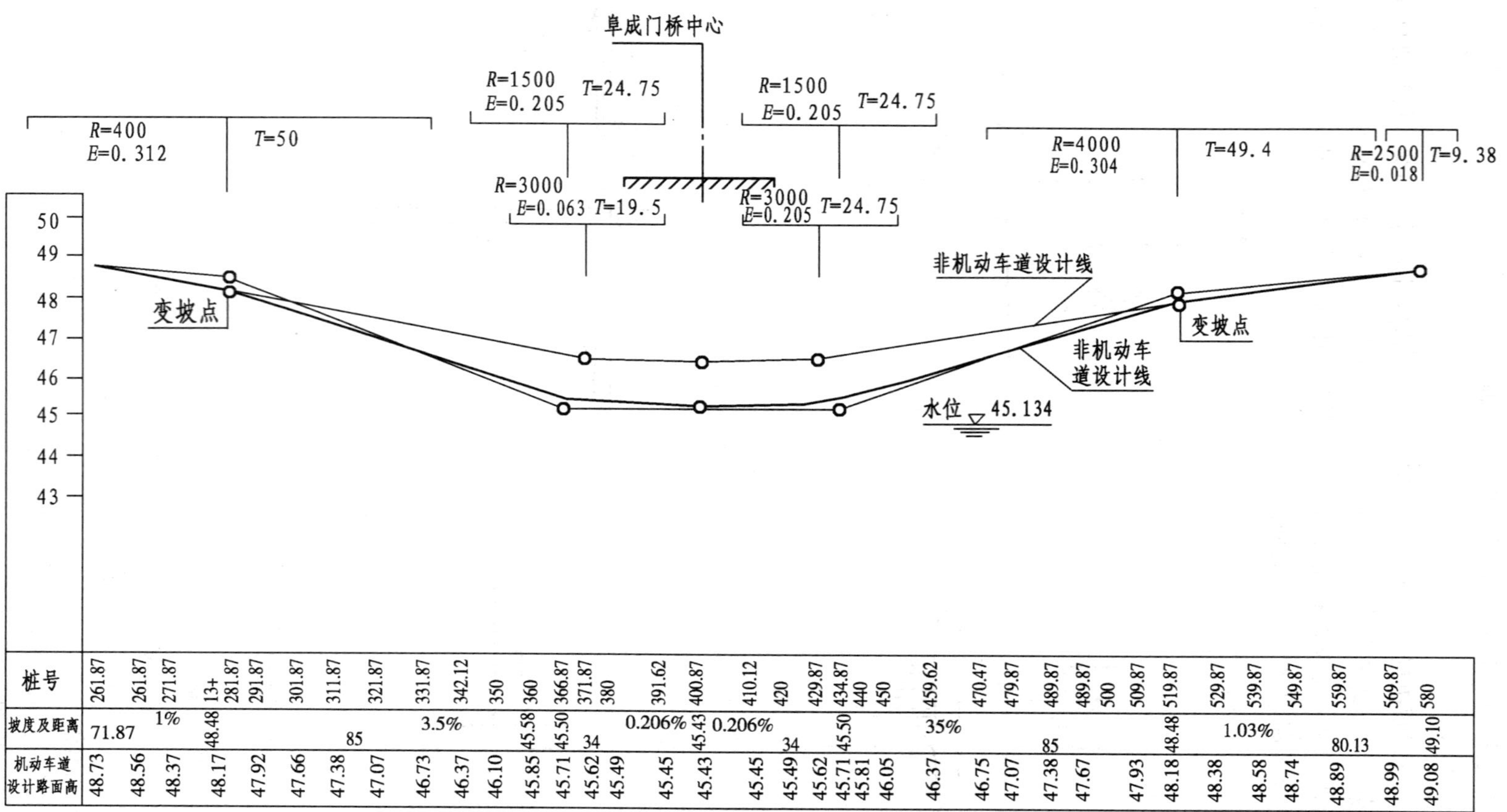

图 11-43 纵断面图

① 平面设计与交通组织图

如图 11-42d)所示，为四路相交二层式 T 型互通式立交，由东西主干道、南北主干道、三条匝道、跨线桥、绿化带、分隔带等组成。图中用实线箭头表示机动车的车流方向，用以说明交通组织情况。

② 纵断面图

纵断面图的表示方法与与公路路线纵断面图相同，包含图样和资料表两部分，各主干道和匝道的纵断面图均需绘制，同时在主干道纵断面图的上方需绘制相交跨线桥的位置和宽度，如图 11-43 所示，在跨线桥纵断面图的下方画出相交主干道的布置情况和宽度。

③ 横断面图

互通式立交横断面图包含主干道路面结构形式、路面宽度、横坡、纵横向排水基本情况、跨线桥的布置情况以及有关构造物的基本尺寸。

④ 竖向设计图

互通式立交平面图的基础上绘制等高线，用来表达整个立交的高度变化情况，决定立交各主干道和匝道的排水方向及雨水口的设置。

⑤ 鸟瞰图

是一种透视图，一般供设计审查和方案比较用。如图 11-44 所示。

互通式立交工程图除上述图纸外，还包括跨线桥的桥梁布置图、桥梁结构图、路面结构图、管线工程图以及其他附属设施工程图。

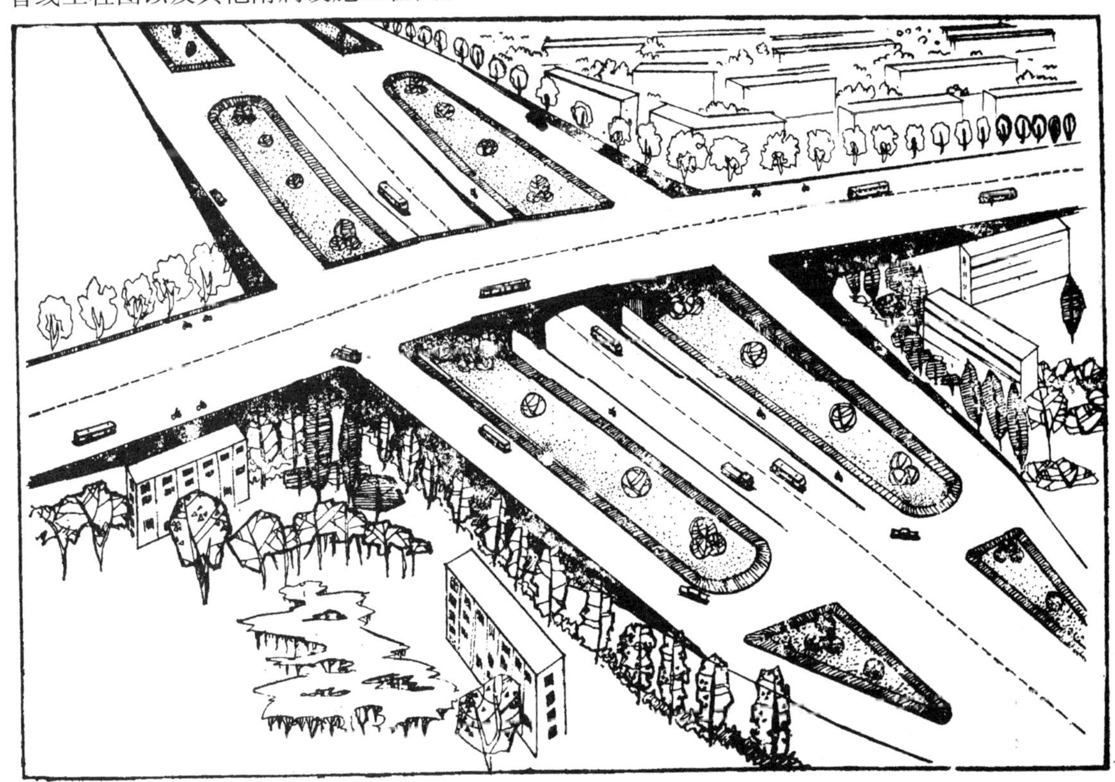

图 11-44　某城市道路互通式立交鸟瞰图

小　结

本章首先介绍了标高投影的基本原理:点、直线、平面、曲面的标高投影表示方法和平面、曲面的相交问题的求解方法,然后介绍了常见的工程物体的交线问题的求解方法;本章还介绍道路工程图的表达方法和绘图步骤,包括道路路线工程图和城市道路路线工程图的表达方法;特别是详细地介绍了路线工程图中的平、纵、横断面图。

1. 直线的标高投影表达方法有哪几种?
2. 平面的标高投影表达方法有哪几种?
3. 什么是坡度和平距? 它分别代表什么?
4. 标高投影中如何求两平面的交线? 平面与曲面的交线? 两曲面的交线?
5. 路线平面图所表达的内容是什么?
6. 路线纵断面图所表达的内容是什么?
7. 路线横断面图所表达的内容是什么?
8. 平曲线的参数有哪些?

参考文献

[1] 郑国主编. 道路工程制图. 北京:人民交通出版社,1999.
[2] 宗兆全主编. 画法几何及工程制图. 中国铁道出版社, 2003
[3] 罗良斌, 田希杰主编. 图学基础与土木工程制图. 北京:机械工业出版社, 2005

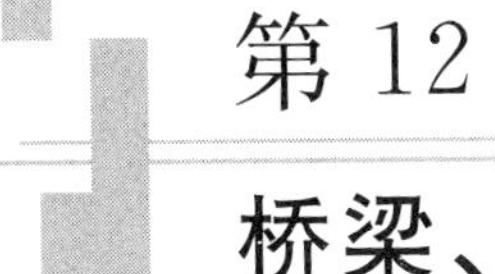

第 12 章 桥梁、隧道、涵洞工程图

本章概要

1. 本章重点介绍桥梁工程图的表达方法和绘图步骤；
2. 本章介绍隧道工程图的表达方法；
3. 本章介绍涵洞工程图的表达方法。

12.1 钢筋混凝土梁桥工程图

公路通过江河、山谷和低洼地带时，需要修筑桥梁以保证车辆的正常行驶和水流的宣泄，如公路与公路相交，为提高交通能力和行车速度，有时也需要修筑桥梁跨过相交路线。桥梁可按用途、承重结构使用的材料、结构体系等进行分类，按用途分为公路桥、铁路桥、公路铁路两用桥、农用桥、人行桥、运水桥(渡槽)及其他专用桥梁；按材料分为木桥、钢桥、圬工桥(包括砖、石、混凝土桥)、钢筋混凝土桥和预应力钢筋混凝土桥；按结构体系分为梁式桥、拱桥、刚架桥和吊桥等。桥梁工程无论结构型式和采用的材料如何，其表示方法是基本相同的，描述一座桥梁的工程图纸很多，一般可分为桥位平面图、桥位地质断面图、桥梁总体布置图、桥梁构件图、附属工程结构图和结构大样图等几种。

1. 桥梁的结构

桥梁：公路的重要构筑物，用于道路跨越江河、山谷、洼地，可保证车辆通行和宣泄水流过水通船。

桥梁的结构形式：梁式桥、拱式桥、刚架桥、吊桥、斜拉桥、桁架桥、组合式桥梁。

梁式桥：(预应力)简支梁桥、悬臂式梁桥、连续式梁桥，板梁、T 梁、箱梁。

拱式桥：上承式、下承式、中承式。

刚架桥：梁板和立柱或竖墙成整体刚架结构。T 型刚构桥、多跨连续刚构桥。

吊桥：两边塔架上悬索承重。

斜拉桥：塔柱斜索主梁受力，三跨双塔。

桥梁的种类有：钢筋混凝土简支梁桥，预应力混凝土梁桥，斜拉桥，石拱桥，钢筋混凝土拱桥，桁架拱桥，钢桥。

建筑材料：砖、石、混凝土、钢料、木料。

桥梁的基本组成：

上部结构：桥跨结构：主要承重结构，主梁、主拱圈、桥面系。

下部结构：桥墩、桥台、基础，支承桥跨结构并将荷载传至地基。

附属结构物：护岸、防护工程、导流坝、丁坝、栏杆、灯柱照明设施等。

支座：桥跨与墩台支承处传力装置。

锥形护坡：桥台两侧迎水部分的石砌保护部分。

桥梁的主要参数：底水位，高，设计洪水位；净跨径，总跨径，计算跨径；桥梁全长，桥梁高度，桥下净空高度，建筑高度；净矢高，计算矢高，矢跨比。

2. 桥梁工程图

桥梁工程图：采用多面正投影的方法。

常用的图有：

桥位平面图(地形、位置)；

桥位地质纵断面图(地质情况)；

总体布置图(纵向)；

构件图、大样图等。

(1) 桥位平面图

桥梁与路线连接的平面位置，桥位处的道路路线的平面形状、河流、水准点、钻孔位及附近的地形、地物、植被(图 12-1、图 12-2)。桥位平面图在地形图的基础上绘制。通过地形测量绘出桥位处的道路、河流、水准点、地质钻孔及附近地区的地形地物情况，作为桥梁设计和施工定位的依据。桥位平面图采用的比例一般较小，如 1∶500，1∶1000，1∶2000 等。绘图时图例、符号、字体方向等的要求与路线平面图的要求相同，如存在地质钻孔，在图上需注明地质钻孔的位置和编号。

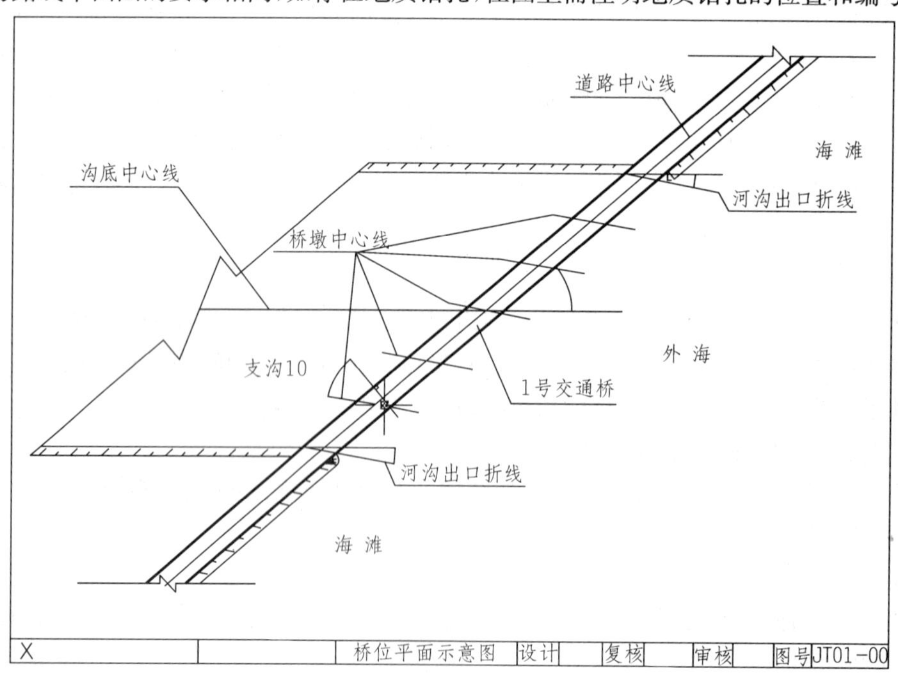

图 12-1　某桥桥位平面示意图

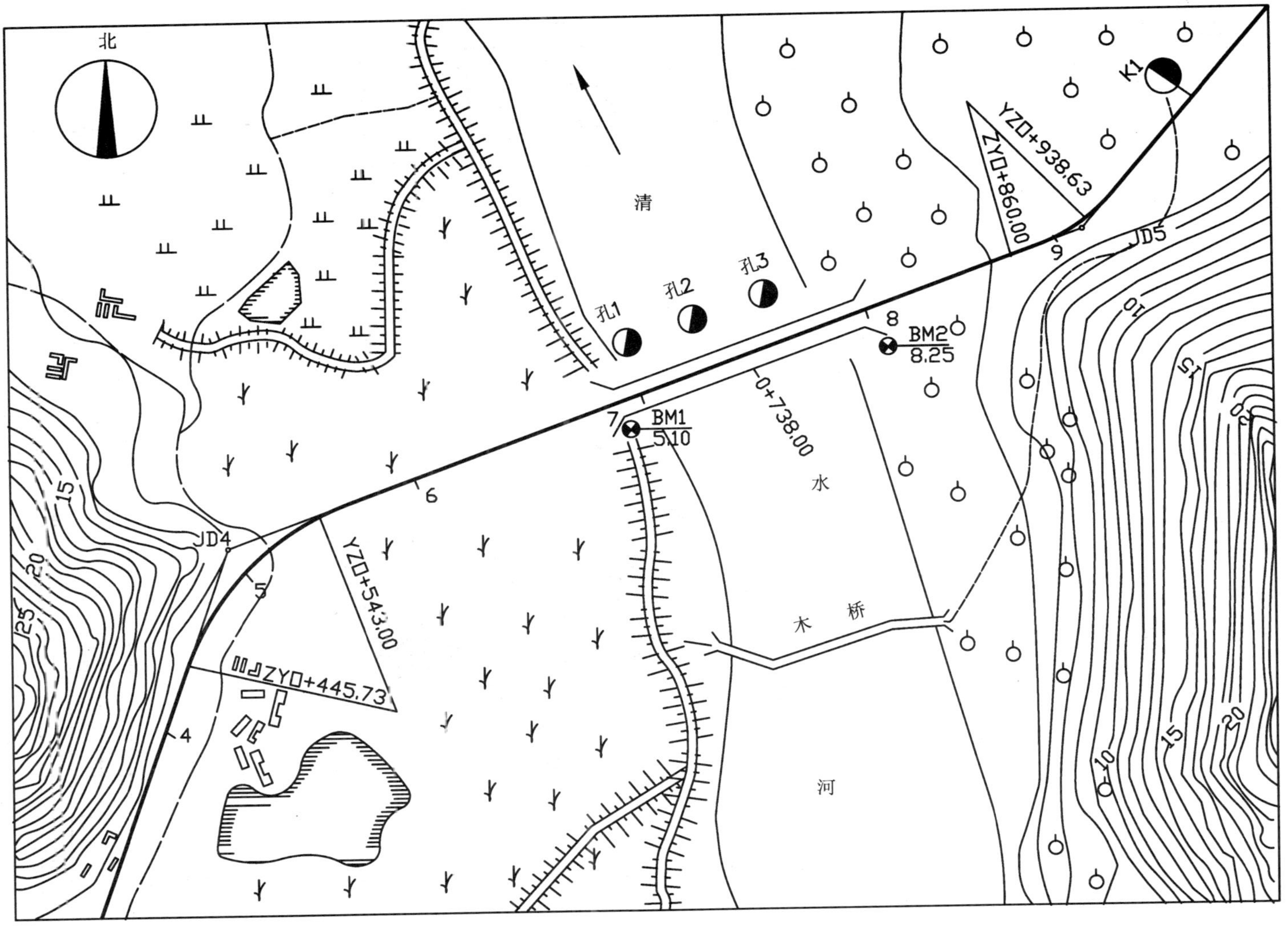

图 12-2 某桥桥位平面图

（2）桥位地质断面图

桥位地质断面图主要表示桥梁所处河床断面的水文地质情况(图 12-3)。根据水文资料调查和地质钻孔得到的水文地质资料,绘制桥位所在河床位置的地质断面图,主要包括河床断面线、最高水位线、常水位线、最低水位线、河床深度变化及地质变化情况、钻孔位及孔口标高、钻孔深度和间距。为了在图纸上将桥梁所处河床断面高度和水平方向清晰的表达出来,绘图时高度和水平方向可用不同的比例绘制,根据桥梁长度一般高度方向较水平方向可放大数倍,图上需注明两方向各自采用的比例。

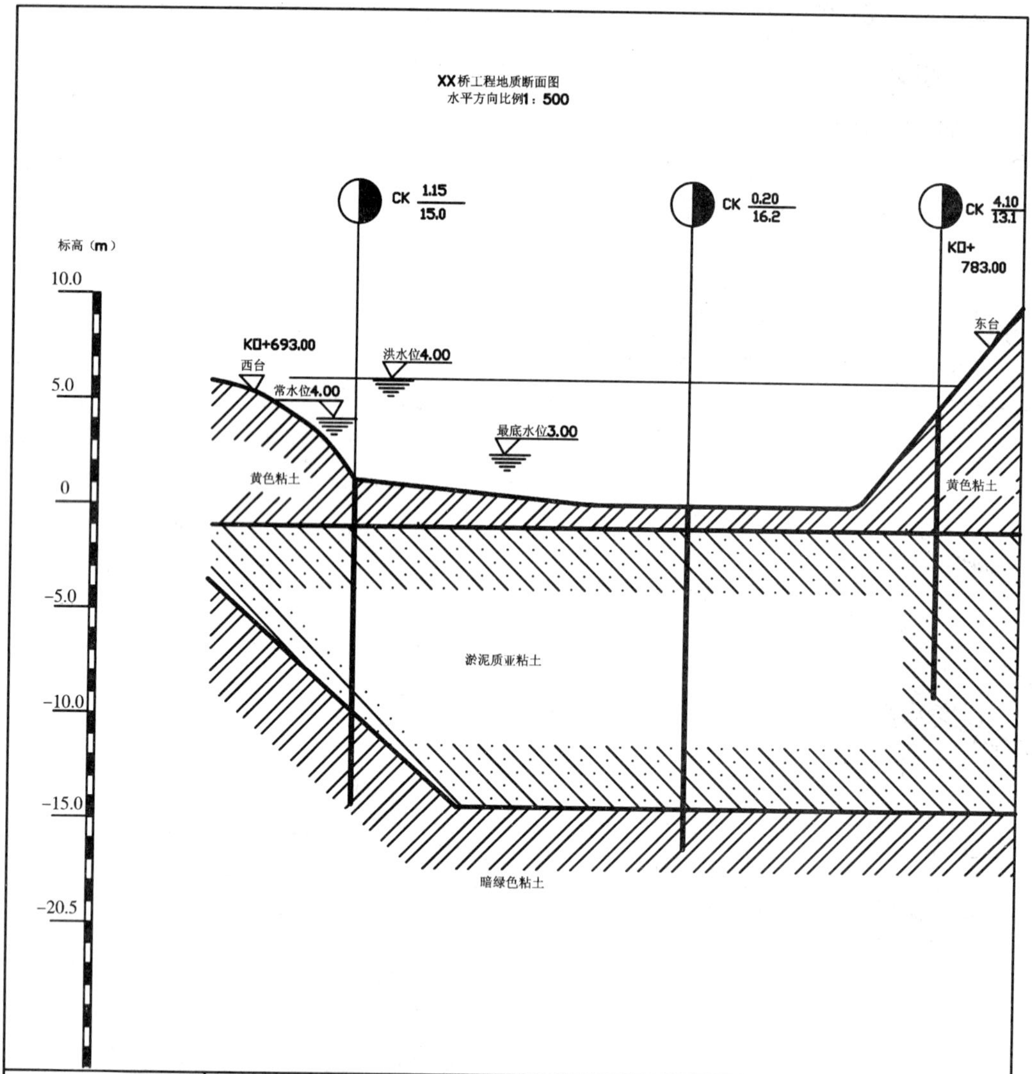

XX桥工程地质断面图
水平方向比例1：500

钻孔编号	1		2		3	
孔口标高（m）钻孔深度（m）	1.15	15.0	0.20	16.2	4.10	13.1
间距（m）		40.00		38.00		

图 12-3　桥位地质断面图

(3) 总体布置图

桥梁总体布置图主要表示桥梁的结构形式、跨径、孔数、总体尺寸、桥面系、各主要构件的相互位置关系，桥梁各部分的标高、材料数量、以及总的技术说明和施工要点等，是桥梁设计施工时作为确定墩台位置、安装构件、控制标高的主要依据。桥梁总体布置图由立面图、平面图和横剖面图组成(图 12-4)。

① 立面图

一般采用全剖面图或半剖面图的形式绘制，或采用半立面图和半纵剖面合成表示，如为弯桥，则应采用展开表示法绘制。主要表示桥梁的特征和桥型如桥梁的结构型式、跨径、孔数、长度和高度方向主要尺寸、各主要构件的相互位置关系、桥梁各部分的标高等，主要表示上部结构、下部结构、防护工程等的基本形式和尺寸，在立面图的左侧设有标尺，以便于绘图和阅读时参照。

上部结构：表达桥梁上部的结构型式、跨径设置、桥面标高、里程桩号等。

下部结构：表达桥梁下部墩台及基础的结构型式、标高、深度及简要的河床断面水文地质情况，如两端重力式桥台，柱式桥墩有承台、立柱、基桩，承台有上下盖梁。如基础深度较深而河床断面地质情况变化不大时，为节省图幅，可采用折断画法。

② 平面图

采用分层揭层画法表达，表示桥宽、人行道宽、栏杆、立柱的布置尺寸。为了在平面图上将桥梁不同高度的各部分构件表达清楚，绘制平面图时可采用分层掀开表示法，即从左至右按上下顺序分别表示桥面及防护、伸缩缝、支座、盖梁、立柱、承台、基础等的平面布置情况和基本尺寸，若伸缩缝等构件尺寸较小，绘图时可采用夸张画法，即放大画出，桩基只需用十字线绘出各桩中心位置及尺寸，各构件的详细尺寸可参看构件图。

③ 横剖面图

横剖面图表示桥梁横向的基本情况，一般采用全剖面图的形式绘制或两个剖面图合并而成，主要包括桥梁上下部结构及布置情况、桥梁宽度和高度方向基本尺寸如反映主梁的结构形式、桥宽、人行道宽、栏杆等。多跨结构桥梁如中跨结构布置相同，则中跨和边跨的横剖面图均需画出，分别表示中跨和边跨上下部结构及布置情况，注意按投影理论，画中跨的横剖面图时后面的桥台是可见的，为了使中跨横剖面图表达清楚，在这里只画有用部分，即中跨的横剖面图只画中跨的上下部结构及布置情况，在总体布置图中可将这两个剖面图各取一半合画在一起，对于多跨桥梁各中跨结构及布置不同的则需画出相应的横剖面图，如为斜桥或弯桥，则横剖面图应选取垂直于桥中心线的平面作为剖切平面。当桥宽尺寸与桥长尺寸相比很小时，为了在总体布置图上将桥梁各部分表达清楚，桥梁立面图和平面图采用相同比例绘制，有时为了更清楚地表达细节情况，可以采用比平立面图更大的比例画出，这时需在横剖面图的上方或下方用文字注明。

(4) 构件结构图(详图)

采用较大的比例把构件的形状、大小、材料、施工方式等完整地表达出来，作为施工的主要依据。

总体布置图一般只描述桥梁的整体布置型式和一些基本尺寸及标高，桥梁各部分构件形状和尺寸并没有详细完整地表达出来，单凭总体布置图不能将桥梁各部分都表达清楚，也无法指导和控制施工，因此，必须根据总体布置图确定的各部分构件的结构型式，另外用较大的比例将各构件的形状、大小完整清楚地绘制在图纸上，这种图称为构件结构图，简称构件图，构件图一般采用三视图的形式表达，各视图根据构件的特点和需要可采用不同的剖面图或断面图的形式以及其他形式表达。如构件复杂，则可用一个或多个剖面图将复杂部分描述清楚。由于采用的比例相对较大，构件图也称详图，根据构件的形状和大小，构件图常用的比例为 1∶10～1∶100，当构件的某一局部尺寸较小在图上不能清晰完整地表达时，构件的这一局部可采用更大的比例绘制，这种图称为局部放大图。

① 桥台图

桥台是桥梁的下部结构，桥台一方面支承主梁或拱圈，另一方面承受桥头路堤填土的水平压力。分为重力式桥台、轻型桥台、框架式桥台和组合桥台等型式，较多采用重力式桥台中的 U 型桥台，由台帽、台身、侧墙（或称翼墙）和基础组成，因台身和两道侧墙组合构成“U”字形而得名。图 12-5 为轻型桥台。

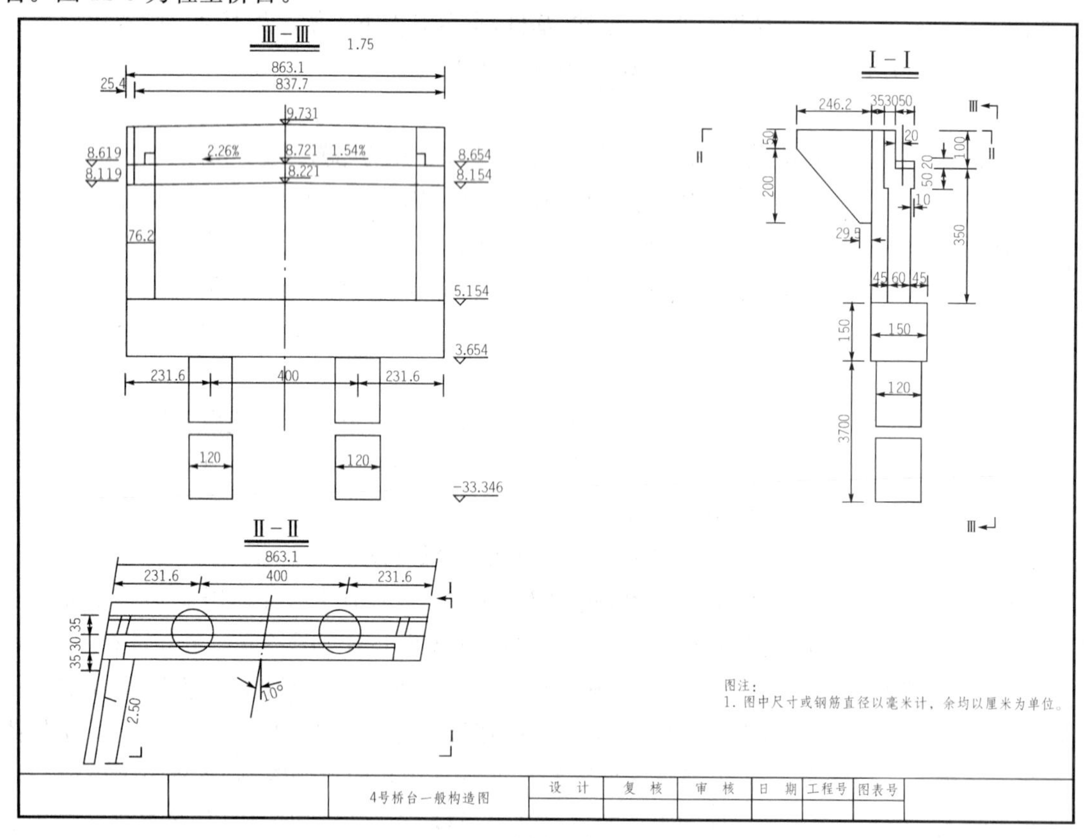

图 12-5　桥台一般构造图

立面图：采用剖面图代替立面图，表示桥台形状、长度与高度方向的位置、尺寸和标高，同时表示台身内部构造和材料，注意台身与基础、台身与台帽如采用不同的材料则需画出材料分界线，并画上材料符号。

平面图:表示桥台各部分相对位置、形状、长度与宽度方向的尺寸,采用掀开表示法,即假设主梁尚未安装,台后仍未填土;这样桥台的水平投影可见,主体部分投影可见。

侧面图:表示桥台各部分相对位置、形状、高度与宽度方向的尺寸,侧面图可由台前图和台后图各取一半合并在一起画出,台前图是指人站在河流一侧顺路线观看桥台前面得到的侧视图,台后图是指人站在路堤一侧顺路线观看桥台背后得到的侧视图,即台前图和台后图的观察方向相反。

② 桥墩图

桥墩是多跨桥梁在跨中部分的下部结构,桥墩修筑在桥梁基础上,支承主梁或拱圈。分为重力式桥墩、空心式桥墩、桩(柱)式桥墩和柔性桥墩等型式,如图 12-6 为桩(柱)式桥墩中的柱式桥墩,由盖梁、立柱和承台组成,由于盖梁(图 12-7)、立柱(图 12-8)和承台(图 12-9)均为钢筋混凝土结构,因此需画出这三部分的钢筋混凝土结构图,三视图一般采用剖面图的形式表示,各种钢筋的成型图也需画出,图上同时给出相应的钢筋数量表。

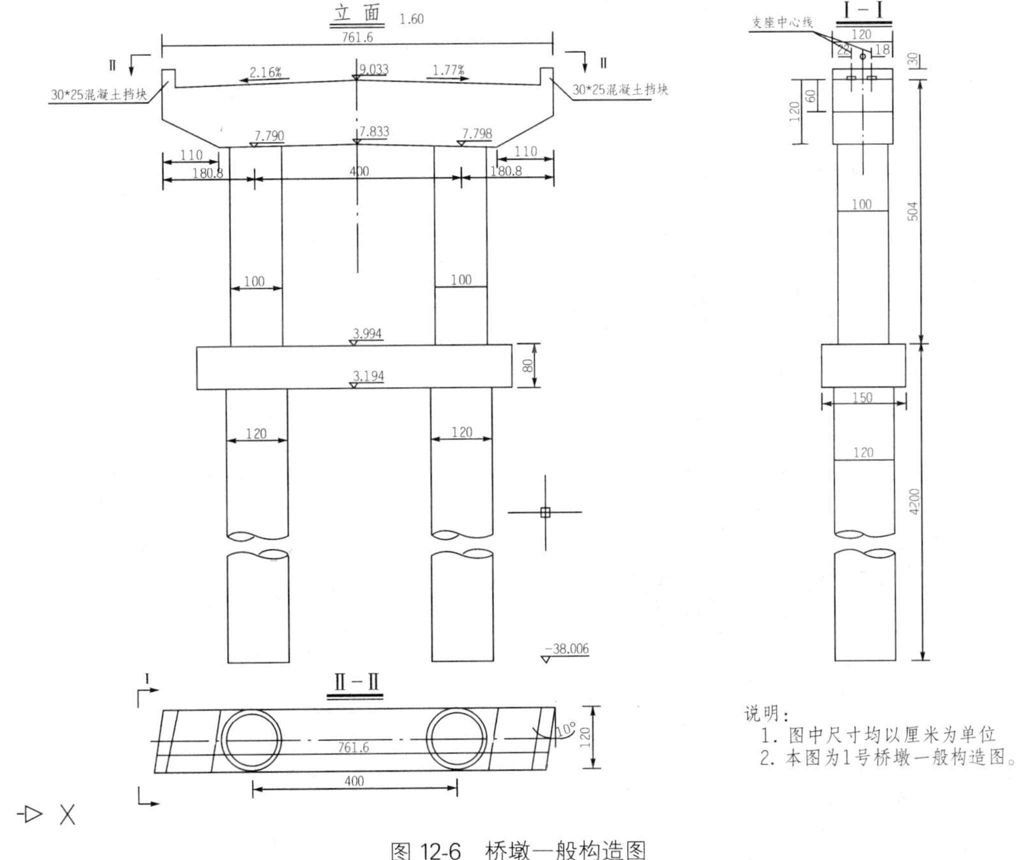

图 12-6 桥墩一般构造图

③ 基础图

基础属于桥梁的下部结构,处于桥梁的最下部,桥梁墩台修筑在基础上。分为刚性扩大基础、桩基础和沉井基础等形式,如图为桩基础,桩基础为钢筋混凝土结构,表达方法与钢筋混凝土结构图的内容和要求相同。

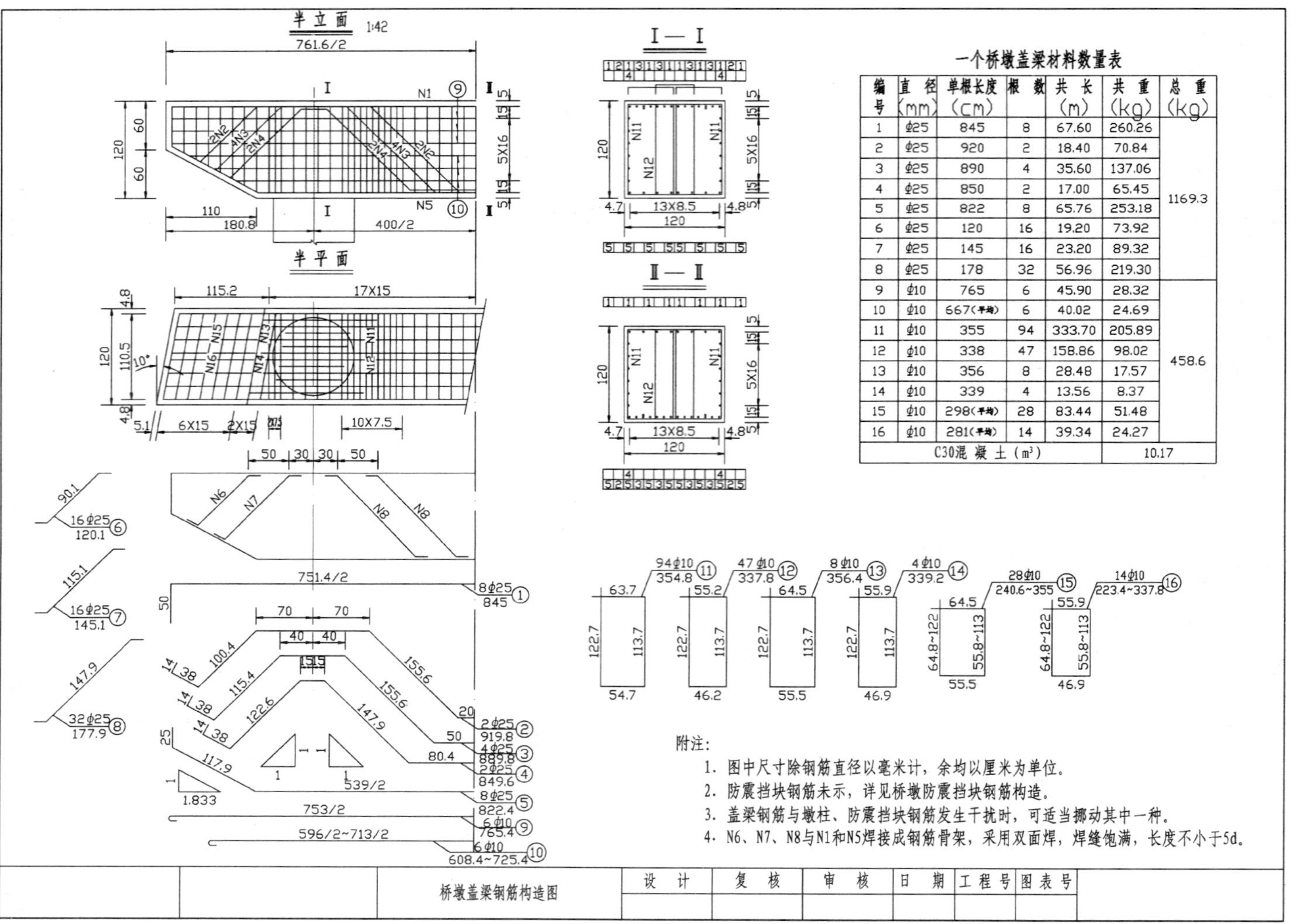

一个桥墩盖梁材料数量表

编号	直径 (mm)	单根长度 (cm)	根数	共长 (m)	共重 (kg)	总重 (kg)
1	φ25	845	8	67.60	260.26	1169.3
2	φ25	920	2	18.40	70.84	
3	φ25	890	4	35.60	137.06	
4	φ25	850	2	17.00	65.45	
5	φ25	822	8	65.76	253.18	
6	φ25	120	16	19.20	73.92	
7	φ25	145	16	23.20	89.32	
8	φ25	178	32	56.96	219.30	
9	φ10	765	6	45.90	28.32	458.6
10	φ10	667(平均)	6	40.02	24.69	
11	φ10	355	94	333.70	205.89	
12	φ10	338	47	158.86	98.02	
13	φ10	356	8	28.48	17.57	
14	φ10	339	4	13.56	8.37	
15	φ10	298(平均)	28	83.44	51.48	
16	φ10	281(平均)	14	39.34	24.27	
C30混凝土(m³)					10.17	

图 12-7 桥墩盖梁钢筋构造图

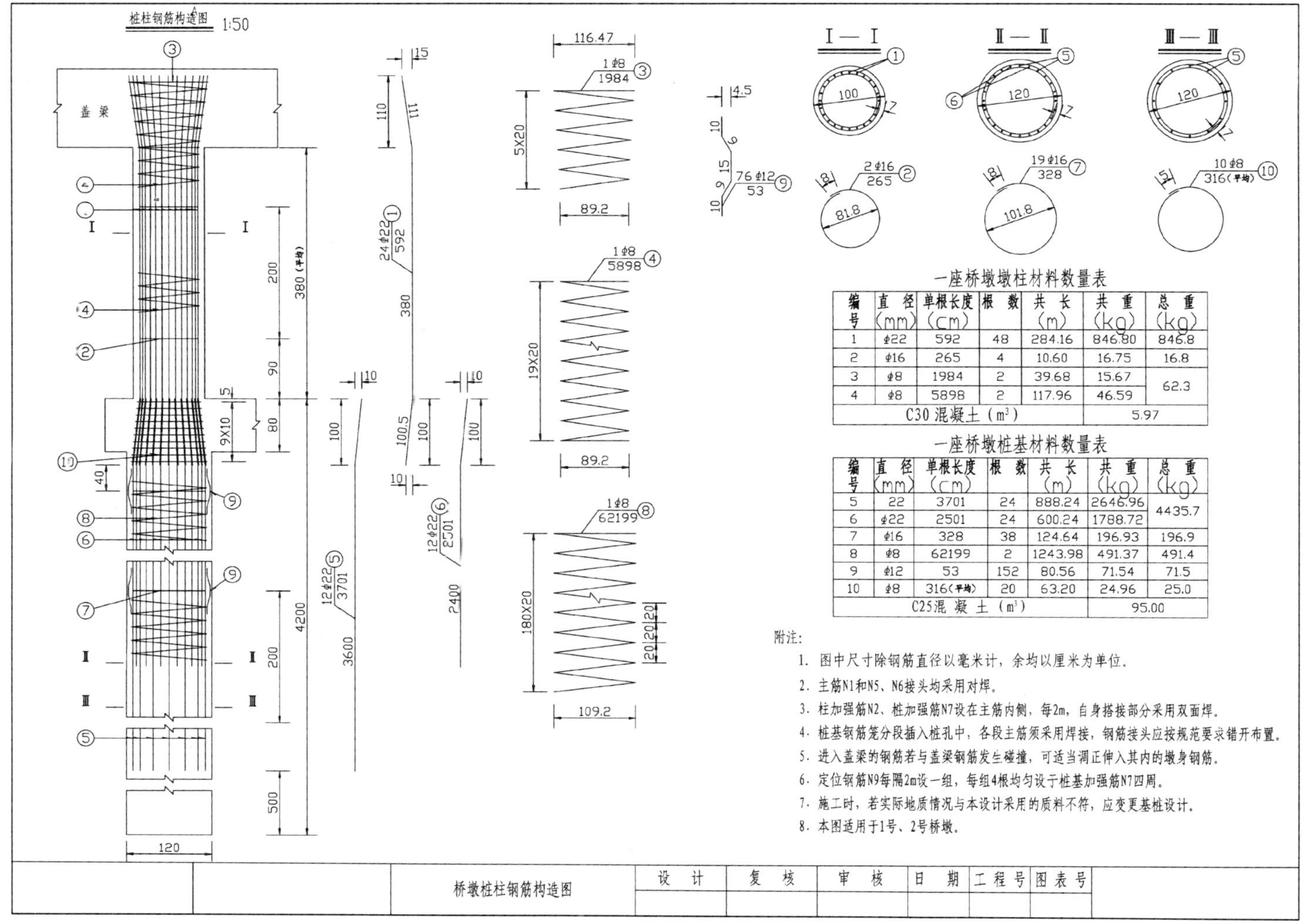

一座桥墩墩柱材料数量表

编号	直径 (mm)	单根长度 (cm)	根数	共长 (m)	共重 (kg)	总重 (kg)
1	φ22	592	48	284.16	846.80	846.8
2	φ16	265	4	10.60	16.75	16.8
3	φ8	1984	2	39.68	15.67	62.3
4	φ8	5898	2	117.96	46.59	
C30 混凝土 (m^3)					5.97	

一座桥墩桩基材料数量表

编号	直径 (mm)	单根长度 (cm)	根数	共长 (m)	共重 (kg)	总重 (kg)
5	22	3701	24	888.24	2646.96	4435.7
6	φ22	2501	24	600.24	1788.72	
7	φ16	328	38	124.64	196.93	196.9
8	φ8	62199	2	1243.98	491.37	491.4
9	φ12	53	152	80.56	71.54	71.5
10	φ8	316(平均)	20	63.20	24.96	25.0
C25混凝土 (m^3)					95.00	

附注：

1. 图中尺寸除钢筋直径以毫米计，余均以厘米为单位。
2. 主筋N1和N5、N6接头均采用对焊。
3. 柱加强筋N2、桩加强筋N7设在主筋内侧，每2m，自身搭接部分采用双面焊。
4. 桩基钢筋笼分段插入桩孔中，各段主筋须采用焊接，钢筋接头应按规范要求错开布置。
5. 进入盖梁的钢筋若与盖梁钢筋发生碰撞，可适当调正伸入其内的墩身钢筋。
6. 定位钢筋N9每隔2m设一组，每组4根均匀设于桩基加强筋N7四周。
7. 施工时，若实际地质情况与本设计采用的质料不符，应变更基桩设计。
8. 本图适用于1号、2号桥墩。

图 12-8 桥墩桩柱钢筋构造图

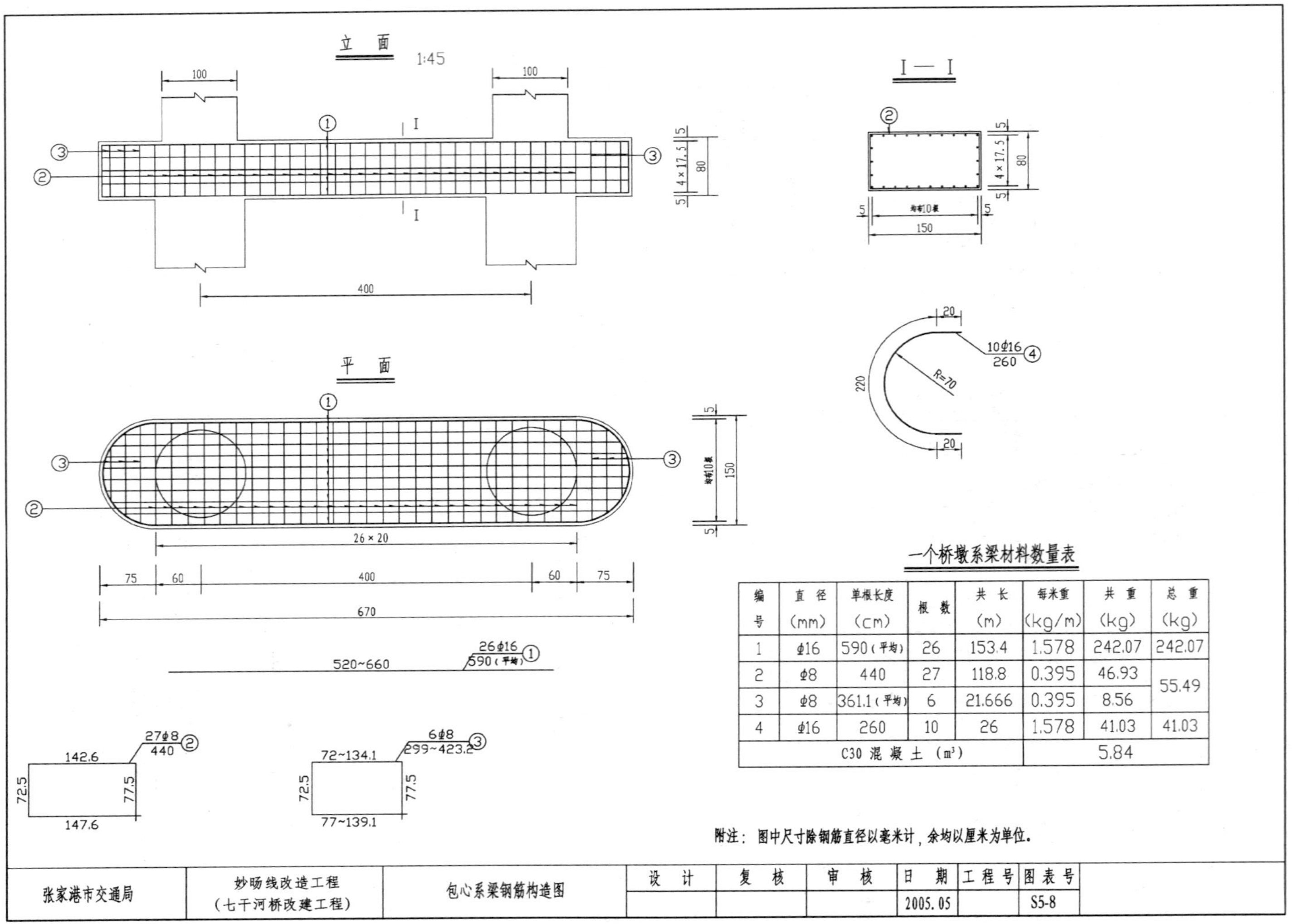

一个桥墩系梁材料数量表

编号	直径 (mm)	单根长度 (cm)	根数	共长 (m)	每米重 (kg/m)	共重 (kg)	总重 (kg)
1	φ16	590（平均）	26	153.4	1.578	242.07	242.07
2	φ8	440	27	118.8	0.395	46.93	55.49
3	φ8	361.1（平均）	6	21.666	0.395	8.56	
4	φ16	260	10	26	1.578	41.03	41.03
C30 混凝土（m³）					5.84		

附注：图中尺寸除钢筋直径以毫米计，余均以厘米为单位。

图 12-9　包心系梁钢筋构造图

④ 主梁图

主梁是桥梁的上部结构，主梁有各种结构型式，分类方法也很多，许多采用钢筋混凝土等截面T型梁，T型梁由梁肋、翼板和横隔板等组成，有些T梁根据结构情况也可不设横隔板，梁肋形状根据结构情况可以是等截面的也可以是变截面的，主梁结构图由梁肋、翼板和横隔板等各部分的结构图组成，表达方法与钢筋混凝土结构图的内容和要求相同。如图12-10、图12-11为钢筋混凝土预制空心板梁。

⑤ 桥面系结构图

桥梁中桥面以上部分的结构称为桥面系，分为防撞墙和人行道与栏杆等型式，城市桥梁或有人行要求的桥面系设人行道和栏杆及照明设施，如图12-12所示。表达方法与钢筋混凝土结构图的内容和要求相同。

桥梁工程图还有其他一些工程图，如伸缩缝工程图、支座工程图、防护工程图、管线工程图等，即凡是桥梁上各部分结构、桥梁设计与施工需要的、应用于桥梁上的永久性材料和附属工程等均需用工程图的形式表达出来，在此不再详叙。

(5) 桥梁工程图读图和画图方法与步骤

① 读图

桥梁工程图读图采用形体分析法读图，桥梁是由上下部结构及附属工程构成的，结构比较复杂，读图时分析桥梁每一个构件的形状大小和相对位置，通过总体布置图把各部分联系起来，弄清各部分之间的关系，就得到整个桥梁的形状和大小了。读图时将桥梁图由大化小、由繁化简，利用形体分析法首先想像桥梁各部分的形状和大小，再根据各部分的相对位置及尺寸，将各部分结合起来，综合想像即得桥梁整体形状和布置情况。因此读图是一个先由整体到局部，再由局部到整体的反复过程。读图的基本步骤如下：

a. 先看图纸的右下角或图纸下方的标题栏和附注，了解项目名称及相关单位、桥梁的名称、种类、主要技术指标、施工说明、比例、尺寸单位等。

b. 阅读总体布置图，弄清各投影图之间的关系，如有剖、断面图，则要找出剖切位置和投影方向。看图时，应先看立面图(包括纵剖面图)，通过立面图了解桥梁结构型式、孔数、跨径大小、墩台型式和数目、总长、总高、标高尺寸、里程桩号、河床断面及地质情况，对照平面图、侧面图、横剖面图等投影图，了解桥梁的宽度、人行道尺寸和主梁的断面形式等。通过阅读立面图，对桥梁的全貌便有了一个初步的了解。

c. 在阅读总体布置图的基础上，通过阅读各构件结构图和大样图，了解桥梁各部分结构的具体形状和大小，注意阅读构件结构图和大样图时也需将相关投影图结合起来看才能将构件读懂。读图时既要看图，也要看表和文字说明等，将图、表、文字说明三方面结合起来就对各构件的形状、大小、使用的材料和数量等有了一个全面的了解。

d. 看懂桥梁图后，再看尺寸，主要对照总体布置图和构件结构图与大样图的尺寸，通过对照复核，检查阅读过程是否有错误或遗漏。

e. 将总体布置图和构件结构图与大样图结合起来，了解桥梁各构件的相互位置和装置尺寸，直到全部看懂为止。

② 画图

桥梁工程图的画图步骤与其他工程图相同，具体绘图时，应先确定投影图数目(包括剖面、

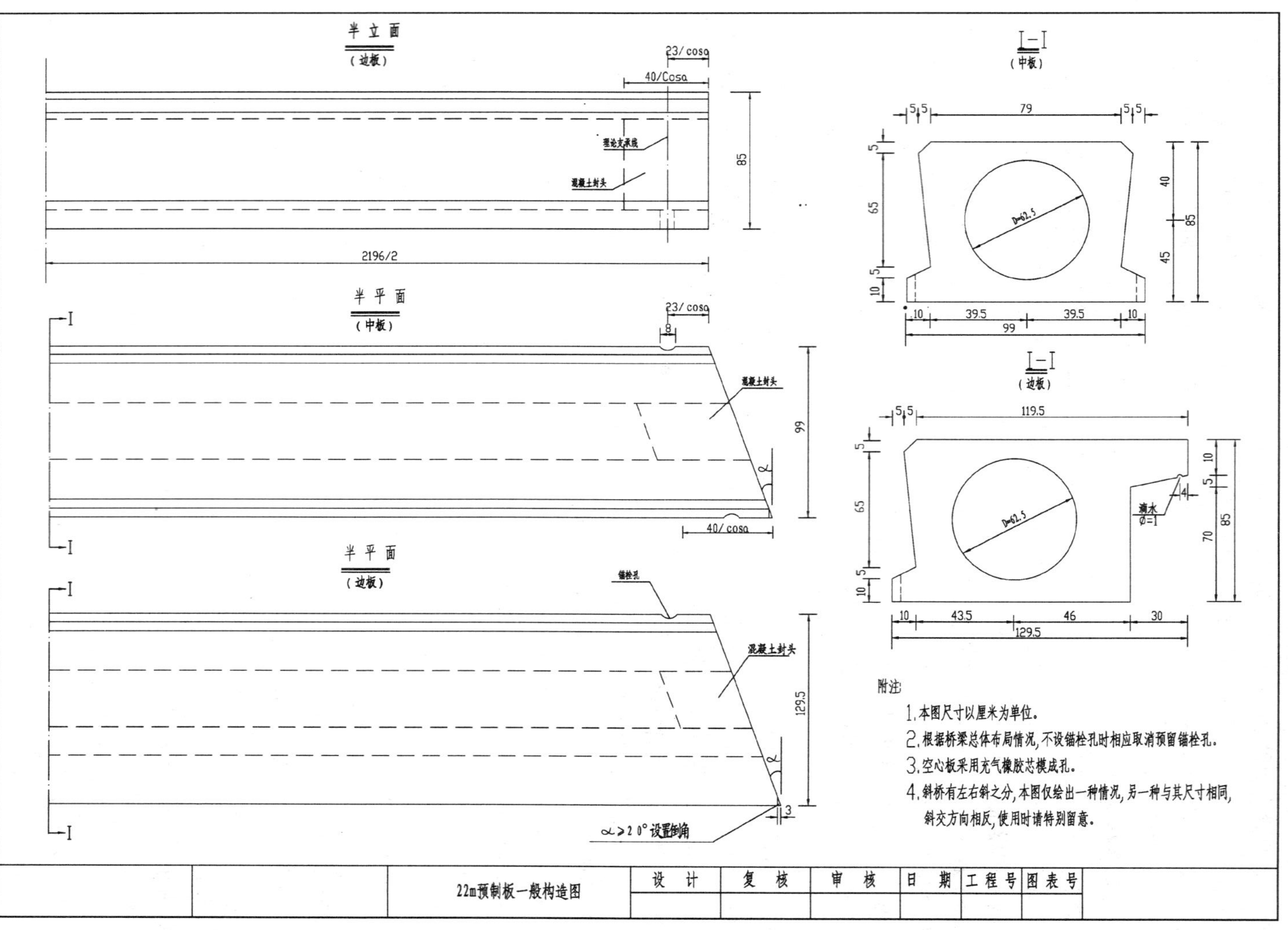

图 12-10 中、边预制板构造图

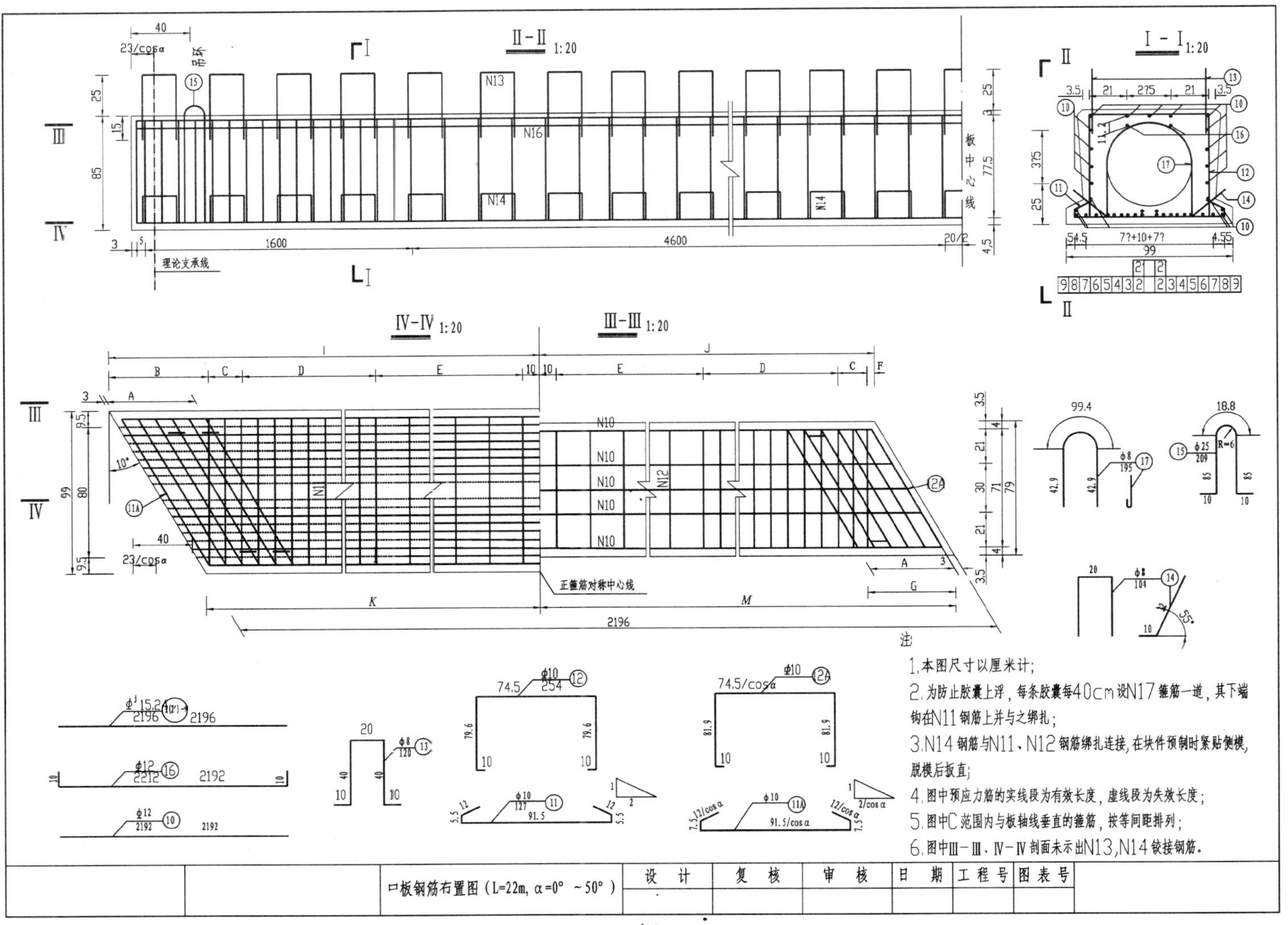

图 12-11 中板钢筋布置图

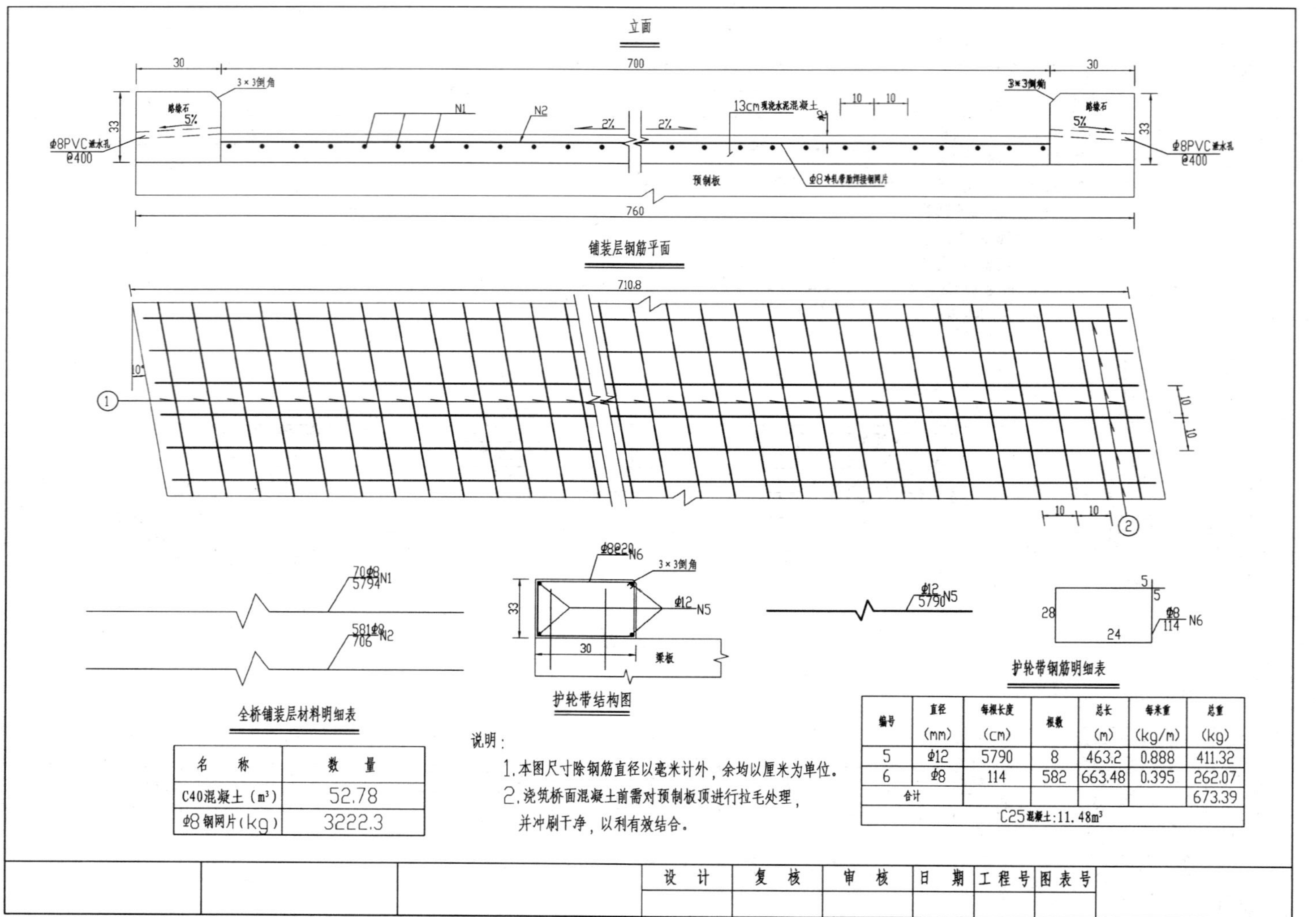

全桥铺装层材料明细表

名　称	数　量
C40混凝土（m³）	52.78
ф8钢网片（kg）	3222.3

说明：

1. 本图尺寸除钢筋直径以毫米计外，余均以厘米为单位。
2. 浇筑桥面混凝土前需对预制板顶进行拉毛处理，并冲刷干净，以利有效结合。

护轮带钢筋明细表

编号	直径 (mm)	每根长度 (cm)	根数	总长 (m)	每米重 (kg/m)	总重 (kg)
5	ф12	5790	8	463.2	0.888	411.32
6	ф8	114	582	663.48	0.395	262.07
合计						673.39
C25混凝土:11.48m³						

设　计	复　核	审　核	日　期	工程号	图表号

图 12-12　桥面铺装施工图

断面图)、比例和图幅，先画桥位平面图和桥位地质断面图，然后画总体布置图，最后画构件结构图与大样图。

构件结构图与大样图数目的选择没有具体规定，一般以三视图为主，并配置一定数量的剖面、断面图，以将构件表达清楚完整为准。

由于各类图样表达的内容和范围不同，作用和要求也不同，各类图样采用的比例也不相同，一般桥位平面图和桥位地质断面图采用较小的比例绘制，这类图样常用的比例取值范围为 1∶500～1∶2000，总体布置图采用普通比例绘制，这类图样常用的比例取值范围为 1∶50～1∶500，构件结构图采用较大的比例绘制，这类图样常用的比例取值范围为 1∶10～1∶100，大样图采用大比例绘制，这类图样常用的比例取值范围为 1∶3～1∶30。当然绘图时各类图样采用的比例要根据描述对象的具体尺寸大小和图幅范围进行取舍。

各类图样画图步骤如下：

a. 布置和画出各投影图的基线：

根据所选定的比例及各投影图的相对位置，把各图均匀地分布在图框内，布图时要留出绘制标题栏和文字说明的地方，各投影图之间也要留出空间以标注投影图名称、比例和尺寸标注，一旦确定投影图位置，便可画出各投影图的基线，如描述的对象具有对称性，则以对称线为基线，如不具有对称性，则选择过所描述对象的最左、最下或最后端点的水平线或垂直线为基线。同一张图纸上各投影图如采用同一比例绘制，则应按三等关系布置。

b. 画各构件的主要轮廓线：

以选好的基线作为度量的起点，根据标高及各构件的尺寸绘制构件的主要轮廓线。按先中心线后轮廓线；先水平线后垂直线再一般线；先曲线后直线；先上后下先左后右；先实线后虚线等顺序绘图。

c. 画各构件的细部线：

根据主要轮廓线按从大到小、从左到右、从上到下的顺序画全各构件的投影，画图时注意各投影图的对应线条要对齐。

d. 加深或上墨，并把剖面或断面符号、尺寸、文字说明等一并画全。

12.2 斜拉桥工程图

斜拉桥是一种新型的桥梁结构，它与钢筋混凝土简支梁桥的受力情况基本类似，为了加宽跨度，采取减少桥墩数目，改由拉索来承担因减少桥墩数目而增加的力。斜拉桥除了钢筋混凝土连续梁外，还有主塔和扇状拉索，共同构成一个联合体来增加承载能力，加大跨度。

斜拉桥的表达方法采取与梁桥相同的表达方法：用立面图、平面图和横剖面图表达(图 12-13)。

立面图：一般采用较小的比例如 1∶2000，故画桥梁的外形不画剖面，梁高用二条粗线表示，最上面加一条细线表示桥面高度，图上反映了拉索的布置情况，横隔梁、人行道和栏杆省略不画。立面图还要反映河床起伏及水文情况、基础埋深，梁底、桥面中心及通航水位标高。

平面图:显示人行道和桥面的宽度及塔柱断面和拉索。

横剖面图采用较大的比例画出,表示梁的上部结构、桥面总宽度、人行道及栏杆、车道宽、中央分隔带宽、塔柱高及拉索在塔柱上的分布情况、基础标高及埋深等。

其他表达方法与钢筋混凝土简支梁桥表达方法相同。

12.3 隧道工程图

隧道是道路穿越山岭时修筑的建筑物,隧道工程由洞身及衬砌、洞口和附属工程等部分组成。隧道工程无论结构型式和采用的材料如何,其表示方法是基本相同的,描述一座隧道的工程图纸很多,一般可分为隧道平面图、隧道纵断面图、隧道洞身衬砌断面构造图、隧道进出口设计图、隧道路面结构图、避车洞结构图、附属工程结构图和结构大样图等几种,附属工程主要包括隧道排水设施、通风设施、照明设施等。

1. 隧道平面图

隧道平面图主要表达隧道路线的方向、平面线型组成以及沿线两侧一定范围内的地形、地物情况。在隧道平面图上主要包括地形和隧道平面线型两部分,其表达内容和方法与路线平面图基本相同,由于表达范围相对较小,隧道平面线型可采用路中心线(点划线)及隧道两侧边线(虚线)结合按比例绘制(图 12-14)。

2. 隧道纵断面图

隧道纵断面图是通过路中心线用假想的铅垂面进行剖切展开后得到的,隧道纵断面图主要表达隧道路线中心纵向线型以及路线所经山岭的地面起伏情况、地质情况等。隧道纵断面图包含隧道路线图样和资料表两部分,其表达内容和方法与路线纵断面图基本相同,由于表达范围相对较小,隧道纵向洞身沿高度布置及尺寸可按比例绘制。

3. 隧道洞身衬砌断面构造图

隧道洞身衬砌断面构造图是采用垂直于路中心线的平面剖切洞身及基础得到的断面图。主要表示隧道洞身衬砌结构型式、洞身断面形状和路面结构型式等,如洞身衬砌结构型式有变化,则每种型式均需用相应的断面图表达清楚,这类图样包括图、表和文字说明三部分。

4. 隧道进出口设计图

隧道洞口处理可分为端墙式和翼墙式两种,隧道进出口设计图主要表示洞口结构型式、洞口截面形状和洞口接线边坡处理。一般采用三视图形式表达,如图 12-15、图 12-16 所示。

隧道路面结构图、避车洞结构图、附属工程结构图和结构大样图等隧道工程图,由于表达方式类似,在此不再详叙。

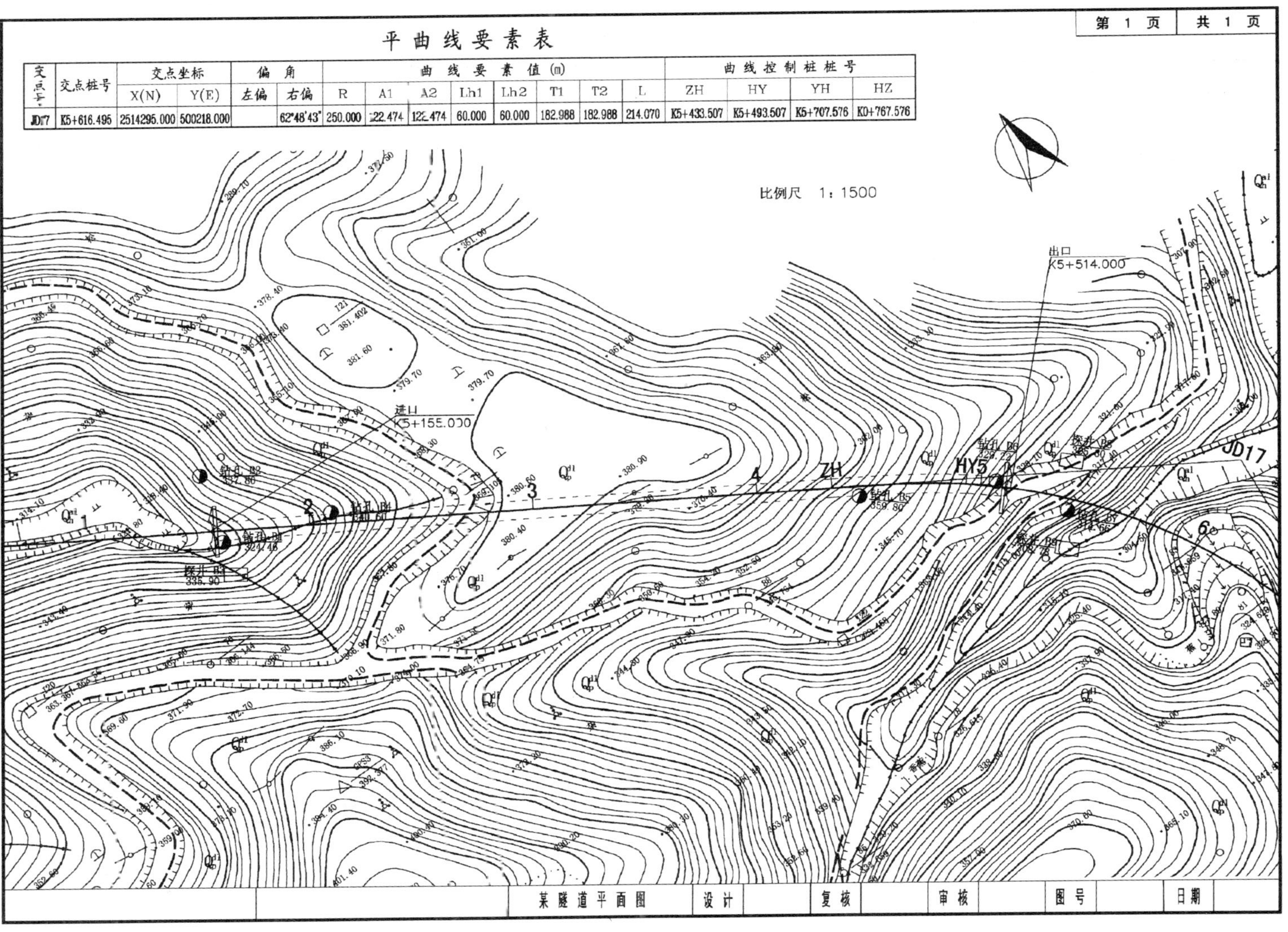

平曲线要素表

交点号	交点桩号	交点坐标		偏角		曲线要素值(m)								曲线控制桩桩号			
		X(N)	Y(E)	左偏	右偏	R	A1	A2	Lh1	Lh2	T1	T2	L	ZH	HY	YH	HZ
JD17	K5+616.495	2514295.000	500218.000		62°48′43″	250.000	122.474	122.474	60.000	60.000	182.988	182.988	214.070	K5+433.507	K5+493.507	K5+707.576	K0+767.576

图 12-14 隧道平面图

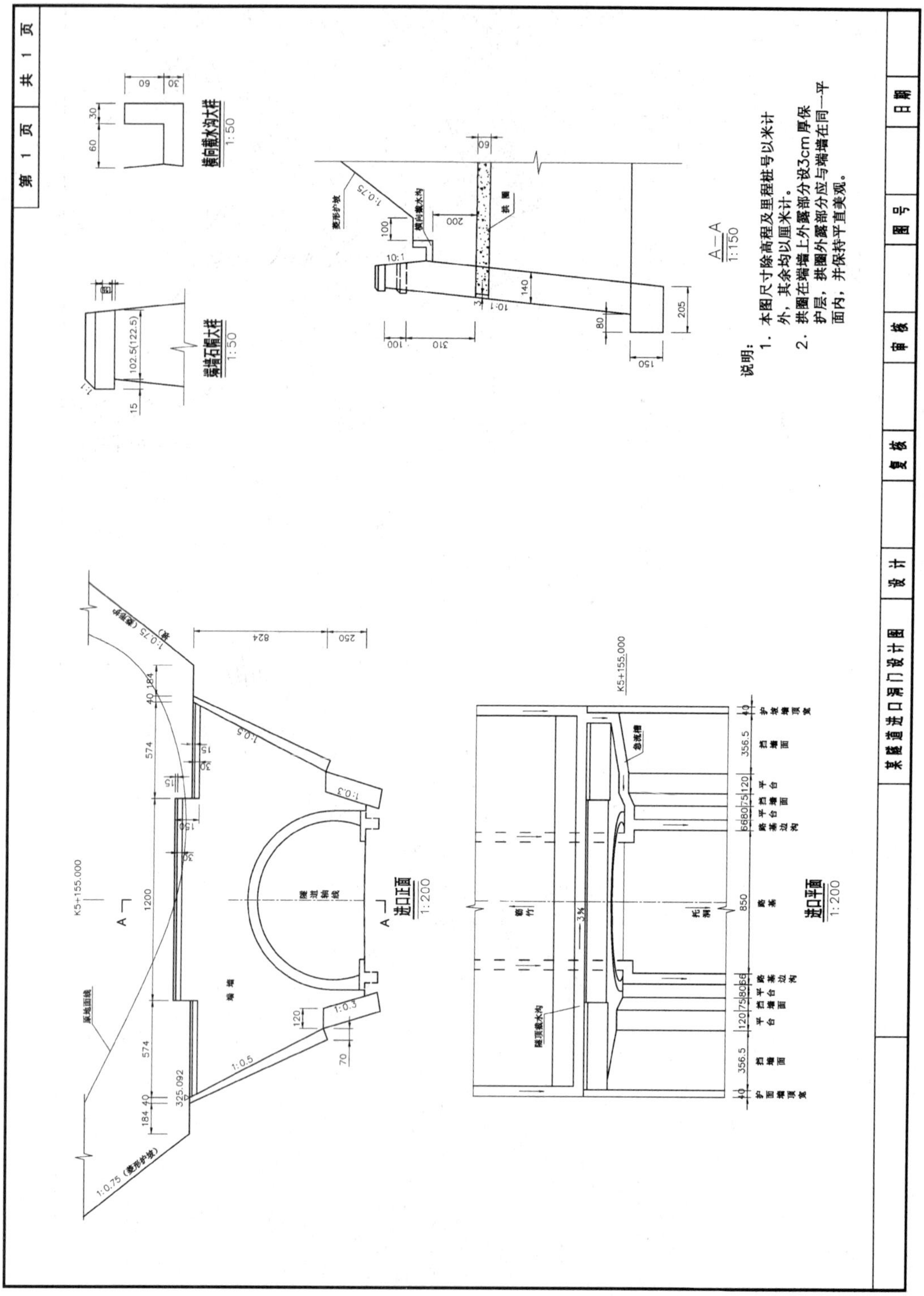
第 1 页 共 1 页
横向截水沟大样
1:50
端墙石帽大样
1:50
A—A
1:150
说明：
1. 本图尺寸除高程及里程桩号以米计外，其余均以厘米计。
2. 拱圈在端墙上外露部分设3cm厚保护层，拱圈外露部分应与端墙在同一平面内，并保持平直美观。
进口正面
1:200
进口平面
1:200
K5+155.000
某隧道进口洞门设计图
设计
复核
审核
图号
日期

图 12-15 隧道洞口设计图

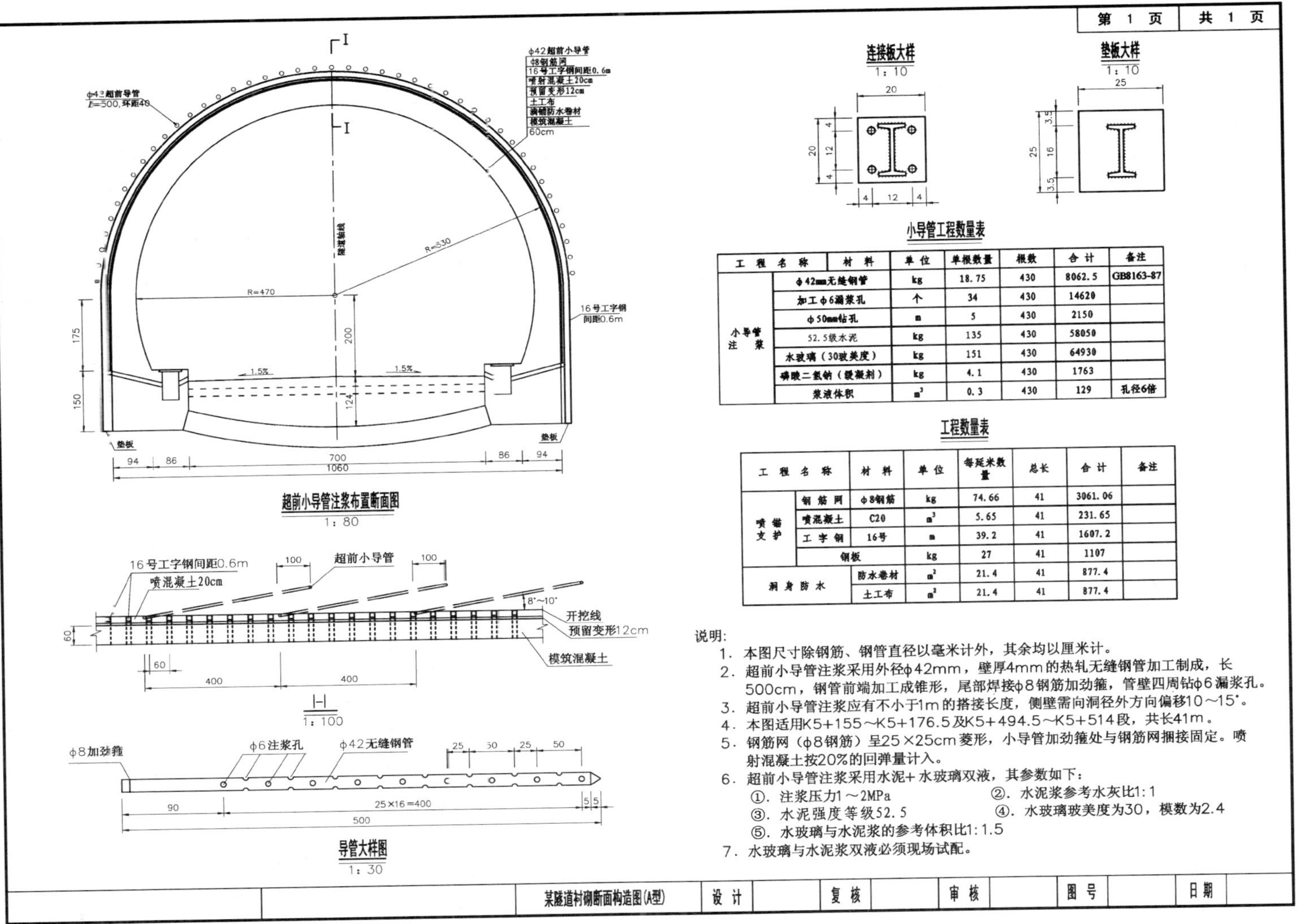

小导管工程数量表

工程名称		材料	单位	单根数量	根数	合计	备注
小导管注浆	φ42mm无缝钢管		kg	18.75	430	8062.5	GB8163-87
	加工φ6漏浆孔		个	34	430	14620	
	φ50mm钻孔		m	5	430	2150	
	52.5级水泥		kg	135	430	58050	
	水玻璃（30玻美度）		kg	151	430	64930	
	磷酸二氢钠（缓凝剂）		kg	4.1	430	1763	
	浆液体积		m³	0.3	430	129	孔径6倍

工程数量表

工程名称		材料	单位	每延米数量	总长	合计	备注
喷锚支护	钢筋网	φ8钢筋	kg	74.66	41	3061.06	
	喷混凝土	C20	m³	5.65	41	231.65	
	工字钢	16号	m	39.2	41	1607.2	
	钢板		kg	27	41	1107	
洞身防水		防水卷材	m²	21.4	41	877.4	
		土工布	m²	21.4	41	877.4	

说明:

1. 本图尺寸除钢筋、钢管直径以毫米计外，其余均以厘米计。
2. 超前小导管注浆采用外径φ42mm，壁厚4mm的热轧无缝钢管加工制成，长500cm，钢管前端加工成锥形，尾部焊接φ8钢筋加劲箍，管壁四周钻φ6漏浆孔。
3. 超前小导管注浆应有不小于1m的搭接长度，侧壁需向洞径外方向偏移10～15°。
4. 本图适用K5+155～K5+176.5及K5+494.5～K5+514段，共长41m。
5. 钢筋网（φ8钢筋）呈25×25cm菱形，小导管加劲箍处与钢筋网捆接固定。喷射混凝土按20%的回弹量计入。
6. 超前小导管注浆采用水泥+水玻璃双液，其参数如下：
   ①. 注浆压力1～2MPa　②. 水泥浆参考水灰比1:1
   ③. 水泥强度等级52.5　④. 水玻璃玻美度为30，模数为2.4
   ⑤. 水玻璃与水泥浆的参考体积比1:1.5
7. 水玻璃与水泥浆双液必须现场试配。

图 12-16　隧道洞口施工图

12.4 涵洞工程图

1. 涵洞工程图

涵洞：是横穿公路路堤、用来宣泄小流量流水的工程建筑物，单孔<5m、多孔跨径总长<8m 及圆管、箱涵(不论管径、径经大小和跨数情况)称涵，否则为桥(图 12-17)。

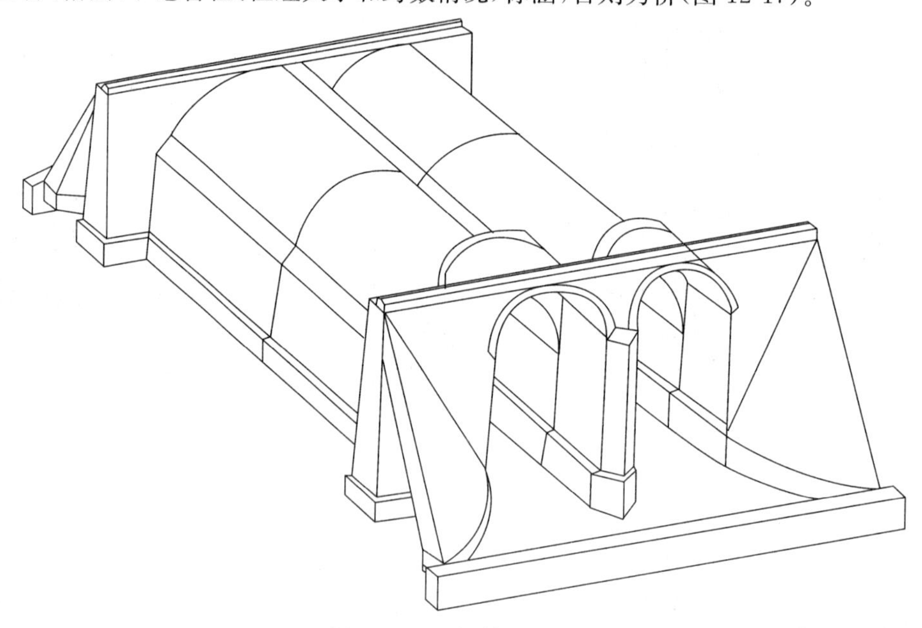

图 12-17 涵洞的基本结构

(1) 涵洞的种类

按建筑材料：砖涵、石涵、混凝土涵、木涵、钢筋混凝土涵、陶瓷管涵等。

按构造型式：圆管涵、盖板涵、拱涵、箱涵。

按断面形状：圆形涵、卵形涵、拱形涵、梯形涵及矩形涵等。

按孔数：有单孔、双孔和多孔。

按有无覆土：明涵和暗涵。

(2) 涵洞的结构

基础：承受压力。

洞身：水流通过。

洞口：端墙、翼墙或护坡、截水墙和缘石等。

保证涵洞基础和两侧路基或填土免受冲刷，使水流顺畅。一般涵洞进出水口采用同一形式。

常用的洞口的形式分为：端墙式、(八字)翼墙式。

2. 画图

涵洞工程图的表示方法：一般以立面图、平面图及侧面图三个方向视图为主，但涵洞工程一般洞顶覆盖有填土，为了表达清楚，涵洞工程图一般采用掀开表示法和剖面、断面图的形式，绘图所用的比例较桥梁工程图稍大。涵洞工程图以三视图为主，并配置一定数量的剖面、断面图。

涵洞是狭长的工程构造物，以水流方向为纵向，以纵断面图代立面图，立面图主要表达洞身、基础、原地面线和洞口结构型式及纵向布置情况等，涵洞的长度、高度及标高尺寸等。

（1）平面图

平面图一般不考虑洞顶覆土即掀开表示法，一般以半剖画出，沿基础顶面剖切，主要表达涵洞的洞身、基础和洞口结构型式及平面布置情况等，如表达管径尺寸、管壁厚度、洞口基础、端墙、缘石和护坡的平面形式和尺寸，涵顶覆土作透明处理，路基边缘线应画出用示坡线表示路基边坡、涵洞与路线的相对位置，涵洞的长度、宽度尺寸等，根据涵洞纵向与路中心线的相对位置可分为正交与斜交两种情况，无论正交与斜交，均以涵洞纵向线为水平线布置涵洞平面图。

（2）立面图

一般纵向全剖，只画一半。

表达管壁厚度、防水层、设计流水坡度、涵身长、洞底铺砌厚、基础、截水墙的断面形式、路基覆土厚度、路基宽度、锥形护坡顺水流方向的坡度与路基边坡一致、各部分的材料等。

（3）侧面图（洞口正面图）

侧面图采用侧视图或半剖和全剖面图方式表达，侧面图主要表达涵洞洞身、基础和洞口结构型式及横向布置情况等，涵洞的宽度及高度尺寸、管涵孔径和壁厚、洞口缘石和端墙的侧面形式和尺寸、锥形护坡的坡度，土壤作透明处理。进出水口同则只画一侧，不同要分别画出，可各画一半，在同一视图合并画出。

横剖面、断面图主要表示洞身及基础的结构型式和所采用的材料，其中涵洞平面图和侧面图一般需用示坡线表示路基边坡位置。

（4）一些横剖面图

垂直于纵向剖切作出的剖面图。

（5）构件详图

根据涵洞的结构型式和建筑材料的需要，有时须绘制必要的构造详图，如钢筋结构图、翼墙断面图等，同时图内应该列有涵洞工程数量表和必要的文字及施工说明。

3. 常见涵洞

工程中常用四种涵洞工程图：

（1）圆管涵（图 12-18）

洞的洞身立体结构由圆管构成，主要有涵洞进出口、涵身、洞底基础、锥形护坡、缘口等组成。

（2）钢筋混凝土盖板涵（图 12-19）

盖板涵的洞身立体结构由砌筑的墙身和钢筋混凝土盖板组成，主要由涵洞进出口、洞身、洞底基础、八字翼墙、缘石等组成。

（3）石拱涵（图 12-20）

石拱涵的洞身立体结构由共同砌筑的墙身加拱顶构成，主要由涵洞进出口、洞身、洞底基础、八字翼墙、缘石等组成。

（4）箱涵（图 12-21）

箱涵的洞身立体结构由钢筋混凝土箱形构体分段构成，主要有涵洞进出口、洞身、洞底基础、八字翼墙、缘石等组成。

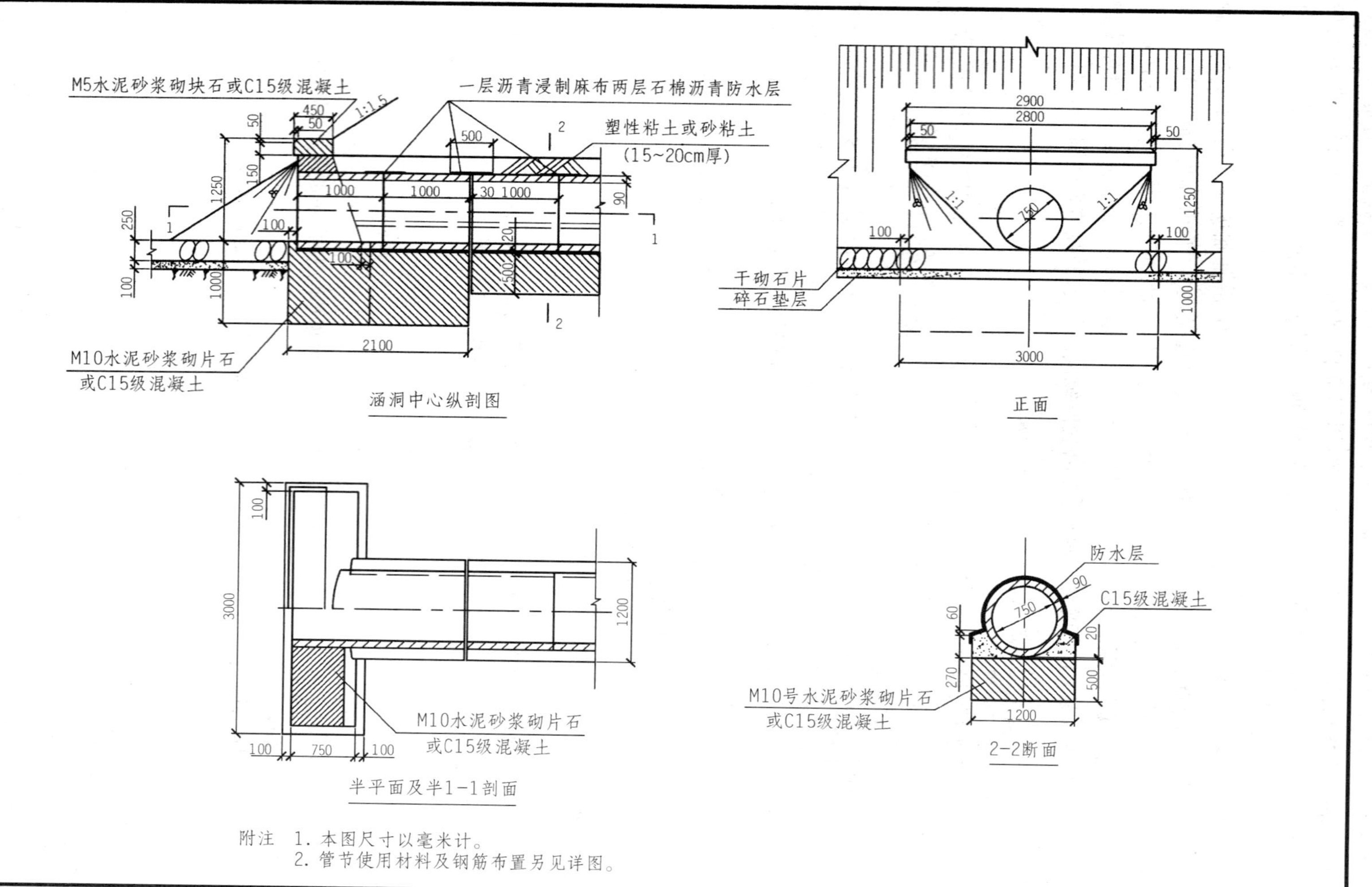

图 12-18 圆管涵工程图

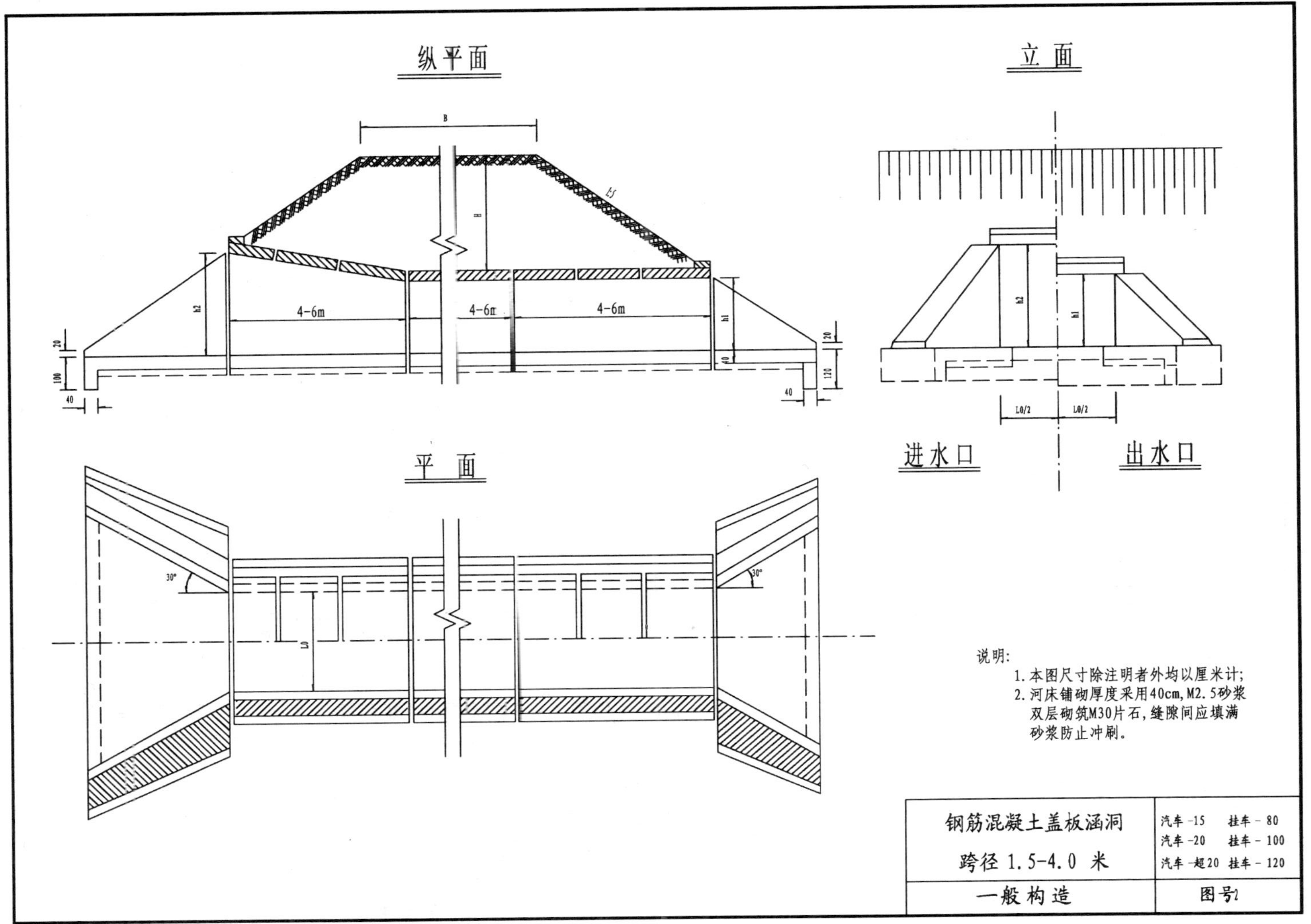

图12-19 钢筋混凝土盖板涵工程图

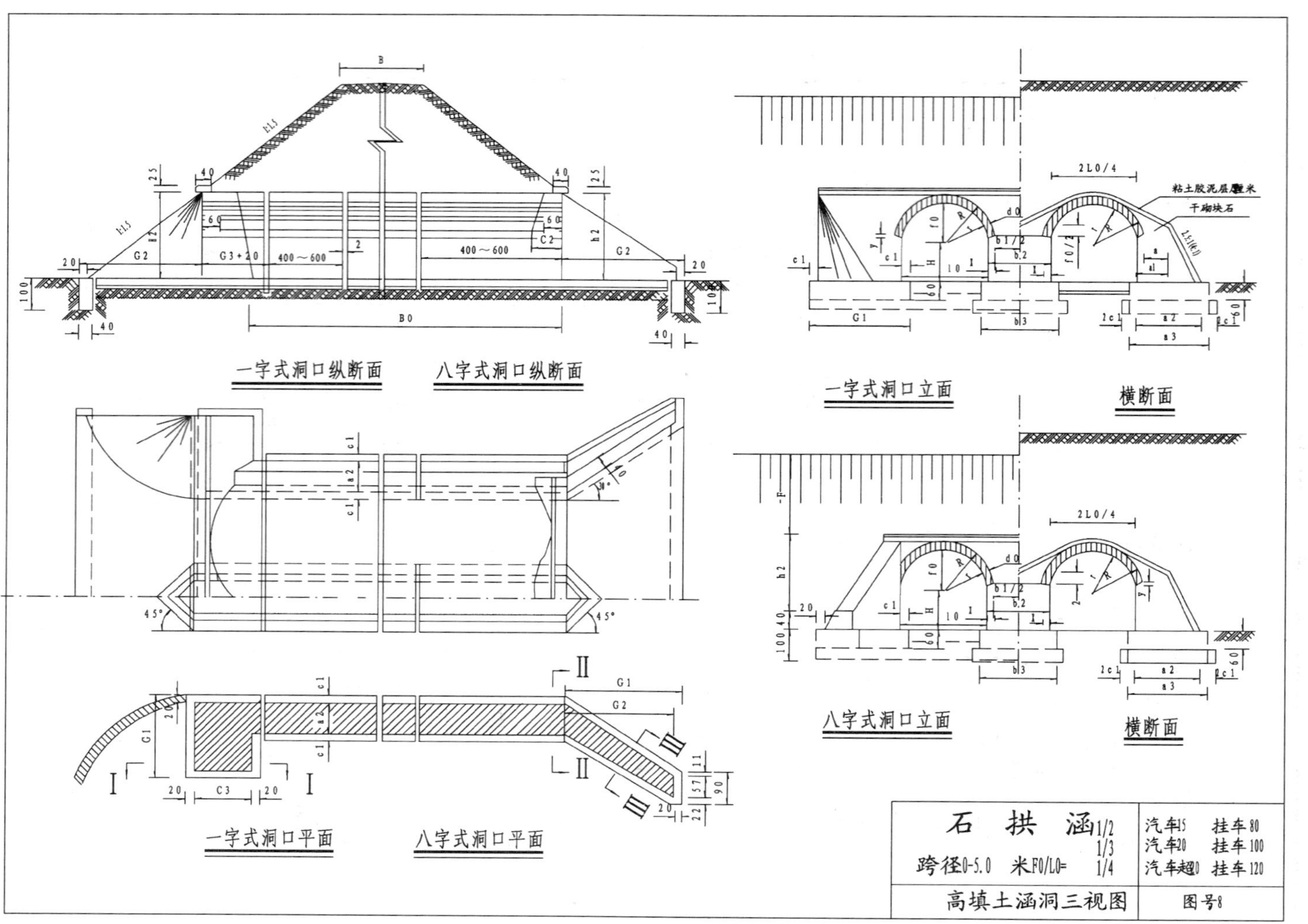

图 12-20 石拱涵工程图

小 结

本章主要介绍桥梁、隧道、涵洞工程图的表达方法，重点介绍桥梁工程图中的总体布置图、构件结构图和这些工程图的绘图步骤。

1. 桥梁由哪几部分结构组成？
2. 总体布置图有哪些表达方法？
3. 隧道工程图常用的表达方法有哪些？
4. 常见的涵洞有哪些？
5. 涵洞工程图常用的表达方法有哪些？

第 13 章 水利工程图

本章概要

本章主要介绍水利工程中的建筑物:码头、水坝、船闸的表达方法。

13.1 概述

13.1.1 水工建筑物的结构

表达水利水电工程建筑物(码头、水坝、船闸)的图样称水工图。包括视图、尺寸、图例符号和技术说明。是反映设计思想、指导施工的重要技术资料。一套水利工程图样除表示水工建筑外,还有机械、电气、管线、水文和工程地质图。

1. 水工建筑按建设位置分类

(1) 河道中(河水利用):水利设施,水坝、船闸,水渠,水闸。

(2) 河岸(海边):码头,海岸工程。

为利用或控制水资源而修建的工程设施,或为利用水资源同时修建若干个不同作用的建筑物,这种建筑物群称水利枢纽。

2. 主要水利枢纽

(1) 拦河坝:挡水建筑物,拦截河流,抬高水位,形成水库和水位落差。

(2) 水电站:利用水位差及流量发电的建筑物。

(3) 船闸:克服水坝水位差产生的通航障碍的建筑物。

(4) 泄水闸:排放上游水流及进行水位和流量调节的建筑物。

(5) 冲沙闸:排放水库泥沙的建筑物。

3. 常用的水工建筑物的结构

(1) 上、下游翼墙:过水建筑物的引水、导水墙,有圆弧形、扭曲形、八字斜墙式,上游翼墙为引导水流平顺地进入闸室,下游翼墙是为了使出闸的水流均匀地扩散(图 13-1)。

(2) 铺盖:闸前护底,是上游河床用于防冲、防渗的保护层(图 13-1)。

(3) 护坦及消力池：闸后护底、消能，让水流翻滚、消耗能量(图 13-1)。

(4) 海漫及防冲槽(或防冲齿坎)：继续护底、消能，保护河床免受冲刷(图 13-1)。

(5) 廊道：坝身内或闸首中为了施工、排水、检查、交通等作用而设置的通道(图 13-1)。

(6) 分缝：为防止因温度变化或地基沉降不均匀而引起的断裂现象而人为设置的伸缩、沉降缝。

(7) 分缝中的止水：在分缝处阻水防止渗漏。

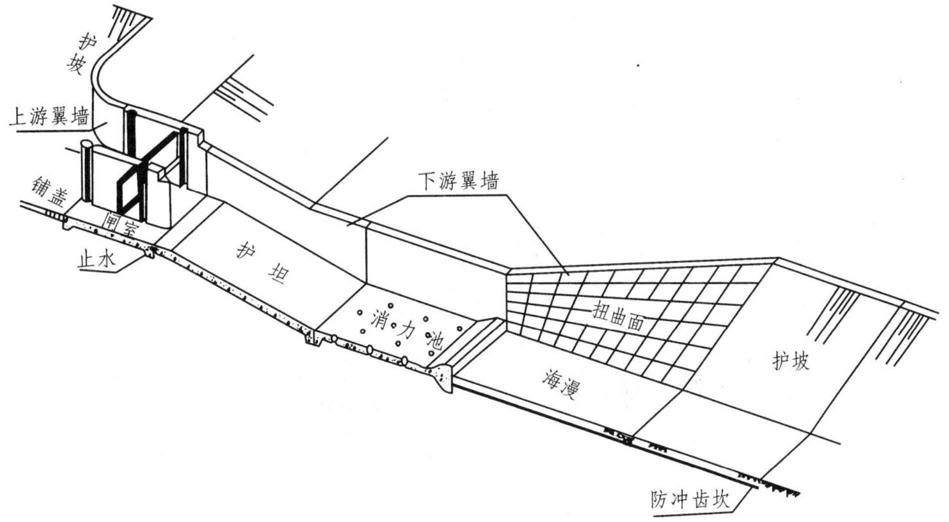

图 13-1　水闸轴测图

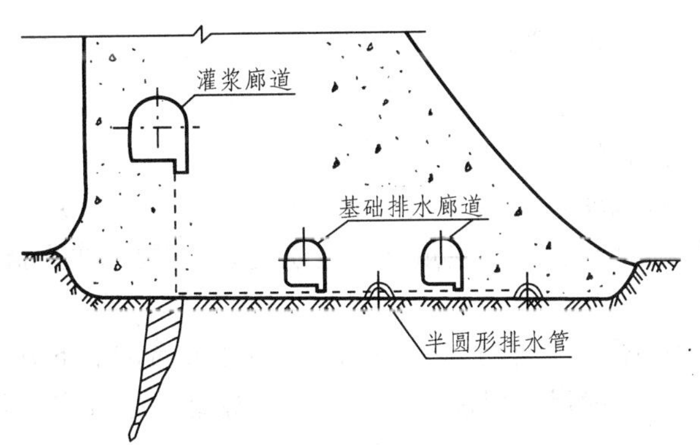

图 13-2　廊道和分缝

水利工程设计过程：

一般要经过规划、可行性研究、初步设计、施工设计几个阶段。

13.1.2　水工图的分类：

1. 工程位置图(灌溉区规划图)

工程所在地理位置，表达与枢纽有关的河流、公路、铁路、重要的建筑物、居民点，一般比例较小、范围较大，建筑物一般用图例表示。如图 13-3 所示。

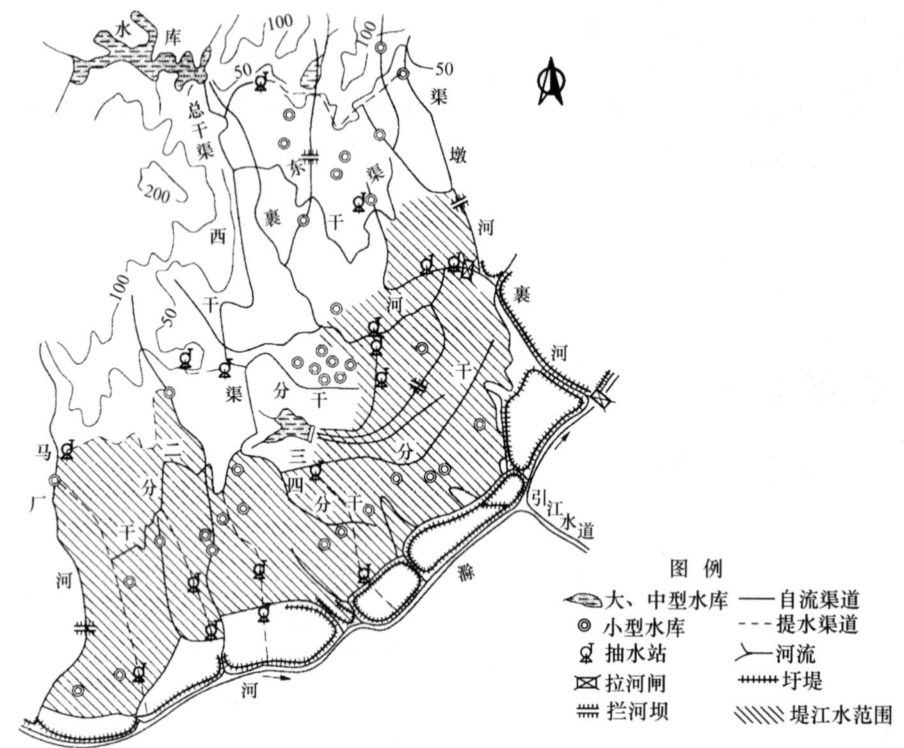

图 13-3 某水库灌区规划图

2. 枢纽布置图(总体布置图)

表示整个枢纽在平面和立面的布置情况。

内容:所在地区的地形、河流及流向、地理方位(指北针),各建筑物的相互位置关系,建筑物与地面的交线、填挖方边坡线,公路、铁路、居民点、有关重要的建筑物,建筑物的主要高程和主要轮廓尺寸。

特点:枢纽平面布置图必须画在地形图上,一般平面布置图画在立面布置图的下方,结构上的次要轮廓和细部一般不画或示意画出,一般尺寸只注建筑物的外形轮廓尺寸及定位尺寸、主要部位的高程、填挖方边坡坡度。

3. 建筑物结构图

枢纽中某一建筑物的工程图:结构布置图、分部和细部构造、钢筋混凝土结构图。

内容:建筑物的结构形状、尺寸、材料,建筑物各分部和细部构造、尺寸、材料,工程地质情况及建筑物与地基的连接方式,相邻建筑物间的连接方式,附属设备的位置,建筑物的工作条件,如上、下游各种设计水位、水面曲线等。

特点:把建筑物的结构形状、尺寸大小、材料及相邻结构连接方式表达清楚。用较大的比例。

4. 施工图

表达施工组织和施工方法的图样，如：施工总平面布置图、施工场地布置图、基础场地开挖图、施工导流布置图、混凝土分期分块浇筑图、施工方法布置图。

5. 竣工图

根据工程完工后的实际情况画出的图样。

13.1.3 水工图的表达方法：

视图的名称与配置：水工图一般采用平面图、立面图、侧面图等三视图表示，表达水工建筑物的外部结构。此外由于内部结构较复杂，采用了较多的剖视、断面图，表达内部结构。视图一般按投影关系配置并标注图名。布置视图尽量按习惯水流：从左向右、从上向下布置。对于对称的结构，可以只画一半，或两图合并起来，但应该分别标注图名。立面图改称为上游立面图、下游立面图(向下、上游方向看)。有时称面向下游的左、右边称左岸、右岸。一般沿建筑物轴线称纵向、垂直建筑物轴线称横向。图 13-4 为水闸结构布置图，图 13-5 为土坝视图配置。

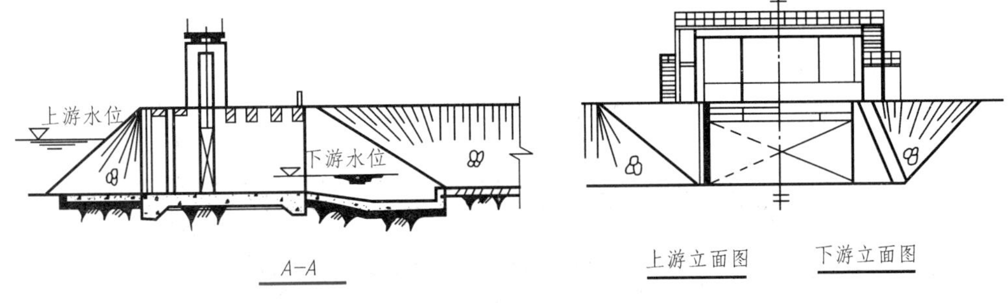

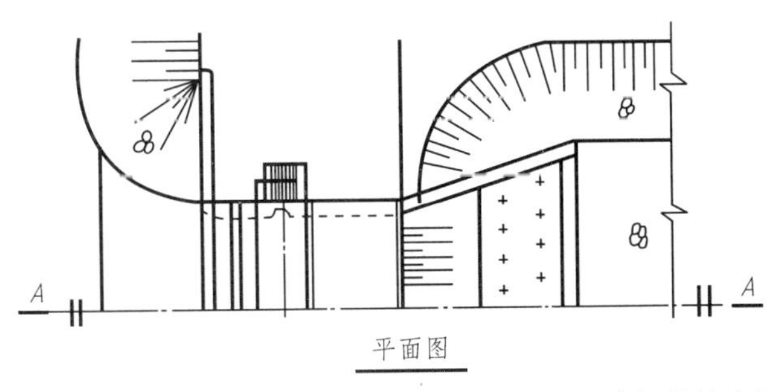

图 13-4　水闸结构布置图

除了基本三视图外，有时还采用局部放大图、展开视图、展开剖视图、复合剖视图、分层表示法、掀土表示法、假想表示法、拆卸表示法、连接表示法、规定画法和简化画法。

水工图由于结构复杂，图线较多，通常图线分为多个层次，常分为粗、中、细线。

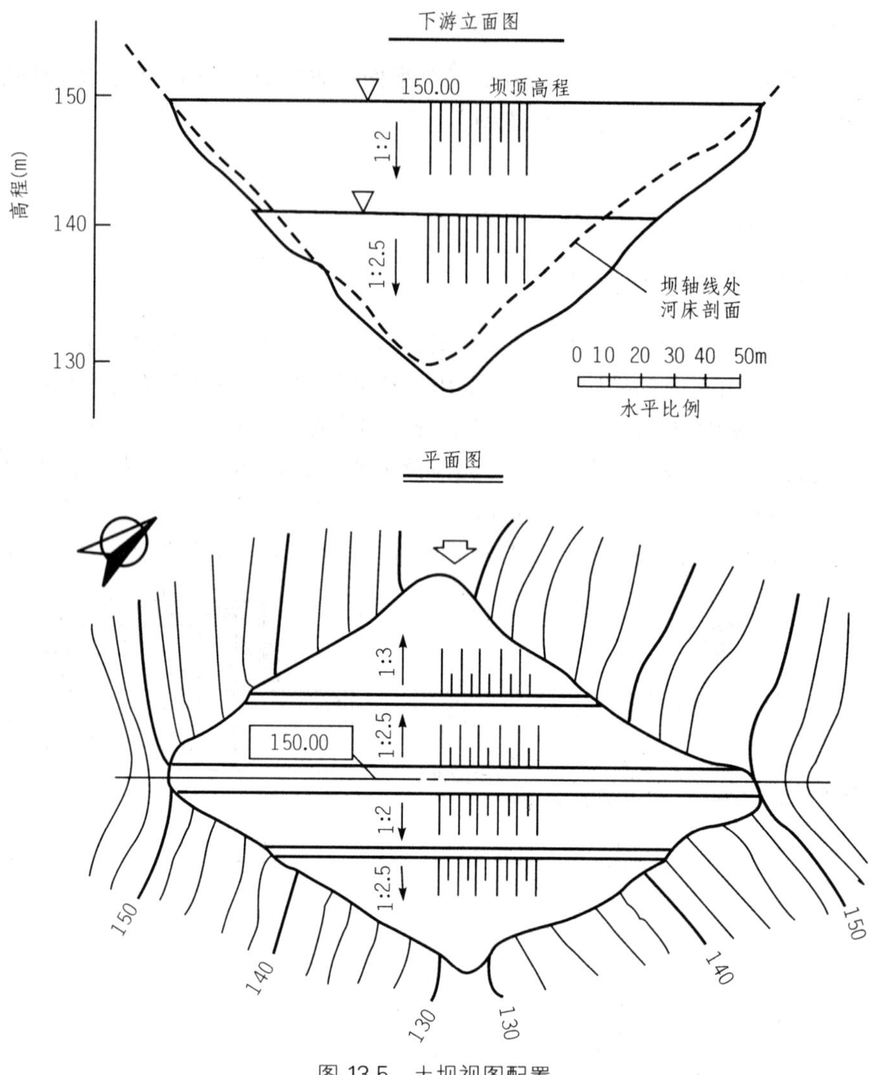

图 13-5 土坝视图配置

13.1.4 水工图的尺寸标注

水工图的尺寸特点：

(1) 面和基准点:用于放样定位。

高程基准面:水准零点,设计基准面:坝、闸轴线铅垂面,码头前沿,垂直设计基准的铅垂面。

(2) 点、线、面尺寸标注。

(3) 长度尺寸的标注:可用桩号。

(4) 高度尺寸的标注:用高程。

(5) 规则变化的曲线、面尺寸标注:列表法、数学表达与列表结合法、坐标标注法。

(6) 水工图的其他注法：

封闭尺寸 分段与总长同注；

重复尺寸 易于找投影关系；

对称尺寸　对称结构可向两边对称标注。

图 13-6～图 13-8 列举了水工图几种不同的标注方面。

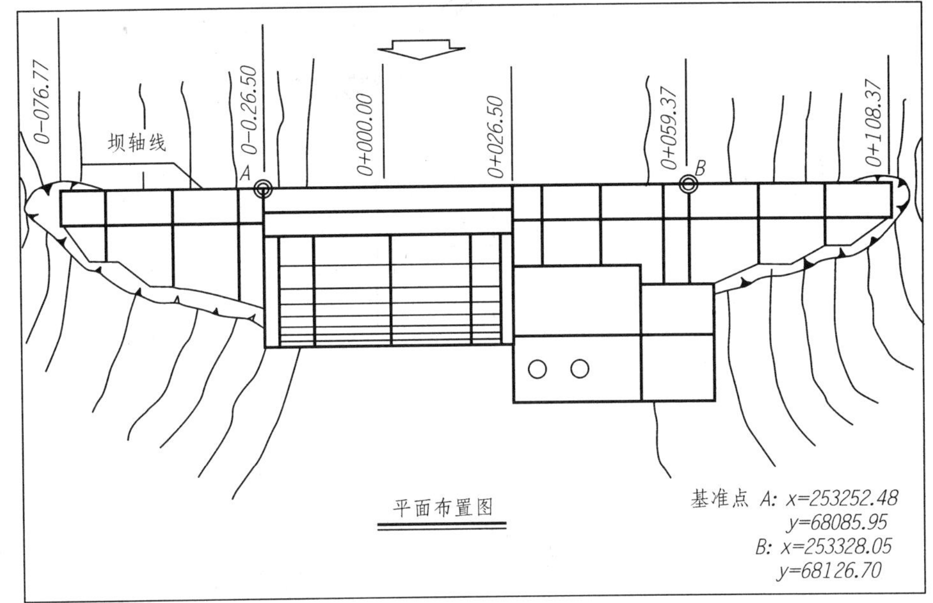

图 13-6　里程桩号和基准点表示法

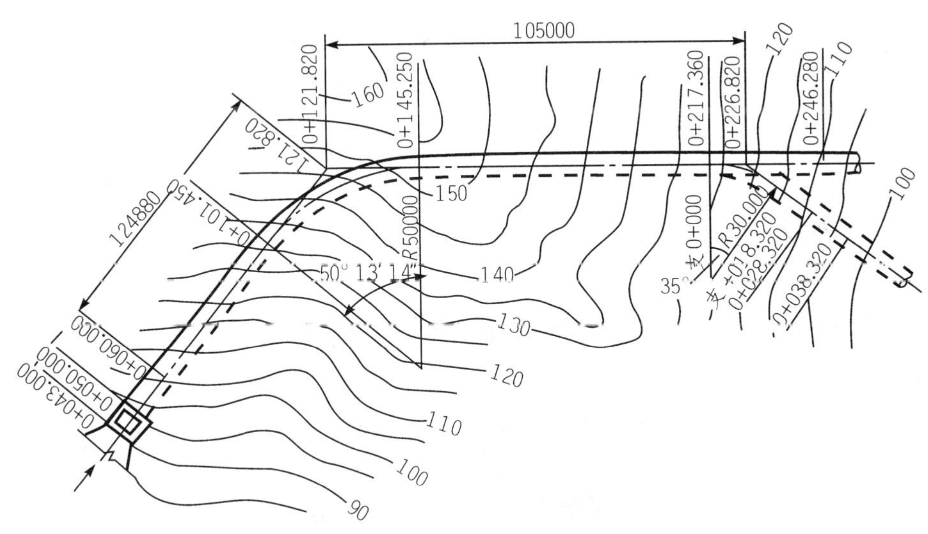

图 13-7　里程桩号表示法

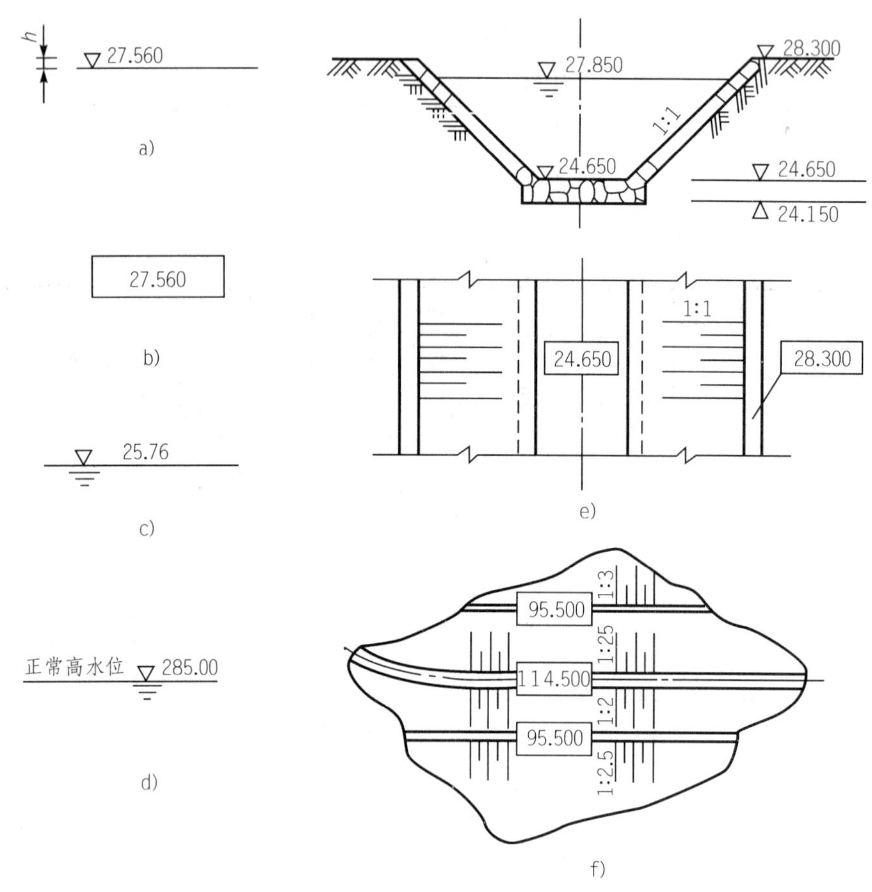

图 13-8 标高表示法

13.2 水利工程图

水利工程图有：水坝、船闸等工程图总体布置图。

1. 水利工程图的读图

读图的方法和步骤：由枢纽布置图到结构图，由主要结构图到其他结构图，由大轮廓图到小构件图。

读总体布置图：以平面图为主：了解建筑物所在位置的地形、地理方位、河流、各建筑位置、关系等。

读结构图：先主要建筑物，再其他建筑物：了解各建筑物的细部构造形状、尺寸大小、材料、各部分相互关系、附属设备等。

读图方法：形体分析法，线面分析法。

多张图表达：注意弄清投影关系、投影方向。结合标高和尺寸来读图。

2. 读图举例

(1) 读某土坝的平面布置图

图 13-9 为某土坝的右岸的平面布置图，土坝是主要用来蓄水、引水灌溉的小型水利工程，土坝的基本组成由土坝坝体、泄洪管道、引水渠等组成。

图形的中部横向为坝轴线，左端的 A2 为坝轴线向左上方的拐点，0 点为拐点圆曲线圆心，从左上方的 A1、A2 到右端的 A3 为坝轴线，坝顶高程为 1902.00m，河道中央高程约为 1880m，土坝迎水面设两级马道、背水面设一级马道，坝顶到马道设人行阶梯，土坝坝体内设钢筋混凝土防渗墙，河岸右端为引水灌溉渠黄丰渠，土坝右岸背水面坝脚处设排水沟，土坝设管式溢洪道起泄洪和引水灌溉作用，在出口处设阀门室及主闸门和消力池以控制流量和消能，尾水引入下游黄丰渠。溢洪管由钢管连接而成。土坝的尺寸标注：高度尺寸标注采用高程表示，沿坝轴线方向和垂直于坝轴线方向的尺寸用里程表示，坝顶内侧为 0＋000.00。

(2) 读某水利枢纽布置图

图 13-10 为某水利枢纽布置图，该水利枢纽系统为带溢流坝的重力坝，由非溢流坝、溢流坝、过船设施和引水发电系统组成。

中部 AB 基准间为坝轴线和坝顶公路中心线，坝顶高度为 66m，防浪墙高度为 67.2m，右岸为溢流坝段和船闸及发电设施，左岸为非溢流坝段。溢流坝段设 20 孔控制闸门(未示出)、护坦和海漫以控制溢流、护底和消能，上设桥梁(未示出)。右岸设单级船闸，在船闸上、下游段都设置了引航道、导航墙、靠岸设置的停船泊位，在溢流坝的右边设置了 6 台机组发电机的发电厂房(未示出)和开关站，并设置了进厂公路。发电设施的前端设置了拦砂和拦漂设施，在发电厂房的右端设置了过鱼设施，以引导鱼类过坝。尺寸标注：高度尺寸标注采用高程标出，沿坝轴线方向的尺寸用里程表示，坝右岸起点位 A0＋000，坝轴线垂直方向也用里程表示，坝顶内侧为 B0＋000。

(3)读某船闸总体布置图

图 13-11 为某船闸总体布置图，船闸由三部分组成：闸室、闸首、引航道。

闸室是供船舶过闸时停留的地方，由闸墙和底板组成。

上下游引航道为引导船舶安全进出船闸和过闸停泊之用，设靠船设施、隔水墙、挡土墙和护坡。

闸首是将闸室上下游航道分隔的挡水建筑，由边墩、底板、闸门、输水系统组成，分上闸首和下闸首。

视图表达：上方平面图采用半剖视表达，上半部剖切示出闸门输水通道，下半部分为外形图，表示整个船闸的平面外形，闸室中部采用断开画法。立面图为沿船闸中心线剖切的剖视图，表示了船闸的纵向情况。A—A 阶梯剖视表示了船闸入口的隔水墙和上闸首的边墩、底板、闸门等，B—B 阶梯剖视图表示了上闸首的导水孔和闸室边墙。C—C 阶梯剖视图表示了下闸首输水道和下游辅导航墙及河岸护坡。

13.3 (港航)码头工程图

表达港口、航道工程中的水利工程建筑物(码头)的图样称港工图。港口设施有码头、防波堤。码头：用于船舶停靠、装卸货物、旅客上下船。图 13-12 所示为码头的组成部分。

码头设施：

系船设备(系船柱、系船环、护木)；

码头地坪台(前方桩台、后方平台)，作装卸操作场或暂时堆场；

门式起重机、铁路。

码头分类：

按布置分：有顺岸式、突堤式、墩式；

按断面分：有直立式、斜坡式、半直立式、半斜坡式、多级式；

按结构分：有重力式、板桩式、高桩式、混合式。

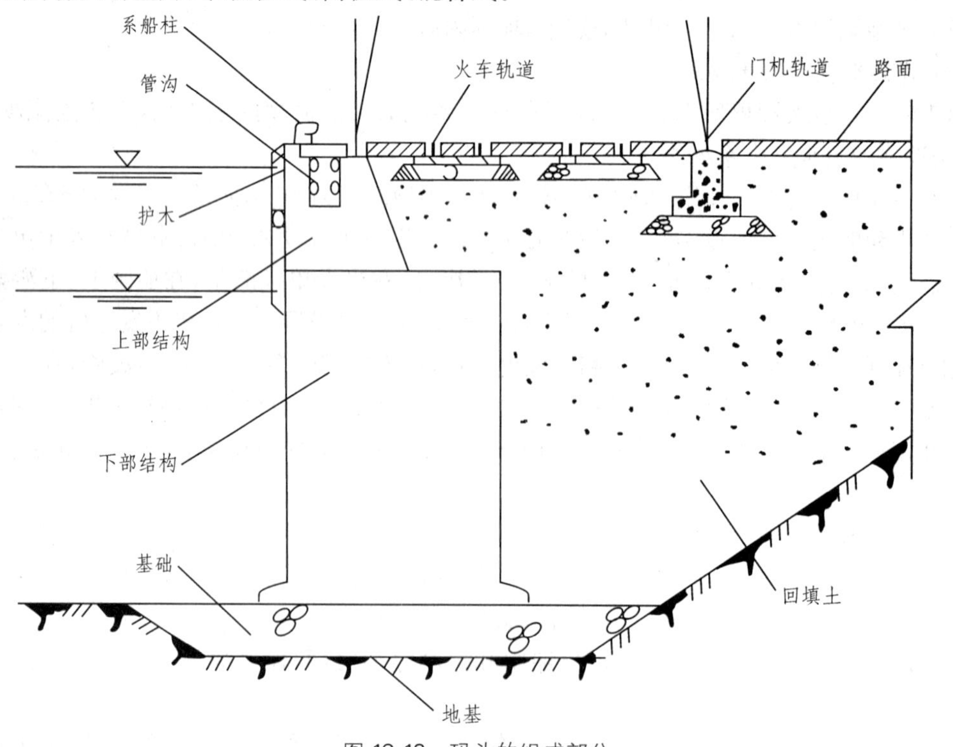

图 13-12 码头的组成部分

13.3.1 码头结构

主体结构 上部结构、承台或板梁及靠船设备。

下部结构 桩基础、桩。

码头设备 防冲设备：船舶靠泊时的撞击和挤压力、风浪的作用力的吸能，有橡胶护舷，护木，防冲桩。系船设备：有(风暴)系船柱、系船环、外海锚地用的系船浮筒。

其他码头设备 轨道结构、供水供电管沟、扶梯和台阶、码头路面、护轮缆和系网环。

13.3.2 常见码头(见图 13-13)

1.重力式码头

其结构形式主要决定于墙身结构。按墙身的施工方法可分为:干地现场浇注(或砌筑)的结构、水下安装的预制结构。其结构坚固耐久,抗冻和抗冰能力好,能承受较大的地面荷载和船舶荷载,对较大的集中荷载以及码头的地面超载和装卸工艺的变化的适应性较强,施工比较简单、维修费用少。

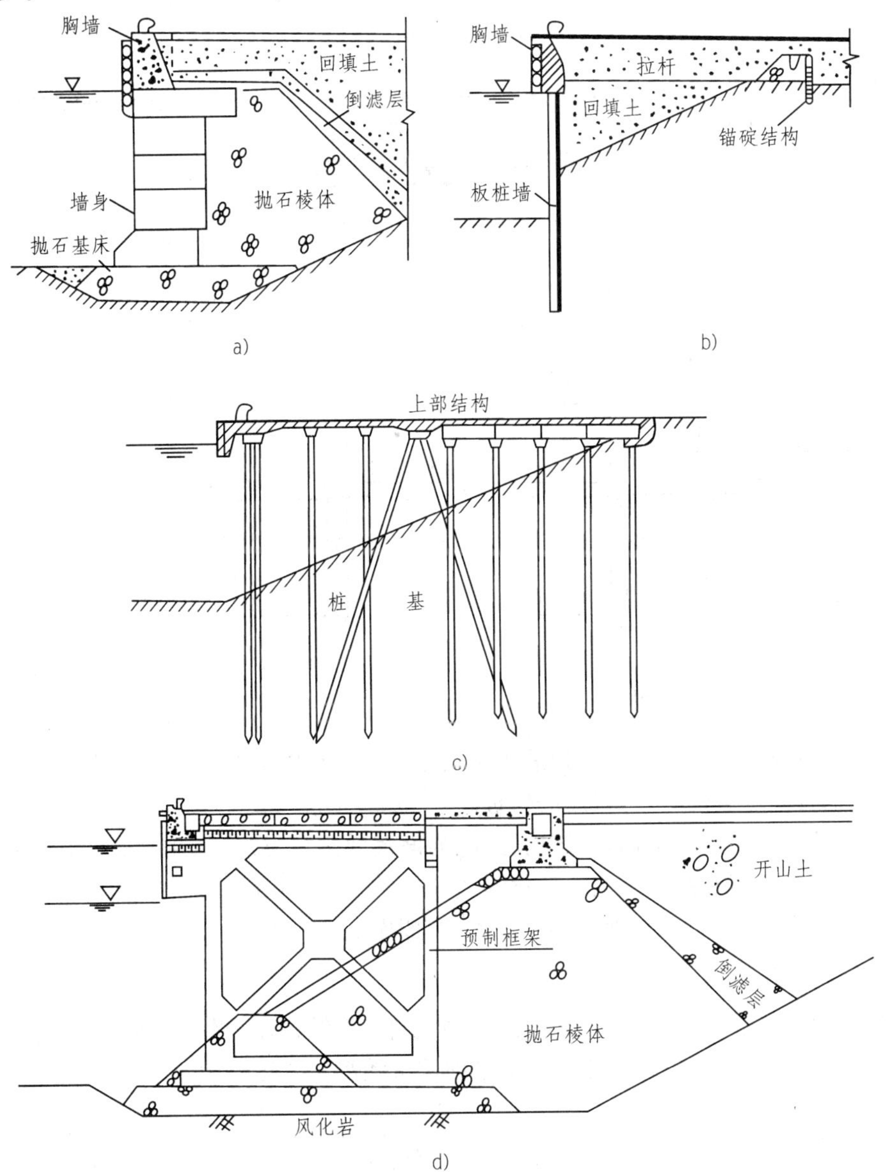

图 13-13 码头的结构形式

a)重力式 b)板桩式 c)高桩式 d)混合式

有方块码头、沉箱码头、扶壁码头、大圆筒码头、格形钢板桩码头、干地施工现浇混凝土码

头、浆砌石码头

结构：基础、墙身和胸墙、墙后回填土。

2. 板桩码头

主要靠板桩沉入地基来维持工作，其结构简单、材料用料少、施工方便、施工速度快、主要构件在预制厂预制，但结构耐久性不如重力式码头，施工过程中不能承受较大的波浪作用。

有木板桩、钢筋混凝土桩、钢板桩(图 13-14)、无锚板桩、有无锚板桩。

结构：板桩、锚结构、拉杆、导梁帽梁及胸墙、排水设施。

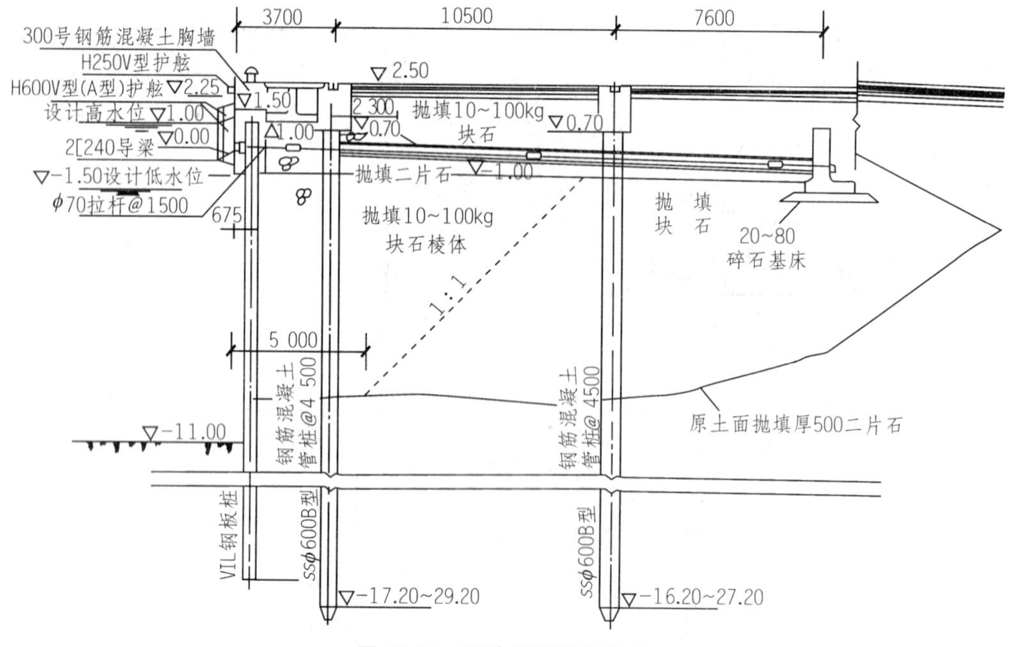

图 13-14　万吨级钢板桩码头

3. 高桩码头

适用于可以沉桩的各种地基，特别适用于软土地基。在岩基上，如有适当厚度的覆盖层，也可采用桩基础，覆盖层较薄时，可采用嵌岩桩。

高桩码头适宜做成透空结构，其结构轻、减弱波浪效果好、砂石量用料省、对于挖泥超深的适应性强。但地面超载和装卸工艺的变化的适应性差，耐久性不如重力式码头和板桩式码头，构件易损坏且难修复。图 13-15 所示为宽桩台高桩码头。

4. 斜坡码头和浮码头

斜坡码头(见图 13-16)是以岸坡上建造的固定斜坡道结构作为载体，供货物装载运输、旅客车辆上下的码头。不同水位时，船舶停泊的平面位置随水位变化而相应移动。

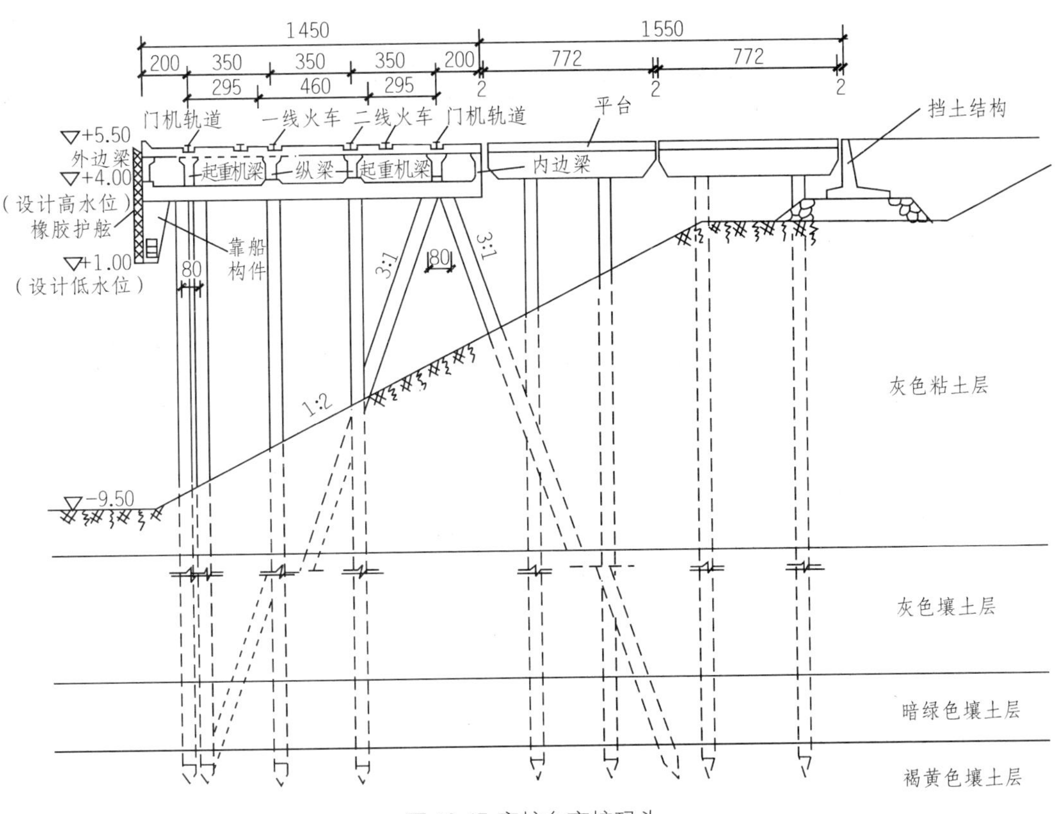

图 13-15 宽桩台高桩码头

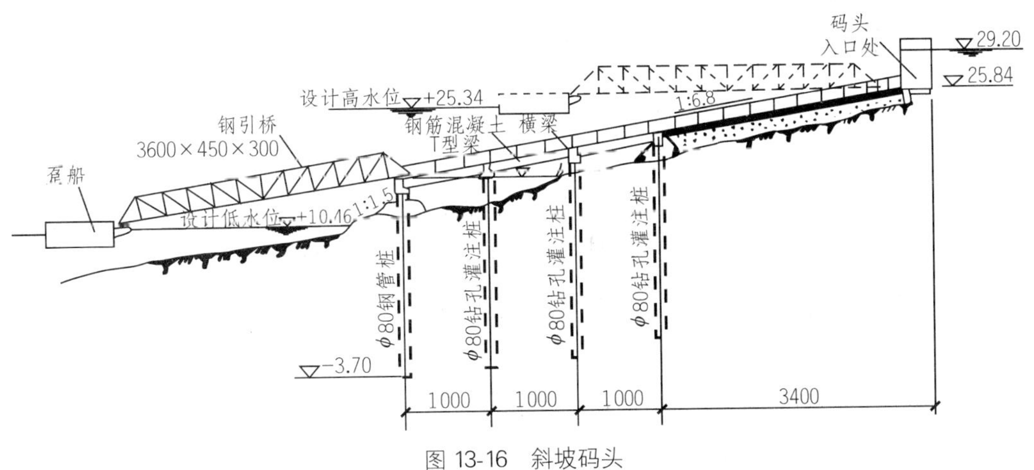

图 13-16 斜坡码头

浮码头是以趸船或浮式起重机与引桥为载体，供货物装载运输、旅客车辆上下的码头。不同水位时，靠泊于码头的船舶平面位置基本不变，仅随水位变化作垂直升降。

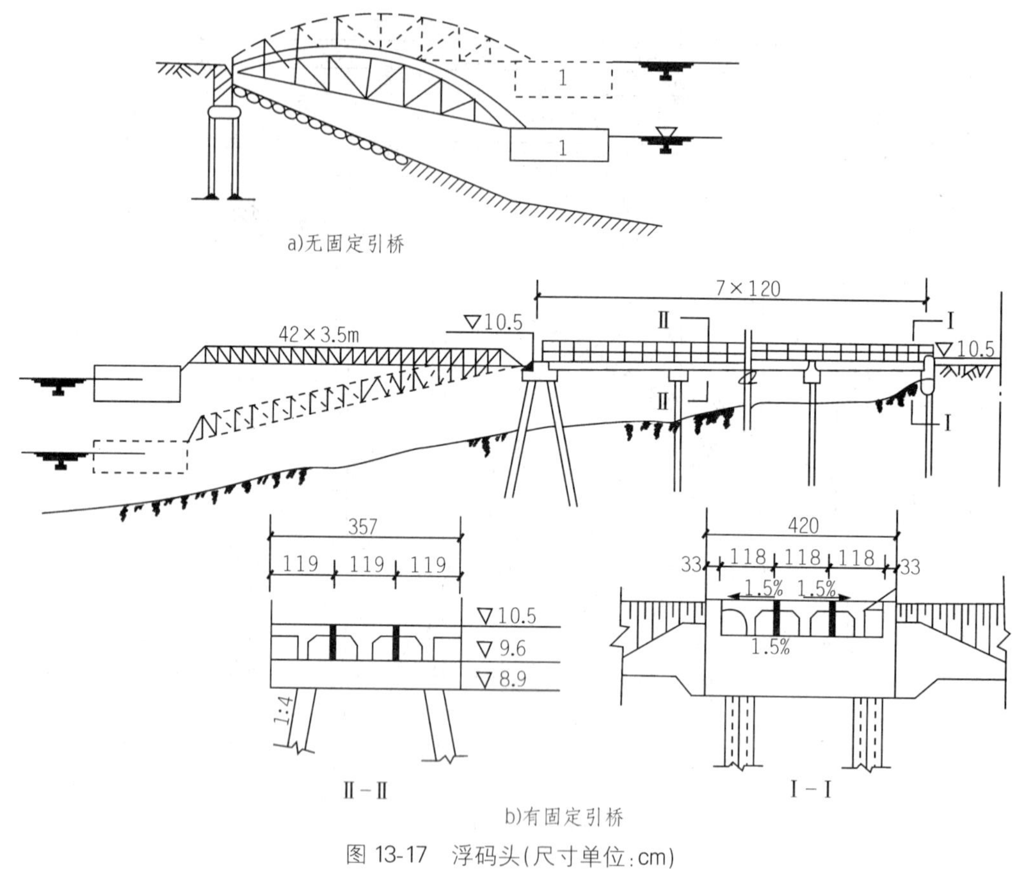

图 13-17　浮码头(尺寸单位:cm)

13.3.3　常见的高桩码头的结构形式及特点

1. 按桩台宽度和挡土结构分类

(1) 窄桩台码头

有较高的挡土结构用来维持稳定,可连成一片或分开设置,挡土结构用板桩墙,设在码头结构前面的为前板桩高桩码头,设在码头结构后面的为后板桩高桩码头,桩台用于承受土压力,挡土结构可选用挡土墙或板桩墙。码头岸坡主要靠挡土结构来维持稳定。

在地基较好、土方回填量较少的地区比较经济。

(2) 宽桩台高桩码头

无挡土结构在软弱地基(如淤泥、软粘土)上修建时,采用岸坡自然稳定(或小高度挡土墙并建在天然地基上),岸坡回填土方量少,对岸坡稳定较有利。

码头前后方的使用要求不同,前沿地带使用荷载比较复杂,既有门机、堆货引起的竖向荷载,也有系靠船舶引起的水平荷载,对码头的整体性要求较高。后方地带一般为堆场或行驶小型流动机械的通道设计时通常用纵向变形缝将宽桩台码头分为前桩台和后桩台。

2. 按上部结构分类

(1) 板梁式码头

有面板、纵梁、横梁、桩帽和靠船构件。横向排架间距大,桩的承载能力充分发挥,节省材料，装配复杂程度高，一般适应水位差不大、荷载较大且较复杂的大型码头，但构件类型多、施工复杂麻烦。

(2) 桁架(框架)式码头

上部结构由面板、纵梁、桁架和水平连杆组成，整体性好、刚度大，由于上部结构高，适用于水位差较大的情况，但施工复杂麻烦，造价较高。

(3) 无梁板式码头

上部结构由面板、桩帽和靠船构件，面板直接支承在桩帽上，结构简单、施工迅速，造价也低。面板为双向受力构件，桩的自由度大，对结构的整体刚度和桩的耐久性不利。仅用于水位差不大、集中荷载较小的中小型码头。

(4) 承台式码头

上部结构由水平承台、胸墙和靠船构件组成。承台上面用砂、石料回填。承台一般用混凝土或钢筋混凝土结构，结构的整体刚度大、整体性好，但自重大、需桩多，在良好持力层不深能打支承桩的地基上使用。

3. 高桩码头的构造

桩和桩帽：钢筋混凝土桩(预应力方桩、预应力管桩)；

钢管桩；

横梁和纵梁；

面板和面层；

靠船构件；

构件的连接与搁置装置。

13.3.4 码头工程图

1. 码头工程图分类

按所表达内容和范围分三类：总平面图，建筑物结构图，施工详图(包括构件图)。

(1) 总平面图

用1:500～2000的比例表出建筑物的大致轮廓和位置。只注出各建筑物的总体尺寸、位置尺寸和主要部位的高程尺寸，一般绘在地形图上。

(2) 建筑物结构图

表示建筑物的形状、大小、结构、材料，基础的地质情况，基础与地基的连接方式，与相邻建筑的连接方式，上下游工作位置，细部构造及附属设备。

(3) 施工详图(构件图)

主要表达建筑物中各种构件的形状、大小、材料及构件之间的连接方式。

2. 码头工程图识读

码头工程图包括：码头建筑结构图：1∶50～1∶200；整体结构图；分部结构图；桩位图；梁板安置图。

(1) 常用的表达方法

平面布置图：主要表达码头的位置、平面形状和大小、层面和前沿设备的布置等(图13-18)。

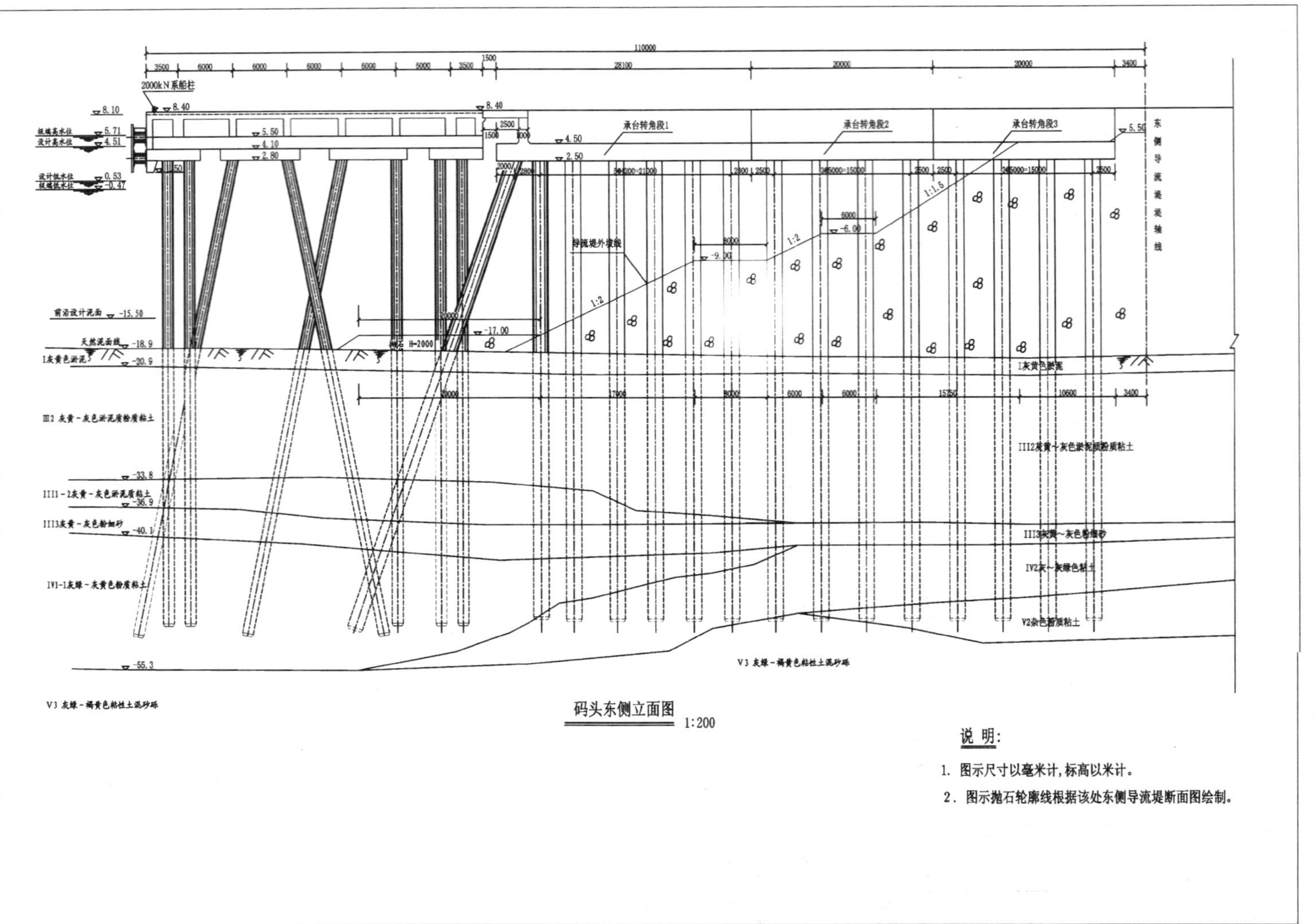

图 13-19 码头立面图

码头立面图或断面图:主要表达码头的结构及各组成部分的形状、大小和位置。

桩位图:是专门用来表示桩位布置的图样。

尺寸标注:标注主要轮廓尺寸和定位尺寸,尺寸单位为毫米。

(2) 读图

图 13-18 为某码头第十四分段到二十四分段的平面图,图 13-19 为某码头的东侧立面图。该码头由码头前沿、码头前平台、码头后平台组成。码头前平台是船舶停靠、货物装卸、旅客上下船的建筑物,为使船舶平稳停靠,码头前沿设有靠船设施、码头前平台还设有大型装卸机械的门机轨道,系船设施以及供水、供电、通讯设施,还设有排水设施。

码头平面图表达了码头的位置、平面形状和大小,面层和前沿设备的布置和安装位置,平面图表示了各部分的主要尺寸和码头设备一览表。

码头立面图主要表达了码头的结构及各部分的形状大小和位置。立面图包括码头前平台、后平台及堤岸和堤外坡,表达了从码头前沿到后平台的桩、梁、板的布置和相互位置关系,详细地表达了各部分的结构情况和主要轮廓尺寸和定位尺寸,尺寸标注时常采用多层结构尺寸注法,立面图同时还表示了河道或海底各层地质状况,高度尺寸常以高程形式注出。

码头立面图中自下而上的各层为:桩、梁、板、磨耗层。

码头立面图中自前向后的各段为:前沿、前平台、后平台、简支板、挡土墙、岸上路面。

小　结

本章主要介绍了:水坝、船闸的基本结构和总体布置图的表达方法和读图方法;码头的基本结构和表达方法。

1. 水利工程建筑物的常见结构有哪些?
2. 水利工程建筑物常见的表达方法有哪些?
3. 如何用水利枢纽布置图表达水坝?
4. 如何表示船闸的基本结构?
5. 码头常见基本结构形式有哪些?
6. 码头常见的表达方法有哪些?

参考文献

[1] 许良乾 殷佩生. 画法几何及及水利工程制图. 第 4 版. 北京:高等教育出版社,2001.
[2] 柯昌胜. 水利工程制图. 北京:中国水利水电出版社,2005.
[3] 邹冰. 水利工程概论. 北京:中国水利水电出版社,2006.
[4] 韩理安. 港口水工建筑物. 北京:人民交通出版社,2001.

第 14 章 焊接工程图

本章概要

本章主要简单地介绍焊接工程图的表示方法。

14.1 概述

在工程中经常需要将两个或多个机械部分连接起来形成一种不可拆卸的连接，焊接就是一种常用的不可拆卸连接。如钢筋混凝土构件中的钢筋骨架、桥梁中的多片主梁的连接、钢架桥中的钢构架等。

焊接主要是利用电弧或火焰在连接处局部加热并填充熔化金属，将被连接件熔合连成一体的方法。

焊接方法由于工艺简单、连接可靠而越来越广泛地在工程中被采用。

焊接方法按金属所处状态分为熔化焊、压焊、钎焊，其中用得最多的是熔化焊中的手工电弧焊和气焊。

被连接件的接头型式为对接接头、T 形接头、角形接头、搭接接头。焊缝结合型式为：对接焊缝、角焊缝、塞焊缝（图 14-1）。

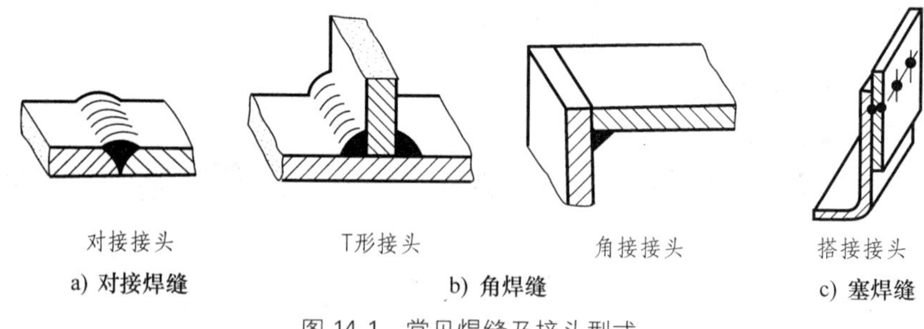

a) 对接焊缝　　b) 角焊缝　　c) 塞焊缝

图 14-1　常见焊缝及接头型式

14.2 焊接图的图示方法

焊接图主要表达焊缝的基本情况。焊缝符号由基本符号与指引线组成。基本符号表示焊缝横截面形状的近似形式，它放置在指引线上(表 14-1)，有时还加上辅助符号、补充符号和焊缝的尺寸，以辅助说明焊缝的情况(表 14-2、表 14-3)。指引线一般由箭头线和一实一虚两条基准线组成，箭头指向焊缝处，基准线的上下面用来注写焊缝符号，当箭头指向施焊面则符号写在实线一侧，当箭头指向施焊背面则符号写在虚线一侧。若为对称焊缝或双面焊缝则基准线上的虚线可不画。若有特别需要时将焊缝尺寸注在基本符号旁。

常见焊缝的基本符号及标注示例　　表 14-1

名称	焊缝型式	基本符号	标注示例
I 形焊缝	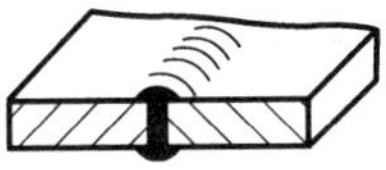		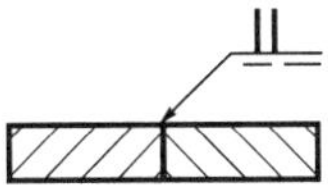
V 形焊缝	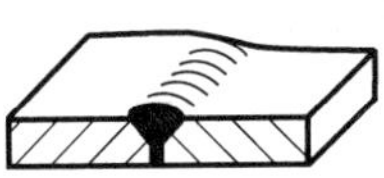		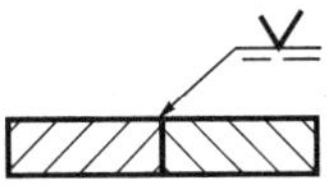
单边 V 形焊缝			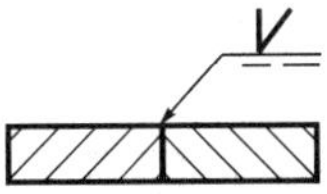
角焊缝	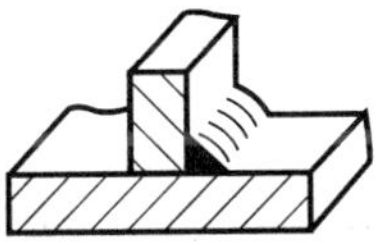		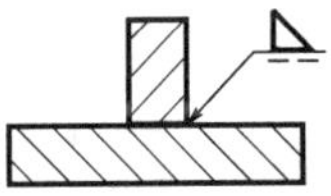
带钝边 U 形焊缝			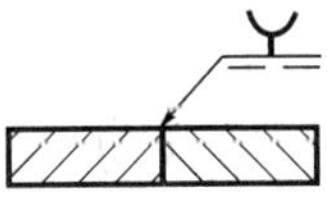
封底焊缝			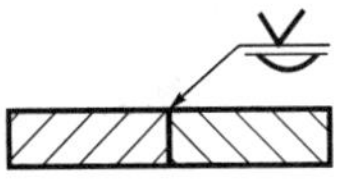
点焊缝	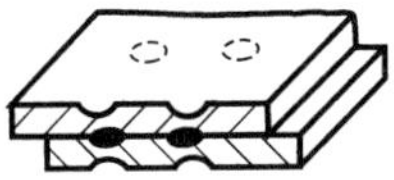		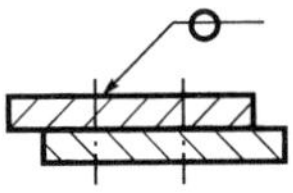
塞焊缝	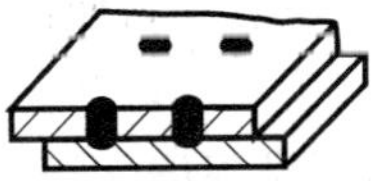		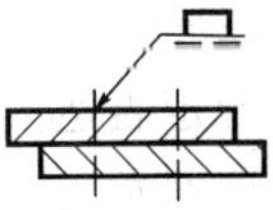

辅助符号及标注示例 表 14-2

名称	符号	形式及标注示例	说明
平面符号	—	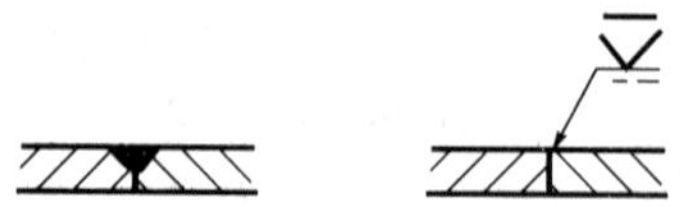	表示 V 形对接焊缝表面齐平（一般通过加工）
凹面符号	◡	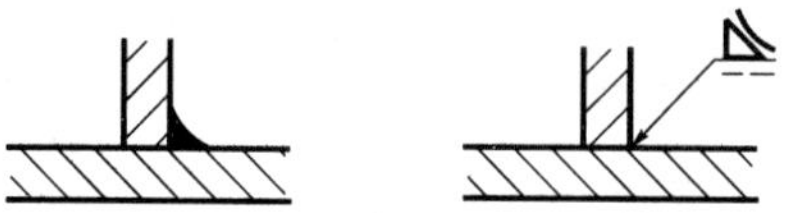	表示角焊缝表面凹陷
凸面符号	◠	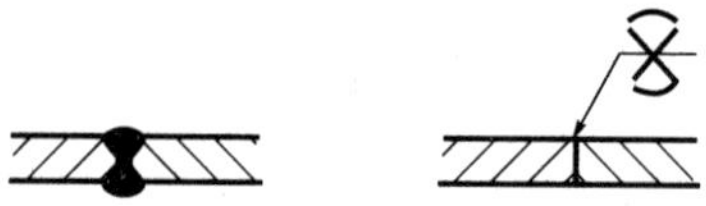	表示 X 形对接焊缝表面凸起

补充符号及标注示例 表 14-3

名称	符号	形式及标注示例	说明
带垫板符号	▭	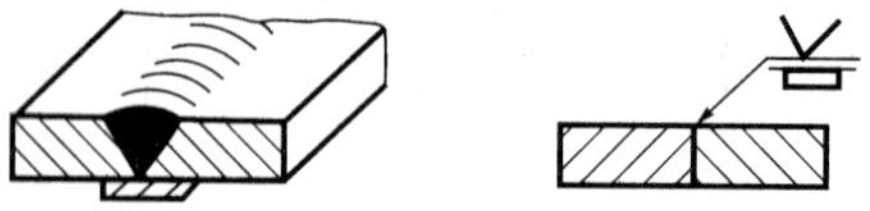	表示 V 形焊缝的背面底部有垫板
三面焊缝符号	⊏		工件三面施焊，开口方向与实际方向一致
周围焊缝符号	○	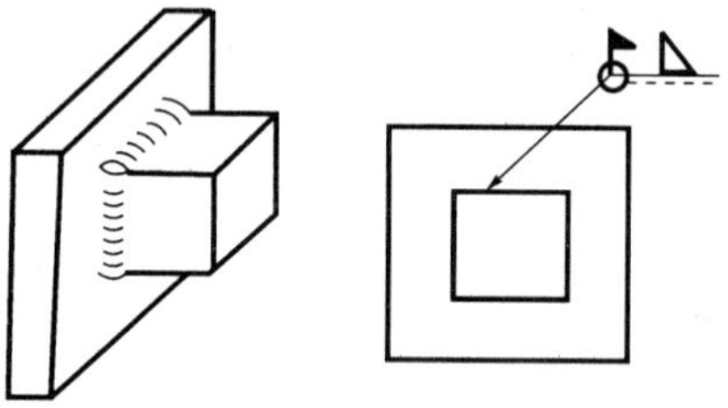	表示在现场沿工件周围施焊
现场符号	▶		
尾部符号	＜	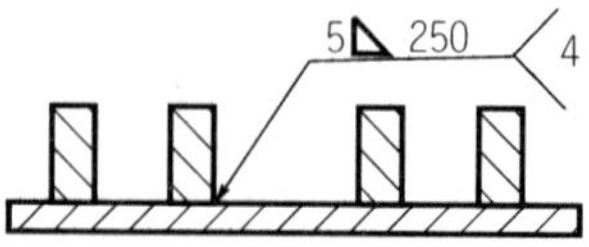 5 250 4	表示有 4 条相同的角焊缝

当焊件较厚时，为了焊透并获得较好的焊缝，对不同的厚度和材质需选用不同的坡口形状。

焊缝的规定表达方法：

可见焊缝通常用与轮廓线相垂直的短细实线表示，不可见焊缝用短虚线表示。在剖视断面图中焊缝的剖面形状可用涂黑表示，当局部位置过小时可将焊缝部位放大表示并标注。

图样中的焊缝符号一般直接标注在视图的轮廓线上，必要时还要加注焊缝尺寸和焊缝符号。

14.3 焊接图的读图

图 14-2 为某轴承挂架的焊接图实例。

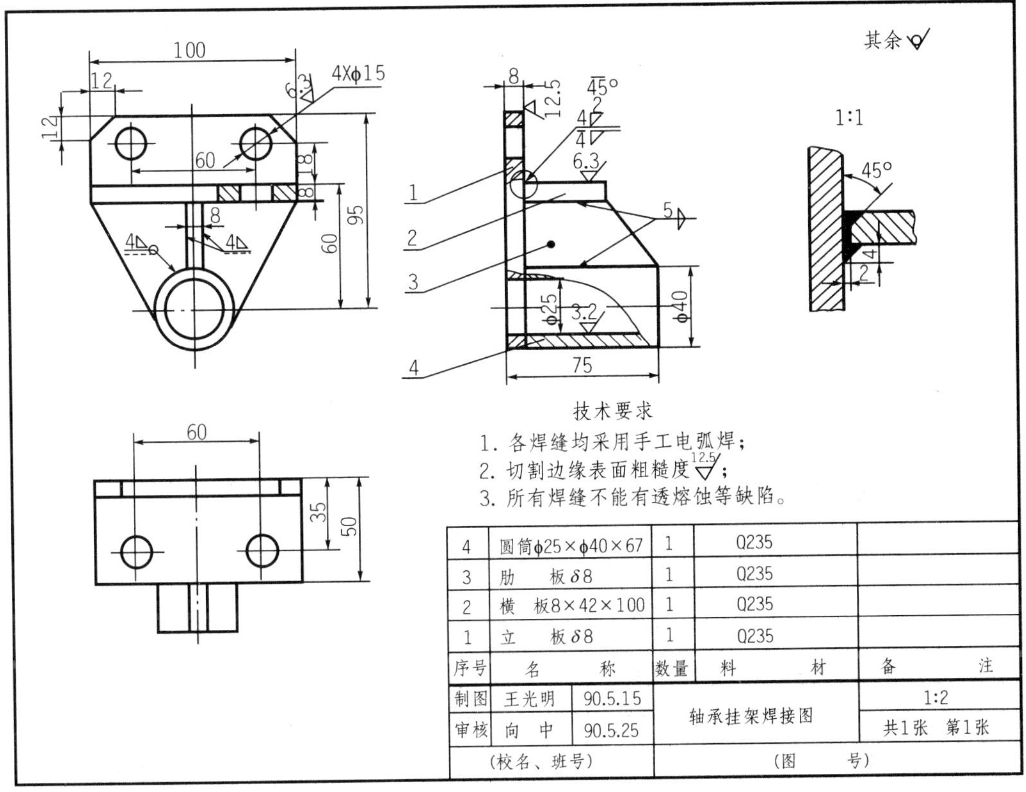

图 14 2 焊接图实例

小 结

本章主要简单地介绍焊接工程图中常见焊缝的形式和图示方法。

1. 常见焊接接头型式有哪些？
2. 常见焊缝的基本符号有哪些？

第15章 装饰施工图

本章概要

1. 介绍建筑装饰施工图的设计阶段；
2. 介绍装饰施工图的内容；
3. 介绍装饰施工图的装饰方法及读图。

15.1 概述

15.1.1 建筑装饰施工图的概念

随着人们物质生活水平的不断提高，以及建筑新材料、新技术、新工艺、新结构的不断发展，在原建筑施工图上难以兼容复杂的装饰要求，从而出现了建筑装饰设计，用其来表达建筑室内外装饰的造型构思和施工工艺等。建筑装饰设计应在建筑设计完成后或在已经竣工的建筑上进行，即装饰设计受建筑设计的制约，但又独立于建筑设计，设计者可以充分发挥想像力，设计出独特、新颖、满足用户需要的设计产品。

建筑装饰设计一般要经过两个阶段：一是方案设计阶段，二是施工图设计阶段。在方案设计阶段，要画方案图和效果图。方案确定后，根据确定的方案绘制施工图，以此指导施工和编制工程预算。建筑装饰的作用一方面保护建筑主体结构，使主体结构在室内外各种环境因素作用下具有一定的耐久性；另一方面是为了满足人们的使用要求和精神要求，进一步实现建筑的使用和审美功能。

建筑室内空间环境的风格、品质、气氛、性能等方面的整体配置水平和室内空间环境的感染力，伴随着社会的进步、经济的发展、科技的进步以及人们的整体生活水平、消费水平健康需求和审美的要求的不断提升和不断完善，正发生着巨大的变化。室内设计的重点已从室内美化设计、室内风格设计升级到室内整体环境的设计，室内空间整体环境设计的内涵和外延呈扩大化倾向。

建筑装饰施工图一般包括图纸目录、装饰设计施工说明、基本图和详图组成。将图纸中未能详细标明或图样不易标明的内容写成装饰设计施工说明；基本图包括装饰平面图、装饰立面图、装饰剖面图；详图包括构配件详图和装饰节点详图。本章主要介绍室内装饰图的内容和画法。

15.1.2 室内装饰施工图的特点

室内装饰施工图总的来讲仍附属于建筑工程施工图，因此其画法要求、规定应与建筑施工图相同。但由于两者表达的内容侧重点不同，因此在表现方法、图面要求及一些表达方面也不完全相同。另外由于室内装饰设计在我国尚属发展初期，目前，国家还没有统一的绘图标准与规则，在实际应用中参照 GB/T 50104—2001《建筑制图标准》和 GB/T 50001—2001《房屋建筑制图统一标准》执行。与建筑工程施工图差别主要表现在以下方面：

(1) 省略原有建筑结构材料及构造。由于室内装饰与装修是在已建房屋中进行二次设计，即只在房屋表面进行装饰，因此在装饰设计、施工中只要不改变原有建筑结构，画图时便可省略原建筑结构的材质及构造而不予表现。

(2) 装饰施工图中尺寸具有灵活性。在建筑施工图绘制时尺寸必须完整、准确，满足不同工种施工时对尺寸的要求。然而在装饰工程施工图绘制时，特别是其基本图样中，可只标注影响施工的控制尺寸。对有些不影响工程施工的细部尺寸，图中也可不必标注，允许施工操作人员在施工中按图的比例量取或依据实际现场确定。

(3) 装饰工程施工图中图示内容具有不确定性。装饰设计中对家具、家电及摆设等物品在施工图中只提供大致构想，具体实施可由用户根据爱好自行确定。

(4) 装饰工程施工图中表示方式具有不统一性。建筑装饰施工图图例部分无统一标准，多是在流行中互相沿用，各地多少有点大同小异，有的还不具有普遍意义，不能让人一望而知，需要文字说明。另外，由于可采用的标准图不多，致使基本图中大部分局部和装饰配件都需要专画详图来表示其构造。

(5) 装饰工程施工图中常附以效果图与直观图。效果图是进行装饰工程设计的基础和依据，施工图是设计效果的再现。为保证准确再现装饰设计的效果，在装饰工程施工图中多附上效果图或直观图，帮助施工人员理解设计意图，以便更好的进行工程施工。特别是在家具、摆设及一些固定设施等设计时，多配以透视图。

15.1.3 绘制室内装饰图的一般规定

建筑装饰施工图应全面反映室内设计的各项成果，但对已经绘制在建筑设计工程图中，与室内设计无密切关系的内容则无须重复反映和绘制，即无须重复标注门窗编号和洞口尺寸；无须表示墙、楼板、地面的具体构造、墙内的烟道与通风道、室外台阶、坡道、散水与明沟等；一般情况下，也无须重复标注所有的轴线和轴线号。

由于建筑装饰施工图绘制没有统一的国家标准，根据多数流行的画法，提出以下绘制要求。

1. 线型及其粗细

(1) 粗实线

在室内装饰施工图中，粗实线主要用于平面图与剖面图中的主要构件(墙、柱等)的断面轮廓线；立面图中的外轮廓线；详图中主要部分的断面轮廓线和外轮廓线，以及主要图样的图名线。

(2) 中实线

主要用于平、立、剖面图的构配件轮廓线；可视家具、陈设、设备、设施的外轮廓线；尺寸起止点的短斜线。

(3) 细实线

主要用于图例、索引符号、尺寸线、尺寸界限、引出线、标高符号及较小图形的中心线。

2. 立面指向符号(或投影符号)

立面指向符号是室内装饰施工图中独有的符号。当工程图中用立面图表示垂直界面时，就要使用立面指向符号，以便用于标明室内各立面的投影方向和投影面编号。

立面指向符号由一个等边直角三角形和圆圈组成。等边直角三角形中，直角所指的垂直界面就是立面图所要表示的界面。圆圈上半部的数字为立面图的编号。如立面图就在本张图纸上，下半部便画一段横线。

(1) 当室内空间的构成比较复杂，或各立面只需要图示其中某几个立面时，可分别在相应位置画上图 15-1 形式的投影符号。等边直角三角形中，直角所指是该立面的投影方向，圆内字母表示该投影面的编号。

(2) 当室内平面形状是矩形，并且各立面大部分都要图示时，可用一个图 15-1 形式的投影符号，四个直角标明四个立面的投影方向，四个字母表示四个投影面的编号。

绘制立面指向符号(或投影符号)时，应注意等边直角三角形的水平边或正方形的对角中心线应与投影面平行，投影符号编号一般用大写拉丁字母表示，并将投影面编号写在相应立面图的下方作为图名；应该特别注意：不管立面指向符号指向何方，用来编号的数字或字母始终正写，即字头要朝上。当所画厅、室等空间较小，又有很多家具，难于放下指向何方时，可用引出线将在符号引到空间的外部。

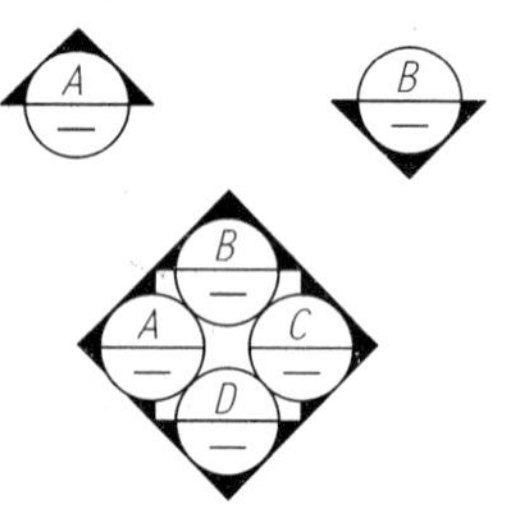

图 15-1 立面指向符号

3. 引出线

引出线是用来标注文字和数字说明的。这些文字和数字，用以说明引出线所指部位的名称、尺寸、材料和做法等。引出线有三种，即局部引出线、共同引出线和多层构造引出线。

局部引出线单指某个局部附加的文字和数字，只用来说明这个局部的名称、尺寸、材料和做法。局部引出线用细线绘制。常采用水平或与水平成 30°、45°、60°、90°的直线，或经上述角度再折为水平线的折线。附加的文字和数字宜标注在横线的上方，也可标注在横线的端部。

共同引出线用来指引名称、尺寸、材料或做法相同的部位。因为，如果一个一个地引出，不仅工作量大，还会影响图面的清晰。

当图样上有多个名称、尺寸、材料和做法相同的部位时，可将这些部位用一条引出线“串联”起来，统一附加说明。为使被指引的部位确切无误，可在被指示的部位画一个小圆点。

多层构造引出线用于指引多层构造物，如由若干构造层次形成的墙面、地面、池底、池壁等。

当构造层次为水平方向时，文字与数字说明的顺序应由上至下的标注，即与构造顺序的层次相一致。当构造层次为垂直方向时，文字与数字说明的顺序也应由上至下的标注，其顺序与构造层由左至右的顺序相一致。

其他标注符号与建筑设计图基本相同，不再一一赘述。

15.1.4 室内装饰施工图常用图例

目前国家还没有统一的装饰平面图例，在表15-1中，列举了一部分比较流行的室内常用的平面图例（不是国家标准图例，使用时应说明），仅供参考。

装饰常用图例　　表15-1

图例	说明	图例	说明
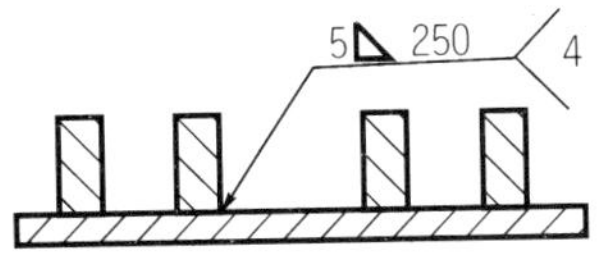 5 250 4	双人床	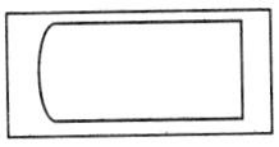	浴盆
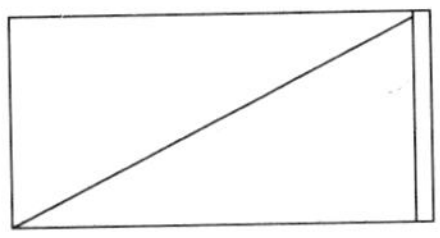	单人床	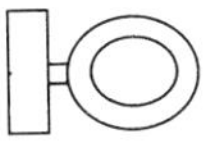	坐便器
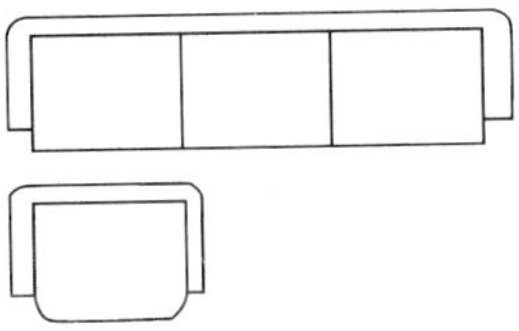	沙发（特殊家具根据实际情况绘制其外轮廓线）	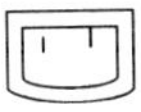	洗脸盆
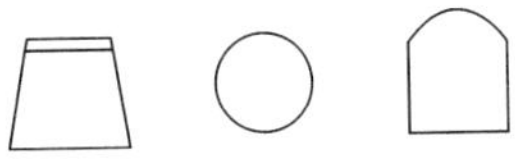	坐凳	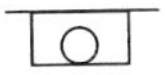	立式小便器
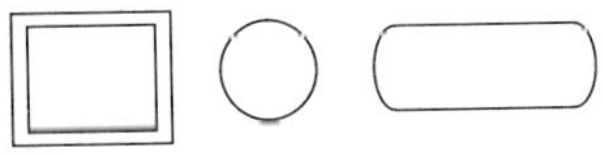	桌	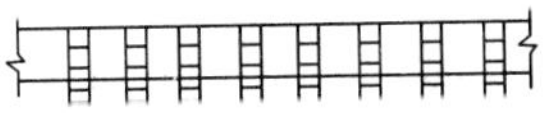	装饰隔斯（应用文字说明）
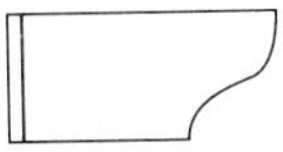	钢琴	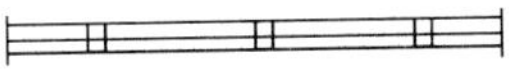	玻璃拦河
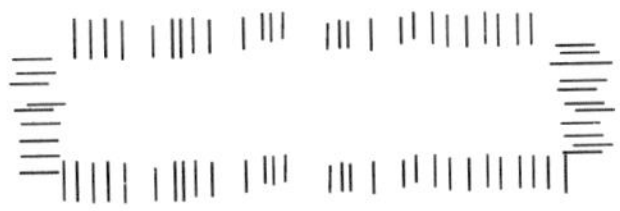	地毯	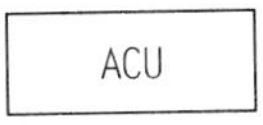 ACU	空调器
	盆花	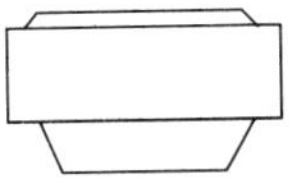	电视
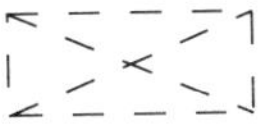	吊柜	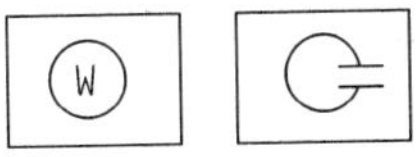 W	洗衣机

续表

图例	说明	图例	说明
食品柜 茶水柜 矮柜	其他家具可在柜形或实际轮廓中用文字注明	WH	热水器
	壁橱		灶
	地漏		壁灯
	电话		吊灯
	开关(涂墨为暗装,不涂墨为明装)		洗涤槽
	插座(同上)		污水池
	配电盘		淋浴器
	电风扇		蹲便器

15.2 装饰平面图

装饰平面图包括装饰平面布置图(也称平面图)和顶棚平面图(也称天花平面图)。

装饰平面布置图是假想用一个水平剖切平面,在窗台上方位置,沿房屋的水平方向剖开,移取上面部分,所得到的正投影。它的作用主要是用来说明房屋内各种家具、家电、陈设及各种绿化、水体等物体的大小、形状、所用材料和相互关系,同时它还能体现出装饰后房屋能否满足使用要求及建筑功能的优劣。另外平面图也是集建筑艺术、建筑技术与建筑经济于一体的具体表现,是整个室内装饰设计的关键。

顶棚平面图有两种形成方法:一是采用仰视投影图法,即假想房屋水平剖开后,移取下面部分向上作正投影而成;二是镜像投影法,即将地面视为整片的镜面,对镜中顶棚的形象作正投影而成。顶棚平面图一般采用镜像投影法绘制,因为镜像视图所显示的图形的纵横轴线的位置与房屋的建筑平面图完全相同,看图十分方便。顶棚平面图的作用主要是用来表明顶棚装饰的平面形式、尺寸和材料,以及灯具和其他各种室内顶部设施的位置和大小等。

上述两种平面图,其中装饰平面布置图的内容尤其繁杂,加上它控制了水平向纵横两轴的尺寸,其他视图又多由它引出,因此是我们学习的重点和基础。

15.2.1 楼地面装饰布置图

室内平面布置图是建筑装饰施工图的主要图样,图 15-2 为中国银行某营业处的室内设计平面图。它是根据室内设计原理中的使用功能、精神功能、人体工程学以及用户的要求等,对室内空间进行布置的图样。由于空间的划分、功能的分区是否合理会直接影响到使用效果和精神感受,因此,在室内设计中平面布置图通常是首先设计的内容。

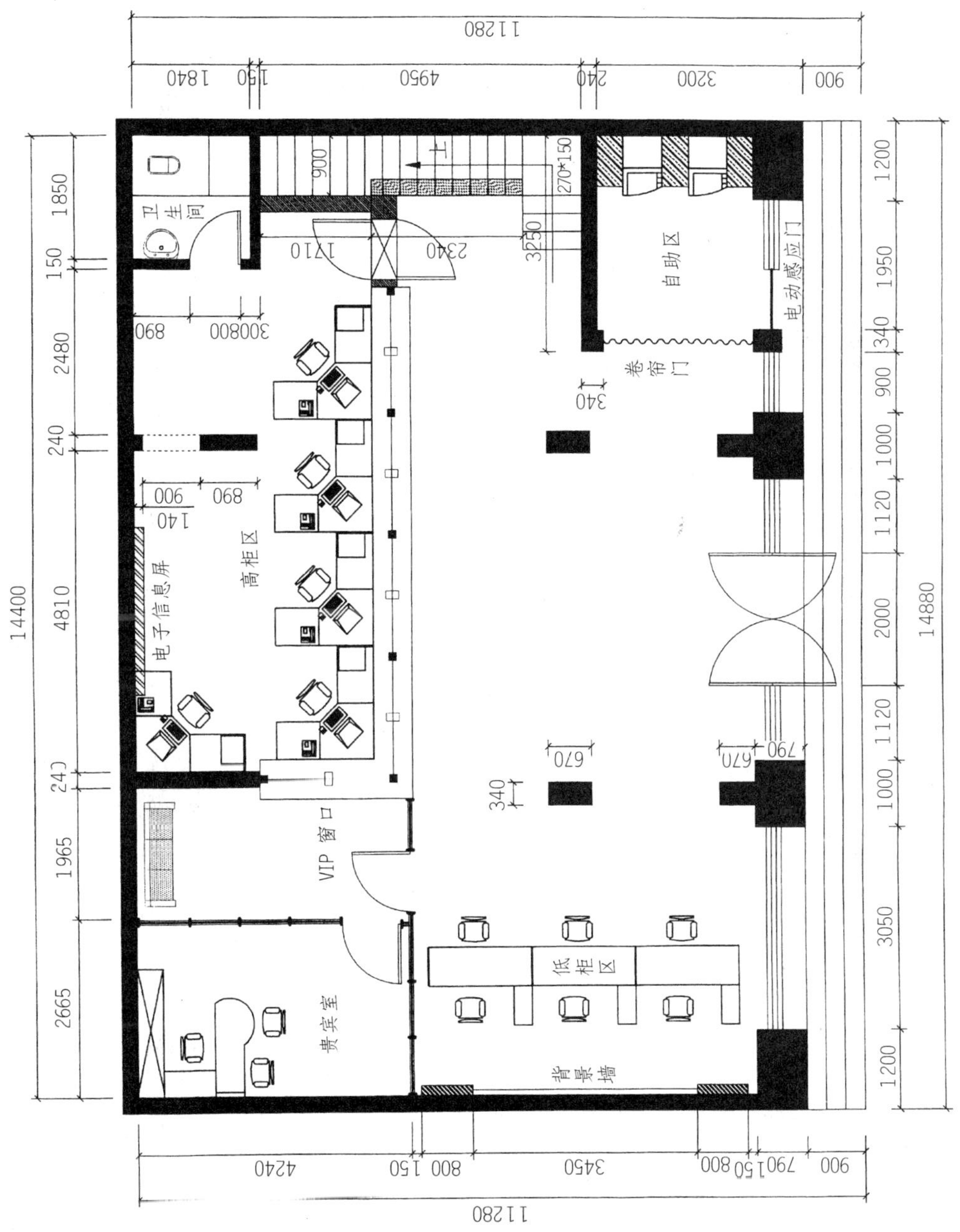

图 15-2 中国银行某营业处平面布置图

图15-2中所示中国银行某营业处室内平面图，整个营业处根据使用功能需要主要划分以下功能区：大厅、自助区、高柜区、贵宾区、低柜区等。在室内平面图不太复杂时，楼地面装饰图可直接与其合并，复杂时也可以单独设计楼地面装饰图。例如，本营业厅为了保证平面布置图的清晰，楼地面装饰图（又称地花布置图）与室内平面图分开布置，见图15-3。如果地面各处的装饰做法相同，为了使平面图更加清晰，可不必满堂都画，一般选择图像相对疏空处部分画出。

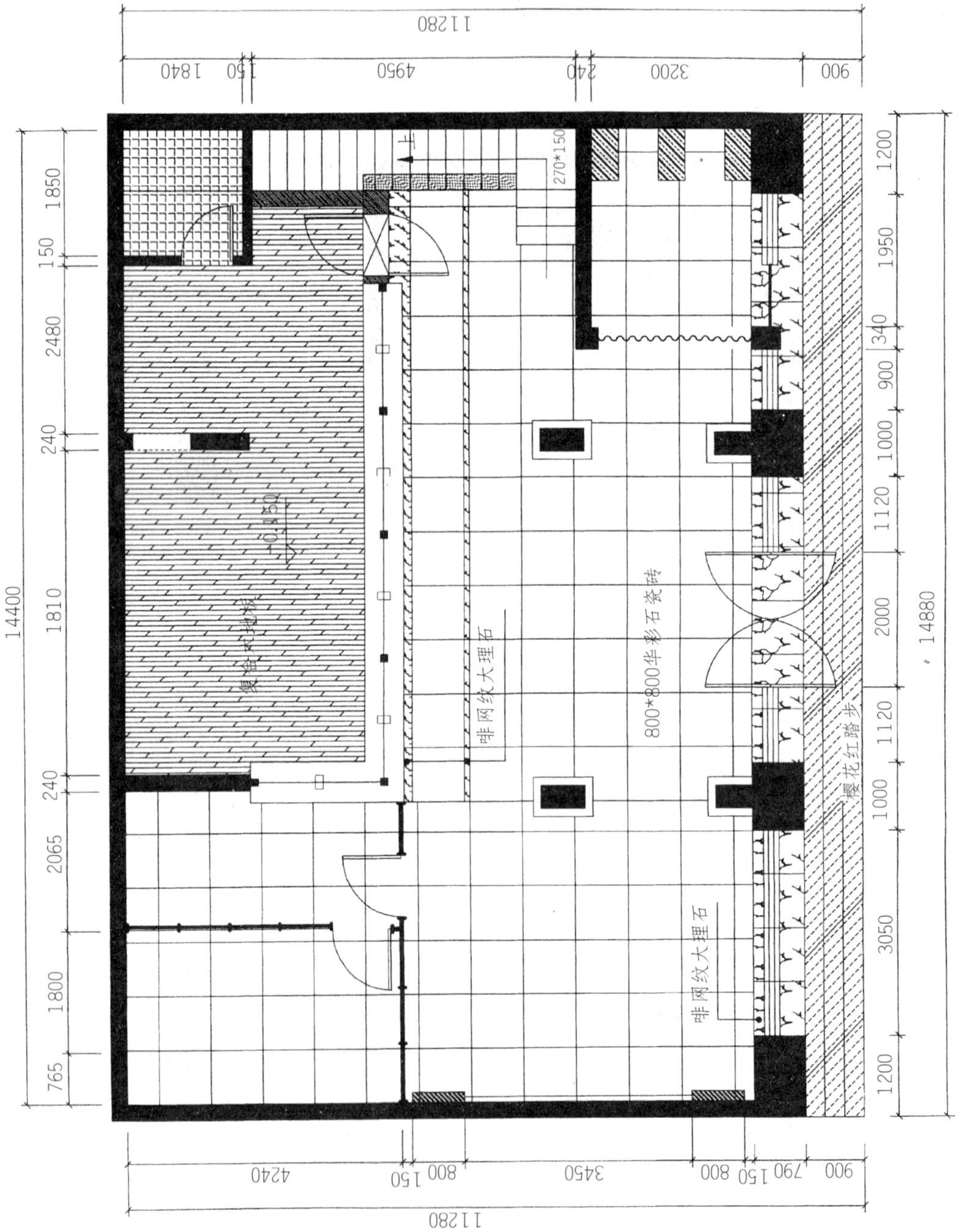

图15-3 中国银行某营业处楼地面布置图

中国银行某营业处装饰设计施工说明如下：

（1）本工程图示尺寸标高以(m)为单位，其余尺寸均以毫米(mm)为单位。图面以图注为主，比例不为准。

（2）本装修施工图的地面标高为建筑物的结构标高，施工方可按图示材料和现场地面情况及平整度作调整，但各工种间必须统一。

（3）墙体的单面砂浆粉刷厚度统一为 30mm。

（4）设计所采用石材厚度除已标注厚度外，均为 18mm，墙面湿贴砂浆厚度均为 30mm。

（5）室内功能布局设备、空调、给排水、电器、专业音响、灯光及消防系统的调整部分由施工单位根据调整后的图纸进行施工安装。为避免事后在墙身、楼板、吊顶上开洞挖槽影响其刚度和质量，要求设备管道安装在施工前务必清理各种管道的走向和标高，核对原土建洞孔位置，如需调整，应在施工前同业主、设计单位各方协调，采取结构补强措施。

（6）装修造型木档及木结构用料均为杉木料，木材含水率不得超过 15%。8%～12%为宜，规格尺寸均按净料计算并应作防火处理。基层夹板内木结构的木档纵横间距不得大于 300mm，木档规格除已标注尺寸外均不得小于 30mm×40mm。（注：所有木龙骨均刷防火涂料三遍）。

（7）基层板应为 18mm 细木工板，刷防火涂料三遍。

（8）墙面、吊顶等乳胶漆及木装修油漆均按高级质量要求施工。墙面均刮腻子三遍刷乳胶漆三遍。

（9）饰面夹板除图示注明外均按天然木质夹板施工。装饰夹板贴面不准使用无头钉，应用防落胶贴制或白胶粘贴不锈钢纹钉固定，线脚处钉子应钉在木线脚凹缝内（注：所有木饰面均刷聚酯清漆五遍成活）。

（10）所有装修件阳角处的装修夹板除另有标注处理方法外，均在 45°兜角。

（11）应与消防、水电安装等施工单位密切配合，做好孔洞、设备等隐蔽工程的预埋工作，避免返工。

（12）凡以空心砌块砌筑的分隔墙均应砌到混凝土梁（板）底；其他类型的分隔墙设置到吊平顶上弦相平。分隔的主龙骨、钢支架应安装固定在混凝土梁（板）底，并满足设计文件要求和相关规范的牢固要求。

（13）凡作为承重和固定的角钢支架，其纵横间距尺寸应小于 500mm×500mm。采用的角钢结构除锈后涂刷防锈漆三遍（除注明外）。

（14）防火要求需在原建筑设计的各项防火措施实施的前提下遵照《建筑内部装修计防火规范》(GB 5022—95)的规定严格实施。

（15）各分项工程装修施工要求

① 地面

a. 凡有给排水设备或水侵入地面处，基层应先作防水处理，并按 0.3%至 0.5%坡度向地漏方向找坡。

b. 不同楼地面材料交接处，如发生高度不等现象时，依据施工实际情况适当调整基层厚度。

c. 所有瓷砖地面均用 1∶2 水泥砂浆找平层厚度 30mm。

② 墙面排水、排污管道隐蔽工程

a. 包管处基层为18mm细木工板，面层与墙面装饰相同。

b. 包管处基层为L40×4角钢加钢丝网水泥粉刷，面层上墙面装饰相同。

c. 包管处基层为砖墙加水泥粉刷，面层与墙面装饰相同。

③ 内墙涂料工程

a. 按各种涂料生产厂家的产品施工要求和相关规范要求编制施工工艺、工序，报送设计单位和业主同意后先作样板施工，经设计单位和业主审定后再进行大面积施工。

b. 涂墙表面无起皮、弹粉、漏刷、透底、返碱、咬色、流坠疙瘩及颜色点状分布现象，确保色彩一致，刷纹均匀。

c. 装饰线、分色线要求平直整齐。

④ 吊顶

a. 本图标注的装修吊顶标高，以每层建筑地面或结构面装修前的楼底面到平顶下尺寸为准。

b. 吊顶的轻钢龙骨及配件，除已标明外，副龙骨均用C50系列，主龙骨均用C60系列，贴9.5mm厚纸面石膏板。吊杆距龙骨端部应不超过300mm，其余按规范或相应标准要求实施。

c. 吊平顶木质部分造型宜采用杉木，规格不小于50mm×40mm，造型立板采用18mm细木工板，与混凝土板连接的吊筋同轻钢龙骨吊筋。

d. 根据实际情况设检修孔，检修尺寸不小于400mm×400mm，孔洞四周加固，饰面材料统一，启用方便，连接严密、美观。

e. 多功能厅吊筋和钢构网架连接处用70mm×70mm×5mm镀锌角钢横向连接，焊接到钢构网架上。

⑤ 五金安装工程

所有门、窗、柜等家具装饰件的地弹簧、门锁、门铰链、门吸、闭门器、门趟渣、拉手及其他配套五金件，除业主约定和注明外，均采用中高档市售铜质或不锈钢五金配件，具体形式、牌号选择样品后须经业主和设计单位审定。

⑥ 木门窗和细木工程

a. 材料须经烘干后才能使用，并无虫蛀、松散等现象；锯成方、条形后不翘曲、爆裂及处理不当而引起缺陷；饰面木材采用最高等级，无软心、虫蛀、蜂窝等缺点；胶合板选购应送样经业主和设计单位同意。

b. 木门窗及木质品制成后应立即刷一遍底油，以防受潮变形。在作窗台、窗套时应对原粉刷基层涂刷马蹄脂二遍或衬防潮纸。

(16) 玻璃工程

① 玻璃定位框应采用L40×40角钢制作，角钢应作防锈处理。刷防锈漆三遍。

② 玻璃定位框必须用8～12的膨胀螺栓与地面、梁板作可靠连接。安装牢固。

③ 玻璃厚度为12mm，并钢化、倒角。

④ 玻璃安装时，玻璃底边必须加垫橡胶垫，不的少于三块。

⑤ 玻璃的限位槽，槽深为10～20mm。

⑥ 玻璃之间接缝、玻璃与定位槽缝隙要注入玻璃胶密封。密封严实。

(17) 墙面干挂工程

室内石材干挂工程,材料、施工工艺等同于该大楼外立面石材干挂工程。

(18) 由于装修用材复杂,工艺繁琐,施工图若存在不明确或遗漏之处,施工单位可记录备案,待答疑时进一步明确统一某些局部特异尺寸。

(19) 施工过程中如遇特殊情况在不影响整体效果的情况下应允许材料和内部结构在一定范围内有所变动。

(20) 本设计说明未尽事宜,按图示要求及国家有关施工、验收规范或相应标准和双方要求施工。

装饰材料说明

(1) 阻燃织物面料:选用成品永久性阻燃装饰面料,产品透气性好,透声率高,中频段吸声系数可提高 0.2 以上,耐强酸、强碱,不霉不蛀,强力高,质感柔软,毛型感强,色泽鲜艳,不褪色。

(2) 木质饰面板:消除噪音,材质轻、立体感强、装饰效果好。

(3) 超细玻璃棉:以玻璃棉为主要原料,加入适量的胶粘剂、防潮剂、防腐剂等,经热压成型加工而成、质轻、吸声、防火、隔热、保温、施工方便,吸声系数可达 0.7。

(4) 木龙骨:采用含水量小于 12%的优质木材,表面刷三道防火涂料,其优点为不燃、抗潮、防蛀。达到消防规范要求。

注:① 水、空调、电路、网络消防喷淋图纸有专业人士参照本装饰设计图纸;

② 本图纸没有注明处墙面均刮腻子三遍,刷乳胶漆三遍,120 高黑砂踢脚线。

1. 平面布置图需要表达的主要内容

标明原有建筑平面图中被装饰设计保留的以及新发生的柱网和承重墙、主要轴线和编号。轴线编号应保持与原有建筑平面图一致,并注明轴线间尺寸和总尺寸;标明装饰设计变更过后的所有室内外墙体、门窗、管井、电梯和自动扶梯、楼梯和疏散楼梯、平台和阳台等。房间的名称应标注全,并注明楼梯的上下方向;标明固定的装饰造型、隔断、构件、家具、卫生洁具、照明灯具、花台、水池、陈设以及其他固定装饰配置的位置;标注装饰设计新发生的门窗编号及开启方向,对家具的橱柜门或其他构件的开启方向和方式也应标明;标明装饰要求等文字说明;标注索引符号及编号、图纸名称和制图比例。

2. 装饰结构与配套布置的尺寸标注

(1) 平面尺寸的标注

平面布置图的尺寸标注分为外部尺寸和内部尺寸。外部尺寸一般套用建筑平面图的轴间尺寸和门窗洞、洞间墙尺寸,而装饰结构和配套布置的尺寸主要在图内部标注。内部尺寸一般比较零碎,直接标注在所示内容的附近。若遇重复相同的内容,其尺寸可代表性的标注。平面布置图的尺寸标注的作用主要是明确装饰结构和配套布置在建筑空间内的具体位置和大小,以及与建筑结构的相互关系。

(2) 其他尺寸的标注

为了区别平面布置图上不同平面的上下关系,必要时也要标出标高。为了简化计算,方便施工,装饰平面布置图一般取各层室内主要地面为标高零点。另外平面布置图上还应标注各种视图符号,如剖切符号、索引符号、投影符号等。这些符号的除投影符号以外,其他符号的识别方法均与建筑平面图相同。

装饰平面布置图还应标明室内家具、陈设、绿化、配套产品和室外水池、装饰小品等配套设置的平面形状、数量和位置。这些布置不能将实物原形画在平面布置图上，将借助一些简单、明确的图例表示。

3. 布置图的画图步骤

（1）选比例，定图幅。

（2）画出建筑主体结构的平面图，一般采用简化的建筑结构，以突出装饰结构和装饰布局的画图方式。通常对建筑结构用粗实线或涂黑表示（见图 15-2、15-3）。

（3）画出建筑装饰结构的平面形式和位置，一般用中实线表示。

（4）画出地面的拼花造型图案、绿化等，一般用细实线表示。

（5）标注装饰结构与配套布置的尺寸、剖切符号、详图的索引符号、图例名称及文字说明等。

4. 平面布置图的阅读要点

（1）先看图名、比例、标题栏，弄清该图是什么平面图。

（2）阅读各个房间的名称，通过房间名称，了解各个房间的功能、面积。

（3）了解各个房间满足功能对装饰面的要求。通过装饰面的文字说明，了解各饰面对材料规格、品种、色彩和工艺制作要求，明确各装饰面的结构材料与饰面材料的衔接关系与固定方式。

（4）面对众多的尺寸，要注意区分建筑尺寸和装饰尺寸。注重装饰的细部尺寸标注。为了避免重复，同样的尺寸往往只代表性地标注一个，读图时要注意将相同的构件或部位归类。

（5）读图时分清平面布置图上的各种视图符号，如剖切符号、索引符号、投影符号等，通过阅读，明确剖切位置和方向、明确索引部位和详图所在位置、弄清投影面的编号和投影方向，为进一步的阅读剖面图、投影图做好准备。

概括起来，阅读装饰平面布置图应抓住面积、功能、装饰面、设施以及与建筑结构的关系这五个要点。

15.2.2 顶棚平面图

顶棚（又称天花）的功能综合性较强，其作用除装饰外，还兼有照明、音响、空调、防火等功能。顶棚是室内设计的重要部位，其设计是否合理对于人们的精神感受影响非常大。由于其特殊的部位，施工的难度较大。顶棚的装饰通常分为悬吊式和直接式两种。悬吊式天棚造型复杂，所涉及的尺寸、材料、颜色、工艺等的表达较多，造价较高；直接式天棚是利用原主体结构的楼板、梁进行饰面的处理，其造型、工艺做法等较为简单，造价较低。

图 15-4 是对应于图 15-2 室内平面布置图的顶棚平面图。由于本套图纸是银行的营业处，顶棚装饰应该简洁明快，不必复杂豪华。图 15-4 中国银行顶棚平面图主要用 600mm×600mm 硅钙板条吊顶，简洁明快。

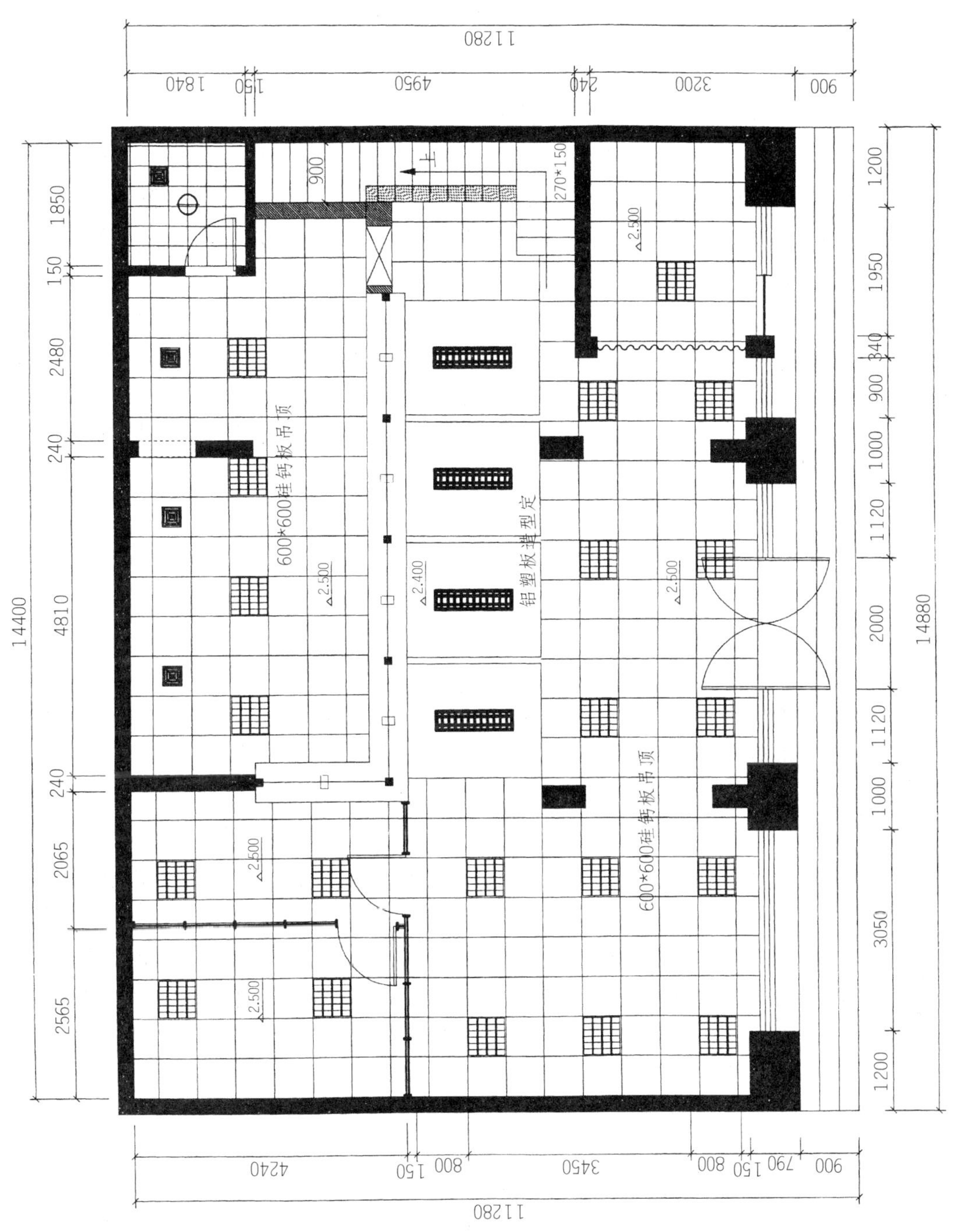

图 15-4 中国银行某营业处顶棚平面图

1. 顶棚平面图的主要内容和表示方法

(1) 表明墙柱和门窗洞口位置

顶棚平面图一般不图示门窗及其开启方向线，只图示门窗过梁底面。为了区别门洞与窗洞，窗扇用一条细虚线表示或用建筑图中画法表示。

(2) 标明顶棚造型(如跌级、装饰线等)、灯饰、空调风口、排气扇、消防设施等的轮廓线,条块状饰面材料的排列方向线。

(3) 顶棚的尺寸标注

顶棚平面图一般都采用镜像投影法绘制。用镜像投影法绘制的顶棚平面图,其图形上的前后、左右位置与装饰平面图布置图完全相同,纵横轴线的排列也于之相同。因此,顶棚平面图不必重复标注轴间尺寸、洞口尺寸和洞间墙尺寸,这些尺寸可对照平面布置图阅读。定位轴线和编号也不必每轴都标,只在平面图的四周部分标出,能确定它与平面布置图的对应位置即可。

标明顶棚造型及各类设施(如灯具、空调风口、排气扇等)的定形定位尺寸和标高。

顶棚的迭级变化应结合造型平面分区线用标高形式表示,由于所注是顶棚各构件底面的高度,因而标高符号的尖端应向上。

(4) 顶棚的各类设施、有关装饰配件(如窗帘盒、挂镜线等)、各部位的饰面材料、涂料的规格、名称、工艺说明等。

(5) 标明顶棚剖面构造详图的剖切位置及符号、节点详图索引符号等。

2. 顶棚平面图的画法步骤

(1) 选比例、定图幅(一般比例不宜小于 1∶50)。

(2) 画出建筑主体结构的平面图(见图 15-2)。

(3) 画出顶棚的造型轮廓线、灯饰及各种设施。

(4) 标注尺寸、剖切符号、详图索引符号、文字说明等。

一般墙、柱用粗实线表示;顶棚的灯饰、排气扇等主要造型轮廓线用中实线表示;顶棚的装饰线、面板的拼装分格等次要的轮廓线用细实线表示。

3. 顶棚平面图的阅读要点

(1) 弄清楚顶棚平面图与平面布置图各部分的对应关系,核对两种图形在基本结构和尺寸上是否相符。

(2) 对有迭级变化的顶棚,要分清它的标高尺寸和线型尺寸,可结合立面剖面土对照阅读。

(3) 通过顶棚平面图,了解顶棚的各类设施、灯具、有关装饰配件以及各部位的饰面材料、规格、品种与数量。

(4) 阅读图上文字说明、标注,了解顶棚所用材料的规格、品种、施工工艺等。

(5) 阅读节点详图索引或剖面、断面等符号的标注,并对照详图、剖面图,弄清楚顶棚的详细构造。

15.3 装饰立面图

装饰立面图包括室外装饰立面图和室内装饰立面图。室外装饰立面图是将建筑物经装饰后的外观形象,向铅垂投影面的正投影图。它主要表明外墙面、屋顶、檐头、门窗面等部位的装饰造型、装饰尺寸、装饰材料和饰面处理,以及室外水池、雕塑等建筑装饰小品布置等内容。对于不同性质、不同功能、不同部位的外墙装饰饰面，其装饰的繁简程度差别较大。室内装饰立面图主要表明建筑内部某一装饰空间的立面形式、尺寸及室内配套布置等内容。室内装饰形式比较复杂，目前常采用以下几种表达形式：

1. 内视立面图

假想将室内空间垂直剖开，移取剖切平面前面的部分，对余下部分作正投影而成。这种立面实质上是带有立面图示的剖面图。它所示图像的进深感较强，并能同时反映顶棚的迭级变化。其缺点是剖切位置不明确，因为在平面布置图上没有剖切符号，仅用投影符号表明视向，所以剖切面图示安排似乎有些随意，较难与平面布置图和顶棚平面图相对应。

2. 墙立面投影图

假想将室内各墙面沿面与面相交处拆开，移去暂时不予投影的墙面，将剩下的墙面及其装饰布置向铅直投影面作投影而成。这种立面图不出现剖面图像，只出现相邻墙面及其上装饰构件与该墙面的表面交线。

3. 立面展开图

假想将室内各墙面沿某轴拆开，依次展开，拉平在一个连续的铅直投影面上，像是一条横幅的画卷，形成的立面展开图。这种立面图能将室内各墙面的装饰效果连贯的展示在人们眼前，以便人们研究各墙面之间的统一与反差，以及相互衔接关系，对室内装饰设计和施工有着重要作用。

15.3.1 装饰立面图的主要内容和表达方法

1. 室外装饰立面图

(1) 立面图反映了建筑物的外貌构造形状，如外墙上的檐口、门窗套、阳台、腰线、雨篷、花台及台阶等构造形状。

(2) 反映各部位构造建筑材料及作法，如墙面是清水墙还是混水墙，其饰面是干粘石，还是贴面砖等。

(3) 尺寸标注。立面图上一般不标注尺寸，只标注主要部位的相对标高。如各层建筑标高、房屋的总高度、室外地坪标高等。有的立面图也在侧边采用竖向尺寸，标注出窗口的高度、层高尺寸等。图 15-5 为中国银行某营业处室外装饰正立面图。

2. 室内装饰立面图

(1) 墙柱面饰面造型(如壁饰、装饰线、固定于墙身的柜、台、座等)的轮廓线、壁灯、装饰件等。

(2) 吊顶及吊顶以上的主体结构(如梁、板等)。

(3) 墙柱面的饰面材料、涂料的名称、规格、颜色及工艺说明等。

(4) 尺寸标注。表明墙柱面装饰造型的定形尺寸、定位尺寸；楼地面、吊顶天花的标高等；标注立面和顶棚剖切部位的装饰材料、材料分块尺寸、材料拼接线和分界线定位尺寸。

(5) 标注详图索引、剖面、断面等符号，以及标注立面图两端墙柱体的定位轴线、编号。

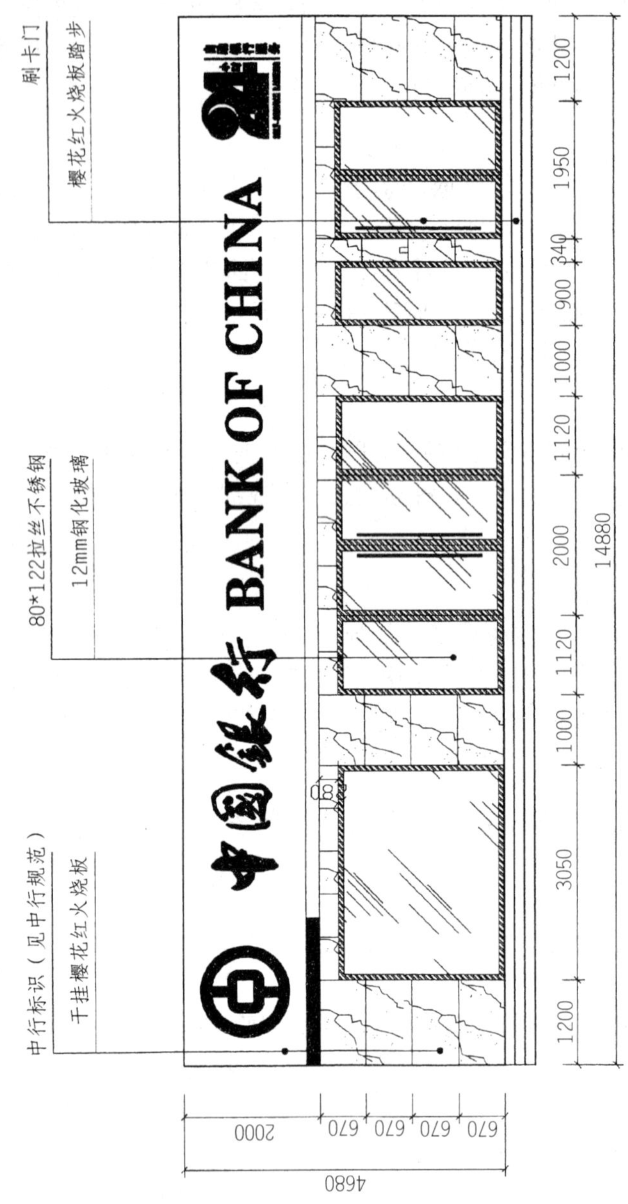

图 15-5　中国银行某营业处室外装饰正立面图

图 15-6 所示为中国银行某营业处自助区立面图。该立面图详细表达了自助区墙面的造型、用料、工艺要求等立面装饰图。它属于墙立面投影图的形式。

15.3.2　装饰立面图的画法步骤

(1) 选定比例、定图幅，画出地面、楼板及墙面两端的定位轴线等，建筑主体结构的墙、梁、板用粗实线表示。

(2) 画出墙面的主要造型轮廓线和次要轮廓线。其中主要造型轮廓行用中实线表示，次要轮廓线用细实线表示。

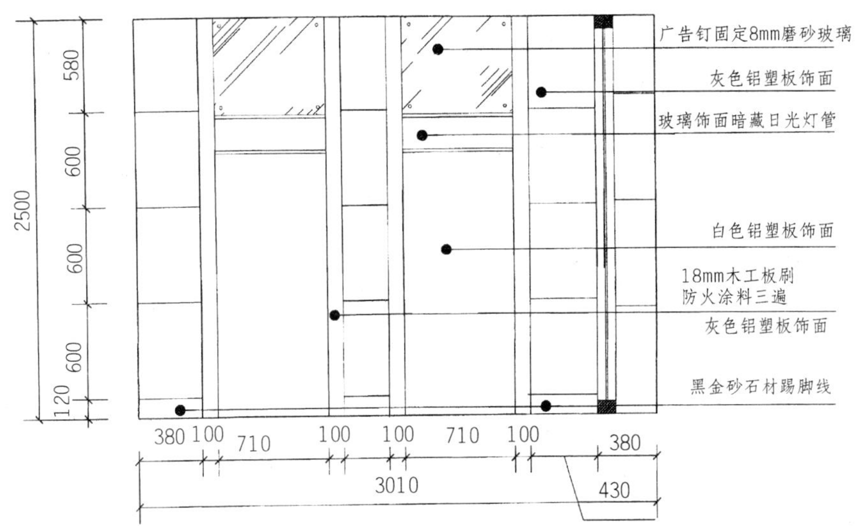

图 15-6　中国银行某营业处自助区立面图

（3）标注尺寸、剖切符号、详图索引符号、文字说明等。

15.3.3　装饰立面图的阅读要点

（1）阅读室内装饰立面图时，应结合装饰平面图、该室内的其他立面图对照，明确该室内的整体做法与要求，并搞清楚装饰立面视向图标在平面布置图中的位置。

（2）明确建筑装饰立面图上与该工程有关的各部分的尺寸和标高。

（3）清楚投影方向指定的墙面上不同线形的含义，清楚立面上各种装饰造型的凹凸起伏变化和转折关系，以及这些饰面所用材料和施工工艺要求。

（4）立面上各种不同材料饰面之间的衔接收口较多，要注意收口的方式、工艺和所用材料。这些收口方法的详图，可在立面剖面图或节点详图上找到。

（5）搞清楚装饰结构与建筑结构的衔接，装饰结构之间的连接方法和固定方法，以便提前准备预埋件和紧固件。

15.4　装饰详图

装饰详图指的是装饰细部的局部放大图、剖面图、节点详图等。由于在装饰施工中常有一些复杂或细小的部位，受图幅和比例的限制，在以上所介绍的平、立面图样中未能表达或未能详尽表达时，则需要使用装饰详图来表示该部位的形状、结构、材料名称、规格尺寸、工艺要求等。装饰详图主要包括装饰剖面详图（又称装饰剖面图）和装饰节点详图两种。

装饰剖面详图是用假想平面将室外某装饰部位或室内某装饰空间垂直剖开而得的正投影图。它主要表明上述部位或空间的内部构造情况，或装饰结构与建筑结构、建筑材料与饰面材料之间的构造关系等。

装饰节点详图是将两个或多个装饰面交汇点，或构造的连接部位，按垂直或水平方向剖开，并以较大比例绘制的详图或装饰构配件按较大比例放大的图样。它是装饰工程中最基本和最具体的施工图。见图 15-7 中国银行某营业处门面外立面剖面图和图 15-8 中国银行某营业处干挂大理石详图。节点详图的比例常采用 1∶1、1∶2、1∶5、1∶10，其中比例为 1∶1 的详图又称为足尺图。

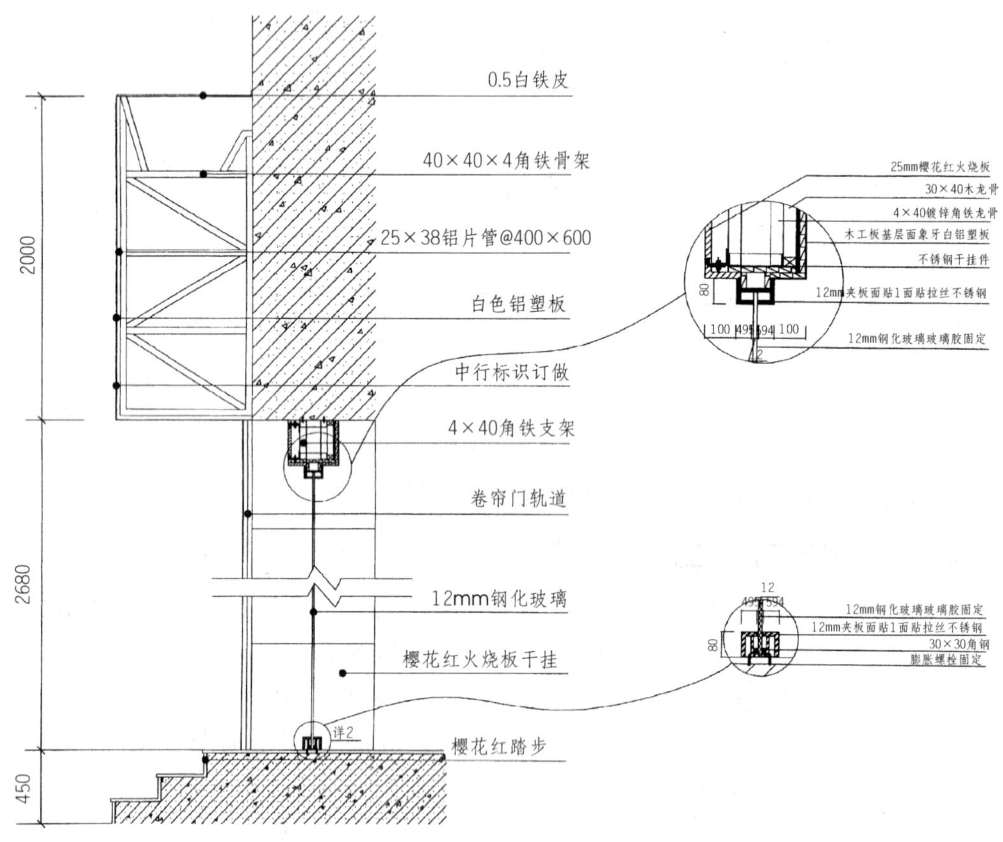

图 15-7　中国银行某营业处门面外立面剖面图

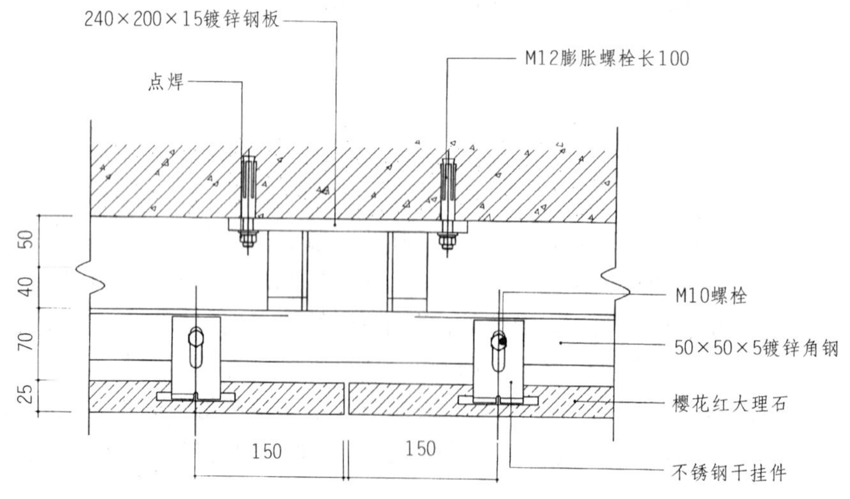

图 15-8　中国银行某营业处干挂大理石详图

15.4.1 装饰详图的主要内容和表达方法

建筑装饰详图的表达方法与建筑剖面图和建筑施工详图大致相同。其主要内容如下：

(1) 表明图名、比例、装饰详图符号及编号。

(2) 表明建筑装饰剖面基本结构和剖切空间的基本形状，并注出所需的建筑主体结构的有关尺寸和标高。

(3) 表明装饰结构的剖面(或节点详图)形状、构造形式、大小和位置、材料组成及固定与支承构件的相互关系。

(4) 表明装饰结构与建筑主体结构之间的剖面图与节点详图的衔接尺寸与连接形式。

(5) 表明某些装饰构件、配件的尺寸，工艺做法与施工要求。

(6) 表明节点详图和构配件详图的所示部位与详图所在位置。

15.4.2 装饰详面图的阅读要点

(1) 阅读装饰节点详图，首先要搞清出该图从何处剖切或放样而来。分清是从平面图，还是从立面图上剖切。了解该剖面的剖切位置、剖视方向、图示符号和编号等，并在平面图或立面图上找到相应的位置。

(2) 阅读装饰剖面图要结合平面图(平面布置图和顶棚平面图)进行。

(3) 在众多图像和尺寸中，应分清楚建筑主体结构的图像和尺寸、装饰结构的图像和尺寸，达到正确的阅读装饰详图的尺寸。

(4) 通过阅读装饰详图，明确装饰工程各部位的构造方法和尺寸、材料的种类规格和色彩、工艺做法与施工要求等。

(5) 剖面图、详图细部较多也较复杂，在阅读建筑装饰剖面图时，还要注意按图中索引符号所示方向，找出各部位节点详图对照看。弄清楚各连接点或装饰面之间的衔接方式，以及包边、盖缝、收口等细部的材料、尺寸和详细做法等。

15.4.3 装饰详图的画法步骤

(1) 选比例、定图幅。

(2) 画出主要结构的轮廓线。

(3) 画出次要部分的轮廓线，以及细部线。

(4) 标注尺寸、文字说明等。

小　　结

本章详细地介绍了建筑装饰施工图的装饰过程及内容，建筑装饰施工图的画法与读图。

思考题

1. 装饰平面图的内容包含那些?
2. 装饰立面图的内容有哪些?
3. 装饰详图的画法步骤?
4. 什么是装饰详图? 它与装饰平面图有何不同?

参考文献

[1] 张英,郭树荣.建筑工程制图. 北京:中国建筑工业出版社,2005.
[2] 陈文斌.建筑工程制图. 上海:同济大学出版社,2003.6
[3] 于春艳,张国兴.工程制图.北京:中国电力出版社,2004.
[4] 何斌,陈锦昌,等.建筑制图.北京:高等教育出版社,2001.
[5] 乐嘉龙. 学看建筑装饰施工图. 北京:中国电力出版社, 2002.
[6] 龚小兰,等. 建筑工程施工图读解. 北京:化学工业出版社, 2003.
[7] 罗康贤.建筑工程制图与识图.广州:华南理工大学出版社,2004.
[8] 谢步瀛.土木工程制图.上海:同济大学出版社,2004.
[9] 危道军.土木建筑制图.北京:高等教育出版社,2002.
[10] 杨为邦,唐明怡.土木工程制图.北京:中国水利水电出版社,2005.

图书在版编目（CIP）数据

土木工程制图 / 张英，谭海洋主编．—北京：人民交通出版社，2007.1

ISBN 978-7-114-06302-2

Ⅰ．土… Ⅱ．①张… ②谭… Ⅲ．土木工程制图－高等学校－教材 Ⅳ．TB23

中国版本图书馆 CIP 数据核字（2006）第 146697 号

书　　名：土木工程制图
著 作 者：张　英　谭海洋
责任编辑：王　霞（wxccpress@126.com）
出版发行：人民交通出版社
地　　址：(100011) 北京市朝阳区安定门外外馆斜街 3 号
网　　址：http://www.ccpress.com.cn
销售电话：(010) 59757973
总 经 销：人民交通出版社发行部
经　　销：各地新华书店
印　　刷：北京鑫正大印刷有限公司
开　　本：787×1092　1/16
印　　张：29
插　　页：6
字　　数：687 千
版　　次：2007 年 9 月　第 1 版
印　　次：2015 年 7 月　第 7 次印刷
书　　号：ISBN 978-7-114-06302-2
定　　价：39.00 元
(有印刷、装订质量问题的图书由本社负责调换)

课件索取：wx@ccpress.com.cn